Sterne und ihre Spektren

Für meine Schwiegereltern,
meine „anderen Eltern“,
Belle und Tibor Grossman

Inhalt

Danksagungen

Ich hätte dieses Buch nicht ohne das große Maß an Ermutigung, Hilfe und Kritik vollenden können, das mir von vielen Seiten entgegengebracht wurde. Zu allererst möchte ich den Herausgebern und der Redaktion von *Sky and Telescope*, allen voran Ron Schorn, für ihre nie ermüdende Hilfe und W. W. Morgan für seine beständige Ermutigung und seine Kommentare zu Teilen des Manuskripts danken.

Auch allen andern, die das Manuskript oder Teile davon gelesen haben, die mir Verbesserungsvorschläge machten, wissenschaftliche Fehler aufzeigten und meinen Schreibstil kritisierten (und damit natürlich verbesserten), bin ich zu tiefem Dank verpflichtet. Dazu gehören zunächst meine Kollegen Helmut Abt, William Bidelman, Anne Cowley, Art Cox, Catherine Garmany, Icko Iben, Hollis Johnson, Philip Keenan, Karen Kwitter, Julie Lutz, Dick Shaw, Harry Shipman, Jim Truran und Ken Yoss. Darüber hinaus gehören dazu die anspruchsvollen und hilfreichen „Laienleser", mein Freund David Bright, meine Mutter Hazel (Susie) Kaler und meine stets ermutigende und hilfreiche Frau, Maxine Kaler.

Schließlich möchte ich all denen danken, die mir großzügigerweise Abbildungen und Diagramme zur Verfügung stellten, insbesondere Tom Bolton, Y.-H. Chu, D. DiCicco, Lanie Dickel, Jay Gallagher, R. und R. Griffin, Bill Hartkopf, David Healy, George Jacoby, H. A. McAlister, Freeman Miller, A. G. Millikan, A. E. Morton, Ed Olsen, Allan Sandage, Nolan Walborn und Ken Yoss. Viele weitere Freunde und Kollegen haben mir dadurch geholfen, daß sie geduldig meine vielen Fragen beantworteten.

Ich hoffe, daß alle meine Helfer ihre Beiträge im fertigen Buch wiederfinden und daß ihnen gefällt, was ich daraus gemacht habe.

James B. Kaler

1. Sterne

Wer sich mit Astronomie beschäftigt, wird unweigerlich früher oder später auf die scheinbar mystische Buchstabenkette stoßen, mit der die Sterne in sieben Hauptgruppen eingeteilt werden: OBAFGKM. Dieses Alphabet der stellaren Astronomie stellt die Reihe der *Spektraltypen* oder *Spektralklassen* dar. Es repräsentiert die Grundstruktur unserer Kenntnisse über die Sterne. Was bedeutet die Buchstabenkette? Wo kommt sie her? Warum ist sie für die Astronomen so hilfreich und wichtig? Wie kann man mit ihrer Hilfe die verschiedenen Arten von Sternen unterscheiden? Mit diesen und anderen Fragen wollen wir uns in diesem Buch beschäftigen, sowohl aus historischer Sicht als auch aus der Perspektive der modernen Astrophysik.

Man kann die Sterne auf viele Arten beobachten und untersuchen. Zu einem tieferen Verständnis wird man jedoch erst vordringen können, wenn man ihre Spektren analysiert. Erst das in seine einzelnen Wellenlängen zerlegte Sternlicht offenbart die physikalische Natur der Sterne. Im dritten Kapitel werden wir uns einen ersten Überblick über die Klassifikation der Sternspektren verschaffen. Wir werden dort die geschichtliche Entwicklung, den physikalischen Hintergrund und die im Laufe der Jahre zwar notwendige, aber manchmal komplizierte Erweiterung und Ausschmükkung der ursprünglichen Reihe OBAFGKM betrachten. In den nachfolgenden Kapiteln werden wir dann der Reihe nach jeden einzelnen Spektraltyp, von M bis O, näher betrachten. Wir werden einzelne bekannte Vertreter jeder Spektralklasse herausgreifen, wichtige Unterklassen diskutieren, bedeutende wissenschaftliche Entdeckungen im Zusammenhang mit der jeweiligen Spektralklasse darstellen und wesentliche noch ungelöste Fragen diskutieren.

Danach werden wir uns solchen Sternen zuwenden, die ungewöhnliche Eigenarten aufweisen oder sich aus anderen Gründen nicht in das Standardschema der Spektralklassifikation einfügen wollen. Und zum Schluß werden wir wieder alle Klassen zusammen betrachten, indem wir uns der langsamen, grandiosen Wanderschaft anschließen, die die einzelnen Sterne im Laufe ihres Lebens durch die Spektraltypen führt, getrieben von den gewaltigen Kräften der Sternentwicklung.

Doch bevor wir zu dieser faszinierenden Reise aufbrechen können, müssen wir zunächst einige Grundtatsachen über Sterne kennenlernen. Im ersten Kapitel dieses Buches fragen wir uns, was Sterne eigentlich sind, wie sie aufgebaut und im Weltall verteilt sind, wie die Astronomen sie bezeichnen und am Himmel wiederfinden, und so fort. Im zweiten Kapitel tauchen wir dann kurz in die Welt der Atome ein. Wir lernen dort, wie Atome aufgebaut sind und wie sie die Spektren der Sterne erzeugen.

Nach dieser kurzen Einleitung wollen wir uns nun endgültig dem Nachthimmel und den Myriaden blinkender Sterne über unseren Köpfen zuwenden (Abbildung 1.1).

1.1 Orion, der große Jäger, eines der bekanntesten Sternbilder, ist von jedem Ort der Erde aus zumindest teilweise sichtbar. Auf der Nordhalbkugel ist er der Blickfang des Winterhimmels. Die auffällige Konstellation seiner sieben hellen Sterne ist geradezu ein Sinnbild der Astronomie. Rigel, der helle Stern rechts unten, ist ein blauer Überriese. Auch die meisten anderen hellen Sterne sind blau und heiß. Jedoch ist Beteigeuze, links oben, ein roter Überriese, der auf der hier verwandten blau-empfindlichen Photoplatte viel schwächer erscheint als bei der Beobachtung mit dem bloßen Auge. Das große ausgefranst erscheinende Objekt in der Mitte der unteren Bildhälfte ist der Orionnebel, eine riesige leuchtende Wolke von interstellarem Gas, in der gegenwärtig eine große Zahl von Sternen entstehen. Aus *An Atlas of the Milky Way*, von F. E. Ross und M. R. Calvert, University of Chicago Press, 1934.

1.1 Die physikalische Natur der Sterne

Die Sterne stellen den Löwenanteil der bekannten Materie im Universum. Sie mögen unseren Augen als simple Lichtpünktchen erscheinen. In Wahrheit sind sie jedoch gigantische Kernreaktoren, die Masse in Energie umwandeln. So ganz nebenbei beleuchtet unser eigener Stern, die Sonne, damit unseren Mutterplaneten Erde, um auf diese Weise unsere Existenz und unsere Freude an der Schönheit des Universums zu ermöglichen.

Unsere Sonne ist ein in jeder Hinsicht durchschnittlicher und typischer Stern. Sie hat einen Durchmesser von rund eineinhalb Millionen Kilometern. In ihr Volumen könnte man eine Million Erdkugeln einfüllen. Ihre Masse beträgt etwas über 10^{33} Gramm, oder rund 330 000 Erdmassen. Ihre Entfernung, 150 Millionen Kilometer, ist sehr viel kleiner als die zu allen anderen Sternen. Die geringe Entfernung und die hohe Oberflächentemperatur von 6 000 K bewirken, daß das Sonnenlicht die Erdoberfläche über den Gefrierpunkt des Wassers erwärmt – und so das irdische Leben ermöglicht. Die Temperatur ist hier in Kelvin, K, angegeben. Diese Temperaturskala wird uns noch oft begegnen. Ein Kelvin bezeichnet denselben Temperaturunterschied wie ein Grad Celsius. Die Kelvin-Skala zählt jedoch vom absoluten Nullpunkt der Temperatur, der bei –273°C liegt. Dementsprechend gefriert Wasser bei 273 K und kocht bei 373 K.

Die Energie der Sonne wird in Kernreaktionen erzeugt, die einer sehr gleichmäßig und fein geregelt abbrennenden Wasserstoffbombe entsprechen. Aber davon sieht der äußere Beobachter sehr wenig. Die Energie wird tief im Innern der Sonne erzeugt. Sie muß von dort erst durch den ungeheuren Sonnenkörper nach außen strömen, bevor wir sie in Form von Licht empfangen können. Für diesen Weg braucht sie Hunderttausende von Jahren.

Die Sterne erschienen den Menschen zu allen Zeiten als Sinnbild der Unvergänglichkeit und Unwandelbarkeit. In Wirklichkeit sind sie aber in ständiger Entwicklung, verursacht durch das allmähliche Aufbrauchen ihres atomaren Brennstoffs. Ihre scheinbare Unveränderlichkeit wird durch die Kürze des menschlichen Lebens im Vergleich zur Lebensdauer der Sterne vorgetäuscht: 10 Milliarden Jahre wird die Sonne alt werden, bevor sie erlischt. Derzeit befindet sich unser Stern in einer besonders langen und ruhigen Entwicklungsphase, genannt *Hauptreihenstadium*. Die meisten Sterne sind in dieser Phase (einfach, weil sie am längsten dauert). Aber wenn sie endet, und ein Stern zu sterben beginnt, dann durchläuft er Phasen großer Instabilität und erleidet gewaltige – wenn auch langsame – Veränderungen. Da die Natur ständig Sterne mit den unterschiedlichsten Massen entstehen läßt, sehen wir heute am Himmel eine große Vielfalt in ganz unterschiedlichen Entwicklungsstadien und mit ganz verschiedenen Eigenschaften.

Schauen wir uns einige ihrer wichtigsten Charakteristika kurz an. Die wichtigste physikalische Größe eines Sterns ist seine Masse. Sie alleine ist es, die letztendlich seinen gesamten Entwicklungsgang und das für ihn erreichbare Gesamtalter festlegt. Die Sonne liegt, grob gesagt, in der Mitte des Bereichs möglicher Sternmassen, der von etwa 0,1 bis zu 100 Sonnenmassen reicht. Die Oberflächentemperaturen liegen für normale Hauptreihensterne zwischen 3 000 K und 50 000 K. Gewisse Sonderlinge errreichen kurz vor Ende ihres Lebens einige hunderttausend Kelvin. Sterne geringer Masse leuchten nur sehr schwach; kein einziger ist mit dem bloßen Auge am Himmel zu sehen. Ihr Energieausstoß beträgt nur ein Zehntausendstel dessen der Sonne. Sterne am anderen Ende der Massenskala leuchten dagegen mit der millionenfachen Helligkeit der Sonne; sie sind so hell, daß sie (mit Teleskopen) selbst in fernen Milchstraßensystemen leicht erkennbar sind. Die Unterschiede im Volumen sind noch größer als die in der Leuchtkraft: Da gibt es einerseits tote, zusammengeschrumpfte Sternruinen, die nur so groß sind wie die Erde (und eine noch extremere Variante, die nur den Durchmesser einer großen Stadt besitzt), und andererseits von ihrem Todeskampf aufgeblähte Riesensterne, in die fast das ganze Sonnensystem hineinpassen würde. Auch das Alter der einzelnen Sterne ist stark verschieden, wobei die Sonne mit ihren 5 Milliarden Jahren wiederum im Mittelfeld liegt. Auf der einen Seite gibt es Sterne, die fast dreimal so alt sind, auf der andern Seite solche, die – astronomisch gesprochen – erst gestern entstanden sind.

Es mag erstaunlich klingen, daß die Astronomen diese gewaltige Unterschiedlichkeit heute sehr weitgehend verstehen. Im Laufe der letzten hundert Jahre haben sie gelernt, die zunächst verwirrende Vielfalt durch ein übergreifendes Schema der Sternentwicklung zu ordnen. Eines der wichtigsten Werkzeuge auf diesem Weg war die Reihe der Spektralklassen – OBAFGKM –, die im Mittelpunkt dieses Buches steht.

1.2 Sternnamen

Die astronomische Benennung individueller Sterne erscheint auf den ersten Blick völlig chaotisch. Es gibt eine Vielzahl von Nomenklaturen (Benennungssystemen), und ein benannter Stern trägt meist eine ganze Anzahl verschiedener Namen. Da wir aber im folgenden oftmals ganz bestimmte Sterne diskutieren wollen, müssen wir uns kurz mit dem Thema beschäftigen.

Die meisten der ganz hellen Sterne werden auch heute noch mit ihren klassischen Eigennamen bezeichnet. Sie entstammen verschiedenen Sprachen (zumeist dem Arabischen) und beziehen sich im allgemeinen auf das Aussehen des Sterns oder auf seine Lage im jeweiligen Sternbild. So bedeutet ‚Deneb' im Arabischen ‚Schwanz', entsprechend der Lage des Sterns im Sternbild Schwan (Abbildung 1.2). Wirklich gebräuchlich sind solche Namen in der astronomischen Literatur jedoch nur für die 20 oder 30 hellsten Sterne.

Um das Jahr 1600 entwickelte Johann Bayer eine etwas systematischere Bezeichnungsweise. Er benutzte griechische Buchstaben für die Sterne jedes Sternbilds, in der Reihenfolge absteigender Helligkeit. Der hellste Stern erhielt den Buchstaben α, der zweithellste β, und so fort. Die vollständige Bezeichnung des Sterns besteht dabei aus diesem griechischen Buchstaben, gefolgt vom Genitiv des lateinischen Sternbildnamens. Unser Beispielobjekt Deneb, der hellste Stern im Schwan, wird so zu α

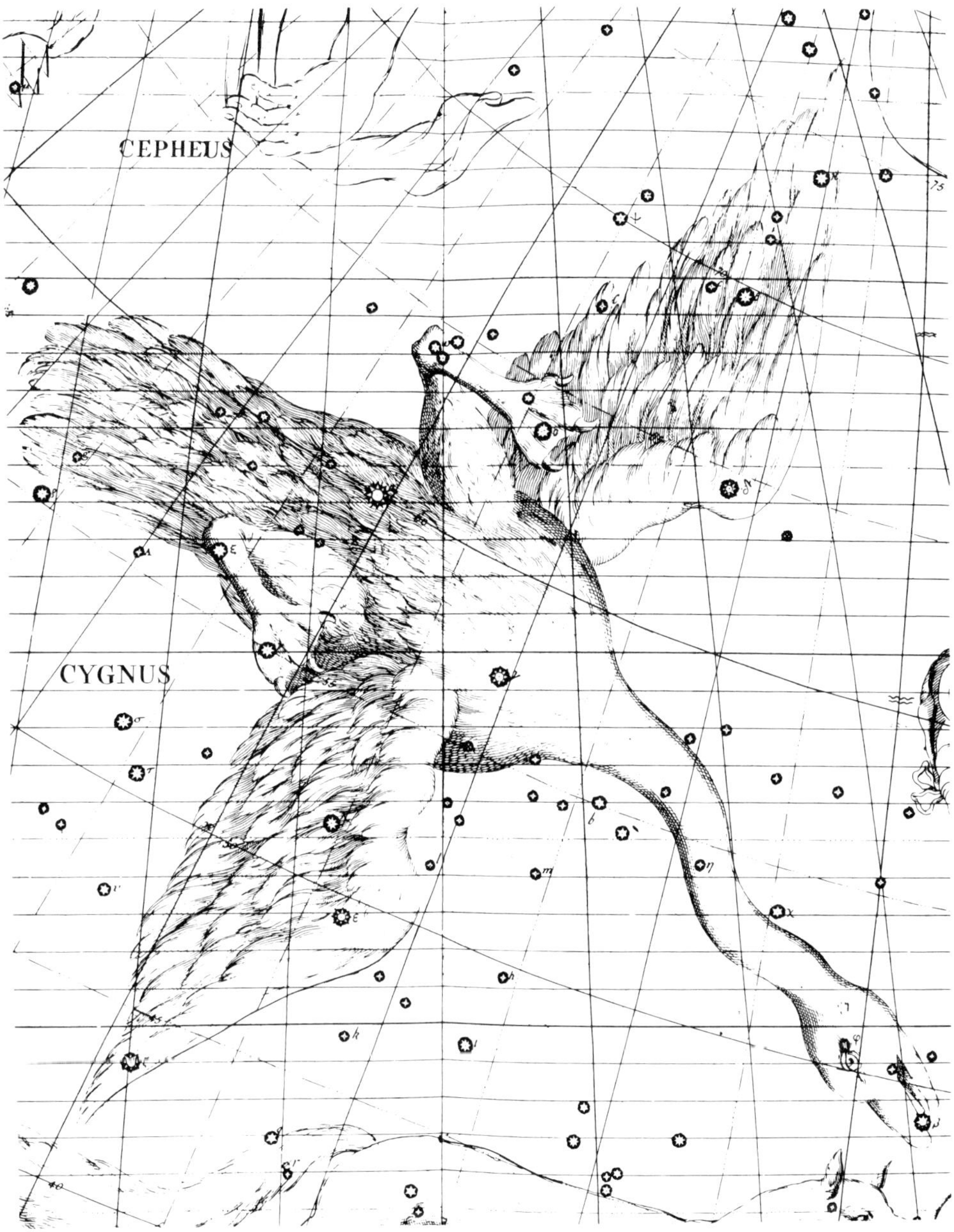

1.2 Das Sternbild Schwan in John Flamsteeds *Atlas Coelestis* aus dem Jahre 1781. Man erkennt die griechischen Buchstaben von Johann Bayer sowie einige lateinische Buchstaben, die anderen (heute ungebräuchlichen) Benennungssystemen entstammen. Ironischerweise wurden Flamsteeds eigene Sternnummern in keiner Ausgabe seines *Atlas Coelestis* eingetragen. Deneb ist der hellste Stern auf der Karte, etwas links der Bildmitte. Mit freundlicher Genehmigung der Bibliothek der Universität von Illinois.

Cygni, das heißt ‚α des Schwans'. Statt des vollen Sternbildnamens wird meist eine standardisierte Abkürzung aus drei Buchstaben verwandt. Deneb heißt dann α Cyg. Tabelle 1.1 enthält die international vereinbarte Liste aller 88 Sternbildnamen, dazu der Genitive, der Abkürzungen und der deutschen Bedeutung. Tabelle 1.2 zählt die 23 hellsten Sterne des Himmels auf. Die Bedeutung der einzelnen Angaben in dieser Tabelle werden wir nach und nach näher kennenlernen.

Tabelle 1.1: Liste aller 88 Sternbilder des Himmels.

Die 48 „klassischen" unter ihnen sind durch * vor ihrem Namen gekennzeichnet. Die übrigen sind im 17. bis 19. Jahrhundert erfunden worden, um Lücken zwischen den klassischen zu schließen und um den Südhimmel zu gliedern, der für die antiken Astronomen unsichtbar war. Einige Sterngruppierungen mit bekannten Eigennamen sind Teile größerer „offizieller" Sternbilder, zum Beispiel der Große und der Kleine Wagen, die zu Ursa Major und Ursa Minor (dem Großen und Kleinen Bären) gehören.

Lateinischer Name	Genitiv	Abkürzung	deutscher Name
*Andromeda	Andromedae	And	Andromeda
Antlia	Antliae	Ant	Luftpumpe
Apus	Apodis	Aps	Paradiesvogel
*Aquarius[b]	Aquarii	Aqr	Wassermann
*Aquila	Aquilae	Aql	Adler
*Ara	Arae	Ara	Altar
*Aries[b]	Arietis	Ari	Widder
*Auriga	Aurigae	Aur	Fuhrmann
*Bootes	Bootis	Boo	Bärenhüter
Caelum	Caeli	Cae	Grabstichel
Camelopardalis	Camelopardalis	Cam	Giraffe
*Cancer[b]	Cancri	Cnc	Krebs
Canes Venatici	Canum Venaticorum	CVn	Jagdhunde
*Canis Major	Canis Majoris	CMa	Großer Hund
*Canis Minor	Canis Minoris	CMi	Kleiner Hund
*Capricornus[b]	Capricorni	Cap	Steinbock
*Carina[c]	Carinae	Car	Kiel des Schiffes
*Cassiopeia[a]	Cassiopeiae	Cas	Cassiopeia
*Centaurus	Centauri	Cen	Zentaur
*Cepheus[a]	Cephei	Cep	Cepheus
*Cetus	Ceti	Cet	Walfisch
Chamaeleon	Chamaeleontis	Cha	Chamäleon
Circinus	Circini	Cir	Zirkel
Columba	Columbae	Col	Taube
Coma Berenices	Comae Berenices	Com	Haupthaar der Berenice
*Corona Australis	Coronae Australis	CrA	Südliche Krone
*Corona Borealis	Coronae Borealis	CrB	Nördliche Krone
*Corvus	Corvi	Crv	Rabe
*Crater	Crateris	Crt	Becher
Crux	Crucis	Cru	Kreuz
*Cygnus	Cygni	Cyg	Schwan
*Delphinus	Delphini	Del	Delphin

(Fortsetzung)

(Fortsetzung Tabelle 1.1)

Lateinischer Name	Genitiv	Abkürzung	deutscher Name
Dorado	Doradus	Dor	Goldfisch
*Draco	Draconis	Dra	Drache
*Equuleus	Equulei	Equ	Füllen
*Eridanus	Eridani	Eri	Fluß Eridanus
Fornax	Fornacis	For	Chemischer Ofen
*Gemini[b]	Geminorum	Gem	Zwillinge
Grus	Gruis	Gru	Kranich
*Hercules[a]	Herculis	Her	Herkules
Horologium	Horologii	Hor	Pendeluhr
*Hydra	Hydrae	Hya	Weibliche oder Nördliche Wasserschlange
Hydrus	Hydri	Hyi	Männliche oder Südliche Wasserschlange
Indus	Indi	Ind	Inder
Lacerta	Lacertae	Lac	Eidechse
*Leo	Leonis	Leo	Löwe
Leo Minor	Leonis Minoris	LMi	Kleiner Löwe
*Lepus	Leporis	Lep	Hase
*Libra[b]	Librae	Lib	Waage
*Lupus	Lupi	Lup	Wolf
Lynx	Lyncis	Lyn	Luchs
*Lyra	Lyrae	Lyr	Leier
Mensa	Mensae	Men	Tafelberg
Microscopium	Microscopii	Mic	Mikroskop
Monoceros	Monocerotis	Mon	Einhorn
Musca	Muscae	Mus	Fliege
Norma	Normae	Nor	Winkelmaß
Octans	Octantis	Oct	Oktant
*Ophiuchus	Ophiuchi	Oph	Schlangenträger
*Orion[a]	Orionis	Ori	Orion
Pavo	Pavonis	Pav	Pfau
*Pegasus[a]	Pegasi	Peg	Pegasus
*Perseus[a]	Persei	Per	Perseus
Phoenix	Phoenicis	Phe	Phönix
Pictor	Pictoris	Pic	Malerstaffelei
*Pisces[b]	Piscium	Psc	Fische
*Piscis Austrinus	Piscis Austrini	PsA	Südlicher Fisch
*Puppis[c]	Puppis	Pup	Hinterteil des Schiffes
Pyxis[c]	Pyxidis	Pyx	Schiffskompaß
Reticulum	Reticuli	Ret	Netz
*Sagitta	Sagittae	Sge	Pfeil
*Sagittarius[b]	Sagittarii	Sgr	Schütze
*Scorpius[b]	Scorpii	Sco	Skorpion
Sculptor	Sculptoris	Scl	Bildhauerwerkstatt
Scutum	Scuti	Sct	Sobieskischer Schild
*Serpens[d]	Serpentis	Ser	Schlange
Sextans	Sextantis	Sex	Sextant
*Taurus[b]	Tauri	Tau	Stier
Telescopium	Telescopii	Tel	Fernrohr

(Fortsetzung)

(Fortsetzung Tabelle 1.1)

Lateinischer Name	Genitiv	Abkürzung	deutscher Name
*Triangulum	Trianguli	Tri	Dreieck
Triangulum Australe	Trianguli Australis	TrA	Südliches Dreieck
Tucana	Tucanae	Tuc	Tukan
*Ursa Major	Ursae Majoris	UMa	Großer Bär
*Ursa Minor	Ursae Minoris	UMi	Kleiner Bär
*Vela[c]	Velorum	Vel	Segel des Schiffes
*Virgo[b]	Virginis	Vir	Jungfrau
Volans	Volantis	Vol	Fliegender Fisch
Vulpecula	Vulpeculae	Vul	Fuchs

[a] In der griechischen Mythologie ist Andromeda die Tochter von Cepheus und Cassiopeia, und die Frau von Perseus. Cassiopeia ist die Gattin des Cepheus, des Königs von Äthiopien. Herkules ist ein Sohn des Zeus, berühmt für seine gewaltigen Körperkräfte. Orion ist ein Jäger, der die Plejaden jagt. Er wurde von Diana erschlagen. Pegasus ist ein geflügeltes Pferd. Perseus, der Andromeda rettete und heiratete, ist ebenfalls ein Sohn des Zeus.

[b] Tierkreissternbild. Der Tierkreis markiert die jährliche scheinbare Bahn der Sonne um den Himmel.

[c] Carina, Puppis und Vela sind Unterteilungen des ursprünglichen klassischen Sternbilds Argo Navis, eines mythologischen Schiffs. Auch das moderne Sternbild Pyxis wird gelegentlich zu dieser Gruppe gerechnet.

[d] Die Schlange zerfällt in zwei separate Teile, die durch den Schlangenträger voneinander getrennt sind. Serpens Cauda, der Kopf, ist die östliche, und Serpens Caput, der Schwanz, ist die westliche Hälfte. Dennoch gilt Serpens als ein zusammengehöriges Sternbild.

Tabelle 1.2: Die Sterne erster Größe, geordnet nach ihrer scheinbaren visuellen Helligkeit.

Zusätzlich sind am Anfang der Tabelle die Sonne und am Ende die beiden hellsten Sterne der zweiten Größe angefügt. Die Tabelle gibt für jeden Stern den Farbindex B–V, die Entfernung in Parsec (D), die absolute visuelle Helligkeit (M_V), den Spektraltyp (Kapitel 3) und Bemerkungen. Entfernungen unter 25 Parsec sind durch trigonometrische Parallaxen (Kapitel 5) gemessen, aus denen dann M_V bestimmt wurde. Die absoluten Helligkeiten und Entfernungen der übrigen Sterne sind aus dem Spektraltyp bestimmt (siehe Kapitel 5). Die Komponenten der Doppelsterne α Cen und α Cru sind separat aufgeführt. Von den schwächeren Doppelsternkomponenten sind in der Tabelle nur einige ausgewählte erwähnt.

Bayer-Bezeichnung	Name	V	B–V	D (pc)	M_V	Spektraltyp	Bemerkungen
–	Sonne	–26,74	0,65	–	4,83	G2 V	
α Canis Majoris	Sirius	–1,46	0,00	2,65	1,42	A1 V	Doppelstern mit schwachem Begleiter
α Carinae	Canopus	–0,72	0,15	70	–5	F0 II	
α Centauri	Rigel	–0,01	0,71	1,33	4,37	G2 V	Gesamthelligkeit V = –0,29,
	Kentaurus	1,33	0,88	1,33	5,71	K1 V	Begleiter Proxima, zehnte Größe
α Bootis	Arkturus	–0,04	1,23	10,3	–0,10	K1 III	

(Fortsetzung)

(Fortsetzung Tabelle 1.2)

Bayer-Bezeichnung	Name	V	B–V	D (pc)	M_V	Spektraltyp	Bemerkungen
α Lyrae	Wega	0,03	0,00	7,5	0,65	A0 V	Standardstern für astronomische Photometrie
α Aurigae	Capella	0,08	0,80	12,5	−0,40	G5 III G0 III	optisch unaufgelöster Doppelstern mit ungefähr gleichen Komponenten
β Orionis	Rigel	0,12	−0,03	265	−7	B8 Ia	
α Canis Minoris	Procyon	0,38	0,42	3,4	2,71	F5 IV	Doppelstern mit schwachem Begleiter
α Eridani	Achernar	0,46	−0,16	27	−1,7	B3 V	
α Orionis	Beteigenze	0,50	1,85	320	−7	M2 Ia	
β Centauri		0,61	−0,23	95	−4,3	B1 III	
α Aquilae	Atair	0,77	0,22	5,0	2,30	A7 V	
α Tauri	Aldebaran	0,85	1,54	19	−0,49	K5 III	
α Scorpii	Antares	0,96	1,83	190	−5,4	M1,5 Ib	Doppelstern mit schwachem heißem Begleiter
α Virginis	Spica	0,98	−0,23	67	−3,2	B2 V	Doppelstern mit ungefähr gleichen Komponenten
α Crucis		1,58 2,09	−0,26	120	−3,8 −3,3	B0,5 IV B1 V	Doppelstern, Gesamthelligkeit V = 1,05
β Geminorum	Pollux	1,14	1,00	10,6	1,00	K0 III	
α Piscis Austrinus	Fomalhaut	1,16	0,09	6,7	2,02	A3 V	
α Cygni	Deneb	1,25	0,09	500	−7,2	A2 Ia	
β Crucis		1,25	−0,23	150	−4,6	B0,5 III	
α Leonis	Regulus	1,35	−0,11	22	−0,38	B7 V	
ε Canis Majoris	Adhara	1,50	−0,21	190	−4,9	B2 II	
α Geminorum	Castor	1,59	0,03	15	0,72	A1 V	Mehrfachstern (siehe Abschnitt 1.6)

Bayer hat die Helligkeitsreihenfolge nicht immer streng eingehalten. So ist β Orionis heller als α, und die hellen Sterne von Ursa Major sind nach ihrer Lage im ‚Großen Wagen' statt nach ihrer Helligkeit geordnet. Hinzu kommt, daß das griechische Alphabet begrenzt ist und nicht immer ausreichte. Für Gruppen nahe benachbarter Sterne wurden deshalb gelegentlich hochgestellte Ziffern angehängt, zum Beispiel bei π^1, π^2, π^3, π^4, π^5 Orionis im ‚rechten Arm' des Orion.

Ein im Grundsatz sinnvolleres System wurde 100 Jahre nach Bayer durch John Flamsteed eingeführt, der die mit bloßem Auge sichtbaren Sterne jedes Sternbilds einfach durchnumerierte. Er ordnete sie jedoch nicht nach ihrer Helligkeit, sondern nach ihrer Position, von Westen nach Osten innerhalb jedes Sternbilds. Unser Deneb = α Cyg heißt bei Flamsteed 50 Cyg. Die Bayerschen Sternbezeichnungen werden den Flamsteedschen fast immer vorgezogen.

Für schwächere Sterne gibt es weder Bayer- noch Flamsteed-Namen. Dann verwendet der Astronom Nummern aus Sternverzeichnissen (sogenannten *Sternkatalogen*), die im allgemeinen keinen Bezug mehr zu den Sternbildern aufweisen. Da gibt es den *Bright Star Catalogue* (Katalog der hellen Sterne), in dem Deneb die Nummer HR 7924 trägt (‚HR' steht für ‚Harvard Revised'), den *Henry-Draper-Katalog* von Spektraltypen, mit dem wir uns später noch intensiv beschäftigen werden (Deneb = HD 197345), die *Bonner Durchmusterung* aus dem vorigen Jahrhundert (Deneb = BD +44° 3541) und das große Sternverzeichnis des *Smithsonian Astrophysical Observatory* (Deneb = SAO 49941). Eine Reihe von weiteren spezielleren Nomenklaturen für Sterne wird uns im Laufe des Buches begegnen. Zusammenfassend können wir feststellen, daß es also doch gewisse Regeln bei der Benennung von Sternen gibt.

1.3 Positionen

Statt eines Namens oder einer Nummer kann man auch den Ort am Himmel benutzen, um einen bestimmten Stern anzusprechen. Der Ort, oder die *Position*, wird durch ein Paar von Koordinaten, das heißt Zahlenwerten, angegeben. Die am häufigsten verwandten himmlischen Koordinaten sind ein einfaches Analogon der irdischen Längen- und Breitengrade. Pole und Äquator der Himmelskugel liegen definitionsgemäß senkrecht über den Polen bzw. dem Äquator der Erdkugel. Der Nullpunkt der Längenkoordinate (auf der Erde ist das der berühmte Meridian von Greenwich) ist festgelegt als derjenige Punkt des Himmelsäquators, den die Sonne im Frühling auf ihrem Weg nach Norden kreuzt. Dieser Punkt des Himmels heißt *Frühlingspunkt*. Die Längenkoordinate selbst wird als *Rektaszension* (Kurzsymbol α) bezeichnet. Sie wächst vom Frühlingspunkt aus nach Osten und wird in Stunden, Minuten und Sekunden angegeben, analog einer Zeitangabe, mit Werten zwischen 0 und 24 Stunden. Die zweite Koordinate, die der geographischen Breite entspricht, heißt *Deklination* (Kurzsymbol δ). Sie gibt den Winkelabstand eines Sterns vom Himmelsäquator an und wird in Grad, Bogenminuten und Bogensekunden gemessen. Nördlich vom Äquator liegen positive, südlich negative Deklinationen. Die Extremwerte sind $\delta = +90°$ für den Himmelsnordpol und $\delta = -90°$ für den Südpol. Die Koordinaten unseres alten Bekannten Deneb lauten

$$\alpha = 20\,\mathrm{h}\,41\,\mathrm{m}\,25{,}8\,\mathrm{sec} \qquad \delta = +45°\,16'\,49''.$$

Leider sind die Koordinaten eines Sterns nicht konstant. Die *Präzession*, eine langsame Richtungänderung der Erdachse im Weltraum, läßt die Himmelspole über die Himmelskugel wandern. Man muß deshalb zu jedem Paar von himmlischen Koordinaten einen Zeitpunkt (die sogenannte *Epoche*) angeben, für den es gültig ist. Für die obige Position von Deneb ist dies der Anfang des Jahres 2000. Da sehr genau bekannt ist, wie sich α und δ mit der Zeit verändern, kann man sie für jede beliebige andere Epoche leicht berechnen. Die Änderungen sind nicht unerheblich: Die Zeichenkette, +44° in der BD-Nummer von Deneb bedeutet, daß der Stern im Jahre 1875 in der Deklinationszone zwischen +44° und +45° vorgefunden wurde.

1.4 Entfernungen

Beim Blick an den Nachthimmel, besonders in klarer Bergluft, können die Sterne zum Greifen nah erscheinen. Wir sehen die Sterne scheinbar dicht gedrängt an einer samtschwarzen Kugel. Aber dieser Eindruck täuscht. Die wahren Entfernungen der Sterne und die Abstände zwischen ihnen übersteigen jede Vorstellungskraft. Selbst die Sonne ist bereits unvorstellbar weit von uns entfernt. Die Distanz eines Sterns von uns irdischen Beobachtern ist vielleicht die wichtigste aller Zahlen, die wir über ihn in Erfahrung bringen wollen: Ohne ihre Kenntnis können wir ihm auch kaum eines seiner sonstigen Geheimnisse entlocken. Die Entfernungsbestimmung war deshalb immer eine der zentralen Fragen der Astronomie, und sie ist es bis heute geblieben. Vor 150 Jahren wurde erstmals die Distanz eines Sterns gemessen. Seither wurden allerlei Methoden dafür entwickelt, die wir im Laufe des Buches kennenlernen werden. Hier wollen wir uns aber zunächst nur einige ihrer Ergebnisse anschauen, um ein Gefühl für die Größenordnungen zu entwickeln.

Jede Wissenschaft verwendet Maßeinheiten, die der Größe ihrer Objekte angepaßt sind. Im Sonnensystem, zum Beispiel, wird als Längeneinheit nicht ein Meter oder Kilometer, sondern die *Astronomische Einheit* (Abkürzung aE) benutzt. Das ist die mittlere Entfernung der Erde von der Sonne (genauer gesagt: die große Halbachse der irdischen Bahnellipse). Für die Astronomie der Sterne wird in populären Darstellungen häufig das *Lichtjahr* als Maßstab verwandt, also die Entfernung, die das Licht in einem Jahr zurücklegt. Dieser Begriff hat eine ähnlich unmittelbare „Anschaulichkeit" wie eine „Autobahnstunde". Ein Lichtjahr (Lj) beträgt 63 300 aE oder $9{,}53 \times 10^{12}$ km. Der nächste Stern außer der Sonne, α Centauri, ist 4,3 Lj oder 270 000 aE von uns entfernt (streng genommen ist Proxima Centauri, ein lichtschwacher Doppelsternbegleiter von α Centauri, der allernächste; aber er steht praktisch in derselben Entfernung). Dies ist ein typischer Abstand zwischen zwei benachbarten Sternen. Die am Himmel besonders hellen, mit bloßem Auge sichtbaren Sterne sind jedoch nicht unbedingt die sonnennächsten. In der Mehrzahl sind es besonders leuchtkräftige Objekte, die viel weiter in den Tiefen des Universums verteilt sind. Die meisten Sterne des Großen Wagens sind ca. 100 Lj entfernt, unser alter Freund Deneb ungefähr 1 600 Lj. Das Licht, das heute in unser Auge fällt, verließ die Oberfläche von Deneb um das Jahr 400 nach Christi Geburt!

Diese Dimensionen werden vielleicht etwas besser erfaßbar, wenn wir sie mit der Größe der Sonne und des Sonnensystems vergleichen. Der Durchmesser der Sonne beträgt 0,01 aE. Das heißt, sie ist von ihrem nächsten Nachbarn um das siebenundzwanzigmillionenfache ihrer eigenen Größe getrennt – wiederum ein ganz typischer Wert. Der Durchmesser des gesamten Planetensystems paßt 3 400mal in diese Strecke. Der Weltraum ist einfach unglaublich leer. In unserer Umgebung umfaßt das Eigenvolumen aller Sterne nur den 10^{22}ten Teil des gesamten Raums. Daher kommt es, daß sie praktisch nie zusammenstoßen.

Professionelle Astronomen benutzen eine etwas andere Längeneinheit, das Parsec (pc). Das ist die Entfernung, von der aus eine Stecke von 1 aE nur noch eine Bogensekunde groß erscheint. Sie beträgt 206 265 aE oder 3,26 Lj. Unser Nachbar α Centauri ist 1,3 pc, Deneb 500 pc entfernt. Für größere Distanzen verwendet man zu der Einheit Parsec die üblichen Präfixe zur Vervielfachung: Kiloparsec (kpc), Megaparsec (Mpc) und Gigaparsec (Gpc) für 10^3, 10^6 beziehungsweise 10^9 pc. Entfernungen von der Größenordnung Gigaparsec kommen in der Astronomie tatsächlich vor, wenn auch nicht in diesem Buch. Wir werden künftig durchweg das Parsec benutzen. Wer Lichtjahre haben will, kann einfach in Gedanken mit 3 multiplizieren.

1.5 Chemische Zusammensetzung

Woraus die Sterne bestehen, und wie man das herausfindet, wird uns später ausführlich beschäftigen. Aber wie im vorigen Abschnitt wollen wir uns hier zunächst einen rohen Überblick über das Thema verschaffen.

In erster Näherung ist alle Materie im Universum Wasserstoff und Helium. Diese beiden einfachen Elemente entstanden bereits im kosmischen Schöpfungsakt vor ungefähr 12 Milliarden Jahren. Die äußeren Bereiche der Sterne folgen der gerade aufgestellten Regel: 90 Prozent der Atome sind Wasserstoff, 10 Prozent sind Heliumatome. Und alle anderen Elemente zusammengenommen stellen nur 0,1 Prozent der Atome (nicht der Masse)! In den Zentren der Sterne, wo laufend schwere Elemente durch Kernreaktionen erzeugt werden, ist die allgemeine Regel nach einer gewissen Zeit natürlich nicht mehr gültig. Die extreme Ausnahme bilden jedoch die Planeten, wie unsere Erde, die fast ausschließlich aus den sonst so seltenen schweren Elementen bestehen. Der Prozeß der Planetenentstehung ist ein sehr effektiver Mechanismus zur Elementanreicherung.

Allgemein gilt: Je schwerer ein Atom ist, desto weniger gibt es davon. Meist ist Sauerstoff das häufigste Element neben Wasserstoff und Helium, gefolgt von Kohlenstoff, Stickstoff und Neon. Eisen und einige benachbarte Elemente fallen (in Anbetracht ihres hohen Atomgewichts) durch besonders große Häufigkeit aus dem Rahmen. Bei den schweren Elementen gibt es erhebliche Häufigkeitsunterschiede von Stern zu Stern, über die später ausführlich zu reden sein wird.

1.6 Doppelsterne

Die Sterne scheinen auf den ersten Blick rein zufällig am Himmel verteilt. Bei genauerem Hinsehen stellt man aber fest, daß es allerhand Struktur und Organisation in ihrer räumlichen Anordnung gibt. Als erstes fällt auf, daß sie bevorzugt in Paaren oder kleinen Gruppen auftreten. Rund zwei Drittel aller sonnennahen Sterne gehören einem Doppelstern oder Mehrfachsystem an. In manchen Fällen sind die Partner einander sehr ähnlich, oft sind sie sehr verschieden. Der hellste Stern im Kreuz des Südens, α Crucis, besteht aus einem engen, aber leicht trennbaren Paar nahezu identischer Zwillinge. Das andere Extrem stellt Sirius dar, der fast 200 000mal so hell leuchtet wie sein schwacher Begleiter.

Wenn man den Begriff des Doppelsterns auf die Spitze treiben wollte, dann könnte man auch noch das Paar Sonne-Jupiter als solchen betrachten. Dieser Planet ist nur deshalb kein Stern geworden, weil seine Masse zu klein ist. Nur deshalb kann er keine Energie aus Kernreaktionen erzeugen.

Die meisten Doppelsterne sind zu eng, um direkt im Fernrohr als Paar erkennbar zu sein. Es gibt aber feinere Methoden, darunter die Spektroskopie (das heißt die Zerlegung des Lichts in seine einzelnen Regenbogenfarben oder Wellenlängen; siehe Kapitel 2), um sie zu entdecken.

Doppelsterne sind von hohem wissenschaftlichem Wert. Sie sind die einzige unmittelbare Quelle unserer Kenntnis über Sternmassen. Wenn man ein Paar lange genug beobachtet – viele Jahre oder Jahrzehnte – dann kann man die Bewegung der beiden Komponenten umeinander verfolgen, und letztendlich die Umlaufperiode P (in Jahren) und die scheinbare Größe der Bahn (in Bogensekunden) bestimmen. Wenn man zusätzlich noch die Entfernung zu dem Doppelstern weiß, kann man die wahre Größe der Bahn a (in aE) ausrechnen. Dann kann man das Dritte Keplersche Gesetz (in seiner verallgemeinerten Form von Isaak Newton) anwenden:

$$P^2 = 4\pi^2\, a^3/G(M_1 + M_2)$$

In der Formel bedeuten a die große Halbachse der Bahnellipse, P die Periode, G die allgemeine Gravitationskonstante, und M_1, M_2 sind die Massen der beiden beteiligten Sterne.

In einem Doppelstern läuft nicht eine der beiden Komponenten um die andere herum, sondern beide laufen um ihren gemeinsamen Schwerpunkt. Das ist ein Punkt auf der Verbindungslinie ihrer Mittelpunkte, dessen Abstände von den beiden Sternen umgekehrt proportional zu deren Massen ist. Im Falle von Erde und Mond ist der gemeinsame Schwerpunkt nur 1/80 der Mondentfernung vom Erdmittelpunkt entfernt, weil der Mond nur 1/80 der Erdmasse besitzt. Folglich beschreibt die Erde eine monatliche Bahn um einen Punkt, der 1/80 Mondentfernung oder 5 000 km von ihrem Zentrum entfernt ist. Er ist also noch fast 2 000 km innerhalb des Erdkörpers.

Durch sorgfältige Beobachtung eines Doppelsterns kann man den gemeinsamen Schwerpunkt am Himmel finden. Damit erhält man das Verhältnis der Massen. In Verbindung mit der Massensumme aus dem Dritten Keplerschen Gesetz erhält man dann ganz leicht die Einzelmassen. Auf ähnliche Weise kann man auch bei spektroskopisch nachgewiesenen Paaren die Massen bestimmen, wenn sich die Komponenten bei ihrem Umlauf von der Erde aus gesehen wechselseitig bedecken. Wir werden noch oft auf Doppelsterne zurückkommen.

Die Paare sind nur der Anfang. Tripel findet man in großer Zahl, und auch Quartette, Quintette, Sextette sind alles andere als selten. Unser Nachbar α Centauri erscheint in einem kleinen Teleskop als Doppelstern, dessen eine Komponente rund dreimal so hell ist wie die andere. Proxima, circa ein Grad am Himmel entfernt, mit nur einem Zehntausendstel der Helligkeit, gehört aber ebenfalls dazu. Proxima umläuft das enge helle Paar auf einer extrem weiten Bahn mit einer Periode, die auf Hunderttausende von Jahren geschätzt wird. Derzeit ist sie auf dem der Erde zugewandten Bogen seiner Ellipse, was sie zum nächsten aller Sterne macht. Mizar, der mittlere der drei Deichselsterne des Großen Wagens, möge als Beispiel für die Vierfachsysteme dienen. Auch er ist bereits in kleinen Instrumenten als Doppelstern mit 14 Bogensekunden Separation erkennbar. Jede der beiden Komponenten ist wieder ein Doppelstern. Allerdings sind beide so eng, daß ihr Paarcharakter nur spektroskopisch nachweisbar ist. Ein anderes berühmtes Beispiel eines Doppel-Doppelsterns ist ε Lyrae, bei dem alle 4 Komponenten im Fernrohr mit höherer Vergrößerung direkt erkennbar sind. Mizar ist, genau genommen, sogar ein Fünffachsystem. Alkor, ein Stern vierter Größe, der in jeder besseren Sternkarte verzeichnet ist, gehört als weitere mit bloßem Auge sichtbare Komponente dazu (siehe Abbildung 1.3). Castor, α Geminorum, ist ein bekanntes Beispiel eines Sechsfachsy-

1.3 Das berühmte „Augenprüfer"-Paar Alkor und Mizar, oder ζ und 80 Ursae Majoris. Mizar, der hellere, wird von einem kleinen Teleskop nochmals in ein Paar getrennt. Dessen Komponenten sind beide wiederum doppelt, so daß wir insgesamt einen Fünffach-Stern vor uns haben. Photo: Lowell Observatory

stems. Der helle, mit bloßem Auge sichtbare Stern besteht aus 2 Paaren; ein weiter entferntes, viel schwächeres drittes Paar enthält die fünfte und sechste Komponente des Sextetts.

1.7 Sternhaufen

Wenn eine größere Zahl von Sternen durch ihre gegenseitige Schwerkraft aneinander gebunden sind, dann nennen die Astronomen dies einen *Sternhaufen*. Die Grenze zwischen dem Begriff des Mehrfachsterns und dem des Sternhaufens ist ziemlich verschwommen. Sie liegt irgendwo in der Gegend von 10 Sternen.

Es gibt zwei grundsätzlich verschiedene Klassen von Sternhaufen. Die erste umfaßt die *offenen Haufen*, die sich stark zur Mittelebene der Milchstraße konzentrieren. Sie enthalten zumeist einige Dutzend bis einige hundert Sterne, und sind tendenziell junge Objekte. Sterne entstehen bevorzugt in solchen Gruppen. Wegen der nur schwachen gravitativen Bindung der Sterne lösen sie sich allerdings nach ihrer Entstehung allmählich auf. Auch die Sonne hat wahrscheinlich in ihrer Jugendzeit einmal einem offenen Haufen angehört. Einige Sternhaufen sind sehr bekannt, da sie bereits mit dem bloßen Auge sichtbar sind. Dazu gehören die Plejaden, auch Siebengestirn genannt, im Sternbild Stier und – am Himmel nicht weit davon entfernt – die Hyaden. Am Südhimmel finden wir zum Beispiel das sogenannte Schmuckkästchen (Abbildung 1.4), das sogar eine eigene Bayer-Bezeichnung trägt: κ Crucis. Weniger

1.4 Das „Schmuckkästchen", auch als κ Crucis bezeichnet, ein typischer offener Sternhaufen. Er ist eines der schönsten Objekte des Südhimmels. In der Milchstraße gibt es Tausende dieser Haufen, die jeweils aus gleich alten Sternen bestehen. Etliche der hier als Einzelsterne erscheinenden Objekte sind in Wirklichkeit Doppelsterne, Dreifach- oder Mehrfachsysteme. Photo: ESO/SERC Sky Survey © Royal Observatory, Edinburgh.

bekannt ist die gerade noch dem bloßen Auge erkennbare Praesepe, auch Krippe oder Bienenkorb genannt, im Sternbild Krebs. Wenn man mit dem Feldstecher die Milchstraße entlangwandert, findet man Dutzende weiterer Haufen. Unsere Sonne liegt sogar innerhalb eines offenen Haufens, ohne ihm allerdings anzugehören. Es handelt sich um den sogenannten Ursa-Major-Haufen, ein ziemlich sternarmes Grüppchen, das (logischerweise) über die ganze Himmelskugel verteilt ist. Ihm gehören unter anderen die 5 mittleren Sterne des Großen Wagens, Sirius und α Coronae Borealis an. In etwa einer Million Jahren wird die Sonne den Haufen durchlaufen haben. Künftige Erdenbewohner werden beobachten können, wie das Grüppchen in die Tiefe des Weltalls davonwandert.

Viel prächtiger als die offenen Haufen sind die *Kugelsternhaufen* (Abbildung 1.5), riesige Ansammlungen aus Zehntausenden bis – meistens – Millionen von Sternen. Sie sind nicht einfach die größeren Geschwister der offenen Haufen, sondern etwas fundamental anderes. Sie sind viel älter, enthalten andere Typen von Sternen als die Sonnenumgebung und die offenen Haufen, und ihre Sterne enthalten nur sehr wenig schwere Elemente. Die bekanntesten Beispiele sind der sehr weit südlich gelegene ω

1.5 Der helle Kugelhaufen Messier 3 im Sternbild Jagdhunde. Unter den rund 200 dieser Objekte in der Milchstraße ist er einer der hellsten und schönsten (von der Erde aus gesehen). Mehrere hunderttausend Sterne sind in einem Volumen von nur einigen Dutzend Lichtjahren Durchmesser zusammengedrängt. Photo: National Optical Astronomy Observatories (Kitt Peak).

Centauri, der sogar für das bloße Auge auffällig ist, und am Nordhimmel M13 (oder Messier 13, so genannt nach seiner Nummer in einer Objektliste von Charles Messier aus dem 18. Jahrhundert), ein schönes Feldstecherobjekt im Herkules.

1.8 Die Milchstraße

All die Einzelsterne, Doppelsterne, Mehrfachsysteme und Sternhaufen, die wir kennengelernt haben, sind Teile eines großen Gebildes, das die *Milchstraße*, *Galaxis*, oder auch *Milchstraßensystem* genannt wird. Es ist eine flache Scheibe, die dem bloßen Auge als schwaches leuchtendes („milchiges") Band rund um die Himmelskugel erscheint (Abbildung 1.7). Eine Schemazeichnung des gesamten Systems ist in Abbildung 1.6 gezeigt. Die meisten seiner 200 Milliarden Sterne liegen in der flachen Scheibe von ungefähr 30 000 pc (100 000 Lj) Durchmesser. Auch die Sonne liegt darin, circa 8 kpc vom Zentrum entfernt. Zwischen den Sternen der Scheibe gibt es große Mengen von dünn verteiltem Gas und Staub, woraus laufend neue Sterne entstehen. Das ist der Grund, weshalb wir junge Sternhaufen gerade hier vorfinden. Der Staub zeigt sich in Abbildung 1.7 in Form von dunklen Strukturen in dem hellen

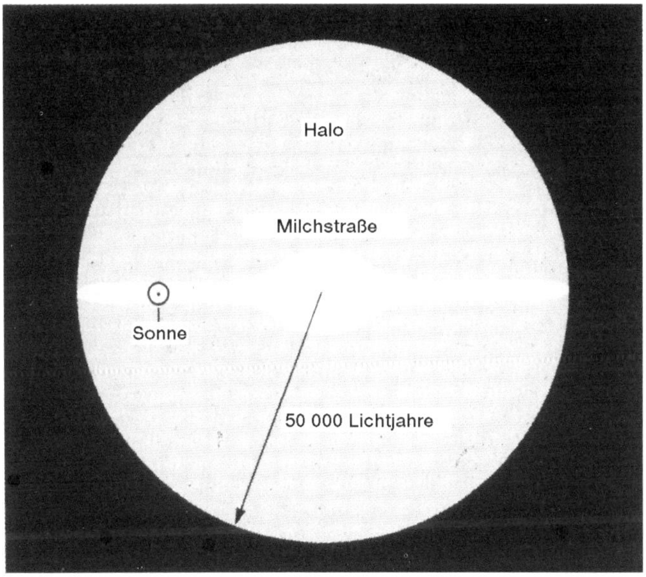

1.6 Schematische Darstellung unserer Milchstraße, von außen gesehen. Die dünne Scheibe (hell gezeichnet) enthält die meisten der 200 Milliarden Sterne, dazu praktisch die gesamte Gas- und Staubmenge und die offenen Haufen. Nur hier, in der Scheibe werden laufend die Sterne geboren, die wir zusammenfassend als Population I bezeichnen. Das kugelförmige Halo (dunkler getönt) enthält die ältere Population II, die aus den Kugelhaufen und gleichmäßig verteilten Einzelsternen besteht. Sie entstand bevor sich die Scheibe gebildet hatte. Mit freundlicher Genehmigung der Zeitschrift *American Scientist*.

1.7 (a) „Innenansicht" der Milchstraßenscheibe, von der Sonne aus in Richtung des galaktischen Zentrums gesehen. Wir sehen den prachtvollsten Teil des Milchstraßenbandes, links beim Schwan (dem „Kreuz des Nordens") beginnend, und rechts unten am Kreuz des Südens endend. In der Bildmitte sind die mächtigen Sternansammlungen in der Umgebung des Milchstraßenzentrums zu erkennen. Der dunkle Streifen, der das helle Band längs teilt, wird von einer sonnennahen dünnen Staubschicht verursacht, in der das Licht der dahinterliegenden Sterne absorbiert wird. Der scharfe helle Strich in der Bildmitte wurde von einer Sternschnuppe erzeugt. Der diffuse helle Schein links unten ist das *Zodiakallicht*. Es handelt sich dabei um Sonnenlicht, das an kleinen Staubteilchen im inneren Sonnensystem gestreut wurde.

Band. Unsere galaktische Scheibe rotiert langsam um das Zentrum. Sie besitzt eine Spiralstruktur, die man in anderen Milchstraßensystemen sehr schön erkennen kann (Abbildung 1.8). Alle Anteile der Scheibe – Sterne, Gas, Haufen und Staub – zusammengenommen bilden die sogenannte galaktische *Population I*.

Diese Bezeichnung dient zur Unterscheidung vom anderen Hauptbestandteil der Galaxis, der *Population II*, zu der unter anderem die Kugelhaufen gehören. Die Population II besteht aus sehr alten Sternen, die einen riesenhaften kugelförmigen Halo um die galaktische Scheibe bilden. Die Objekte des Halo sind vor der Scheibe entstanden. Sie enthalten viel weniger schwere Elemente als die jüngeren Scheiben-

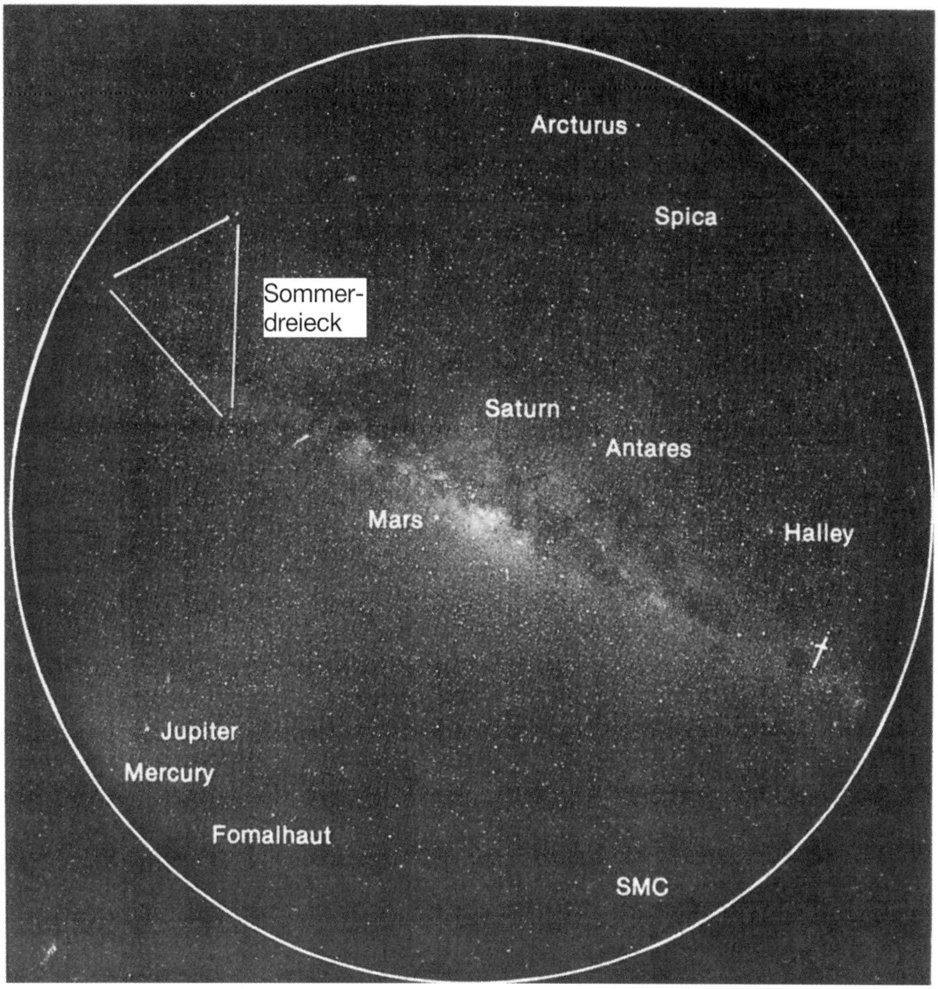

1.7 (b) Das Sommerdreieck besteht aus Deneb (links), Wega (oben) und Atair (unten). Das Kreuz des Südens ist als kleines weißes Kreuz eingezeichnet. Neben einigen weiteren Sternen sind die abgebildeten hellen Planeten und der Komet Halley (mit breit-fächerförmigem Schweif) markiert. SMC bezeichnet die Kleine Magellansche Wolke (englisch Small Magellanic Cloud), eine kleine Nachbargalaxie unserer Milchstraße. Photo und Karte: Dennis di Cicco und *Sky and Telescope*.

objekte wie zum Beispiel die Sonne. Der Zusammenhang zwischen Alter und chemischer Zusammensetzung ist das Ergebnis der Sternentwicklung. Während ihres Lebens erzeugen Sterne im Innern große Mengen schwerer Atome. Sterbende Sterne blasen einen Großteil ihres Materials in den interstellaren Raum zurück, angereichert mit den Produkten der Kernreaktionen, aus dem dann entsprechend angereicherte spätere Sterngenerationen entstehen können.

Neben unserer Milchstraße gibt es zahllose weitere *Galaxien*, wie zum Beispiel M101 (Abbildung 1.8), die – zumeist weit voneinander getrennt – das Universum

1.8 Die herrliche Galaxie M101. Wir schauen genau senkrecht auf ihre Scheibe, die ein wunderschönes locker gewundenes Spiralmuster zeigt. Die Arme unserer Milchstraße sind enger um das Zentrum gewickelt. Photo: National Optical Astronomy Observatories.

bevölkern. Der Andromedanebel, M31, ist die unserer Milchstraße nächstgelegene Galaxie von vergleichbarer Größe (Abbildung 1.9). M31 steht für das bloße Auge als schwaches Wölkchen sichtbar im Sternbild Andromeda; seine Entfernung ist etwa 30mal so groß wie der Durchmesser der Milchstraße. Es gibt Galaxien in den unterschiedlichsten Größen und Formen, von den großen wunderschönen Spiralen bis zu winzigen formlosen Klümpchen von Sternen. Abgesehen von einzelnen seltenen Ausreißern sind *alle* Sterne des Universums Mitglieder von Galaxien.

1.9 Die Bewegung der Sterne

Wir reden von „Fixsternen", wenn wir sie besonders deutlich von den Planeten unterscheiden wollen. Aber die Sterne stehen nicht wirklich „fix" am Himmel. Sie bewegen sich, nur eben sehr langsam im Vergleich zu den Planeten. Sie laufen auf unterschiedlichen Bahnen um das Zentrum der Milchstraße, was ihre relative Lage zueinander ständig verändert. Wenn wir den Lauf der Zeit beschleunigen könnten –

1.9 Der große Andromedanebel, die Sprialgalaxie M31. Wir schauen hier unter einem Winkel von nur 20° auf die Scheibe, so daß sie elliptisch erscheint. Diese Perspektive vermittelt stärker als bei M101 den Eindruck einer flachen Scheibe. Dennoch ist die Spiralstruktur noch deutlich erkennbar. M31 ist unserer Milchstraße sehr ähnlich. Die Entfernung beträgt nur 700 000 pc. Der helle Fleck am unteren Bildrand ist die elliptische Galaxie M32, ein kleiner Begleiter des Andromedanebels. Photo: National Optical Astronomy Observatories (Kitt Peak).

sagen wir, milliardenfach – dann hätten wir den Eindruck, die Sonne bewege sich durch einen Mückenschwarm, oder durch die Menschenmenge auf einer großen Party. Wir könnten zuschauen, wie einzelne Mitglieder der Menge sich uns nähern, dabei größer (im Falle von Sternen: heller) werden, vorbeiziehen und wieder in der Ferne verschwinden. Leider sind die Sterne aber so weit voneinander entfernt, daß selbst ihre Relativbewegung von typischerweise 30 km/sec im Laufe eines Menschenlebens nicht ohne weiteres erkennbar ist. Erst nach 100 000 Jahren würden wir merkliche Veränderungen der vertrauten Sternbilder feststellen. Die Astronomen haben es in kürzerer Zeit geschafft, weil sie Teleskope mit feinen Meßeinrichtungen einsetzen.

Die Sterne bewegen sich natürlich frei in allen drei Dimensionen des Raums. Der bisher betrachtete Anteil ihrer Bewegung, der ihre Position am Himmel verändert, heißt *Eigenbewegung*. Er wird in Bogensekunden pro Jahrhundert (beziehungsweise Bruchteilen davon) gemessen. Multipliziert man die Eigenbewegung mit der Entfernung, so erhält man die *Tangentialgeschwindigkeit*, in Kilometern pro Sekunde. Der andere Anteil, entlang der Sichtlinie zum Stern, heißt *Radialgeschwindigkeit*. Er wird spektroskopisch bestimmt, wie wir in Kapitel 2 sehen werden. Die Kombination beider Anteile ergibt die *Raumgeschwindigkeit*, die uns Informationen über die Dynamik der Galaxis vermittelt. Die Raumgeschwindigkeit der Sonne relativ zum Durchschnitt aller umgebenden Sterne zeigt in Richtung des Sternbilds Herkules.

1.10 Das elektromagnetische Spektrum

Nach den geometrischen Eigenschaften der Sterne wollen wir uns nun ihrer Strahlung zuwenden. Bevor wir das tun können, müssen wir einen kleinen Grundkurs zum Thema *elektromagnetische Strahlung* absolvieren.

Das bekannteste Beispiel solcher Strahlung ist Licht, die Form von Energie, die wir mit unseren Augen wahrnehmen können. Man kann sich Licht als einen Strom von schwingenden elektrischen und magnetischen Feldern vorstellen, die sich im Raum ausbreiten. Allerdings hängt der Charakter des Lichts davon ab, welches Experiment man gerade mit ihm anstellt. Manchmal verhält es sich wie Wellen, ähnlich denen, die sich auf einer Wasseroberfläche ausbreiten. In anderen Fällen läßt sich sein Verhalten nur durch die Vorstellung verstehen, daß es aus einem Strom von Partikeln, das heißt kleinen Einzelteilchen, besteht. Diese Zwitternatur wird in der Physik durch den Begriff des *Photons* beschrieben, eines Teilchens, das den Charakter einer Welle unmittelbar in sich trägt.

Zur näheren Beschreibung einer elektromagnetischen Strahlung gibt man ihre *Wellenlänge*, λ, den Abstand zweier benachbarter Wellenberge an. Statt dessen kann man auch die *Frequenz* der Welle, ν, die Zahl von Wellenbergen angeben, die pro Sekunde an einer bestimmten Stelle vorbeistreichen. Die Frequenz wird in Hertz, das heißt Perioden pro Sekunde, gemessen. Für höhere Frequenzen verwendet man Kilohertz, Megahertz und so weiter. Die Zahl der vorbeilaufenden Wellenberge pro Sekunde ν, multipliziert mit deren Abstand λ, ergibt die Strecke, die der Wellenzug pro Sekunde zurücklegt: Das ist die *Lichtgeschwindigkeit*, $c = \lambda\ \nu$, jene für die ganze Physik so fundamental wichtige Größe. Mit dieser Geschwindigkeit bewegt sich elektromagnetische Strahlung im Vakuum. Sie beträgt 300 000 km/sec.

Die Strahlung transportiert Energie. Die Energiemenge E, die ein einzelnes Photon trägt, ist seiner Frequenz proportional, $E = h\nu = hc/\lambda$. Das Symbol h bezeichnet eine weitere fundamentale Zahl der Physik, die *Plancksche Konstante*. Eine bestimmte Gesamtmenge an Energie kann also von vielen Photonen geringer Frequenz (langer Wellenlänge), oder von wenigen Photonen hoher Frequenz (kleiner Wellenlänge) übertragen werden. Die Energie eines einzelnen Photons ist sehr klein. Die Plancksche Konstante beträgt $6{,}6 \times 10^{-27}$ erg sec, die Frequenz von (beispielsweise) gelbem Licht ist $5{,}5 \times 10^{14}$ Hertz. Als Produkt erhalten wir eine Photonenenergie von nur $3{,}6 \times 10^{-12}$ erg oder $3{,}6 \times 10^{-19}$ Wattsekunden. Das heißt, daß eine normale 100-Watt-Glühbirne pro Sekunde einige 10^{22} Photonen abstrahlt. Die gesamte von einem Strom elektromagnetischer Strahlung (pro Sekunde) transportierte Energie wird durch verschiedene Begriffe beschrieben (Intensität, Strahlungsfluß und Energiedichte), die wir hier nicht näher definieren wollen.

Es gibt elektromagnetische Strahlung von höchst unterschiedlicher Wellenlänge. Gewisse Wellenlängenbereiche tragen Namen, die auch dem Laien bekannt sind (Abbildung 1.10). Ihre Gesamtheit heißt das *elektromagnetische Spektrum*. Der für Menschen (und dieses Buch) interessanteste Bereich umfaßt das *sichtbare Licht*, mit Wellenlängen zwischen 4×10^{-5} und 8×10^{-5} Zentimetern. Eine für Astronomen bequemere Einheit ist das Ångström, $1\ \text{Å} = 10^{-8}$ cm. Die mit unseren Augen erfaßbare Oktave findet sich dann zwischen 4 000 und 8 000 Å. Innerhalb dieses Bereichs nehmen wir die Wellenlänge als Farbe wahr: Rotes Licht liegt bei 7 000 Å und darüber, oranges bei 6 000, gelbes, grünes und blaues um 5 500, 5 000, beziehungsweise 4 500 Å, und schließlich violettes Licht unterhalb von 4 500 Å. Die ganze

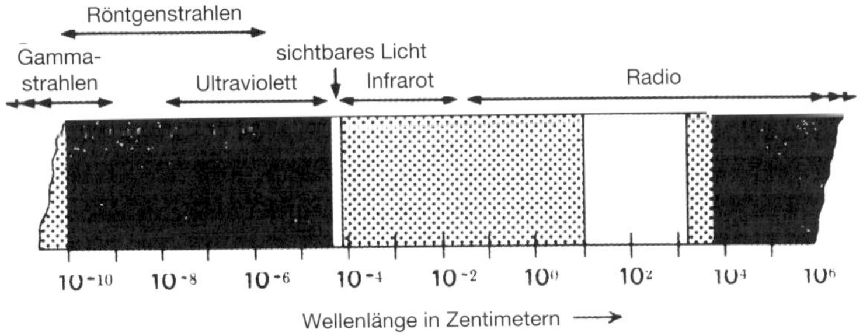

1.10 Das elektromagnetische Spektrum, von den Gammastrahlen bis zu den Radiowellen. Hier zeigt sich sehr deutlich, wie schmal der Bereich des sichtbaren Lichts ist. Dennoch enthält er alle Regenbogenfarben, von violett (am linken, kurzwelligen Ende), über blau, grün, gelb, orange bis zu rot am langwelligen Ende. Die Schattierung des Spektrums deutet die Durchsichtigkeit der Erdatmosphäre für die jeweilige Strahlung an. Am linken Ende des „optischen Fensters" erreicht noch ein sehr schmaler Bereich des UV den Erdboden. Der Infrarot- und Radiobereich zerfällt in viele kleine Abschnitte mit abwechselnd hoher und geringer Durchlässigkeit. Nach einer Vorlage aus *Principles of Astronomy, A Short Version*, 2. Auflage, von S. P. Wyatt und J. B. Kaler, Allyn and Bacon, Boston, 1981.

bunte Vielfalt unserer alltäglichen Farbeindrücke entsteht durch die Mischung von Licht unterschiedlicher Wellenlängen. Sind praktisch alle sichtbaren Wellenlängen gleichzeitig vertreten, so nehmen wir weißes Licht wahr. Auch Sonnenlicht enthält alle Farben des Spektrums, mit einem leichten Übergewicht von gelbem Licht.

Wenn wir über das rote Ende des sichtbaren Spektrums hinausgehen, kommen wir in den Bereich der *Infrarotstrahlung* (kurz IR). Er umfaßt den Wellenlängenbereich von 8 000 Å (knapp 1/1000 Millimeter) bis zu etwa einem Millimeter. Daran schließen sich die *Radiowellen* an, für deren Wellenlänge es keine bestimmte Obergrenze gibt. Auf der anderen Seite des sichtbaren Lichts finden wir zunächst die *Ultraviolettstrahlung* (UV). Wie beim Infraroten, so unterscheidet man „nahes" und „fernes" UV, wobei das „nahe" jeweils den der sichtbaren Oktave benachbarten Bereich bedeutet. Strahlung unterhalb von etwa 100 Å wird als *Röntgenstrahlung* bezeichnet, und irgendwo bei 1 Å liegt die Grenze zur *Gammastrahlung*. Die langwelligen unter den Röntgen- und Gammaphotonen werden als „weich", die kurzwelligen als „hart" bezeichnet. Die Grenzen zwischen den einzelnen Bereichen, wie auch die Begriffe „nah", „fern", „hart", „weich", sind nicht scharf definiert. Es handelt sich bei all diesen Bezeichnungen um eine Art von wissenschaftlichem Jargon.

Das soeben vorgestellte elektromagnetische Spektrum ist eine Energieskala. Die Energie eines Photons ist proportional $1/\lambda$, wie wir wissen. Folglich trägt ein sichtbares Photon 10^9mal so viel Energie wie die von einem normalen Mittelwellen-Rundfunksender abgestrahlten Radiophotonen. Langwellige elektromagnetische Teilchen sind völlig harmlos (so lange sie nicht in allzu großen Massen daherkommen). Sie durchdringen den menschlichen Körper unbemerkt. Niemand braucht sich vor den Radiowellen zu fürchten, die unsere gesamte irdische Umwelt erfüllen. Ganz anders ist das bei Photonen auf der kurzwelligen Seite des sichtbaren Lichts: Die können einen Menschen ernsthaft schädigen. Zum Glück gibt es in der irdischen Hochatmosphäre eine Ozonschicht, die keine Photonen mit Wellenlängen unterhalb von 3 000 Å zum Erdboden durchdringen läßt. Aber die Strahlung der Sonne enthält zwischen dieser Grenze und dem Ende des sichtbaren Lichts bei 4 000 Å noch genügend UV-Photonen, um böse Sonnenbrände auf unserer Haut zu erzeugen. Das von Sonnenbestrahlung verursachte Wärmegefühl auf der Haut wird dagegen von Infrarot- und langwelligem sichtbarem Licht erzeugt. Deshalb kann man auch Sonnenbrand bekommen, ohne von der Sonne gewärmt zu werden. Die Gefährlichkeit von Röntgenstrahlen ist allgemein bekannt; und Gammastrahlen sind eine der Hauptgefahren, die von irdischen Kernreaktoren ausgehen.

Das von einer Strahlungsquelle ausgesandte elektromagnetische Spektrum bringt nicht nur Energie zu uns, sondern vor allem auch vielerlei Kenntnis über eben diese Quelle. Verschiedene Wellenlängen geben unterschiedliche Informationen, zum Beispiel über Temperatur, Dichte, chemische Zusammensetzung oder Bewegung der Quelle. Die meisten wissenschaftlichen Erkenntnisse über Sterne sind aus sichtbarem Licht abgeleitet worden, während Informationen über die Rotation der Galaxis hauptsächlich aus Radiobeobachtungen gewonnen wurden. Für das Verständnis anderer Vorgänge im Kosmos, zum Beispiel die starke Energiefreisetzung in den Zentren von Galaxien, war der Nachweis kosmischer Röntgenstrahlen entscheidend.

Das heißt, daß die Astronomen das gesamte elektromagnetische Spektrum erfassen wollen. Dem steht allerdings die irdische Atmosphäre im Wege. In Abbildung 1.10 ist ihre Durchlässigkeit für Strahlung verschiedener Wellenlängen skizziert. Das sichtbare Licht und ein kleiner Teil des UV-Spektrums durchdringt die Lufthülle fast ungehindert. Das ist unser Glück, denn in diesem Bereich strahlt die Sonne den Löwenanteil ihrer Energie ab, mit der sie die Erde wärmt. Ein ebenso großes Glück ist es für uns, daß die Atmosphäre den Rest des UV-Bereichs und die gefährliche Röntgenstrahlung von uns fernhält. Erst für Gammastrahlen wird sie wieder durchlässig. Aber davon gibt es im Universum so wenig, daß sie unserer Gesundheit nicht gefährlich werden. Infrarot- und Radiobereich sind teilweise durchsichtig, wobei insbesondere im IR viele durchlässige und undurchlässige Wellenlängen sehr dicht beieinander liegen. Im Radiobereich dagegen gibt es ein einzelnes breites offenes „Fenster" in den Kosmos – sehr zur Freude der Astronomen. Um den Himmel in den „verbotenen" Wellenlängenzonen beobachten zu können, muß man Instrumente auf Raketen oder Satelliten oberhalb der Erdatmosphäre betreiben. In diesem Buch werden wir uns zwar in erster Linie auf Erkenntnisse aus dem Bereich des sichtbaren Lichts konzentrieren, aber doch auch immer wieder auf Daten von Weltraumteleskopen bei anderen Wellenlängen zurückgreifen.

1.11 Scheinbare Helligkeit und Größenklassen

Damit ist unser Grundkurs zum Thema elektromagnetische Strahlung beendet. Wir können uns wieder den Sternen zuwenden, genauer gesagt: der astronomischen Beschreibung ihrer Strahlung. Zunächst interessiert natürlich einfach, *wieviel* Licht (oder andere Strahlung) ein Stern uns hier auf der Erde zusendet. Die entsprechende Meßgröße heißt *scheinbare Helligkeit*. Im Idealfall sollte man sie in physikalischen Einheiten der Art „erg pro Quadratzentimeter und Sekunde" angeben (gelegentlich wird das auch tatsächlich getan; die entsprechende physikalische Größe heißt dann *Strahlungsfluß*). Aber, leider, die Astronomie ist eine sehr alte Wissenschaft, mit einer langen Tradition, die ihr gelegentlich zur Bürde wird. Schon lange bevor es auch nur den Begriff der Energie gab, benutzte sie ein Maß für die Helligkeit der Sterne, das sich dem subjektiven Helligkeitsempfinden des menschlichen Auges anlehnt. Statt dieses traditionelle Maß wieder abzuschaffen, hat man es später lieber in physikalische Einheiten umgerechnet und geeicht.

Es entstand bereits im antiken Griechenland, wo die mit bloßem Auge sichtbaren Sterne in sechs *Größenklassen* oder kürzer Größen eingeteilt wurden. Sterne der ersten Größe waren die hellsten des Himmels, Sterne der sechsten Größe die gerade noch (für gute Augen) erkennbaren. Im 19. Jahrhundert erkannte man, daß dieses System eine logarithmische Skala von Strahlungsflüssen darstellt, wobei ein Helligkeitsunterschied von fünf Größenklassen ungefähr einem Verhältnis der Flüsse von 1 : 100 entspricht. Man hat dann das alte System einfach in diesem Sinne präzisiert und neu gefaßt. Eine Größenklasse (Abkürzung mag, von *magnitudo*) wurde nun exakt definiert als die fünfte Wurzel aus 100, das heißt 2,512, und eine Dezimalunterteilung wurde eingeführt. Sterne zwischen 0,5 mag und 1,49 mag werden nun Sterne erster Größe genannt, zwischen 1,50 und 2,49 gehören sie zur zweiten Größe, und so weiter.

Um Konsistenz mit der alten Skala zu erreichen, wurde festgesetzt, daß die schwächsten mit dem bloßen Auge sichtbaren Sterne zur sechsten Größe gehören sollten (in der Praxis wurde dies erreicht, indem man die Helligkeit des Polarsterns als 2,12 mag festsetzte). Damit ergab sich aber, daß die hellsten Sterne des Himmels heller als die erste Größe wurden. Man mußte negative Helligkeiten einführen. Alpha Centauri ist –0,29 mag hell (Gesamthelligkeit des Doppelsterns), gehört also sinngemäß zur „nullten" Größe, und Sirius gehört mit –1,46 mag in die „minus erste" Größe. Der Planet Venus ist mit –4 mag bis –5 mag heller als alle Sterne, der Vollmond rangiert bei –12 mag, und die Sonne ist mit –27 mag das hellste astronomische Objekt überhaupt. Mit Teleskopen kann man Sterne beobachten, die schwächer als die sechste Größe sind. Der geringeren Helligkeit enstpricht eine *größere* Zahl in der Größenklassenskala. Mit einem Feldstecher erreicht man etwa die achte Größe, ein kleines Amateurfernrohr zeigt die 11., ein Riesenteleskop mit 5 Metern Durchmesser die 26., und das Hubble Weltraumteleskop wird uns zur 30. Größenklasse führen. Von den kleinen Zahlen darf man sich nicht täuschen lassen. Jede Größenklasse entspricht einem Faktor 2,5 in der Helligkeit. Der Fünfmeterspiegel zeigt Sterne, die 20 Größenklassen, also einen Faktor 10^8 schwächer sind als die schwächsten mit bloßem Auge erreichbaren.

Sternhelligkeiten werden entweder photographisch oder elektronisch gemessen. Wenn man ein Stück Nachthimmel auf eine Photoplatte abbildet, erhält man Sternbildchen, deren Durchmesser mit der Helligkeit der Sterne wächst. Aber die Umrechnung der gemessenen Bilddurchmesser in Helligkeiten ist kompliziert und erlaubt nur begrenzte Genauigkeit. Viel bessere Ergebnisse kann man mit *photoelektrischen Photometern* erzielen. Ein spezielles lichtempfindliches Material wandelt Licht in einen elektrischen Strom um, der mittels elektronischer Schaltkreise verstärkt und gemessen werden kann. Der Strom ist der Helligkeit (genauer gesagt: dem Strahlungsfluß) direkt proportional. Dadurch wird die Messung viel einfacher und genauer als mit der Photoplatte. Eine noch leistungsfähigere Neuentwicklung der letzten Jahre sind die sogenannten *Charge-coupled devices*, CCDs, für die es leider keine deutsche Bezeichnung gibt. Sie erlauben es, echte elektronische Bilder eines ganzen Himmelsareals aufzunehmen. Mit Hilfe eines Computers kann man sie – zum Beispiel auf einem Bildschirm – sichtbar machen. Sie sehen dann aus wie photographische Aufnahmen, nur eben mit exakten Helligkeiten.

1.12 Veränderliche Sterne

Nur wenigen Menschen ist bewußt, daß die Helligkeit eines Sterns nicht unbedingt konstant ist. Bei den allermeisten Sternen ist es zwar so, sonst würden wir ja nicht jede Nacht dieselben Sternbilder sehen. Aber erstaunlich viele Sterne weisen Helligkeitsschwankungen auf: Es sind die *Veränderlichen Sterne*, die in großer Zahl und Typenvielfalt den Himmel bevölkern. Sie werden uns das ganze Buch hindurch immer wieder begegnen.

Bei den meisten Veränderlichen sind die Variationen durch innere Vorgänge bedingt. Eine Instabilität des Sternkörpers verursacht Schwingungen, die den Durchmesser des Sternkörpers periodisch vergrößern und verkleinern. Es gibt Sterne, die mit Perioden von Jahren um mehrere Größenklassen schwanken, andere, die ihre Helligkeit von Tag zu Tag merklich ändern, und schließlich solche, die minimale Variationen im Minutentakt vollführen. Insgesamt bilden die Veränderlichen ein faszinierendes Kaleidoskop, aus dem wir sehr viel über die Struktur und Entwicklung der Sterne gelernt haben. Neben diesen echten (oder physischen) Variablen gibt es die bereits früher erwähnte Gruppe der *Bedeckungsveränderlichen*. Das sind Doppelsterne, deren Bahnebene wir genau von der Seite sehen, so daß sich die Komponenten bei ihrem Umlauf gegenseitig verdecken.

Die hellsten Veränderlichen besitzen Eigennamen, wie etwa der berühmte „Teufelsstern" Algol (β Persei) und Mira (o Ceti). Soweit sie heller als sechste Größe werden, tragen sie auch Bayer-Bezeichnungen beziehungsweise Flamsteed-Nummern, wie δ Cephei und β Lyrae. Die übrigen Veränderlichen Sterne werden nach einem sehr seltsamen (weil historisch gewachsenen) System benannt: Der erste in jedem Sternbild entdeckte erhielt den Großbuchstaben R, plus den Genitiv des Sternbildnamens, also zum Beispiel R Cygni. Der zweite wurde entsprechend S Cygni genannt, dann folgte T Cygni, und so weiter in jedem Sternbild bis Z. Im vorigen Jahrhundert dachte man, neun Veränderlichennamen pro Sternbild würden wohl reichen. Nachdem sich das als Irrtum herausgestellt hatte, wurde der zehnte mit RR, gefolgt von RS, RT und so weiter bis RZ bezeichnet. Danach ging es weiter mit SS bis SZ, TT bis TZ und so fort bis ZZ. Es folgte AA, AB, ... AZ, BB, BC, ... bis QZ (wobei J jeweils ausgelassen wird). Alles in allem sind das 334 Buchstabenkombinationen – die aber in vielen Sternbildern immer noch nicht ausreichen. Und so hat man die Buchstaben endlich aufgegeben, und den nächsten Variablen V335 (plus Genitiv des Sternbildnamens) genannt.

1.13 Absolute Helligkeiten

Die scheinbare Helligkeit eines Sterns, von der Erde aus gesehen, hängt von zweierlei ab: zum einen von seiner *Leuchtkraft*, der Menge an Energie, die er pro Sekunde in das All abstrahlt, und zum andern von seiner Entfernung. Manche Sterne, wie zum Beispiel α Centauri, sind nur deshalb hell, weil sie uns nahe sind. Um ihre wahre

Leuchtkraft zu kennzeichnen, benutzen die Astronomen wiederum die Größenklassenskala. Die scheinbare Helligkeit eines Objekts ist umgekehrt proportional zum Quadrat seiner Entfernung. Unter Benutzung dieses Gesetzes kann man für jeden einzelnen Stern ausrechnen, wie hell er in 10 pc Distanz wäre (vorausgesetzt, seine tatsächliche Entfernung ist bekannt). Diese hypothetische Helligkeit bei 10 pc heißt *absolute Helligkeit.* Sie wird durch den Großbuchstaben M bezeichnet. Der Anblick des Himmels würde sich mächtig verändern, wenn wir alle Sterne bei dieser Helligkeit sehen würden (das heißt, wenn sie alle in derselben Entfernung stünden). Die Sonne wäre dann nur noch 4,8 mag hell, etwa wie der schwächste Stern des Kleinen Wagens, und an einem aufgehellten Großstadthimmel kaum zu sehen. Deneb wäre (bei 10 pc) –7 mag hell, also noch heller als Venus, und würde auf der nächtlichen Erde Schatten werfen. Später werden wir lernen, daß die absoluten Helligkeiten der Sterne den erstaunlichen Bereich von 28 Größenklassen (11 Zehnerpotenzen) umfassen.

Obwohl wir in diesem Buch möglichst wenig mathematische Gleichungen verwenden wollen, sei hier doch die Beziehung zwischen scheinbarer und absoluter Helligkeit, m und M, angegeben:

$$\mathrm{M} = \mathrm{m} + 5 \log \mathrm{D},$$

wobei log D der Zehnerlogarithmus der Entfernung D (in Parsec) ist. Wenn man zwei der drei Größen m, M und D kennt, kann man aus dieser Gleichung die jeweils dritte ausrechnen. Wenn wir m direkt gemessen und M irgendwie erschlossen haben (wir werden später sehen, wie das möglich ist), dann erhalten wir D sofort. Darin liegt die fundamentale Wichtigkeit der Gleichung für die Astronomie.

1.14 Farben

Schon bei flüchtigem Blick an den Himmel stellt man fest, daß die hellsten Sterne verschiedene Farben besitzen. Bei genauerem Hinsehen findet man, besonders im Fernrohr, eine bunte Palette, von rot über orange, gelblich und weiß bis zu bläulichen Tönen. Diese Reihe entspricht etwa den Spektralfarben (Abschnitt 1.10), wobei grün durch weiß ersetzt ist. Bei Doppelsternen sieht man (durch physiologische Kontrasteffekte) gelegentlich auch purpurrote und grüne Farbtöne. Die Farben sind eng mit den Spektraltypen (die wir in Kapitel 3 kennenlernen werden) und den Oberflächentemperaturen der Sterne verknüpft. Darauf werden wir im nächsten Abschnitt und später, bei der physikalischen Interpretation der Spektraltypen, näher eingehen.

Die Messung der Sternfarben ist aber von diesem physikalischen Hintergrund unabhängig. Bisher haben wir Farbe nur als Sinneseindruck, als physiologische Reaktion von Auge und Gehirn eines visuellen Beobachters, betrachtet. Die wahrgenommene Helligkeit eines Sterns ist abhängig von der *Menge* der sichtbaren Strahlung, die in das Auge fällt; die empfundene Farbe ist Ausdruck von deren *Verteilung* über das sichtbare Spektrum. Normales Sternlicht ist stets eine Mischung aus allen Spektralfarben (Ausnahmen sind Sterne, die extrem kühl sind oder hinter extrem dichten Staubwolken stehen). Der Farbton eines Sterns entsteht durch das Überwiegen der einen oder anderen Spektralfarbe in der von ihm emittierten Strahlung.

Das menschliche Auge ist am empfindlichsten für gelbes Licht. Das heißt, Licht anderer Wellenlängen erzeugt – bei gleicher eingestrahlter Energiemenge – einen schwächeren Sinneseindruck. Mit anderen Worten: Ein gelber Stern wird uns heller erscheinen als blaue oder rote, die ebensoviel elektromagnetische Strahlung in unser Auge werfen. Ein Stern, der nur Infrarotstrahlung in den Weltraum abgibt, ist völlig unsichtbar, gleichgültig, wieviel Energie er ausschüttet.

Auf dem eben skizzierten Zusammenhang zwischen Farbe (Verteilung der Strahlungsenergie über das Spektrum) und Helligkeitsempfindung (in einem bestimmten Spektralbereich) beruht die meßtechnische Definition der Sternfarben: Man mißt die Helligkeit desselben Objekts in zwei verschiedenen (meist unmittelbar benachbarten) wohldefinierten Wellenlängenbereichen. Als Maß für die Farbe verwendet man den Helligkeits*unterschied*, ausgedrückt in Größenklassen, der üblicherweise als *Farbindex*, oder schlicht als Farbe bezeichnet wird. Die ersten Messungen von Farbindizes wurden photographisch durchgeführt. Die Photoplatte selbst ist hauptsächlich für blaues Licht empfindlich. Sie wird also im Vergleich zum menschlichen Auge blaue Sterne relativ heller „sehen" als rote. Durch einen vorgesetzten Gelbfilter kann man jedoch dafür sorgen, daß die „Helligkeitsempfindung" der des menschlichen Auges sehr ähnlich wird. Auf diese Weise hat man zwei Helligkeitsskalen definiert, die photographische, m_{pg}, und die photovisuelle, m_{pv}. Die Differenz $m_{pg} - m_{pv}$ heißt *internationaler Farbindex* (FI). Für blaue Sterne ist er negativ, für rote positiv. Ein roter Stern erster Größe im visuellen Spektralbereich, wie Beteigeuze, verblaßt im photographischen zur dritten Größe. Dieser Effekt zeigt sich in dramatischer Weise in Abbildung 1.1.

Wegen ihrer Nichtlinearität ist die Photoplatte, wie bereits erwähnt, für exakte Messungen sehr ungeeignet. Deshalb hat man auch in die Farbmessung photoelektrische Empfänger eingeführt, so bald dies technisch möglich war. Mittels spezieller Glasfilter hat man wieder die spektralen Empfindlichkeitsbereiche der Photoplatte und des Auges simuliert – und weitere, neue eingeführt. Das gebräuchlichste System verwendet drei Bereiche, mißt also drei verschiedene Helligkeiten, und bestimmt daraus zwei Farbindizes. Die Wellenlängenbänder heißen V (für ‚visuell'), B (für ‚blau') und U (für ‚ultraviolett'). Die in diesen Bändern gemessenen Helligkeiten werden ebenso genannt, also U, B und V. Für die scheinbaren Helligkeiten in diesem System wird also nicht mehr der Kleinbuchstabe m mit einem Index verwandt. Dagegen werden die entsprechenden absoluten Helligkeiten als M_U, M_B, M_V bezeichnet. Die Farbindizes heißen einfach U-B und B-V. Letzterer ist das bei weitem gebräuchlichste Farbmaß in der Astronomie, mit Werten zwischen –0,4 mag (blau) und +2,0 mag (tiefrot).

Es gibt am Himmel viele kühle Objekte, die fast nur Infrarotstrahlung und kaum sichtbares Licht aussenden. Deshalb wurde das eben beschriebene *UBV-System* zunächst durch einen roten und einen infraroten Spektralbereich zum *UBVRI-System*, und später zu noch größeren Wellenlängen (J,K, ...) ergänzt. Es gibt eine Anzahl weiterer photoelektrischer Helligkeitssysteme. Als Beispiel sei hier nur das *Strömgren-System* genannt, das aus vier Bändern besteht. Sie heißen uvby, für ‚ultraviolett', ‚violett', ‚blau' und ‚gelb' (englisch ‚yellow'), wobei y dem V des UBV-Systems sehr ähnlich ist.

1.15 Temperaturen

Die Farbe eines Sterns ist ein gutes Maß für seine Oberflächentemperatur. Um dies näher zu diskutieren, müssen wir den Begriff des *Schwarzen Körpers* einführen. Für einen Physiker ist das ein Gegenstand, der alle auf ihn auftreffende Strahlung vollständig verschluckt (absorbiert). So etwas gibt es in der Natur nicht wirklich, aber viele Körper – darunter die Sterne – verhalten sich in guter Näherung so. Wenn ein Schwarzer Körper von Strahlung getroffen wird, dann nimmt er deren Energie in sich auf. Folglich steigt seine Temperatur. Sie steigt aber nicht immer weiter, sondern erreicht einen stabilen Endwert, weil der Schwarze Körper entsprechend seiner Temperatur auch Energie abstrahlt. Diese Abstrahlung folgt einem wohldefinierten mathematischen Gesetz, und sie wächst stark mit der Temperatur an. Deshalb erscheint ein hinreichend heißer Schwarzer Körper alles andere als schwarz, sondern leuchtend hell.

Abbildung 1.11 (a) zeigt die Spektren des von Schwarzen Körpern verschiedener Temperatur abgestrahlten Lichts. Auf der langwelligen Seite sehen wir einen allmählichen Anstieg bis zu einem Maximum. Zu kürzeren Wellenlängen schließt sich ein steiler Abfall an. Die Wellenlänge des Maximums (λ_{max}) ist umgekehrt proportional zur Temperatur T: $\lambda_{max} = 2{,}9 \times 10^7$ Å/T, wobei T in Kelvin anzugeben ist. Diese Beziehung trägt den Namen *Wiensches Gesetz*. Das Spektrum eines Schwarzen Körpers von 3 000 K besitzt sein Maximum bei 9 700 Å, also im nahen Infrarot. Bei 30 000 K liegt es mit 970 Å im mittleren UV. In Abbildung 1.11 (b) sind die Wellenlängenbereiche des UBV-Systems drei Schwarzkörperspektren überlagert. Hier erkennt man auf den ersten Blick den Zusammenhang zwischen Farbe und Temperatur: Bei den heißeren Körpern ist der Anteil des blauen Lichts im Spektrum sehr viel größer. Deshalb werden U-B und B-V von Sternen mit zunehmender Temperatur immer kleiner und schließlich sogar negativ. Wir werden uns später den tatsächlichen Temperaturverlauf der Farben von Sternen anschauen, deren Spektren ja, wie bereits erwähnt, von Schwarzkörperspektren abweichen.

Die gesamte Energiemenge, die ein Schwarzer Körper pro Quadratzentimeter seiner Oberfläche abstrahlt, wird durch das *Stefan-Boltzmann-Gesetz* beschrieben. Es besagt, daß die Energie proportional zur vierten Potenz der Temperatur ist. Bei der doppelten Temperatur wird also die sechzehnfache Energie abgegeben. Der Effekt ist aus Abbildung 1.11 (a) ersichtlich. Die drei Kurven zeigen die Abstrahlung dreier gleich großer Schwarzer Körper bei jeweils nur 10 Prozent Temperaturunterschied.

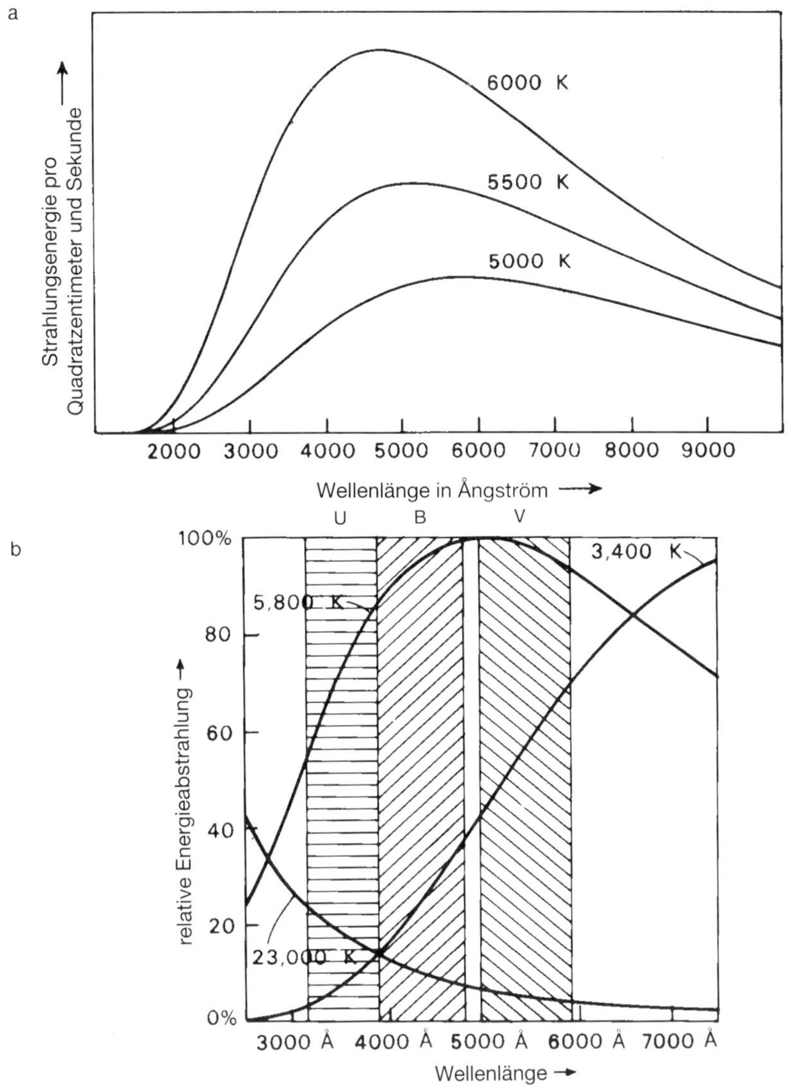

1.11 Die Verteilung der abgestrahlten Energie über die Wellenlänge für verschiedene Schwarze Körper. Max Planck entdeckte das physikalische Gesetz, das hinter diesen Kurven steht. Deshalb werden sie als Planck-Kurven, die zugehörige mathematische Funktion als *Planck-Funktion* bezeichnet. Abbildung 1.11 (a) zeigt die Verläufe für drei gleich große Körper verschiedener Temperatur. Es ist deutlich erkennbar, daß sich mit wachsender Temperatur das Maximum der Kurve zu kürzeren Wellenlängen verschiebt, das Licht also insgesamt blauer wird. Gleichzeitig vergrößert sich der gesamte Energieausstoß (das ist die Fläche unter der Kurve) dramatisch. Abbildung 1.11 (b) zeigt drei Planck-Kurven mit viel größerer Temperaturdifferenz. Hier wurden nun die Maxima auf die gleiche Höhe normiert. Wegen der größeren Temperaturunterschiede ist die Verschiebung der Kurven von rot nach blau viel ausgeprägter als in Abbildung 1.11 (a). Die schraffierten Flächen zeigen die Wellenlängenbereiche, in denen die UBV-Helligkeiten gemessen werden. Es ist klar erkennbar, wie sich die relative Helligkeit in den drei Bändern (und damit die Farben U-B und B-V) mit der Temperatur ändern. Der kühlere Körper ist im V-Bereich relativ heller (die Zahl in Größenklassen ausgedrückt also *kleiner*) als in B, während für den heißen das umgekehrte gilt. Nach einer Vorlage aus *Principles of Astronomy*, *A Short Version*, 2. Ausgabe, von S. P. Wyatt und J. B. Kaler, Allyn and Bacon, Boston, 1981.

Die Leuchtkraft eines kugelförmigen Körpers hängt außer von seiner Temperatur natürlich von der Größe seiner Oberfläche ab. Sei R der Radius (in Zentimetern), dann beträgt die Oberfläche $4\pi R^2$ (in Quadratzentimetern) und seine Leuchtkraft $L = 4\pi R^2 \sigma T^4$, wobei σ die Stefan-Boltzmann-Konstante ist. Die Leuchtkraft L wird üblicherweise in erg/sec angegeben. Man kann sie im Prinzip in absoluten Helligkeiten eichen und so den Zusammenhang zwischen dem physikalischen und dem astronomischen Maßsystem herstellen.

Wie bereits erwähnt, verhalten sich Sterne nicht exakt wie Schwarze Körper. Ihre Spektren enthalten an manchen Stellen (Wellenlängen) überschüssige Strahlung, an anderen Defizite im Vergleich zu denen von idealen Schwarzen Körpern. Die wichtigste Ursache liegt darin, daß Sternlicht von einer gasförmigen, teilweise durchsichtigen Atmosphäre abgestrahlt wird, deren Temperatur mit der Tiefe zunimmt. Welche Schicht man wirklich sieht, hängt von der Durchsichtigkeit des Gases ab – und die wiederum variiert mit der Wellenlänge (eine gute Analogie hierfür ist ein irdischer Nebel, der für rotes Licht weitaus durchlässiger ist als für blaues). Folglich erscheint uns ein Stern unterschiedlich heiß, wenn wir ihn in verschiedenen Spektralbereichen anschauen: Heißer bei solchen Wellenlängen, für die das Gas durchsichtiger ist, und kühler bei solchen, die die Atmosphäre schlechter durchdringen können. Das Ergebnis ist schließlich eine Kombination verschiedener Schwarzer Körper, die zu verschiedenen Schichten der Sternatmosphäre gehören. Die Situation wird noch zusätzlich dadurch kompliziert, daß einmal emittiertes Licht erst noch durch die darüberliegenden teilweise durchsichtigen höheren Schichten dringen muß (und von ihnen verändert wird), bevor es den Beobachter erreicht.

Wie kann ein Astronom unter diesen Umständen von *der* Oberflächentemperatur eines Sterns sprechen? Er ersetzt im Geiste den realen Stern durch einen Schwarzen Körper gleicher Größe und fragt, welche Temperatur dieser haben müßte, um die gleiche Gesamtleuchtkraft zu besitzen. Er benutzt also die obige Gleichung $L = 4\pi R^2 \sigma T^4$, mißt L und R, und löst die Gleichung nach T auf. Der resultierende Wert T heißt *Effektivtemperatur*, T_{eff}. Er ist eine wichtige und aussagekräftige Kennzeichnung für einen Stern. Die Effektivtemperatur der Sonne beträgt 5 780 K. Ihr Schwarzkörperspektrum fällt zwischen die beiden oberen Kurven der Abbildung 1.11 (a).

1.16 Sternaufbau

Wir haben schon mehrfach kurz über den inneren Aufbau von Sternen gesprochen. Nun wollen wir ihn etwas näher betrachten. Dabei unterscheiden wir drei Zonen, die allerdings nicht scharf voneinander getrennt sind: den Kern, die Hülle und die Atmosphäre. Oberhalb der Atmosphäre gibt es noch weitere Zonen, auf die wir aber erst in späteren Kapiteln an passender Stelle eingehen wollen.

Der *Kern* eines Sterns ist der Ort der Energieerzeugung. Hier wird durch die Prozesse der Kernfusion buchstäblich Strahlung aus Masse erzeugt. In der Sonne und in allen anderen Hauptreihensternen ist das *Wasserstoffbrennen* der Hauptmechanismus. Dabei wird ein Heliumatomkern aus vier Wasserstoffatomkernen aufgebaut. Das entstehende Helium ist etwas leichter (masseärmer) als die vier Wasserstoffkerne. Die „verschwundene" Masse m wird bei dem Vorgang in Strahlungsenergie umgewandelt, gemäß Einsteins berühmter Formel $E = mc^2$ (wobei c die Lichtgeschwindigkeit ist). Kernfusionsprozesse können nur im tiefen Innern der Sterne ablaufen, wo die Temperatur sehr hoch ist – 5 Millionen Kelvin sind das absolute Minimum (nebenbei bemerkt sind diese hohen benötigten Temperaturen das Haupthindernis für die Nutzung der Kernfusion zur irdischen Energieerzeugung). Nur ein Bruchteil des Sternmaterials ist oberhalb der kritischen Temperaturgrenze. Bei der Sonne sind es circa 50 Prozent der Masse, die aber nur 1/4 des Radius (1/64 des Volumens!) einnehmen. Die Masse des Kerns wächst in komplizierter Weise mit der Masse des Sterns, sein Anteil an der Gesamtmasse nimmt aber ab. Bei massearmen Sternen umfaßt er über drei Viertel, bei den massereichsten weniger als 10 Prozent der Sternmaterie.

Die *Hülle* enthält praktisch den gesamten Rest der Sternmasse. Wie ihr Name besagt, umhüllt sie den Kern. Sie hat zwei wesentliche Funktionen. Zum einen erzeugt sie – im Zusammenwirken mit dem Kern – durch ihr Gewicht die hohen Drücke und Temperaturen, die die atomaren Prozesse im Kern zum Laufen bringen. Sie preßt das Material des Kerns zusammen und heizt es dadurch gleichzeitig auf. In diesem Sinne wirkt sie genau wie der Kolben eines Dieselmotors.

Zum zweiten bildet die Hülle eine Wärmedämmung. Ohne sie würde die im Kern erzeugte Energie sofort abgestrahlt, der Kern selbst würde abkühlen, und die Energieerzeugung würde erlöschen. Statt dessen muß die erzeugte Strahlung sich erst mühsam nach außen durcharbeiten, wobei sie unzählige Male von Atomen absorbiert und wieder erneut emittiert (ausgesandt) wird. Dabei tritt eine sehr nützliche Nebenwirkung auf: Die Energie der Sonne liegt nach ihrer Erzeugung zunächst in Form von Gammastrahlung vor, entsprechend der Temperatur von 10^7 K im Zentrum. Könnte sie uns direkt erreichen, würde sie schlagartig alles Leben auf der Erde abtöten. Nach ihrem viele tausend Jahre dauernden Weg durch die Hülle ist sie in für uns wohltätiges sichtbares Licht verwandelt. Ihr Spektrum entspricht nun der (viel niedrigeren) Temperatur der Sonnenoberfläche.

Der äußerste Teil der Hülle wird als *Sternatmosphäre* bezeichnet. Er umfaßt (definitionsgemäß) diejenigen Schichten eines Sterns, aus denen direkt Strahlung ins Weltall entweicht. Er enthält nur sehr wenig an Masse. Dennoch ist er sehr wichtig, denn er ist der einzige Teil eines Sterns, den wir wirklich sehen. Hier wird das von außen beobachtbare Spektrum gebildet, das nicht nur das Hauptthema dieses Buches, sondern darüber hinaus die Quelle fast all unseres Wissens über Sterne ist.

1.17 Sternentwicklung

Sterne sind keine unveränderlichen, ewigen Wesen. Ihr Entstehen und Vergehen wird häufig mit so menschlichen Begriffen wie Geburt, Altern und Tod umschrieben. Der Fachmann spricht von *Sternentstehung* und *Sternentwicklung*. Ein volles Verständnis der Lebensgeschichte eines Sterns werden wir erst viel später in diesem Buch gewinnen können, wenn wir die ganze bunte Vielfalt des Sternenhimmels näher kennengelernt haben. Aber, wie schon in den anderen Abschnitten dieses ersten Kapitels, wollen wir uns in kühnem Vorgriff auch hierüber einen ersten Überblick verschaffen. Er wird uns im folgenden helfen, die einzelnen Sterntypen in ein Gesamtbild einzuordnen.

Die große Mehrheit aller Sterne liegt auf der Hauptreihe, die wir schon in Abschnitt 1.1 erwähnt haben (Hauptreihensterne werden aus historischen Gründen auch Zwerge oder Zwergsterne genannt). Es handelt sich um die normalen Wasserstoff-brennenden Sterne. Ihre Anordnung auf der Hauptreihe entspricht ihrer Masse. Massereiche Sterne haben größere Kerne, so daß mehr nuklearer Brennstoff zur Verfügung steht. Gleichzeitig ist ihr Kern aber auch heißer. Da die Heftigkeit der Kernreaktionen extrem stark mit der Temperatur anwächst, besitzen sie eine hohe Leuchtkraft. Ein Hauptreihenstern mit der zehnfachen Masse ist zehntausendmal so hell wie die Sonne. Massereiche Sterne verbrauchen ihren nuklearen Brennstoff also so schnell, daß ihr Leben *viel kürzer* ist als das ihrer massearmen Geschwister. Auch in anderen Eigenschaften unterscheiden sich leuchtkräftige Sterne wesentlich von leuchtschwachen, so daß alleine der Massenunterschied uns eine schöne Vielfalt von Sterntypen am Himmel beschert.

Aber das ist nur der Anfang der Geschichte. Der Brennstoffvorrat ist begrenzt, und seine allmähliche Erschöpfung ruft überraschende – teilweise recht seltsame – Erscheinungen hervor. Wenn im Kern das nukleare Feuer erlischt, kann er dem Gewicht der Hülle nicht mehr so gut widerstehen wie vorher. Er wird allmählich zusammengepreßt – verdichtet – und dabei aufgeheizt. Die Temperatur an der Oberfläche des Kerns steigt ebenfalls, bis schließlich dort das Wasserstoffbrennen einsetzt. Im Lauf dieser Entwicklung steigt die Leuchtkraft des Sterns an, und die Hülle bläht sich auf wie ein Ballon. Sie wird schließlich so groß (50 bis 100 Sonnendurchmesser werden leicht erreicht), daß die Sternatmosphäre trotz des Leuchtkraftanstiegs kühler wird. Der Stern ist nun ein *Riesenstern*, er ist ein *Roter Riese* geworden (nun verstehen wir, warum Hauptreihensterne auch Zwerge genannt werden). Im weiteren Verlauf treten neue Kernfusionsprozesse auf, zum Beispiel die Erzeugung von Kohlenstoff aus Helium. Starke Gasabströmungen von der Oberfläche (sogenannte Sternwinde) führen zu beträchtlichem Massenverlust. Die äußere Erscheinung des Sterns wechselt dabei mehrmals in drastischer Weise. Schließlich endet er als *Weißer Zwerg*, der im wesentlichen nur noch den ausgebrannten Kern des ursprünglichen Sterns enthält. Praktisch die gesamte Hülle ist im Lauf der Zeit wieder in den interstellaren Raum zurückgeblasen worden, aus dem sie einst gekommen war.

Das eben beschriebene Bild gilt nicht für die massereichsten, also urspünglich leuchtkräftigsten Sterne. Wenn in ihrem Kern der Wasserstoff aufgebraucht ist, werden sie noch größer als die Riesen. Sie verwandeln sich in *Überriesen*, die fast den Durchmesser des gesamten Sonnensystems erreichen können. In der weiteren Entwicklung wird ihr Kern sehr heiß. Vielfältige Fusionsprozesse laufen ab, die alle Elemente bis hin zu Eisen entstehen lassen. Anstatt still zu sterben, explodieren diese Sterne schließlich spektakulär als *Supernova*. Der Feuerball einer solchen Explosion ist so hell, daß er selbst in anderen Galaxien noch auffällt. Die dabei ausgeschleuderten Endprodukte der Sternentwicklung sind der Ursprung der allmählichen Elementanreicherung in der Milchstraße, die dem Unterschied zwischen Population I und Population II (siehe Abschnitt 1.8) zugrunde liegt.

Die Vielfalt von Sterntypen, die sich aus diesen (und weiteren, später zu beschreibenden) Entwicklungsvorgängen ergibt, ist faszinierend. Wir treffen Sterne der unterschiedlichsten Massen, Leuchtkräfte und Temperaturen an. Manche verändern ihre Durchmesser und Helligkeiten innerhalb von Jahren, Tagen oder sogar innerhalb von Sekunden. Sie bilden Doppel- und Mehrfachsysteme, in denen die Sterne sich gegenseitig beeinflussen (ja sogar völlig verschlucken!) können, wenn sie sich entwicklungsbedingt aufblähen. Viele faszinierende stellare Erscheinungsformen sind bisher noch völlig unerklärt. Wir wollen im weiteren Verlauf dieses Buchs die bunte Vielfalt ordnen und klassifizieren. Die Ordnung wird es uns ermöglichen, Zusammenhänge zwischen den einzelnen Typen zu finden und tiefere Einblicke in Geburt, Leben und Tod der Sterne zu gewinnen.

2. Spektren und Atome

Um das sehr Große – die Sterne – verstehen zu können, müssen wir zunächst das sehr Kleine – die Atome – studieren. Fast alles im Universum, einschließlich der Sterne und uns selbst, besteht aus Atomen. Der Begriff des Atoms wurde im antiken Griechenland geschöpft. Er bezeichnete damals die Vorstellung einer letzten, unteilbaren, kleinsten Einheit der Natur. Die Atome der modernen Naturwissenschaft besitzen – trotz ihres Namens – eine Vielfalt von innerer Struktur und inneren Vorgängen. Sie erzeugen und prägen die Strahlung, die wir von den Sternen empfangen, und die unsere einzige Informationsquelle über die Welt der Sterne darstellt. Deshalb müssen wir, um das Sternlicht deuten zu können, uns zunächst ein Verständnis der Atome und ihrer Wechselwirkung mit Strahlung aller Art erarbeiten. Auf dieser Grundlage ruht die gesamte moderne Astronomie, auf dieser Grundlage wollen auch wir in den nachfolgenden Kapiteln den Geheimnissen der Sterne auf den Grund gehen.

2.1 Atome

Die materielle Welt besteht hauptsächlich aus den Atomen von 92 natürlichen chemischen Elementen. Einige weitere Elemente sind mittlerweile in den Labors der Physiker erzeugt worden, sie sollen uns aber hier nicht weiter interessieren. Die Atome sind zwar die kleinste Einheit des jeweiligen chemischen Elements, sie können aber in noch kleinere Teile zerlegt werden, die man *Elementarteilchen* nennt: *Elektronen*, *Protonen* und *Neutronen*. Die chemischen Elemente, beziehungsweise deren Atome, sind charakterisiert durch bestimmte Kombinationen dieser drei Sorten von Elementarteilchen. Die Physiker haben einen bunten Zoo weiterer Elementarteilchen entdeckt, aber wir werden sie hier ignorieren. Sie sind zwar für das Verständnis atomarer Prozesse sehr wichtig, haben aber keinerlei Bedeutung für die Entstehung und Interpretation von Sternspektren.

Die drei für uns wichtigen Elemenarteilchen besitzen zwei einfache Eigenschaften, die wir im folgenden benutzen werden: Masse und elektrische Ladung. Protonen und Neutronen besitzen sehr ähnliche Massen von ungefähr 2×10^{-24} Gramm; die Masse der Elektronen beträgt nur etwa 1/1800 davon. Man kann diese Zahlen auch so ausdrücken: Ein menschlicher Körper enthält größenordnungsmäßig 10^{29} dieser Teilchen, und die Sonne – ein ganz normaler durchschnittlicher Stern – einige 10^{57}!

Protonen und Elektronen sind elektrisch geladen. Sie tragen gleich große, jedoch entgegengesetzte Ladungen. Die des Protons ist „positiv", die des Elektrons „negativ". Ladungen gleichen Vorzeichens stoßen einander ab, entgegengesetzte ziehen einander an. Das Neutron ist, wie sein Name sagt, elektrisch neutral. Es trägt keine Ladung.

Ein Atom besteht aus einem positiv geladenen *Atomkern* und einer negativ geladenen Wolke von Elektronen, die den Kern weiträumig umgibt. Der Kern (lateinisch *nucleus*) setzt sich aus Protonen und Neutronen zusammen, die deshalb gemeinsam als *Nukleonen* bezeichnet werden. Die Atomkerne binden die Elektronen mittels der elektrischen Anziehung an sich, so wie die Sonne die Planeten durch die Schwerkraft auf ihren Umlaufbahnen hält. Aus historischer Gewohnheit sagen die Physiker auch heute noch, daß die Elektronen den Kern umkreisen, obwohl die Gesetze der modernen Quantenmechanik besagen, daß man bei atomaren Teilchen nicht von bestimmten Umlaufbahnen reden kann (die Quantenmechanik ist der Teil der modernen Physik, der die Wechselwirkungen und Bewegungen der Atome und Elementarteilchen mathematisch beschreibt).

Zu welchem Element ein Atom gehört, wird ausschließlich durch die Zahl der Protonen in seinem Kern festgelegt. Diese Anzahl heißt *Ordnungszahl* des Atoms beziehungsweise Elements. Wasserstoff hat die Ordnungszahl 1, Helium die 2, Kohlenstoff die 6, Eisen die 26 und Uran die letzte, 92. Die Protonen tragen gleiche elektrische Ladungen. Sie stoßen einander also ab. Damit ein Atomkern aus mehr als einem Proton nicht auseinanderfliegt, muß er von irgend etwas zusammengehalten werden. Diese Aufgabe erfüllen die Neutronen, deren Zahl im Kern stets ungefähr gleich groß oder etwas größer ist als die der Protonen. Die Gesamtzahl der Nukleonen in einem Kern (Protonen plus Neutronen) bestimmt die Masse des Atoms; sie heißt deshalb *Atomgewicht*. Die komplette Bezeichnung eines Atoms besitzt die Form $^{14}N_7$, wobei die 14 das Atomgewicht, die 7 die Ordnungszahl und N das chemische Symbol für Stickstoff (lateinisch ‚nitrogenium') darstellt. Da die Ordnungszahl automatisch aus der Angabe des chemischen Symbols folgt (*alle* Stickstoffatome besitzen die Ordnungszahl 7), wird sie meist weggelassen. In einem vollständigen Atom ist die Zahl der Elektronen gleich der Zahl der Protonen, so daß es in der Summe elektrisch ungeladen ist. Tabelle 2.1 enthält die vollständige Liste der chemischen Elemente.

Ein erster Blick auf die wahre Größe der Atome und Elementarteilchen führt stets zu großem Erstaunen. In einem normalen Wasserstoffatom hält sich das einzige Elektron in einem kugelförmigen Raum von etwa 10^{-8} cm (ein Ångström) Durchmesser auf, in dessen Mitte das Proton (als einziges Teilchen des Wasserstoffkerns) steht. Das mag auf den ersten Blick sehr klein erscheinen, aber nur bis man die Größe des Protons selbst erfährt: 10^{-13} cm, also nur der hunderttausendste Teil des Atomdurchmessers! Das bedeutet, daß nur der 10^{14}te Teil des Volumens eines Atoms wirklich Masse enthält. Wir bestehen praktisch nur aus leerem Raum! Nur die elektrischen Ladungen der wenigen Elementarteilchen in diesem vielen leeren Raum hindern uns daran, durch Türen und Wände zu gehen. Aber unter gewissen Umständen kann dieser Raum aus dcn Atomen sozusagen herausgequetscht werden. Dann kann

Tabelle 2.1: Die chemischen Elemente.

Die Spalte mit der Überschrift ‚A' enthält die Ordnungszahl des Elements, die mit der Überschrift ‚M' das Atomgewicht (Summe aus der Zahl der Protonen und Neutronen) des häufigsten Isotops. Im Fall der radioaktiven Elemente ist statt des häufigsten das stabilste Isotop angegeben.

Name	Symbol	A	M	Name	Symbol	A	M
Wasserstoff	H	1	1	Rhodium	Rh	45	103
Helium	He	2	4	Palladium	Pd	46	106
Lithium	Li	3	7	Silber	Ag	47	107
Beryllium	Be	4	9	Kadmium	Cd	48	114
Bor	B	5	11	Indium	In	49	115
Kohlenstoff	C	6	12	Zinn	Sn	50	120
Stickstoff	N	7	14	Antimon	Sb	51	121
Sauerstoff	O	8	16	Tellur	Te	52	130
Fluor	F	9	19	Jod	I	53	127
Neon	Ne	10	20	Xenon	Xe	54	132
Natrium	Na	11	23	Zäsium	Cs	55	133
Magnesium	Mg	12	24	Barium	Ba	56	138
Aluminium	Al	13	27	Lanthan	La	57	139
Silizium	Si	14	28	Cer	Ce	58	140
Phosphor	P	15	31	Praseodym	Pr	59	141
Schwefel	S	16	32	Neodym	Nd	60	142
Chlor	Cl	17	35	Promethium	Pm	61	147
Argon	Ar	18	40	Samarium	Sm	62	152
Kalium	K	19	39	Europium	Eu	63	153
Kalzium	Ca	20	40	Gadolinium	Gd	64	158
Skandium	Sc	21	45	Terbium	Tb	65	159
Titan	Ti	22	48	Dysprosium	Dy	66	164
Vanadium	V	23	51	Holmium	Ho	67	165
Chrom	Cr	24	52	Erbium	Er	68	166
Mangan	Mn	25	55	Thulium	Tm	69	169
Eisen	Fe	26	56	Ytterbium	Yb	70	174
Kobalt	Co	27	59	Lutecium	Lu	71	175
Nickel	Ni	28	58	Hafnium	Hf	72	180
Kupfer	Cu	29	63	Tantal	Ta	73	181
Zink	Zn	30	64	Wolfram	W	74	184
Gallium	Ga	31	69	Rhenium	Re	75	187
Germanium	Ge	32	74	Osmium	Os	76	192
Arsen	As	33	75	Iridium	Ir	77	193
Selen	Se	34	80	Platin	Pt	78	195
Brom	Br	35	79	Gold	Au	79	197
Krypton	Kr	36	84	Quecksilber	Hg	80	202
Rubidium	Rb	37	85	Thallium	Tl	81	205
Strontium	Sr	38	88	Blei	Pb	82	208
Yttrium	Y	39	89	Wismut	Bi	83	209
Zirkonium	Zr	40	90	Polonium	Po	84	210
Niob	Nb	41	93	Astat	At	85	210
Molybdän	Mo	42	98	Radon	Rn	86	222
Technetium	Tc	43	99	Frankium	Fr	87	223
Ruthenium	Ru	44	102	Radium	Ra	88	226

(Fortsetzung)

(Fortsetzung Tabelle 2.1)

Name	Symbol	A	M	Name	Symbol	A	M
Actinium	Ac	89	227	Berkelium	Bk	97	249
Thorium	Th	90	232	Californium	Cf	98	251
Protactinium	Pa	91	231	Einsteinium	Es	99	254
Uran	U	92	238	Fermium	Fm	100	253
Neptunium[a]	Np	93	237	Mendelevium	Md	101	256
Plutonium	Pu	94	242	Nobelium	No	102	254
Americium	Am	95	243	Lawrencium	Lw	103	257
Curium	Cm	96	247	Kurchatovium	Ku	104	–
				Hahnium	Ha	105	

[a] Elemente mit A = 93 und darüber kommen nicht natürlich vor und werden gewöhnlich mit Beschleunigern bei hoher Energie erzeugt.

man sehr viel Masse in sehr kleinem Raum unterbringen. Wir werden in späteren Kapiteln diesem Thema mehrfach begegnen.

Am Schluß dieses Abschnitts seien noch einige Bemerkungen zur erwähnten Rolle der Neutronen angefügt. Es gibt in der Natur vier fundamental voneinander verschiedene Arten von Kräften. Die schwächste der vier ist kurioserweise die bekannteste: Die *Gravitation* oder *Schwerkraft*. Sie hält uns auf der Erde fest, bindet die Planeten an die Sonne und hält auch sonst alle großen Objekte im Universum zusammen. Die Gravitation ist so schwach, daß sie stets nur dann zum Tragen kommt, wenn sehr viele Atome sie gemeinsam ausüben: Die Erde kann uns nur wegen ihrer ungeheuren Masse festhalten. Die zweitstärkste der vier Kräfte ist die *elektromagnetische Kraft*. Sie tritt uns im täglichen Leben in zwei sehr unterschiedlichen Erscheinungsformen entgegen: Elektrizität und Magnetismus. Sie sind aber nur zwei Aspekte desselben physikalischen Grundphänomens (im Physikunterricht wird dies so illustriert: Wenn man einen Strom durch ein Kabel schickt, dann entsteht ein Magnetfeld; wenn man ein Kabel durch ein Magnetfeld bewegt, dann entsteht ein Strom).

Die drittstärkste Kraft ist die *Schwache Wechselwirkung*. Sie bewirkt Kern- und Elementarteilchenprozesse wie zum Beispiel den Zerfall eines Neutrons in ein Proton und ein Elektron (das ist der sogenannte *Beta-Zerfall* des Neutrons, bei dem die Massendifferenz zwischen Neutron und Proton nach der Formel $E = mc^2$ in ein Elektron und dessen Bewegungsenergie umgewandelt wird). Der Name der Schwachen Wechselwirkung entstammt dem Vergleich mit der anderen atomaren Grundkraft, die mit großem Abstand die stärkste der vier ist: Die *Starke Wechselwirkung* oder *Kernkraft* hält die Atomkerne entgegen der elektrostatischen Abstoßung der Protonen zusammen. Sie ist zwar viel stärker als die elektromagnetische Kraft, sie wirkt im Gegensatz zu jener aber nur auf ganz kurze Entfernungen. Nur, wenn zwei Protonen sich auf ungefähr 10^{-13} cm nahe kommen, kann die Kernkraft sie aneinander binden. Wie die Protonen erst einmal in diesen kleinen Abstand zueinander kommen, das ist ein Thema für spätere Kapitel. Trotz ihrer alles überragenden Stärke auf kleinen Distanzen ist aber selbst die Kernkraft nicht ausreichend, um einen reinen

Protonenkern zusammenzuhalten. Sie braucht die Neutronen sozusagen als „Klebstoff". Diese elektrisch neutralen Teilchen tragen zur Anziehungskraft der Starken Wechselwirkung bei, ohne gleichzeitig die elektrischen Abstoßungskräfte zu verstärken.

2.2 Ionen und Isotope

Man kann ein Atom auf zwei Arten verändern, ohne daß seine Zugehörigkeit zu einem bestimmten chemischen Element sich ändert. Man kann – erstens – die Zahl der Elektronen erhöhen oder vermindern. Dann erhält man ein Atom mit einer elektrischen Netto-Ladung. Die Physiker nennen es dann ein *Ion*. Die Elektronen sind nicht sehr fest an ihre Atomkerne gebunden, insbesondere die weiter vom Kern entfernten. Man kann sie auf verschiedenen Wegen aus dem Atom herausschlagen. Die einzelnen Atome eines Gases sind in ständiger Bewegung, und so bleibt es nicht aus, daß sie zusammenstoßen. Wenn ein solcher Stoß nur heftig genug ist, kann er einem der beteiligten Atome ein Elektron entreißen, eventuell sogar mehrere. Da die Geschwindigkeit, mit der sich Gasatome bewegen, proportional zur Wurzel aus der Temperatur wächst, wird man in heißen Gasen mehr solcher beschädigter Atome erwarten als in kühlen. Ein weiterer Weg zur Ablösung eines Elektrons ist die Bestrahlung mit Licht geeigneter Wellenlängen.

Die physikalische Nomenklatur (Bezeichnungsweise) für Ionen ist einfach. Wenn zum Beispiel ein Neonatom ein Elektron verloren hat, dann wird es als Ne^+ bezeichnet. Das Pluszeichen deutet die positive Netto-Ladung des Ions an. Hat es zwei Elektronen verloren, dann heißt es Ne^{2+}, und so weiter. Da ein vollständiges Neonatom zehn Elektronen besitzt, kann diese Reihe bis Ne^{+10}, dem nackten Neonatomkern, fortgesetzt werden. Allerdings wird für jedes weitere Elektron, das wir einem Atom entreißen wollen, immer mehr und mehr an Ablöseenergie gebraucht, die in einem Gas zum Beispiel durch immer höhere Temperatur bereitgestellt werden könnte. Es ist auch möglich, einem Atom ein zusätzliches Elektron anzufügen; dann entsteht ein negatives Ion. Das entsprechende Wasserstoffion, zum Beispiel, heißt H^-. Es ist ein wichtiger Bestandteil der Sonnenatmosphäre.

Man kann – zweitens – die Zahl der Neutronen in einem Atom, also sein Atomgewicht, ändern. Die so entstehenden unterschiedlichen Atome desselben chemischen Elements werden als *Isotope* bezeichnet (siehe die untere Hälfte von Abbildung 2.1). Wenn wir zum Beispiel ein Neutron zu dem normalen Wasserstoffkern (einem einsamen Proton, wie wir wissen) hinzufügen, dann entsteht ^2H. Im speziellen Fall des Wasserstoffs tragen die Isotope Eigennamen. ^2H wird als *schwerer Wasserstoff* oder *Deuterium*, ^3H als *Tritium* bezeichnet. Gelegentlich verwendet man sogar eigene chemische Kurzsymbole für sie: D und T. Aber das ist ein Sonderfall. Beide Atomsorten sind immer noch Wasserstoff, da nur ein Proton vorhanden ist. Bei anderen Elementen werden die Isotope nur nach dem hochgestellten Atomgewicht unterschieden.

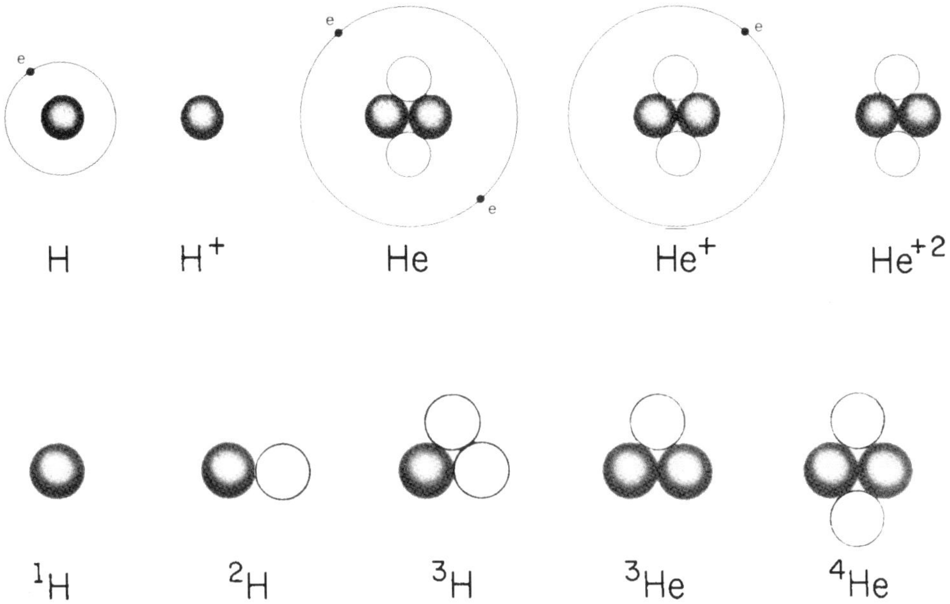

2.1 Der Aufbau von Atomen, illustriert an den Beispielen Wasserstoff und Helium. Die dunklen Kreise stellen Protonen, die hellen Neutronen dar. Elektronen sind durch kleine schwarze Kreise auf schematischen Umlaufbahnen dargestellt. H besitzt nur ein einziges positives Ion, H^+, das durch die Entfernung des Elektrons entsteht. Bei Helium gibt es zwei, He^+ und He^{2+}. Der untere Teil der Abbildung zeigt die verschiedenen Isotope von H und He, die sich durch unterschiedliche Anzahlen von Neutronen voneinander unterscheiden. Nach einer Abbildung in *A Brief View of Astronomy*, von J. M. Pasachoff, Saunders College Publishing, New York, 1986.

Fast alle Elemente kommen in der Natur in mehreren Isotopen vor, allerdings dominiert üblicherweise eines davon sehr stark. Nur ein Prozent allen natürlichen Wasserstoffs ist Deuterium; bei Helium gibt es neben dem üblichen ^{4}He einen winzigen Anteil ^{3}He; Kohlenstoff tritt als ^{12}C, ^{13}C und ^{14}C auf, wobei das erste mit Abstand am häufigsten ist. In Tabelle 2.1 ist für jedes Element nur das häufigste Isotop angegeben. Man kann einem Atomkern nicht beliebig viele Neutronen hinzufügen oder wegnehmen. Wenn die Abweichung von der Norm zu groß wird, dann verliert der Kern seinen inneren Zusammenhalt. Er wird instabil, das heißt, er zerfällt spontan in kleinere Teile. Diese Erscheinung, bei der die Atomkerne Gammaphotonen sowie Elektronen, Neutronen oder andere Bruchstücke mit großer Geschwindigkeit ausschleudern, heißt *Radioaktivität*. Bei den meisten Elementen gibt es einen gewissen Bereich von Atomgewichten mit stabilen Isotopen, das heißt solchen, die nie zerfallen. An beiden Enden (aber auch manchmal innerhalb) dieses Bereichs liegen die radioaktiven Isotope. Viele von ihnen zerfallen so langsam, daß man trotz ihrer grundsätzlichen Instabilität eine gewisse Menge von ihnen in der Natur vorfindet: ^{3}H und ^{14}C sind bekannte Beispiele. Einige Elemente besitzen überhaupt keine stabilen Isotope. Das kommt besonders bei den allerschwersten Elementen vor; die bekanntesten Beispiele sind Radium und Uran. Der Zerfall von ^{238}U geht jedoch so langsam vor sich, daß selbst nach 4,5 Milliarden Jahren noch ein Teil von dem Uran vorhanden ist, das der Erde bei ihrer Entstehung mitgegeben wurde. Bei anderen Elementen, zum Beispiel Technetium (Ordnungszahl 43) und Plutonium (Ordnungszahl 94) sind auch die stabilsten Isotope so kurzlebig, daß sie seither völlig verschwunden sind.

Jeder einzelne Atomkern eines radioaktiven Isotops zerfällt schlagartig – im Bruchteil einer Millionstel Sekunde. Allerdings ist der Zeitpunkt dieses Zerfalls für den einzelnen Kern völlig unvorhersagbar. Die Aussage, daß der Zerfall eines bestimmten Isotops sehr langsam vor sich geht, bedeutet, daß es sehr lange dauert, bis die Hälfte aller anfangs vorhandenen Kerne zerfallen ist. Die dafür benötigte Zeit heißt *Halbwertszeit* des Isotops. Nach zwei Halbwertszeiten ist noch ein Viertel der Kerne vorhanden, nach dreien noch ein Achtel, und so weiter.

Die mit hoher Geschwindigkeit weggeschleuderten Zerfallsprodukte können andere Atome und atomare Gebilde zerschlagen, zum Beispiel die Eiweiße und Erbanlagen eines lebenden Körpers. Deshalb sind sie für Menschen und andere Lebewesen gefährlich. In der Frühzeit ihrer Erforschung klassifizierte man sie nach ihren elektrischen Eigenschaften in die drei Gruppen α-, β- und γ-Strahlen. Heute wissen wir, daß die α-Strahlen Heliumatomkerne, die β-Strahlen Elektronen und die γ-Strahlen energiereiche Photonen sind. Neben Gefahren können die Zerfallsprodukte auch Nutzen mit sich bringen. ^{238}U zerfällt in ^{206}Pb (Blei) und eine Anzahl von Heliumkernen; ^{232}Th (Thorium) entsprechend in ^{208}Pb. Wenn man in einem Gestein die Häufigkeit des Ausgangsisotops mit der der Produkte vergleicht, dann kann man (bei bekannter Halbwertszeit) daraus das Alter des Gesteins berechnen. Dies ist der Weg, auf dem die moderne Naturwissenschaft das Alter der Erde und anderer Körper des Sonnensystems zu 4,5 Milliarden Jahren bestimmt hat!

2.3 Moleküle

Atome können sich zu komplizierteren Gebilden vereinigen, die *Moleküle* genannt werden. Es gibt keine Grenze für die Anzahl der Atome in einem Molekül. Folglich ist auch die Zahl möglicher verschiedener Moleküle praktisch unbegrenzt. Allerdings ist der Zusammenhalt zwischen den einzelnen Atomen eines Moleküls weit geringer als der innere Zusammenhalt der Atome selbst. Deshalb sind sie sehr viel leichter durch Stöße oder Strahlung zerstörbar. Das ist der Grund dafür, daß wir auf den heißen Oberflächen der Sterne nur einige wenige, besonders einfache und widerstandsfähige Sorten finden. Dagegen gibt es in den kalten Weiten des interstellaren Raums eine große Zahl von Molekülen, darunter auch recht komplizierte. Einige Beipiele von Molekülen in Sternen sind CN (Cyan, bestehend aus einem Kohlenstoff- und einem Stickstoffatom), CH, OH, H_2 (molekularer Wasserstoff, bestehend aus zwei Wasserstoffatomen), CO (Kohlenmonoxid), CO_2 (Kohlendioxid) und H_2O (Wasserdampf, bestehend aus einem Sauerstoff- und zwei Wasserstoffatomen).

Moleküle können aus verschiedenen Isotopen aufgebaut sein. Um solche Feinheiten zu betonen, schreibt man einfach die Atomgewichte zu den chemischen Symbolen der beteiligten Atome hinzu. So gibt es zum Beispiel Cyan in den Varianten $^{13}C\,^{14}N$, $^{12}C\,^{15}N$ und so weiter. Moleküle können auch ionisiert werden. Molekülionen werden in der gleichen Weise wie atomare Ionen durch die nachfolgend hochgestellte Ladungszahl bezeichnet, zum Beispiel CH^+. Wenn nötig, kann auch die Notation für die Isotope mit der für die Ladung kombiniert werden, zum Beispiel in $^{13}OH^+$.

2.4 Spektrallinien

Spektroskopie ist die Wissenschaft von dem Verhältnis zwischen Strahlung und Materie. Sie ist die Grundlage fast all unserer Kenntnisse über die Welt der Sterne. Atome und Moleküle erzeugen und verschlucken Licht und andere elektromagnetische Strahlung mittels ihrer Elektronen. Nur bei extrem hohen Energien (das heißt extrem kurzen Wellenlängen) spielen die Atomkerne eine direkte Rolle.

Obwohl es, wie erwähnt, nicht ganz richtig ist, von Elektronenbahnen um die Atomkerne zu sprechen, wollen wir in diesem Buch bei der historisch gewachsenen Redeweise bleiben. Sie ist anschaulich – und zumindest nicht vollkommen falsch. Die Grundtatsache aller Spektroskopie ist die folgende: Elektronen können den Kern auf verschiedenen Bahnen umkreisen. Auf jeder Bahn haben sie eine andere Energie. Indem sie von einer Bahn auf eine andere wechseln, können sie Strahlung absorbieren (verschlucken) beziehungsweise emittieren (aussenden). Die Energie der dabei erzeugten beziehungsweise vernichteten Photonen ist gerade die Differenz der Energien der beiden beteiligten Elektronenbahnen.

Allerdings sind die Elektronenbahnen nicht mit denen der Planeten um die Sonne vergleichbar. In der atomaren Welt gelten sehr seltsame Regeln. Während Jupiter oder Mars im Prinzip auf Bahnen jeder beliebigen Größe (und damit jeder beliebigen Energie) um ihr Muttergestirn kreisen können, ist dies den Elektronen verboten. Sie können nur ganz bestimmte Bahnradien und damit Energien einnehmen. Dazwischen gibt es „verbotene" Bereiche, in denen sich kein Elektron aufhalten *kann*. In der Sprache der modernen Physik sagt man, die Bahnradien und die Energien der Elektronen seien „quantisiert", also nur in bestimmten „Einheiten" oder „Quanten" veränderbar (daher kommt auch der Name *Quantenmechanik* für den Teil der Physik, der diese Phänomene beschreibt). Diese Quantisierung der atomaren Eigenschaften ist eine sehr seltsame Erscheinung, die in unserer täglichen Erfahrung keinerlei Gegenstück kennt. In großen Dimensionen ist die Natur nicht quantisiert: Ein Auto kann mit jeder beliebigen Geschwindigkeit fahren, Jupiter verändert seinen Bahnradius ständig durch den Einfluß der anderen Planeten, ohne dabei Sprünge machen zu müssen, und so weiter. Die Quantisierung fällt erst auf, wenn man zu sehr kleinen Dimensionen und sehr geringen Energien vordringt. Die fundamentale Einheit der Quantisierung atomarer Größen ist die Plancksche Konstante, die wir in Abschnitt 1.10 kennengelernt haben. Ihrer Winzigkeit müssen wir uns anpassen, um den seltsamen Erscheinungen der atomaren Welt zu begegnen.

Das Wasserstoffatom besitzt unter allen Atomen den einfachsten Satz von erlaubten Elektronenbahnen. Alle anderen Atome sind weitaus komplizierter. Wir wollen uns deshalb auf eine ausführliche Darstellung des Wasserstoffs beschränken (Abbildung 2.2). Normalerweise hält sich das (einzige) Elektron auf der kleinsten (innersten) aller erlaubten Bahnen auf. Dies nennt man den *Grundzustand* des Atoms. Er ist der Zustand der kleinsten erlaubten Energie und trägt die symbolische Nummer n = 1. Die zugehörige Elektronenbahn ist etwa 1 Ångström im Durchmesser. Der nächste erlaubte Zustand (n = 2) entspricht einer Bahn, die den vierfachen ($n^2 = 4$) Durchmesser der ersten besitzt. Und so geht das weiter über n = 3, 4, 5, im Prinzip durch alle natürlichen Zahlen n. In der Praxis werden die immer größer werdenden Elektronenbahnen jedoch bald von benachbarten Atomen gestört und schließlich völlig zerstört. Immerhin hat man in der Leere des interstellaren Raums schon Wasserstoffatome in Zuständen oberhalb n = 200 beobachtet. Ein solches Atom ist mehr als 200^2 Ångström, entsprechend 0,004 Millimeter groß.

Das Elektron wird durch die elektrische Anziehung zwischen entgegengesetzten Ladungen an das Proton gebunden. Will man das Elektron gegen diese Anziehungskraft vom Kern entfernen, so muß man dazu Energie (Arbeit) aufbringen. Diese Energie wird umgekehrt wieder frei, wenn das Elektron sich dem Kern nähert. Der Übergang vom Zustand n = 1 (Grundzustand) nach n = 2 braucht sehr viel mehr Energie als der von n = 2 nach n = 3. Zwischen den höheren Zuständen liegen immer kleiner werdende Energiedifferenzen. Abbildung 2.2 zeigt (rechts oben) die Energiezustände des Wasserstoffs in einer graphischen Darstellung, die als *Grotrian-Diagramm* bezeichnet wird. Nach oben ist die Energie aufgetragen. Jedem Zustand entspricht eine waagrechte Linie bei der Energie des Zustands. Man erkennt, daß sich alle Linien nach oben zu einer Grenze hin häufen. Diese Grenze markiert diejenige Energiemenge, die man braucht, um das Elektron dem Proton aus dem Grundzustand heraus völlig zu entreißen. Gibt man dem Elektron mindestens diese *Ionisationsenergie* mit, dann fliegt es frei davon: Das Atom wird ionisiert.

Angenommen, ein Elektron befinde sich in der zweiten Bahn (dem zweiten Energiezustand). Es mag dorthin durch die Absorption eines Photons oder durch einen Stoß mit einem Nachbaratom gekommen sein. Nach einer allgemeinen Regel der Natur versucht jedes physikalische System, den Zustand der geringsten möglichen inneren Energie anzunehmen. Diese Regel gilt für Sterne und Atome gleichermaßen. Also wird unser Elektron versuchen, wieder nach n = 1 zurückzukehren. Dazu muß es die Energiedifferenz zwischen den Zuständen n = 2 und n = 1 wieder loswerden. Dies gelingt ihm, indem es ein Photon aussendet, dessen Energie *exakt* dieser Diffe-

2.2 Elektronenbahnen und Energieniveaus im Wasserstoffatom. Die linke Seite zeigt die ersten sechs erlaubten Bahnen des Elektrons um das Proton (das ‚+' symbolisiert dessen positive elektrische Ladung). Die Radien der Bahnen wachsen mit dem Quadrat der Bahnnummer n. Das heißt, die Bahn n = 3 ist neunmal so weit vom Kern entfernt wie die Bahn n = 1. Letztere besitzt einen Durchmesser von etwa 1 Ångström. Im Maßstab der Abbildung hätte die Bahn n = 110, die für eine astronomisch bedeutsame Radiolinie des Wasserstoffs verantwortlich ist, einen Durchmesser von 85 Metern. Im selben Maßstab wäre der Kern immer noch winzige 10^{-5} Zentimeter groß, also nur in einem starken Mikroskop erkennbar. Die Abbildung zeigt die ersten paar Abwärtsübergänge der ersten vier Linienserien des

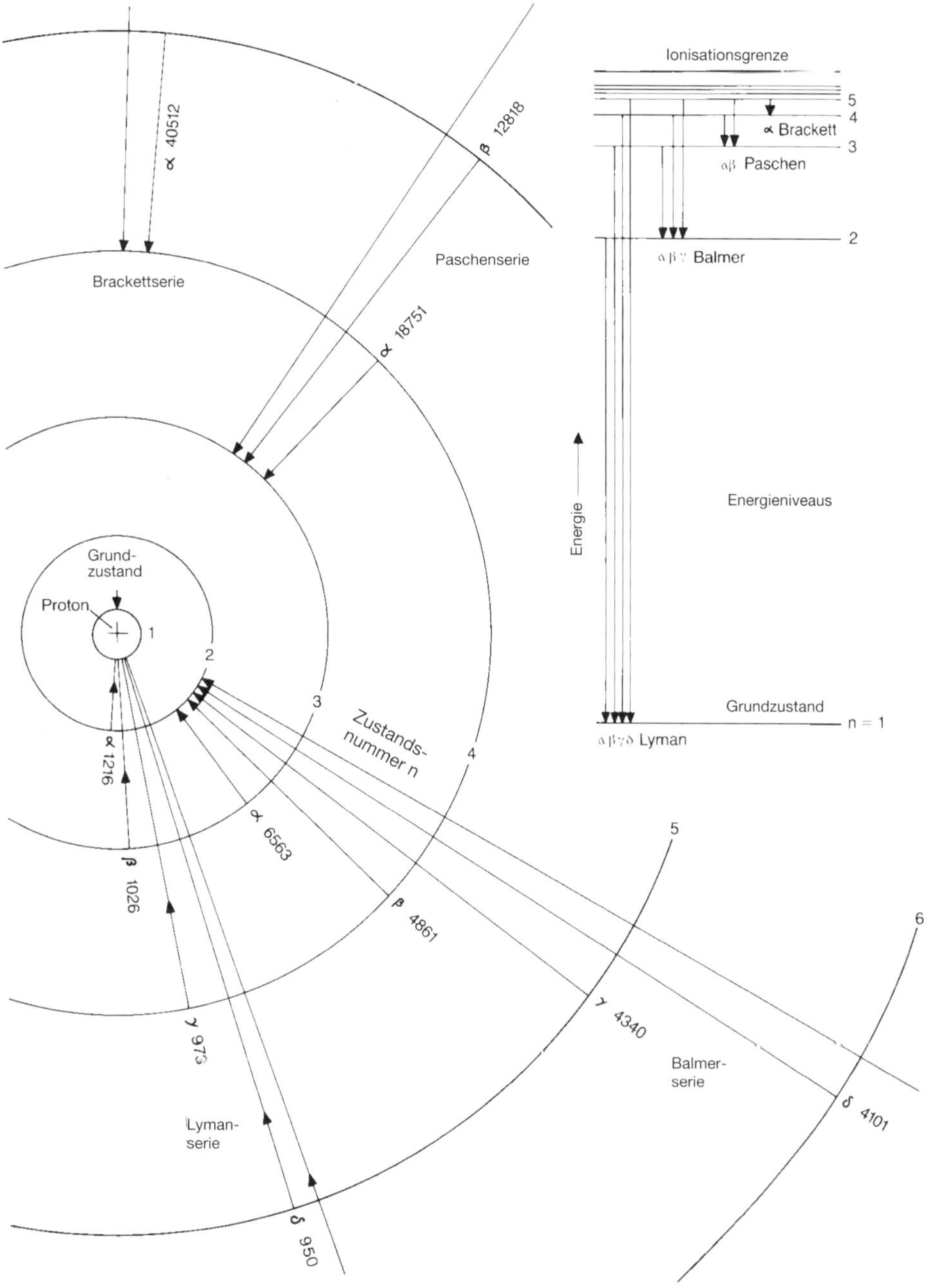

Wasserstoffs (Lyman, Balmer, Paschen, Brackett) mit ihren jeweiligen Bezeichnungen und Wellenlängen. Im Diagramm rechts oben sind die Energien der einzelnen Bahnen maßstäblich korrekt auf einer senkrechten Energieachse dargestellt. Die Ionisationsgrenze entspricht formal einem Elektron auf einer unendlich großen Umlaufbahn. Mit anderen Worten: Sie ist die kleinstmögliche Energie, die ein freies Elektron besitzen kann, also eines, dessen Geschwindigkeit zu groß ist, um von der elektrischen Anziehungskraft des Kerns gestoppt und umgekehrt zu werden. Abbildung vom Autor.

renz entspricht. Wir wollen sie E_{2-1} nennen. Aus dem ersten Kapitel wissen wir, daß die Energie eines Photons in eindeutiger Weise mit seiner Wellenlänge λ verknüpft ist: $E = h\nu = hc/\lambda$. Das heißt, daß E_{2-1} die Wellenlänge des emittierten Photons festlegt. In unserem Beispiel ist λ = 1 216 Å. Diese Wellenlänge gilt für *alle* Wasserstoffatome. Jedes von ihnen wird, wenn es in den zweiten Energiezustand gehoben wird, innerhalb von etwa 10^{-8} Sekunden ein Ultraviolettphoton von 1 216 Å aussenden.

Was passiert, wenn ein Atom in einen noch höheren Zustand gerät, zum Beispiel n = 4? Es wird immer noch in den Grundzustand zurückkehren wollen. Nun kann es dies aber auf verschiedenen Wegen tun. Einerseits kann es direkt von n = 4 nach n = 1 springen, unter Emission eines noch energiereicheren Photons von 973 Å Wellenlänge. Andererseits kann es auch „unterwegs" eine Pause einlegen: Springt es zunächst von n = 4 nach n = 2, so erzeugt es ein Photon mit der Wellenlänge 4 861 Å, entsprechend der Energiedifferenz der beiden beteiligten Niveaus. Von n = 2 aus wird es dann weiter nach n = 1 wechseln und, wie vorher, ein Photon von 1 216 Å emittieren. Das Elektron kann die Leiter der Energieniveaus auch schön Sprosse um Sprosse hinuntersteigen und *drei* Photonen emittieren: Von 4 nach 3 ein Infrarotphoton von 18 751 Å, von 3 nach 2 ein rotes Photon von 6 563 Å und wieder das UV-Photon von 2 nach 1. Es ist völlig unvorhersagbar, welchen der möglichen Wege das Elektron nehmen wird. Aber die Quantenmechanik gibt uns Regeln zur Berechnung der *Wahrscheinlichkeit* jedes einzelnen Wegs. Das heißt, daß man bei einer großen Ansammlung von Wasserstoffatomen sehr genau sagen kann, wieviele von ihnen pro Sekunde von diesem zu jenem Zustand springen werden.

Zu jedem Paar von Zuständen gehört also eine bestimmte Wellenlänge im elektromagnetischen Spektrum. In der Sprache der Spektroskopie wird sie als *Spektrallinie* oder einfacher als *Linie* des entsprechenden Atoms bezeichnet (wer dieses Wort wirklich verstehen will, der blättere vor zur Abbildung 2.9: Die Absorption beziehungsweise Emission von Licht bestimmter Wellenlängen erzeugt helle und dunkle Striche, „Linien", in den Spektren der Sterne). Die Gesamtzahl aller Linien des Wasserstoffs ist riesig (man bedenke, wie viele Möglichkeiten ein Elektron bei n = 50 hat!), also möchte man sie etwas ordnen. Das Ordnungsschema ist, wie so vieles in der Naturwissenschaft, historisch gewachsen und deshalb nicht vollkommen systematisch. Die Linien werden in sogenannte Serien eingeteilt, nach dem jeweils niedrigeren der beiden beteiligten Niveaus. Die zu n = 2 gehörige Serie ist die bekannteste und zuerst entdeckte: Sie enthält die einzigen Linien des Wasserstoffs im Bereich des sichtbaren Lichts. Sie heißt *Balmer-Serie* nach dem Schweizer Mathematiker Johann Jakob Balmer, der im 19. Jahrhundert die mathematische Beziehung zwischen ihren verschiedenen Wellenlängen erkannte. Der Übergang von n = 3 nach n = 2 entspricht der Balmerlinie mit der niedrigsten Energie, das heißt der größten Wellenlänge: 6 563 A. Sie wird als Balmerα, oder häufiger als Hα bezeichnet (H für Wasserstoff). Die weiteren Linien tragen die Bezeichnungen Hβ (4 $\rightarrow$ 2, bei 4 861 Å), Hγ (5 $\rightarrow$ 2, 4 340 Å), Hδ (6 $\rightarrow$ 2, 4 101 Å) und Hε (7 $\rightarrow$ 2, 3 970 Å). Danach bricht die Benutzung der griechischen Buchstaben ab, die folgenden Linien der Serie heißen H_8, H_9, und so weiter.

Da die höheren Zustände in der Energie immer dichter beieinander liegen, rücken auch die höheren Linien in der Wellenlänge immer näher zusammen. Wenn wir ihre Positionen auf einer Wellenlängenskala aufmalen, dann häufen sie sich zu einer Grenzwellenlänge von 3 646 Å hin. Diese Grenze entspricht der Energie, die für die Ionisation eines Wasserstoffatoms vom Zustand n = 2 aus benötigt wird.

Die übrigen Serien des Wasserstoffs sind nach ihren jeweiligen Entdeckern benannt. Da sie keine Linien im sichtbaren Licht enthalten, sind sie durch Photoplatten oder elektronische Detektoren nachgewiesen worden. Für die Astronomie sind sie alle wichtig. Die UV-Linien, die wir bei der Darstellung des Wasserstoffspektrums als erste kennenlernten, werden als *Lymanserie* bezeichnet; die erwähnte Linie bei 1 216 Å ($2 \rightarrow 1$) heißt Lymanα oder kurz Lyα, die nächste Lyβ, und so weiter wie bei der Balmerserie. Sie häufen sich zu einer Grenzwellenlänge von 912 Å, die der Ionisationsenergie des Wasserstoffatoms aus dem Grundzustand entspricht. Jenseits des sichtbaren Lichts, im Infraroten, finden wir die Paschenserie, die mit Paschenα, oder kurz Pα, bei 18 751 Å ($4 \rightarrow 3$) beginnt und bis zu einer Seriengrenze bei 8 208 Å, also fast bis in den sichtbaren Spektralbereich reicht. Weiter im Infraroten finden wir die Brackett-, Pfund- und Humphries-Serien, die zu den Niveaus n = 4, 5 und 6 gehören. Höhere Energieniveaus gehören zu immer geringeren Energien, das heißt größeren Wellenlängen. Die entsprechenden Linienserien werden nur noch numeriert. Die Linie 109α für den Übergang von n = 110 nach n = 109 liegt im Radiobereich bei einer Frequenz von 5 007 Megahertz, entsprechend einer Wellenlänge von etwa 6 Zentimetern.

2.5 Absorptionslinien

Bisher haben wir uns nur mit den abwärts gerichteten, den Photonen emittierenden Übergängen zwischen atomaren Zuständen befaßt und die umgekehrten Prozesse nur beiläufig erwähnt. Diese sind aber ebenso wichtig. Während die Abwärtssprünge der Elektronen spontan, das heißt ohne äußere Einwirkung oder Veranlassung ablaufen, ist dies für Aufwärtssprünge nicht möglich: Die Energiedifferenz muß in diesem Falle ja von irgendwoher aufgebracht werden. Die Quelle der Energie kann, wie erwähnt, die Kollision mit einem anderen Atom oder ein vorbeifliegendes Photon sein. Nehmen wir zum Beispiel das Licht eines heißen Schwarzen Körpers (heiß, damit er genügend kurzwellige Photonen erzeugt) und bestrahlen damit eine Ansammlung von Wasserstoffatomen. Ein Schwarzer Körper emittiert Licht aller Wellenlängen, einschließlich solcher, die gerade den Wasserstoff-Linien entsprechen. Wenn eines unserer Atome im Grundzustand von einem Photon der Wellenlänge 1 216 Å getroffen wird, dann kann es dieses Photon verschlucken und in den zweiten Quantenzustand wechseln.

Es sei nochmals betont, daß die Energie des Photons *genau* gleich der Energiedifferenz zwischen zwei erlaubten atomaren Zuständen sein muß, damit es absorbiert werden kann. Das Atom kann nicht einen Teil des Photons verschlucken oder in einen nicht erlaubten Zwischenzustand gehen. Folglich werden nur Photonen ganz bestimmter Energien aus dem Spektrum des Schwarzen Körpers entnommen. Wenn wir dem Lichtstrom genügend viele Wasserstoffatome in den Weg stellen, dann werden wir danach dunkle Stellen in dessen Spektrum finden: *Absorptionslinien*. Jede einzelne Lymanlinie unserer Wasserstoffatome wird ihre Entsprechung in einer solchen dunklen Stelle finden. Haben wir nicht nur Atome im Grundzustand, sondern auch solche im zweiten, dann werden sie analog die Photonen der Balmerlinien aus dem Lichtstrom absorbieren; Atome im Zustand n = 3 werden Photonen der Paschenserie verschlucken, und so weiter.

2.6 Linienentstehung in Sternspektren

Nun sind wir gerüstet, einen ersten Blick auf die Entstehung der Spektren von Sternen und kosmischen Gaswolken zu werfen. Allerdings wollen wir uns noch nicht mit echten Sternen beschäftigen (die sind uns noch zu kompliziert), sondern ein sogenanntes Gedankenexperiment mit einem extrem vereinfachten physikalischen Objekt durchführen. Es ist ausreichend, um die grundlegenden Vorgänge bei der Entstehung der Spektren astronomischer Objekte zu verstehen.

Wir nehmen einen durchsichtigen Kasten und füllen ihn mit einem sehr dünnen Gas aus atomarem Wasserstoff (die Dichte des Gases muß gering sein, damit die Atome einander gegenseitig nicht stören), siehe Abbildung 2.3. Sodann stellen wir eine Lichtquelle neben den Kasten, die ihn mit einem kontinuierlichen Spektrum bestrahlt, zum Beispiel ein sehr heißes Stück Metall. Dieses zweiteilige physikalische System erzeugt drei sehr verschiedene Spektren, die wir nacheinander anschauen können, wenn wir ein dazu geeignetes Gerät besitzen. Ein solches Gerät heißt *Spektroskop* oder *Spektrograph*, je nachdem, ob man damit ein Spektrum nur anschauen oder auch auf Papier, Film o. ä. aufzeichnen kann. Wir werden uns in den beiden letzten Abschnitten dieses Kapitels näher mit ihm beschäftigen. Im Augenblick wollen wir einfach voraussetzen, daß wir Licht in seine Anteile verschiedener Wellenlängen zerlegen und anschauen können.

Betrachten wir zunächst das Spektrum der Kontinuumslichtquelle (Spektrum Nummer 1 in Abbildung 2.3). Wir richten also unser Gerät auf die Quelle und zeichnen die Menge des Lichts in Abhängigkeit von der Wellenlänge auf. Das Ergebnis ähnelt den Darstellungen der Schwarzkörperspektren aus Abschnitt 1.15.

Als nächstes schauen wir uns das Spektrum an, nachdem es die Wasserstoffatome in dem Kasten passiert hat (Spektrum 2 in Abbildung 2.3). Das Gas kann nicht wie ein Schwarzer Körper mit der Temperatur des Kastens strahlen, weil seine Dichte zu gering ist. Es ist für fast alle Wellenlängen einfach durchsichtig. Die Atome fliegen ständig mit großer Geschwindigkeit (entsprechend ihrer Temperatur) in dem Kasten herum und stoßen miteinander zusammen. Bei jedem Stoß können Elektronen von einem Zustand in einen anderen wechseln. Wird ein Elektron in einen höheren Energiezustand gestoßen, dann entnimmt es Energie aus der Bewegung der Atome, die sich nach dem Stoß langsamer bewegen als vorher. Bei abwärts gerichteten Übergängen ist es umgekehrt. Alle Atome zusammengenommen verteilen auf diese Weise ihre Elektronen in einer statistisch vorhersagbaren – von Temperatur und Dichte abhängigen – Weise auf die verschiedenen erlaubten Bahnen. Wenn die Kontinuumsstrahlung unserer Lichtquelle den Kasten durchströmt, haben im Prinzip alle Photonen, deren Wellenlänge zu einer Wasserstoff-Linie paßt, die Chance, absorbiert zu werden. Wie viele Photonen einer solchen Wellenlänge tatsächlich verschluckt werden, hängt von der Zahl der Atome ab, die durch Stöße gerade in den richtigen Energiezustand gebracht wurden. An der anderen Seite des Kastens tritt Licht aus, in dessen Spektrum diese Photonen fehlen (Spektrum Nummer 2 in Abbildung 2.3), ein Spektrum mit Absorptionslinien.

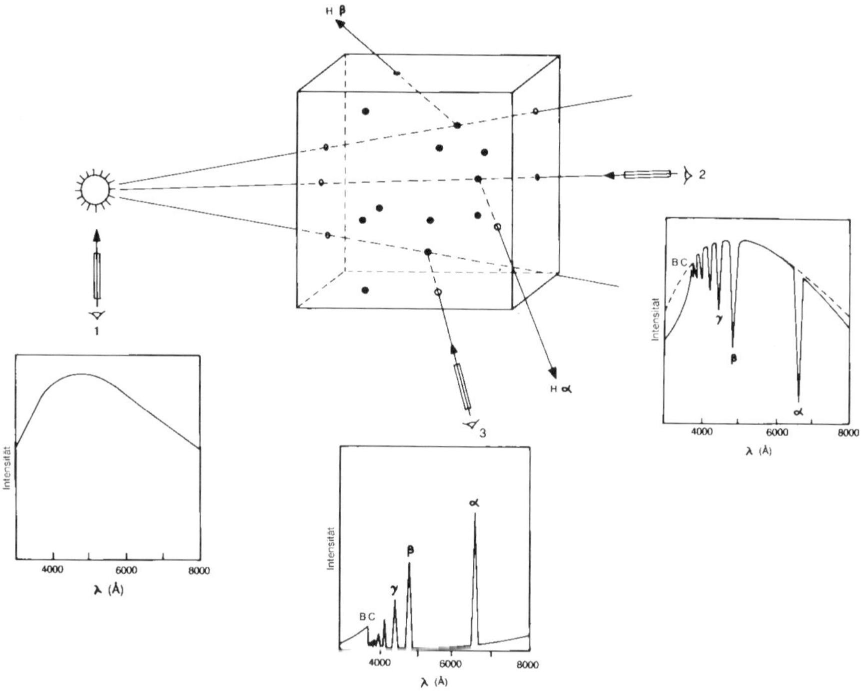

2.3 Die Entstehung von Spektren. Eine Lichtquelle, zum Beispiel eine Glühlampe, erzeugt ein kontinuierliches Spektrum, das wir mit dem Spektroskop 1 direkt anschauen können. Das selbe Spektrum fällt in den Kasten. Das heißt, dort sind Photonen aller Wellenlängen verfügbar. Jedoch werden nur solche im Kasten absorbiert, deren Energie gleich der Energiedifferenz zweier erlaubter Zustände des Wasserstoffatoms ist. Alle andern durchqueren den Kasten weitgehend ungestört. Hinter dem Kasten sehen wir deshalb ein Absorptionsspektrum, wenn wir in das Spektroskop 2 schauen. Die gestrichelte Linie im rechten Spektrum deutet das ursprüngliche Kontinuum an, in das sich die Balmerlinien, das Balmerkontinuum (links) und das Paschenkontinuum (rechts) als Absorptionen eingesenkt haben. Die Grenzen der beiden Kontinua liegen bei 3 646 Å (Balmer) beziehungsweise 8 208 Å (Paschen). Die durch die Absorptionsprozesse in höhere Niveaus gehobenen Elektronen wollen wieder zum Grundzustand zurück. Auf ihrem Weg dorthin produzieren sie Balmerlinien- und Balmerkontinuumsphotonen. Da die neu erzeugten Photonen in alle Richtungen davonfliegen, kann man sie in Spektroskop 3 anschauen. Dort sieht man ein reines Emissionsspektrum des Wasserstoffs, da kein Licht direkt von der Lichtquelle empfangen wird. Diagramm vom Autor.

Zuletzt wollen wir uns noch anschauen, was der Kasten selbst an Licht erzeugt. Dazu bauen wir unser Spektroskop seitlich auf, so daß wir kein Licht von der Kontinuumsquelle erhalten (Nummer 3 in Abbildung 2.3). Die energiereichen Elektronen in den oberen Zuständen der Wasserstoffatome wollen in den Grundzustand zurück, gleichgültig, ob sie durch Stöße oder durch die Absorption von Photonen angehoben wurden. Und bei ihren Abwärtssprüngen erzeugen sie ein Emissionslinienspektrum, wie im Abschnitt 2.4 ausführlich beschrieben. Die Photonen dieses Prozesses fliegen in alle Richtungen aus dem Kasten heraus, einige also auch in Richtung des Spektroskops Nummer 2. Sie füllen die Absorptionslinien teilweise wieder auf. Aber da nur ein kleiner Teil von ihnen in genau diese Richtung entweicht, ist der Effekt kaum zu bemerken. Umgekehrt werden natürlich einige der seitlich emittierten Linienphotonen von anderen Atomen wieder absorbiert, bevor sie den Kasten verlassen und Spektroskop Nummer 3 treffen können. Aber die Emission ist stets stärker als diese sogenannte *Selbstabsorption* einer Linie, so daß auf jeden Fall Emissionslinien aus dem Kasten kommen.

2.7 Kontinua

Unser atomares Wasserstoffgas erzeugt aber nicht nur Linien, sondern auch Kontinua, sowohl in Absorption als auch in Emission. Ein Photon aus unserer Lichtquelle, dessen Wellenlänge kürzer als 912 Å ist, kann die Atome ionisieren. Die Energie von freien (aus dem Atom herausgeschlagenen) Elektronen ist im Gegensatz zu der von gebundenen Elektronen nicht quantisiert. Folglich kann *jedes beliebige* Photon unterhalb von 912 Å die Elektronen ihrem Proton entreißen. Deshalb sehen wir in unserem Spektroskop Nummer 2 eine breite, durchgehende Einsenkung des Spektrums links von 912 A. Dies nennt man das Lymankontinuum in Absorption. Die Wahrscheinlichkeit einer Ionisation ist für Photonen direkt an der Ionisationsgrenze am größten; zu kürzeren Wellenlängen nimmt sie schnell ab. Deshalb wird das Absorptionskontinuum im Spektrum nach links immer flacher und verschwindet schließlich ganz. Für sehr kurze Wellenlängen sehen wir wieder das unbeeinträchtigte Spektrum unserer Lichtquelle. Neben dem Lymankontinuum gibt es selbstverständlich ein Balmer- und ein Paschenkontinuum (beide sind in Abbildung 2.3 angedeutet) sowie analoge Kontinua für die Ionisation aus höheren Energiezuständen. Die jeweiligen Grenzen liegen immer weiter im Infraroten, weil immer weniger Energie zum Entfernen des Elektrons aufgewandt werden muß.

Im Spektroskop Nummer 3 sehen wir die Umkehrung dieser Prozesse. Die im Kasten frei herumfliegenden Elektronen können bei der Begegnung mit einem nackten Proton wieder in einen gebundenen Zustand überwechseln. Dabei wird ein Photon ausgesandt, das die Energiedifferenz zwischen dem freien und dem gebundenen Elektron davonträgt. Das Atom kann zunächst in *jedem* der erlaubten Zustände sein, das heißt das Photon kann irgend einem der atomaren Kontinua angehören. Das Lymankontinuum beginnt bei 912 Å, das Balmerkontinuum bei 3 646 Å, das Paschenkontinuum bei 8 204 Å, das Brackettkontinuum bei 14 585 Å und so weiter. Allen Emissionskontinua gemeinsam ist, daß sie direkt an ihren jeweiligen Grenzen (*Kanten* im Jargon der Spektroskopiker) am stärksten sind und zu kürzeren Wellenlängen schnell an Intensität abnehmen.

Es gibt noch zwei weitere Prozesse in unserem Kasten, die wir für spätere Kapitel dieses Buches kennen müssen. Freie Elektronen können ihre Energie auch ändern, ohne sich gleich mit einem Proton zu verheiraten. Zum einen kann ein schnelles Elektron beim Vorbeiflug an einem Proton etwas abgebremst werden. Die Differenzenergie wird in Form eines Photons abgestrahlt. Da nun sowohl der Ausgangs- als auch der Endzustand nicht quantisiert ist, erzeugt dieser Prozeß ein Emissionskontinuum. Man beachte, daß dieses Kontinuum keine Kante besitzt, weil es keine Mindestenergiedifferenz zwischen zwei verschiedenen freien Elektronenzuständen gibt. – Umgekehrt kann ein freies Elektron beim Vorüberflug an einem Proton auch beschleunigt werden – allerdings nur, wenn zur gleichen Zeit am gleichen Ort ein Photon als Energielieferant zur Verfügung steht. Dieser Vorgang führt zu einem Absorptionskontinuum, wiederum ohne Kanten. Was beim Wechselspiel der Absorptionen und Emissionen schließlich an Licht aus dem Gas herauskommt, hängt von dessen Dichte und Temperatur und natürlich von der Intensität des einströmenden Strahlungsfelds ab.

Wir beschließen diesen Abschnitt mit einem kleinen Ausflug in die Nomenklatur. Die zuletzt besprochenen Prozesse werden als *frei-frei-Emission* beziehungsweise *frei-frei-Absorption*, zusammenfassend als *frei-frei-Übergänge* bezeichnet, weil das Elektron sowohl vorher als auch nachher ungebunden ist. In analoger Weise nennt man die Ionisation eines Atoms auch einen *gebunden-frei-Übergang*. Die Umkehrung wird von den Spektroskopikern zwar meist als *Rekombination*, gelegentlich jedoch auch als *frei-gebunden-Übergang* bezeichnet. Und schließlich erscheinen die atomaren Linienemissionen und -absorptionen hin und wieder unter dem Etikett *gebunden-gebunden-Übergänge*.

2.8 Linienstruktur: Druck und Dichte

Bisher haben wir die atomaren Energiezustände als völlig scharf definiert angesehen. Das ist nur fast richtig. In Wahrheit kann die Energie der Elektronen in jeder erlaubten Bahn ein klein wenig variieren. Daraus folgt, daß beim Wechsel von einem Zustand zum andern nicht nur Licht einer ganz bestimmten, völlig scharf definierten Wellenlänge emittiert werden kann. Spektrallinien besitzen also in Wahrheit eine gewisse – meist sehr kleine – Breite, und damit auch eine innere Struktur. Dies gilt sowohl für Emissions- als auch für Absorptionslinien. Die Struktur einer Linie wird durch das sogenannte *Linienprofil* beschrieben. Das ist einfach die graphische Darstellung des Strahlungsflusses in der Linie in Abhängigkeit von der Wellenlänge (in Abbildung 2.3 sind die Spektrallinien bereits mit Linienprofilen, also mit einer gewissen Breite gezeichnet worden). Wir werden uns im Lauf dieses Buches intensiv mit Linienprofilen beschäftigen, da sie sehr viel Information über die Sterne und den Aufbau ihrer Atmosphären enthalten.

Die Linienbreite hat mehrere Ursachen. Zunächst besitzen alle atomaren Zustände eine gewisse grundsätzliche Unschärfe, die aus den Gesetzen der Quantenmechanik folgt. Darüber hinaus spielen aber die Stöße zwischen Atomen eine wichtige Rolle. Wann immer ein Atom (oder sonstiges Teilchen) in die Nähe eines anderen kommt, stört und verbiegt es die Elektronenbahnen seines Nachbarn ein wenig. Dadurch werden die zugehörigen Energien etwas erhöht oder erniedrigt, je nach Entfernung, Art des Teilchens und Eigenschaften des betroffenen atomaren Zustands. Betrachtet man die Gesamtheit aller Atome in einem Gas, so erscheint im Endeffekt jeder atomare Energiezustand etwas verschmiert. Emission und Absorption von Strahlung kann weiter von der ungestörten Wellenlänge einer Linie entfernt stattfinden als ohne die Störungen. Die Linien werden also verbreitert.

Mit zunehmendem Druck (zunehmender Dichte) eines Gases sind immer mehr Atome immer stärker gestört, die Linien werden also immer breiter. Im Extremfall können sie so breit werden, daß sie zu überlappen beginnen. Das wird besonders in einem realistischen astronomischen Gas geschehen, in dem das ganze optische Spektrum durch eine Vielzahl verschiedener Atome und Ionen über und über mit Linien vollgepackt ist (im Gegensatz zu unserem idealisierten Wasserstoffgas im Kasten der Abbildung 2.3). Gleichzeitig wird das Gas so dick, daß fast alle emittierten Photonen vielfach re-absorbiert und wieder emittiert werden, bevor sie das Gasvolumen verlassen können. Es wird sich im Innern des Volumens eine Art Gleichgewicht einstellen, in dem jeder einzelne atomare Prozeß genau so häufig abläuft wie sein jeweiliger Umkehrprozeß. Diesen Zustand nennt man *lokales thermodynamisches Gleichgewicht*. Das Strahlungsfeld in einem so dichten Gas entspricht dem eines Schwarzen Körpers der entsprechenden Temperatur (im Gegensatz zu dem dünnen Gas unseres Kastens, das nur bei den Wellenlängen seiner Spektrallinien ein dichtes Strahlungsfeld erzeugt). Folglich gibt es auch nach außen kein Linienspektrum, sondern ein kontinuierliches Spektrum ab.

Wir haben nun die Regeln erarbeitet, nach denen ein Spektrum entsteht. Sie sind als *Kirchhoffsche Gesetze* bekannt und lauten kurz zusammengefaßt folgendermaßen:

1. Gase unter hohem Druck und Festkörper erzeugen bei hoher Temperatur ein kontinuierliches Spektrum.
2. Heiße Gase geringer Dichte erzeugen ein Emissionslinienspektrum (das eventuell mit einem schwachen Kontinuum unterlegt ist).
3. Ein Kontinuum wird nach dem Durchgang durch ein Gas geringer Dichte Absorptionslinien aufweisen.

2.9 Andere Atome und Ionen

Echte astronomische Gase enthalten, wie erwähnt, neben dem Wasserstoff viele andere Atome und Ionen. Das Spektrum jeder Sorte hängt von der Zahl der Elektronen und der Stärke ihrer Bindung an den Kern ab. Da diese Bedingungen für jedes Atom beziehungsweise Ion anders sind, erzeugt jedes sein eigenes, unverwechselbares Spektrum. So kann zum Beispiel kein anderes Atom oder Ion die Balmerserie des Wasserstoffs reproduzieren. Diese Tatsache ist die Grundlage unserer Fähigkeit, aus dem Spektrum eines Himmelsobjekts seine chemische Zusammensetzung abzuleiten.

Schauen wir uns zum Beispiel Helium mit seinen beiden Elektronen an. Bei einer Anregung des Atoms wird normalerweise nur eines der beiden Elektronen in eine höhere Bahn gehoben, während das andere nahe am Kern verbleibt. Ist das angehobene Elektron weit genug vom Kern entfernt, dann wird es den ganzen Rest des Atoms als einfach positiv geladenen „Kern" sehen. Das innere Elektron gleicht die Ladung eines der beiden Protonen aus, und das Spektrum des Heliumatoms ähnelt dem des Wasserstoffatoms in den entsprechenden Elektronenbahnen. Aber in den tieferen Anregungszuständen stören sich die beiden Elektronen gegenseitig. Jeder der analogen Wasserstoffzustände wird in mehrere verschiedene Entsprechungen im Helium aufgespalten, mit dem Ergebnis, daß das Heliumatom insgesamt sehr viel mehr Übergänge (Linien) besitzt als der Wasserstoff. Im sichtbaren Teil des elektromagnetischen Spektrums liegen allerdings nur rund ein halbes Dutzend von ihnen. Astronomisch wichtig sind insbesondere die Linien des He I (so wird das neutrale Helium in der Sprache der Spektroskopiker auch bezeichnet) bei 5 876 und 4 471 Ångström.

Wenn wir dem Heliumatom eines seiner Elektronen wegnehmen, erhalten wir ein Spektrum, das dem des Wasserstoffs in seinem Aufbau äußerst ähnlich ist. Da das verbleibende Elektron aber viel fester an den Kern gebunden ist als beim Wasserstoff (zwei Protonen statt einem ziehen es an), werden alle Linien zu Wellenlängen verschoben, die um einen Faktor 4 (= 2 im Quadrat) verkleinert sind. So rutscht das Äquivalent der Balmerserie ins UV, und die Äquivalente der Paschen- und der Brackett-Serie erscheinen im sichtbaren Licht. Die Linien der Balmerserie des He II (das ist das spektroskopische Kürzel für ionisiertes Helium, das wir bisher als He^+ bezeichnet haben) fallen genau auf die Lymanlinien des Wasserstoffs, allerdings liegt zwischen je zwei Lymanlinien noch eine zusätzliche, dritte Heliumlinie (das nachzuprüfen ist eine hübsche kleine Rechenaufgabe). Die stärkste der wenigen sichtbaren Linien ist Paschen α des He II. Das zweifach ionisierte Heliumatom (He^{2+} oder He III) ist ein nackter Atomkern, der überhaupt kein Linienspektrum erzeugen kann. Neutraler Wasserstoff (H I) und He II (oder He^+) sind ein Beispiel einer *isoelektronischen Reihe*, in der alle Ionen die gleiche Gesamtzahl von Elektronen besitzen. Ihre Spektren sind einander jeweils ähnlich, aber immer weiter ins UV verschoben. Die Reihe mit nur einem Elektron setzt sich fort mit Li^{2+} (oder Li III), Be^{3+}, und so weiter.

Mit zunehmender Zahl von Elektronen werden die Grotrian-Diagramme und damit die Linienspektren immer komplizierter. Das Beipiel des einfach ionisierten Sauerstoffs (O^+ oder O II) ist in Abbildung 2.4 gezeigt. Die einzelnen Energieniveaus ordnen sich zu dichten Gruppen, die als *Terme* bezeichnet werden. Um die Klassen-

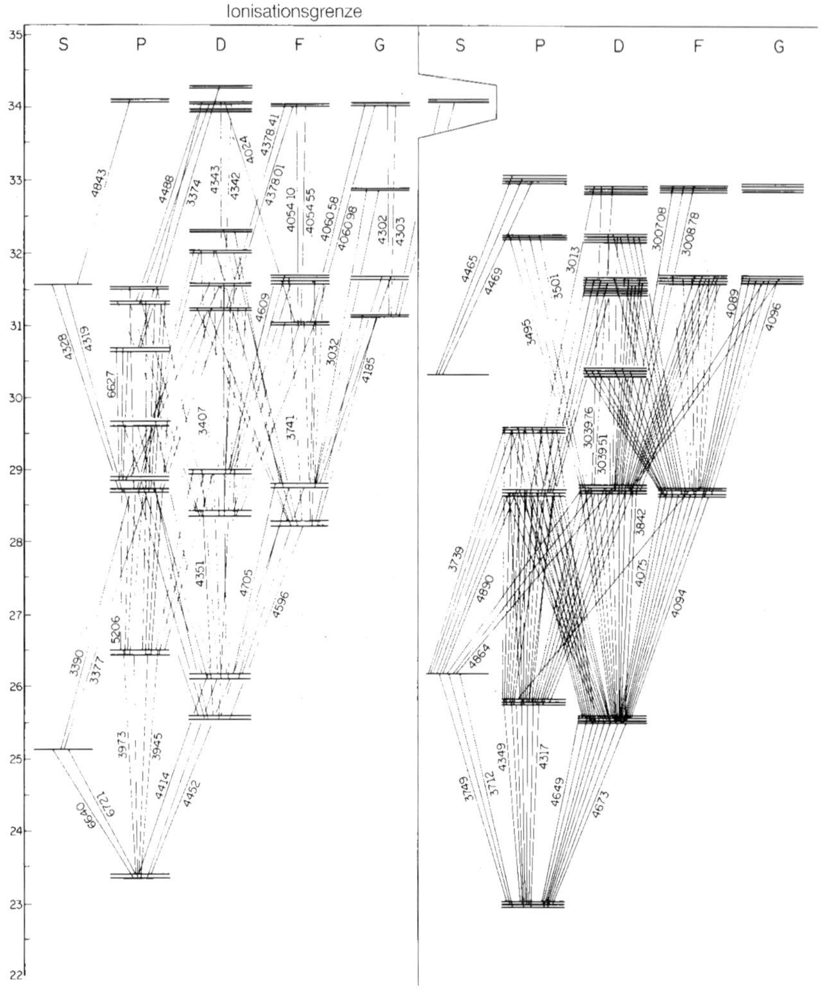

2.4 Die Energieniveaus des O^+-Ions, mit den Übergängen des optischen O II-Spektrums. Die einzelnen atomaren Zustände sind in dichten Gruppen angeordnet, die als Terme bezeichnet werden. Zwischen je zwei Termen entsteht eine Gruppe von Linien, ein sogenanntes Multiplett, siehe Text. Diese Art der Darstellung einer atomaren Struktur wird als Grotrian-Diagramm bezeichnet. Der Grundzustand des O^+-Ions liegt im Maßstab der Abbildung etwa 40 cm unterhalb der Buchseite, die Ionisationsgrenze liegt am oberen Rand der Abbildung. Hier ist also nur der oberste Teil des Diagramms gezeigt, in dem die optisch sichtbaren Linien von O II entstehen. Die Übergänge zu den tieferen Niveaus erzeugen UV-Linien. In den hier gezeigten Termen ist jeweils nur ein Elektron in einer angeregten Bahn; alle anderen bleiben in denselben Bahnen, in denen sie auch im Grundzustand des Ions sind. Es gibt jedoch auch atomare Zustände, in denen zwei Elektronen gleichzeitig ihre Bahn geändert haben. Berücksichtigt man auch diese, so wird das Diagramm noch komplizierter. Es gibt dann sogar Zustände, deren Energie über der Ionisationsgrenze liegt. Diagramm vom Autor, nach *A Multiplet Table of Astrophysical Interest*, von C. E. Moore, US Government Printing Office, 1945.

einteilung der Terme in der Abbildung unter den Buchstaben S, P, D, F, G, sowie die Aufteilung in einen rechten und einen linken Teil zu verstehen, müßten wir uns viel gründlicher als bisher geschehen mit der Quantenmechanik befassen. Das ist aber für das weitere Vorgehen in diesem Buch nicht notwendig. Und so wollen wir einfach zur Kenntnis nehmen, daß es Terme aus ein, zwei, drei, vier und noch mehr einzelnen atomaren Zuständen gibt.

Sämtliche Übergänge (Spektrallinien), die die Zustände zweier Terme miteinander verbinden, liegen im Spektrum oft (jedoch nicht immer) nahe beieinander, da die Übergangsenergien (zumeist) ähnlich sind. Eine solche Gruppe von Linien eines Atoms oder Ions nennt man ein *Multiplett*. Für sie gibt es eine komplizierte Nomenklatur, die wir hier ebensowenig erläutern können wie die der Terme selbst. Paare oder Trios von sehr nahe beieinander liegenden Linien eines Multipletts werden als Dubletts beziehungsweise Tripletts bezeichnet. Solche werden uns im Laufe des Buchs häufiger begegnen, zum Beispiel das Dublett von C II bei 4 267 Ångström, dessen beide Linien in astronomischen Spektren stets verschmolzen sind, oder das Dublett von Ca II bei 3 968 und 3 934 Ångström, das bei vielen Sternen die stärksten Linien des sichtbaren Spektralbereichs erzeugt.

Bei den kompliziertesten Ionen, zum Beispiel denen des Eisens, sind hunderte oder sogar tausende von Linien bekannt und katalogisiert. In einem Gas, das aus vielen Elementen besteht, vermischen und überlagern sich die Spektren aller Atome und Ionen, so daß in echten Sternspektren ein außerordentliches Gewirr von Linien entstehen kann. Viele der Linien überlappen miteinander, verschmelzen teilweise, oder werden von stärkeren, unmittelbar benachbarten Linien völlig verdeckt. Die schwierige Aufgabe des Astronomen besteht darin, dieses Gewirr zu sortieren und herauszufinden, welches Detail eines Spektrums von welchem Ion erzeugt wurde. Das kann besonders diffizil bei solchen Spezies sein, die sehr selten sind (und deshalb nur ganz schwache Linien erzeugen können) oder die im erfaßbaren Spektralbereich nur eine oder zwei Linien hervorbringen. Der sicherste Weg zur Zuweisung von Linien zu einem bestimmten Ion besteht meist darin, alle Linien eines (oder besser mehrerer) seiner Multipletts aufzusuchen und dann nachzuschauen, ob die relativen Stärken der einzelnen Linien den theoretischen Erwartungen für dieses Ion entsprechen.

2.10 Molekülspektren

So kompliziert atomare Spektren auch sein können, im Vergleich zu ihren molekularen Analoga sind sie einfach wie das kleine Einmaleins im Vergleich zur höheren Mathematik. Bei Atomen wird die Vielfalt der Energieniveaus praktisch nur von den Elektronen erzeugt. In Molekülen dagegen gibt es neben den Elektronenbahnen noch weitere Möglichkeiten, Energie aufzunehmen und zu speichern. Zur Erklärung betrachten wir eine einzige, bestimmte Elektronenbahn in einem Molekül, wie sie durch die elektrischen Kräfte der Atomkerne und Elektronen und die Gesetze der Quantenmechanik festgelegt ist. Der zugehörige Energiezustand des Moleküls wird zunächst einmal durch quantisierte Vibrationszustände des Moleküls in mehrere (oft sehr viele) Einzelzustände aufgespalten. Unter Vibration ist dabei eine Schwingung der einzelnen Atome des Moleküls gegeneinander zu verstehen. Die Atome sind leicht beweglich, das Molekül kann in sich „schwabbeln", als wären die Atome mit beweglichen Stahlfedern verbunden. Aber das ist noch nicht alles. Jeder der Vibrationszustände wird nochmals weiter aufgespalten durch wiederum quantisierte *Rotation* des ganzen Moleküls. Abbildung 2.5 veranschaulicht die komplizierten Verhältnisse an einem Beispiel.

Eine molekulare Spektrallinie wird durch den Übergang zwischen jeweils zwei dieser Rotations-Vibrations-Unterzustände erzeugt. Die Gesamtheit aller solcher Übergänge, die zu derselben Kombination von Elektronenbahnen und Vibrationszuständen gehören, bilden ein molekulares *Band* (gelegentlich auch eine Bande genannt, die Mehrzahl heißt jedenfalls Banden). Molekülbanden sind unverwechselbar, wenn sie in Sternspektren auftreten. Sie fallen in dem Gewirr von normalen atomaren Linien sofort auf. Sie bestehen aus einer Vielzahl von einzelnen Linien, die sich zumeist zu einer Seite hin (der blauen oder roten, je nach Molekül) immer dichter zusammendrängen, wo sie einen sogenannten *Bandenkopf* bilden. Die Wellenlänge des Bandenkopfes wird zur Bezeichnung der einzelnen Banden benutzt. Da es zu jedem Paar von Elektronenbahnen eine Vielzahl von Vibrationszuständen gibt, gehören also zu jedem elektronischen Übergang eine Vielzahl von Banden. Die theoretische Behandlung eines Gases, das mehrere solcher komplizierter Molekülspektren erzeugt – zum Beispiel die Atmosphäre eines kühlen Sterns – ist ein Alptraum für jeden Astronomen.

2.11 Astronomische Spektren

Was haben all die Erklärungen und Erörterungen der vergangenen Abschnitte mit realen Sternen und ihren Spektren zu tun? Die Sonne hat ja nicht viel Ähnlichkeit mit unserem simplen Laborkästchen von Abbildung 2.3., anhand dessen wir die Entstehung von Spektren erläutert haben. Aus Abschnitt 1.16 wissen wir, daß die Sonne in Wirklichkeit ein kompliziertes Gebilde ist, das aus ganz unterschiedlichen Schichten aufgebaut ist.

Die Analogien zwischen der Sonne und dem Kästchen zeigen sich erst bei näherem Hinsehen. Die tiefen Schichten stellen ein dichtes, undurchsichtiges Gas unter hohem Druck dar. Dementsprechend erzeugen sie ein kontinuierliches Spektrum (wie unsere Laborlichtquelle in Abbildung 2.3). In der Sternatmophäre nehmen Druck und Dichte von unten nach oben stark ab. Irgendwo ziemlich weit oben werden wir also ein Gas wie in unserem Kasten vorfinden. Und dieses Gas prägt in der Tat dem Kontinuum sein Absorptionsspektrum auf. Die entsprechende Schicht, die also Licht aus dem ursprünglich emittierten Kontinuum des Sterns wieder wegnimmt, wurde deshalb früher als die „Umkehrschicht" bezeichnet. Wenn wir diese Schicht alleine betrachten könnten, ohne die tieferliegende Kontinuumsquelle, dann würden wir ein Emissionslinienspektrum sehen, ganz genau wie beim seitlichen Blick auf unser Kästchen (Spektroskop Nummer 3 in Abbildung 2.3). Genau dieses Experiment läßt sich sogar

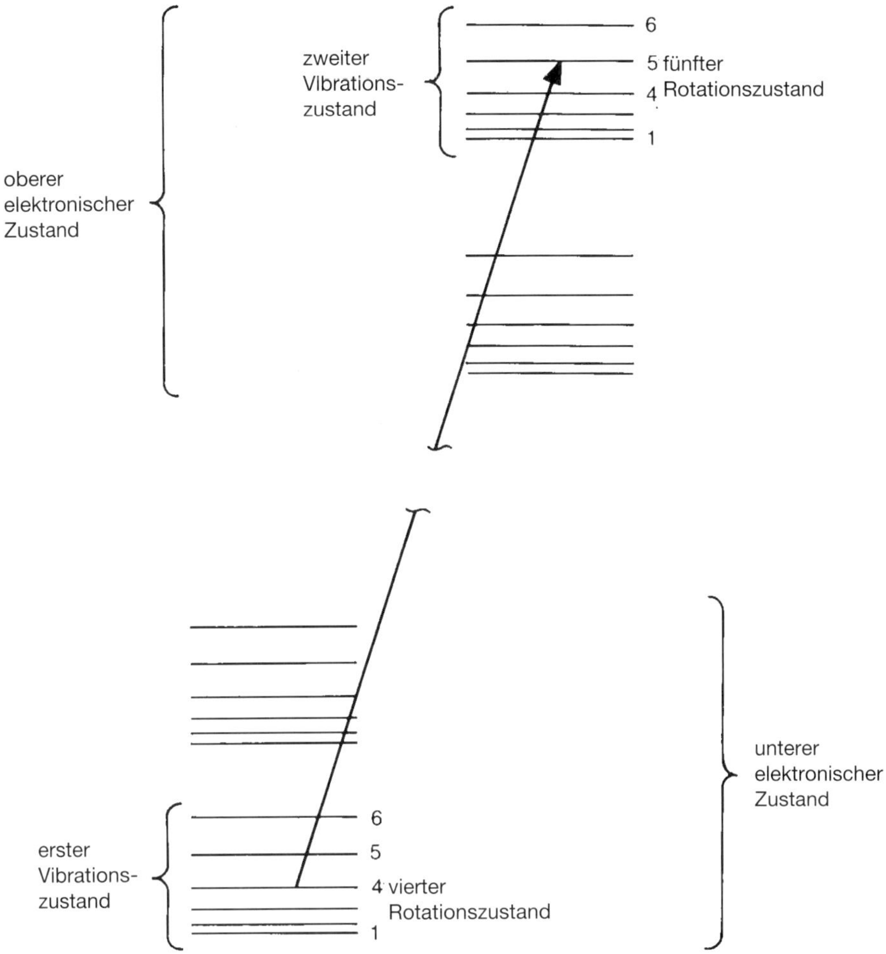

2.5 Molekülspektren. Das Diagramm zeigt zwei Elektronenzustände. Jeder der beiden ist in mehrere Vibrationszustände aufgespalten, von denen jeweils nur die zwei untersten gezeichnet sind. Jeder der Vibrationszustände ist wiederum in mehrere Rotationszustände aufgespalten, von denen jeweils nur die untersten sechs wiedergegeben sind. Eine einzelne molekulare Absorptionslinie entsteht beim Übergang zwischen zwei der so gebildeten Rotations-Vibrations-Unterzustände. Als Beispiel ist der Übergang vom vierten Rotationszustand des ersten Vibrationszustands des unteren elektronischen Zustands zum fünften Rotationszustand des zweiten Vibrationszustands im oberen elektronischen Zustand eingezeichnet. Jede solche Linie ist Teil einer Molekülbande, die sich aus allen Übergängen zwischen demselben Paar von Vibrationszuständen zusammensetzt. Die Nummer des Rotationszustands kann sich bei erlaubten Übergängen stets nur um plus 1 oder minus 1 ändern. Die Gesamtheit aller Banden zwischen zwei elektronischen Zuständen bildet ein Bandensystem, das *einer einzigen* Linie im Fall eines Atoms entspricht. Nach einer Abbildung in *Astrophysics*, von L. H. Aller, 2. Ausgabe, Ronald Press Co., New York, 1963.

mit der Sonne tatsächlich durchführen: Wenn der Mond bei einer totalen Sonnenfinsternis das letzte Stückchen der hellen Sonnenscheibe abdeckt, dann kann man für einen ganz kurzen Moment statt des üblichen solaren Absorptions- ein Emissionsspektrum beobachten. Es blitzt nur kurz auf (weil der Mond sofort nach dem Rand der Sonnenscheibe auch die „Umkehrschicht“ verdeckt) und heißt deshalb *Flash-Spektrum*, von englisch flash = Blitz. Es ist eine besonders hübsche und dramatische Demonstration der Kirchhoffschen Gesetze.

Natürlich ist das Bild einer reinen Kontinuumquelle, über der eine reine Absorptionsschicht liegt, eine grobe Vereinfachung. Aber es erklärt die wesentlichen Aspekte. In Wirklichkeit nehmen Druck, Dichte und Temperatur in der Sonnenatmosphäre gleichmäßig nach oben hin ab. Die Erzeugung des Kontinuums überlappt mit der der Linien in derselben Schicht der Sonne, die als *Photosphäre* bezeichnet wird. Allerdings entstehen die Linien im Durchschnitt etwas weiter oben, bei etwas geringerer Dichte, als das Kontinuum. Genau genommen entsteht sogar jede Linie in einer etwas anderen Höhe. Linien der ionisierten Formen eines Elements, zum Beispiel, bilden sich tiefer in der Sternatmosphäre als die des entsprechenden neutralen Atoms, weil in den tieferen Schichten bei höherer Temperatur mehr Atome ionisiert sind. Bei den Wellenlängen sehr starker Linien ist das solare Gas so undurchsichtig, daß wir gar nicht richtig in die Photosphäre hineinschauen können. Diese Linien zeigen also die Verhältnisse ziemlich weit oben in der Sternatmosphäre an. Bei schwachen Linien dagegen, die fast so durchsichtig sind wie benachbarte Kontinuumswellenlängen, sehen wir Licht, das von tief unten in der Photosphäre kommt. Diese Situation nutzen die Astronomen aus, um aus der Untersuchung unterschiedlich starker Linien auf den vertikalen Aufbau der Sternatmosphäre zu schließen.

Emissionslinien werden in einer Vielzahl realer astronomischer Situationen erzeugt; das Flash-Spektrum ist nur ein Beispiel dafür. Der Orionnebel (siehe Abbildung 1.1) ist eine Wolke aus extrem dünnem Gas, das von einem darin eingebetteten Stern beleuchtet wird. Die Ultraviolettstrahlung des Sterns ist so intensiv, daß sie die gesamte Gaswolke ionisiert. Das Spektrum des Orionnebels zeigt uns die Emissionslinien, die entstehen, wenn die Atome gelegentlich ein Elektron wieder einfangen und dieses dann die Leiter der Energieniveaus in den Atomen herunterpurzelt. Im Bereich der Radiowellen beobachten die Astronomen eine Vielzahl von molekularen Emissionslinien – von Verbindungen wie Wasser, Kohlendioxid, Formaldehyd, Alkohol und anderen – aus den kalten großen Gaswolken des interstellaren Raums. Manche Sterne besitzen ausgedehnte dünne Gashüllen, deren Emissionslinien sich dem optischen Absorptionsspektrum des eigentlichen Sterns überlagern. Bei anderen finden wir zirkumstellare Emissionslinien von Molekülen im Radiobereich. Und so weiter. Wir werden uns später mit einigen derartigen Beispielen näher befassen.

Welche Linien von welchen Atomen oder Ionen wir in einem Sternspektrum tatsächlich sehen, hängt selbstverständlich von der chemischen Zusammensetzung eben dieses Sterns ab. Ein Element, das in seiner Atmosphäre nicht oder kaum vorkommt, kann auch keine Spektrallinien erzeugen. Das ist sofort einzusehen. Weit weniger leicht verständlich, aber für das Verständnis von Sternspektren ungemein wichtig, ist die Tatsache, daß die Sichtbarkeit oder Unsichtbarkeit bestimmter Linien beziehungsweise Elemente auch *ganz entscheidend* von der Temperatur des Gases abhängt. Dieser Sachverhalt läßt sich am besten am Beispiel des Wasserstoffs erklären. Rund 90 Prozent einer normalen Sternatmosphäre bestehen aus diesem Atom. Trotzdem sieht man in den Spektren der kühlsten Sterne keine Spur von Balmerlinien! Im

Sonnenspektrum sehen wir sie zwar, aber die Linien des ionisierten Kalziums sind sehr viel stärker. In früherer Zeit, als die Struktur der Atome und die Entstehung von Spektren noch nicht so weit erforscht waren, glaubten die Astronomen, daß die Sonne hauptsächlich aus Metallen besteht. Was geht in diesen Sternatmosphären vor, daß sich 90 Prozent ihres Materials völlig verstecken kann?

Die Erklärung liegt in den detaillierten atomaren Vorbedingungen für die Bildung einer Linie. Wo eine Balmerlinie entstehen soll, dort müssen zuallererst Wasserstoffatome im zweiten Energieniveau vorhanden sein. Das Anheben der Elektronen aus dem Grundzustand dorthin geschieht in erster Linie durch Stöße von Gasteilchen untereinander (siehe Abschnitt 2.6). In den kühlsten Sternen bewegen sich die Teilchen langsam; die Energie der Stöße reicht nicht aus, um Wasserstoff von $n = 1$ nach $n = 2$ zu befördern. So können trotz der alles andere überragenden Häufigkeit von Wasserstoff keine optisch sichtbaren Linien dieses Elements erzeugt werden.

In der Atmosphäre der Sonne ist die Temperatur gerade hoch genug, daß Balmerlinien entstehen können. Aber selbst dort ist nur eines von hundert Millionen Wasserstoffatomen im Zustand $n = 2$. Das liegt an der Größe des Energieunterschieds zwischen den ersten beiden Niveaus, der das zwanzigfache der typischen Energie eines Gasteilchens bei 6 000 Kelvin beträgt. Im Gegensatz zu den Balmerlinien wird das erwähnte Dublett des Ca II bei 3 934 und 3 968 Ångström vom Grundzustand des Kalziumions aus gebildet. Fast alle Kalziumionen sind in diesem Zustand, und so kommt es, daß die Ca^{+}-Linien wesentlich stärker als die Balmerlinien sind, obwohl der Wasserstoff hunderttausendmal häufiger ist als Kalzium. Die Moral von der Geschichte besteht darin, daß man außer den Linienstärken auch noch die genauen physikalischen Bedingungen in einer Sternatmosphäre kennen muß, bevor man ein Spektrum richtig deuten kann. Und die wiederum können nur aus dem Spektrum ermittelt werden. Denn wir haben ja keine Information über den Stern außer dem Licht, das er uns zusendet. Dies ist die eigentliche Krux der astronomischen Spektralanalyse. Und eine der wichtigsten Grundlagen zum Verständnis der Klassifikation von Sternspektren, der wir uns im nächsten Kapitel zuwenden werden.

2.12 Der Dopplereffekt

Spektrallinien werden durch ihre Wellenlänge identifiziert. Mit letzter Sicherheit geht dies aber nur, wenn man weiß, daß die Lichtquelle und der Beobachter sich relativ zueinander nicht bewegen. Wenn sie sich aufeinander zu oder voneinander weg bewegen, dann werden die Linien nämlich im Spektrum verschoben. Ihre Wellenlänge ändert sich um einen Betrag, der der Radialgeschwindigkeit (siehe Abschnitt 1.9) proportional ist.

Man stelle sich einen Strom von Wellen vor, der von einer ruhenden Quelle ausgeht. Ein ruhender Beobachter mißt die Frequenz dieser Wellen, indem er zählt, wieviele von ihnen pro Sekunde an ihm vorbeistreichen. Nun nehme man an, der Beobachter bewege sich mit konstanter Geschwindigkeit auf die Quelle zu. Da er den

Wellen entgegen geht, wird er nun mehr Wellen pro Sekunde zählen als vorher, also eine höhere Frequenz messen. Bei Licht entspricht das einer kürzeren Wellenlänge. Eine Spektrallinie wird also in Richtung zur blauen Seite des Spektrums verschoben erscheinen, und zwar umso mehr, je schneller der Beobachter sich der Quelle nähert. Da es im Universum keine absolute Bewegung oder Geschwindigkeit gibt, ist der Effekt der gleiche, wenn sich die Lichtquelle auf den Beobachter zu bewegt. Die gleiche Überlegung führt dazu, daß Spektrallinien rotwärts verschoben werden, wenn sich Quelle und Beobachter voneinander entfernen.

Dieses Phänomen trägt die Bezeichnung *Dopplereffekt*. Jedermann kennt es aus dem täglichen Leben im Zusammenhang mit Schallwellen. Eine Autohupe, Martinshorn oder ähnliches klingt höher, wenn sich ein Fahrzeug nähert. Die Tonhöhe sinkt merklich beim Vorbeifahren, und danach klingt der Ton tiefer als bei stehendem Fahrzeug. Die Größe des Dopplereffekts ist durch folgende Formel gegeben: $\Delta\lambda/\lambda = v/c$. Hier bedeutet v die Radialgeschwindigkeit der Lichtquelle relativ zum Beobachter, c die Lichtgeschwindigkeit, λ die wahre Wellenlänge der Linie für ruhende Quelle und $\Delta\lambda$ die Verschiebung der Wellenlänge, also die Differenz zwischen der gemessenen Wellenlänge und der wahren Wellenlänge. Mit Worten ausgedrückt: Das Verhältnis der Dopplerverschiebung zur Ruhewellenlänge ist gleich dem Verhältnis der Radialgeschwindigkeit zur Lichtgeschwindigkeit. Wenn man die wahre Wellenlänge einer Spektrallinie aus Labormessungen kennt, dann kann man aus der tatsächlich gemessenen Wellenlänge derselben Linie in einem Sternspektrum also die Radialgeschwindigkeit des Sterns bestimmen. Auf diese Weise haben die Astronomen einen Großteil ihrer Kenntnisse über die Bewegung der Sterne und Galaxien im Universum erhalten.

In Sternspektren sind die Dopplerverschiebungen stets klein, normalerweise nicht mehr als ein oder zwei Ångström. In der Praxis stellen sie deshalb kein echtes Problem für die Linienidentifikation dar. Man muß nur das ganze Spektrum ein wenig hin- oder her verschieben, bis sämtliche sichtbaren Linien zu plausiblen Ruhewellenlängen passen. Bei fernen Galaxien, die sich mit großer Geschwindigkeit von uns entfernen, können die Verschiebungen jedoch hunderte von Ångström betragen. Und bei den fernsten Objekten des Universums, den Quasaren, sind sie so groß, daß Lyman α und das Lymankontinuum des Wasserstoffs vom fernen UV in den sichtbaren Spektralbereich rutschen (allerdings ist bei so großen Verschiebungen die einfache Dopplerformel nicht mehr richtig; sie muß dann durch eine kompliziertere Formel aus der Relativitätstheorie ersetzt werden).

Der Dopplereffekt ist ein wichtiges Werkzeug für die Astronomen. Er erlaubt die Entdeckung von Doppelsternen, deren Komponenten so nahe beieinander sind, daß sie auch mit den besten Instrumenten nicht getrennt zu sehen sind (siehe Abschnitt 1.6). Wenn die Bahnebene des Doppelsterns nicht exakt senkrecht auf unserer Blickrichtung steht, dann bewegen sich die Komponenten abwechselnd auf uns zu und von uns weg, während sie einander umkreisen. Als Ergebnis sehen wir, daß alle Spektrallinien im Lauf einer Bahnperiode in der Wellenlänge etwas hin und her wandern. Aus der Größe der Verschiebungen kann man die Größe der Umlaufbahn, und daraus wiederum die Massen der Sterne bestimmen.

2.13 Die spektrale Zerlegung des Lichts

Wir haben die ganze Zeit von Spektren und deren Analyse geredet, ohne zu wissen, wie man überhaupt ein Spektrum aus Sternlicht herstellt. Welcher Apparat kann das? Und wie sieht ein Sternspektrum wirklich aus?

Um das Spektrum einer Lichtquelle anschauen oder aufzeichnen zu können, müssen wir ihr Licht in seine Anteile verschiedener Wellenlängen zerlegen. Das kann auf zwei verschiedenen Wegen erreicht werden. Die ursprüngliche Methode benutzt ein Glasprisma wie in Abbildung 2.6 gezeigt. Die kurzwelligen Anteile des einfallenden Mischlichts werden beim Eintritt in das Glas stärker abgelenkt („gebrochen") als die langwelligen, und beim Austritt noch einmal. Nach dem Durchgang durch das Prisma haben sie also verschiedene Richtungen. Jetzt braucht man das so zerlegte Licht nur noch auf einer etwas entfernten Wand aufzufangen, dann sieht man ein Spektrum vor sich. Jedes geeignet geformte Stück Glas, einfach in die Sonne gehalten, reicht aus, um auf diese Weise ein Sonnenspektrum ins heimische Wohnzimmer zu zaubern (Regenbögen entstehen auf dieselbe Weise durch die Lichtbrechung in von der Sonne beschienenen Regentropfen). In der astronomischen Praxis bringt man direkt hinter dem Prisma eine Kamera an, die das Licht verschiedener Richtungen auf verschiedenen Stellen des photographischen Films abbildet.

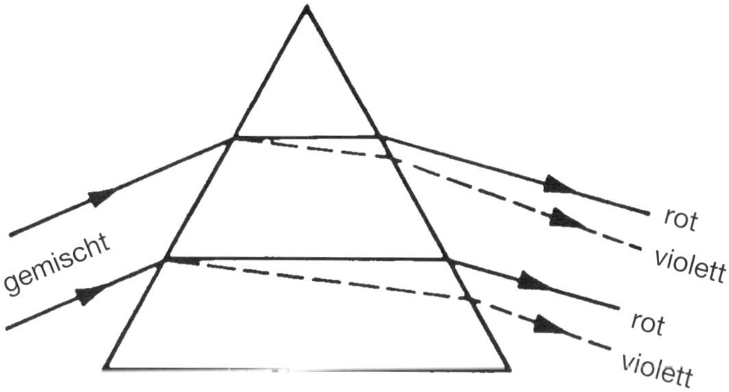

2.6 Die Dispersion des Lichts durch ein Prisma. Von links einfallendes weißes Licht wird in seine Anteile verschiedener Wellenlängen zerlegt. Zwischen den eingezeichneten violetten und roten Strahlen liegen alle anderen Regenbogenfarben. Der hier einfallende Strahl weißen Lichts ist recht breit. Deshalb überlappen die einzelnen Spektralfarben rechts des Prismas noch, so daß ein Spektrum mit geringer Auflösung entsteht. Dies kann jedoch verbessert werden, wenn man den einfallenden Strahl durch eine undurchsichtige Blende mit einem schmalen Spalt oder einem kleinen Loch links (vor) dem Prisma einschränkt. Dann werden die einzelnen Wellenlängen das Prisma sauber voneinander getrennt verlassen.

Die zweite und modernere Methode zur Zerlegung des Lichts in die Regenbogenfarben benutzt statt der Lichtbrechung das Phänomen der *Lichtbeugung*. Man stelle sich zwei Spalte oder Löcher vor, die in eine undurchsichtige Platte geschnitten sind (Abbildung 2.7). Wenn man diese Platte von links mit *monochromatischem* Licht

(Licht, das aus elektromagnetischer Strahlung einer einzigen Wellenlänge besteht) bestrahlt, dann entsteht auf einer Wand rechts davon ein seltsames Muster aus hellen und dunklen Streifen. Jeder der beiden Spalte wirkt für den Raum hinter der Platte als neue Lichtquelle, die Lichtwellen aussendet. An der symmetrisch zu den Spalten gelegenen Position ‚0' auf der Wand, die gleich weit von beiden Spalten entfernt ist, treffen die Lichtwellen im gleichen Takt auf und verstärken einander. Man sagt, sie *interferieren* (überlagern sich) *konstruktiv*. Das Ergebnis ist eine helle Stelle auf der Wand. Geht man von dieser Stelle ein wenig nach oben oder unten (siehe Abbildung 2.7), dann wird die Entfernung zum einen Spalt kleiner, die zum andern größer. Irgendwann beträgt der Wegunterschied zu den beiden Spalten gerade eine halbe Wellenlänge. Dann kommen die Lichtwellen im Gegentakt an. Das Resultat ist, daß sie einander auslöschen, die entsprechende Stelle der Wand bleibt dunkel (obwohl sie von *beiden* Spalten beleuchtet wird!). Man sagt in diesem Fall, daß die Lichtwellen *destruktiv interferieren*. Geht man noch etwas weiter die Wand hinauf oder hinunter, so erreicht der Wegunterschied schließlich eine ganze Wellenlänge. Die Wellen kom-

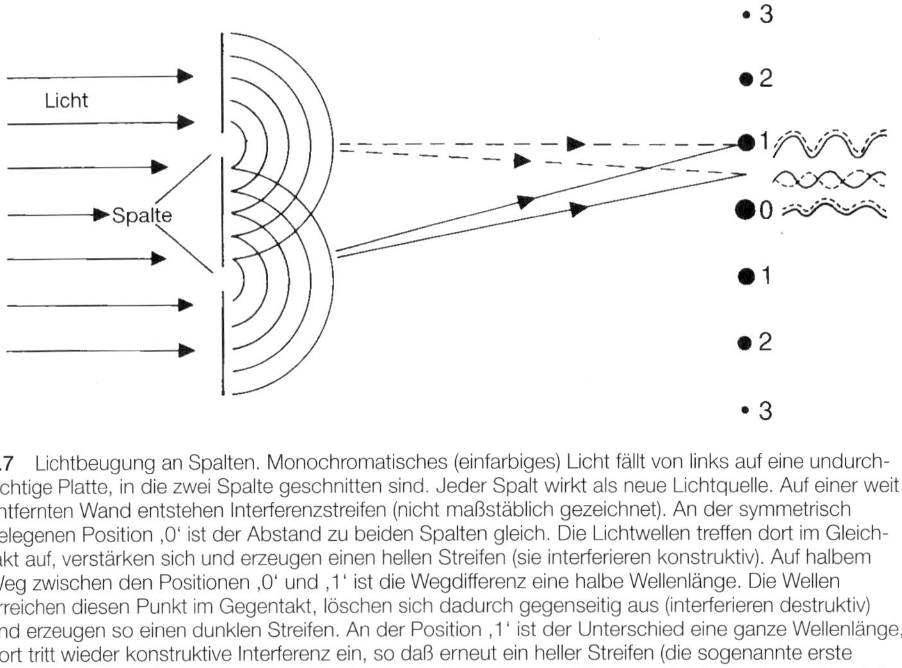

2.7 Lichtbeugung an Spalten. Monochromatisches (einfarbiges) Licht fällt von links auf eine undurchsichtige Platte, in die zwei Spalte geschnitten sind. Jeder Spalt wirkt als neue Lichtquelle. Auf einer weit entfernten Wand entstehen Interferenzstreifen (nicht maßstäblich gezeichnet). An der symmetrisch gelegenen Position ‚0' ist der Abstand zu beiden Spalten gleich. Die Lichtwellen treffen dort im Gleichtakt auf, verstärken sich und erzeugen einen hellen Streifen (sie interferieren konstruktiv). Auf halbem Weg zwischen den Positionen ‚0' und ‚1' ist die Wegdifferenz eine halbe Wellenlänge. Die Wellen erreichen diesen Punkt im Gegentakt, löschen sich dadurch gegenseitig aus (interferieren destruktiv) und erzeugen so einen dunklen Streifen. An der Position ‚1' ist der Unterschied eine ganze Wellenlänge, dort tritt wieder konstruktive Interferenz ein, so daß erneut ein heller Streifen (die sogenannte erste Ordnung) entsteht. Bei zwei, drei und mehr ganzen Wellenlängen Differenz entstehen entsprechend die hellen Streifen der zweiten, dritten und höheren Ordnungen. Man erhält also ein Muster aus abwechselnd hellen und dunklen Streifen. Wenn das von links einfallende Licht nicht monochromatisch, sondern weiß ist, dann sind die Interferenzstreifen farbig. Je größer die Wellenlänge ist, desto weiter muß man sich seitlich von der Position ‚0' entfernen, um eine volle Wellenlänge Wegunterschied zu erzeugen. Deshalb ist stets die violette Seite eines Streifens näher an der Position ‚0' als die rote. Wenn man statt nur zwei Spalten sehr viele verwendet, dann konzentriert sich das monochromatische Licht jeder Ordnung in einen ganz schmalen hellen Interferenzstreifen. Bei weißem Licht entsteht eine Serie schöner hochaufgelöster Spektren, eines für jede Ordnung. Diagramm vom Autor.

men an dieser Stelle (Position ‚1' in Abbildung 2.7) wieder im Gleichtakt an. Sie interferieren konstruktiv, und wir haben eine zweite helle Stelle. Und so geht es weiter. Jedesmal, wenn der Wegunterschied ein ganzes Vielfaches der Wellenlänge beträgt, finden wir einen hellen *Interferenzstreifen* und dazwischen liegen dunkle Streifen.

Nun stellen wir uns vor, daß die beiden Spalte mit weißem Licht bestrahlt werden. Da rotes Licht längere Wellen besitzt als blaues, müssen wir etwas weiter von der Position ‚0' weggehen, um konstruktive Interferenz zu erreichen als bei blauem Licht. Im Ergebnis sehen wir, daß alle Interferenzstreifen (außer dem mittleren) farbig sind. Das rote Ende ist jeweils weiter vom weißen Mittelstreifen entfernt als das blaue. Jeder Streifen stellt also ein (ziemlich grobes) Spektrum dar. Dieses kann verbessert und verfeinert werden, indem mehr als zwei Spalte benutzt werden. Je mehr Spalte in der undurchsichtigen Platte sind, desto besser und schärfer wird das Spektrum. Weil nun die Bedingung für konstruktive Interferenz für alle Spalten gleichzeitig erfüllt sein müssen, gibt es nur noch wenige, aber sehr scharfe helle Streifen.

In der technischen Realisierung dieses Prinzips werden tausende von feinen Strichen auf eine Glasplatte geritzt und diese (oder ein Kunststoffabdruck davon) mit Aluminium bedampft. Dies, ein *optisches Gitter*, ist der zentrale Bauteil der Spektrographen in der modernen Astronomie. Optische Gitter gibt es in zwei Variationen: *Transmissionsgitter*, bei denen das Spektrum im durchgelassenen Licht entsteht (wie in Abbildung 2.7 gezeigt), und *Reflexionsgitter*, bei denen das Spektrum aus reflektiertem Licht besteht (wie die eben beschriebene aluminiumbedampfte Strichplatte). Ein optisches Gitter erzeugt stets mehrere Spektren, entsprechend den Streifen in Abbildung 2.7. Sie werden *Ordnungen* genannt und wie in Abbildung 2.7 numeriert. In höheren Ordnungen wird das Licht verschiedener Wellenlängen jeweils weiter auseinandergezogen als in niedrigen Ordnungen.

Auch Beugungsspektren kann man im heimischen Wohnzimmer leicht selbst erzeugen: Auf der Oberfläche einer compact disk (CD) Musikplatte befinden sich sehr dicht nebeinander liegende Tonspuren, die ein optisches Gitter bilden. Hält man sie in das Licht einer weißen Lichtquelle, sieht man überaus bunte Ringe aus den Spektralfarben.

Was ist besser für die astronomische Spektroskopie, ein Prisma oder ein Gitter? Bevor wir diese Frage beantworten können, müssen wir uns mit zwei wichtigen Begriffen dieses Fachs vertraut machen: Der *Dispersion* und der *Auflösung* eines Spektrums. Die Dispersion gibt an, wie weit die verschiedenen Wellenlängen des Lichts voneinander getrennt wurden. Man kann sie in Ångström pro Grad des Ablenkwinkels hinter dem Prisma bzw. Gitter angeben, oder in Ångström pro Millimeter auf dem Film, der das Spektrum aufgenommen hat. Die Dispersion unseres Prismenspektrums der Sonne auf der Wohnzimmerwand ergibt sich zum Beispiel als der Abstand zwischen dem roten und dem violetten Ende (in Millimetern), geteilt durch den Wellenlängenunterschied (etwa 4 000 Ångström).

Was der Astronom allerdings braucht, um eine kosmische Lichtquelle detailliert untersuchen zu können, ist nicht hohe Dispersion, sondern hohe Auflösung. In unserem simplen Sonnenspektrum (wie auch in Regenbögen) sind keine Absorptionslinien zu erkennen. Das liegt daran, daß die einzelnen Wellenlängen nicht sauber genug voneinander getrennt sind. An jeder Stelle des Prismenspektrums (beziehungsweise Regenbogens) findet sich in Wirklichkeit Licht verschiedener (jedoch ähnlicher) Wellenlängen. Die tatsächlich im Sonnenlicht vorhandenen Linien werden dadurch ausgeschmiert und überdeckt. Der Grund liegt in unserem Fall im wesentlichen darin, daß die Sonne ein ausgedehnter Körper ist. Das Licht vom einen Sonnenrand fällt aus einer anderen Richtung auf das Prisma als das Licht vom andern Rand. Deshalb liegen die Spektren von verschiedenen Stellen der Sonnenscheibe auf verschiedenen Stellen unserer Wohnzimmerwand und vermischen sich teilweise. Ein weiterer Grund ist die Größe des Prismas selbst. In Abbildung 2.6 ist erkennbar, daß auch verschiedene parallele Lichtstrahlen hinter dem Prisma zunächst noch überlappende Spektren erzeugen. Dies kann dadurch gebessert werden, daß man das Prisma bis auf einen ganz schmalen Spalt mit Rasierklingen oder einfach mit Klebeband undurchsichtig macht. Der bessere Weg ist die Verwendung einer Sammellinse hinter dem Prisma. Die Auflösung eines Spektrums ist ein Maß für die Vollständigkeit der Trennung verschiedener Wellenlängen. Sie entscheidet letztendlich über seinen Detailreichtum. Sie wird üblicherweise durch den kleinsten Abstand (in Ångström) angegeben, den zwei Spektrallinien haben dürfen, um gerade noch getrennt gesehen werden zu können. Umgekehrt gilt: Eine in Wirklichkeit absolut scharfe Linie würde in einem Spektrum mit einer Auflösung von, sagen wir, 3 Ångström gerade diese 3 Ångström breit erscheinen.

Jetzt sind wir in der Lage, die Unterschiede zwischen Prismen und Gittern zu diskutieren. Wie wir sehen werden, spricht alles für die Gitter – vorausgesetzt, man ist in der Lage, sie mit der nötigen Qualität herzustellen. Die Dispersion eines Prismas ist über den optischen Spektralbereich nicht konstant. Ihr Wert, in Ångström pro Millimeter, nimmt vom blauen zum roten Ende sehr stark ab. Im Roten werden die verschiedenen Wellenlängen richtiggehend zusammengequetscht und sind deshalb schwer voneinander zu trennen. Die Dispersion von Gitterspektren ist dagegen praktisch konstant. Sie eignen sich also auch für die Untersuchung bei großen Wellenlängen. Darüber hinaus ist es sehr schwierig, die Dispersion eines Prismas zu vergrößern. Man muß dazu mehrere Prismen hintereinander setzen, die aber dann viel Licht verschlucken. Bei Gittern kann man einfach eines mit mehr Rillen pro Millimeter nehmen, oder zu einer höheren Ordnung gehen. Beides erhöht sowohl die Dispersion als auch die Auflösung. Hinzu kommt, daß das Licht durch die Prismen hindurch muß und Glas für UV-Strahlung leider undurchsichtig ist. Das Aluminium auf dem Gitter reflektiert UV-Licht ebenso gut wie anderes. Ein ursprünglich wichtiger Nachteil der Gitter wurde mittlerweile durch technische Fortschritte bei ihrer Herstellung gelöst: Normalerweise erzeugt es viele Ordnungen gleichzeitig, was einer erheblichen Lichtverschwendung gleichkommt. Bei modernen Gittern hat man durch eine spezielle Formgebung der winzigen Rillen dafür gesorgt, daß fast alles Licht sich in nur einer oder zwei Ordnungen versammelt.

Wie man sieht, sprechen alle Argumente für das Gitter.

2.14 Spaltspektrographen

Wie baut man nun mit den eben erlernten Grundsätzen ein praktisches Gerät, das Sternlicht aufnimmt, in die Spektralfarben zerlegt und auf einen Detektor (Lichtempfänger) abbildet? Der Prototyp des astronomischen Spektrographen ist in Abbildung 2.8 skizziert.

Das Licht eines Sterns oder anderen Himmelsobjekts wird von einem Fernrohrobjektiv eingesammelt und in dessen Brennpunkt (genauer gesagt: Brennebene) in einem Punkt versammelt. Durch einen schmalen Spalt (links oben in Abbildung 2.8) fällt es in den eigentlichen Spektrographen. Der Spalt in der Brennebene ist aus folgendem Grund notwendig: Das vom Teleskop erzeugte Abbild eines Sterns ist nie punktförmig. Die Unvollkomenheiten der Fernrohroptik und die irdische Luftunruhe verschmieren es zu einer kleinen Scheibe, die oft groß genug ist, um die Auflösung des Spektrums zu beeinträchtigen. Das wird vermieden, indem man nur einen schmalen Streifen des Bildchens in den Spektrographen einläßt. Hinter dem Spalt läuft das Licht des Sterns wieder auseinander. Bevor es in seine einzelnen Wellenlängenanteile zerlegt werden kann, muß es erst parallel gerichtet werden. Andernfalls würden die Lichtstrahlen unter verschiedenen Winkeln auf das Gitter fallen, mit dem Ergebnis, daß sie sich im schließlich erzeugten Spektrum völlig vermischen würden. Die Parallelität wird durch ein Linsen- oder Spiegelsystem hergestellt, das als *Kollimator* bezeichnet wird. Heutzutage verwendet man nur noch Spiegelkollimatoren, um die Absorption des UV zu vermeiden.

Danach fällt das Licht auf das Reflexionsgitter (oder durch ein Prisma). Jeder der parallelen Strahlen wird spektral zerlegt. Würde man jetzt schon das Licht auf einen Detektor fallen lassen, dann würden sich die Spektren all der vielen Strahlen gegeneinander versetzt überlagern und verwischen. Wir würden also immer noch kein Spektrum mit guter Auflösung erhalten. Aus diesem Grund muß hinter dem Gitter noch eine Kamera folgen (das heißt ein Linsen- oder besser Spiegelobjektiv), das all die parallelen Lichtstrahlen derselben Spektralfarbe auf einen Punkt zusammenbringt. Wenn wir in die Filmebene dieser Kamera ein Stück weißes Papier halten, dann sehen wir endlich das erwünschte scharfe Spektrum, in leuchtenden Regenbogenfarben, mit all den Emissions- und Absorptionslinien, von denen schon so viel die Rede war.

Wenn wir statt des Papiers eine Photoplatte, einen photographischen Film oder sonstigen Detektor in der Brennebene der Kamera anbringen, ist unser Spektrograph komplett. Wenn wir statt des Detektors eine Lupe (Okular) dort anbringen, dann verwandelt er sich in ein Spektro*skop* zum Anschauen des Spektrums. In astronomischen Spektrographen verwendet man übrigens nur Schwarz-Weiß-Filme beziehungsweise -platten, die aus speziellen, für sehr geringe Helligkeiten geeigneten Materialien bestehen.

Nun gibt es noch zwei kleine Probleme zu lösen. Das erste betrifft die Größe des Sternbildchens. Es ist zwar nicht punktförmig, aber dennoch sehr klein. Folglich wird das Spektrum auf dem Film in der Richtung quer zur Dispersion (Wellenlängenaufspaltung) sehr schmal sein. Üblicherweise ist es *zu* schmal für eine sorgfältige Unter-

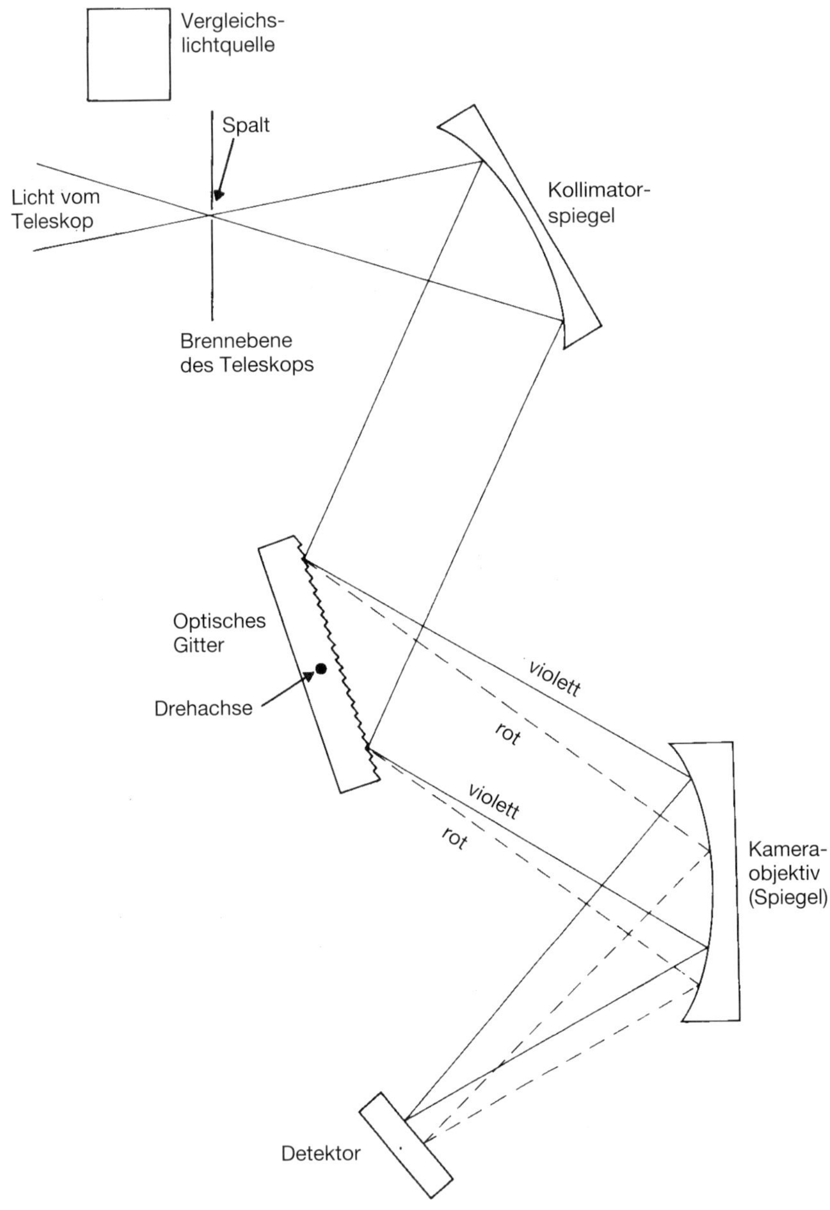

2.8 Schematischer Aufbau eines Spaltspektrographen (nicht maßstabsgetreu). Das Licht eines Sterns wird vom Teleskop auf einen schmalen Spalt (oder ein kleines Loch) in der Brennebene geworfen. Der Spalt schneidet einen sehr schmalen Ausschnitt des Sternbildchens aus und sorgt so für eine punktförmige Lichtquelle im Spektrographen. Das vom Spalt aus divergierende (auseinanderstrebende) Lichtbündel wird durch den Kollimator parallel ausgerichtet und auf das optische Gitter geworfen. Dort wird es in seine Anteile verschiedener Wellenlängen zerlegt. Die nun in verschiedenen Richtungen laufenden Bündel unterschiedlicher Spektralfarben werden schließlich von der Kameraoptik auf den Detektor fokussiert. Letzterer ist heutzutage entweder eine photographische Platte (beziehungsweise Film) oder ein elektronischer Lichtempfänger. Im Diagramm würde das Spektrum die Form eines dünnen hellen Fadens auf dem Detektor annehmen, mit einer Breite, die durch die Größe des Sternbildchens

suchung und Ausmessung. Um die Sichtbarkeit und Meßbarkeit der spektralen Details zu verbessern, muß man die Spektren *verbreitern*. Das wird einfach dadurch erreicht, daß man das Bild des Sterns ein wenig den Eintrittsspalt des Spektrographen auf- und abwandern läßt, der ja senkrecht zur Dispersionsrichtung steht. Abbildung 2.9 zeigt, was dabei herauskommt: Zwei echte Sternspektren, so wie der Astronom sie täglich bearbeitet. Und nun sehen wir auch endlich (wie schon in Abschnitt 2.4 versprochen), weshalb die spektralen Emissionen und Absorptionen *Linien* heißen. Sie zeigen sich als schmale senkrechte Striche in dem horizontalen Band aus Sternlicht verschiedener Wellenlängen. Die Verbreiterung eines Spektrums erübrigt sich natürlich bei ausgedehnten Himmelsobjekten wie der Sonne oder kosmischen Gasnebeln. Die Größe des Objekts auf dem Eintrittsspalt des Spektrographen sorgt automatisch dafür.

Das zweite Problem betrifft die Wellenlängenskala. Es ist nicht von vornherein klar, welche Wellenlänge auf welcher Stelle des Films abgebildet wird. Um dies festzustellen, verwenden die Astronomen *Vergleichslichtspektren*, auch *Kalibrationsspektren* genannt. Man baut zum Beispiel eine Eisenbogenlampe vor dem Spektrographenspalt ein und läßt sie die Teile des Spalts oberhalb und unterhalb des Sternbildchens beleuchten (In einer solchen Lampe wird ein elektrischer Funke zwischen zwei Eisenspitzen erzeugt. Das dabei entstehende heiße Gas aus verdampftem Eisen erzeugt ein Emissionslinienspektrum, dessen Wellenlängen man bequem im Labor messen kann). Zu beiden Seiten des Sternspektrums entsteht auf diese Weise ein Eisenspektrum, das uns direkt auf dem Film beziehungsweise der Photoplatte eine Wellenlängenskala liefert. Durch Vergleich der Lage der stellaren Linien mit der des Eisenspektrums können wir genaue Linienidentifikationen beziehungsweise Radialgeschwindigkeitsmessungen vornehmen. Neben Eisen- werden in der Astronomie auch Helium-Neon- und Argon-Lampen als Vergleichslichtquellen verwandt. Auch in diesen wird ein elektrischer Strom durch ein Gas geleitet, um Emissionslinien zu erzeugen.

Die photographische Platte eignet sich für einen sehr großen Wellenlängenbereich, und sie speichert sehr viel Information auf kleinem Raum. Dennoch hat sie auch große Nachteile für die astronomische Anwendung. Im Vergleich zum prinzipiell pysikalisch Erreichbaren ist sie sehr unempfindlich. Mit anderen Worten: Sie nutzt das wenige verfügbare Sternlicht nicht effektiv zur Informationsgewinnung und -aufzeichnung aus. Typischerweise muß der Astronom eine Aufnahme lange Zeit – oft viele Stunden – belichten, bis auf der Photoplatte ein auswertbares Spektrum entstanden ist (das hängt natürlich von der Helligkeit des jeweiligen Sterns, von der Größe des Teleskops und von den Ansprüchen an den Detailreichtum des Spektrums

auf dem Eingangsspalt festgelegt ist. Bei photographischer Aufzeichnung wird es verbreitert, indem das Sternbildchen ein kleines Stück weit den Spalt auf und ab geführt wird (senkrecht zur Ebene der Buchseite). Ein Vergleichsspektrum aus Licht von Eisen-, Argon- oder anderen Atomen kann erzeugt werden, indem das Licht einer entsprechenden Lampe (links oben) mittels eines Spiegels auf den Eintrittsspalt geworfen wird. Normalerweise ist der Detektor zu klein, um alles Licht vom Gitter gleichzeitig aufzunehmen. Durch Drehen des Gitters können verschiedene Wellenlängenbereiche oder verschiedene Ordnungen auf den Detektor gebracht werden. Diagramm vom Autor.

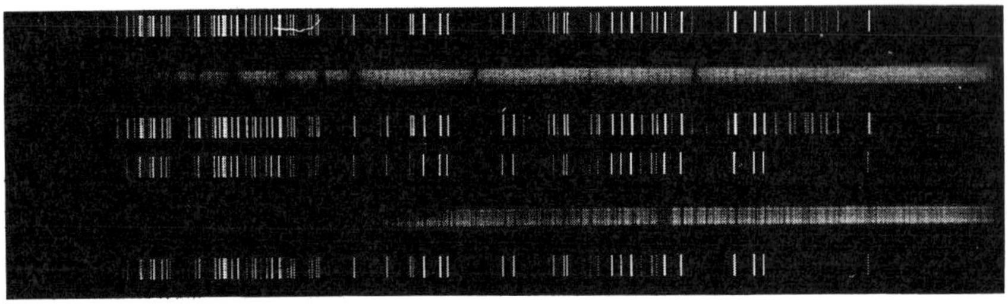

2.9 Photographische Spektren zweier Sterne. Die Abbildung zeigt den blauen Spektralbereich von δ Geminorum und δ Arietis. Beide besitzen Absorptionsspektren mit zahlreichen Linien. Vergleichslichtspektren des Eisens flankieren die Sternspektren. Mittels der bekannten Wellenlängen der Eisenlinien, die im Labor gemessen werden können, kann man die genauen Wellenlängen der stellaren Linien ausmessen und so die Identität der einzelnen Linien und die Radialgeschwindigkeit der Sterne bestimmen. Die beiden gezeigten Sterne besitzen praktisch die gleiche chemische Zusammensetzung, aber trotzdem recht verschiedene Spektren. Der Unterschied liegt nur in der Temperatur der Sternoberflächen. Das Spektrum von δ Gem zeigt die Reihe der Balmerlinien, die sich nach links (zum kurzwelligen Ende) immer näher zusammendrängen. Bei δ Ari sind insbesondere die beiden starken Linien des Ca II unmittelbar links der Mitte und die breite Absorption des CN-Moleküls noch etwas weiter links bemerkenswert. Solche spektralen Unterschiede zwischen den Sternen werden eines der Hauptthemen der späteren Kapitel dieses Buches sein. Photos: University of Illinois Prairie Observatory, mit freundlicher Genehmigung von K. M. Yoss.

ab). Erst in letzter Zeit sind wirkungsvollere, empfindlichere Lichtempfänger entwikkelt worden. Sie wandeln Licht in elektrische Ladungen um, die vermittels elektronischer Schaltungen gemessen und auf Magnetbändern oder -platten aufgezeichnet werden können. Von dort kann man sie später zur Inspektion und Ausmessung wieder herunterlesen. Die CCDs (siehe Abschnitt 1.11) sind derzeit dabei, sich gegen alle anderen Empfänger durchzusetzen. Häufig wird ein elektronischer Lichtempfänger noch mit einer (ebenfalls elektronischen) *Bildverstärkerröhre* gekoppelt, die das Licht verstärkt, bevor es vom eigentlichen Detektor empfangen und aufgezeichnet wird. Bei elektronischen Detektoren ist die Verbreiterung der Spektren normalerweise unnötig (der Spektrographenspalt wird dann durch ein kleines Loch ersetzt), jedoch ist nach wie vor ein Vergleichslichtspektrum notwendig. Abbildung 2.10 zeigt ein Spektrum des Planetarischen Nebels IC 351 als Beispiel für die elektronische Spektroskopie. Es wurde mit einer Art Fernsehkamera aufgenommen und mittels eines Computers graphisch dargestellt. Am Rande sei angemerkt, daß die elektronische Spektroskopie auf Weltraumteleskopen natürlich die einzig mögliche ist: Das Instrument muß das Spektrum auf jeden Fall in eine elektronische Form bringen, um es per Radiosender zum Boden übertragen zu können.

Ein echter astronomischer Spektrograph ist ein kompliziertes, vielseitiges Gerät. Ein Beispiel ist in Abbildung 2.11 gezeigt. Es enthält eine größere Auswahl von Gittern, jedes mit einer anderen Zahl von Linien pro Millimeter und Lichtkonzentration auf unterschiedlichen Ordnungen. Der Astronom kann aus einer Vielzahl von Dispersionen, Auflösungen und Wellenlängenbereichen die jeweils für sein spezielles Problem günstigste Kombination aussuchen. Für sehr schwache Sterne muß er die Dispersion klein wählen, um überhaupt ein Spektrum innerhalb einer Nacht gewinnen zu können. Wenn er einen Stern nur klassifizieren will, reicht eine Dispersion

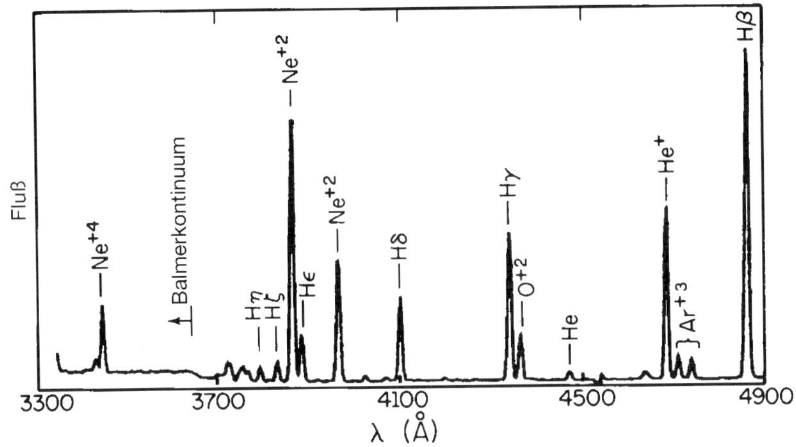

2.10 Ein elektronisch aufgenommenes Spektrum des Planetarischen Nebels IC 351. Der Detektor ist in diesem Fall einer Fernsehkamera ähnlich. Die Intensität des Lichts in Abhängigkeit von der Wellenlänge wird in elektronische Signale umgewandelt, auf Magnetbändern aufgezeichnet und später zwecks Auswertung und graphischer Darstellung mittels Computern wieder gelesen. Ein Planetarischer Nebel ist eine Wolke aus sehr dünnem Gas um einen heißen Stern. Der Stern spielt die Rolle unserer Lichtquelle aus Abbildung 2.3, der Nebel die des Kastens. Auf diese Weise entsteht das gezeigte Emissionslinienspektrum. Man sieht sehr schön die Reihe der Balmerlinien von Hβ bis Hη (=H_9) und ihr Verschmelzen zum Balmerkontinuum bei 3 646 Å. Daneben sind Linien von einer Anzahl anderer Atome und Ionen erkennbar. Aufnahme vom Autor, angefertigt auf dem Kitt Peak in Arizona (National Optical Astronomy Observatories).

von 250 Ångström pro Millimeter, was typischerweise einer Auflösung von 10 Ångström entspricht. Wenn er dagegen genaue Information über die Linienstärken und Linienprofile erhalten will, muß er eine viel höhere Dispersion, 40 Å/mm oder mehr, verwenden. Der Spektralbereich wird ausgewählt, indem einfach das Gitter im Spektrographen gedreht wird („Drehpunkt" in Abbildung 2.8).

Spektrographen für geringe bis mittlere Dispersion können normalerweise direkt an das hintere Ende des Teleskops (in Abbildung 2.11 am oberen Bildrand erkennbar) angeschraubt werden. Bei Spiegelteleskopen fällt in diesem Fall das Licht durch eine Bohrung des Teleskophauptspiegels in den sogenannten Cassegrain-Fokus (Brennpunkt) des Fernrohrs. Ein dort angebrachter Spektrograph heißt ensprechend *Cassegrain-Spektrograph.* Dagegen sind Spektrographen für große Dispersion stets riesige, sehr schwere Geräte, die nicht vom Teleskop getragen werden können. Für solche Spektrographen wird das Licht mittels einiger Zusatzspiegel aus dem Fernrohr herausgeleitet, zum sogenannten Coudé-Fokus. Ein dort unbeweglich montierter Spektrograph heißt folglich *Coudé-Spektrograph.* Man kann damit Dispersionen von 1 Å/mm erreichen und so sehr detaillierte Information über Linienprofile gewinnen. Spektrographen für die Beobachtung der Sonne arbeiten oft mit noch höherer Dispersion. Sie können es sich erlauben, weil von der Sonne unvergleichlich viel mehr Licht verfügbar ist als von anderen Sternen.

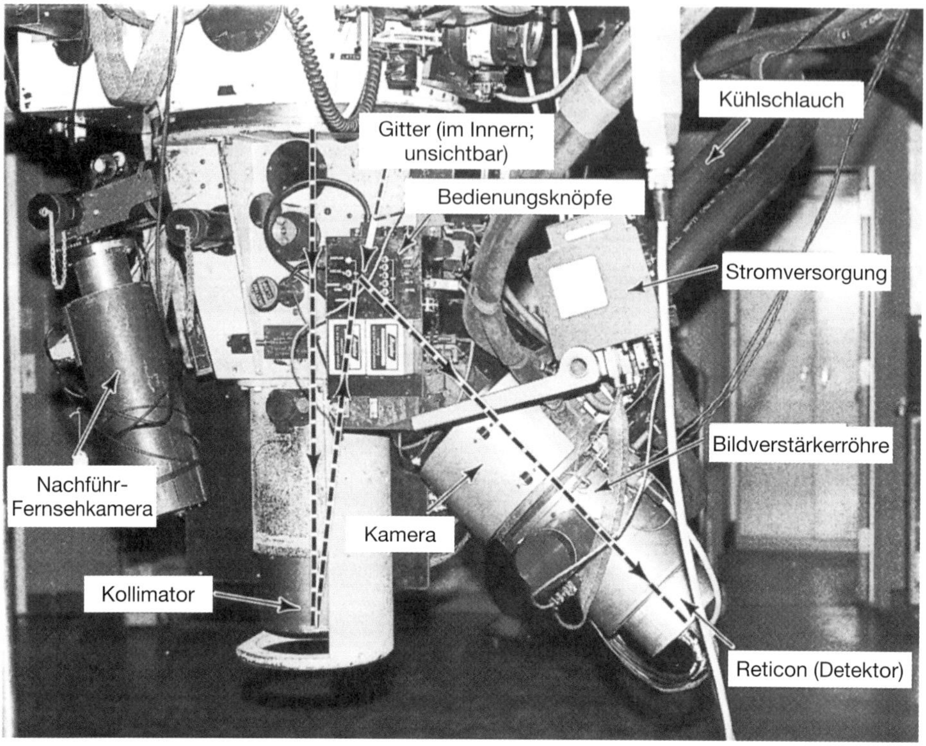

2.11 Ein astronomischer Spektrograph. Die verschiedenen Teile aus Abbildung 2.8 sind hier am Cassegrain-Spektrographen des Steward Observatory (Arizona) markiert. Die gestrichelte Linie deutet den Weg des Lichts innerhalb des Gehäuses an. Das ‚Reticon' ist ein elektronischer Detektor, der aus einer dichten Reihe kleiner lichtelektrischer Dioden besteht. Er wandelt Licht in einen elektrischen Strom um. Bevor das Sternlicht auf das Reticon fällt wird es von der Bildverstärkerröhre vielhundertfach verstärkt. Photo vom Autor.

2.15 Spaltlose Spektrographen

Es gibt eine sehr viel einfachere Form des astronomischen Spektrographen als die bisher beschriebene, die für manche Zwecke sehr nützlich ist. Anstatt hinter der Brennebene des Teleskops erst durch den Kollimator wieder paralleles Licht herzustellen, nutzt man das ursprünglich parallel von den fernen Sternen einfallende Licht direkt, um ein Prisma (beziehungsweise ein Transmissionsgitter) *vor* dem Teleskop anzubringen. Das hat zur Folge, daß alle Sterne im Gesichtsfeld des Teleskops gleichzeitig ein Spektrum erzeugen, nicht nur der eine, der auf der Eintrittsöffnung des Spaltspektrographen plaziert wird. Auf diese Weise kann man mit einer Belichtungszeit auf einer Photoplatte hunderte, bei großen Platten sogar tausende von Spektren gleichzeitig aufnehmen. Allerdings ist die spektrale Auflösung von vornherein begrenzt: Erstens fehlt nun der Spalt, der die Ausdehnung des Sternbildchens in der Brennebene begrenzt. Zweitens muß man die Dispersion klein halten, damit die

Spektren von nahe beieinander stehenden Sternen auf der Photoplatte nicht überlapppen.

Spaltlose Spektrographen bestehen meist aus einem großen Prisma (es muß die gesamte Teleskopöffnung bedecken!) und einem Schmidt-Spiegelteleskop. Bei diesem Instrument wird ein Spiegel als Objektiv verwandt. Dessen Abbildungseigenschaften werden durch eine seltsam geformte große Linse so weit verbessert, daß scharfe Sternbildchen über ein besonders großes Gesichtsfeld entstehen. Schmidt-Spiegel werden immer dann verwandt, wenn der ganze Himmel abphotographiert werden soll. In Verbindung mit einem *Objektivprisma* werden sie zum spaltlosen Spektrographen für die Aufnahme und Klassifikation hunderttausender von Sternspektren. Das wäre mit einem Spaltspektrographen innerhalb einer sinnvollen Zeitspanne unmöglich. Natürlich hat die Methode mit dem Objektivprisma auch Nachteile, neben der notwendigerweise geringen Auflösung. Man kann keine Kalibrationsspektren neben die Sternspektren bringen, so daß genaue Wellenlängenmessung praktisch unmöglich ist. In dichten Sternfeldern, wie zum Beispiel Sternhaufen oder Milchstraßenwolken, überlappen stets viele der Spektren. Und außer dem eigentlichen Sternlicht fällt auch noch das ganze Licht des Nachthimmels auf die Photoplatte und überdeckt die Spektren sehr schwacher Sterne völlig. In der astronomischen Praxis wird meist so vorgegangen, daß zunächst mit einem spaltlosen Spektrographen nach interessanten Objekten gefahndet wird, die dann mit dem mächtigeren Instrument genauer untersucht werden. Abbildung 3.1 zeigt ein typisches Beispiel einer Objektivprismenaufnahme.

Nach zwei langen vorbereitenden Kapiteln sind wir nun endlich bereit, uns wirklich den Sternen und ihren Spektren zuzuwenden.

3. Die Spektralklassen

Nach diesen allgemeinen Einleitungen wenden wir uns erneut der Buchstabenfolge – OBAFGKM – zu, mit der dieses Buch begonnen hat. Im letzten Kapitel haben wir die Entstehung von Sternspektren aus der Sicht der heutigen Astrophysik betrachtet. Nun wollen wir uns einer ganz anderen Art der Analyse zuwenden. Der physikalische Ursprung der Spektren und ihrer Verschiedenheit wurde nämlich erst in den zwanziger Jahren dieses Jahrhunderts verstanden, nachdem die physikalischen Zusammenhänge zwischen Ionisation, atomarer Anregung, Temperatur und Dichte abgeleitet worden waren. Die Beobachtung von Sternspektren hatte dagegen bereits 100 Jahre früher begonnen.

In allen Wissenschaften, von der Astronomie bis zur Zoologie, gibt es auf dem Weg von der Sammlung wissenschaftlicher Daten zu deren schließlichem tieferem Verständnis einen gemeinsamen ersten Schritt: Die Klassifikation der vorgefundenen Einzeldaten. Ohne Ordnung werden die Hintergründe der beobachteten Phänomene immer unverstanden bleiben. Versuchen wir also, Strukturen in der Masse von Sternspektren, wie sie zum Beispiel in Abbildung 3.1 dargestellt sind, zu erkennen. Versuchen wir also, verschiedene Gruppen von Sternen zu erkennen. Während wir auf diesem Wege vorwärtsschreiten, werden allmählich die Ursachen der beobachteten Phänomene in unser Gesichtsfeld treten. Wir werden den theoretischen Rahmen kennenlernen, der sich über die rein empirische Klassifikation erhebt, ohne sie jedoch zu entwerten.

3.1 Das Fraunhofer-Spektrum

Das Spektrum der Sonne, des hellsten aller Sterne, wurde erstmals Anfang des 19. Jahrhunderts von Joseph von Fraunhofer genauer untersucht. Er fand mehr als 500 Absorptionslinien. Er bezeichnete die auffälligsten Linien mit Buchstaben, wobei er einfach vom roten zum blauen Ende des Spektrums vorging (siehe Tabelle 3.1). Vom chemischen Ursprung der Linien konnte Fraunhofer damals noch nichts wissen. Deshalb haben seine Buchstaben weder eine Beziehung zu den chemischen Symbolen der Elemente, noch gibt es einen Zusammenhang mit der Buchstabenfolge der modernen Spektralklassifikation. Dennoch werden die Fraunhoferschen Bezeichnungen der Linien noch heute benutzt: als bequeme Kürzel. So spricht man noch heute

3.1 Objektivprismenaufnahme (siehe Abschnitt 2.15) eines Milchstraßenfeldes in Taurus. Ein Prisma wurde vor das Objektiv des Teleskops gesetzt (in diesem Falle des 24-Zoll Curtis Schmidt in Michigan), wodurch das Abbild jedes Sterns zu einem Spektrum auseinandergezogen wurde. Solche Aufnahmen ermöglichen die schnelle Klassifikation vieler Sterne. Auf den ersten Blick erkennt man die wichtigsten Unterschiede zwischen verschiedenen Spektren: Einige zeigen nur die beiden Linien H und K des ionisierten Kalziums (jeweils am linken Ende), bei vielen dominiert die Balmerserie des Wasserstoffs. Nahe des oberen Bildrandes ist ein besonders kühler Stern mit Molekülbanden erkennbar (3 cm vom rechten Bildrand). Auf Aufnahmen wie dieser basiert der Henry-Draper-Katalog (Abschnitt 3.3). Mit freundlicher Genehmigung durch K. M. Yoss, Observatorium der Universität Michigan.

von den Linien H und K, wenn man sich auf die stärksten Linien des Sonnenspektrums beziehen will. Sie werden erzeugt von einfach ionisiertem Kalzium: Ca II λ3968 und Ca II λ3934. Drei andere Fraunhoferlinien, C, F und h, sind die Mitglieder Hα, Hβ und Hδ der berühmten Balmerserie (siehe Abschnitt 2.4), die sich bis ins Ultraviolette erstreckt. Fraunhofer übersah die Hγ-Linie, weil sie sich unmittelbar an die rote Flanke des breiten G-Bands anschließt. Hε konnte er nicht erkennen, weil diese Linie in der stärkeren K-Linie des Kalziums untergeht. Drei der roten Fraunhoferlinien werden durch molekularen Sauerstoff und Wasserdampf in der Erdatmo-

Tabelle 3.1: Die Fraunhoferlinien.

Die mittlere Spalte gibt die Wellenlänge in Ångström. Die ersten drei Fraunhoferlinien (im roten Spektralbereich) werden beim Durchgang des Sonnenlichts durch die Erdatmosphäre erzeugt. Die letzten beiden Linien liegen im violetten Licht, ganz am Rand des sichtbaren Spektralbereichs.

Name	λ	Ursprung
A	7 594	irdischer Sauerstoff
a	7 165	irdischer Wasserdampf
B	6 867	irdischer Sauerstoff
C	6 563	$H\alpha$
D	5 890, 5 896	neutrales Natrium (Na I)
E	5 270	neutrales Eisen (Fe I)
b	5 167, 5 173, 5 184	neutrales Magnesium (Mg I)
F	4 861	$H\beta$
d*	4 384	neutrales Eisen (Fe I)
G	4 300	CH-Molekül
g*	4 227	neutrales Kalzium (Ca I)
h*	4 102	$H\delta$
H	3 968	ionisiertes Kalzium (Ca II)
K*	3 934	ionisiertes Kalzium (Ca II)

* Diese Bezeichnungen stammen nicht von Fraunhofer selbst, sondern wurden erst später eingeführt.

sphäre erzeugt. Die Moleküle dieser Gase absorbieren das Sonnenlicht jener Wellenlängen beim Durchgang durch die irdische Lufthülle.

Fraunhofer begann auch mit der Beobachtung der Spektren anderer Sterne. Bereits 1820 hatte er eine ganze Reihe von Sternen erster Größe mit einem Objektivprismenspektroskop untersucht. Seine ziemlich primitive Ausrüstung reichte, um Unterschiede zwischen den einzelnen Spektren zu erkennen. Er bemerkte die starken grünen und blauen Linien im Spektrum von Sirius und erkannte, daß Pollux der Sonne ähnelt, während Beteigeuzes Spektrum einen völlig andersartigen Charakter aufweist.

In den folgenden Jahrzehnten wurden sowohl die Teleskope als auch die Spektroskope erheblich weiterentwickelt. Bereits Mitte des 19. Jahrhunderts war eine so große Vielfalt von Spektren beobachtet worden, daß einerseits die Möglichkeit, andererseits auch die Notwendigkeit entstand, durch ein Klassifikationssystem eine gewisse Ordnung in die Beobachtungen zu bringen. Diese Bestrebungen gipfelten im Jahre 1901 in der Aufstellung der Harvard-Sequenz der Spektralklassen, jener Reihe von Buchstaben, die der Hauptgegenstand dieses Buches ist. Ihre Einfachheit und Flexibilität ermöglichte die Weiterentwicklung in das heutige viel umfassendere Klassifikationsschema. Die Schönheit der Harvard-Sequenz besteht vor allem darin, daß man mit ihrer Hilfe die Sterne ohne jeden Bezug zu astrophysikalischen Theorien sortieren konnte – und immer noch kann. Diese Unabhängigkeit der beobachtenden

Arbeit von der theoretischen Interpretation erlaubt es der Wissenschaft, fortzuschreiten ohne auf die Entwicklung der Theorie warten zu müssen. Mehr noch, sie ist ein wichtiger Antrieb für den theoretischen Fortschritt.

3.2 Die Anfänge: Pater Secchi

Auf den ersten Blick bieten Sternspektren dem Betrachter eine verwirrende, unübersichtliche Vielfalt. Bei näherem Hinsehen zeigt sich jedoch, daß die meisten Spektren sich in relativ wenige wohlunterschiedene Gruppen einordnen lassen. Die Gruppenzugehörigkeit ist mit der Farbe korreliert: Blauweiße Sterne haben normalerweise starke Absorptionslinien von Wasserstoff, gelegentlich auch starke Heliumlinien. Sterne von gelber bis oranger Farbe zeigen eine breite Palette von Spektren, jedoch stets mit vielen Absorptionslinien von einfach ionisierten oder neutralen Metallatomen. Die Spektren roter Sterne schließlich werden von den Banden verschiedener Moleküle dominiert. Schaut man noch etwas genauer hin, so findet man, daß es zwischen diesen Gruppen in Wirklichkeit fließende Übergange gibt. Die Gruppen sind nicht wirklich voneinander getrennt. Die Vielfalt ist nur eine Vielfalt im Detail, hinter der sich in Wahrheit eine weiterreichende Einheitlichkeit der Sterne verbirgt. Diese Gemeinsamkeit ist die chemische Zusammensetzung, die bei fast allen Sternen sehr ähnlich ist, wie bereits im Abschnitt 1.5 dargestellt. Dabei ist Wasserstoff stets das dominierende Element, gefolgt von Helium, Sauerstoff, Kohlenstoff und anderen. Als Faustregel gilt dabei, daß ein Element umso weniger häufig ist, je größer sein Atomgewicht ist.

Unter den vielen frühen Versuchen zur Spektralklassifikation ist besonders ein Klassifikationsschema hervorzuheben, das der Pater Angelo Secchi in den sechziger Jahren des vorigen Jahrhunderts entwickelte. Es zeichnet sich durch seine Einfachheit und durch seine Ähnlichkeit mit der modernen Spektralsequenz aus. In der älteren spektroskopischen Literatur wird es häufig zitiert und angewandt. Pater Secchi definierte – nach mehreren aufeinander aufbauenden Versuchen zur Einteilung der Sternspektren – fünf Grundtypen, die sich wie folgt beschreiben lassen:

Typ I: Starke Wasserstofflinien; blau-weiße Sterne wie Sirius und Wega.

Typ II: zahlreiche Metall-Linien (Natrium, Kalzium, Eisen), schwächere Wasserstofflinien; gelbe oder orangefarbene Sterne wie die Sonne, Capella und Arkturus.

Typ III: Auffällige Banden, die aus vielen, jeweils zur blauen Seite stärker werdenden Linien bestehen, dazu die Metall-Linien des Typs II; orangefarbene bis rote Sterne wie Beteigeuze und Antares.

Typ IV: Banden, die zur anderen Seite hin stärker werden; tiefrote Sterne, die nicht heller sind als die 5. Größe; nur wenige mit dem bloßen Auge sichtbar.

Typ V: *Helle* Linien im Spektrum, entweder zusätzlich oder anstelle von Absorptionslinien; selten.

Die ersten drei Typen sind in Abbildung 3.2 dargestellt. Die Abbildung zeigt eine Sammlung von Sternspektren wie sie um die Jahrhundertwende für die Konstruktion der Harvard-Klassifikation verwandt wurden (siehe Abschnitt 3.3).

Im Jahre 1904 wurde entdeckt, daß die Banden vom Typ III durch Titanoxid erzeugt werden. Secchi selbst fand heraus, daß die Banden des Typs IV von Kohlenstoff-Verbindungen stammen. Die hellen Linien in den Spektren, heutzutage Emissionslinien genannt, des Typs V deuten die Existenz von heißem Gas unter geringem Druck an. Wir wissen heute, daß sie im allgemeinen zu einer ausgedehnten dünnen Atmosphäre um den jeweiligen Stern gehören. Solche Hüllen werden meist durch Prozesse erzeugt, die das Abströmen von Materie von der Sternoberfläche hervorrufen. Emissionslinien gibt es jedoch auch bei den diffusen und Planetarischen Nebeln wie dem Orionnebel und dem Hantelnebel (siehe Abbildung 2.10). Der Typ V wurde später von E.C. Pickering vom Harvard-Observatorium so umdefiniert, daß er nur noch heiße Sterne mit breiten Emissionslinien von Helium, Kohlenstoff und Stickstoff (die heutigen Wolf-Rayet-Sterne) und die Planetarischen Nebel umfaßte. Die Secchi-Typen entsprechen ungefähr der Einteilung der Sternspektren, die man mit bloßem Auge nur aufgrund der Farben vornehmen könnte.

3.3 Das Harvard-System

Mit der Weiterentwicklung der Beobachtungstechniken wurde schnell klar, daß die Secchi-Klassen zu grob waren. Jeder der fünf Typen umfaßte eine gar zu große Vielfalt von Sternspektren. Ein halbes Dutzend feinerer Klassifikationsschemata wurde von verschiedenen Autoren vorgeschlagen, bis schließlich Pickering eine Erweiterung des Secchi-Schemas veröffentlichte. Sie wurde durch eine Reihe von Großbuchstaben anstelle der römischen Zahlen dargestellt.

Damit begann ein gigantisches Projekt auf der Basis photographischer Sternspektren: Die Harvard-Spektralkataloge. Sie wurden aus dem Erbe Henry Drapers finanziert, des Mannes, der als erster überhaupt stellare Absorptionslinien fotografiert hatte. Alle Spektralkataloge des Harvard-Observatoriums aus dieser Zeit wurden in der Reihe der *Harvard Annals* veröffentlicht. Sie bilden zusammen das *Henry Draper Memorial* („Denkmal“). Noch heute werden Sterne ausgiebig nach ihrer „HD-

3.2 Historische Klassifikations-Standards. Die Abbildung zeigt eine Serie von Spektren zur Illustration der Secchi- und der ursprünglichen Harvard-Klassen. Sie wurde in den 90er Jahren des vorigen Jahrhunderts mit einen 27-cm-Teleskop und Objektivprisma aufgenommen. Die Qualität dieser hundert Jahre alten Spektren ist bemerkenswert. Aus ihnen entstand das heutige Schema der Spektralklassifikation. An der linken (kurzwelligen) Seite jedes Spektrums ist die Secchi-Klasse (unten) und der ursprüngliche (heutzutage nicht mehr in dieser Form gebräuchliche) Harvard-Spektraltyp (oben) angegeben; rechts der Name des Sterns.
Die Sterne sind von oben nach unten in der üblichen spektralen Reihenfolge, d. h. nach absteigender Temperatur angeordnet. Die fortschreitenden Veränderungen der Linienstärken mit dem Spektraltyp sind gut erkennbar. Man beachte insbesondere die extrem starken Wasserstofflinien im Spektrum von Sirius

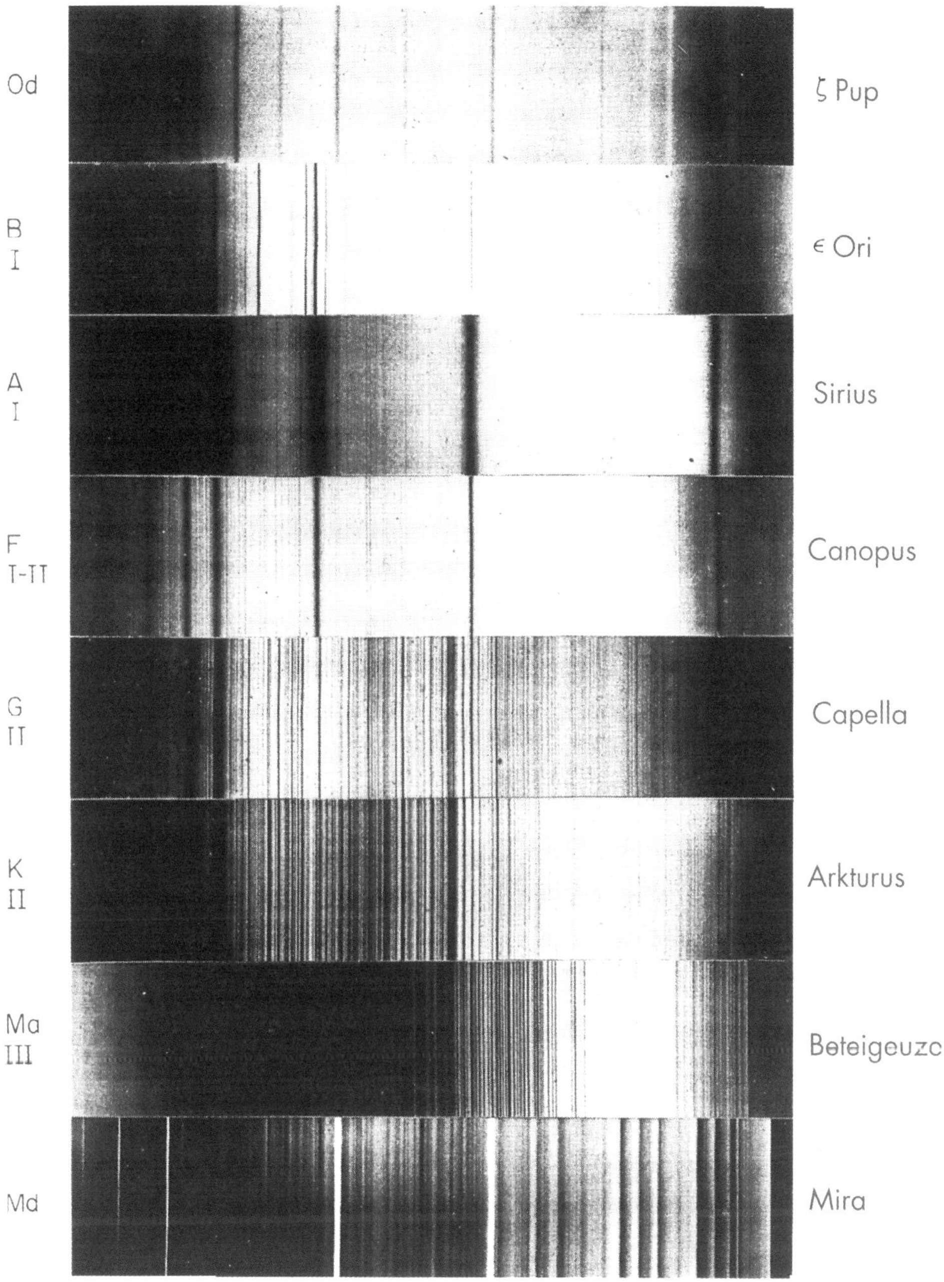

und die Zunahme der beiden Linien H und K des Ca II von Canopus über Capella zu Arkturus (jeweils links im Spektrum). Beteigeuze zeigt einen dichten Wald von Linien neutraler Elemente und ganz rechts die Andeutung einer Molekülbande. Solche Banden (zumeist von Titanoxid) dominieren das Spektrum von Mira, des kühlsten Sterns in der Reihe. Mira ist ein Veränderlicher Stern, der neben Molekülbanden und atomaren Absorptionslinien auch Emissionslinien des Wasserstoffs (schmale helle Streifen, vergleiche mit Canopus!) zeigt. Solche hellen Linien sind charakteristisch für diesen Typ. Aus *Annals of the Harvard College Observatory*, Vol. 23, part II, 1901.

Nummer" benannt, der laufenden Nummer, die sie im endgültigen Henry-Draper-Katalog erhielten.

Die ersten Spektralkataloge wurden im Jahre 1890 im Band 27 der *Harvard Annals* veröffentlicht. Sie benutzten eine Klassifikation aus den Buchstaben A bis Q in alphabetischer Reihenfolge (siehe Tabelle 3.2). Die Klassifikation der einzelnen Spektren wurde von Mrs. W. P. Fleming durchgeführt, dem ersten Mitglied des später berühmten amerikanischen Damentrios, das die Sternspektroskopie um so vieles weiterentwickelt hat. Pickering bezweifelte schon damals die Realität der Klasse C, sowie der Unterschiede zwischen E und G, beziehungsweise zwischen H, I und K. In einer 6 Jahre später veröffentlichten Studie über südliche Sternhaufen (Teil 2 des Bandes 26) wurde die Sequenz entsprechend geändert: Die Klassen D, L und I wurden beseitigt, K wurde G angenähert und E wurde mit F vertauscht. Die Klasse C entpuppte sich als das Ergebnis schlechter Fotoplatten, und die Klassen E und H gingen später in anderen Klassen auf.

Tabelle 3.2: Die ursprünglichen Harvard-Spektraltypen.

Secchi	Draper (Harvard)	
I	A	starke, breite Wasserstofflinien
	B	wie A, aber zusätzlich die sog. Orion-Linien, die bei vielen Sternen im Orion gefunden und später als neutrales Helium erkannt wurden
	C	doppelte Wasserstofflinien
	D	mit Emissionslinien
II	E	die Fraunhofer-Linien H und K sowie Hβ sind sichtbar
	F	ähnlich wie E, aber alle Wasserstofflinien erkennbar
	G	wie F, aber mit zusätzlichen Linien
	H	wie F, aber mit einem Helligkeitsabfall im Blauen
	I	wie H, aber mit zusätzlichen Linien
	K	Molekülbanden im Spektrum
	L	Sonderformen und Abwandlungen von K
III	M	Secchis Typ III
IV	N	Secchis Typ IV
Pickering		
V	O	hauptsächlich Emissionslinien (Wolf-Rayet-Sterne)
	P	Planetarische Nebel
	Q	alles andere (1922 umdefiniert: Novae)

Mit der Weiterentwicklung der Instrumente und der Qualität der Spektren wurde bald erneut eine feinere Unterteilung nötig. Die zweite und dritte des Trios, Antonia Maury und Annie Cannon, lösten das Problem auf zwei sehr verschiedenen Wegen. Miss Maury entwickelte ein völlig neues Schema, das die Sterne in 22 Gruppen einteilte. Diese wurden durch eine Kombination von römischen Zahlen und Buchstaben bezeichnet. Obwohl das System (veröffentlicht 1897 in einer Studie über nördliche Sterne in den *Harvard Annals*, Band 28) nur eine kurze Lebensdauer hatte, brachte es zwei wichtige Aspekte in die Diskussion ein. Zum einen verbesserte es die

Anordnung der Typen in eine logische Sequenz. Miss Maury zeigte, daß die Klasse B in der Reihenfolge *vor* A stehen sollte, statt zwischen A und F. Und sie schlug sie vor, daß ihre letzte Gruppe (XXII), die den Emissionsliniensternen der Klasse O entsprach, ganz an den Anfang der Sequenz gestellt werden sollte. Sie sollte einen Übergang zu den Emissionsnebeln darstellen. Zum andern fügte Miss Maury den Spektralklassen Zusätze an, die zusätzlich zur Stärke der Spektrallinien auch deren Breite berücksichtigten: ‚a' stand für durchschnittliche Spektren mit wohldefinierten Linien, ‚b' für Spektren mit breit verwaschenen, undeutlichen Linien. Die Unterklasse ‚c' schließlich bezeichnete Sterne mit besonders scharfen, schmalen Linien oder anomalen Linienstärken. Viel später erkannte man, daß die Gruppe ‚c' die Überriesen (siehe Abschnitt 1.17) und die Gruppe ‚b' die Sterne mit schneller Rotation enthält. Dieses System war der erste echte Versuch einer zweidimensionalen Klassifikation, das heißt einer Einteilung nach zwei unabhängigen Kriterien. Seine volle Bedeutung wurde erst erkannt, als Ejnar Hertzsprung im Jahre 1907 entdeckte, daß die ‚c'-Sterne im Mittel viel kleinere Eigenbewegungen (siehe Abschnitt 1.9) als die Sterne der Gruppen ‚a' und ‚b' besaßen. Dieser Befund war der erste Schritt zur späteren Entdeckung des Unterschieds zwischen Riesen und Zwergsternen (siehe Abschnitt 1.17). Aus der langsameren Bewegung der ‚c'-Sterne am Himmel schloß Hertzsprung, daß sie weiter entfernt sein mußten als der Durchschnitt. Bei gleicher scheinbarer Helligkeit mußten sie folglich eine höhere absolute Helligkeit besitzen.

Im Gegensatz zu Miss Maury verfeinerte Miss Cannon die Spektralklassifikation durch einfache Dezimalunterteilung der Buchstabenfolge von Pickering (in einer Untersuchung über südliche Sterne aus dem Jahre 1901, *Harvard Annals* Band 28, Teil 2). Ein Spektrum, das in der Mitte zwischen den Idealtypen K und M lag, nannte sie K5M. Später ließ sie den zweiten Buchstaben weg, so daß ein solches Spektrum dann einfach mit K5 bezeichnet wurde. Cannon unterteilte die O-Sterne in nach ihren Emissionslinien in die Untergruppen Oa bis Oe. Die Gruppen ‚a' bis ‚c' (die keinerlei Beziehung zu den entsprechenden Gruppen von Maury haben) enthielten die Sterne mit ungewöhnlich starken und breiten Emissionslinien, während ‚d' und ‚e' die häufigeren Typen mit schwachen Emissionen bezeichneten. O-Sterne ganz ohne Emissionslinien nannte sie Oe5. Auch zur Unterteilung der Molekülbandenspektren der M-Sterne benutzte sie die Buchstaben a bis c. Die Klasse Md schließlich enthielt M-Sterne mit Emissionslinien. Ebenso wie Maury vertauschte Cannon die Reihenfolge von A und B. Darüber hinaus wies sie anhand gemeinsam auftretender Linien nach, daß O noch vor B stehen sollte. Und so war aus den Untersuchungen der beiden Damen die endgültige, uns bereits vertraute Form der Spektralsequenz OBAFGKM entstanden, die man sich mit einem berühmten Merkspruch im Gedächtnis halten kann: Oh Be A Fine Girl/Guy, Kiss Me!

Cannons System war so elegant und flexibel, daß es Maurys Schema schnell verdrängte. Die dezimale Unterteilung der Sequenz war damals nicht vollständig, und ist es bis heute nicht geworden. Aber der dezimale Ansatz erlaubte es, mit der Verfeinerung der Beobachtungen jeweils auch das Klassifikationssystem durch die Einführung weiterer Dezimalunterteilungen zu vefeinern. So wurden die B-Sterne sogleich in die Unterklassen B0, B1, B2, B3, B5, B8 und B9 unterteilt. Dagegen war in den Klassen G und K zunächst weniger Feinstruktur erkennbar. Zunächst wurden deshalb nur die Unterklassen G0, G5, K0, K2 und K5 definiert. Aber bereits um 1940 waren zusätzlich die Unterklassen G2, G8 und K3 eingeführt, und zwischen B0 und B1 war sogar B0,5 eingefügt worden. Eine unsichere oder ungenaue Klassifikation konnte ganz einfach dadurch angedeutet werden, daß man einen Stern nur als A oder F, ohne Dezimalunterteilung, bezeichnete.

Obwohl die Reihenfolge der Buchstaben ohne jede physikalische Deutung aufgestellt und festgelegt wurde, waren sich doch die Spektroskopiker von Anfang an darüber im klaren, daß sie eine Temperatursequenz darstellt. Voreilige Vermutungen über die zeitliche Entwicklung von Sternen führten zu der Redensart, daß O-Sterne „frühe" und M-Sterne „späte" Sterne seien. Diese Bezeichnungsweise hat sich bis heute erhalten. Man sagt, K0 sei „früher" als K5.

Die beiden Enden der Spektralsequenz waren stets offen. Seit der Erstellung des Systems wurde es am „frühen" (heißen) Ende bis O3 und am „späten" (kühlen) Ende bis M10 erweitert. Darüber hinaus wurden bald Unterteilungen der Klasse N durch Kleinbuchstaben und zwei ganz neue Klassen eingeführt. Die Klasse R (Abbildung 3.4) repräsentiert die Kohlenstoffvariante der späten G- und K-Sterne, ähnlich wie die Klasse N die Kohlenstoffvariante der M-Sterne. Die Klasse S schließlich bezeichnet Sterne, deren Spektrum von Banden des Zirkonoxids anstelle des Titanoxids dominiert werden. Sie weisen einen Kohlenstoffgehalt zwischen dem der M-Sterne und dem der N-Sterne auf. Diese Ergänzungen brachten das Harvard-System in seine endgültige Form, die in Tabelle 3.3 nochmals zusammengefaßt ist. Zusätzlich zu den wichtigsten Charakteristika der einzelnen Klassen ist in der Tabelle die zugehörige Temperaturskala für Hauptreihensterne angegeben.

Die Arbeit des Harvard-Observatoriums gipfelte in der Publikation des grandiosen Henry-Draper-Katalogs (Abbildung 3.3). Er wurde zwischen 1918 und 1924 in den Bänden 91 bis 99 der *Harvard Annals* veröffentlicht und enthält 225 300 Spektralklassifikationen von Miss Cannon. Die Fortsetzung der Arbeit führte zur sogenannten Henry-Draper-Erweiterung, die die Gesamtzahl der klassifizierten Sterne auf 359 082 im Jahre 1948 erhöhte.

3.4 Die weitere Entwicklung des Systems

Kein wissenschaftliches Klassifikationsschema wird jemals die Erweiterung und Verbesserung seiner Datengrundlage unverändert überstehen. Während und nach der Fertigstellung des Henry-Draper-Katalogs wurden auch anderswo Sternspektren beobachtet und neue Entdeckungen gemacht. So konnte es nicht ausbleiben, daß die Spektralklassifikation über das ursprüngliche Harvard-System hinauswuchs.

3.3 Eine Seite des Henry-Draper-Katalogs. Der helle Stern Beteigeuze (α Orionis, HD 39801) ist der erste Eintrag oben links. Die einzelnen Spalten des Katalogs enthalten: HD, die Henry-Draper-Nummer des Sterns; DM, die Nummer in der Bonner Durchmusterung (Abschnitt 1.2); R. A und Dec., die Koordi-

39800 **$5^h 49^m.8$**

H.D.	DM.	R.A. 1900	Dec. 1900	Ptm.	Ptg.	Sp.	Int.	Rem.	Pl. No.
		m.	° ′						
1	1055	49.8	+ 7 23	0.92	*2.27*	Ma	..	0,R	**28**,198
2	1211	49.8	+ 0 34	8.8	*9.8*	Ko	3	..	12754b
3	1114	49.8	− 0 14	9.1	*9.1*	A	3	..	12754b
4	2515	49.8	−36 17	8.5	9.4	Go	4	0,3	46181b
5	2273	49.8	−38 57	9.0	9.8	Go	1	..	46181b
6	2241	49.8	−39 32	8.4	9.5	K2	2	..	46181b
7	1925	49.8	−49 37	9.7	9.4	Fo	3	..	15220b
8	1968	49.8	−50 24	9.7	9.1	F5	2	0,2	24143b
9	534	49.8	−61 27	9.0	9.5	F5	4	..	15147b
10	418	49.8	−72 44	6.51	7.9	Ko	9	R	20540b
11	338	49.8	−73 30	*10.2*	10.6	F5	5	R	15167b
12	337	49.8	−73 31	*10.2*	10.6				
13	839	49.9	+61 7	8.7	*9.3*	Go	3	..	38154i
14	1333	49.9	+38 34	7.8	*7.8*	Ao	3	..	37429i
15	1193	49.9	+33 12	8.0	*8.5*	F8	3	..	37377i
16	..	49.9	+20 10	var.	var.	Md	..	R	286c
17	1212	49.9	−15 44	7.6	*7.6*	B9	9	..	20485b
18	3526	49.9	−24 20	10.1	10.4	Ko	1	..	45993b
19	2588	49.9	−29 2	9.8	10.1	Ko	2	..	42904b
20	2811	49.9	−31 43	8.4	9.9	K5	1	..	44364b
21	2464	49.9	−37 46	9.6	10.5	Ko	2	*5,1*	46181b
22	2070	49.9	−47 54	9.3	8.1	Ao	4	..	12756b
23	1926	49.9	−49 7	7.9	8.6	G5	4	..	12756b
24	1426	50.0	+49 59	9.4	*9.8*	F5	1	..	37366i
25	1324	50.0	+48 24	8.7	*8.8*	A2	2	..	37366i
26	1304	50.0	+36 8	8.6	*8.7*	A3	1	..	38124i
27	1079	50.0	+14 10	8.1	*8.9*	G5	2	..	37568i
28	950	50.0	+12 59	7.7	*8.5*	G5	4	..	37568i
29	970	50.0	+11 48	8.3	*9.1*	G5	2	..	38223i
30	1113	50.0	+ 8 40	9.3	*9.3*	Ao	2	..	38223i
31	1067	50.0	+ 6 43	8.8	*8.9*	A2	2	..	14071i
32	1074	50.0	+ 4 41	8.5	*9.5*	Ko	2	*5,2*	39866b
33	1115	50.0	− 0 30	7.8	*8.4*	Go	7	..	12754b
34	1116	50.0	− 0 57	8.3	*9.1*	G5	6	..	12754b
35	1210	50.0	− 7 24	9.1	*9.5*	F5	3	..	20546b
36	1211	50.0	− 7 32	9.1	*9.1*	Ao	4	..	20546b
37	1320	50.0	−11 50	8.6	*8.7*	A2	4	*3,6*	18414b
38	2697	50.0	−30 42	9.0	9.0	A2	5	..	44364b
39	2574	50.0	−35 50	9.4	10.5	Ko	1	..	46181b
40	2520	50.0	−36 52	10.7	9.9	F5	2	*3,2*	46181b
41	2206	50.0	−45 20	8.0	8.1	A2	7	..	12756b
42	491	50.0	63 37	*8.7*	9.1	F5	4	..	15147b
43	461	50.0	−66 30	*9.6*	9.7	A2	2	..	18485b
44	463	50.0	−66 56	5.15	*5.03*	B5	..	0,7 R	**28**,198
45	1335	50.1	+38 16	7.24	*8.42*	K5	2	..	37429i
46	1287	50.1	+35 43	8.7	*9.3*	Go	2	..	38124i
47	1034	50.1	+25 19	7.71	*7.77*	A2	4	0,3 R	38084i
48	1117	50.1	− 0 15	9.6	*9.6*	A	2	..	12754b
49	1060	50.1	− 1 57	7.32	*7.38*	A2	7	0,4	12754b
50	1403	50.1	− 2 55	9.8	*9.8*	Ao	2	..	12754b

H.D.	DM.	R.A. 1900	Dec. 1900	Ptm.	Ptg.	Sp.	Int.	Rem.	Pl. No.
		m.	° ′						
51	1212	50.1	− 7 27	9.6	*10.2*	Go	1	..	20546b
52	1262	50.1	− 9 12	8.0	*8.0*	Ao	5	0,10	37625i
53	1321	50.1	−11 48	5.81	*6.88*	K2	7	..	20485b
54	1284	50.1	−17 47	8.2	*9.2*	Ko	4	..	12632b
55	1297	50.1	−19 43	7.34	7.8	G5	7	..	17395b
56	2764	50.1	−25 4	8.85	9.2	G5	2	..	12664b
57	2766	50.1	−25 56	9.6	9.6	Ao	2	..	12664b
58	2111	50.1	−43 18	11.0	11.2	G5	1	..	20649b
59	419	50.1	−72 1	*10.1*	11.3	K5	1	..	15167b
60	196	50.1	−79 34	*9.3*	9.7	F5	4	..	20557b
61	201	50.2	+81 31	8.9	*9.5*	Go	2	..	38330i
62	1133	50.2	+51 7	8.9	*9.4*	F8	2	..	37366i
63	1205	50.2	+45 53	6.56	*7.34*	G5	5	..	37391i
64	1288	50.2	+35 34	7.50	*8.85*	Mb	3	..	37377i
65	1045	50.2	+29 44	8.6	*8.6*	B8	3	..	37377i
66	952	50.2	+28 56	6.42	*6.48*	A2	6	R	37377i
67	1136	50.2	+19 21	8.1	*8.1*	B9	6	..	37568i
68	1213	50.2	+ 0 51	9.3	*9.3*	B9	3	..	12754b
69	1405	50.2	− 2 24	9.4	*9.4*	Ao	2	..	12754b
70	1213	50.2	− 7 1	9.6	*10.0*	F5	2	..	20546b
71	2768	50.2	−25 33	7.9	9.2	A3	3	..	12664b
72	2590	50.2	−29 47	9.1	10.1	K5	1	..	44364b
73	2698	50.2	−30 2	8.6	8.9	F5	5	..	44364b
74	2119	50.2	−41 59	8.0	8.3	Ao	7	..	20649b
75	799	50.2	−52 5	7.1	8.2	Ma	4	..	24143b
76	581	50.2	−58 45	*9.4*	10.0	G	2	..	18484b
77	357	50.2	−74 48	*9.9*	10.0	A2	4	..	15162b
78	1018	50.3	+52 2	9.2	*9.5*	Fo	2	..	37366i
79	1057	50.3	+17 59	8.3	*9.3*	Ko	1	..	37568i
80	1035	50.3	+13 59	8.5	*9.3*	G5	2	..	37568i
81	1036	50.3	+13 56	6.48	*7.26*	G5	..	*5,7*	**56**,81
82	951	50.3	+12 57	8.3	*8.2*	B5	5	..	37568i
83	1115	50.3	+ 8 58	8.5	*9.1*	Go	3	..	38412b
84	1075	50.3	+ 4 44	8.2	*8.2*	Ao	3	..	39866b
85	1286	50.3	− 4 4	8.5	*9.5*	Ko	4	..	20546b
86	1214	50.3	− 7 9	10.3	*10.9*	G	2	..	20546b
87	1215	50.3	− 7 10	10.3	*10.9*	G	1	R	20546b
88	1264	50.3	− 9 49	7.46	*7.80*	F2	9	..	20546b
89	1323	50.3	−11 20	9.1	*9.2*	A2	2	..	20581b
90	2592	50.3	−29 8	9.1	*9.2*	F5	3	..	42904b
91	2595	50.3	−29 10	6.17	7.3	F2	10	..	42904b
92	2113	50.3	−43 10	10.6	11.3	Ko	1	..	20649b
93	2026	50.3	−48 24	9.0	9.5	A2	5	..	12756b
94	*419*	50.4	+67 0	6.87	*6.87*	Ao	8	*3,7*	37545i
95	1308	50.4	+36 23	8.4	*8.4*	Ao	3	..	38124i
96	1178	50.4	+20 35	8.8	*8.8*	Ao	1	..	38084i
97	1022	50.4	+18 4	8.2	*9.2*	Ko	2	..	37568i
98	1061	50.4	+17 47	8.8	*8.9*	A2	3	..	37568i
99	1310	50.4	−12 57	7.78	*8.28*	F8	3	..	20485b
100	1228	50.4	−18 52	8.6	*8.9*	Fo	4	..	17395b

naten Rektaszension und Deklination (Abschnitt 1.3); Ptm und Ptg, die visuelle und photographische Helligkeit (Abschnitt 1.11); Sp, den Spektraltyp; Int, Rem, Pl.No, Angaben über die Qualität der Platte, Bemerkungen zu dem Stern (die in einer separaten Tabelle aufgeführt sind) und die Nummer der Platte. Man beachte, wie schwach der extrem rote Stern Beteigeuze im photographischen Wellenlängenbereich im Vergleich zum visuellen ist. Praktisch alle Sterne der Tabelle sind deutlich schwächer als sechste Größe, also für das bloße Auge unsichtbar. Aus *Annals of the Harvard College Observatory*, Vol. 92, 1918.

Tabelle 3.3: Die Harvard-Spektraltypen und ihre spätere Weiterentwicklung.

Typ	Kennzeichen			Hauptreihentemperatur
O	He II, häufig Emissionslinien			28 000–50 000 K
B	He I			9 900–28 000 K
A	H			7 400– 9 900 K
F	Metalle, H			6 000– 7 400 K
G	Ca II, Metalle			4 900– 6 000 K
K	Ca II, Ca I, Moleküle	R (CN, C_2)	C	3 500– 4 900 K
M	(TiO) S(ZrO)	N (C_2)	C	2 000– 3 500 K
Zunehmender Kohlenstoffgehalt →				

Entwicklung der Klasse O

Oa, Ob, Oc → W → WC6–WC8 (Kohlenstoffreihe) / WN5–WN8 (Stickstoffreihe)

Od, Oe → Oe (H-Emission) / Of (He^- und N III-Emission)

Oe5 → O5–O9

Entwicklung der Klasse M

Ma → M0–M2
Mb → M3–M5
Mc → M6–M8
Md → M0e–M8e

Schon sehr früh hatten sich die Astronomen an der abweichenden Behandlung der O-, M- und N-Sterne (Unterteilung durch Kleinbuchstaben statt durch Ziffern) gestört. Die Umstrukturierung der Klasse O wurde bereits in den zwanziger Jahren von H. H. Plaskett in Angriff genommen. Die Typen Oa, Ob und Oc, also die Sterne mit

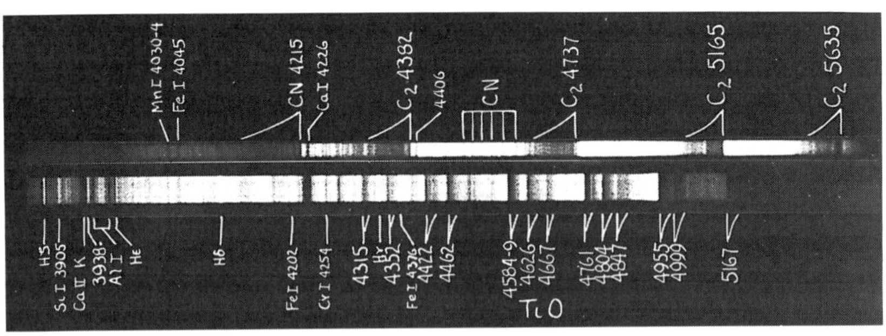

3.4 Die drastischen Unterschiede zwischen den Spektren verschiedener kühler Sterne sind hier am Beispiel des Kohlenstoffsterns HD 52432 (oben, Secchi-Klasse IV, Spektraltyp R5) und des normalen sauerstoffreichen M-Stern Mira (*o* Ceti, unten, Secchi-Klasse III, Spektraltyp M7e) dargestellt. Aus *An Atlas of Stellar Spectra*, von W. W. Morgan, P. C. Keenan und E. Kellman, Univ. of Chicago Press, Chicago, 1943.

den starken breiten Emissionslinien von zirkumstellaren Gashüllen, wurden in die Spezialklasse der *Wolf-Rayet-Sterne* umgesetzt. Die neu geschaffene Klasse W wurde später weiter aufgeteilt in eine stickstoffreiche (WN) und eine kohlenstoffreiche Reihe (WC), die jeweils noch dezimal unterteilt wurden: WN5 bis WN8 und WC6 bis WC8. Die Mitglieder der ursprünglichen Sondergruppe Oe5 wurden bald als die eigentlich „normalen" O-Sterne erkannt und dezimal in die Klassen O5 bis O9 unterteilt. Die Sterne der Harvard-Klassen Od und Oe wurden ebenfalls als normale O-Sterne angesehen, mit Emissionslinien als kleiner Besonderheit. Sie wurden umgruppiert in die neuen Klassen Oe und Of. Der Suffix e bedeutet nun das Auftreten von Emissionslinien des Wasserstoffs, während der Suffix f Sterne mit Helium- und Stickstoff-Emissionen bezeichnet.

Cannon selbst erkannte, daß die Typen Ma, Mb, Mc eine natürliche Reihe bildeten, und ersetzte sie schließlich durch eine numerische Untergliederung: M0 bis M8. Die Emissionsliniensterne des Harvard-Typs Md wurden in die gleiche numerische Untergliederung eingeordnet, erhielten jedoch zusätzlich den Suffix e. Auf diese Weise wurde Konsistenz mit der Behandlung der O-Sterne erzielt. Die Entwicklung der Klassifikation für die O- und M-Sterne ist in Tabelle 3.3 skizziert.

Abbildung 3.5 zeigt die Serie von Sternspektren, die in den dreißiger Jahren von W. C. Rufus und R. H. Curtiss aufgenommen wurde und jahrzehntelang in den Astronomiebüchern als Paradebeispiel für die Spektralklassifikation diente. Sie ist sozusagen das Herzstück dieses Kapitels. Die beiden Tafeln zeigen die gesamte Spektralreihe. Die wichtigsten Linien und Banden, die Namen der Sterne und die heutigen Bezeichnungen der Spektraltypen sind neben und über den Spektren angegeben. Die 14 Spektren der Abbildung 3.5(a) zeigen die sogenannte Hauptsequenz von B0 (ε Ori) bis M7 (Mira). Es ist eine nette Übung, diese Spektren mit der Abbildung 3.2 zu vergleichen und die einzelnen Linien und Banden zu identifizieren. Es handelt sich teilweise um dieselben Sterne, die jedoch mit anderen Instrumenten beobachtet wurden. Abbildung 3.5(b) zeigt die Sequenz der O-Sterne, einschließlich der Wolf-Rayet-Sterne. Deren breite Emissionslinien deuten starken Gasausstrom an. Wir werden in Kapitel 10 ausführlicher auf sie eingehen.

Andere Weiterentwicklungen der Spektralklassifikation versuchten, die bunte Vielfalt der Sternspektren und die Abweichungen von der sogenannten Norm zu ordnen. C. D. Shane reorganisierte im Jahre 1928 die Klassifikation der Kohlenstoffsterne (siehe Abbildung 3.4 und Tabelle 3.4). Er numerierte die Unterteilungen der Klasse R durchgehend von 0 bis 9 und änderte Na, Nb, Nc in N0 bis N7. Im Jahre 1941 wurden die Kohlenstoffsterne ein letztes Mal umgruppiert, als W. W. Morgan und P. C. Keenan die Klassen R und N in eine einzige übergreifende Sequenz C0 bis C9 ordneten. Die Reihe der C-Untertypen läuft in etwa parallel zu den Typen G4 bis M8 der normalen (das heißt sauerstoffreichen) Hauptsequenz, siehe Tabelle 3.4.

Mit der ständigen Verbesserung und Vermehrung verfügbarer Sternspektren erkannten die Astronomen allmählich, daß Sterne ein und desselben Spektraltyps sehr verschieden sein konnten: Die einen hatten breite, andere dagegen schmale Spektrallinien, wie schon Miss Maury bemerkt hatte. Daneben gab es Sterne mit seltsamen Linienstärken bei einzelnen Elementen, vereinzelten Emissionslinien, und so weiter,

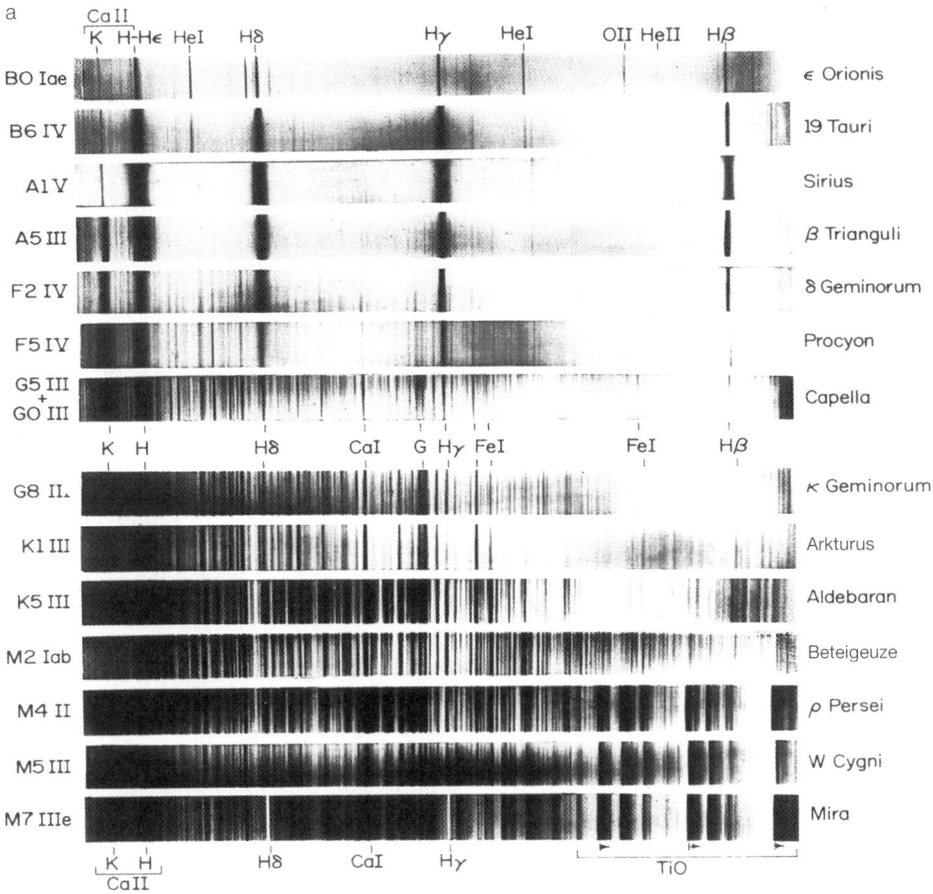

3.5a

und so fort. Die wohl wichtigste Entdeckung war der Unterschied zwischen Riesen- und Zwergsternen. Er wurde zuerst von Ejnar Hertzsprung erkannt, aber erst von Henry Noris Russell in voller Klarheit herausgearbeitet und dargestellt. Russell erfand das sogenannte Hertzprung-Russell-Diagramm oder HR-Diagramm (Abbildung 3.6). In diesem Diagramm wird die wahre Helligkeit der Sterne (auch absolute Helligkeit oder Leuchtkraft genannt) gegen ihren Spektraltyp (also ihre Temperatur) aufgetragen. Jeder Punkt in dem Diagramm gehört zu einem bestimmten Stern. Wie man sieht, sind die Sterne nicht regellos über das Diagramm verteilt, sondern in zwei breiten Bändern angeordnet. Das lange Band, die sogenannte Hauptreihe, enthält die Zwergsterne, während das zweite die leuchtkräftigeren Riesen und Überriesen umfaßt (siehe auch Abschnitt 1.17). Ein Riese kann mehr als hundertmal so groß und hell sein wie ein Zwerg des gleichen Spektraltyps. Die feinen spektralen Unterschiede zwischen Riesen und Zwergen entstehen durch den enormen Dichteunterschied des Gases an den Sternoberflächen. Bei frühen (d. h. heißen) Zwergen, und sogar

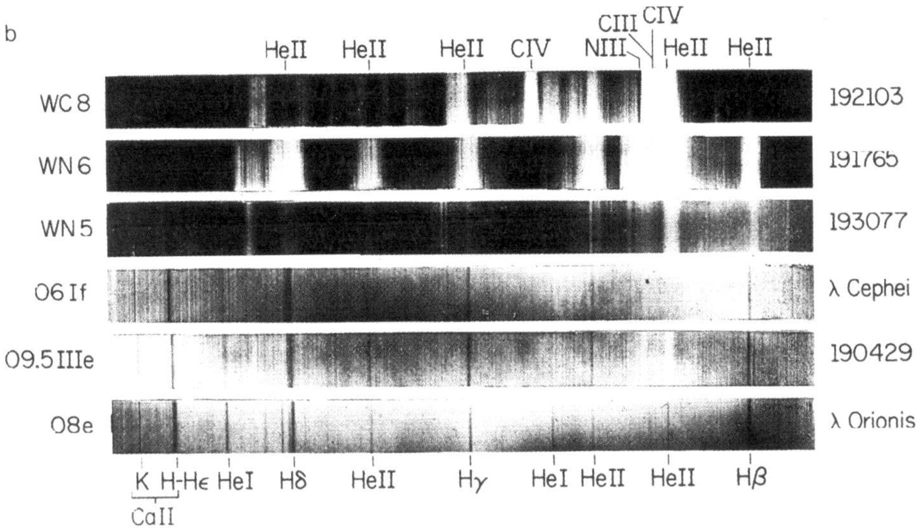

3.5 Übersicht über die Spektraltypen. Abbildung 3.5 (a) zeigt Beispielspektren im blauen und violetten Spektralbereich, aufgenommen von W. C. Rufus und R. H. Curtiss an der Universität von Michigan. Die obere Hälfte der Abbildung wird von der Balmerserie des Wasserstoffs beherrscht. Die Linien H und K bei 3 968 und 3 934 Å werden von ionisiertem Kalzium und das G-Band vom CH-Molekül erzeugt. Die übrigen bezeichneten Linien sind He I bei 4 026 und 4 471 Å, O II bei 4 649 Å, Ca I bei 4 227 Å und schließlich Fe I bei 4 384, 4 405 und 4 668 Å. Die violetten Kanten der molekularen TiO-Banden in den M-Stern-Spektren liegen bei 4 585, 4 762 und 4 954 Å. Die Klassifikation von Sternspektren wird traditionell in diesem blau-violetten Spektralbereich vorgenommen. Aber gelegentlich wird auch der gelb-rote Bereich verwandt, und neuerdings haben sich das Satelliten-UV und der Infrarotbereich als sehr nützlich erwiesen.
Abbildung 3.5 (b) zeigt die Spektren der heißen O-Sterne, sowie Beispiele der kohlenstoffreichen (WC) beziehungsweise stickstoffreichen (WN) Wolf-Rayet-Sterne. Dies sind Sterne mit ähnlichen Oberflächentemperaturen wie die O-Sterne, weshalb sie auch gelegentlich der Klasse O eingegliedert werden. Ihre extrem breiten Emissionslinien zeigen, daß sie ausgedehnte Gashüllen besitzen, die mit hoher Geschwindigkeit expandieren.

noch bei den Riesen ist die Gasdichte hinreichend hoch, um eine Linienverbreiterung durch die häufigen Stöße der Gasatome untereinander zu bewirken (siehe Abschnitt 2.8). Je dünner das Gas wird, desto geringer ist dieser Effekt, so daß wir schließlich in den Überriesen Miss Maurys c-Sterne wiedererkennen. Ihre Linien sind extrem schmal. Weitere spektrale Unterschiede werden durch die Verschiebung des Ionisationsgleichgewichts bei abnehmender Gasdichte erzeugt.

Immer bessere Spektren zeigten immer weitere spektrale Variationen auf, die nach Ordnung verlangten. So entstand im Laufe der zwanziger Jahre allmählich ein ganzes System von Präfixen und Suffixen, die den ursprünglichen Harvard-Klassen voran- beziehungsweise nachgestellt wurden. Manche sind heute nicht mehr üblich, wie Maurys ‚b‘ und ‚c‘. Andere werden noch regelmäßig benutzt, zum Beispiel die Kürzel ‚e‘ und ‚f‘ für Emissionslinien. Wieder andere sind zwar selten, erscheinen aber doch immer wieder auch in der neueren Literatur. Deshalb muß ein Astronom sie auch heutzutage noch kennen. Tabelle 3.5 gibt eine ausführliche Erklärung aller Präfixe und Suffixe. Ihre Benutzung ist an sich ganz einfach: Ein Riese des Spektral-

Tabelle 3.4: Entwicklung der Klassifikation von Kohlenstoffsternen.

Harvard	Shane	KM	entsprechender normaler Stern[a]
	R0	C0	G4–G6
R0	R1	C1	G7–G8
	R2	C2	G9–K0
R3	R3	C3	K1–K2
R5	R4		
	R5	C4	K3–K4
	R6		
	R7		
R8	R8	C5	K5–M0
	R9		
	N0	C6	M1–M2
Na	N1		
Nb	N2	C7	M3–M4
	N3		
	N4	C8	
	N5		
Nc	N6		
	N7	C9	

[a] Originalangaben von Keenan und Morgan. Die Entsprechung ist nicht exakt, insbesondere für die späten Typen. In Wirklichkeit entsprechen die N-Sterne wohl späteren M-Typen als hier angegeben. Die C-Unterklasse hängt sowohl von der Kohlenstoffhäufigkeit als auch von der Temperatur ab. Deshalb gibt es in den Unterklassen von C keine einheitliche Temperatur, und folglich keine ganz feste Entsprechung bei den M-Sternen.

typs M7 mit Emissionslinien wird als gM7e bezeichnet; ein A0-Überriese mit spektralen Besonderheiten, zeitlichen Änderungen seines Spektrums und auffälligen interstellaren Linien als cA0pvk. Das ‚p' folgt stets unmittelbar dem Symbol, auf das es sich bezieht. A0pe ist also ein „pekuliärer" A0-Stern mit Emissionen, während A0ep ein A0-Stern mit „pekuliären" Emissionen wäre.

3.5 Die zweidimensionale Spektralklassifikation

Bereits in den späten dreißiger Jahren war die Zeit reif für eine erneute Reorganisation der Spektralreihe. Das System der angehängten Kleinbuchstaben war zu grob, um die Leuchtkraftabhängigkeit der Spektren zu beschreiben. Man brauchte ein System, das imstande war, eine Art von Leuchtkraft*sequenz*, analog der Temperatursequenz, darzustellen. Dieses Problem lösten Morgan, Keenan und E. Kellman 1943, indem sie sechs *Leuchtkraftklassen* definierten (siehe Tabelle 3.6). In ihrem *Atlas of Stellar Spectra* (Atlas der Sternspektren) stellten sie durch sorgfältig ausgewählte Beispielspektren die Harvard-Typen neu dar, und unterteilten sie zusätzlich nach der Leuchtkraft (siehe Abbildung 3.7). Die Leuchtkraftklassen Ia und Ib enthalten die Überriesen, III repräsentiert die Riesen und V die Zwerge auf der Hauptreihe. Die Leucht-

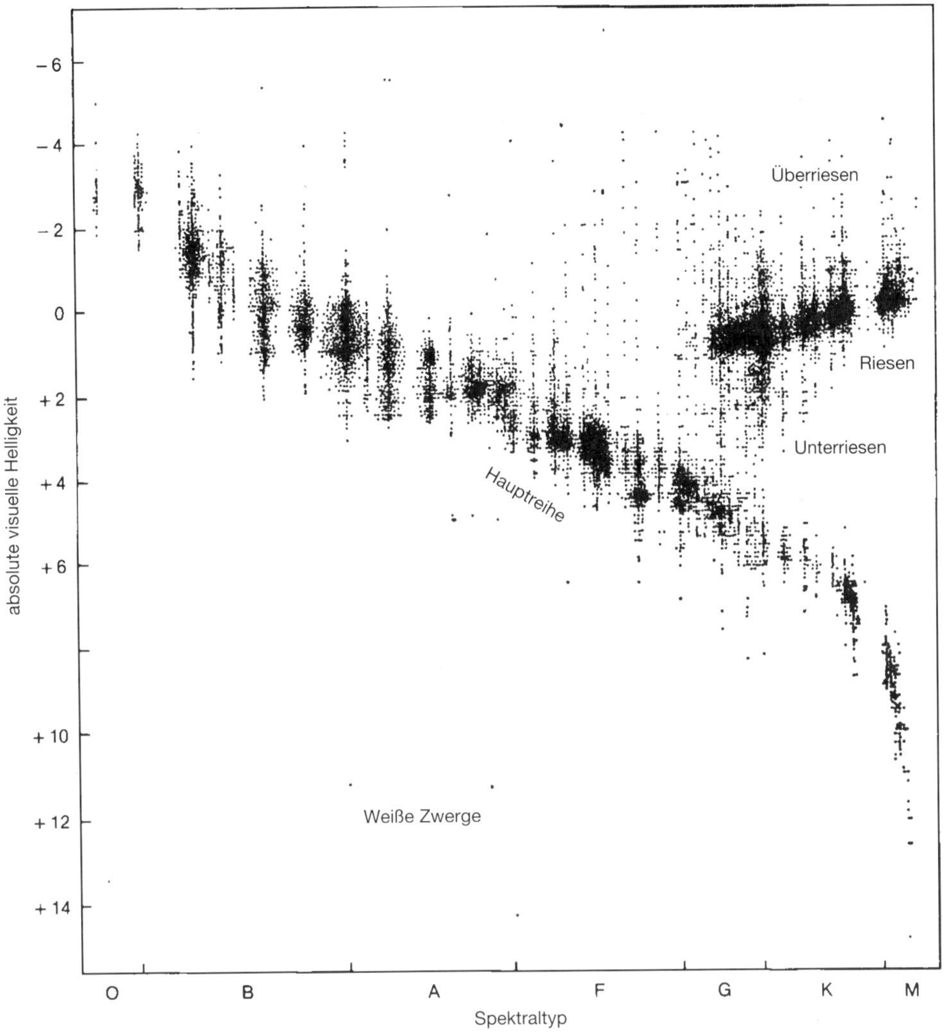

3.6 Die Verteilung der Sterne im HR-Diagramm. Dieses berühmte historische Diagramm von W. Gyllenberg (Lund-Sternwarte, Schweden) zeigt sehr schön die Trennung in Riesen und Zwerge. Eine kleine Zahl von Überriesen ist am oberen Rand verstreut. Die übrigen Gruppen (Unterriesen und Weiße Zwerge) werden wir später in diesem Kapitel besprechen. Die merkwürdige senkrechte Bänderung des Diagramms hat keinen physikalischen Hintergrund. Sie entsteht aus der Einteilung der Sterne in diskrete, voneinander getrennte Spektraltypen. Im Vergleich zu ihrer wahren Häufigkeit im Universum sind die kühlen Hauptreihensterne (K und M) und die Weißen Zwerge im Diagramm stark unterrepräsentiert. Zur Zeit, als dieses Bild entstand, waren diese lichtschwachen Objekte nur sehr schwer zu beobachten. Der dünn besetzte Bereich zwischen den Riesen und der Hauptreihe ist die sogenannte Hertzsprung-Lücke. Heute weiß man, daß sich eine solche Lücke stets breiter werdend entlang der ganzen Hauptreihe bis etwa zum Spektraltyp A erstreckt. Die Lücke entsteht durch den sehr schnellen Übergang der Sterne von der Hauptreihe zum Riesengebiet. Abbildung nach einer Vorlage aus *Stellar Evolution: An Explanation from the Observatory*, von O. Struve, Princeton University Press, Princeton, 1950, 1978. Mit freundlicher Genehmigung durch Princeton University Press.

Tabelle 3.5: Präfixe und Suffixe zu den Spektraltypen.

Die verschiedenen Symbole werden benutzt, um die Spektralklassifikation zu verfeinern und zu ergänzen. Die kursiv geschriebenen Symbole sind heutzutage ungebräuchlich geworden.

Präfixe			
b (*ab*)	breite Linien	d	Zwerg (Hauptreihe)
a (*ac*)	normale Linien	g	Riese
c	scharfe Linien (Überriesen)	sd	Unterzwerg
		wd = D	weißer Zwerg

Suffixe	
e	Emissionslinien (für O-Sterne: H-Emission)
em	Metall-Emissionslinien
er	Emissionslinien mit zentraler Einsenkung (‚reversed')
ep	Emissionslinien mit Besonderheiten (‚peculiar')
eq	P-Cygni-Emissionslinien (mit einer Absorptionskomponente an der kurzwelligen Seite)
f	He- und N-Emissionslinien bei O-Sternen
n	breite, diffuse Linien (‚nebulous')
nn	sehr breite, diffuse Linien
s	scharfe Linien
k	interstellare Absorptionslinien
v	veränderliches Spektrum (außer Änderungen durch den Dopplereffekt)
p = pec	Spektrum mit Besonderheiten
m	starke Absorptionslinien von Metallen
wk	schwache Linien (‚weak')
!	besondere Auffälligkeiten

kraftklassen II und IV bezeichnen Übergänge zwischen Ib und III, beziehungsweise III und V. Ihre Mitglieder werden Helle Riesen beziehungsweise Unterriesen genannt. Feinere Unterteilungen der Leuchtkraftskala werden entweder durch die Angabe von Zwischenklassen, etwa III-IV oder IV-V, oder durch Suffixe in Form von Kleinbuchstaben gebildet, analog zur Klasse I. So liegt zum Beispiel IIIa in der Leuchtkraft etwas über den typischen Riesen, während IIIb etwas darunter liegt. Die Leuchtkraftklasse wird hinter dem Spektraltyp angegeben; ein heller Überriese vom Typ F0 wird also durch F0 Ia bezeichnet. Die anderen Suffixe aus Tabelle 3.5 folgen dann hinter der Leuchtkraftklasse. Die vollständige Klassifikation eines B3-Riesen mit Emissionslinien lautet also B3 IIIe, die eines hellen O5-Überriesen mit Emissionslinien von Helium und Stickstoff O5 Iaf. In Abbildung 3.5 sind die Leuchtkraftklassen für alle gezeigten Sterne angegeben. Es ist kein Zufall, daß es sich dabei zumeist um Riesen und Überriesen handelt. Gute Spektren kann man am leichtesten von hellen Sternen aufnehmen. Und die scheinbar hellsten Sterne am Himmel gehören eben in der Mehrzahl zu den leuchtkräftigen Gruppen.

Tabelle 3.6: Die MK-Leuchtkraftklassen.

Die Tabelle enthält eine kurze Beschreibung der Leuchtkraftklassen und der zugehörigen absoluten Helligkeiten. Häufig werden die Buchstaben ‚a' oder ‚b' hinter die Leuchtkraftklasse gesetzt, um anzudeuten, daß ein Stern heller beziehungsweise schwächer ist als ein typischer Vertreter der jeweiligen Klasse. Bei der Klasse I wird diese Trennung stets gemacht. Ein weiterer möglicher Zusatz zur Klassifikation deutet ungewöhnliche Elementhäufigkeiten an: Das chemische Symbol eines überhäufigen Elements wird hinter der Leuchtkraftklasse angegeben, manchmal gefolgt von einem ‚+'. Unterhäufige Elemente werden entsprechend mit einem ‚–' symbolisiert; siehe Abschnitt 3.6.

		absolute visuelle Helligkeit		
	Spektraltyp	B0	F0	M0
0 (null)	die extrem hellen, allerhellsten Überriesen in den Magellanschen Wolken und der Milchstraße		−9	
Ia	helle Überriesen	−6,7	−8,2	−7,5
Ib	weniger helle Überriesen	−6,1	−4,7	−4,6
II	helle Riesen	−5,4	−2,3	−2,3
III	normale Riesen	−5,0	1,2	−0,4
IV	Unterriesen	−4,7	2,0	
V	Hauptreihe	−4,1	2,6	9,0
sd (VI*)	Unterzwerge			10
D, wd (VII*)	Weiße Zwerge	10,2	12,9	

* seltener

Die hier beschriebene Leuchtkraft- und Spektralklassifikation von Morgan, Keenan und Kellman wird im allgemeinen als MKK-System, neuerdings auch kürzer als MK-System bezeichnet. Seine geistigen Väter stützten sich bei seiner Entwicklung auf Vorarbeiten vieler anderer Autoren. Wichtige Beiträge wurden insbesondere auf der Mt.-Wilson-Sternwarte in Kalifornien geleistet. Dort war ausführlich untersucht worden, wie Stärke und Form verschiedener Linien von der Leuchtkraft abhängen. Einige Beispiele: Mit zunehmender Leuchtkraft verstärken sich die Banden des Zyans (CN) bei späten G und frühen K-Sternen erheblich; die Fraunhofersche ‚g'-Linie des neutralen Kalziums (Ca) wird bei frühen M-Sternen mit der Leuchtkraft deutlich schwächer; und die Wasserstofflinien der A-Sterne werden schmäler (siehe Abbildung 3.7). Bei der praktischen Bestimmung der Leuchtkraftklasse aus einem Spektrum muß der Astronom die jeweils geeigneten Kriterien anwenden. Wir werden darauf in späteren Kapiteln zurückkommen.

Die Abbildung 3.8 zeigt die Lage der Leuchtkraftklassen im HR-Diagramm. Wie man sieht, hängt die absolute Helligkeit der Sterne einer bestimmten Leuchtkraftklasse vom Spektraltyp ab. Daneben fällt auf, daß die Helligkeitsunterschiede zwischen den einzelnen Klassen im HR-Diagramm nach links abnehmen. Die meisten der Linien laufen nach links oben zusammen.

In Abbildung 3.8 sind zwei Leuchtkraftklassen eingezeichnet, die bisher noch nicht erwähnt wurden. Es ist schon lange bekannt, daß die hellsten Überriesen in den Magellanschen Wolken deutlich heller sind als die in unserer eigenen Galaxis. Sie

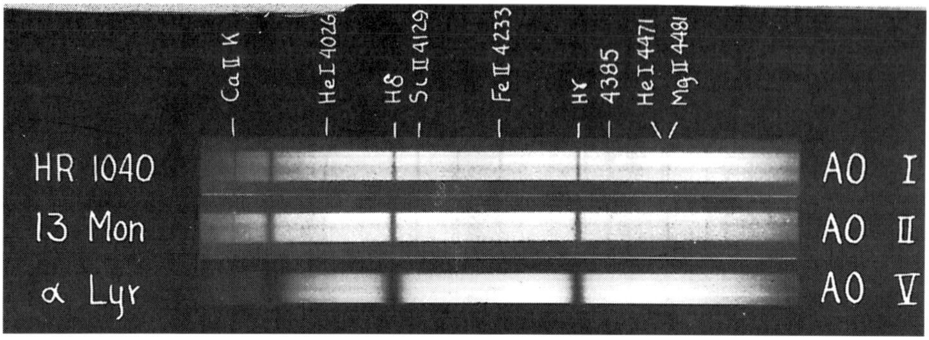

3.7 Ein Beispiel für die Leuchtkraftklassifikation. Die Wasserstofflinien sind bei den Überriesen sehr viel schmaler als bei den Hauptreihensternen. Dies ist ein Effekt des geringeren Gasdrucks in ihren Sternatmosphären. Bei verschiedenen Spektraltypen werden unterschiedliche Linien zur Leuchtkraftklassifikation verwandt. Aus *An Atlas of Stellar Spectra*, von W. W. Morgan, P. C. Keenan und E. Kellman, Univ. of Chicago Press, Chicago, 1943.

werden gelegentlich der Klasse 0 zugeordnet (Klasse null, nicht zu verwechseln mit dem Spektraltyp O). Die Sterne in dieser höchsten Klasse werden in der Literatur uneinheitlich benannt. Sie werden als Über-Überriesen, Hyperriesen, oder auch als S-Doradus-Sterne bezeichnet. Neuerdings sind auch einige galaktische Sterne dieser Gruppe zugeordnet. – Sterne, deren absolute Helligkeit zwischen den Klassen 0 und Ia angesiedelt ist, werden in der schon bekannten Weise als Ia-0 klassifiziert.

Unter der Hauptreihe (Klasse V) liegt die interessante Gruppe der *Unterzwerge*, für die die Leuchtkraftklasse VI geschaffen wurde. Vor der Einführung des MKK-Systems waren sie durch den Suffix ‚sd' (für ‚subdwarfs') bezeichnet worden. Es handelt sich dabei um Zwergsterne mit besonders niedrigem Gehalt an schweren Elementen („Metallen"). Die folglich schwächeren Metall-Linien lassen diese Sterne im Spektrum früher erscheinen als ihrer Oberflächentemperatur (und damit Leuchtkraft) entspricht. Sie liegen also eigentlich links, nicht unterhalb, der Hauptreihe. Die Unterzwerge gehören zur Sternpopulation II unserer Milchstraße (siehe Abschnitt 1.8).

Schließlich finden wir in Abbildung 3.8 die extrem lichtschwache Gruppe der *Weißen Zwerge*, circa 10 Größenklassen unterhalb der Hauptreihe. Der Name dieser Sterne beruht darauf, daß die ersten bekannten Vertreter (zum Beispiel der schwache Begleiter des Sirius) von weißer Farbe waren. Deshalb werden nun auch gelbe oder orange Sterne dieser Gruppe als Weiße Zwerge bezeichnet. Anstelle der Angabe der

3.8 Schematisches Hertzsprung-Russell-Diagramm mit der Lage der verschiedenen Leuchtkraftklassen. Die senkrechte Achse gibt die absolute visuelle Helligkeit an. Die Sonne liegt bei $M_V = 4{,}8$. Die Linien zeigen die mittlere absolute Helligkeit der Sterne einer gegebenen Leuchtkraft- und Spektralklasse an. Die einzelnen Sterne streuen um diese mittlere Lage, wie man in Abbildung 3.6 sehen kann. Die Streuung ist am größten bei den Riesen und Überriesen. Das Diagramm wurde vom Autor aus Daten zusammengestellt, die von R. H. Allen in *Astrophysical Quantities*, 3rd edition, Athlone Press, London 1973, von T. Schmidt-Kaler in *Landolt-Börnstein Tables, Group VI, Vol I*, Springer, New York, sowie von R. M. Humphries und D. B. Mc Elroy in einem Artikel des *Astrophysical Journal* veröffentlicht wurden.

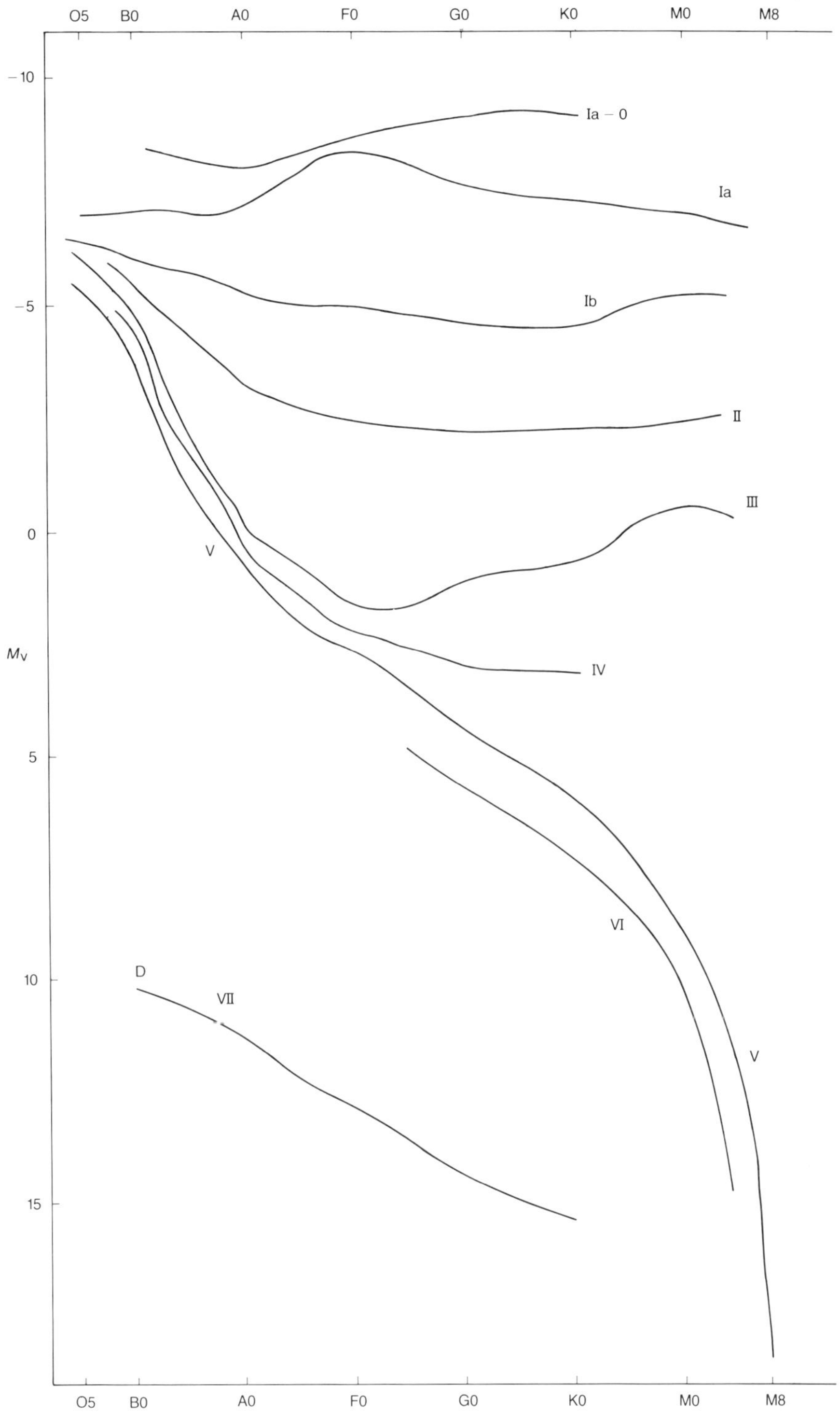
O5
B0
A0
F0
G0
K0
M0
M8
−10
−5
0
5
10
15
M_V
Ia – 0
Ia
Ib
II
III
IV
V
VI
VII
D

Leuchtkraftklasse VII wird gelegentlich auch noch der Präfix ‚D', seltener der Präfix ‚wd' (für ‚white dwarf') verwandt. Weiße Zwerge sind eines der Endstadien der Sternentwicklung. Wir werden im Abschnitt 12.9 auf sie zurückkommen.

In den folgenden Kapiteln werden wir noch eine ganze Menge weiterer Unterteilungen und Sterngruppen des HR-Diagramms, das heißt der Abbildung 3.8 kennenlernen.

Der Henry-Draper-Katalog gibt nur Spektraltypen, keine Leuchtkraftklassen an. Vor etwa 20 Jahren nahm Nancy Houk von der Universität von Michigan die Neuklassifikation aller Henry-Draper-Sterne im MK-System in Angriff. Für diese immense Aufgabe wurde ihr Curtiss-Schmidt-Teleskop auf den Cerro Tololo in Chile verlegt. Beginnend am Südpol der Himmelskugel, und systematisch nach Norden vorwärtsschreitend, ist bis heute fast der halbe Himmel bearbeitet worden. Die notwendigen Aufnahmen des Nordhimmels werden mit dem Burrell-Schmidt-Teleskop des Warner-Swasey-Observatoriums auf dem Kitt Peak in Arizona angefertigt. Das Ergebnis dieser Arbeit wird für die Astronomen des 21. Jahrhunderts zweifellos eine ähnliche Bedeutung erlangen wie der Henry-Draper-Katalog für unser Jahrhundert besaß.

3.6 Die dritte Dimension

Die Unterzwerge haben uns mit ihrer von der Norm abweichenden chemischen Zusammensetzung einen ersten Hinweis darauf gegeben, wohin die weitere Entwicklung der Spektralklassifikation zielen muß. Die Spektralsequenz und die Leuchtkraftklassen sind in erster Linie für die Sterne der Population I, das heißt die Mitglieder der galaktischen Scheibe, definiert. Sie alle haben etwa die gleichen Elementhäufigkeiten wie die Sonne. Es gibt jedoch faszinierende Abweichungen von dieser chemischen Zusammensetzung, die zu Schwierigkeiten mit der üblichen Spektralklassifikation führen. Wir müssen also das System so erweitern, daß es auch die chemischen Unterschiede zwischen den Sternen erfassen kann, wenn wir über diesen interessanten Aspekt der Sternenwelt mehr lernen wollen. Unterschiedliche Elementhäufigkeiten in Sternen spiegeln in erster Linie die zeitliche Entwicklung der Milchstraße wieder. Die beobachtbare chemische Zusammensetzung eines Sterns ist zunächst die des galaktischen Gases, aus dem er entstanden ist. Sie kann sich jedoch im Laufe des Lebens eines Sterns ändern. Es können Produkte der energieerzeugenden Kernreaktionen aus dem Innern des Sterns zur Oberfläche aufsteigen, chemisch andersartiges Gas kann vom einem Doppelsternbegleiter auf den Stern herniederregnen, und so weiter.

Chemische Unterschiede wirken sich in den einzelnen Spektralklassen ganz verschieden aus. Die kohlenstoffreichen N-Sterne, zum Beispiel, und die etwas weniger kohlenstoffhaltigen S-Sterne sind eine chemische Variante der M-Sterne. Bei den K-Sternen finden wir besonders bariumreiche Exemplare; bei G und K gibt es Variationen in der Stärke der CH- und CN-Banden; bei den A-Sternen erscheinen mitunter ganz exotische Elemente, die sogenannten Seltenen Erden; nicht zu vergessen sind die metallarmen Unterzwerge der unteren Hauptreihe, die wir schon kennengelernt haben.

Ob es zwischen diesen verschiedenen Gruppen einen inneren Zusammenhang gibt, ist noch weitgehend unklar. Wir werden sie in den späteren Kapiteln noch näher besprechen. Abnormale Elementhäufigkeiten werden gelegentlich bei der Spektralklassifikation eines Sterns durch zusätzliche Kürzel angegeben. Diese Zusätze bezeichnen das betroffene Element (beziehungsweise Molekül) und die Richtung der Abweichung von der Norm. So bedeutet, zum Beispiel, die Klassifikation des Sterns 40 Orionis als K0 III CN-2, daß die CN-Banden deutlich schwächer sind als es diesem Spektraltyp normalerweise entspräche. Analog bedeuten die Symbole B9,5p Si Fe für den Stern 36 Aurigae, daß er spektrale Besonderheiten (‚p') und abnorm starke Silizium- und Eisenlinien aufweist. Bisher gibt es jedoch noch kein in sich logisches und einfach zu handhabendes System, das die chemische Diversität der Sterne wiedergeben kann. Auch nach 150 Jahren intensiver Arbeit ist die Entwicklung der Spektralklassifikation noch lange nicht abgeschlossen.

3.7 Der physikalische Hintergrund der Spektralsequenz

Die Abbildung 3.8 zeigt das HR-Diagramm in einer sehr schematischen Darstellung. Sie sollte nur die Anordnung der Sterne in den verschiedenen Leuchtkraftklassen skizzieren. Dort, wie auch sonst bisher, haben wir nur wenig an die eigentlichen physikalischen Zustandsgrößen der Sterne gedacht, und wie sie mit der Position eines Sterns im HR-Diagramm zusammenhängen. Dies später herauszufinden ist aber der Hauptgedanke hinter jeder Art von empirischer Klassifikation. Hier nun liegt die eigentliche Aufgabe der stellaren Astrophysik – die Aufgabe, an der sie das ganze 20. Jahrhundert über gearbeitet hat.

Wir haben bereits gelernt, daß die Spektralsequenz im wesentlichen der Ausdruck einer Temperaturskala ist, die von 50 000 K bei den frühen O-Sternen bis herab zu etwa 2 000 K bei den späten M-Sternen reicht. Die Temperatur bestimmt die Ionisationsverhältnisse und die Besetzung der verschiedenen atomaren Energiezustände (siehe Abschnitte 2.6, 2.7 und 2.11). Je schneller sich die Atome in der Sternatmosphäre bewegen, umso mehr Elektronen verlieren sie durch Stöße untereinander. Bei den niedrigen Temperaturen der M-Sterne sind die meisten Metallatome vollständig, das heißt elektrisch neutral. Wir sehen folglich in ihren Spektren die Linien des neutralen Eisens (Fe I), und die g-Linie des Ca I ist sehr stark. Obwohl der Wasserstoff auch bei diesen Sternen das vorherrschende Element ist, bleibt er im Spektrum praktisch unsichtbar. Das liegt daran, daß nur wenige Wasserstoffatome im energiereichen zweiten Energiezustand sind, von dem aus die Balmerlinien gebildet werden (siehe Abschnitt 2.11). Andererseits ist die Temperatur so niedrig, daß sich Moleküle wie TiO, ZrO (in S-Sternen) oder CO (in N-Sternen) bilden und das Spektrum dominieren können.

Mit steigender Temperatur werden die Metallatome allmählich ionisiert, sie verlieren Elektronen. Für verschiedene Elemente geschieht dies bei unterschiedlichen Temperaturen, je nach der Energie, die notwendig ist, um ein Elektron herauszuschlagen. Diese Energie wird gewöhnlich Ionisationspotential genannt. Ca II, das Spektrum des einfach ionisierten Kalziums wächst in den Klassen K und G auf Kosten von Ca I, Fe I verwandelt sich innerhalb der Klasse G allmählich in Fe II, um danach bei den F-Sternen zu Fe III weiterionisiert zu werden. Die schwerer ionisierbaren Elemente bleiben bis zum Spektraltyp A neutral, Helium als Extremfall sogar bis B.

Innerhalb einer gegebenen Ionisationsstufe variieren die Linienstärken ebenfalls mit der Temperatur. Die Besetzung der höheren atomaren Energiezustände (von denen aus die einzelnen Spektrallinien erzeugt werden) hängt kritisch von der mittleren Energie der Gasteilchen ab. Der Wasserstoff, den wir schon in Abschnitt 2.11 ausführlich diskutiert haben, liefert das augenfälligste Beispiel für diese Zusammenhänge. Die Atome sind nicht leicht zu ionisieren. Die Stärke der Balmerlinien nimmt von K nach A stetig zu, weil sich immer mehr Atome in ihrem zweiten Energiezustand aufhalten. Erst bei A0 setzt die Ionisation ein, und die Balmerlinien werden schnell schwächer. Die Spektralklasse A stand ursprünglich am Anfang der Spektralsequenz, weil diese nach der Stärke der Wasserstofflinien angelegt war. Nach absteigender Temperatur geordnet müssen aber die Klassen B und O vor A stehen, obwohl sie (ebenso wie F und G) schwächere Balmerlinien als A aufweisen. Die richtige Reihenfolge wurde ohne Kenntnis der Temperaturabhängigkeit nur aufgrund der spektralen Ähnlichkeiten gefunden. Die empirische Anordnung der Spektren führte zum tieferen physikalischen Verständnis. Die Temperaturabhängigkeit der einzelnen Ionenspektren ist in Abbildung 3.9 nochmals schematisch zusammengefaßt.

Die Verhältnisse werden etwas komplizierter, wenn wir nun auch verschiedene Leuchtkraftklassen ins Auge fassen. Bei einem vorgegebenen Spektraltyp (grob gesprochen: bei vorgegebenen Ionisationsverhältnissen) ist die Oberflächentemperatur von Riesen und Überriesen geringer als die der entsprechenden Hauptreihensterne. Dieser Effekt ist bei den späten Spektraltypen am stärksten ausgeprägt. Er wird durch die bereits erwähnte geringere Dichte der Atmosphären leuchtkräftiger Sterne verursacht. Der Ionisationsgrad eines Gases hängt zwar in erster Linie von der Temperatur ab, reagiert jedoch auch auf Dichte- beziehungsweise Druckunterschiede.

Das Häufigkeitsverhältnis zwischen einem bestimmten Ion und dem nächsthöheren (zum Beispiel zwischen Fe^{+} und Fe^{2+}) wird durch den Konkurrenzkampf gegenläufiger Prozesse bestimmt. Auf der einen Seite sind die Vorgänge, die Ionisation bewirken, nämlich Stöße mit energiereichen Teilchen, sowie das Strahlungsfeld. Auf der Gegenseite stehen die Begegnungen zwischen Ionen und Elektronen, die die Ionisation rückgängig machen wollen (Rekombination). Bei einer Verringerung der Dichte, und damit Vergrößerung der Abstände zwischen den Gasteilchen, fällt die Rate der Rekombination schneller als die der Ionisation. In der Folge steigt der Anteil der ionisierten Atome. Durch eine geringe Absenkung der Temperatur können die ursprünglichen Ionisationsverhältnisse wiederhergestellt werden. Dazu sind keine großen Temperaturunterschiede erforderlich, nur wenige hundert Grad. Aber sol-

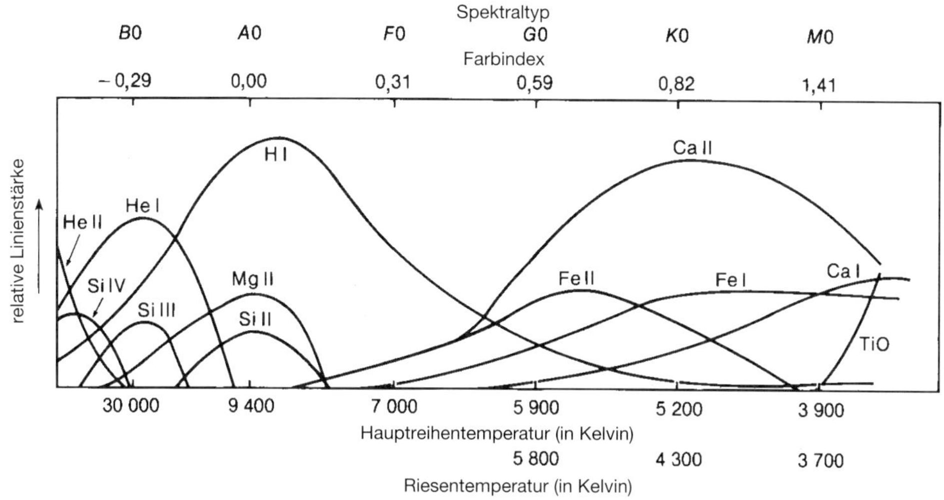

3.9 Die Variation der Linienstärken mit dem Spektraltyp. Wasserstoff ist beim Typ A am stärksten, neutrales Kalzium und TiO haben ihr Maximum bei späten M-Typen. Am Kopf des Diagramms sind Werte für den Farbindex B-V (Abschnitt 1.4) von Hauptreihensternen angegeben. Unter dem Diagramm befinden sich zwei Temperaturskalen, für Riesen und für Hauptreihensterne. Die Beziehungen zwischen diesen Größen sind in Abbildung 3.10 noch etwas genauer dargestellt. Aus einem Artikel von T. Schmidt-Kaler in *Landolt-Börnstein Tables, Group VI, Vol. I*, Springer, New York.

che Unterschiede sind für die theoretische Interpretation von Sternspektren sehr wichtig.

In Wirklichkeit sind die Verhältnisse noch etwas komplizierter als hier dargestellt. Bei den A- und F-Sternen, zum Beispiel, sind die leuchtkräftigeren sogar etwas heißer als die Zwerge. Aber das ist eine Besonderheit der für diese Sterne benutzten Klassifikationskriterien.

Wir haben jetzt drei Arten kennengelernt, die Ionisation in einer Sternatmosphäre zu beschreiben: Die Spektralklasse, die Temperatur und den Farbindex (siehe Abschnitt 1.14), hauptsächlich B-V. Sie sind äquivalent, und je nach den Umständen wird die eine oder andere in der praktischen astronomischen Arbeit angewandt. Will man Ergebnisse der drei Methoden miteinander vergleichen, braucht man Umrechnungstabellen oder -formeln. Diese werden *Kalibrationen* genannt. Abbildung 3.10 zeigt das Ergebnis jahrzehntelanger sorgfältiger Beobachtungs- und Interpretationsarbeit in dieser Richtung. Wir haben, genau gesagt, zwei Maße für die Farbe eines Sterns definiert, nämlich B-V und U-B. Zur Vollständigkeit zeigt Abbildung 3.11 die Beziehung zwischen den beiden. Dieses sogenannte Zwei-Farben-Diagramm wird in späteren Kapiteln eine wichtige Rolle spielen. Mit Hilfe der Kalibrationen kann man das klassische HR-Diagramm, das die absolute Helligkeit in Abhängigkeit vom Spektraltyp darstellt, in ein *Farben-Helligkeits-Diagramm* umwandeln. Ebenso kann man die Sterne in ein Diagramm einzeichnen, das direkt die Leuchtkraft (bzw. ihren Logarithmus) gegen die Temperatur (beziehungsweise deren Logarithmus) darstellt, ein sogenanntes *log L-log T-Diagramm*. Die resultierenden Bilder werden jeweils

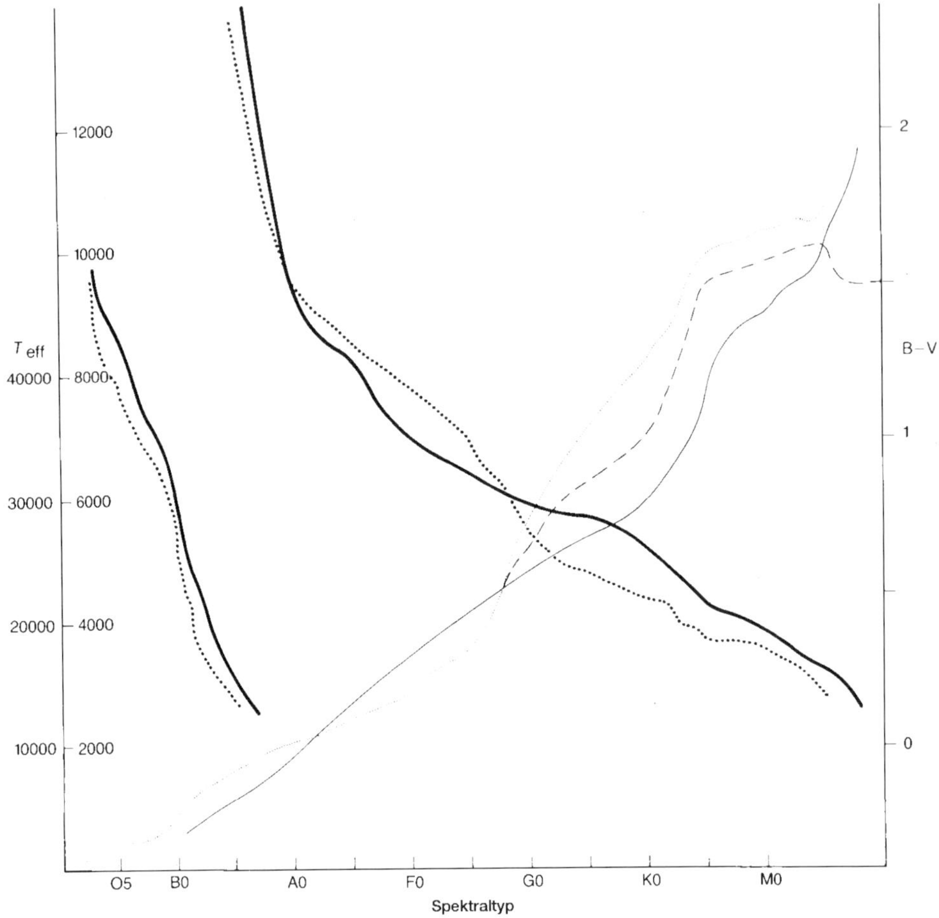

3.10 Die Beziehung zwischen Spektraltyp, Effektivtemperatur (T_{eff}) und dem Farbindex B-V. Die durchgezogenen Linien beziehen sich auf Hauptreihensterne, die gestrichelte auf Riesen und die punktierten auf Überriesen. Die fett gedruckten Linien geben den Verlauf der Temperatur mit dem Spektraltyp an. Sie sind wegen des großen Bereichs von Sterntemperaturen zweigeteilt: Die linken Kurven beziehen sich auf die höhere Temperaturskala, die links von der senkrechten Achse angegeben ist. Die rechten Kurven gehören zu den niedrigeren Temperaturen, die rechts der Achse angegeben sind. Die dünnen Linien zeigen den Verlauf von B-V mit dem Spektraltyp. Sie beziehen sich auf die Skala am rechten Rand des Diagramms. Die punktierte Linie für die Effektivtemperaturen gilt für durchschnittliche Überriesen (Mittel aus Ia und Ib), während die punktierte Kurve für B-V nur für die Klasse Ia gilt. Die dünne gestrichelte Linie ist nur für Spektraltypen später als F8 gezeichnet, da die Farben von Riesen für frühere Spektraltypen der von Hauptreihensternen sehr ähnlich sind. Der Temperaturverlauf für Riesen lehnt sich von O bis G0 ebenfalls eng an den der Zwerge an, für spätere Typen ähnelt er dem der Überriesen. Über den größten Teil des Diagramms besitzen die leuchtkräftigeren Sterne bei gleichem Spektraltyp jeweils geringere Oberflächentemperatur und rotere Farbe. Nur im Bereich von A0 bis F8 ist dies umgekehrt. Bei ganz späten Spektraltypen (am rechten Bildrand) kehrt sich die Farbrelation zwischen Riesen und Zwergen nochmals um, bedingt durch das Auftreten starker Molekülbanden. Diagramm vom Autor, unter Benutzung der Temperaturangaben von R. M. Humphries und D. B. McElroy im *Astrophysical Journal* und von D. M. Popper im *Annual Review of Astronomy and Astrophysics*. Die Farben stammen von T. Schmidt-Kaler, *Landolt-Börnstein Tables, Group VI, Vol. IIb*, Springer, New York, 1982.

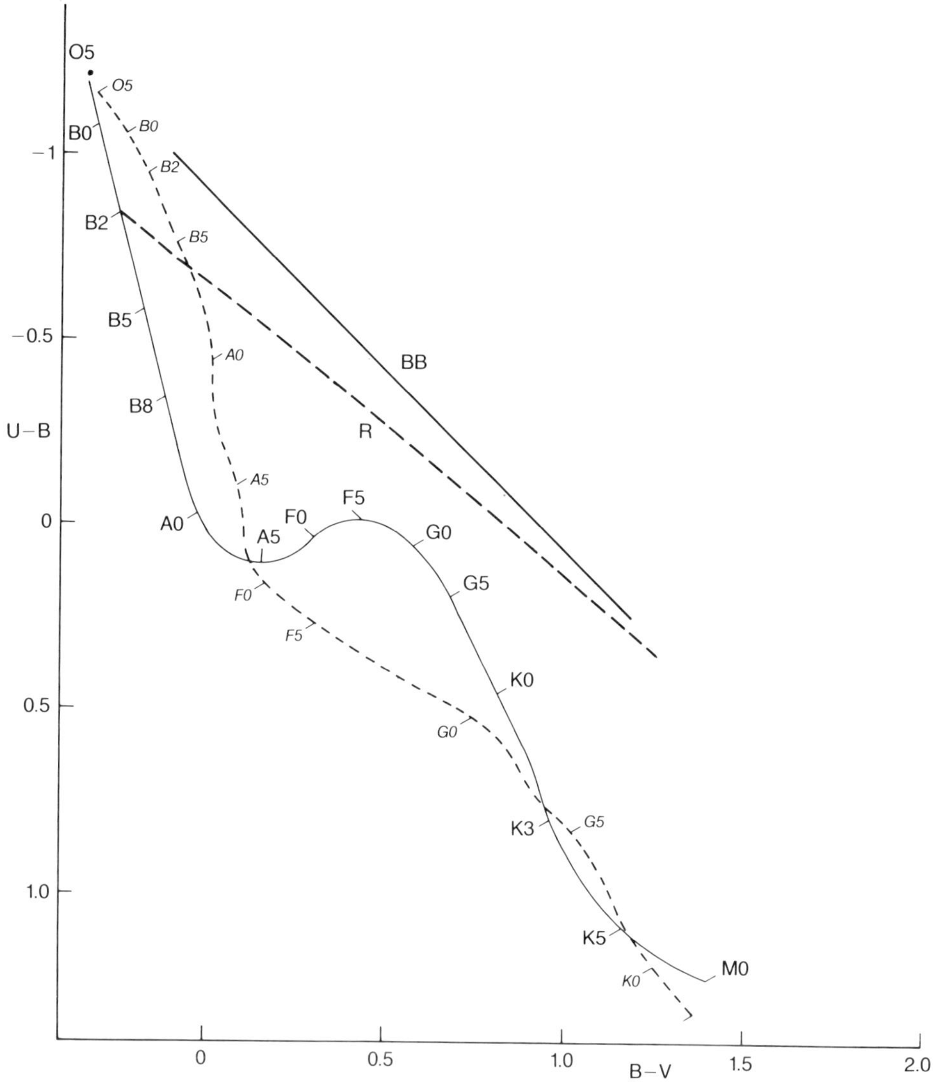

3.11 Das Zweifarbendiagramm, in dem U-B gegen B-V aufgetragen ist. Die dünne durchgezogene Kurve ist die „Hauptreihe" dieses Diagramms. Die Lage der verschiedenen Typen von Hauptreihensternen entlang dieser Linie ist durch die eingetragenen Spektralklassen angedeutet. Der auffällige Buckel zwischen A5 und G0 wird durch das Balmerkontinuum erzeugt, das die U-Helligkeit von Sternen zwischen etwa F5 und B5 stark vermindert. Die Wasserstoffabsorption ist bei Überriesen (dünne gestrichelte Kurve) viel schwächer, weshalb der Buckel bei ihnen fast völlig fehlt (siehe Abbildung 3.7). Die fette durchgezogene Linie mit der Beschriftung ‚BB' gibt die Lage von Schwarzen Körpern (‚black bodies') verschiedener Temperaturen in dem Diagramm an. Hier sieht man nun sehr schön, daß die Spektren der Sterne deutlich von Schwarzkörperspektren abweichen, weil man bei verschiedenen Wellenlängen verschiedene Schichten der Atmosphäre sieht. Die fette gestrichelte Kurve mit der Bezeichnung ‚R' zeigt an, wie sich die Farben eines B2-Hauptreihensterns ändern, wenn sein Licht durch verschieden dicke Schichten interstellaren Staubs zu uns gelangt (siehe Kapitel 9). Daten von T. Schmidt-Kaler, *Landolt-Börnstein Tables, Group VI, Vol. IIb*, Springer, New York, 1982.

etwas unterschiedlich aussehen, wegen der Form der Kalibrationskurven in Abbildung 3.10. Darüber hinaus wirken sich natürlich die Temperaturunterschiede zwischen den Leuchtkraftklassen in den Diagrammen aus.

Zum Abschluß wollen wir uns daran erinnern, daß die Hauptreihe eine durchgängige *Massen*sequenz von Sternen repräsentiert. Die heißesten besitzen 100 oder mehr Sonnenmassen, die kühlsten gerade eben 0,1 Sonnenmassen. Die wahren Ober- und Untergrenzen der stellaren Massenskala sind allerdings noch unklar. Sie werden von vielen noch unverstandenen Details des Sternentstehungsprozesses bestimmt.

Sterne versammeln sich nach ihrer Entstehung zunächst auf der Hauptreihe. Danach werden sie durch die Vorgänge der Sternentwicklung, die wir in Abschnitt 1.7 kurz gestreift haben, über die anderen Leuchtkraftklassen verstreut. Viele wichtige Schritte in diesem Alterungsprozeß sind noch nicht verstanden. Deshalb müssen wir uns nach wie vor auf empirische Klassifikationen als Wegweiser und Leitplanken für unsere Reise durch die Sternenwelt verlassen.

Wir haben nun das gesamte notwendige Hintergrundwissen erarbeitet, um in den folgenden Kapiteln die einzelnen Spektralklassen näher betrachten und verstehen zu können. Wir werden nach und nach die physikalische Natur der verschiedenen Sterntypen erörtern und so das ganze HR-Diagramm allmählich mit Leben füllen.

4. Die M-Sterne: Rote Überriesen und lichtschwache Zwerge

Wenn Orion untergeht, erscheint der Skorpion am Horizont. Die Götter, so heißt es, haben den großen Jäger so an den Himmel versetzt, daß er seinen Todfeind, den Skorpion, nie zu sehen braucht. Eine Laune der Natur will es, daß ausgerechnet diese beiden Sternbilder die einzigen M-Sterne der ersten Größe enthalten: Beteigeuze (α Orionis) und Antares (α Scorpii). Da die beiden am Himmel einander fast genau gegenüber stehen, ist praktisch zu jedem Zeitpunkt genau einer von ihnen sichtbar. Der eine steht in der Winter-, der andere in der Sommermilchstraße. Die Abbildungen 1.1 und 4.1 zeigen unsere beiden roten Schmuckstücke in ihrer jeweiligen himmlischen Umgebung.

Der Spektraltyp M versinnbildlicht wie kein anderer die ungeheure Unterschiedlichkeit von Sternen: Die hellsten M-Sterne sind mehr als 50 Milliarden mal so hell wie die lichtschwächsten, siehe Abbildung 4.2. Alle mit bloßem Auge sichtbaren M-Sterne sind Riesen oder Überriesen; kein einziger Zwerg ist ohne Fernrohr erreichbar. Daraus sollte man jedoch nicht schließen, daß die kühlen roten Zwerge weniger bedeutend wären als ihre größeren Brüder. Die Riesen, und besonders die Überriesen, sind zwar sehr prachtvoll, mit Durchmessern in der Größenordnung des ganzen Sonnensystems. Aber sie sind eine sehr seltene und zudem flüchtige Erscheinung im Weltall. Sie alle sind (astronomisch gesehen) erst gestern aus viel heißeren Hauptreihensternen entstanden, und jeder von ihnen wird sich in Kürze in etwas ganz anderes weiterentwickeln. Sie werden sehr schnell einen Großteil ihrer Masse verlieren und ihre Helligkeit wird zurückgehen. Sie existieren nur für einige Dutzend Millionen Jahre. Im Gegensatz dazu sind die M-Zwerge zwar erstaunlich klein, eher mit dem Planeten Jupiter vergleichbar. Aber sie bevölkern das Universum in ungeheurer Zahl: Es gibt mehr M-Zwerge als alle andern Sterntypen zusammengenommen. Ihre geringe Helligkeit ist Ausdruck ihrer geringen Energieerzeugung – und die wiederum verleiht ihnen ein extrem langes Leben. Ein M-Zwerg, der so alt ist wie die Milchstraße (circa 13 Milliarden Jahre), hat sich in der Zwischenzeit kaum verändert. Er wird noch viele, viele weitere Jahrmilliarden still vor sich hin leuchten.

4.1 Nordteil des Sternbilds Skorpion. Oberhalb der Bildmitte erkennt man fünf „neblige“ Objekte. Im linken unteren steht der Überriese Antares (Spektraltyp M2 Ia). Die Nebel selbst sind interstellare Staubwolken, die das Licht von eingebetteten hellen Sternen streuen, so wie irdischer Nebel einen hellen Schein um Autoscheinwerfer oder Straßenlampen erzeugt. Wird der Staub nicht von hellen Sternen erleuchtet, zeigt er sich als dunkle Wolken und Streifen (links oben im Bild). Der weiße Fleck rechts von Antares ist der Kugelhaufen M4. Die „Scheren“ des Skorpions, die aus hellen B-Sternen bestehen, sind rechts oben im Bild zu erkennen. Antares selbst ist wegen seiner roten Farbe auf der blauempfindlichen Photoplatte nicht besonders hell abgebildet. Aus *An Atlas of the Milky Way*, von F. E. Ross und M. R. Calvert, University of Chicago Press, Chicago, 1934.

4.2 Das HR-Diagramm für den Spektraltyp M. Die Lage einiger wohlbekannter Sterne ist eingetragen. Sie zeigt den gewaltigen Leuchtkraftbereich an, der von Sternen dieses Typs überspannt wird. Der hellste, μ Cephei ist fast so groß wie die Bahn des Uranus. Er leuchtet 50 Milliarden mal so hell wie VB 10 am unteren Ende der Hauptreihe. VB 10 dagegen ist winzig klein, er mißt nur einige Erddurchmesser. Die schattierte Fläche deutet die Lage der Mira-Veränderlichen an. In den folgenden Kapiteln werden wir ähnliche Diagramme sehen, wobei der näher betrachtete Streifen allmählich von rechts nach links wandern wird. Quellen der Abbildung: siehe Abbildungen 3.8 und 12.7.

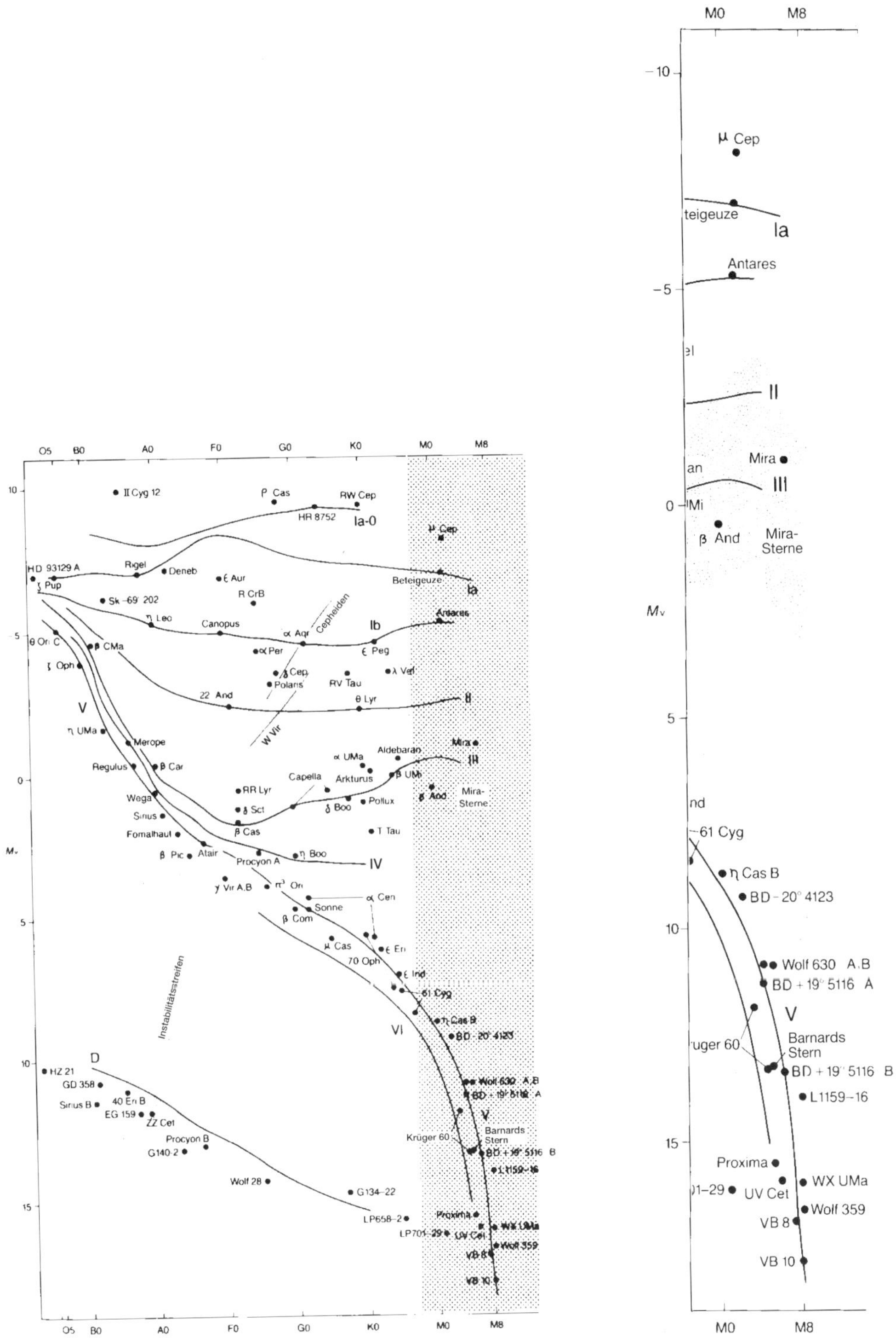
O5
B0
A0
F0
G0
K0
M0
M8
Mv
ρ Cas
RW Cep
HR 8752
Ia-0
μ Cep
HD 93129 A
Rigel
Deneb
ε Aur
R CrB
Beteigeuze
Ia
ζ Pup
Sk -69° 202
η Leo
Canopus
α Aqr
Cepheiden
Ib
Antares
θ Ori C
β CMa
α Per
ε Peg
ζ Oph
δ Cep
Polaris
RV Tau
λ Vel
22 And
θ Lyr
II
V
η UMa
Merope
W Vir
α UMa
Aldebaran
Mira
III
Regulus
β Car
Capella
Arkturus
β UMi
RR Lyr
β And
Mira-
Sterne
Wega
δ Sct
δ Boo
Pollux
Sirius
β Cas
T Tau
Fomalhaut
β Pic
Atair
Procyon A
η Boo
IV
γ Vir A,B
α Cen
Sonne
β Com
μ Cas
ε Eri
70 Oph
ε Ind
61 Cyg
Instabilitätsstreifen
η Cas B
BD - 20° 4123
VI
D
HZ 21
GD 358
Sirius B
40 Eri B
EG 159
ZZ Cet
Procyon B
G140-2
Wolf 28
Wolf 630 A,B
BD + 19° 5116 A
Krüger 60
Barnards
Stern
BD + 19° 5116 B
L1159-16
G134-22
LP658-2
LP701-29
Proxima
UV Cet
WX UMa
Wolf 359
VB 8
VB 10

4.1 Die Spektren der kühlsten Sterne

Wir werden gleich auf diese Eigenarten der M-Sterne zurückkommen und erfahren, wie sie erforscht wurden. Zuvor wollen wir uns aber der Quelle fast all unserer Erkenntnisse zuwenden: dem Spektrum. Die kühlsten Sterne besitzen die kompliziertesten Spektren. Das fällt bereits bei flüchtigem Betrachten der Abbildungen 3.2 und 3.5 auf. Tausende und Abertausende von Absorptionslinien zerschneiden die Spektren von Beteigeuze (Abbildung 4.3) und Mira (Abbildung 4.8). Viele der Linien sind stark und tief, die meisten sind jedoch nur bei höherer spektraler Auflösung erkennbar. In manchen Wellenlängenbereichen liegen die Linien so dicht, daß praktisch nichts mehr vom dazwischenliegenden Kontinuum übrig bleibt. Die schmalen Kontinuumslücken erscheinen dadurch oft wie Emissionslinien. Es ist eine ungeheure Arbeit, alle beobachteten Linien den bekannten Elementen und Molekülen zuzuordnen. Sie wird noch viel Zeit in Anspruch nehmen.

Das charakteristische Erscheinungsbild der M-Spektren wird von Molkülbanden erzeugt. Moleküle sind leicht durch Stöße mit anderen Gasteilchen zu zerstören,

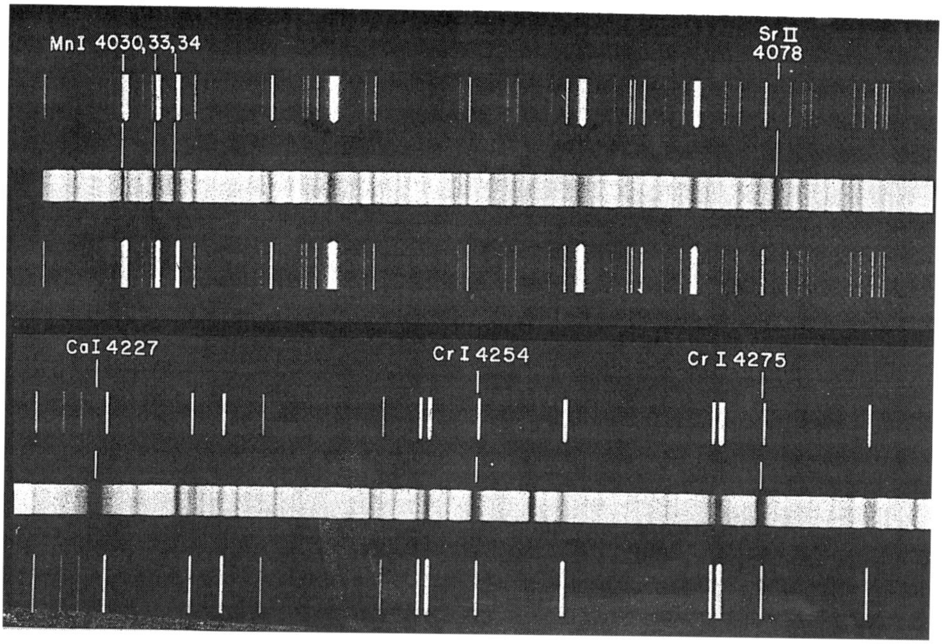

4.3 Zwei Ausschnitte aus einem hochaufgelösten Spektrum von Beteigeuze. Der helle Streifen in der Mitte ist das eigentliche Sternspektrum. Es wird oben und unten von den Emissionslinien des sogenannten Vergleichsspektrums flankiert, die in einer Lichtbogenlampe innerhalb des Spektrographen erzeugt werden. Sie dienen als Standards zur genauen Wellenlängenmessung (siehe Abschnitt 2.14). Im Spektrum von Beteigeuze erkennt man eine große Zahl von Absorptionslinien neutraler Atome. Die meisten stammen von Fe I; einige andere Elemente sind markiert. Die Linie Ca I λ 4227 ist die Fraunhofersche g-Linie. Wenn man dieses Spektrum mit dem von Abbildung 4.4 vergleicht, erkennt man erst richtig den Detailreichtum eines solchen hochaufgelösten Spektrums. Aus einem Artikel von A. J. Deutsch in *Stellar Atmospheres*, Hrsg. J. L. Greenstein, University of Chicago Press, Chicago, 1960.

weshalb sie nur bei niedrigen Temperaturen existieren können. In der Sonne gibt es nur kleine Mengen der widerstandsfähigsten Sorten: CN, CH und CO. Mit späterem Spektraltyp werden diese zunehmend häufiger, und weitere können sich bilden. Titanoxid, das Molekül, das die M-Spektren dominiert, wird bei K5 erstmals sichtbar. Mit abnehmender Temperatur erscheinen nach und nach zerbrechlichere Verbindungen wie VO (Vanadiumoxid), MgH und H_2, bis schließlich bei den späten M-Sternen große Bereiche des optischen Spektrums von molekularen Absorptionen quasi verschluckt sind. Abbildung 4.4 zeigt die Spektren dreier M-Riesen. Man erkennt sehr

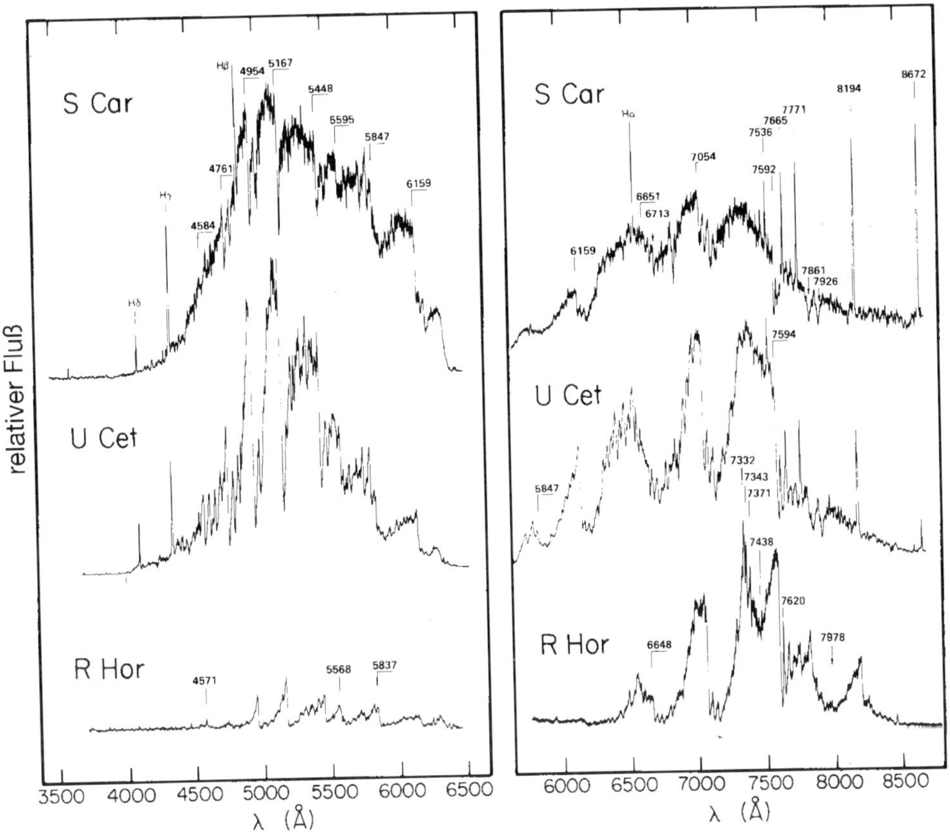

4.4 Die Spektren dreier Roter Riesen, vom nahen UV bis zum nahen Infraroten. Man erkennt die Zunahme der Molekülabsorptionen mit dem Spektraltyp. Alle drei Sterne sind Mira-Veränderliche (siehe Abschnitt 4.5). Oben: S Carinae, Spektraltyp M2e III, Helligkeit 5 mag bis 10 mag, Periode der Pulsation 150 Tage. Mitte: U Ceti, M4e III, 7 bis 13 mag, 235 Tage. Unten: R Horologii, M8e III, 5 bis 14 mag, 400 Tage. Die Spektraltypen von Mira-Sternen variieren leicht im Lauf einer Pulsationsperiode. Die hier angegebenen Typen gelten für den Zeitpunkt der jeweiligen Aufnahme. Die Köpfe der TiO-Banden sind durch die Wellenlänge und einen rechtwinklig abgeknickten Strich markiert. Banden ohne ausgeprägten Kopf sind durch nach unten gerichtete Pfeile angezeigt. Die Emissionslinien des Wasserstoffs (Hα, Hβ, Hγ und Hδ) sind typisch für Mira-Veränderliche (siehe Abschnitt 4.5). Sie zeigen die Existenz von Schockwellen an, die durch die dünnen Atmosphären dieser Sterne nach außen laufen. Bei den kühlsten Sternen ist die Oberflächentemperatur so niedrig und die Molekülabsorption so stark, daß im blau-violetten Spektralbereich fast nichts mehr zu sehen ist. Aus einem Artikel von L. Celis S. im *Astrophysical Journal*.

schön die Zunahme der Absorption mit dem Spektraltyp, und insbesondere die enorme Stärke der TiO-Banden, die das Kontinuum praktisch vollständig beseitigen. Bei M8 ist im blau-violetten Bereich von dem Stern fast nichts mehr zu sehen.

Wegen der großen Unterschiede ist die Einteilung der M-Sterne in die Unterklassen M0-M8 relativ einfach. Man verwendet normalerweise die TiO-Banden im blauen Bereich, gelegentlich auch Banden anderer Moleküle, die im nahen Infrarot liegen. Bei den spätesten Typen, die im blauen sehr lichtschwach sind, ist die Stärke der roten TiO-Banden am besten geeignet.

Wie wir im letzten Kapitel sahen (Abschnitt 3.5), verwendet man bei verschiedenen Spektraltypen unterschiedliche Linien zur Leuchtkraftklassifikation. Bei den M-Sternen eignet sich die g-Linie des neutralen Kalziums bei 4 227 Å sehr gut. Sie ändert sich nur wenig mit der Temperatur, aber sehr stark mit dem Gasdruck. Sie weist einen sogenannten *negativen Leuchtkrafteffekt* auf, das heißt, ihre Stärke nimmt mit zunehmender Sternhelligkeit ab. Die Linie ist bei den Überriesen sehr schwach, wegen der geringen Gasdichte in deren Atmosphären. Die Wasserstoff-Linien verhalten sich genau umgekehrt, besitzen einen *positiven Leuchtkrafteffekt*: Sie sind gerade noch erkennbar in den Spektren von frühen M-Riesen, verschwinden aber zur Hauptreihe hin vollständig. Darüber hinaus können auch verschiedene Linienverhältnisse des neutralen Eisens zur Leuchtkraftklassifikation herangezogen werden.

4.2 Kohlenstoffsterne

Die Überschrift dieses Kapitels spricht zwar nur von M-Sternen, aber diese lassen sich nicht wirklich von den Klassen N oder C und S trennen. Die Unterklassen von N beziehungsweise C und S laufen in der Temperaturskala parallel zu denen von M. Die Unterschiede liegen in der chemischen Zusammensetzung und in der Tatsache, daß alle N- und S-Sterne Riesen sind. Grob vereinfacht könnte man sagen, daß es zwei Grundtypen von kühlen Riesen gibt: sauerstoffreiche und kohlenstoffreiche (siehe Abbildung 4.5), repräsentiert durch die Secchi-Typen III und IV. Sauerstoff und Kohlenstoff verbinden sich sehr gern zu CO-Molekülen. Wenn der Sauerstoff das häufigere Element ist, dann wird er bei der Bildung von CO nur zum Teil aufgebraucht. Der (größere) Rest steht für die Bildung von Metalloxiden zur Verfügung. Wenn andererseits der Kohlenstoff überwiegt, dann bleibt nach der Bildung des CO noch Kohlenstoff übrig, der sich dann in verschiedenen anderen Molekülen wiederfindet. So kommt es, daß die für M-Sterne so charakteristischen TiO-Banden bei den N- bzw. C-Sternen durch die von C_2 ersetzt sind. Daneben treten weitere einfache Kohlenstoffverbindungen wie C_3, CH und CN auf. Die Spektren werden dadurch so kompliziert, daß eine genaue und konsistente Klassifikation sehr schwierig – wenn nicht unmöglich – ist. Daher kommt es, daß die Spektralklassen gerade in diesem Bereich mehrmals umorganisiert wurden, wie wir in Kapitel 3 gesehen haben.

In Wirklichkeit handelt es sich auch gar nicht um zwei separate Gruppen von Sternen, die deutlich voneinander getrennt sind. Die kühlen Riesen bilden eine prak-

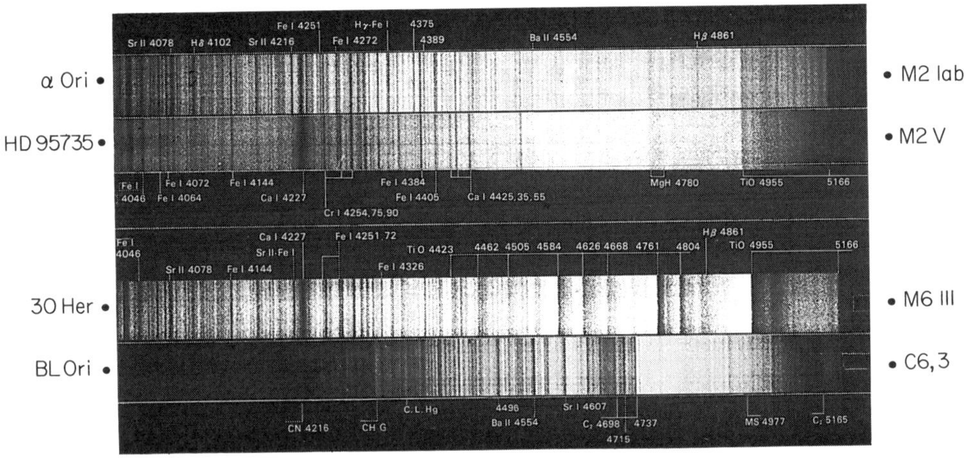

4.5 Drastische Unterschiede zwischen den Spektren dreier M-Sterne und eines Kohlenstoffsterns. Der M2-Zwerg HD 95735 besitzt ungefähr gleich starke TiO-Banden wie der M2-Überriese Beteigeuze. Wegen der im Text diskutierten Leuchtkrafteffekte ist jedoch die Linie von Ca I viel stärker, und die Wasserstoff-Linien sind unsichtbar. Der M6-Riese 30 Herculis besitzt viel stärkere TiO-Banden als die beiden M2-Sterne. Dies ist Ausdruck seiner geringeren Oberflächentemperatur. Die Temperatur des C6-Riesen BL Orionis ist der von Beteigeuze vergleichbar. Dennoch zeigt er überhaupt kein TiO, sondern statt dessen starke Banden von Kohlenstoffverbindungen. Die dem Spektraltyp nachgestellte Ziffer 3 ist ein Maß für die Stärke der Kohlenstoff-Linien, siehe Text. Neben den bereits erwähnten Linien sind einige Absorptionen von Eisen, Barium und Strontium erkennbar. Aus *An Atlas of Representative Stellar Spectra*, von Y. Yamashita, K. Nariai und Y. Norimote, University of Tokyo Press, Tokyo, John Wiley and Sons, New York, 1978.

tisch kontinuierliche Verteilung im Häufigkeitsverhältnis von Kohlenstoff zu Sauerstoff (C/O), in die sich auch die S-Sterne mit ihren auffälligen ZrO-Banden (Abbildung 4.6) logisch einfügen. Die Affinität (chemische Anziehungskraft) zwischen Zirkon und Sauerstoff ist größer als die zwischen Titan und Sauerstoff, aber Zirkon ist viel seltener als Titan. Deshalb sind die ZrO-Banden in normalen M-Sternen sehr schwach. Mit wachsendem C/O wird immer mehr Sauerstoff vom Kohlenstoff gebunden. Der kleiner werdende Rest wird nach wie vor vom Zirkon belegt, so daß für Titan immer weniger Sauerstoff bleibt. Außerdem wächst die Häufigkeit von Zirkon selbst parallel zu der von Kohlenstoff. So kommt es, daß schon bei C/O = 1 das TiO im Spektrum stark zurückgegangen ist, und die ZrO-Banden dominieren. Zusammen mit dem ZrO erscheinen Oxide anderer schwerer Elemente wie Yttrium und Vanadium (YO und VO). Der in Wahrheit kontinuierliche Übergang zwischen M und S beziehungsweise S und C bedingt, daß auch intermediäre Spektraltypen gebildet werden können: MS und SC (siehe Abbildung 4.6).

Gelegentlich werden die Unterschiede in C/O auch durch eine zweite Unterklasse symbolisiert: Bei Spektraltypen der Form C6,1 oder C7,9 bedeutet die erste Ziffer die normale Temperatur-Unterklasse, während die zweite die Stärke der Kohlenstoff-Banden anzeigt.

Wir haben somit eine qualitative Erklärung für die seltsame Verzweigung der Spektralreihe an ihrem roten Ende kennengelernt (sie beginnt, wie wir wissen, schon

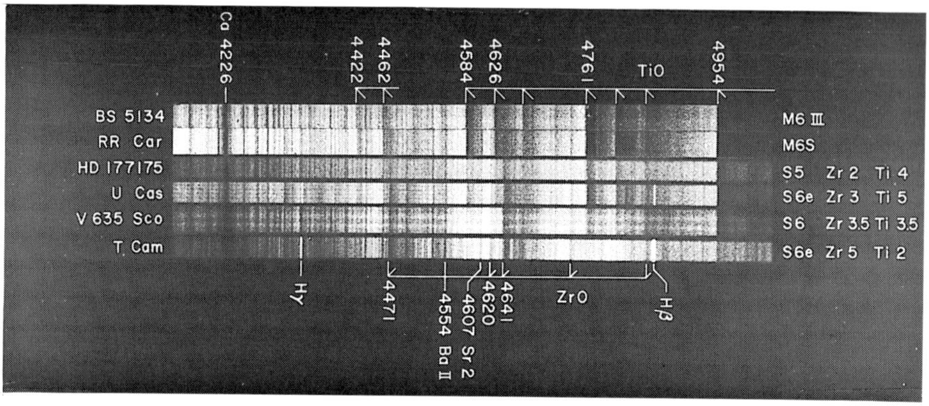

4.6 Sechs Spektren, die den Übergang vom reinen Typ M (mit starken TiO-Banden) zum praktisch reinen Typ S (mit starken ZrO-Banden) illustrieren. Die Zahlen hinter den chemischen Symbolen für Zirkon und Titan geben die relativen Linienstärken an. Der Stern RR Car repräsentiert den Zwischentyp M6S, zwischen M und S. Aus *An Atlas of Spectra of the Cooler Stars*, von P. C. Keenan und R. C. McNeil, Ohio State University Press, 1976.

bei den Klassen K und R). Alle Kohlenstoffsterne sind Riesen, so daß sich eine spezielle Leuchtkraftklassifikation erübrigt. Die erhöhte Häufigkeit von Kohlenstoff und anderen Elementen entsteht durch Vorgänge im Sterninnern, welche die Produkte der Kernfusion an die Oberfläche bringen. Die Kohlenstoffsterne sind der augenfälligste Beleg für die Notwendigkeit der „dritten Dimension" in der Spektralklassifikation (Abschnitt 3.6).

4.3 Temperatur und Farbe

Die Kalibration der Spektraltypen als Temperatursequenz, das heißt, die Bestimmung der Effektivtemperatur T_{eff} als Funktion des Spektraltyps, ist eine der fundamentalen Aufgaben der stellaren Astrophysik. Wir erinnern uns, daß T_{eff} eines Sterns diejenige Temperatur ist, die ein idealer Schwarzer Körper haben müßte, um bei gleicher Größe dieselbe Leuchtkraft wie der Stern aufzuweisen (Abschnitt 1.15). Um sie zu bestimmen, braucht man die scheinbare Helligkeit, die Entfernung und den Radius des Sterns. Aus Helligkeit und Entfernung berechnet man die Leuchtkraft, und dann gemäß der Formel aus Abschnitt 1.15 die Effektivtemperatur (als vierte Wurzel aus $L/4\pi\sigma R^2$).

Die direkte Messung von Entfernung und Radius ist aber bisher nur für sehr wenige Sterne möglich gewesen. Man muß also nach anderen Methoden zur Temperaturbestimmung suchen. Ein naheliegendes Verfahren besteht darin, die Form des beobachteten Kontinuums mit Schwarzkörperspektren zu vergleichen und die bestmögliche Übereinstimmung zu suchen. Bei heißen Sternen mit wenigen Spektrallinien funktioniert das ganz gut, bei kühlen jedoch nicht. Die kühlen Sternatmosphären produzieren, wie bereits erwähnt, so viele Linien, daß man das Kontinuum kaum *findet*, von einer präzisen Bestimmung seines Verlaufs im Spektrum ganz zu schweigen. Dazu kommt, daß die Durchsichtigkeit des Gases auch im Kontinuum sehr unterschiedlich ist, so daß wir bei verschiedenen Wellenlängen verschiedene Schichten (und damit unterschiedliche Temperaturen) sehen. Trotzdem liefert dieses Verfahren, verbunden mit geeigneter mathematischer Mittelung über das Spektrum, einigermaßen gute Werte für T_{eff}.

Eine im Grundsatz bessere Methode besteht darin, die atomaren Prozesse bei der Bildung des Spektrums nachzuempfinden. Man berechnet aus einer Serie von physikalisch-mathematischen Sternatmosphärenmodellen rein theoretisch die Stärke von (zum Beispiel) zwei Linien desselben Ions oder Atoms, deren Temperaturabhängigkeit sich deutlich unterscheidet. Dann sucht man unter allen Modellen dasjenige heraus, bei dem das Linienverhältnis dem beobachteten am ähnlichsten ist. Das gleiche Verfahren läßt sich im Prinzip auch auf das Kontinuum (statt der Linien) anwenden. Wenn wir ein komplettes Modell der Sternatmosphäre berechnet haben, wissen wir ja, wie sich die Temperatur mit der Tiefe und die Durchsichtigkeit mit der Wellenlänge ändern. Üblicherweise führen jedoch die Linienverhältnisse zu den genaueren Resultaten als das Kontinuum.

Die Berechnung von genauen theoretischen Sternmodellen ist eine sehr aufwendige Sache, die große Rechenanlagen und genaue Kenntnis über atomare Eigenschaften und die chemische Zusammensetzung des Sterns erfordert. Da letztere zunächst auch unbekannt ist, muß sie normalerweise gleichzeitig mit der Temperatur auf dieselbe Weise bestimmt werden. Man sucht also dasjenige Sternmodell (in Abhängigkeit von Temperatur und Elementhäufigkeiten), das die beste Übereinstimmung mit dem beobachteten Spektrum ergibt.

Dieses Verfahren funktioniert bei frühen M-Sternen noch recht gut, wird aber bei späten Typen immer schwieriger. Die resultierenden Temperaturen für M-Zwerge liegen zwischen 3 900 K (bei M0) und 2 600 K (bei M8). Wie wir in Kapitel 3 gesehen haben, sind Riesen bei gleichem Spektraltyp kühler und roter. Geringe Gasdichte erhöht die Ionisation und vermindert die Bildung von Molekülen. Beides führt zu einem früheren Spektraltyp (bei gleicher Temperatur). Deshalb muß die Temperatur eines Riesen geringer sein als die eines Zwergs gleichen Spektraltyps. Bei M-Sternen beträgt der Unterschied circa 300 K.

Allerdings sind die Temperaturen von Riesen und besonders von Überriesen nicht so genau bekannt wie die von Zwergen. Die Berechnung von theoretischen Sternatmosphärenmodellen ist für diese sehr ausgedehnten Sterne besonders schwierig und unsicher. Die Probleme sind am größten bei den Kohlenstoffsternen, besonders bei hohem Kohlenstoffgehalt (Typ N, bzw. C6–C9). Deren sowieso schon sehr komplizierten Spektren werden oft noch durch zirkumstellare Wolken von kaltem Gas und Staub erheblich verfälscht. Wir wissen deshalb noch nicht einmal mit Sicherheit, welcher M-Stern den Typen C8 und C9 entspricht. Möglicherweise liegen die Temperaturen am extremen roten Ende der Riesen- und Überriesensequenz sogar nur bei 1 500 K.

Die tiefrote Farbe der M- und C-Sterne stellt uns vor ein weiteres Problem. Bei den niedrigen Temperaturen um 3 000 K erscheint nur ein sehr kleiner Teil der Gesamtstrahlung im sichtbaren Licht unterhalb von 7 000 oder 8 000 Å (Abbildung 1.11). Die Sterne sind im IR sehr viel heller, und in diesem Spektralbereich sollte man sie eigentlich beobachten. Hier könnte man die Linien vieler Moleküle besser untersuchen und die von den Sternen ausgestoßenen kalten Gas- und Staubwolken beobachten. Aber, wie wir wissen, ist dies schwierig wegen unserer irdischen Atmosphäre. Der schon bei einem Schwarzen Körper von 3 000 K sehr geringe Anteil des sichtbaren Lichts wird bei realen Sternen durch die starken molekularen Kohlenstoff- und TiO-Banden noch zusätzlich vermindert. Die wahre Leuchtkraft der späten Sterne ist also wesentlich größer, als sie im sichtbaren Licht erscheint.

Das Verhältnis von infraroter zu sichtbarer Strahlung hängt stark vom Spektraltyp (das heißt der Temperatur) ab. Folglich ist die klassische visuelle Helligkeit kein gutes Maß für die Leuchtkraft. Die Astronomen haben deshalb den Begriff der *bolometrischen Helligkeit* geschaffen, die die *gesamte* Strahlung eines Sterns umfaßt, nicht nur einen begrenzten Wellenlängenbereich. Die Differenz zwischen der visuellen und der bolometrischen Helligkeit heißt *bolometrische Korrektur*. Sie hängt vom Spektraltyp beziehungsweise der Farbe eines Sterns ab und ist (per Definition) für die Sonne gleich null. Für Hauptreihensterne vom Typ M0 beträgt sie 1,2 mag, bei M5 bereits 2,3 mag, und sie steigt bis zu erstaunlichen 4,0 mag bei M8. Das heißt, daß bei Sternen dieses (des letzten wohldefinierten) Spektraltyps die visuelle Helligkeit nur 2,5 Prozent der Leuchtkraft erfaßt! Für die kühlsten Riesen ist der Wert der bolometrischen Korrektur weitgehend unbekannt.

Der steile Abfall der Hauptreihe im HR-Diagramm ab etwa M3 (siehe Abbildung 4.2) wird durch diese zunehmende Verlagerung der Leuchtkraft ins Infrarote verursacht. Ähnliche Probleme gibt es übrigens am heißen Ende der Spektralreihe, wo die Sterne den Löwenanteil ihrer Energie im UV abstrahlen. Die Tabelle 12.1 gibt die Zahlenwerte der bolometrischen Korrektur für sämtliche Spektralklassen.

Nach all diesen allgemeinen Erörterungen wollen wir uns nun einigen speziellen Untergruppen der kühlen Sterne zuwenden und ihr Verhalten am Beispiel ausgewählter Einzelobjekte darstellen.

4.4 Riesen und Überriesen

Wie riesig sind diese Sterne nun eigentlich? Wir verwenden wieder die vertraute Formel aus Abschnitt 1.15, nur lösen wir sie dieses Mal nach dem Radius auf: $R^2 = L/4\pi\sigma T^4$. Der Radius ist also proportional zur Wurzel aus der Leuchtkraft, geteilt durch das Quadrat der Effektivtemperatur. Die Leuchtkraft wird aus (bolometrischer) Helligkeit und Entfernung, die Temperatur aus der Analyse des Spektrums bestimmt. Wenn wir L und T_{eff} in Einheiten der solaren Werte hinschreiben, erhalten wir sofort den Radius in Sonnenradien. Der hellste Überriese in der Sonnenumgebung ist μ Cephei, mit dem Spektraltyp M2 Ia und einer absoluten visuellen Helligkeit von –8,2. Die zugehörige bolometrische Helligkeit beträgt circa –9,7, das heißt die Leuchtkraft des Sterns ist rund 600 000mal so groß wie die der Sonne. Mit den zugehörigen

Temperaturen von 3 300 K beziehungsweise 5 800 K für μ Cep und die Sonne finden wir für den Radius des Überriesen 2 400 Sonnenradien oder erstaunliche 11 astronomische Einheiten! Dieser Stern würde das Sonnensystem bis zur Bahn des Saturn ausfüllen. Unsere Prototypen vom Anfang des Kapitels, Beteigeuze (M2 Iab) und Antares (M1 Ib), sind etwa so groß wie die Umlaufbahn des Jupiter. Riesen sind zwar wesentlich kleiner, aber dennoch nicht zu verachten: Mira (M7 IIIe), sechs Größenklassen heller als die Sonne, würde immer noch den Mars verschlucken. Selbst die Radien der kleinsten unter den M-Riesen erreichen noch ein Viertel des Bahnradius von Merkur. Sie würden, an die Stelle der Sonne gesetzt, am Himmel 10 Grad groß erscheinen. Das entspricht dem doppelten Winkelabstand der beiden „Polzeiger" im Großen Wagen oder 20 Sonnendurchmessern.

Der natürlichste Weg zur Bestimmung von Sterndurchmessern führt über die Messung von Winkeldurchmesser und Entfernung. Wir wissen, daß der Durchmesser der Sonne 1,39 Millionen Kilometer beträgt, weil sie 150 Millionen Kilometer von uns entfernt ist und ihre Scheibe am Himmel 32 Bogenminuten groß erscheint. Aber die Winkeldurchmesser aller übrigen Sterne sind so extrem klein, daß sie nur sehr schwer zu messen sind. Das Hauptproblem liegt in der *Szintillation*, die in der irdischen Lufthülle erzeugt wird. Das mit bloßem Auge erkennbare „Funkeln" der Sterne entsteht durch die ständige Bewegung kühlerer und wärmerer Luftblasen in der Atmosphäre. Im Fernrohr wirkt es sich als Bildunschärfe aus, die es unmöglich macht, die winzigen Scheiben der Sterne direkt zu erkennen und zu vermessen. Mit speziellen Techniken kann man aber dennoch den Winkeldurchmesser einiger weniger (besonders großer) Sternscheiben direkt bestimmen. Die ersten derartigen Messungen wurden ab 1920 von A. E. Michelson auf dem Mount Wilson durchgeführt. Er benutzte dazu ein *Interferometer*, ein Instrument, das die Interferenz der Lichtstrahlen von den gegenüberliegenden Rändern der Sternscheibe nachweist (siehe auch Abschnitt 2.13). Mit seiner relativ einfachen Apparatur gelang es ihm, die Winkeldurchmesser von Antares und Beteigeuze zu etwa 0,02 Bogensekunden zu bestimmen. Ein etwas anders funktionierendes Interferometer, das zwei getrennte Teleskope verwendet, ist derzeit in Australien im Betrieb. Es kann rund zehnmal kleinere Winkel messen.

Eine weitere sehr wirkungsvolle Methode zur Durchmesserbestimmung wird uns sozusagen gratis vom Mond beschert: Er bewegt sich am Himmel zwischen den Sternen mit einer Geschwindigkeit von 0,55 Bogensekunden pro Zeitsekunde. Alle Sterne, die auf seinem scheinbaren Pfad am Himmel stehen, werden dabei von ihm verdeckt. Wir brauchen im Prinzip nur zu messen, wie lange es dauert, bis ein bestimmter Stern vollständig hinter der Mondscheibe verschwunden ist, um seinen Durchmesser zu erhalten. Allerdings läuft der Vorgang für das Auge viel zu schnell ab. Man braucht spezielle, sehr schnell reagierende photoelektrische Photometer (Abschnitt 1.11), um die Messung durchzuführen. Nun ist der Mond allerdings am Himmel nur ein halbes Grad groß, weshalb er bei einem Umlauf um die Erde nur wenige hinreichend helle Sterne bedeckt. Zum Glück verlagert sich seine Bahnebene periodisch im Raum, mit einer Periode von 18 Jahren. So kommt es, daß man mit der Mondtechnik alle (hinreichend hellen) Sterne vermessen kann, die innerhalb von 5

Grad zu beiden Seiten der Ekliptik liegen. Das ist immerhin rund ein Zwölftel aller Sterne.

Die wirkungsvollste und am breitesten anwendbare Methode zur Durchmesserbestimmung ist die Speckle-Interferometrie. Sie verwendet sehr kurz belichtete Photos, um sozusagen eingefrorene Momentaufnahmen der Szintillation herzustellen. Wir werden das Verfahren in Kapitel 6 genauer besprechen. Man erreicht mit ihm – ebenso wie mit der Mondmethode – einige tausendstel Bogensekunden. Übrigens eignen sich beide Meßmethoden auch sehr gut für die Entdeckung und Vermessung enger Doppelsterne.

Es hat sich gezeigt, daß die direkt gemessenen Sterndurchmesser im wesentlichen mit denen übereinstimmen, die man indirekt aus Leuchtkräften und Temperaturen ableitet. Der wichtigere Aspekt ist, wie erwähnt, daß die Messung von Winkeldurchmessern der eigentlich fundamentale Weg zur direkten Bestimmung der Effektivtemperatur aus der (bolometrischen) Helligkeit ist.

Neben der Schwierigkeit der Messung an sich bereitet die physikalische Natur der roten Riesen zusätzliche Probleme bei der Festlegung ihrer Durchmesser (und damit der Bestimmung ihrer Temperatur). Die Gasdichte ist so gering, der ganze Stern so diffus, daß es schwierig wird, überhaupt von einer „Oberfläche“ zu reden. Hinzu kommt, daß gerade diese Objekte sich auch noch mit selbst erzeugten Gas- und Staubhüllen umgeben. Im Endeffekt ist oft unklar, wie die von verschiedenen Methoden gesehenen „Oberflächen“ miteinander vergleichbar sind. Das behindert natürlich die theoretische Deutung der beobachteten Spektren.

4.5 Mira-Sterne

Eine fundamentale Eigenart der M- und C-Riesen und -Überriesen ist ihre Instabilität. Sie führt zu mannigfaltigen Helligkeits- und Temperaturschwankungen. Die Überriesen und viele Riesen gehören zu den *Unregelmäßigen* und *Halbregelmäßigen Veränderlichen*. Die Helligkeit von Beteigeuze, zum Beispiel, schwankt um rund eine Größenklasse im Laufe einiger Jahre.

Die wahren Künstler in dieser Hinsicht sind jedoch die *Mira-Sterne*, so genannt nach ihrem Prototyp Mira (o Ceti), den wir in Abschnitt 4.1 schon kurz erwähnt haben. Aufgrund ihres inneren Aufbaus und der Art ihrer Energieerzeugung durch gleichzeitiges Helium- und Wasserstoffbrennen pulsieren diese Sterne langsam, stark und relativ regelmäßig. Der Name Mira bedeutet ungefähr „der Wunderbare“; er bezieht sich auf das Verhalten des Sterns: Seine Helligkeit variiert von der dritten bis zur zehnten Größe mit einer Periode von ungefähr 330 Tagen (Abbildung 4.7). Das Ausmaß der Variation ist etwas wechselhaft; gelegentlich erreicht Mira fast die erste Größe. Wir stehen vor der erstaunlichen Erscheinung, daß Mira für einen Monat der hellste oder zweithellste Stern im Walfisch ist, um dann für das bloße Auge völlig zu verschwinden.

Alle Mira-Sterne sind kühle rote Riesen, sie können jedoch jeder der drei Spektralklassen M, N oder S angehören. Das hellste Beispiel eines Objekts vom Typ S ist χ

a

b

4.7 Mira im sichtbaren Licht im Minimum (a) und im Maximum (b). Photos: *Lowell Observatory*.

Cyg (S6e), der gelegentlich die dritte Größe erreicht. Die meisten Mira-Sterne zeigen Emissionslinien im Spektrum. Der Spektraltyp schwankt im Laufe einer Schwingungsperiode um einige Unterklassen (bei Mira von M5 bis M9). In Sternkatalogen findet man meist den Spektraltyp, den der Stern bei einem durchschnittlichen Helligkeitsmaximum aufweist.

Die Langperiodischen Veränderlichen, wie man Mira-Sterne auch nennt, liegen in einer wohldefinierten Region des HR-Diagramms (siehe Abbildung 4.2). Allerdings sind bei weitem nicht alle Sterne in dieser Region Mira-Sterne. Die meisten, wie zum Beispiel β Andromedae (M0 III), sind normale Riesen. Sie besitzen nicht den inneren Aufbau, der für die Anregung der starken Schwingungen der Mira-Sterne notwendig ist. Wir werden uns mit dem Phänomen im letzten Kapitel näher beschäftigen. Die Region der Mira-Sterne im HRD knickt rechts von M3 nach unten ab. Dies ist wieder eine Folge der abnehmenden Temperatur und der zunehmenden Verlagerung der Leuchtkraft ins Infrarote. Die bolometrische (also totale) Leuchtkraft nimmt zu späten Typen sogar zu. Ein Mira-Stern des (mittleren) Spektraltyps M8 ist durchschnittlich 6mal so hell wie sein Gegenstück bei M1.

Die kühleren Sterne sind trotzdem leuchtkräftiger; sie müssen also deutlich größer sein. Die typischen Radien liegen bei M1 um 100 Sonnenradien, bei M8 um 500. Die Perioden, zwischen 100 und 600 Tagen bei normalen Mira-Sternen, sind ebenfalls mit dem Spektraltyp korreliert. Die größeren, kühleren Sterne schwingen eben langsamer (vergleiche die Periodenangaben in Abbildung 4.4!).

Das Ausmaß der optischen Helligkeitsschwankung vermittelt einen falschen Eindruck von der Pulsation des Sternkörpers. Dessen Radius ändert sich nur um etwa einen Faktor 2. Dabei ändert sich gleichzeitig die Effektivtemperatur um einige hundert Grad, und zwar derart, daß die bolometrische Helligkeit des Sterns über seine Pulsationsperiode nur um etwa eine Größenklasse schwankt. Da wir mit unseren Augen aber nur den kurzwelligen „Schwanz" der Energieverteilung sehen, erzeugt eine kleine Temperaturänderung bereits eine riesige Helligkeitsänderung. Der Effekt wird noch durch die Zunahme der TiO-Banden mit abnehmender Temperatur verstärkt (siehe Abbildungen 4.4 und 4.8). Da die visuelle Helligkeit so stark von der Temperatur abhängt, erreicht sie ihr Maximum zu einer anderen Zeit als die bolometrische Helligkeit. Letztere ist stärker mit dem momentanen Radius des Sterns verknüpft. Die *mittlere* Leuchtkraft der Mira-Sterne wächst mit dem Spektraltyp, also mit abnehmender Temperatur. Über die Schwingungsperiode des *einzelnen* Mira-Sterns dagegen nimmt die visuelle Helligkeit ab, wenn der Stern kühler wird.

Die Spektren vieler Mira-Variablen zeigen Emissionslinien von Wasserstoff, die sich im Laufe der Pulsation in komplizierter Weise verändern. Sie sind in den Abbildungen 4.8, 3.5 und 3.2 gut erkennbar. Sie fehlen im Minimallicht, werden zum Helligkeitsmaximum immer stärker und verschwinden wieder beim Abstieg zum nächsten Minimum. Im Vergleich zu anderen astronomischen Emissionslinienobjekten sind die relativen Stärken der Balmerlinien von Mira-Sternen geradezu bizarr. Während sonst Hα stets die stärkste Linie ist, dominiert bei Miras die Hδ-Linie (also der Übergang vom sechsten zum zweiten Zustand des Wasserstoffatoms). Der Grund für diese astrophysikalische Merkwürdigkeit liegt in der Absorption der Hα-Linie

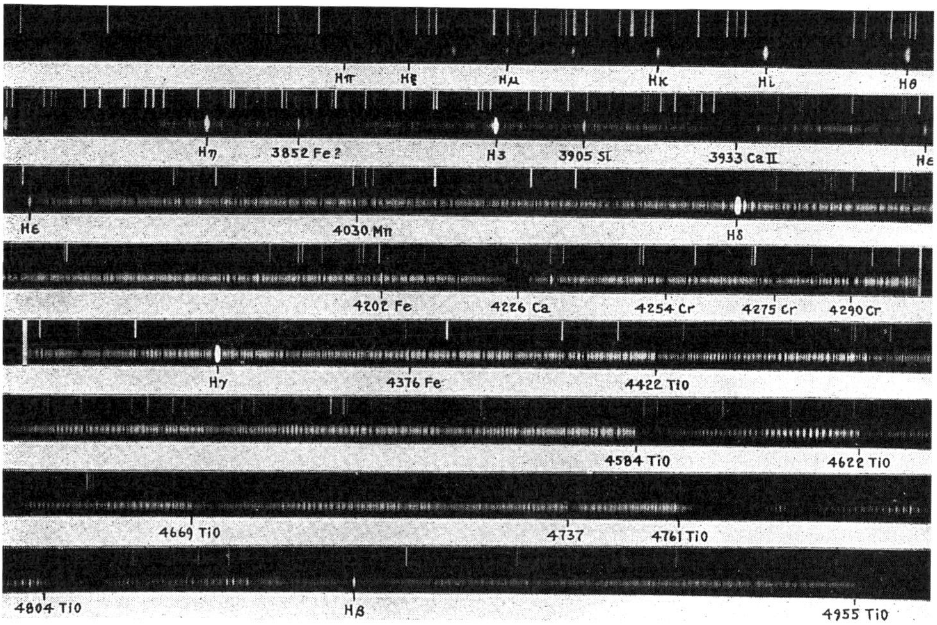

4.8 Ein hochaufgelöstes Spektrum von Mira, dem M7e-Prototyp der Langperiodischen Veränderlichen. Hier erkennt man sehr schön die unglaubliche Komplexität des Spektrums dieses Sterns. Für die Spektralklassifikation ist dieser Detailreichtum nicht notwendig. Man verwendet dafür Spektren mit wesentlich geringerer Auflösung (vergleiche mit den Abbildungen 3.2 und 3.5). Die Wasserstoff-Emissionslinien sind hier sehr auffällig. Aus *Spectra of Long-Period Variable Stars*, von P. W. Merrill, University of Chicago Press, Chicago, 1940.

durch TiO. Daraus folgt, daß die Emissionslinien in tieferen Schichten der Atmosphäre entstehen. Ihre Dopplerverschiebung (Abschnitt 2.12) zeigt zudem, daß diese Schichten sich mit erheblicher Geschwindigkeit nach außen bewegen. All dies ist Ausdruck von Schockwellen (ähnlich den Knallwellen von Überschallflugzeugen), die durch die Pulsationsbewegung des Sternkörpers entstehen und durch die dünne Atmosphäre nach außen laufen. Der bei Mira-Sternen beobachtete Auswurf von Material in den interstellaren Raum ist sicher eng mit diesem Phänomen verknüpft.

Man kennt heute tausende von Mira-Sternen. Neben den beiden bereits erwähnten gibt es mehrere weitere, die im Maximum mit dem bloßen Auge sichtbar sind. Beispiele sind R Leonis und R Cygni. Hunderte sind mit kleinen Amateurteleskopen erreichbar. Die große Zahl der bekannten Objekte macht es den Berufsastronomen unmöglich, sie alle ständig zu überwachen. Diese Aufgabe wird in hervorragender Weise von der *American Association of Variable Star Observers* (AAVSO) und der Sektion Veränderliche Sterne der *British Astronomical Association* übernommen. In ihren Zentralen werden laufend Lichtkurven aus den visuellen Beobachtungen von vielen hundert Amateurastronomen erstellt. Ähnliche Gruppen gibt es in anderen Ländern, so in Deuschland die *Bundesdeutsche Arbeitsgemeinschaft für Veränderliche Sterne* (BAV), mit Sitz in Berlin. Die gewaltige Menge an Beobachtungen, die diese Organisationen im Laufe der letzten Jahrzehnte angesammelt haben, ist die wichtigste Quelle unserer Kenntnisse über die statistische Verteilung von Perioden und Amplituden, und insbesondere über zeitliche Änderungen dieser Größen.

4.6 Massenverlust

Wenn, wie gesagt, Veränderlichkeit das erstrangige Kennzeichen von Riesen ist, dann ist Massenverlust mit Sicherheit das zweite. Daß Sterne ihr Leben mit einer wesentlich geringeren Masse beenden als sie es begonnen haben, ist eine der grundlegendsten Erkenntnisse über ihren Lebenslauf. Massereiche Sterne können 80 Prozent ihres Materials an den interstellaren Raum zurückgeben; die Sonne wird ihre Masse voraussichtlich im Laufe ihres Lebens halbieren. Dieses Pänomen ist von grundlegender Wichtigkeit für die Entwicklung der Milchstraße: Die in ihr bereits entstandenen Sterne sind die Quelle des Rohmaterials für spätere Sterngenerationen. Der Löwenanteil des stellaren Massenauswurfs spielt sich in der Riesen- und Überriesenregion des HR-Diagramms ab. Die ungeheuren Durchmesser dieser Sterne erleichtern den Prozeß, weil sie die Schwerkraft an der Oberfläche (und damit die erforderliche Entweichgeschwindigkeit) herabsetzen.

Im optischen Spektralbereich findet man Hinweise auf Massenverlust aus spektroskopischen Merkmalen. Dazu gehören zum Beispiel die Emissionslinien von Einzelsternen und zusätzliche Absorptionslinien in den Spektren von Doppelsternkomponenten, die beim Durchgang des Sternlichts durch die expandierende Hülle des Begleiters entstehen. Aber die besten Beweise für Massenauswurf finden sich im Infraroten und im Radiobereich. Im IR sieht man direkt die riesigen expandierenden Wolken von Staub, der aus dem ursprünglich gasförmigen Auswurfmaterial auskondensiert. Es gibt spektroskopische Merkmale (Absorptions- beziehungsweise Emissionsbanden) von Silikaten, also Sauerstoffverbindungen um M-Sterne, und solche von Karbid (SiC) um N-Sterne herum. Die Kohlenstoffsterne sind umgeben von Staub aus Graphit oder amorphem Kohlenstoff, den sie selbst erzeugt haben. Im fernen Infrarot kann man zusätzlich die Wärmestrahlung des Staubes nachweisen, der durch das Licht des eingebetteten Sterns auf einige hundert Kelvin erwärmt wird.

Im Radiospektrum sieht man seltsame Erscheinungen, die auf die ausgeworfenen Gas- und Staubhüllen zurückgehen. Man kann hier besonders kaltes Material untersuchen, weil die Radiolinien von Molekülen aus energetisch dicht benachbarten Rotations- und Vibrationszuständen stammen (Abschnitt 2.10). Auf diese Weise hat die Radioastronomie den Zugang zur Chemie des kalten interstellaren Gases eröffnet. In den zirkumstellaren Hüllen der Riesen findet man eine ganze Anzahl von einfachen chemischen Verbindungen vor. Erstaunlicherweise können einige dieser Moleküle in den Hüllen von sauerstoffreichen Miras als natürliche Maser (das ist das Radiowellen-Analogon des Lasers) strahlen. Dies soll hier etwas näher erklärt werden.

Die Worte Laser und Maser sind Kunstworte, die für ‚*m*icrowave (beziehungsweise *l*ight) *a*mplification by *s*timulated *e*mission of *r*adiation‘(Mikrowellen- beziehungsweise Lichtverstärkung durch stimulierte Emission von Strahlung) stehen. Im Kapitel 2 haben wir zwei atomare Prozesse untersucht: Absorption und Emission. Ein Atom kann ein Photon absorbieren, wenn dieses gerade die richtige Energie für den Übergang von einem tieferen zu einem höheren Atomzustand besitzt. Umgekehrt kann das Atom von selbst aus dem oberen in den unteren Zustand zurückkehren, wobei es ein Photon derselben Energie emittiert. Es gibt noch einen dritten Prozeß: Ein Photon mit der richtigen Energie, das an einem bereits im oberen Zustand befindlichen Atom vorbeiläuft, kann das Atom zur Emission eines zweiten, gleichen Photons *zwingen* oder stimulieren. Die beiden Lichtquanten besitzen dann exakt die gleiche Flugrichtung, Energie und Phase, das heißt, die zugehörigen elektromagnetischen Wellen schwingen in strengem Gleichtakt. Die beiden Photonen können wiederum zwei weitere Atome zur Emission stimulieren, und so weiter. Auf diese Weise kann man eine ganze Lawine von Photonen gleicher Richtung und Wellenlänge, mit anderen Worten, einen mächtigen monochromatischen Lichtstrahl erzeugen. Allerdings nur unter einer – selten erfüllten – Bedingung: Auf dem Weg der Photonen müssen mehr Atome im oberen Energiezustand als im unteren angetroffen werden. Andernfalls würden die stimuliert emittierten Photonen von den Gasatomen im unteren Energiezustand schneller wieder weggefangen, als sie weitere Emissionen aus dem oberen erzwingen könnten. Nur bei einer Überbesetzung des oberen Zustands kann die stimulierte Emission von Photonen die normale Absorption im Gas überwiegen; nur dann kann tatsächlich eine Photonenlawine losbrechen. In einem normalen Gas ist das aber nicht der Fall. Nur ziemlich spezielle Umstände können diese Bedingung herbeiführen. In Labormasern und -lasern kann auf vielen Wegen relativ leicht die Energie zum „Hochpumpen“ der Atome ins obere Niveau beschafft werden. Bei Mira-Masern besorgt dies das Sternlicht. Das Ergebnis ist eine außerordentlich scharfe und intensive Radioemissionslinie.

Man darf sich eine typische zirkumstellare Hülle nicht als runde, schön gleichmäßige Schale vorstellen. Sie ist stark strukturiert, klumpig, unsymmetrisch. Aus den inneren Hüllen mancher sauerstoffreicher Mira-Sterne erreicht uns Maserstrahlung des Siliziummonoxids, weiter außen entstehen die ebenfalls gelegentlich auftretenden Maserlinien von Wasserdampf. Viel häufiger als diese kommen jedoch sehr leuchtkräftige OH-Maser vor, die ebenfalls in den Außenbereichen der zirkumstellaren Wolken lokalisiert sind. OH, das Hydroxyl-Molekül und die kräftige Infrarotstrahlung sind der Ursprung der Bezeichnung ‚OH/IR-Quellen‘ für solche Objekte. Die OH-Strahlung entsteht in einer relativ dünnen Schale. Ihre Intensität schwankt im gleichen Rhythmus wie die des Sternlichts. Allerdings hinken die OH-Maxima zeitlich hinter den stellaren Maxima her. Wenn man den Zeitunterschied durch die Lichtgeschwindigkeit dividiert, erhält man ganz zwanglos den Durchmesser der Schale, ohne die Entfernung zu dem System kennen zu müssen. Das ist einer der wenigen Fälle in der Astrophysik, in denen man genaue Lineardimensionen ohne Kenntnis der Distanz gewinnen kann. Die OH-Zone liegt meist etwa 1 000 Sternradien vom Zentrum der Wolke entfernt. Wenn man das weiß und mit Radioteleskopen den Winkeldurchmesser der OH-Quelle mißt, dann erhält man sogar umgekehrt eine der in der Astronomie so kostbaren direkten Entfernungsbestimmungen.

Die Wolken um manche der OH/IR-Quellen sind so dick, daß der Stern völlig darin begraben wird. Man sieht dann nur noch die kalte Staubhülle, die als Schwarzer Körper von 500 bis 1 000 K strahlt. Bei dieser Temperatur entsteht praktisch keinerlei sichtbares Licht. Diese dennoch sehr leuchtkräftigen Objekte wurden in den sechziger und siebziger Jahren bei Himmelsdurchmusterungen mit empfindlichen Infrarot- und Radiodetektoren entdeckt. Sorgfältige Beobachtung im fernen IR, für das der Staub relativ durchsichtig ist, haben später die darin versteckten Miras zutage gebracht. Ihre Perioden liegen weit über denen der optisch sichtbaren Exemplare, bei bis zu 2 000 Tagen. Die Erzeugung so dicker Hüllen verlangt enorme Massenverlustraten. Die Schätzungen reichen bis 10^{-5} Sonnenmassen pro Jahr. Das mag auf den ersten Blick wenig erscheinen, aber man muß bedenken, daß die Sterne für mehr als 10^5 Jahre in dieser Phase verbleiben können. Das heißt, daß sie eine oder gar mehrere Sonnenmassen verlieren können. Es ist also klar, daß sie einen dramatischen Wendepunkt in ihrem Leben durchlaufen. Man glaubt, daß sie dabei sind, sich in einen Planetarischen Nebel zu verwandeln. Darauf wollen wir jedoch erst später eingehen.

Auch bei den Kohlenstoffsternen gibt es ähnliche Hüllen. Das von ihnen ausgeworfene Material bildet zwar keine Maser, dafür enthält es einen vielfältigen Zoo von Molekülen. Typischerweise findet man aus Infrarot- und Radiobeobachtungen an die 20 Sorten. Das Paradebeispiel für diese Objektklasse, genannt IRC +10216, enthält so komplizierte organische Verbindungen wie HC_7N und CH_3CN.

4.7 Chemische Unterschiede

Die kühlen Sterne weisen erhebliche Unterschiede in ihrer chemischen Zusammensetzung auf. Viele der Riesen erleben eine innere Umwälzung und Durchmischung, die die Produkte der nuklearen Fusionsprozesse an die Oberfläche bringen. Die Kohlenstoffsterne sind ein besonders klares Beispiel für diese Erscheinung. Der viele Kohlenstoff, den wir sehen, entstand dereinst im Kern durch das Heliumbrennen. In manchen Objekten beobachtet man Abweichungen von der Norm in der Stickstoffhäufigkeit, gewissen Isotopenverhältnissen, oder den Häufigkeiten schwerer Atome wie Zirkon, Yttrium und Lanthan. Die zuletzt genannten schweren Elemente werden als *s-Prozeß-Elemente* bezeichnet. Sie entstehen beim langsamen, sukzessiven (‚s' steht für ‚slow') Einfang von Neutronen durch Atomkerne. Die Neutronen wiederum sind ein Nebenprodukt der energieerzeugenden Kernreaktionen. Das Auftreten von ZrO und YO in S-Sternen ist auf diese Prozesse zurückzuführen. Es gibt übrigens einen sehr klaren Beweis für die Behauptung, daß diese Elemente erst „kürzlich" von den Roten Riesen selbst fabriziert wurden: das Vorkommen des radioaktiven Elements Technetium in ihren Spektren (siehe Abschnitt 2.2 und Abbildung 4.9). Das beobachtete Isotop dieses Elements zerfällt mit einer Halbwertszeit von nur 200 000 Jahren. Dies ist viel weniger als das gegenwärtige Alter dieser Sterne. Hätten sie das Technetium bereits seit ihrer Geburt enthalten, wäre es längst zerfallen.

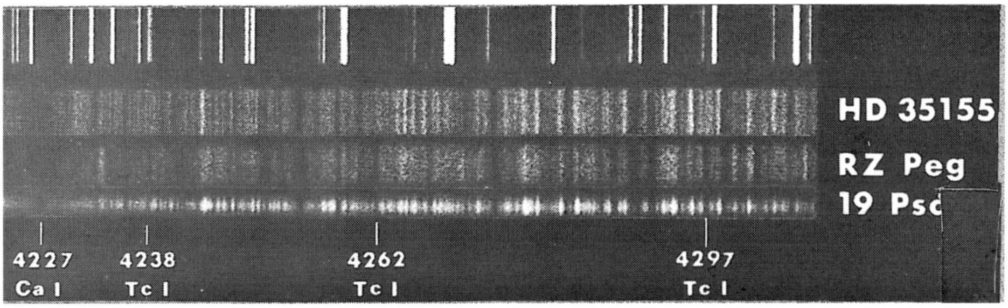

4.9 Die Linien des radioaktiven Elements Technetium zeigen, daß in 19 Piscium und RZ Pegasi noch „kürzlich" aktive Elementsynthese stattgefunden hat. Zum Vergleich ist das Spektrum von HD 35155 gezeigt, in dem dieses Element fehlt. Spektren von *Mt. Wilson and Mt. Palomar Observatory*, aus einem Artikel in *Publications of the Astronomical Society of the Pacific* von B. F. Peery, P. C. Keenan und I. R. Marenin.

Unterschiedliche Isotopenverhältnisse innerhalb eines Elements stellen ein anderes wichtiges Beispiel chemischer Veränderungen in Sternen dar. Und wiederum sind die M-Sterne das beste Labor, um sie zu untersuchen. Das atomare Linienspektrum eines Isotops, zum Beispiel ^{13}C, ist identisch mit ^{12}C, bis auf winzige Verschiebungen in der Wellenlänge. Diese werden durch die unterschiedliche Masse des Atomkerns erzeugt. Schwerere Kerne führen zu kürzeren Wellenlängen. Aber die Verschiebungen sind so klein, daß sie in den verschiedenen anderen Linien-verbreiternden Effekten völlig untergehen. In Molekülspektren gibt es entsprechende Verschiebungen, jedoch sind sie sehr viel größer, und folglich leicht beobachtbar. So kann man zum Beispiel aus den CO-Linien das Häufigkeitsverhältnis von ^{13}C zu ^{12}C bestimmen. Auf der Erde ist es ungefähr 1:80, aber in Roten Riesen kann es viel größere Werte erreichen, bis etwa 1:10. Diese leicht meßbaren Auswirkungen der Kernreaktionen erlauben eine sehr empfindliche und aussagekräftige Überprüfung unserer Vorstellungen über den inneren Aufbau und die Entwicklung von Sternen. Bei den S-Sternen spielen die Isotopenverhältnisse von Zirkon (meßbar durch die Untersuchung der ZrO-Linien) eine ähnliche Rolle wie die von Kohlenstoff bei den M-Sternen.

Der Massenverlust der Roten Riesen gibt die kräftig angereicherte Elementmischung an das interstellare Medium zurück, aus dem dann neue Sterne entstehen. Auf diese Weise führt die Sternentwicklung (die ja die Roten Riesen erst hervorbringt) zu einer chemischen Entwicklung der ganzen Milchstraße.

4.8 Die Zwerge

Unser Übergang von den sehr großen zu den sehr kleinen roten Sternen vollzieht sich abrupt; dazwischen gibt es praktisch nichts. Henry Noris Russell erkannte schon 1913 die auffällige Lücke zwischen den M-Riesen und M-Zwergen. Bei M0 liegen ungefähr sechs Größenklassen zwischen den schwächsten Riesen und den hellsten

Hauptreihensternen – ein Faktor 250 in der visuellen Leuchtkraft! Die absolute visuelle Helligkeit eines M0-Zwergs liegt bei +8 mag. Um mit dem bloßen Auge sichtbar zu sein, müßte er weniger als 4 pc von uns entfernt sein (wir erinnern uns, daß α Centauri bei 1,3 pc liegt). Es gibt keinen einzigen innerhalb dieses Radius um die Sonne. Ein Zwerg des Spektraltyps M8 müßte sogar näher als 0,13 pc sein. Der lichtschwächste bekannte Hauptreihenstern überhaupt, Van Biesbroeck 10 (VB 10, Spektraltyp M8 V) hätte am Ort von Jupiter die scheinbare Helligkeit –10 mag. Das ist nur ein Zehntel der Vollmondhelligkeit!

Die Bedeutung der M-Zwerge liegt in ihrer großen Zahl. Wenn man die Hauptreihe von O nach M herunterwandert, steigt die Sterndichte in der Galaxis – in Sternen pro Kubikparsec gerechnet – stetig an. O-Sterne sind extrem selten, auch B- und A-Sterne sind alles andere als häufig. Daß wir am Himmel mit dem bloßen Auge so viele davon sehen, liegt nur an ihrer großen Leuchtkraft. Man sieht sie auch in großer Entfernung noch. Mit modernen Teleskopen kann man einzelne O-Sterne noch in Galaxien erkennen, die Millionen von Parsec von uns entfernt sind. Aber bei weitem die meisten Sterne im Universum sind M-Zwerge. Es ist noch unverstanden, weshalb die Natur gerade die kleinen, massearmen, leuchtschwachen so sehr bevorzugt.

Die Massen der späten Riesen betragen mindestens eine, die der Überriesen mehrere Sonnenmassen. Sie sind aus noch weitaus massereicheren Hauptreihensternen durch Massenverlust entstanden (Abschnitt 1.17). Im Gegensatz dazu sind die Massen der M-Zwerge klein. Sie reichen von einem Maximalwert bei 0,5 Sonnenmassen bis hinab zur theoretischen Untergrenze von 0,08 Sonnenmassen. Wegen der geringen Masse sind Druck und Temperatur im Kern relativ gering; das Wasserstoffbrennen läuft deshalb quasi auf Sparflamme. Daraus wiederum resultiert die geringe Leuchtkraft. Unterhalb der erwähnten Untergrenze ist der Kern zu kühl, um die Kernfusion überhaupt anlaufen zu lassen. Sie definiert deshalb das Ende der Hauptreihe. Unmittelbar an dieser absoluten Armutsgrenze liegt der erwähnte M8-Zwerg VB 10, der trotz seiner geringen Entfernung von 6 pc nur eine scheinbare Helligkeit von 17 mag aufweist.

In Abschnitt 1.17 haben wir bereits gelernt, daß die Lebensdauer eines Sterns entscheidend davon abhängt, wie verschwenderisch er mit seinem nuklearen Brennstoffvorrat umgeht. Die O-Sterne verglühen (astronomisch gesehen) in einem einzigen Augenblick, was ihre Seltenheit noch vergrößert. Die massereichsten leben gerade eine Million Jahre. Die M-Zwerge dagegen sind so sparsam, daß sie eine Million mal so lang – eine Billion oder 10^{12} Jahre – leuchten können. Diese extreme Langlebigkeit und ihre bevorzugte Entstehung sind die Gründe dafür, daß 90 Prozent aller Sterne der Galaxis in diese Kategorie fallen. Trotz ihrer individuellen Unscheinbarkeit enthalten sie rund die Hälfte der in Sternen gebundenen Masse der Milchstraße. Für die Astronomen ist dies Grund genug, sie sorgfältig zu studieren, obwohl dies durch ihre Lichtschwäche recht schwierig ist.

4.9 Flare-Sterne

In diesem und dem nächsten Abschnitt wenden wir uns jedoch zwei Auswirkungen der Massearmut zu, die für Astronomen hilfreich sind. Eine kleiner, jedoch unbekannter Anteil der M-Zwerge sind Veränderliche. Man nennt sie Flare-Sterne oder UV-Ceti-Sterne. Proxima, der sonnennächste aller Sterne (siehe Abschnitt 1.6), gehört zu dieser Gruppe. Sie ist gekennzeichnet durch plötzliche, unvorhersagbare Helligkeitsausbrüche. Sie dauern nur einige Minuten, können den Stern aber während dieser Zeit um mehrere Größenklassen heller werden lassen (Abbildung 4.10). Von der Sonnenoberfläche kennt man sehr ähnliche Lichtblitze, die Eruptionen oder Flares (von englisch ‚flare' = Flackern) genannt werden. Sie entstehen stets oberhalb von Sonnenflecken, in einer speziellen Schicht der Sonnenatmospäre. Diese Schicht heißt Chromosphäre. Sie bildet den Übergang zwischen der sichtbaren Sonnenoberfläche und der weit ausgedehnten, eine Million Kelvin heißen Sonnenkorona. Die Spektren der Flare-Sterne weisen Emissionslinien auf (der Spektraltyp von Proxima ist dM5e), die dem Spektrum der Chromosphäre sehr ähneln. Folglich nimmt man an, daß es dort eine analoge Schichtung der Atmosphäre gibt. Wir werden diese Phänomene in den Kapiteln 5 und 6 näher besprechen.

Die Flares der M-Zwerge sind sehr hell, ihr Lichtblitz enthält bis zu 100mal so viel Energie wie eine typische solare Eruption. Während des optischen Flares wird der

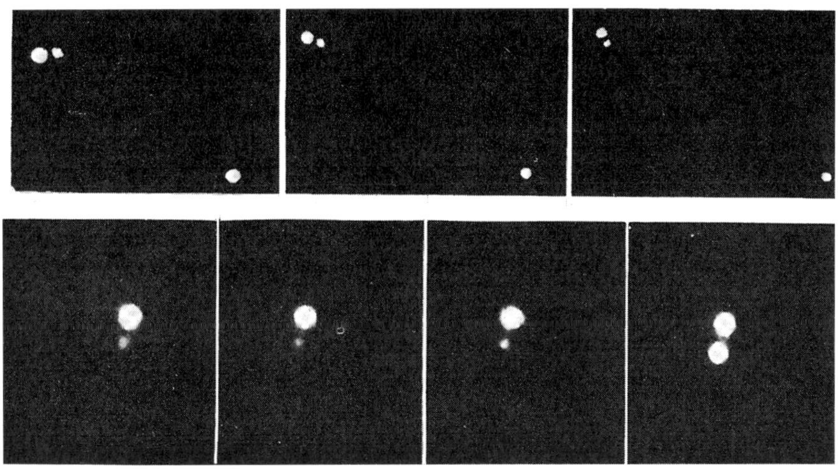

4.10 Der Doppelstern Krüger 60 im Sternbild Cepheus. Die obere Reihe von Aufnahmen zeigt die Bahnbewegung des engen Paars (Abstand 2 Bogensekunden) im Laufe von 12 Jahren. Aus sorgfältigen Messungen und der Theorie der Doppelsternbahnen (Abschnitt 1.6) können die Massen der beiden Sterne bestimmt werden. Die untere Reihe zeigt einen Flare der schwächeren Komponente Krüger 60B (M4 V). Dieser Stern trägt auch eine Veränderlichen-Bezeichnung: DO Cephei. Üblicherweise ist er um eine volle Größenklasse schwächer als die Hauptkomponente Krüger 60A (M3 V). Für kurze Zeiten kann er jedoch fast gleich hell werden. Der Vergleich der beiden Sterne im Normallicht demonstriert den rapiden Helligkeitsabfall der M-Zwerge entlang der unteren Hauptreihe. Die beiden Komponenten unterscheiden sich nur um eine Zehntelspektralklasse. Obere Photos: *Yerkes Observatory*; untere Photos: *Sproul Observatory*; aus *Burnhams Celestial Handbook*, Dover Publications, New York, 1978.

Stern auch bei kurzen Wellenlängen bis in den Röntgenbereich sehr hell. Danach verlischt er wieder, um nach Stunden, Tagen oder Wochen den nächsten Ausbruch zu erleben. Obwohl die Flares viel heller als die solaren sind, wären sie praktisch unbeobachtbar, wenn nicht der Stern selbst so extrem lichtschwach wäre. Ihre Beobachtung liefert Informationen über die Chromosphären der M-Zwerge, über „Sternflecken" (entsprechend den Sonnenflecken) und über eventuelle Analoga zum 11jährigen solaren Fleckenzyklus. Auf diese Weise können uns die unscheinbaren Flare-Sterne helfen, unsere eigene Sonne besser zu verstehen.

4.10 Unsichtbare Begleiter

Der zweite Nutzen, den die Lichtschwäche der M-Zwerge für Astronomen birgt, hängt direkt mit ihrer geringen Masse zusammen: Das Gravitationsfeld eines anderen Körpers kann sie relativ leicht aus ihrer galaktischen Bahn ablenken. Deshalb konzentriert sich die Suche nach Planetensystemen traditionell auf diese Objekte. Wir erinnern uns (Abschnitt 1.6), daß die Komponenten eines Doppelsterns um den gemeinsamen Schwerpunkt kreisen. Im Falle des Paars Erde-Mond läuft *dieser Punkt* auf einer glatten Ellipse um die Sonne. Die beiden beteiligten Einzelkörper dagegen „eiern" mit einer Periode von einem Monat ein wenig um diese glatte Bahn herum.

Derselbe Effekt ist in der Eigenbewegung (Abschnitt 1.9) mancher Sterne erkennbar. Abbildung 4.11 zeigt das Objekt mit der größten bekannten Eigenbewegung: Barnards Stern (M5V). Mit nur 1,8 pc Entfernung ist er der zweitnächste Stern nach α Centauri. Er huscht mit einer Geschwindigkeit von 10 Bogensekunden pro Jahr über den Himmel. Allerdings bewegt sich Barnards Stern schön gleichmäßig und gerade. Nicht so die Komponenten von Krüger 60, einem anderen sonnennahen M-Zwerg: Die obere Reihe von Photos in Abbildung 4.10 zeigt sehr schön, wie sie umeinander umlaufen. Es ist klar, daß ihre einzelnen Eigenbewegungen nicht konstant sein können. Die beiden Sterne laufen auf leicht welligen Linien über den Himmel, die sich der geraden gleichmäßigen Bewegung ihres gemeinsamen Schwerpunktes anschmiegen. Nun nehmen wir einmal an, eine der beiden Komponenten sei so lichtschwach, daß wir sie nicht sehen. Dann würde uns nur die Wackelbewegung der anderen ihre Anwesenheit verraten. Wenn wir diese Bewegung sorgfältig ausmessen und die Masse der anderen Komponente aus dem Spektraltyp bestimmen, dann können wir sogar die Masse des unsichtbaren Begleiters ausrechnen. Diese Methode wird generell angewandt, um lichtschwache Begleiter von Sternen aufzuspüren. Und sie ist der primäre Weg auf der Suche nach Planetensystemen.

Nun ist aber selbst Jupiter ein Leichtgewicht im Vergleich zu einem Stern. Die von ihm verursachte Ablenkung der Sonne wäre aus der Entfernung von α Centauri mit heutigen Mitteln nicht nachweisbar. Einen M-Zwerg mit nur 0,1 Sonnenmassen würde er zehnmal so stark ablenken. Das könnte gerade reichen, um ihn zu entdekken. Die andere Möglichkeit, unsichtbare Begleiter zu entdecken, liegt in der Messung von Radialgeschwindigkeiten. Auch dieser Weg wird durch eine geringe Masse

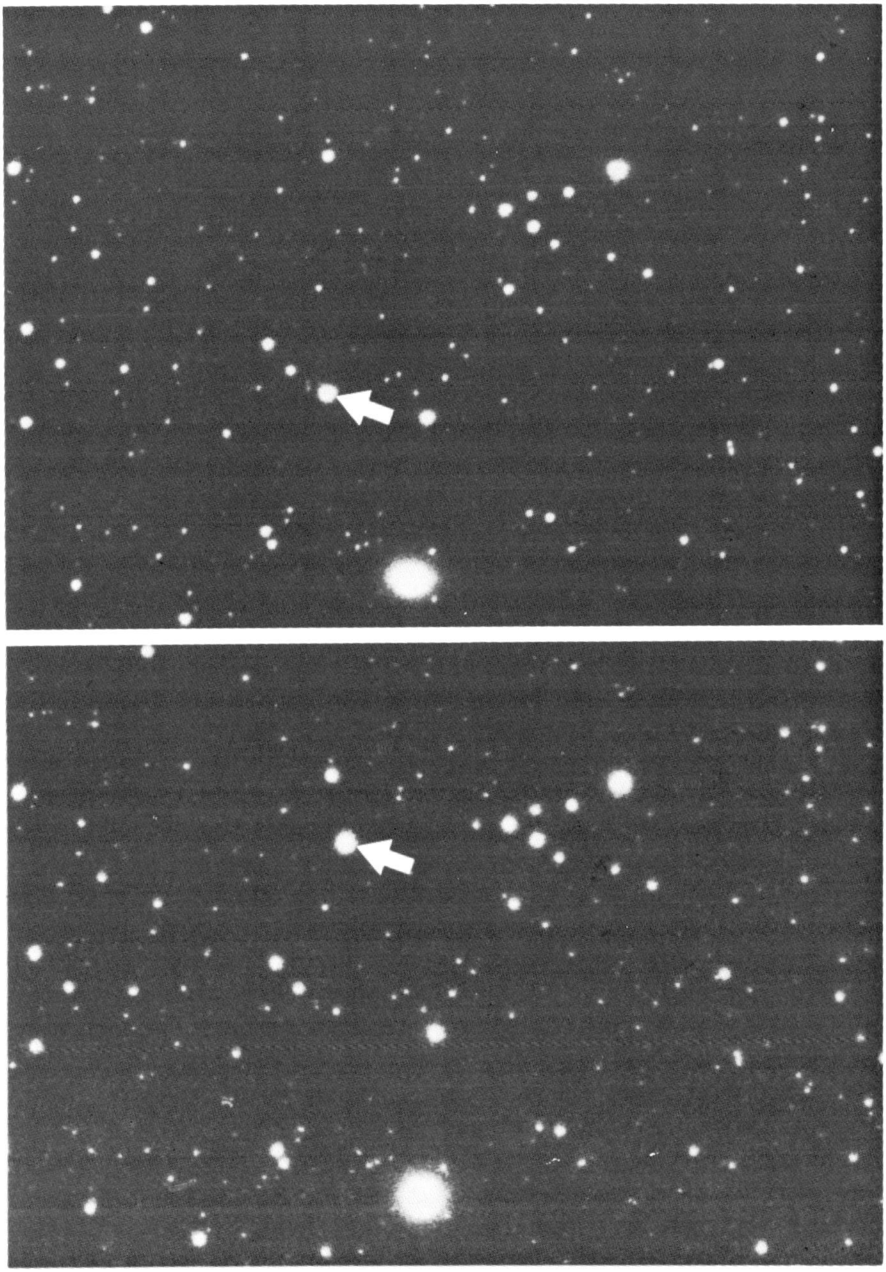

a

b

4.11 Barnards Stern in den Jahren 1937 (a) und 1960 (b). Dieser M5-Zwerg hat die größte bekannte Eigenbewegung überhaupt. In den sechziger Jahren glaubten einige Astronomen, er besitze jupiterähnliche Planeten. Photos: *Sproul Observatory*, aus *Burnhams Celestial Handbook*, Dover Publications, New York, 1978.

der sichtbaren Komponente erleichtert. Ein leichterer Stern bewegt sich schneller um den gemeinsamen Schwerpunkt, da er einen weiteren Weg zurückzulegen hat (siehe auch Abschnitte 2.12 und 5.4).

Man hat bei mehreren sonnennahen Sternen Anzeichen für unsichtbare Begleiter gefunden. Vielleicht das herausragendste Beispiel ist 61 Cygni. Der sichtbare Teil des Systems besteht aus einem Paar von Zwergsternen mit den Spektraltypen K5 und K7 (siehe Abbildung 5.12), das nur 3,9 pc von der Sonne entfernt ist. Die vermutete dritte Komponente soll eine Masse von 0,01 Sonnenmassen oder 10 Jupitermassen besitzen. Das ist zwar zu wenig für einen Stern, aber andererseits auch etwas zu viel, um das Objekt ohne weiteres als Planeten klassifizieren zu können. Objekte in diesem Massenbereich werden als *Braune Zwerge* bezeichnet. Sie sind zu klein, um Kernfusion aufrechterhalten zu können. Andererseits sind sie zu groß, um wirklich kalt wie Planeten zu sein. Wenn es sie gibt, müssen sie Energie abstrahlen, die sie aus allmählicher Abkühlung und Kontraktion gewinnen. Nur ein oder zwei der bisher bekannten M-Zwerge werden als mögliche Braune Zwerge angesehen. Sie liegen am Ende der Hauptreihe. Einer von ihnen, der unsichtbare Begleiter von VB 8, wurde nicht durch die Eigenbewegung des helleren Partners, sondern durch Speckle-Interferometrie entdeckt. Seine Existenz wird jedoch bezweifelt. Es gibt bisher keinen einzigen unumstrittenen Braunen Zwerg! Man weiß also praktisch nichts über sie. Insbesondere weiß man nicht, wie häufig sie sind, und ob ihre Entstehung irgend etwas mit der Entstehung von Planeten zu tun hat.

In den sechziger Jahren meldeten Astronomen des *Sproul Observatory*, daß sie aus jahrzehntelanger Beobachtung der Eigenbewegung von Barnards Stern die Existenz eines oder mehrerer planetarer Begleiter abgeleitet hätten. Die berechneten Massen lagen bei 2 bis 3 Jupitermassen, so daß sie also echte Planeten wären. Spätere Untersuchungen machten aber leider klar, daß die festgestellten winzigen Abweichungen von der gleichmäßigen Bewegung sehr wahrscheinlich auf Instrumentenfehlern beruhen. Das zeigt nur, wie extrem schwierig die Suche nach extrasolaren Planeten ist. Bis zum heutigen Tag ist kein einziger mit Sicherheit nachgewiesen worden. Die Astronomen halten es dennoch für sehr wahrscheinlich, daß es sie gibt (wir werden später auf dieses Thema eingehen). Die nächste Generation von Teleskopen und Detektoren, die man derzeit – zum Teil in der Erdumlaufbahn – errichtet, wird hoffentlich empfindlich genug sein, um solche Körper zu finden. Dann wird ein sehr aufregendes neues Kapitel der astronomischen Forschung beginnen. Auf jeden Fall werden wieder die M-Zwerge als erstes untersucht werden.

5. Die K-Sterne: Orangefarbene Riesen und hellere Zwerge

Drei kosmische Schmuckstücke wetteifern um den Titel des hellsten Sterns der nördlichen Himmelskugel: Da ist zunächst die Königin des Sommerhimmels, Wega, blauweiß, mit dem Spektraltyp A0 V. Sie ist nur 0,05 Größenklassen heller als ihr winterliches Gegenstück, Capella, ein gelber Doppelstern aus zwei Riesen mit den

5.1 Arkturus, der vierthellste Stern des Himmels, ein K-Riese mit dem Spektraltyp K2 IIIp. Die ersten Spekroskopiker konnten sein Spektrum nur mit äußerster Mühe auf ihren primitiven Photoplatten abbilden. Mit großen Teleskopen und modernen Detektoren kann man heute die Spektren selbst der schwächsten Sterne auf dieser Aufnahme untersuchen. Sie sind hundert Millionen mal schwächer als Arkturus. Copyright National Geographic – Palomar Observatory Sky Survey. Abdruck mit Genehmigung durch California Institute of Technology.

Spektraltypen G5 III und G0 III. Immer wenn eins der beiden Juwelen tief im Norden am Horizont steht, leuchtet das andere hoch oben in der Nähe des Zenits. Zur jeweils gleichen Zeit finden wir den dritten im Bunde entweder im Osten oder im Westen: Es ist Arkturus, den wir als Leitobjekt dieses Kapitels ausgewählt haben (Abbildungen 5.1 und 5.2). Er ist ganz knapp der hellste der drei, ein Riese vom Spektraltyp K1 III. Wenn Bewohner der irdischen Nordhalbkugel seinen orangefarbenen Glanz am abendlichen Osthimmel sehen, wissen sie, daß der Frühling nicht mehr weit ist.

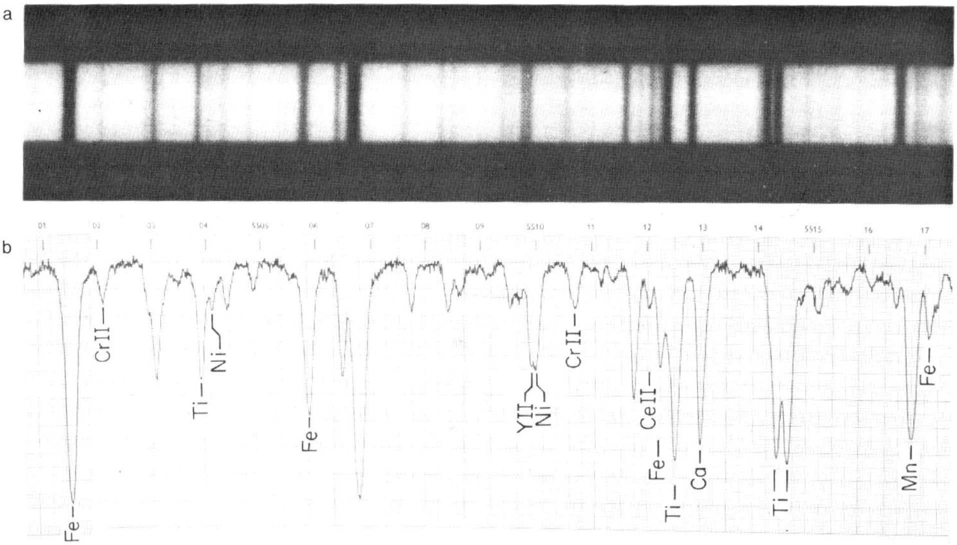

5.2 (a) Ausschnitt aus dem Spektrum von Arkturus bei hoher Auflösung. Wegen seiner großen Helligkeit wurde dieser Stern zur Herstellung eines dicken Standardatlas stellarer Spektrallinien ausgewählt. Der hier gezeigte Ausschnitt reicht von 5 501 Å bis 5 518 Å. Man beachte die außerordentliche Vielzahl von Linien auf diesem kurzen Stück von nur 17 Ångström (ein zweihundertfünfzigstel des sichtbaren Spektrums!). Abbildung 5.2 (b) zeigt eine sogenannte Registrierung dieses Spektrums, in der die Helligkeit gegen die Wellenlänge graphisch aufgetragen ist. Einige der vielen Linien sind durch die zugehörigen chemischen Elemente bezeichnet. Aufnahme der Mt. Wilson und Las Campanas Observatories, Carnegie Institution of Washington, aus *A Spectral Atlas of Arcturus*, von R. F. Griffin, Cambridge Philosophical Society, 1968.

Einige weitere sehr prominente Sterne gehören zur Spektralklasse K. Man erkennt sie leicht an ihrer charakteristischen Färbung. Beispiele sind Pollux (β Gemini, K0 III), der einen schönen Farbkontrast zu seinem weißen „Zwillingsbruder" Castor (α Gemini, A1 V + A2 V) liefert, ferner die jeweils „hintersten" Kastensterne des Großen und des Kleinen Wagens, Dubhe (α UMa, K0 III) und Kochab (β UMi, K4 III), und das „Auge" des Stiers, Aldebaran (α Tauri, K5 III). Dieser, der späteste und roteste unter unseren Beispielsternen, repräsentierte für Pater Secchi den Übergang zwischen seinem Typ II (den orangefarbenen Sternen mit vielen Metall-Linien) und III (den roten Sternen mit stark zerteilten Spektren).

Aldebaran ist nur 20 pc von uns entfernt. Er gehört nicht zu dem doppelt so weit entfernten Sternhaufen der Hyaden, in dessen Mitte er scheinbar liegt (Abbildung 5.3). Dieser Haufen enthält jedoch eine ganze Anzahl von echten Mitgliedern, die K-Riesen sind. Die fünf hellen Sterne, die das auffällige „V“ der Hyaden bilden, sind ausnahmslos K-Riesen. Neben Aldebaran sind dies die Haufenmitglieder θ^1, γ, δ^1 und ε Tauri, alle vier vom Typ K0 III (Abbildung 5.4). Ähnlich auffällige Gruppen von K-Riesen gibt es in der Praesepe (Abbildung 5.5) und in vielen anderen Sternhaufen, die aber alle viel weiter von uns entfernt sind als die Hyaden.

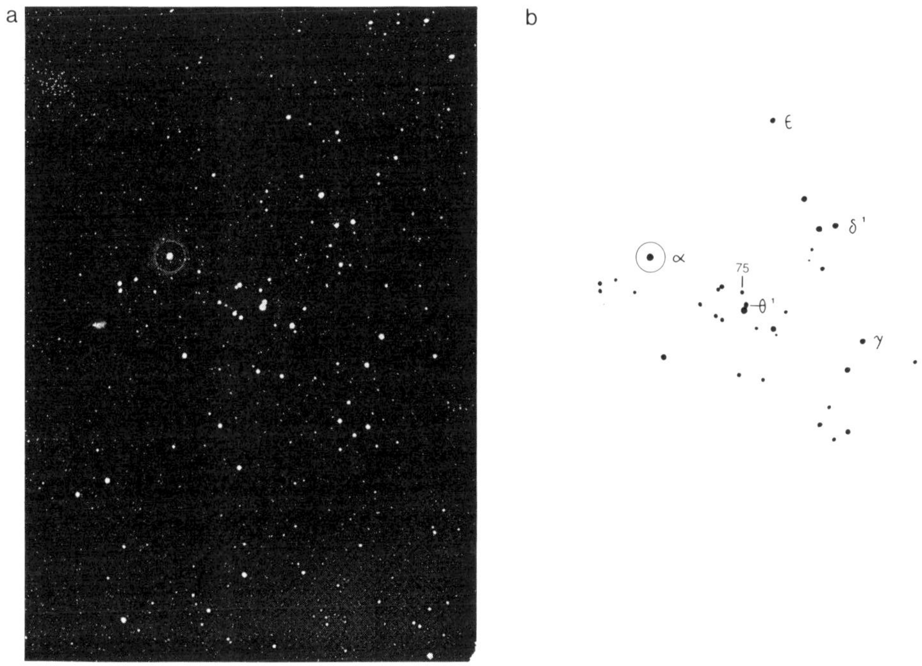

5.3 (a) Die Hyaden mit dem auffälligen „V“ aus fünf hellen K-Riesen, die auf der Karte (b) mit Namen bezeichnet sind. Der hellste ist Aldebaran, K5 III. Er und 75 Tau gehören nicht zu den Hyaden. Ein weiterer Sternhaufen, NGC 1647, ist in der oberen linken Bildecke erkennbar. Er liegt zehnmal so weit von uns entfernt wie die Hyaden. Photo: *Lowell Observatory*.

Obwohl die am Himmel auffälligen K-Sterne zu den Riesen gehören, darf man wie bei den M-Sternen auch hier wieder die Zwerge nicht unterschätzen. Im Gegensatz zu den M-Zwergen gibt es in der Klasse K einige, die mit bloßem Auge sichtbar sind. Der bekannteste ist sicher 61 Cygni (Abbildung 5.12), der erste Stern, dessen Entfernung wirklich gemessen wurde. Dieses Paar aus einem K5- und einem K7-Zwerg ist 4,8 mag hell, und damit an einem dunklen Himmel noch leicht erkennbar (8 Grad südöstlich von Deneb). Der scheinbar hellste K-Hauptreihenstern ist die schwächere Komponente von α Centauri (K1 V). Wegen seiner geringen Entfernung von nur 1,3 pc bescheint er uns mit 1,3 mag. Würde sein hellerer Begleiter (G2 V, wie die

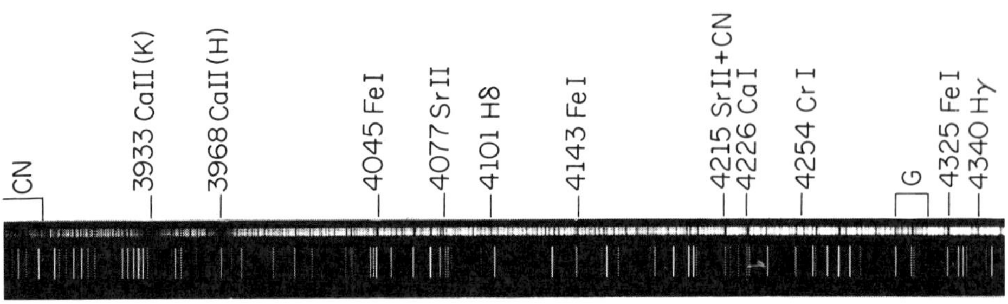

5.4 Spektrum von δ^1 Tauri, K0 III, bei mittlerer Auflösung aufgenommen mit dem Coudé-Spektrographen des 2-Meter-Teleskops auf dem Kitt Peak. Das Spektrum ist sehr kompliziert, mit vielen Metall- und Molekülabsorptionen und den beiden extrem starken Linien H und K von Ca II. Unterhalb des Sternspektrums ist das Vergleichsspektrum zu erkennen. Aufnahme: *National Optical Astronomy Observatories*, abgedruckt mit freundlicher Genehmigung von K. M. Yoss.

Sonne) fehlen, wäre α Cen B immer noch der zwanzigsthellste Stern des ganzen Himmels.

Auch beim Spektraltyp K unterscheiden sich Riesen und Zwerge erheblich, jedoch weit weniger als bei M. Die K-Riesen sind kleiner und schwächer als ihre M-Brüder (Abbildung 5.6), und die Zwerge sind deutlich größer und heller. Die Kurve der Leuchtkraftklasse III in Abbildung 5.6 beginnt, sich der Hauptreihe (Leuchtkraftklasse V) zu nähern. Arkturus ist mit seinen 25 Sonnenradien nur halb so groß wie der M0-Riese β And. Dagegen ist 61 Cyg A mit 0,7 Sonnenradien dreimal so groß wie Barnards Stern. Aber auch in der Klasse K gibt es enorm große und teilweise sehr seltsame Überriesen. Und schließlich begegnen uns in dieser Klasse erstmals einige Unterriesen und Weiße Zwerge.

5.1 Klassifikation

Die Atmosphären der K-Sterne sind wesentlich wärmer als die der M-Sterne. Wenn man die Unterklassen von den späten zu den frühen Typen durchwandert, verschwinden die TiO-Banden bei K5, und die Wasserstoff-Absorptionslinien erscheinen in allen Leuchtkraftklassen. Die mächtige g-Linie des neutralen Kalziums wird stetig schwächer, weil die Atome allmählich in den ionisierten Zustand übergehen. Entsprechend erscheinen die H- und K-Linien des Ca II im schnell heller werdenden violetten Teil der Spektren (Abbildung 5.7). Die beiden zunächst sehr starken D-Linien des Na I verhalten sich entsprechend wie ihr Kalzium-Gegenstück. Neben diesen Linien werden noch weitere Metall-Linien, genauer gesagt, ihre Verhältnisse untereinander, zur Klassifikation benutzt. Die höheren Temperaturen führen zum Zerbrechen der meisten Moleküle. Nur die am stärksten gebundenen Atome können im Verband bleiben. Das G-Band des CH-Moleküls nimmt als einziges in der Klasse K sogar noch zu. Bei den K-Riesen finden wir darüber hinaus noch kräftige optische Banden von CN und infrarote von CO.

a

b

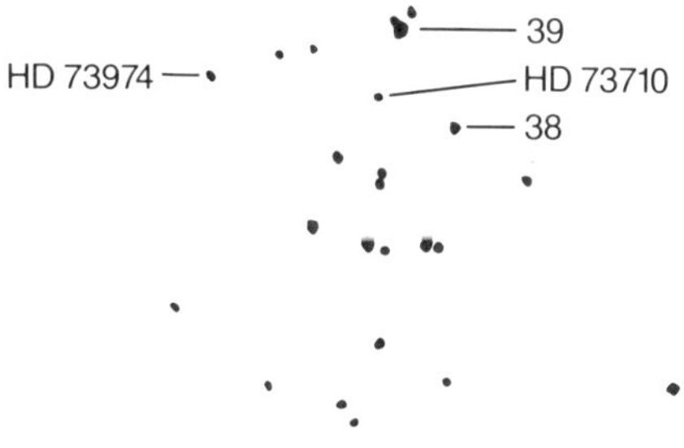

5.5 (a) Der Sternhaufen Praesepe (Messier 44) im Sternbild Krebs. Dieser bekannte Haufen ist etwa viermal so weit von uns entfernt wie die Hyaden. Er enthält vier helle K-Riesen, die in der Karte (b) bezeichnet sind. Sie sind auf der blauempfindlichen Photoplatte weniger auffällig als bei der Beobachtung mit dem Auge. δ und η Cancri, in der linken unteren und rechten oberen Bildecke, sind ebenfalls K-Riesen. Copyright National Geographic – Palomar Observatory Sky Survey. Abdruck mit Genehmigung durch California Institute of Technology.

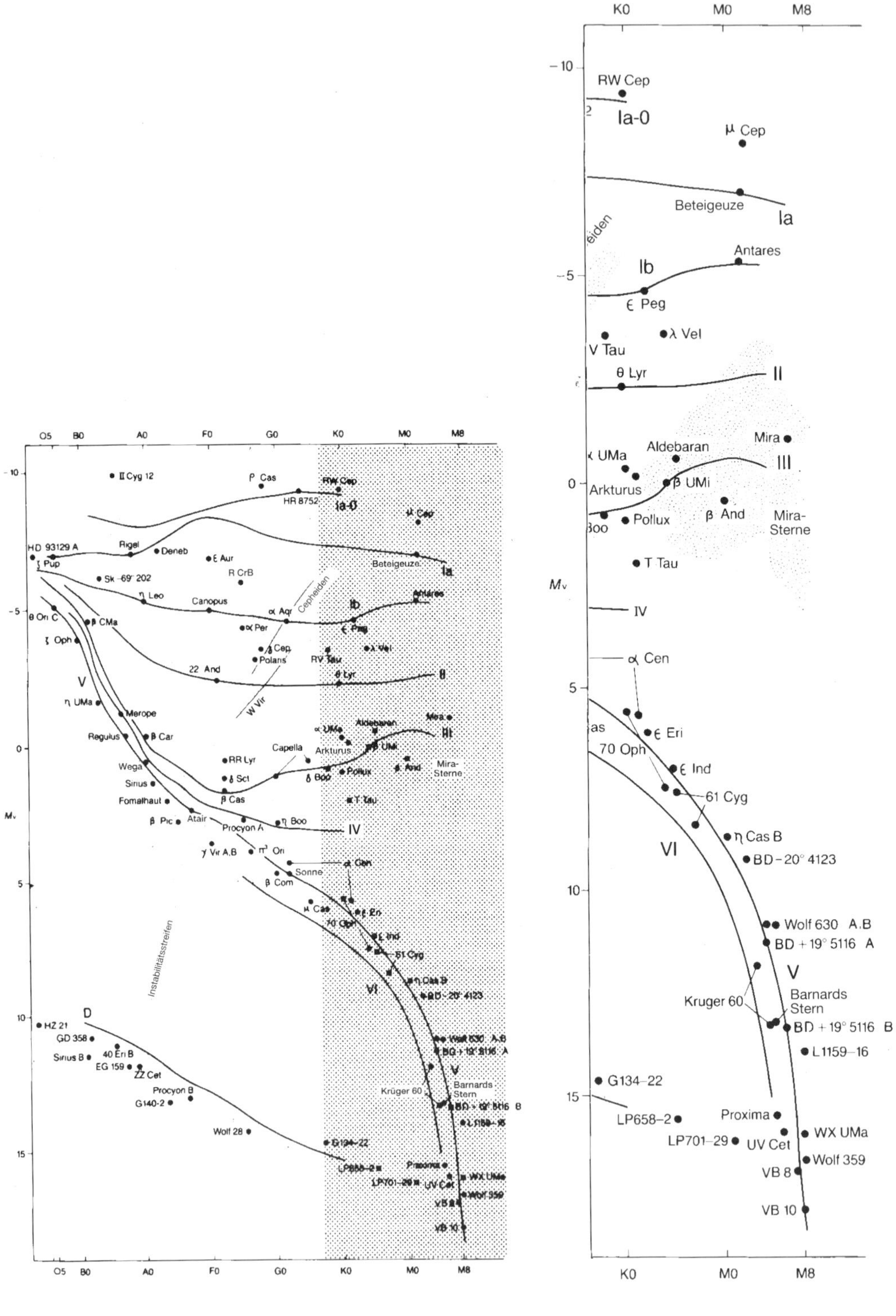
O5
B0
A0
F0
G0
K0
M0
M8
Mv
Ia-0
Ia
Ib
II
III
IV
V
VI
D
Cepheiden
W Vir
Instabilitätsstreifen
Mira-Sterne
RW Cep
μ Cep
Beteigeuze
Antares
ε Peg
λ Vel
V Tau
θ Lyr
Mira
Aldebaran
κ UMa
Arkturus
β UMi
Pollux
β And
T Tau
α Cen
ε Eri
70 Oph
ε Ind
61 Cyg
η Cas B
BD − 20° 4123
Wolf 630 A.B
BD + 19° 5116 A
Kruger 60
Barnards Stern
BD + 19° 5116 B
L 1159–16
G134–22
LP658–2
Proxima
LP701–29
UV Cet
WX UMa
Wolf 359
VB 8
VB 10
HD 93129 A
ζ Pup
Rigel
Deneb
ε Aur
R CrB
Sk −69° 202
η Leo
Canopus
α Aqr
θ Ori C
β CMa
ζ Oph
α Per
δ Cep
Polaris
RV Tau
22 And
ρ Cas
HR 8752
η UMa
Merope
Regulus
β Car
Wega
Sirius
Fomalhaut
Capella
RR Lyr
δ Sct
β Cas
δ Boo
β Pic
Atair
Procyon A
η Boo
γ Vir A.B
π³ Ori
Sonne
β Com
μ Cas
HZ 21
GD 358
40 Eri B
Sirius B
EG 159
ZZ Cet
Procyon B
G140-2
Wolf 28

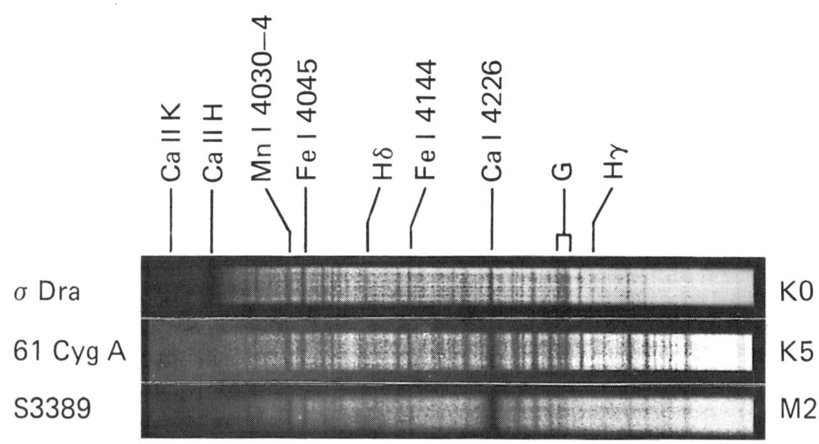

5.7 Verschiedene Spektren der K-Hauptreihe im Vergleich mit einem frühen M-Zwerg. Man erkennt sehr schön, wie Ca I mit zunehmender Temperatur schwächer und Ca II im Gegenzug stärker wird. Abbildung 5.12 zeigt ein Photo des hier spektroskopierten Sterns 61 Cyg. Aus *An Atlas of Stellar Spectra*, von W. W. Morgan, P. C. Keenan und E. Kellman, University of Chicago Press, Chicago, 1943.

Die Leuchtkraftklassifikation der K-Sterne ist relativ einfach (Abbildung 5.8). Die Wasserstoff-Linien und die neutralen Kalzium-Linien verhalten sich sehr ähnlich wie bei M-Sternen, besonders in den späten Unterklassen. Das heißt, sie zeigen die gleichen positiven beziehungsweise negativen Leuchtkrafteffekte, siehe Abschnitt 4.1. Darüber hinaus sind die Verhältnisse verschiedener Metall-Absorptionslinien gute Leuchtkraftindikatoren. Hierzu zählen insbesondere Verhältnisse von Sr II und Ti II zu Fe I. Die auffälligsten Leuchtkraftkriterien sind die Banden des CN, die sehr plötzlich bei 4 215 und 3 888 Å beginnen, und von dort zu kürzeren Wellenlängen allmählich auslaufen. Die Kante bei 4 215 Å trägt sogar einen eigenen (englischen) Namen: ‚CN break'. Die Stärke der beiden CN-Banden nimmt von der Hauptreihe in Richtung zu größeren Leuchtkräften drastisch zu. Die geringere Gasdichte in den Atmosphären der Riesen erleichtert das Überleben der Moleküle. So auffällig dieser Leuchtkrafteffekt sein mag, seine Anwendung ist leider fehlerträchtig: Er kann sehr leicht durch die häufig auftretenden anomalen Kohlenstoffhäufigkeiten verfälscht werden.

Wenn nur ein einziges spektroskopisches Kriterium zur Klassifikation verwandt wird, können die Ergebnisse sehr ungenau – um nicht zu sagen falsch – werden. Die Wasserstoff-Linien, zum Beispiel, nehmen bei K- und M-Sternen sowohl mit der Helligkeit als auch mit der Temperatur zu. Würde man einen Riesen nur mittels deren

◄ **5.6** Das HR-Diagramm für die Klassen K und M. Der Bereich der Mira-Sterne reicht noch ein Stück weit nach K hinein. Ansonsten gibt es unter den K-Sternen nur wenige Variable. Obwohl die absolute visuelle Helligkeit von μ Cephei geringer ist als die von RW Cep, besitzt er eine höhere Gesamtleuchtkraft, also eine höhere absolute bolometrische Helligkeit. Man erkennt die ersten Unterriesen sowie die kühlsten der Weißen Zwerge. Letztere gibt es vermutlich auch im Temperaturbereich der M-Sterne. Aber das ist unsicher, weil sie sich im HR-Diagramm mit den Zwergen und Unterzwergen vermischen. Quelle der Abbildung: Siehe Abbildungen 3.8 und 12.7.

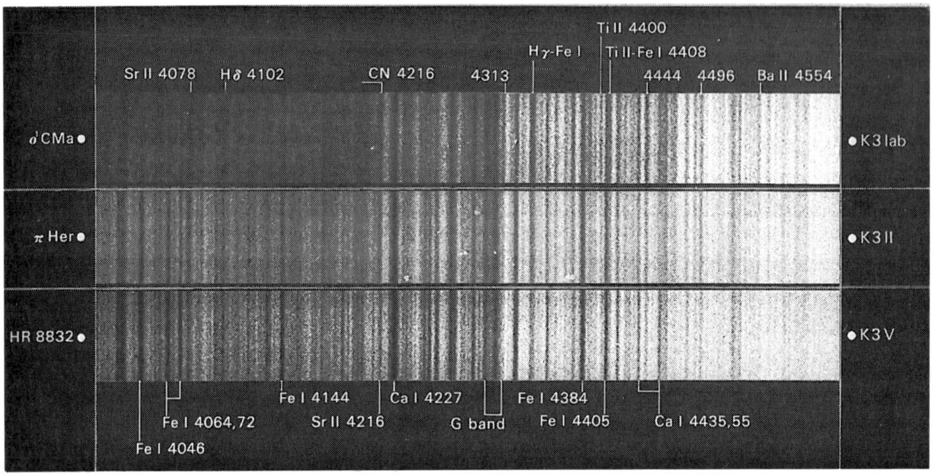

5.8 Leuchtkraftunterschiede zwischen drei frühen K-Sternen. Auffällig sind insbesondere die positiven Leuchtkrafteffekte (Zunahme mit wachsender Leuchtkraft) bei dem CN-Band und bei Hγ. Die Abnahme der Ca I g-Linie mit der Leuchtkraft, die bei späten K- und frühen M-Sternen so ausgeprägt war, tritt hier nicht mehr auf. Bei Kohlenstoff- und Stickstoffunterhäufigkeit wird das CN-Band schwächer, so daß ein Riese leicht versehentlich als Zwerg klassifiziert werden könnte, wenn andere Leuchtkraftkriterien nicht hinreichend berücksichtigt werden. Aus *An Atlas of Representative Stellar Spectra* von Y. Yamashita, K. Nariai und Y. Norimoto, University of Tokyo Press, Tokyo, John Wiley and Sons, New York, 1978.

Stärke klassifizieren wollen, dann könnte man leicht bei einem Spektraltyp landen, der eine volle Harvard-Klasse früher ist als der aus *demselben* Spektrum mittels der Metall- oder Molekül-Linien bestimmte Typ. Eine genaue Klassifikation kann also nur gelingen, wenn man *alle* Kriterien gleichzeitig berücksichtigt. In der Praxis geht das folgendermaßen vor sich: Man sucht sich zunächst eine oder mehrere Linien, die hauptsächlich temperaturabhängig sind, zum Beispiel die Wasserstoff-Linien oder die TiO-Banden. Aus deren Stärke bestimmt man einen vorläufigen Harvard-Typ. Danach schaut man nach Leuchtkraftkriterien, bei K-Sternen zum Beispiel nach den CN-Banden. Damit weiß man schon ungefähr, ob der Stern ein Zwerg, Riese oder Überriese ist. Mit dieser Erkenntnis kann man näherungsweise den Leuchtkrafteffekt des anfänglich benutzten Temperaturkriteriums berücksichtigen, um zu einer verbesserten Harvard-Klasse zu gelangen. Und so geht das im Prinzip weiter, bis ein befriedigendes Gesamtbild aus Spektraltyp und Leuchtkraftklasse entstanden ist. Bei einem erfahrenen Spektroskopiker läuft dieser stufenweise Prozeß allerdings halb unbewußt und augenblicklich ab. Die praktische Spektralklassifikation ist eine Übungssache, sie funktioniert ganz ähnlich wie die Artbestimmung von Vögeln oder Bäumen durch Naturliebhaber.

Es ist klar, daß die Klassifikation, wie sie in diesem Buch bisher beschrieben wurde, keine quantitative Messung, sondern ein rein qualitatives Verfahren ist. Zwar lassen sich daraus – auf dem Umweg über Kalibrationen, siehe Abschnitt 3.7 – Temperatur und Leuchtkraft eines Sterns bestimmen. Es wird jedoch nichts wirklich *gemessen*, sondern nur der visuelle Eindruck des Spektrums beurteilt. Wenn ein junger Astronom diese Kunst erlernt, dann wird er zunächst jedes einzelne Spektrum sorgfältig mit einem Satz von sogenannten Standards vergleichen, zum Beispiel dem MKK-Atlas. Nach und nach wird er das Aussehen der Standards in seinem Gedächtnis speichern, um dann schließlich mit erstaunlicher Geschwindigkeit klassifizieren zu können. Es gibt zwar inzwischen auch quantitative Methoden zur Spektralklassifikation beziehungsweise Temperatur- und Leuchtkraftbestimmung, die direkt von gemessenen Strahlungsflüssen und Linienstärken ausgehen. Aber diese Verfahren, so wichtig sie im Einzelfall sein mögen, sind derzeit noch sehr langsam und aufwendig. Wir werden im Lauf des Buches mehrfach darauf zurückkommen. Die Effektivität dieser Methoden wird zwar allmählich besser, aber für größere Sternzahlen ist die visuelle Methode immer noch der einzig gangbare Weg. Annie Cannon und ihre Mitarbeiter hatten ohne Computer und effektive Spektralphotometer sowieso keine andere Wahl. Aber auch die gegenwärtig betriebene Neuklassifikation der 272 000 Sterne des Henry-Draper-Katalogs im MK-System wird visuell durchgeführt. Astronomen der Universität von Michigan arbeiten seit über 15 Jahren an diesem riesigen Projekt.

5.2 Spektroskopische Entfernungsbestimmung

Wenn man die wahre Leuchtkraft eines Sterns bestimmen will, dann muß man den Strahlungsfluß am Ort der Erde (also die Menge von Energie pro Quadratmeter und Sekunde) messen und diesen dann multiplizieren mit der Oberfläche einer Kugel, deren Radius gleich der Entfernung des Sterns von der Erde ist. In astronomischer Redeweise: Wir messen die scheinbare Helligkeit m, und verwandeln sie mit Hilfe der Entfernung D und der vertrauten Formel $M = m + 5 - 5 \log D$ (Abschnitt 1.13) in eine absolute Helligkeit M. Für m verwenden wir dazu natürlich die modernen Werte V, B oder m_{bol}.

Einer der Vorzüge des MK-Systems liegt darin, daß man die Leuchtkraft direkt aus dem Spektrum, ohne Kenntnis der Entfernung, bestimmen kann. Damit läßt sich die Formel umdrehen: Durch Vergleich der gemessenen mit der absoluten Helligkeit können wir sofort herausfinden, wie weit der Stern von uns entfernt ist: $\log D = 0{,}2\,(m - M + 5)$. Die Differenz $y = m - M$ ist eine in der gesamten Astronomie derart wichtige Größe, daß sie einen eigenen Namen trägt. Sie wird *Entfernungsmodul* genannt und häufig anstelle der Entfernung in Parsec angegeben. Die spektroskopische Entfernungsbestimmung läßt sich am besten mit einem Beispiel klar machen. Nehmen wir 39 Cancri, den hellsten Praesepe-Stern in Abbildung 5.5. Seine scheinbare visuelle Helligkeit beträgt 6,4, sein Spektraltyp ist K0 III. Aus unserem HR-Diagramm (Abbildung 5.6) können wir ablesen, daß ein K0-Riese eine absolute Helligkeit von etwa +0,5 besitzt. Folglich ist der Entfernungsmodul von 39 Cnc $y = 5{,}9$. Daraus folgt $\log D = 2{,}2$ oder $D = 150$ pc. Allerdings gibt es ein Problem: Die K0-Riesen haben nicht alle die gleiche absolute Helligkeit, sondern sie streuen um den im HR-Diagramm eingezeichneten Mittelwert. Im Prinzip könnte 39 Cnc auch so hell sein wie α UMa ($M_V = -0{,}3$). Dann wäre er – und damit der ganze Sternhaufen Praesepe – mehr als 50 Prozent weiter von uns entfernt. Trotz dieser grundsätzlichen Schwierigkeit des Verfahrens (die durch quantitative Klassifikation stark gemildert werden kann) sind die so bestimmten Entfernungen für viele astronomische Zwecke völlig ausreichend. Speziell bei Sternhaufen kann sie auch dadurch umgangen werden, daß man viele Sterne des Haufens, oder sogar die gesamte Hauptreihe, verwendet. Dadurch wird das Ergebnis natürlich viel genauer als bei einem Einzelstern.

Bevor man auf diese Weise Entfernungen bestimmen kann, muß natürlich zunächst die absolute Helligkeit für möglichst viele Sterntypen bekannt sein. Mit anderen Worten: Man muß zuvor die Spektral- und Leuchtkraftklassen in absoluten Helligkeiten kalibriert (geeicht) haben. Dies tut man, indem man die scheinbare Helligkeit von Sternen mißt, deren Entfernung aus anderen Quellen bekannt ist. Wir werden uns dieser wichtigen Aufgabe später in diesem Kapitel zuwenden.

5.3 Chromosphären

Eine Sternatmosphäre besteht aus unterschiedlichen Schichten. Stets vorhanden ist die *Photosphäre*, die Schicht, in der das emittierte Kontinuum und die hauptsächlichen Absorptionslinien entstehen. Sie ist die eigentliche sichtbare Sternoberfläche. Darüber liegt bei Sternen der späten Spektraltypen G, K und M die Chromosphäre, die in Abschnitt 4.9 schon kurz erwähnt wurde. Ihr Name (griechisch chromos = Farbe) beruht auf der kräftig roten Färbung der Sonnenchromosphäre, die bei Sonnenfinsternissen erkennbar wird.

Bei Sternen wird diese Schicht aus dünnem Gas durch spektroskopische Beobachtung der stärksten Absorptionslinien mit besonders hoher Auflösung nachgewiesen. Am häufigsten werden die Fraunhoferschen Linien H und K des ionisierten Kalziums zu ihrer Untersuchung verwandt. Die K-Linie ist die geeignetere, weil die H-Linie von einer Wasserstoff-Linie überlagert wird (man beachte, daß die Fraunhofersche Bezeichnung ‚H' nichts mit dem chemischen Symbol ‚H' zu tun hat). Die K-Linie entsteht durch Absorption aus dem Grundzustand des Kalziumions. Das ist der Grund dafür, daß gerade diese Linie in Sternspektren so extrem stark ist. Praktisch alle Kalziumionen sind im Grundzustand, können also Photonen der entsprechenden Wellenlänge absorbieren. Die im optischen Spektrum vorhandenen Eisen-Linien, zum Beispiel, gehen alle von höheren Energieniveaus aus, in denen sich nur sehr wenige Ionen befinden. Deshalb sind die Kalziumlinien so viel stärker.

Die auf diese Weise in der Photosphäre erzeugte tiefe und breite K-Absorption (wir wollen sie im folgenden K1 nennen) bestimmt zusammen mit anderen Linien den Spektraltyp eines Sterns. In der Chromosphäre wirken sich die Kalzium-Ionen ganz anders aus. In diesem dünnen Gas, das *heißer* ist als die Photosphäre, erzeugen sie *Emissions*linien (siehe Abschnitt 2.6). Wenn man die Linien hinreichend detailliert abbildet, erkennt man im Zentrum von K1 eine schmale helle Stelle. Dies ist die chromosphärische Emissionslinie, die als K2 bezeichnet wird. Selbst das dünne Gas der Chromosphäre ist in den Kalzium-Linien noch sehr undurchsichtig. Und so entsteht an ihrem oberen Rand eine weitere, noch schmalere Absorptionslinie im Zentrum der Emission. Dieses Phänomen, die Umkehrung einer Emissionslinie in ihrem Zentrum, heißt Selbstabsorption. Wir werden ihm bei den B-Sternen wieder begegnen. Die Selbstabsorption von K2 heißt K3. Übrigens gibt es im UV ein Linienpaar, das sich ganz genau so verhält wie die H- und K-Linien. Es gehört zu den entsprechenden atomaren Übergängen im chemischen Zwillingsbruder von Kalzium, dem Magnesium. Diese beiden Linien des Mg II werden wegen ihrer Analogie zu H und K als h und k bezeichnet. Sie liegen bei 2796 und 2802 Å und können deshalb nur mit Satelliten-Teleskopen von der Erdumlaufbahn aus beobachtet werden.

Die chromosphärische Emissionskomponente der K-Linie liefert uns ein schönes Beispiel für die bereits kurz angesprochenen Methoden der quantitativen Spektralklassifikation. Im Jahre 1965 entdeckten O. C. Wilson und V. Bappu auf dem Mt. Wilson, daß die Breite von K2 sehr eng mit der absoluten visuellen Helligkeit verknüpft ist. Dies gilt für alle Spektraltypen, die Chromosphären zeigen, also für G, K, und M, über einen Helligkeitsbereich von mehr als 15 Größenklassen (Abbildung 5.9). Man versteht die Ursache dieses Phänomens bis heute nicht völlig. Sie hängt mit der (ebenfalls noch nicht völlig verstandenen) Ursache der Chromosphäre selbst und mit heftigen Gasbewegungen in ihr zusammen. Aber dieses Unverständnis hindert die Astronomen nicht daran, den *Wilson-Bappu-Effekt* zur Bestimmung der Leuchtkräfte und Entfernungen von K-Riesen und -Überriesen zu verwenden. Die Beobachtung verlangt zwar hohe spektrale Auflösung und damit große Teleskope und lange Belichtungszeiten. Aber die Ergebnisse sind dafür auch erheblich genauer als die der einfachen MK-Leuchtkraftklassifikation. Das Hauptproblem liegt – natür-

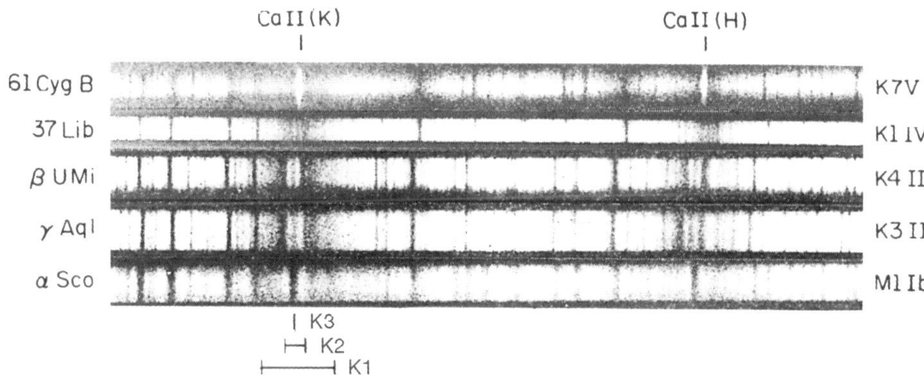

5.9 Die Umgebung der Linien H und K des ionisierten Kalziums bei vier K-Sternen und einem frühen M-Stern. Eine selbstabsorbierte Emissionslinie, die aussieht wie zwei benachbarte Emissionen, liegt innerhalb der breiten photosphärischen Absorption. Mit steigender Leuchtkraft wächst die Breite der Emissionslinie. Dies ist der Wilson-Bappu-Effekt, ein wichtiges Leuchtkraftkriterium zur astronomischen Entfernungsbestimmung. Im Spektrum des Zwergs (ganz oben) ist die Selbstabsorption der H- und K-Emissionen unaufgelöst und folglich nicht erkennbar. Unter der K-Linie des Überriesen sind die im Text erklärten Bezeichnungen der einzelnen Linienkomponenten eingetragen. Spektren von *Mt. Wilson und Palomar Observatories*, aus einem Artikel im *Astrophysical Journal* von O. C. Wilson und V. Bappu.

lich – wieder in der Kalibration. Man muß zuerst von hinreichend vielen Sternen auf unabhängige Weise die Entfernungen bestimmen. Da dieses Problem aber mit Hilfe der K-Zwerge gelöst wird, wollen wir uns zunächst noch mit einigen anderen Themen beschäftigen, die ausschließlich Riesen betreffen.

5.4 Bedeckungsveränderliche Überriesen

Unter den K-Sternen finden wir den Prototyp einer bizarren Untergruppe der Bedekkungsveränderlichen, die uns viel über Sternatmosphären im allgemeinen und Chromosphären im besonderen gelehrt hat. Wenn eine Doppelsternbahn im Raum günstig liegt, dann läuft nach jedem halben Umlauf von der Erde aus gesehen ein Stern vor dem anderen vorbei. Dadurch sinkt die Gesamthelligkeit des Systems vorübergehend etwas ab. Solche Systeme sind sehr häufig, man kennt fast so viele Bedeckungspaare wie Mira-Sterne. Das berühmteste Beispiel ist Algol (β Persei), der schon im ersten Kapitel erwähnt wurde. Alle 2,9 Tage wird er für wenige Stunden um über eine Größenklasse schwächer, weil ein kleiner heller B-Stern hinter einem G8-Riesen vorbeiwandert.

Die Bedeckungsveränderlichen sind für die astronomische Forschung sehr wichtig. Genaue Analyse der Bedeckungsereignisse liefert nämlich auf relativ einfache Weise sehr genaue Werte für eine Vielzahl stellarer Parameter. Zum Beispiel kann man aus der Dauer einer Bedeckung und der spektroskopisch gemessenen Bahngeschwindigkeit einer Komponente die Sterndurchmesser bestimmen (diese Methode ergänzt die bereits in Abschnitt 4.4 beschriebenen). Üblicherweise gibt es zwei verschieden tiefe Minima (wenn Stern A durch B bedeckt wird und umgekehrt). Aus ihrer relativen Tiefe kann man das Verhältnis der Oberflächenhelligkeit der Komponenten ableiten. Das wiederum liefert einen kritischen und sehr genauen Test für die spektroskopische Temperaturbestimmung.

Noch wichtiger sind die Bedeckungssysteme für unsere Kenntnis der stellaren Massen. Die meisten visuellen Doppelsterne – also die, deren Komponenten im Fernrohr getrennt werden können – sind so weit auseinander und haben so lange Umlaufzeiten, daß man in absehbarer Zeit keine genauen Bahnen bestimmen kann. Sind die Komponenten enger beisammen, dann wird die Bahngeschwindigkeit so groß, daß man sie mit Hilfe des Dopplereffekts spektroskopisch messen kann (Abschnitt 2.12). Im Idealfall wird man im Spektrum die beiden Sterne trennen und so separat vermessen können (siehe Abbildung 5.10).

Wenn wir die Bahngeschwindigkeiten kennen, dann können wir sofort das Massenverhältnis und die Größe der Bahn ausrechnen. Aus dem dritten Keplerschen Gesetz (Abschnitt 1.6) finden wir dann die Einzelmassen. Leider ist die Sache jedoch im allgemeinen nicht so einfach: Die meisten Doppelsternbahnen sind gegen unsere Sichtlinie geneigt, so daß der Dopplereffekt nur einen Teil der Bahngeschwindigkeit zeigt (steht die Bahn senkrecht zur Blickrichtung, so gibt es sogar überhaupt keinen Dopplereffekt). Deshalb wird man im allgemeinen für die tatsächliche Bahnge-

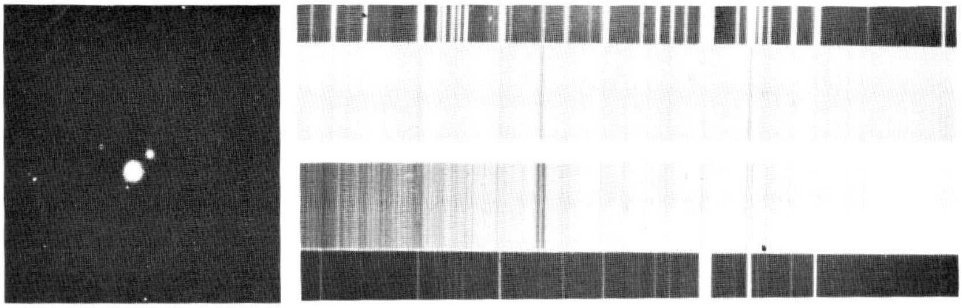

5.10 Eine Aufnahme von Mizar und Spektren einer seiner Komponenten. Der Anblick von Mizar und Alkor für das bloße Auge wurde bereits in Abbildung 1.3 gezeigt. Die hier abgebildete Aufnahme zeigt den teleskopischen Eindruck von Mizar alleine, einem Doppelstern von 14 Bogensekunden Abstand. Beide Komponenten sind wieder doppelt; beide sind spektroskopische Paare, deren Partner optisch nicht getrennt werden können. Zwei Spektren des helleren Paars sind hier gezeigt. Im oberen bewegen sich die beiden Sterne gerade quer zu unserer Blickrichtung. Folglich gibt es keine Dopplerverschiebung, und die beiden Einzelspektren überlagern sich ununterscheidbar. Im unteren Spektrum bewegt sich gerade ein Stern auf uns zu, der andere von uns weg. Die resultierende Dopplerverschiebung läßt nun die beiden einzelnen Spektren – leicht gegeneinander verschoben – gut erkennen. Aus der Verschiebung lassen sich die Bahngeschwindigkeiten und daraus wiederum die Massen der beteiligten Sterne bestimmen. Aus *Burnhams Celestial Handbook*, Dover Publications, New York, 1978. Photo: *Lowell Observatory*. Spektren: *Yerkes Observatory*.

schwindigkeit – und damit für die Sternmassen – nur untere Grenzen, aber keine genauen Werte ableiten können. Bei einem System mit Bedeckungen wissen wir jedoch von vornherein, daß wir die Bahn ziemlich genau von der Kante sehen. Aus der genauen Form des Helligkeitsverlaufs mit der Zeit (der sogenannten *Lichtkurve*) kann man die Bahnneigung meist recht präzise bestimmen, womit man dann zu entsprechend genauen Sternmassen gelangt.

Der Prototyp der speziellen Sorte von Bedeckungsveränderlichen, mit denen wir uns hier befassen wollen, ist ζ Aurigae (Abbildung 6.2). Er ist normalerweise 3,8 mag hell. Alle 972 Tage läuft die kleine heiße Komponente des Paars (B8 V) hinter seinem Partner, einem hellen K-Riesen (K4 II) vorbei. Dabei sinkt die visuelle Helligkeit um kaum erkennbare 0,2 mag. Die lange Umlaufzeit von 2,6 Jahren und die Dauer der Bedeckung von 38 Tagen zeigen, daß das System sehr groß ist. Für etwa 2 Wochen vor und nach der totalen Verfinsterung scheint der B-Zwerg durch die ausgedehnte Atmosphäre des K-Sterns hindurch. Bei der (perspektivischen) Annäherung an dessen Rand erscheinen nach und nach im Spektrum des B-Sterns immer mehr zusätzliche Absorptionslinien, die beim Durchgang des Lichts durch die oberen Schichten des K-Riesen entstehen. So haben die Astronomen ein vorzügliches natürliches Labor zur Untersuchung der Chromosphäre dieses Sterns vor sich. Die „Durchleuchtung“ mit Hilfe des B-Begleiters liefert detaillierte Erkenntnisse über ihre Struktur und über die Bewegungen ihrer Gasmassen. So hat man zum Beispiel ableiten können, daß der K-Riese einen Sternwind erzeugt, durch den er pro Jahr 2×10^{-8} Sonnenmassen verliert.

Es gibt weitere mit dem bloßen Auge sichtbare Sterne dieses Typs, zum Beispiel 31 und 32 (o^1 und o^2) Cygni, zwei Doppelsterne der Spektralklassen K2 II + B3 V beziehungsweise K3 Ib + B3 V, die am Himmel zufällig nur 1 Grad voneinander entfernt sind. Wenn wir ein wenig rechts und links des Spektraltyps K schauen, finden wir U Cephei (G8 I + B8) und VV Cephei (M Ia + B) als ähnliche Systeme. Beide sind zwar nur im Fernrohr zu sehen, aber ihre Helligkeitsminima sind für das Auge viel leichter erkennbar. Es ist wirklich eindrucksvoll zu beobachten, wie U Cep alle 2,5 Tage um volle 2,3 mag schwächer wird. Für VV Cep braucht man viel mehr Geduld: Nur alle 20,2 Jahre fällt er um 0,8 mag ab. Erstaunliche 1,2 Jahre braucht die heiße Komponente des Systems, um den Durchmesser seines riesigen Partners auf seiner Bahn zurückzulegen. Der M-Überriese ist fast so groß wie das Sonnensystem, ähnlich wie der früher erwähnte μ Cep. Noch seltsamer ist ε Aurigae, der (ebenfalls rein zufällig) nur 3 Grad von ζ entfernt steht. Die Primärkomponente ist ein F0-Überriese. Er wird alle 27 Jahre von einem Staubring oder einer Staubscheibe bedeckt, in deren Mitte die blaue Sekundärkomponente steht. Diese ist möglicherweise nochmals doppelt. Das Minimum dauert 714 Tage und ist leicht erkennbare 0,8 mag tief. Nur für den Fall, daß Sie die Ereignisse beobachten wollen: VV Cep ist 1997 wieder dran, ε Aur erst im Jahre 2009.

Da wir schon über Veränderliche reden, seien hier einige Bemerkungen über echte Variabilität von K-Sternen angefügt. Es gibt einige Unregelmäßige Veränderliche unter den K-Überriesen (in unserem HR-Diagramm ist als Beispiel RW Cep eingetragen, der eine Amplitude von rund 2 Größenklassen besitzt), der Bereich der Mira-Sterne reicht bis etwa K5, und es gibt ein paar Flare-Sterne in Sternentstehungsgebieten wie dem Orionnebel. Das ist auch schon alles. Physische Variable sind unter den K-Sternen im Vergleich zu den M-Sternen ziemlich selten.

5.5 Chemische Varianten

Bei den K-Sternen begegnen uns vielfältige Variationen der chemischen Zusammensetzung. Die „dritte Dimension“ der Spektralklassifikation erhält zusätzlichen Reiz.

Bei der Klasse M (Abschnitt 4.7) mußten wir einen Teil der Riesen in die parallelen Klassen S und N (entsprechend C6 bis C9) abspalten, um Überhäufigkeiten des Kohlenstoffs zu berücksichtigen. Bereits im Kapitel 3 hatten wir gelernt, daß diese N-Serie sich zu höheren Temperaturen fortsetzt und dort die Spektralklasse R erzeugt. Die Spektraltypen R2 bis R8 liegen in analoger Weise „neben“ den Typen K0 bis M0 wie N neben M liegt. Wir erinnern uns außerdem, daß in der neueren Notation die R-Serie den Typen C2 bis C5 entspricht. Das charakteristische Kennzeichen aller R-Riesen sind die C_2-Banden im optischen Spektrum.

Früher glaubte man, daß sich auch die Sequenz der S-Sterne mit ihren Überhaufigkeiten von s-Prozeß-Elementen (wie Yttrium, Zirkon und so weiter, siehe Abschnitt 4.7) in den Temperaturbereich der K-Sterne und späten G-Sterne fortsetzen würde. Die Kandidaten für diese Fortsetzung waren die *Barium-Sterne*, deren Kennzeichen eine starke Absorption durch Ba II bei 4 554 Å ist. Darüber hinaus besitzen sie starke Linien von ionisiertem Strontium, deren auffälligste Exemplare bei 4 077 und 4 216 Å liegen. Die sogenannten „milden“ Barium-Sterne erschienen als heißeres Analogon der Klasse MS (zwischen M und S). Inzwischen gibt es jedoch starke Hinweise darauf, daß alle Barium-Sterne Doppelsterne sind. Infolgedessen wird der Zusammenhang mit der Klasse S heute bezweifelt. Statt dessen glaubt man nun eher, daß eine der beiden Komponenten bereits ihr Riesenstadium hinter sich hat, und daß in diesem Stadium Material von ihren stark aufgeblähten Außenschichten auf die andere Komponente geströmt ist. Dabei wäre dann die Atmosphäre des Partners mit den exotischen Atomen angereichert worden, die wir heute in ihrem Spektrum sehen. Wir werden später (Abschnitt 11.4) andere, viel eindeutigere Beispiele von Massenübertragung bei engen Doppelsternen kennenlernen.

Bis jetzt haben wir stets nur von *Über*häufigkeiten schwerer Elemente gesprochen. *Unter*häufigkeiten sind jedoch ebenso interessant und astronomisch aufschlußreich wie ihr Gegenteil. Der ‚CN break' ist, wie bereits erwähnt, sehr leuchtkraftabhängig. Er ist bei Riesen sehr stark und fehlt fast völlig bei den Zwergen. Für einige Zeit wurde er als wichtiges Leuchtkraftkriterium benutzt. Später bemerkte man jedoch, daß einige Sterne, die nach allen anderen Kriterien eindeutig Riesen waren, aufgrund des ‚CN breaks' als Zwerge klassifiziert worden waren. Das heißt, daß die CN-Absorption für ihre wahre Leuchtkraft viel zu gering ausgefallen war. Die einzig denkbare Erklärung dafür ist eine kräftige Unterhäufigkeit von Kohlenstoff und/oder Stickstoff in diesen Sternen relativ zur Sonne. Das bedeutet, daß diese Objekte zur metallarmen Population II, also zum galaktischen Halo (Abschnitt 1.8) gehören. Der Unterschied in der Stärke von CN zwischen einem metallarmen Stern und einem mit normalen (solaren) Häufigkeiten wird als *CN-Anomalie* bezeichnet. Der Effekt tritt nicht nur in der Spektralklasse K, sondern auch bei M- und späten G-Sternen auf. Wegen ihrer großen absoluten Helligkeit sind K-Riesen auch weit von der galaktischen Ebene entfernt noch sehr gut beobachtbar (die Entfernung wird spektroskopisch bestimmt). Dadurch bieten sie ein wichtiges Mittel zur Untersuchung der Kohlenstoff- und Stickstoffhäufigkeit in der Population II. Daraus wiederum lassen sich Rückschlüsse auf die generelle Häufigkeit schwerer Elemente in der noch jungen Milchstraße vor der Bildung ihrer Scheibe ziehen. Wir werden später den geringen Metallgehalt des Halos noch ausführlicher diskutieren.

Es gibt auch positive CN-Anomalien, die entsprechend eine Überhäufigkeit der im CN-Molekül vereinigten Elemente anzeigen. Wenn sie groß genug ist, dann treten auch die C_2-Linien auf, und der Stern wird der Klasse R zugeschlagen. Überhäufigkeiten, die durch Sternentwicklung entstehen, und Unterhäufigkeiten, die aus der Geschichte der Galaxis resultieren, können sich gegenseitig überlagern und sogar auslöschen. Dies behindert die Erforschung beider Effekte gleichermaßen. Schließlich sei noch erwähnt, daß es auch die Kombination von Über- und Unterhäufigkeiten verschiedener Elemente in ein und demselben Stern gibt. Ein Beispiel dafür sind die *CH-Sterne*, die einerseits sehr wenig Metalle enthalten, aber andererseits (gleichzeitig) abnorm starke Linien von CH, C_2 und den s-Prozeß-Elementen zeigen. Vermutlich sind sie das Halo-Analogon der Kohlenstoffsterne der galaktischen Scheibe.

5.6 Unterriesen und Zwerge

Zwischen den K-Riesen und den K-Zwergen finden wir nicht mehr die gewaltige Lücke, die uns bei den M-Sternen so beeindruckt hat. Zum einen ist der Abstand zwischen den Leuchtkraftklassen III und V hier schon deutlich kleiner als bei M. Zum andern aber finden wir nun die ersten Exemplare aus der Spezies der *Unterriesen*. Das sind Sterne, die einerseits weit oberhalb der Hauptreihe liegen, aber andererseits ebenso weit von den klassischen Riesen entfernt sind. Sie sind nur einige Sonnendurchmesser groß, und auch spektroskopisch sind sie deutlich von Riesen verschieden. In ihrer Mehrzahl sind sie Sterne, die sich gerade auf dem Entwicklungsweg von der Hauptreihe hinauf zur Leuchtkraftklasse III befinden.

In demselben Gebiet des HR-Diagramms liegt aber auch eine ganz andersartige Gruppe: Die *T-Tauri-Sterne*. Dieser gar nicht seltene Sterntyp ist durch das Auftreten bestimmter Emissionslinien und unregelmäßiger Helligkeitsvariationen um etwa eine Größenklasse charakterisiert. Die T-Tauri-Sterne treten am Himmel in charakteristischen Ansammlungen auf, den sog. *T-Assoziationen*, stets in enger Verbindung mit großen, sehr dichten interstellaren Wolken. Sie werden als junge, noch unfertige, gerade erst entstandene Sterne gedeutet, die sich im HR-Diagramm auf dem Weg *zur* Hauptreihe hin befinden. Wir werden sie in Kapitel 12 näher besprechen.

Die K-Zwerge schließlich liegen auf der Hauptreihe bei absoluten visuellen Helligkeiten von 6 bis 8 mag. Sie sind zwar nicht gar so zahlreich in der Milchstraße vertreten wie die M-Zwerge, aber immer noch sehr häufig. Ihre Häufigkeit liegt bei etwa einem Sechstel, ihre Masse (0,5 bis 0,8 Sonnenmassen) aber bei mehr als dem doppelten ihrer schwächeren Brüder, so daß auch in den K-Zwergen noch ein erheblicher Teil der galaktischen Sternmasse steckt.

5.7 Parallaxen und Entfernungen

Diese Zwerge sind zwar in vielerlei Hinsicht ausgesprochen unscheinbar, aber unter ihnen ist ein für die Geschichte der Astronomie besonders bedeutendes Objekt: Der erste Stern, dessen Entfernung tatsächlich gemessen wurde. Das nehmen wir zum Anlaß, an dieser Stelle genauer auf die direkte Distanzmessung im Kosmos einzugehen. Sie ist ja, wie bereits erwähnt, die Grundlage für die Kalibration der spektroskopischen Leuchtkraftskala in absoluten Helligkeiten.

Seit der Zeit des Kopernikus sind sich die Astronomen sicher, daß sich die Erde um die Sonne bewegt. Seit dieser Zeit haben sie versucht, die *Parallaxe* der Sterne zu messen. Dieser Begriff bezeichnet die kleine Positionsänderung, die ein Stern im Laufe eines Jahres dadurch erleidet, daß wir ihn von verschiedenen Punkten der Erdbahn aus betrachten (Abbildung 5.11). Die ungeheure (damals unbekannte) Entfernung der Sterne ließ diese Suche aber jahrhundertelang immer wieder scheitern. Allerdings fand James Bradley 1725 bei dem Versuch der Parallaxenmessung ganz unerwartet den Effekt der *Aberration* des Sternlichts. Das ist ebenfalls eine kleine

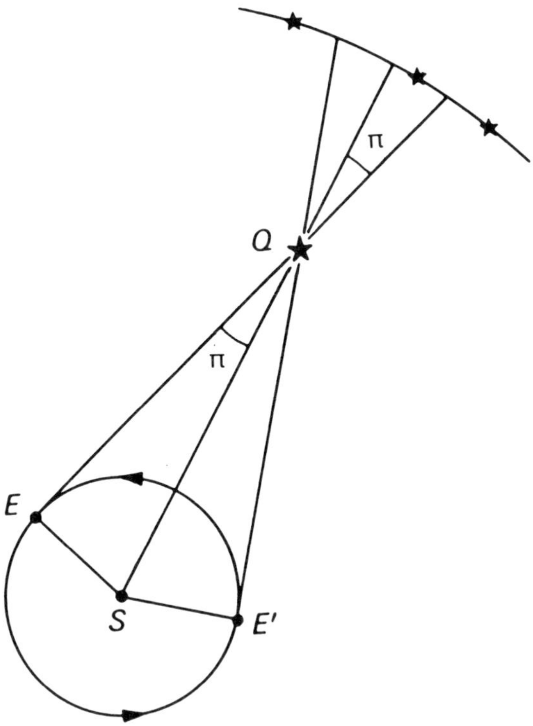

5.11 Parallaxenmessung. Ein sonnennaher Stern wird am Himmel durch die Bewegung der Erde auf ihrer Bahn um einen kleinen Winkel gegenüber den ferner liegenden Sternen hin und her verschoben. Die Parallaxe π ist die Hälfte der Verschiebung, die der Stern im Laufe eines Jahres erleidet. Aus *Principles of Astronomy, A Short Version*, 2. Auflage, von S. P. Wyatt und J. B. Kaler, Allyn and Bacon, Boston, 1981.

jährliche Positionsänderung der Sterne. Aber sie ist für alle Sterne gleich groß, unabhängig von deren Entfernung, und sie ist viel größer als selbst die größte Parallaxe. Sie entsteht durch die Geschwindigkeit der Erde auf ihrer Umlaufbahn und die Endlichkeit der Lichtgeschwindigkeit.

Erst im Jahre 1828, fast 300 Jahre nach Kopernikus' Tod, konnte die Suche nach der Parallaxe der Sterne erfolgreich abgeschlossen werden. In jenem Jahr meldete Friedrich Wilhelm Bessel, daß er eine jährliche Verschiebung der Position des Doppelsterns 61 Cygni (K5 V + K7 V) um zwei Drittel einer Bogensekunde entdeckt habe (Abbildung 5.12). Er hatte diesen Stern für seine Messungen ausgewählt, weil er die größte damals bekannte Eigenbewegung besitzt. Bessel hatte daraus richtig geschlossen, daß es ein sehr naher Stern sein mußte. Und je näher der Stern, desto größer – und somit leichter meßbar – sollte seine Parallaxe sein. Bessels erstes Meßergebnis liegt recht nahe beim heute akzeptierten Wert. Die genaue Definition der Parallaxe eines Sterns ist die folgende: Durch die Bewegung der Erde auf ihrer Bahn um die Sonne beschreibt die Position eines Sterns am Himmel jährlich eine kleine Ellipse. Die große Halbachse dieser Ellipse ist die Parallaxe π. Mit anderen Worten: π ist der halbe Winkeldurchmesser der Erdbahn, von dem Stern aus gesehen.

a

b

In Abschnitt 1.4 wurde bereits gesagt, daß das Parsec diejenige Entfernung ist, von der aus gesehen der Erdbahnradius gerade eine Bogensekunde groß erscheint. Deshalb ist die Entfernung D eines Sterns (in Parsec) gerade der Kehrwert der Parallaxe (in Bogensekunden): $D = 1/\pi$. Die Parallaxe von 61 Cyg ist 0,29 Bogensekunden, seine Entfernung also 3,4 pc.

Bisher hat man bei etwa 10 000 Sternen ernsthaft eine Parallaxenmessung versucht. Ein großer Teil davon ist so weit von uns entfernt, daß das Ergebnis der Messung nur lauten konnte „ungefähr null". Mit der gegenwärtigen Meßgenauigkeit sind Entfernungen wesentlich über 50 pc nicht meßbar. Allerdings werden neue Techniken diese Grenze innerhalb der nächsten 5 Jahre wesentlich hinausschieben. Der derzeit erreichbare Raum enthält einige Sterne der mittleren Hauptreihe (wie Sirius und Wega), eine kleine Zahl von Riesen (wie Arkturus, Pollux und β And), aber keinen einzigen Überriesen und keine Sterne der oberen Hauptreihe. Die große Mehrheit der Parallaxensterne sind K- und M-Zwerge. Wir können also die absoluten Helligkeiten der weniger leuchtkräftigen Sterne der Leuchtkraftklassen III und V aus Parallaxen bestimmen, nicht jedoch die der wirklich hellen Überriesen und heißen Hauptreihensterne. Wegen ihrer Seltenheit ist zufällig keiner von ihnen in unserer Nähe. Gerade sie aber würden wir doch gern als Leuchtfeuer zur Auslotung der fernen Tiefen des Universums benutzen.

Wir müssen uns für diese hellen Sterne also einen anderen Weg zur Entfernungsbestimmung ausdenken. Der Sternhaufen der Hyaden ermöglicht (durch einen kosmischen Zufall) ein sehr schlaues Verfahren zur Entfernungsbestimmung, das unter dem Namen *Sternstromparallaxe* bekannt ist. Wir wissen, daß die Mitglieder eines Sternhaufens durch ihre gemeinsame Schwerkraft aneinander gebunden sind. Abgesehen von sehr langsamer Umlaufbewegung um ihren gemeinsamen Schwerpunkt bewegen sie sich auf parallelen Bahnen durch die Milchstraße (Abbildung 5.13). Wenn man aber ihre gemessenen Eigenbewegungen als Pfeile in einen Sternatlas einträgt, dann sieht man, daß sie nicht parallel sind. Wie die (ebenfalls parallelen) Schienen einer mehrgleisigen Bahnstrecke auf einem Photo zeigen sie alle auf einen bestimmten Punkt. Dieser Punkt am Himmel heißt *Konvergenzpunkt*; er zeigt die wahre Richtung der Sternbewegung im dreidimensionalen Raum an. An dieser Stelle der Himmelskugel wird der Haufen in einigen Millionen Jahren stehen, wenn er sich weit von der Erde entfernt haben wird. Andererseits sehen wir aber auch, wo sich der Haufen heute befindet. Aus dem Abstand der beiden Orte am Himmel können wir also direkt den Winkel θ in Abbildung 5.13 ablesen. Aus diesem Winkel und der spektrosko-

◄ **5.12** Der Stern, dessen Parallaxe als erste gemessen wurde: 61 Cygni, K5 V + K7 V. Der Stern wurde von Friedrich Wilhelm Bessel wegen seiner großen Eigenbewegung ausgewählt, die man hier deutlich erkennt. Bessel schloß daraus auf seine Sonnennähe. In Abschnitt 4.10 wurde das Paar schon einmal erwähnt. Dort ging es um die mögliche Existenz eines Braunen Zwergs als dritter Komponente des Systems. Wer die beiden Photos sehr genau anschaut, wird außer der gemeinsamen Eigenbewegung von 61 Cyg A und B zusätzlich eine kleine Drehung des Paars bemerken. Sie ist Ergebnis der langsamen Bahnbewegung der beiden Komponenten umeinander. Die Umlaufzeit beträgt 700 Jahre, der Zeitabstand zwischen den beiden Aufnahmen 32 Jahre. Photos: *Lowell Obseratory*, 1916 (a), und 1948 (b).

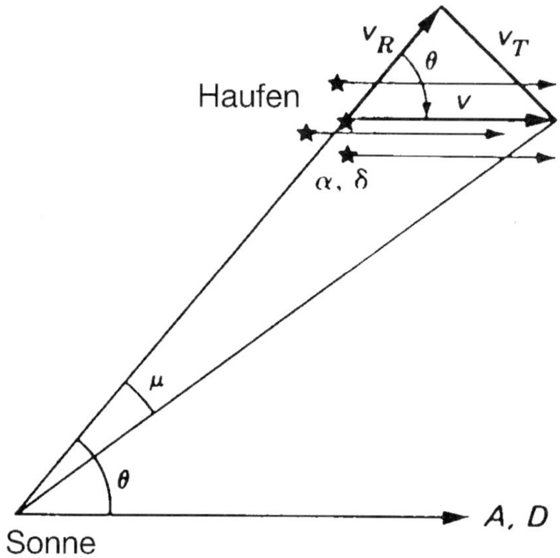

5.13 Die Sterne eines Haufens, der heute bei der Rektaszension α und Deklination δ steht, wird sich in ferner Zukunft zu seinem Konvergenzpunkt bei Rektaszension A und Deklination D bewegen. Die Position A,D findet man am Himmel, indem man die Eigenbewegungen der einzelnen Sterne sozusagen als kleine Pfeile an den Himmel malt und so weit verlängert, bis sie sich im Konvergenzpunkt schneiden. Da wir den Winkel θ und die Radialgeschwindigkeit v_R messen können, läßt sich die Tangentialgeschwindigkeit v_T bestimmen. Aus v_T und μ wiederum folgt die Entfernung des Haufens. Aus *Principles of Astronomy, A Short Version*, 2. Auflage, von S. P. Wyatt und J. B. Kaler, Allyn and Bacon, Boston, 1981.

pisch gemessenen Radialgeschwindigkeit v_R (siehe Abschnitte 1.9 and 2.12) erhält man sofort die Transversalgeschwindigkeit v_T des Haufens (siehe Abbildung 5.13). Nun wissen wir aber aus Abschnitt 1.9, daß die Transversalgeschwindigkeit das Produkt aus Eigenbewegung und Entfernung ist. Wenn die ersten beiden Größen bekannt sind, dann kann man die dritte – die Entfernung – also ausrechnen. Für die Hyaden fand man auf diesem Weg den Wert von 45 Parsec, mit der außerordentlichen Genauigkeit von 2 Prozent. Alle anderen Haufen am Himmel, einschließlich der Plejaden, der Praesepe und des Coma-Haufens, sind zu weit von uns entfernt, um die Durchführung dieser Methode mit ähnlicher Genauigkeit zu erlauben. Ihre Eigenbewegungen sind einfach zu klein. Sobald wir die Entfernung der Hyaden kennen, können wir ihr HR-Diagramm (Abbildung 5.14) erstellen. Daraus ergibt sich dann die absolute Helligkeit ihrer hellen Mitglieder, einschließlich der Riesen. Wenn wir dann noch die sonnennahen Parallaxensterne zusätzlich in das Diagramm einzeichnen, haben wir schon einen schönen Satz von Standardleuchtkräften beisammen.

Leider sind die Hyaden ein recht alter Haufen, dessen ursprünglich wohl vorhandene obere Hauptreihe bereits „verglüht" ist. Es gibt keine O- und B-Sterne und keine Überriesen unter den Mitgliedern. Wir haben also trotz unseres schlauen Tricks immer noch keine absoluten Helligkeiten der leuchtkräftigsten Sterne. Hier kommen uns nun die anderen Haufen zu Hilfe. Wir erstellen von möglichst vielen offenen Haufen „relative" HR-Diagramme. Das soll heißen, wir tragen die *scheinbare* Hellig-

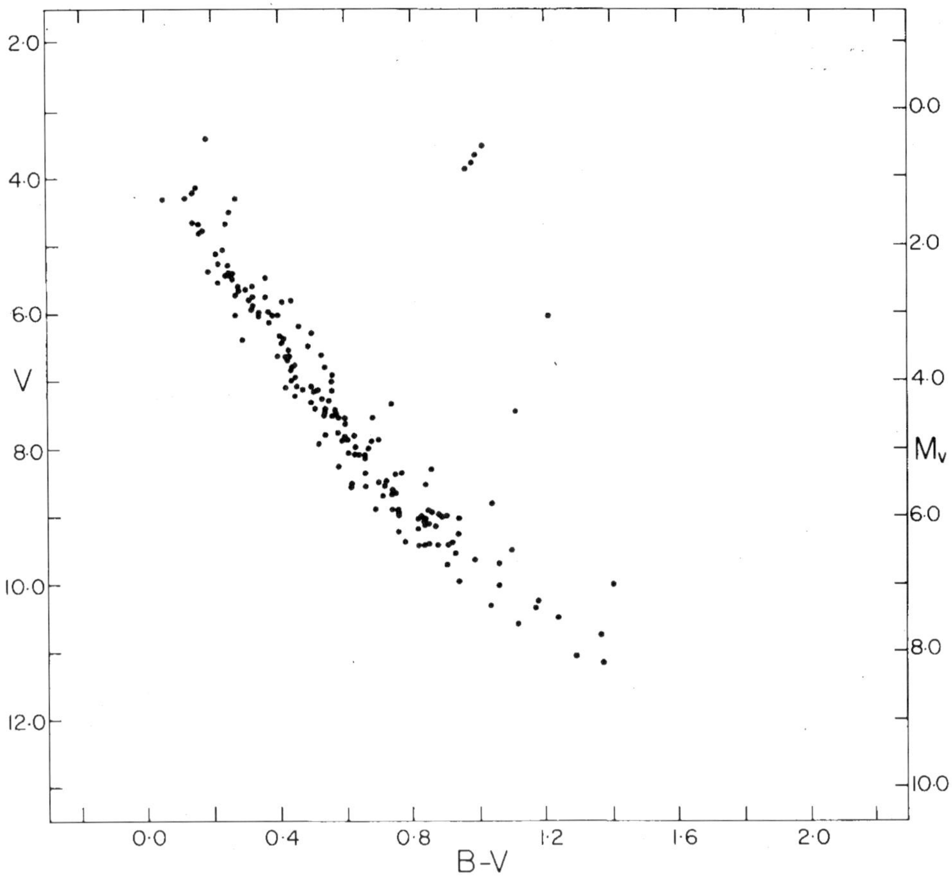

5.14 Das HR-Diagramm der Hyaden. Hier sind die Helligkeiten gegen den Farbindex B-V anstelle des Spektraltyps aufgetragen. Die Werte von B-V für A0- bzw. K0-Zwerge betragen 0,0 beziehungsweise 0,8 mag (die Abbildung 3.10 erlaubt eine vollständigere Übersetzung von B-V in den Spektraltyp). Das Fehlen der oberen Hauptreihe und die Existenz einiger Riesen sind typisch für ältere Haufen, deren massereichste Sterne bereits die Hauptreihe verlassen haben. Die vier K-Riesen sind in Abbildung 5.2 mit Namen bezeichnet. Aus *An Atlas of Open Cluster Colour-Magnitude Diagrams*, von G. L. Hagen, Publ. of David Dunlop Observatory, Toronto, 1970.

keit gegen den Spektraltyp (oder die Farbe) auf. Dann legen wir die verschiedenen Diagramme so auf das *absolute* HR-Diagramm der Hyaden auf, daß die gemeinsamen unteren Teile der Hauptreihen aufeinander passen. Das geht ganz einfach: Man legt zunächst die senkrechten Achsen korrekt aufeinander. Dann verschiebt man eines der beiden Diagramme in exakt senkrechter Richtung, bis es paßt. Danach kann man an den senkrechten Achsen sofort den Entfernungsmodul m-M des zweiten Haufens ablesen. Mit den Plejaden, die jünger sind als die Hyaden, führt dieser Trick zur Entfernungskalibration von B-Sternen. Nimmt man noch jüngere Haufen, zum Beispiel h und χ Persei, dann erreicht man auch die O-Sterne und die Überriesen.

Und mit Hilfe von deren Leuchtkraftkalibration kann man endlich auch Entfernungen in den Tiefen der Milchstraße und des extragalaktischen Kosmos bestimmen. Wir werden in Kapitel 12 auf die HR-Diagramme von offenen Haufen zurückkommen. Eine Zusammenstellung ist in Abbildung 12.11 gezeigt.

5.8 Unterzwerge und Weiße Zwerge

Zum Abschluß des Kapitels wollen wir noch einen kurzen Blick auf die Sterne unterhalb der Hauptreihe werfen. Etwa eine Größenklasse darunter finden wir die Unterzwerge. Das sind metallarme Sterne, die sich zu den normalen Hauptreihensternen verhalten wie die CN-unterhäufigen Sterne zu den normalen K-Riesen. In Abschnitt 3.5 wurde bereits erwähnt, daß diese Objekte in Wirklichkeit nicht zu lichtschwach, sondern zu früh (beziehungsweise zu blau) sind. Der geringe Metallgehalt läßt die zur Spektralklassifikation verwandten Metall-Linien zu schwach, das heißt, den Spektraltyp um mehrere Unterklassen zu früh erscheinen. Auch die blaue Farbe wird durch das teilweise Fehlen der Absorption durch Metalle hervorgerufen. Es kann mehr blaues Licht aus der Atmosphäre entweichen. Zudem wird der Stern wegen seiner durchsichtigeren Hülle kleiner und heißer. Abschließend sei erwähnt, daß es Unterzwerge auch im Temperaturbereich der M-Sterne gibt.

Viel weiter unten im HR-Diagramm, jenseits einer Lücke von etlichen Größenklassen, treffen wir unsere ersten Weißen Zwerge an. Der Name rührt von der Farbe der zuerst entdeckten Exemplare dieser Sternklasse her, die tatsächlich weiß sind (die kühleren Objekte sind, wie andere kühle Sterne auch, gelb bis orange). Weiße Zwerge sind wahrhafte Winzlinge. Sie sind nur etwa so groß wie die Erde. Ihre Masse entspricht jedoch eher der der Sonne. Das heißt, daß sie eine enorme Dichte besitzen. Sie wurden ursprünglich in Spektralklassen analog den normalen Sternen eingeteilt: DO, DB, und so weiter bis DM beziehungsweise wdO, wdB, und so fort. Aber ihre chemische Zusammensetzung ist oft so seltsam, daß die gewöhnliche spektroskopische Terminologie ihre Grundlage verliert. Der Ort des „DK"-Sterns LP658-2 in unserem HR-Diagramm (Abbildung 5.4) ist nicht aufgrund des Auftretens (beziehungsweise Fehlens) von Absorptionslinien, sondern aufgrund seiner Effektivtemperatur festgelegt worden. Sie beträgt 4 300 K. Das kühlste bekannte Objekt, der „DM"-Stern LP701-29, bringt es nur auf 3 750 K. An dieser Stelle wollen wir nicht näher auf die Weißen Zwerge eingehen, sondern im wesentlichen nur noch einmal ihre Existenz zur Kenntnis nehmen. Wir werden sie im Zusammenhang mit den A- und B-Sternen ausführlich behandeln.

Zuvor wollen wir uns aber dem vertrautesten und für uns wichtigsten aller Sterntypen zuwenden.

6. Die G-Sterne: Geschwister der Sonne

Die uns am meisten vertraute und bestverstandene Klasse von Sternen sind die G-Zwerge. Gleichzeitig gibt uns keine andere Klasse von Sternen so viele Rätsel auf wie die G-Zwerge. Der Hintergrund dieser auf den ersten Blick paradoxen Aussagen ist natürlich jener gelbliche Stern vom Spektraltyp G2 V, der uns täglich Licht und Wärme spendet: unsere Sonne (Abbildung 6.1). Die Menge an Daten und Erkenntnissen, die die Astronomen im letzten halben Jahrhundert – der Ära der modernen Astrophysik – über diesen Himmelskörper gesammelt haben, ist wahrhaft erstaunlich. Wir können sein Spektrum auf winzigen Ausschnitten seiner Oberfläche untersuchen. Wir sehen die Gasbewegungen, Magnetfelder, Temperaturverteilung auf der Oberfläche in feinsten Details. Wir können die zeitlichen und räumlichen Variationen dieser Größen in außerordentlicher Genauigkeit beobachten. Folglich kennen wir unseren eigenen Stern – und per Analogieschluß alle G-Zwerge – äußerst genau. Aber – und jetzt kommt die Kehrseite der Medaille – wir haben so viele Daten, so exquisite Detailkenntnis, daß wir einen Großteil davon bisher nicht verstehen. In vielerlei Hinsicht ist die Sonne den Astrophysikern einfach ein Rätsel. Für viele der beobachteten Erscheinungen gibt es bis heute keine befriedigende Erklärung. Sicher gäbe es bei anderen Sterntypen noch vielfältigere und vielleicht noch seltsamere Phänomene zu entdecken und zu erforschen. Aber sie sind einfach zu weit von uns entfernt. Wenn man ein Phänomen nicht sieht, braucht man es nicht zu erklären.

Wir werden uns in Kürze wieder der Sonne zuwenden. Vorher wollen wir aber zunächst einen Blick auf einige andere bekannte G-Sterne werfen und uns mit ihrer Klassifikation befassen. Durch einen der vielen kosmischen Zufälle, die die ganze Astronomie durchziehen, ist auch die hellste Komponente unserer nächsten Nachbarn im Weltall ein G2-Zwerg. α Centauri A ist – aus der Ferne gesehen – von der Sonne fast nicht zu unterscheiden. Spaßigerweise hat das System α Centauri für alle drei bisher behandelten Spektralklassen einen Beispielstern parat gehabt: Die Sekundärkomponente hat den Spektraltyp K1, und der dritte im Bunde ist Proxima, der Flare-Stern vom Typ dM5e. Capella, der sechsthellste Stern des Himmels, ist ein enges Paar, das aus einem G0- und einem G5-Riesen besteht (Abbildungen 6.2 und 6.3). Der scheinbar hellste *einzelne* G-Stern ist η Bootis (G0 IV), nicht weit von Arkturus, mit einer visuellen Helligkeit von 2,7 mag (Abbildung 6.4). Der leuchtkräftigste bekannte G-Überriese steht in der Cassiopeia. Er ist circa 5 mag hell und heißt HR 8752 (im *Bright Star Catalogue*) beziehungsweise HD 21776 (im Henry-Draper-

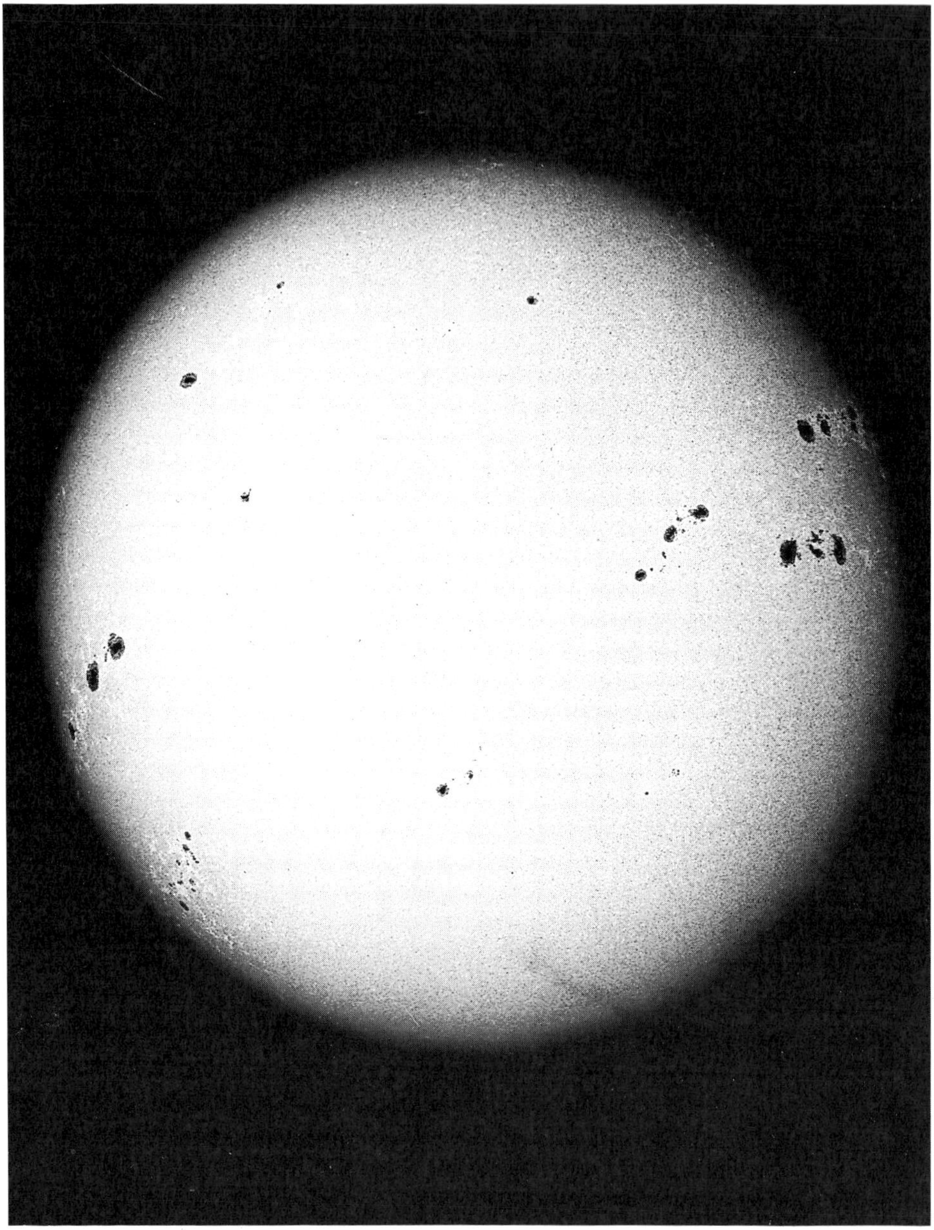

6.1 Die Sonne: Nahaufnahme eines G-Zwergs. Die helle Scheibe ist die Photosphäre. Die dunklen Flecken markieren Aktivitätszentren (Abschnitt 6.6). Die unregelmäßigen helleren Strukturen nahe des Scheibenrandes sind die sogenannten Sonnenfackeln, etwas heißere Gebiete in der Chromosphäre über den Aktivitätszentren der Photosphäre. Die Helligkeit der Sonnenscheibe fällt zum Rand hin deutlich ab. In Abschnitt 6.8 wird erklärt, wie dieser Effekt von der Temperaturschichtung der Sonnenatmosphäre erzeugt wird. Photo: *Mt. Wilson und Las Campanas Observatories, Carnegie Institution of Washington*.

6.2 Capella, α Aurigae, und ihre Umgebung am Himmel. Capella ist ein Doppelstern, dessen Spektrum von einem G5-Riesen dominiert wird. Epsilon Aurigae (K4 II + B8 V), in der Bildmitte, und Zeta Aurigae (F0 Ib), einige Zentimeter darunter, sind die beiden berühmten Bedeckungsveränderlichen, die in Abschnitt 5.4 vorgestellt wurden. Links von Zeta finden wir Eta, einen B3-Zwerg als zweithellsten Stern im Bild. Photo: *Lowell Observatory*.

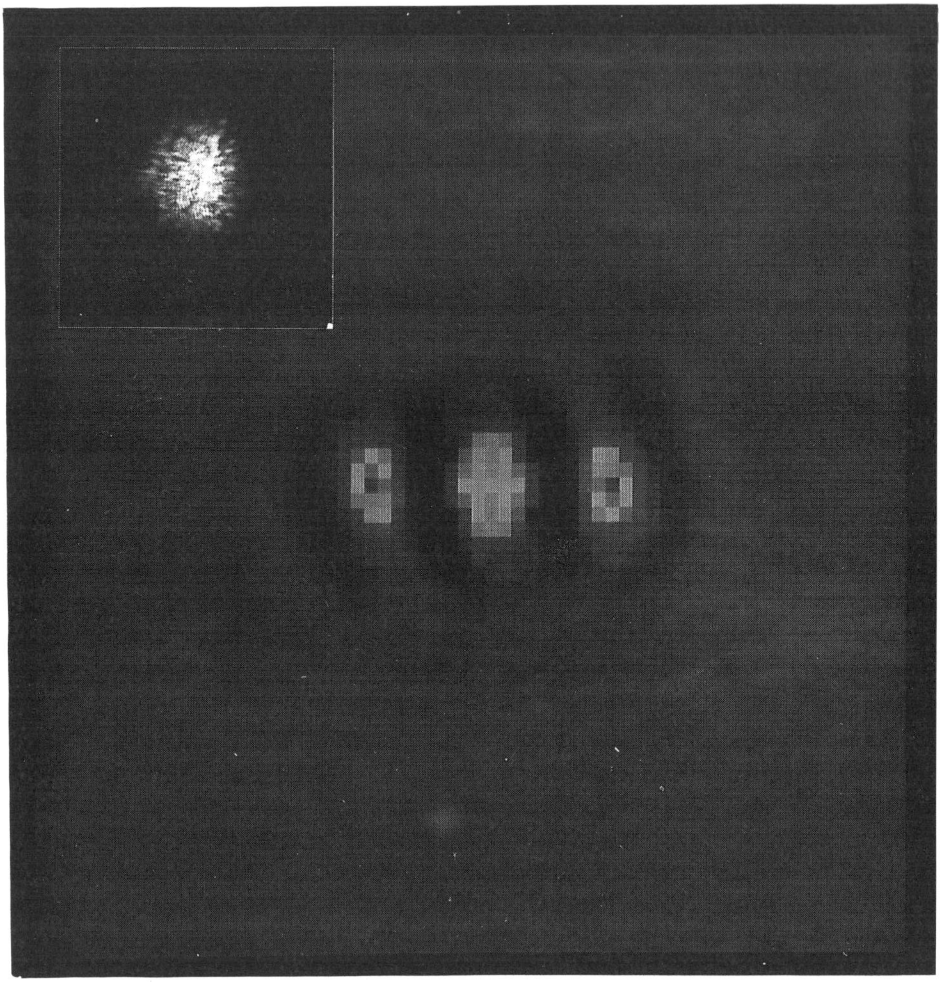

6.3 Capella als Doppelstern. Die Komponenten sind zwei G-Riesen der Typen G0 III und G5 III, die nur 0,043 Bogensekunden voneinander entfernt sind. Sie sind mit dem Auge auch im besten Fernrohr nicht getrennt erkennbar, weil die irdische Luftunruhe die Bilder der Sterne in großen Teleskopen verschmiert. In dem großen Bild ist Capella mit Hilfe der *Speckle-Interferometrie* (siehe Abschnitt 4.4) dennoch in ihre beiden Einzelsterne aufgelöst. Bei dieser Methode wird eine große Zahl von sehr kurz belichteten Einzelaufnahmen angefertigt, die sozusagen das Flimmern der Luft in Momentaufnahmen „einfrieren". Spezielle, sehr aufwendige Rechenverfahren ermitteln aus den vielen von der Atmosphäre verschmierten Einzelbildern die Information über das wahre Bild des Objekts am Himmel. Das Ergebnis zeigt die helle Komponente in der Mitte. Daneben erscheint der G0-Begleiter doppelt, auf jeder Seite einmal. Eines der beiden Bilder ist ein durch das Verfahren unvermeidlicherweise erzeugtes „Geisterbild", das durch zusätzliche Rechnungen entfernt werden kann. Das kleine Bild links oben zeigt eine der vielen kurz belichteten Originalaufnahmen, in etwa vierzigfach kleinerem Maßstab. Die Speckle-Interferometrie wurde auch für den unsicheren – und wahrscheinlich falschen – Nachweis des Braunen Zwergs als Begleiter des M-Zwergs VB 10 (siehe Abschnitt 4.10) benutzt. Das zeigt, daß die Anwendung der Methode schwierig ist. Photos: *National Optical Astronomy Observatories (Kitt Peak)* und *Georgia State University*, mit freundlicher Genehmigung von H. A. Mc Alister.

6.4 Das HR-Diagramm für die Klassen G und K. Wir finden hier unsere ersten Cepheiden vor (Abschnitt 6.11). Sie liegen in einem schräg durch das HR-Diagramm laufenden Band, dem sogenannten Instabilitätsstreifen, in dem alle Sterne pulsieren. Der Veränderliche RV Tauri (Abschnitt 6.11) ist an seinem mittleren Ort eingetragen. Wie alle Veränderlichen wandert er im Laufe seiner Pulsationen etwas im Diagramm hin und her. Die Sonne liegt auf der Hauptreihe ganz in der Nähe ihres Nachbarn α Centauri A. Einige weitere Doppelsterne sind eingetragen, insbesondere die beiden Riesen, aus denen Capella besteht. Quelle der Abbildung: Siehe Abbildungen 3.8 und 12.7.

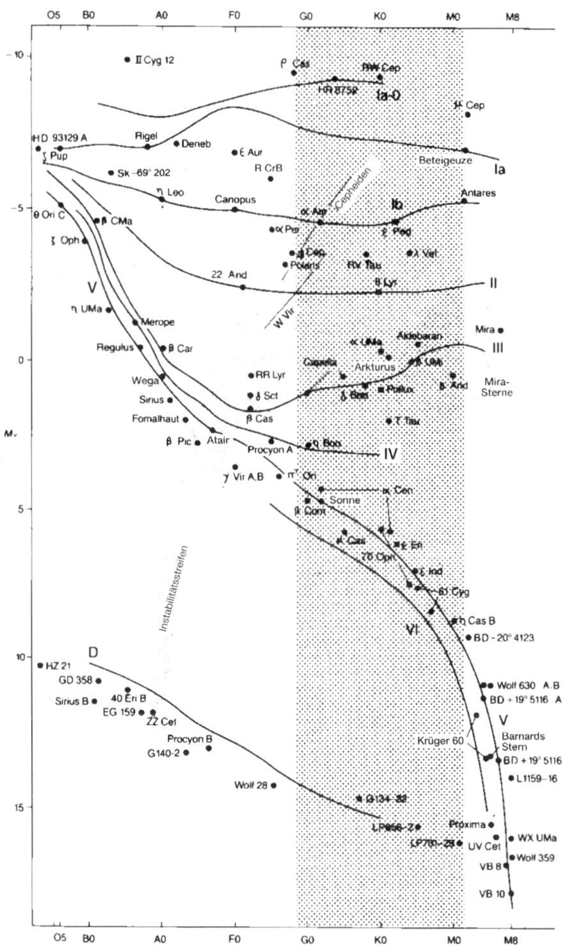

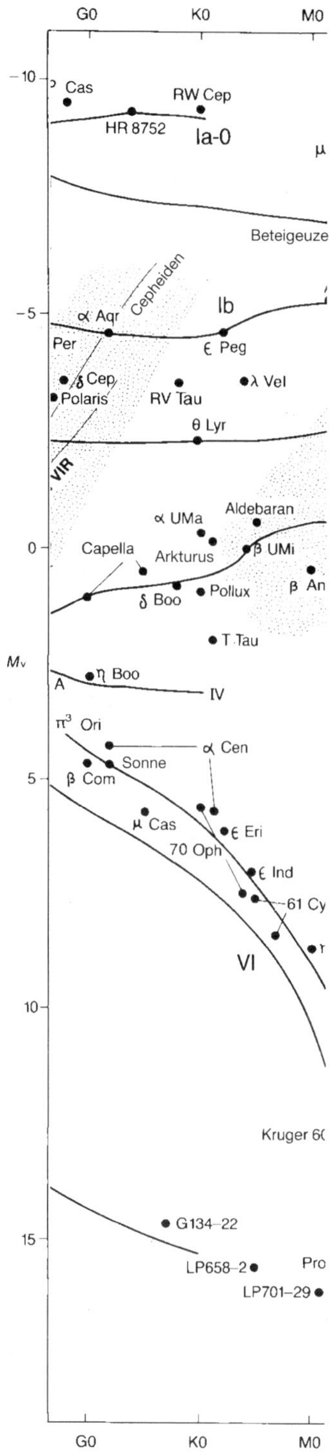

Katalog). Wie bei extrem leuchtkräftigen Sternen üblich variiert er um etwa eine halbe Größenklasse in unregelmäßigen Zyklen. Er trägt deshalb auch den Namen V509 Cas.

6.1 Die Spektren

Die kühlen K- und M-Sterne haben wir hinter uns gebracht. Mit den G-Sternen betreten wir den Bereich mittlerer Temperaturen in der Sternenwelt. Die Linien neutraler Metalle werden allmählich schwächer, allerdings bleiben die prominentesten unter ihnen immer noch tief und breit. Dazu gehören insbesondere die Na I D-Linien, Ca I bei 4 227 Å und Linien des Fe I (siehe Abbildung 6.5). Generell sind nun aber die Absorptionen der einfach ionisierten Metalle sehr stark. Die Fraunhoferschen Linien H und K des Ca II erreichen ihr Maximum schon an der Grenze zwischen K und G. Sie dominieren den violetten Spektralbereich aber auch noch bei frühen G-Sternen wie der Sonne. Die höheren Temperaturen in den Sternatmosphären bringen mehr und mehr Wasserstoffatome in den zweiten Energiezustand. Von

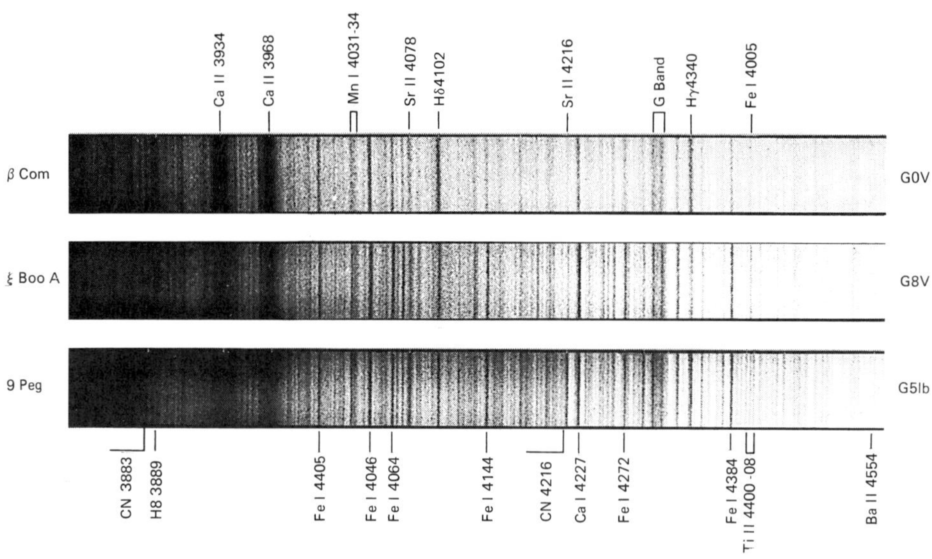

6.5 Spektrale Unterschiede zwischen G-Sternen. Auf den ersten Blick scheinen die Unterschiede zwischen den Hauptreihensternen G0 und G8 gering zu sein. Bei näherem Hinsehen erkennt man die Zunahme von Hγ und Hδ mit der Temperatur, und die gleichzeitige Abnahme von Ca I und Fe I. Das G-Band ist bei β Com deutlich schwächer als bei ξ Boo A. Das unterste Spektrum stammt von einem Überriesen des Spektraltyps G5 Ib, dessen Temeratur also zwischen der der beiden Zwerge liegt. Man beachte die Stärke von Sr II, das auf der Hauptreihe kaum zu erkennen ist. Der zweite gute Leuchtkraftindikator ist der ‚CN break' bei 4 216 Å, an dessen langwelliger Kante eine auffällige Linie des Sr II sitzt. Aus *An Atlas of Representative Stellar Spectra*, von Y. Yamashita, K. Nariai und Y. Norimoto, University of Tokyo Press, Tokyo; John Wiley and Sons, New York, 1978.

dort können sie die Photonen der Balmerserie absorbieren (siehe Abschnitte 2.11 und 3.7), so daß die Wasserstoff-Linien im optischen Spektrum an Stärke zunehmen.

Das Verhältnis von Hδ zur Fe-I-Linie bei 4 144 Å ist ein wichtiges Kriterium zur Festlegung der Harvard-Unterklasse innerhalb des Typs G. Die beiden Linien erreichen gleiche Stärke bei G8; bei frühen G-Typen ist Hδ dann schon sehr viel stärker als die Eisenlinie. Der positive Leuchtkrafteffekt der Wasserstoff-Linien in den Klassen K und M verschwindet bei G praktisch vollständig. Dadurch wird die Klassifikation der Zwerge, Riesen und Überriesen viel einheitlicher – und damit einfacher. Linienverhältnisse verschiedener Metalle, zum Beispiel Chrom und Eisen, werden zur Verfeinerung und Präzisierung der Temperaturklassifikation verwandt.

Die Leuchtkraftklassifikation ist im Gegensatz dazu bei G-Sternen eher schwierig, aus Mangel an einfachen und klaren spektralen Indikatoren. Man verwendet Linienverhältnisse verschiedener Metalle, insbesondere von ionisiertem Strontium zu neutralem Eisen (die ionisierten Atome nehmen im dünnen Gas der Riesenatmosphären an Häufigkeit zu). Die Stärke der H- und K-Linien des Ca II nehmen mit abnehmender Leuchtkraft zu. Recht genaue Leuchtkräfte lassen sich mit Hilfe des Wilson-Bappu-Effekts bestimmen (siehe Abschnitt 5.3). Allerdings muß dazu der Stern hell genug sein, damit man Spektren hoher Auflösung gewinnen kann. Im allgemeinen braucht man große Teleskope und lange Belichtungszeiten, so daß die Methode für Massenarbeit nicht geeignet ist.

In der Klasse G begegnen uns letztmals die Molekülbanden in merklicher Stärke. Bei 5 000 bis 6 000 K können nur noch die widerstandsfähigsten Verbindungen gegen die mit zunehmender Temperatur immer härteren Stöße der Gasatome und Elektronen bestehen. Das G-Band des CH-Moleküls erreicht seine maximale Stärke bei G5, um dann zu früheren Typen rasch abzunehmen. Der ‚CN break' bei 4 215 Å ist in den Spektren der G-Zwerge bereits bis zur Unsichtbarkeit verblaßt, erscheint jedoch wegen seines positiven Leuchtkrafteffekts noch bei späten G-Riesen und -Überriesen. Nach wie vor muß man jedoch bei seiner Anwendung zur Leuchtkraftklassifikation vorsichtig sein, weil er durch anomale Kohlenstoff- und Stickstoffhäufigkeiten leicht verfälscht werden kann.

6.2 Das Spektrum der Sonne

In den beiden vorhergehenden Kapiteln haben wir uns jeweils das Spektrum zweier repräsentativer Sterne bei besonders hoher Auflösung angeschaut. Für die M-Sterne hatten wir Beteigeuze und Mira (Abbildungen 4.3 und 4.8), für die K-Sterne δ Tauri und Arkturus (Abbildungen 5.2 und 5.4) ausgewählt. Für die G-Sterne wenden wir uns natürlich unserer Sonne zu, von der wir so viel Licht bekommen, daß wir ihr Spektrum bis in die feinsten Details auflösen können (Abbildungen 6.6, 6.7 und 6.8). Darüber hinaus können wir bei der Sonne verschiedene Schichten – und damit Temperaturen – getrennt beobachten: die normale Photosphäre, die kühleren Sonnenflecken, die Chromosphäre und die darüberliegende heiße Korona. Insgesamt sind

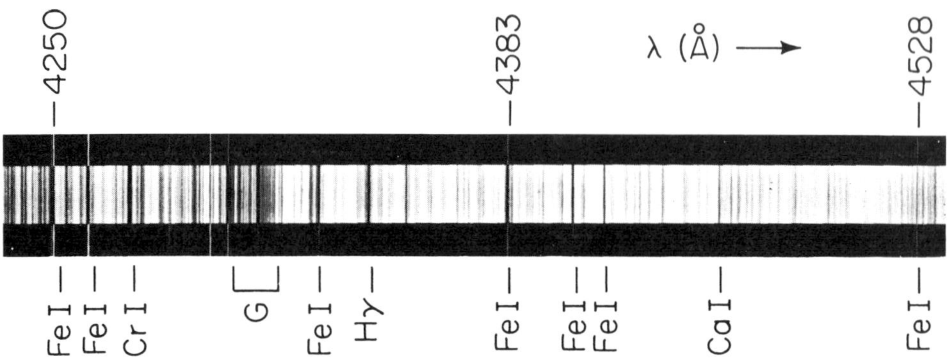

6.6 Ein Spektrum der Sonne bei mittlerer Auflösung. Es zeigt den Bereich von 4 230 bis 4 540 Å. Die wichtigsten Linien sind Hγ und das G-Band des CH-Moleküls. Allerdings sind viele der Eisenlinien von gleicher Stärke wie Hγ. Aus *The Binary Stars*, von R. G. Aitken, McGraw-Hill, New York, 1935.

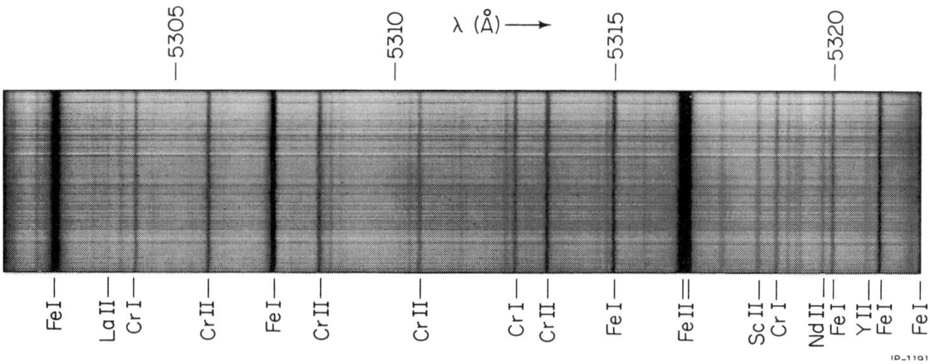

6.7 Ein Ausschnitt des Sonnenspektrums bei hoher Auflösung. Hier sind nur 23 Å gezeigt, dennoch erkennt man eine große Zahl von Linien. Der Eintrittsspalt des Spektrographen wurde bei der Aufnahme fest auf einer bestimmten Stelle der Sonnenoberfläche gehalten. Die horizontalen Streifen werden durch die Granulation erzeugt (siehe Abbildung 6.11). Schwach angedeutet erkennt man die seitliche Versetzung der einzelnen Linien durch den Dopplereffekt, wodurch die Linien ein wenig wellig erscheinen. Sie wird durch die vertikale Gasbewegung in der Granulation hervorgerufen. Die im Text genannten Geschwindigkeiten sind aus solchen kleinen Verschiebungen bestimmt worden. Photo: *Mt. Wilson und Las Campanas Observatories, Carnegie Institution of Washington*, mit freundlicher Genehmigung von E. C. Olson.

circa 50 000 Absorptionslinien und eine Vielfalt von Emissionen bekannt. Das solare Spektrum ist ein wichtiger Bezugs- und Referenzpunkt für die Untersuchung und Interpretation anderer Sterne. Nicht zufällig werden die chemischen Häufigkeiten im Kosmos stets in Einheiten der solaren Verhältnisse angegeben.

Bisher wurden 68 der 92 natürlich vorkommenden chemischen Elemente in der Sonne nachgewiesen (siehe Abbildung 6.9). Das Element Helium wurde sogar in der Sonne entdeckt, bevor es auf der Erde bekannt war; daher sein Name „Sonnenstoff", von griechisch ‚helios' = Sonne. Von den fehlenden 24 Elementen sind zehn stark

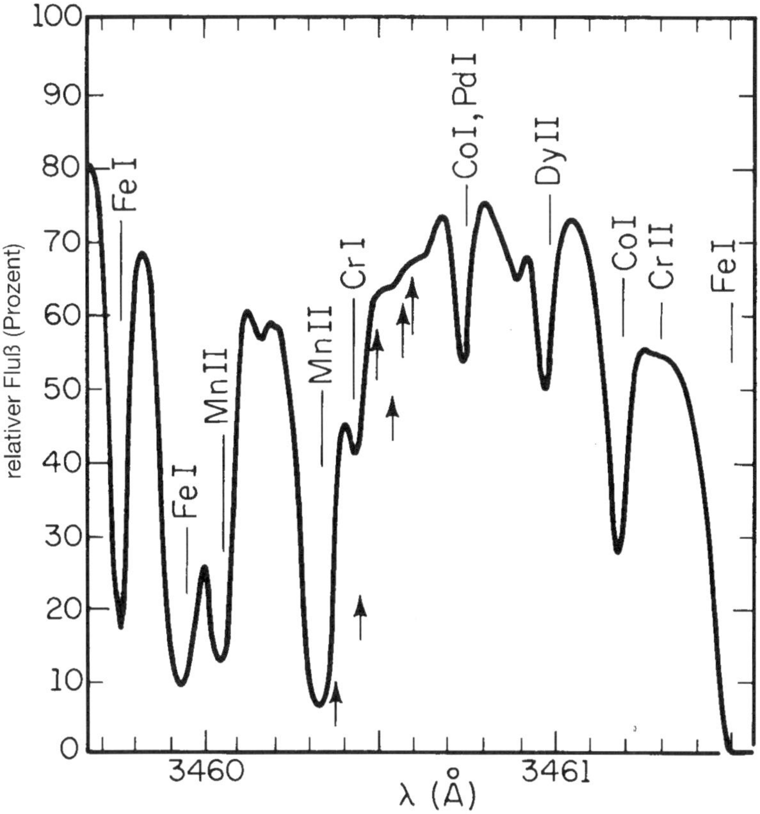

6.8 Ein nur 2 Ångström breiter Ausschnitt des Sonnenspektrums bei extrem hoher Auflösung. Hier sieht man, welcher enorme Detailreichtum erzielt werden kann. Die Pfeile zeigen die Lage von sechs Linien des extrem seltenen Elements Rhenium (Ordnungszahl 75) an. Es wurde bisher noch nicht gefunden. Außer seiner Seltenheit und der damit verbundenen Schwäche seiner Linien ist auch die Überlagerung mit Linien häufigerer Elemente daran schuld. Selbst wenn hier schwache Rhenium-Linien vorhanden wären, könnte man sie praktisch nicht erkennen. Aus einem Artikel von J. W. Swensson in *Solar Physics*, Band 18, D. Reidel, Dordrecht, Holland.

radioaktiv. Sie sind schon vor langer Zeit zerfallen. Wir erinnern uns an den Fall des Technetiums (Tc, das 42. Element im Periodensystem), das in S-, C- und M-Riesen beobachtet wird, wo es frisch erzeugt aus dem Kern der Sterne an die Oberfläche gespült wird. Die verbleibenden 14 Elemente sind sicher im solaren Gas vorhanden, sind aber wegen ihrer extremen Seltenheit nicht nachweisbar. Sie mögen sogar vielleicht sehr schwache Absorptionslinien im Sonnenspektrum erzeugen, die aber von den viel stärkeren Linien der häufigeren Elemente überlagert und überdeckt werden (siehe Abbildung 6.8). Immerhin erlaubt es die solare Lichtfülle, daß wir Molekül-Linien sehen, die in anderen G-Sternen nicht nachweisbar sind. Neben CH sind zum Beispiel die Verbindungen OH, NH, O_2 und CO erkennbar.

Die Astronomen haben große Mühe aufgebracht, um die relativen Häufigkeiten der einzelnen Atomsorten in der Sonne zu bestimmen. Dazu müssen die gemessenen

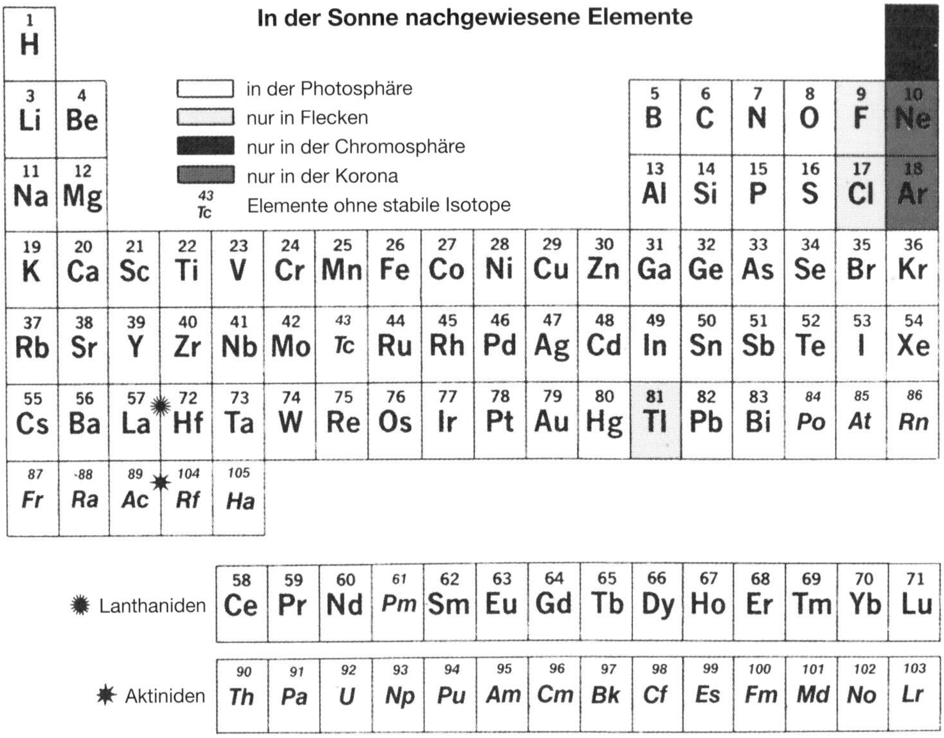

6.9 Das Periodensystem der Elemente. Die in der Sonne nachgewiesenen Elemente sind durch verschiedene Schattierungen hervorgehoben, je nachdem, ob sie in der Photosphäre, Chromosphäre, Korona oder Sonnenflecken gefunden wurden. Die bisher nicht nachgewiesenen sind in weiß, die radioaktiven in Kursivschrift wiedergegeben. Über dem chemischen Symbol steht jeweils die Ordnungszahl.

Linienstärken zu unseren Kenntnissen über die Bildung von Absorptionslinien und zu großen Mengen von Labordaten über die atomaren Eigenschaften in Beziehung gesetzt werden. Letztere sagen uns, mit welcher Wahrscheinlichkeit die Elektronen von einem Energiezustand zum andern überwechseln. Die Ergebnisse der Bemühungen sind in Abbildung 6.10 dargestellt, die uns die Häufigkeit der Elemente in Abhängigkeit von ihrer Ordnungszahl im Periodensystem zeigt. Man glaubt, daß diese Häufigkeitsverteilung für die Sterne unserer Umgebung und allgemein für die galaktische Scheibe typisch ist.

Die Graphik enthält einige interessante Einzelheiten. Da ist zunächst die überwältigende Häufigkeit von Wasserstoff, gefolgt von einer allgemeinen Abnahme zu größeren Ordnungszahlen. Helium ist mit großem Abstand das zweithäufigste Element, aber gleich danach folgen extrem geringe Häufigkeiten bei Lithium und Beryllium (das fünfte Element, Bor, konnte überhaupt noch nicht nachgewiesen werden!). So geringe Häufigkeiten findet man erst wieder bei den ganz schweren Elementen jenseits der Ordnungszahl 60. Weiterhin fällt auf, daß die Kurve ein ziemlich regelmäßiges Zickzackmuster bildet. Die Elemente mit gerader Ordnungszahl sind durch-

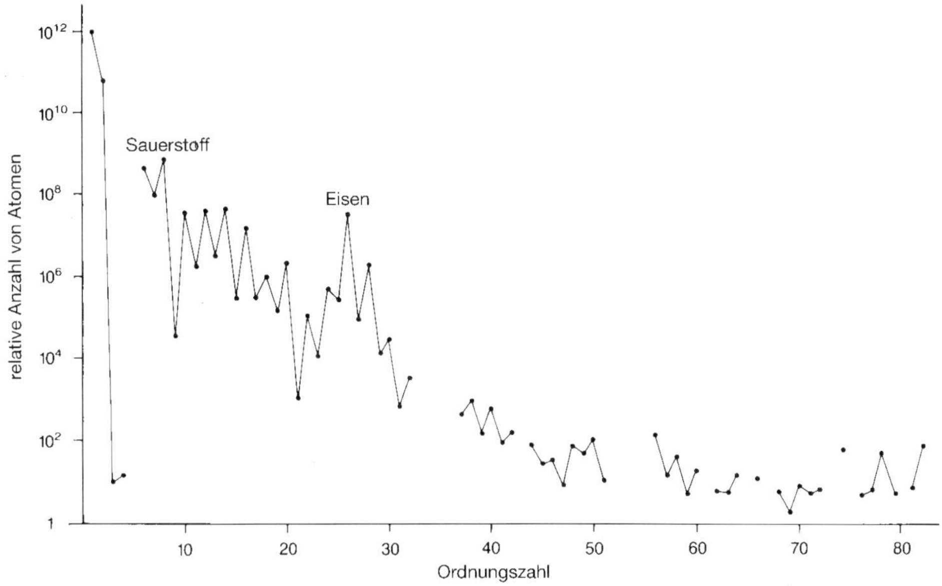

6.10 Die relativen Häufigkeiten der chemischen Elemente in der Sonne. Das Diagramm ist so skaliert, daß Wasserstoff die Häufigkeit 10^{12} erhält. Es ist das Ergebnis einer Zusammenstellung von J. E. Ross und L. H. Aller aus über 100 verschiedenen wissenschaftlichen Zeitschriftenaufsätzen. Lithium ist in der Sonne um einen Faktor 100 weniger häufig als im interstellaren Gas und in ganz jungen Sternen. Das Diagramm enthält Daten aus *Science*, Band 191, American Association for the Advancement of Science, New York.

weg häufiger als die benachbarten mit ungeraden Nummern. Und schließlich sehen wir ein recht auffälliges Maximum der Kurve in der Umgebung des Eisens (Ordnungszahl 26). Alle diese Einzelheiten der solaren Häufigkeiten sind heute wohlverstanden. Die Wissenschaft von der Elemententstehung im Kosmos wird gelegentlich als nukleare Astrophysik bezeichnet. Sie berechnet den Ablauf der Kernreaktionen im Sterninnern (und an anderen Orten) aus unserer Kenntnis über die Eigenschaften der Atomkerne und über den inneren Aufbau von Sternen. Durch die Fusion (Vereinigung) leichter Atomkerne bilden sich schrittweise immer schwerere. Die Unregelmäßigkeiten der resultierenden Häufigkeitsverteilung enstehen durch die unterschiedliche Wahrscheinlichkeit einzelner bestimmter Kernreaktionen und die unterschiedlich feste innere Bindung der einzelnen Atomkernsorten. Der ganze Prozeß des Aufbaus von Atomkernen wird als *Nukleosynthese* bezeichnet.

Das, was wir heute in der Sonnenatmosphäre sehen, ist die Elementemischung, mit der die Sonne ihren Lebenslauf begann (abgesehen von den inzwischen verschwundenen radioaktiven Elementen und dem exotischen Fall des Lithiums, der in Abschnitt 6.10 behandelt wird). Die schweren Elemente im Sonnensystem wurden in den Kernregionen anderer Sterne erzeugt und durch Sternwinde und -explosionen in der Galaxis verstreut, bevor die Sonne entstand. Die Unterschiede in den chemischen Häufigkeiten zwischen verschiedenen Sternen der Milchstraße, insbesondere zwischen den Populationen I und II (Abschnitt 1.8), sind Ausdruck der ständigen Nukleosynthese in der Galaxis. Folglich gibt uns die Suche nach chemischen Unterschieden ganz wichtige Hinweise auf die Entwicklung der einzelnen Sterne, wie auch der Milchstraße insgesamt. Jegliche Abweichung von der solaren Mischung überprüft unsere bisherigen Vorstellungen und zwingt uns gegebenenfalls zur Entwicklung neuer, besserer Ideen. Einige wichtige Beispiele haben wir bereits kennengelernt. Die Produkte der Kernfusion in den Atmosphären der R-, N- und S-Sterne (Abschnitt 4.7) sind eines davon. Daraus haben wir damals gelernt, daß es in solchen Sternen Umwälzungsbewegungen geben muß, die Material aus dem Kern an die Oberfläche schwemmen. Wir lernen also aus der chemischen Zusammensetzung der Oberfläche etwas über Vorgänge im tiefen Innern dieser Riesen. Ein anderes Beispiel sind die metallarmen Unterzwerge und die CN-schwachen Riesen des galaktischen Halos (Abschnitt 5.5). Sie zeigen uns die chemische Zusammensetzung der Milchstraße in ihrer frühen Jugend, vor der Bildung der galaktischen Scheibe. Daß die Milchstraße also altert, ist ein ganz wichtiger Befund für unser heutiges Bild von der Welt als Ganzem. Wir werden später noch weiteren faszinierenden Entdeckungen aus der Untersuchung der Nukleosynthese begegnen.

6.3 Die Sonne und andere K-Zwerge

In den Kapiteln 4 und 5 haben wir die Diskussion jeweils mit den Riesen und Überriesen begonnen und uns zu geringeren Leuchtkräften vorgearbeitet. Dieses Mal wollen wir umgekehrt vorgehen. Zum einen, weil die Hauptreihensterne der Klasse G doch schon so hell sind, daß sie den Himmel auch für das bloße Auge beleben. Zum andern sind die Riesen nicht mehr so extrem viel heller als die Zwerge; der Riesenast nähert sich der Hauptreihe stark an (Abbildung 6.4).

Zum dritten aber finden wir auf der G-Hauptreihe die sonnenähnlichsten Sterne, die natürlich besonders interessant sind. Wir müssen zwar annehmen, daß alle G-Zwerge der Sonne stark ähneln. Aber andererseits war es bisher einfach nicht möglich, all die von der Sonne bekannten Detailvorgänge bei anderen Sternen zu verifizieren. Die Astronomen beginnen gerade erst, Hinweise auf die typisch solaren Phänomene bei den Geschwistern unserer Sonne zu erhaschen.

Unser Muttergestirn ist – wie alle andern Sterne auch – kein simpler Schwarzer Körper, sondern ein komplexes Gebilde aus vielen verschiedenen Schichten (siehe Abschnitte 2.11, 4.9 und 5.3). Die sichtbaren Teile der Sonne – und wiederum aller kühlen Sterne – zerfallen in drei wohlunterschiedene Zonen. Die unterste ist die Photosphäre, die den Löwenanteil der Strahlung abgibt. Sie bildet die eigentliche Oberfläche. Sie ist diejenige Schicht, in der das Gas für alle Wellenlängen undurchsichtig wird. Die geringe Durchsichtigkeit des photosphärischen Gases erzeugt erst den scharfen Rand der sichtbaren Sonnenscheibe (eine Gaskugel besitzt an sich natürlich keine scharfe Grenze). Sie wird durch ein *negatives* Ion des Wasserstoffs erzeugt, H^-. Das ist ein Proton, das von *zwei* Elektronen umkreist wird. Das zweite ist jedoch nur

Tabelle 6.1: Zwillinge unserer Sonne.

Wie würde die Sonne aus großer Entfernung aussehen? Hier ist eine kleine Liste von hellen Zwergsternen ähnlichen Spektraltyps. Der sonnenähnlichste ist 9 Ceti. 16 Cyg A und B sind als G1,5 V beziehungsweise G2,5 V klassifiziert, die übrigen als G2 V. Die Unterschiede zwischen den absoluten Helligkeiten sind zum Teil durch die Unsicherheit der Messung bestimmt, zum Teil aber auch echt. Die Hauptreihe ist nicht vollkommen scharf, sondern besitzt eine gewisse Breite.

	Scheinbare visuelle Helligkeit	Entfernung in Parsec	absolute visuelle Helligkeit
53 Aquarii A	6,57	18	5,35
α Centauri A	-0,01	1,33	4,37
9 Ceti	6,39	20	4,84
ρ Coronae Borealis	5,41	25	3,42
16 Cygni A	5,96	26	3,92
16 Cygni B	6,20	26	4,16

schwach gebunden, kann also leicht durch Photonen weggerissen werden. Dabei verschwinden die Photonen, und ein freies Elektron entsteht. Es ist in erster Linie dieser Absorptionsprozeß, der unseren Einblick in die Sonnenatmosphäre begrenzt.

Eine hinreichend scharfe Photographie der Sonnenoberfläche zeigt ihren körnigen, turbulenten Charakter (Abbildung 6.11). Man sieht winzige helle Gasblasen, die im etwas kühleren (dunkleren) Umgebungsgas aufsteigen, sich abkühlen, zurücksinken und sich ständig neu bilden (diese Gasblasen sind allerdings nur am Himmel winzig – etwa eine Bogensekunde groß. Ihre linearen Abmessungen liegen bei 1 000 Kilometern). Diese Erscheinung der Sonnenoberfläche wird als *Granulation* bezeichnet. Sie ist das obere Ende einer dicken *Konvektionszone* in der Sonne. Das Wort Konvektion ist der physikalische Fachausdruck für die turbulente Umwälzung eines Gases oder einer Flüssigkeit, die von unten geheizt wird. Aus dem Alltag kennen wir Konvektion in Form des Brodelns von kochendem Wasser auf einem Herd. Die Auf- und Abbewegung des Gases der Sonnenphotosphäre ist sehr schön an Dopplerverschiebungen der Absorptionslinien erkennbar (andeutungsweise in Abbildung 6.7).

6.4 Die Chromosphäre und Korona der Sonne

Unmittelbar auf der Photosphäre sitzt die Chromosphäre der Sonne (Abbildung 6.12). Das ist jene Schicht aus dünnem, nur noch in einigen starken Linien undurchsichtigem Gas, die wir schon bei den K- und M-Sternen kurz diskutierten (Abschnitte 4.9 und 5.3). Bei der Sonne ist sie etwa 12 000 Kilometer dick und mit 4 300 K etwa 1 500 Kelvin kühler als die Photosphäre. An ihrer Obergrenze beginnt die Temperatur rasch mit der Höhe zu steigen, um schließlich am Übergang zur *Korona* schlagartig auf über eine Million Kelvin hochzuspringen.

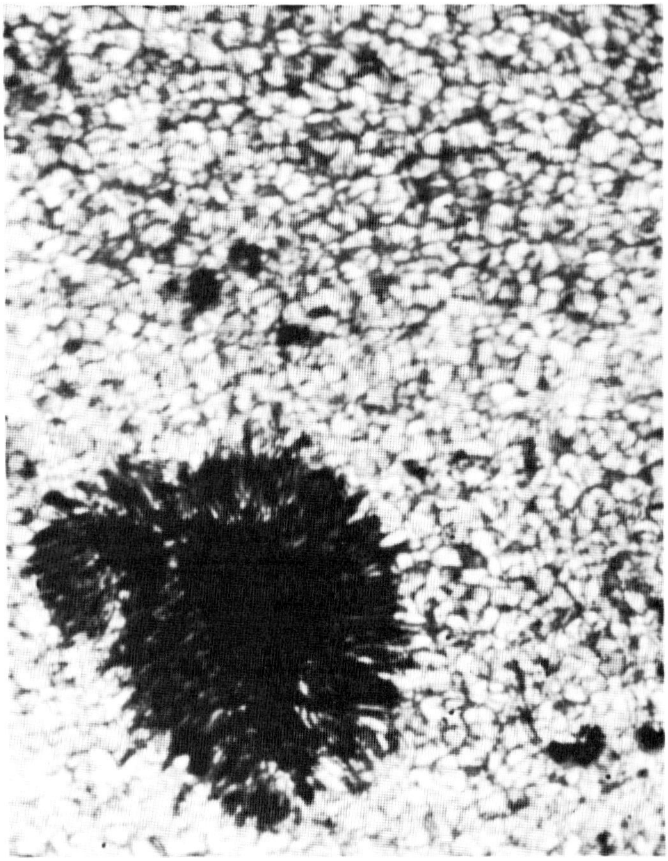

6.11 Großaufnahme eines Sonnenflecks, einer magnetisch gekühlten Region der Photosphäre. Sonnenflecken sind das deutlichste Kennzeichen Aktiver Regionen auf der Sonne. Die normale Oberfläche zeigt das feine Muster der Granulation, das aus hellen Gasblasen (den *Granulen*) und dunkleren schmalen Zwischenräumen besteht. Darüber hinaus erkennt man einige kleine schwarze Flächen, sogenannte *Poren*. Sie entwickeln sich entweder zu richtigen Sonnenflecken, oder sie verschwinden nach kurzer Zeit wieder. Photo: *Project Stratoscope, Princeton University, ONR, NSF, NASA*.

Die Sonnenkorona (Abbildung 6.13) ist eine unglaublich heiße, extrem dünne, aber sehr ausgedehnte Gashülle um die Sonne. Sie reicht mindestens eine Million Kilometer über die sichtbare Sonnenoberfläche. Ihre Temperatur kann in Teilbereichen bis zu 10 Millionen Kelvin erreichen. Sie ist sehr kompliziert aufgebaut, weist Strahlen, Löcher, radiale Zacken und Fasern, Schleifen und Wirbel auf. Ihr Name stammt von dem lateinischen Wort für Krone ab, weil sie bei totalen Sonnenfinsternissen die schwarze Mondscheibe wie eine Strahlenkrone umgibt. Trotz der hohen Temperatur gibt sie nur wenig Strahlung ab. Sie ist so lichtschwach, daß sie nur mit speziellem instrumentellem Aufwand außerhalb von Sonnenfinsternissen beobachtet werden kann. Sie kann sich nicht wie ein Schwarzer Körper verhalten, weil sie fast

6.12 Ein kleiner Ausschnitt der Chromosphäre. Dieses Bild ist ein *Spektroheliogramm*, ein Photo der Sonne im Licht einer starken Absorptionslinie. Mittels Filtern wird dafür gesorgt, daß nur noch Licht aus dem Kern von Hα oder Ca II K in die Kamera fällt. In diesen Linien ist das solare Gas so undurchsichtig, daß wir nicht bis zur Photosphäre hinunterschauen können. Deshalb sehen wir nur Licht aus der Chromosphäre. Die hier gezeigte Hα-Aufnahme zeigt die *Spiculae*, dünne Gasstrahlen, die in einer zellenartigen Anordnung stets in Büscheln auftreten und durch die Chromosphäre bis in die untere Korona reichen. Etwas unterhalb der Bildmitte befindet sich eine Aktive Region. Die Chromosphäre ist in ständiger Bewegung und Veränderung begriffen. Die einzelnen Spiculae leben nur einige Minuten. Photo: *National Optical Astronomy Observatories*.

6.13 Die Sonnenkorona bei einer totalen Sonnenfinsternis. Man erkennt die feinen polaren Koronastrahlen und größere koronale Strukturen und Schleifen. Photo: *Naval Research laboratory*.

völlig durchsichtig ist (ebenso wie die Chromosphäre). Die Temperaturangaben für Chromosphäre und Korona haben also nichts mit dem Strahlungsfeld zu tun. Sie beziehen sich nur auf die Geschwindigkeiten und inneren Energien der Atome in dem dünnen Gas. Durch die sehr harten Stöße der extrem schnellen Gasteilchen untereinander entstehen sehr hohe Ionisationsgrade: In der Korona gibt es Eisenatome, die 15 ihrer 26 Elektronen eingebüßt haben.

Nach außen geht die Korona in den *Sonnenwind* über. Das ist ein noch dünnerer Gasstrom, der ständig mit einer Geschwindigkeit von mehreren hundert Kilometern pro Sekunde durch das Sonnensystem fegt. Wenn besonders dichte Klumpen des Sonnenwinds mit der Erde zusammenstoßen, entstehen Polarlichter.

Die Existenz der Korona ist eng mit dem Magnetfeld der Sonne verbunden. Ein solches Feld entsteht grundsätzlich immer dann, wenn elektrisch geladene Teilchen in Bewegung gesetzt werden. Der solare Magnetismus wird durch die langsame Rotation der Sonne in Verbindung mit der Brodelbewegung der Konvektionszone erzeugt. Diese Kombination läßt die gesamte Sonne als gigantischen Dynamo wirken, der elektrische Ströme und damit magnetische Felder hervorbringt. Von der Konvektionszone wandert das Magnetfeld nach außen, um in Form riesiger Schleifen aus der Oberfläche der Sonne auszutreten. Diese Schleifen wiederum wirken auf das ionisierte koronale Gas als magnetische „Flasche", die es zusammenhält. Die Quelle der Energie für das Aufheizen der Korona liegt noch weitgehend im Dunkeln. Es gibt zwar Theorien dafür, aber keine kann derzeit als bewiesen angesehen werden. Die älteste geht davon aus, daß die Konvektionszellen akustische Wellen (auf gut deutsch: Lärm) erzeugen, die von der Photosphäre in die dünneren oberen Schichten aufsteigen. Wenn Schallwellen in ein stets dünner werdendes Medium fließen, werden sie aber unweigerlich zu Schockfronten. Und die wiederum erhitzen das Gas, in dem sie sich ausbreiten. Eine andere Theorie benutzt Wellen des Magnetfeldes selbst, um mit ihrer Hilfe das koronale Gas elektrisch zu heizen. Eine dritte nimmt Myriaden kleiner Eruptionen (Flares, siehe Abschnitt 6.6) in der Sonnenchromosphäre an, um ebenfalls einen elektrischen Heizprozeß zu konstruieren. Möglicherweise spielen sogar alle drei Effekte eine Rolle. Vielleicht wird die Chromosphäre akustisch und die Korona elektrisch geheizt. Die Frage ist offen.

So lichtschwach Chromosphäre und Korona auch sind, so kann man sie doch recht gut studieren, weil die Sonne eben so nah und am Himmel so groß ist. Bei anderen Sternen dagegen sind alle Oberflächenstrukturen und alle Atmosphärenschichten in einem winzigen Lichtpunkt vereinigt. Es ist dann natürlich viel schwerer, die schwache Strahlung der äußeren Bereiche nachzuweisen. Aber es geht. Die Chromosphären verraten sich zum Beispiel in Form der Emissionskerne in den Linien H und K des Ca II, wie wir in Abschnitt 5.3 gesehen haben. Die Korona wiederum ist die einzige Atmosphärenschicht eines normalen Sterns, die Röntgenstrahlen in wesentlichen Mengen erzeugen kann (alle andern sind dafür viel zu kalt). Folglich kann sie mit Röntgenteleskopen von Erdsatelliten aus beobachtet werden, ohne daß die Photosphäre sie überstrahlen kann.

6.5 Chromosphären und Koronen anderer Sterne

Die Untersuchung von Chromosphären und Koronen anderer Sterne erlaubt es, die Dynamo-Theorie des solaren Magnetismus (siehe oben) zu überprüfen. Wir erinnern uns aus Abschnitt 5.3, daß die Emissionskerne von H und K in den Chromosphären erzeugt werden. Die Stärke dieser Emissionskomponenten nimmt generell zu, wenn man die Hauptreihe abwärts entlanggeht. Das heißt, daß die Chromosphäre relativ zur Photosphäre in dieser Richtung an Bedeutung gewinnt.

Die Dynamo-Theorie besagt, daß die Magnetfelder einerseits mit der Rotationsgeschwindigkeit und andererseits mit der Tiefe der Konvektionszone eines Sterns zunehmen sollten. Nun rotiert die Sonne relativ langsam im Vergleich zu anderen Sternen ihres Typs. Aus der allmählichen Wanderung der Sonnenflecken über die Sonnenscheibe findet man eine Rotationsperiode von etwa 25 Tagen. Das heißt, die Sonne dreht sich an ihrem Äquator mit einer Geschwindigkeit von rund 2 km/sec.

Die Umdrehungszeit anderer später Sterne verrät sich durch periodische Änderungen in der Stärke der Ca-II-Emissionen. Gebiete starken und schwachen Magnetfelds (und folglich starker und schwacher Emission) erscheinen abwechselnd auf der sichtbaren Seite des Sterns und verschwinden auch wieder hinter dem Sternrand. Daraus wissen wir, daß in der Sonnenumgebung die typischen Rotationsgeschwindigkeiten alter G-Zwerge (solcher, die nicht zu Sternhaufen gehören) eher bei 5 km/sec liegen. Sie sind im Einzelfall sehr unterschiedlich, generell kann man aber sagen, daß die kühleren Zwerge langsamer rotieren als die heißeren. Bei frühen K-Sternen liegt die typische Geschwindigkeit um 2 km/sec, bei späten K-Zwergen beträgt sie nur noch 1 km/sec.

Daraus könnte man nun folgern, daß die Bedeutung der Chromosphäre zu späteren Typen hin eher abnehmen als zunehmen sollte. Aus der Theorie vom inneren Aufbau der Sterne ergibt sich jedoch, daß die Tiefe der Konvektionszonen mit abnehmender Sternmasse kräftig anwächst. Damit kann der Dynamo stärker werden, mit ihm die Magnetfelder und damit wiederum die Chromosphären und Koronen. Es sei hier noch angefügt, daß die Dynamo-Theorie und die damit verbundenen theoretischen Vorstellungen über die Ursachen von Chromosphären und Koronen alles andere als unumstritten sind, aber im großen und ganzen sind sie vermutlich richtig.

Nicht nur die Energieausschüttung der Chromosphären, sondern auch die der Koronen nimmt relativ zu den Photosphären zu, wenn man zu immer späteren Sternen geht. Das zeigt sich aus der Messung ihrer Röntgenstrahlung. Allerdings gilt diese Regel nur von den späten A-Sternen (wo erstmals Koronen auftreten) bis zu etwa M5. Bei noch kühleren Zwergen bricht die Röntgenemission aus bisher unverstandenen Gründen plötzlich ab. Ebenso verschwinden die Koronen, wenn man sich im HR-Diagramm nach rechts oben, zu den roten Riesen und Überriesen, bewegt. Das mag an deren durchweg geringen Rotationsgeschwindigkeiten, an der unbedeutenderen Konvektionszone oder auch am Einsetzen der starken Sternwinde (Abschnitt 4.6) liegen.

Eine wichtige Rolle für das Auftreten von Chromosphären und damit verbundenen Phänomenen spielt das Alter der Sterne. Wie wir später sehen werden, kann man das Alter einzelner Sterne bestimmen, wenn sie einem Sternhaufen angehören (Abschnitt 12.5). Es zeigt sich, daß ältere Sterne (gleichen Typs) generell langsamer rotieren und schwächere chromosphärische Emission zeigen. Diese beiden Befunde sind nach der Dynamo-Theorie natürlich miteinander verknüpft. Ihre Ursache liegt vermutlich in einer allmählichen Abbremsung der Rotation eines Sterns im Laufe seines Lebens. Der Sternwind in Verbindung mit dem Magnetfeld steht im Verdacht, als Werkzeug dieser Abbremsung zu fungieren. Das ausströmende ionisierte Gas zieht die Magnetfeldlinien mit sich. In großer Entfernung vom Stern kann es nicht mehr mit derselben Periode wie der Sternkörper rotieren. Dadurch wird das Magnetfeld sozusagen verdrillt. Die Magnetfeldlinien zerren bei ihrem Versuch, sich wieder zu „entdrillen“ an dem Stern und bremsen so seine Rotation. Wir werden bei der Behandlung der F-Sterne ausführlicher auf dieses Thema eingehen.

6.6 Sonnenaktivität

Der stets vorhandenen Schichtenstruktur der Sonnenatmosphäre überlagern sich kurzfristige, vergängliche Strukturen und Vorgänge, die teilweise bizarre Züge annehmen können. Seit Galileos Zeiten ist bekannt, daß die Sonnenoberfläche bisweilen dunkle Flecken trägt (Abbildungen 6.1 und 6.11). Ihre Größe reicht von nadelfeinen Pünktchen bis zu riesengroßen Flächen, die sogar mit bloßem Auge erkennbar sind (Achtung: Schauen Sie NIE direkt in die Sonne, ohne GEEIGNETE Schutzmaßnahmen zu ergreifen. Erblindungsgefahr! Wirklich ungeschützt darf man nur in die tiefrote auf- oder untergehende Sonne schauen). Diese dunklen Gebilde heißen *Sonnenflecken*. Sie sind etwa 1 500 K kühler als die normale Sonnenoberfläche. Ein solcher Fleck lebt typischerweise einige Tage bis Wochen. Die Häufigkeit der Flecken schwankt in einem einigermaßen regelmäßigen Zyklus von etwa 11 Jahren. Im Maximum ist die Sonnenscheibe fast stets von einer größeren Anzahl geradezu gesprenkelt, während im Minimum mitunter wochenlang kein einziger zu finden ist. Diese Schwankung ist das deutlichste Anzeichen eines in Wirklichkeit 22 Jahre währenden magnetischen Zyklus der Sonne insgesamt. Die Flecken sind Gebiete extrem hoher Magnetfeldstärke in der Photosphäre. Das Magnetfeld, bis zu zehntausendmal so stark wie das der Erde, behindert die Konvektionsbewegung des solaren Gases. Dadurch wird der Wärmezustrom aus dem Sonneninnern zur Photosphäre gedrosselt, was dann zu der deutlich sichtbaren lokalen Abkühlung führt.

Die Sonnenflecken treten zumeist in Paaren oder Gruppen auf. Sie gehören jeweils zu größeren stark magnetischen Gebieten, die als *Aktive Regionen* oder *Aktivitätszentren* bezeichnet werden. Das Magnetfeld, das die ganzen Phänomene der *Sonnenaktivität* erzeugt, tritt im einen Fleck aus der Photosphäre aus, bildet eine Schleife in der Chromosphäre, und tritt im andern Fleck eines Paars wieder in den Sonnenkörper ein. Die beiden Komponenten eines Fleckenpaars sind also jeweils ein magnetischer Nord- und ein Südpol. Es ist weitgehend klar, daß das schwache allgemeine Magnetfeld der Sonne hinter der Bildung der Flecken und generell der Aktiven Regionen steht. Jeweils während einer 11jährigen Fleckenperiode steht es parallel zur Rotationsachse der Sonne. Dann sind auf der Nordhalbkugel der Sonne die in Rotationsrichtung vorangehenden Flecken der Paare die magnetischen Nordpole, die nachfolgenden die Südpole. Auf der Südhalbkugel ist es umgekehrt. Während der nächsten 11-Jahres-Periode ist dann alles genau umgedreht, sowohl das schwache allgemeine Feld, als auch die Polarität der lokalen starken Felder in den Fleckengruppen. Deshalb ist der Fleckenzyklus in Wirklichkeit ein 22jähriger.

Nach dem Fleckenminimum finden sich die ersten Flecken des neu beginnenden Zyklus jeweils in mittleren Breiten der Sonne, also grob halbwegs zwischen Äquator und Polen. Während ihre Zahl mehr und mehr zunimmt, wandert der bevorzugte Ort ihres Auftretens gleichzeitig immer mehr dem Äquator zu. Am Ende des Zyklus sehen wir nur noch einige wenige Flecken nahe des Äquators, während bei höheren Breiten schon die ersten (magnetisch umgedrehten) Paare des nachfolgenden Zyklus erscheinen.

Die Bezeichnung ‚Aktivitätszentrum' für die magnetischen Regionen beschreibt ihren Charakter recht zutreffend. Die Flecken selbst sind in ständiger Wandlung begriffen. Darüber beobachten wir die *solaren Eruptionen* oder *Flares*, heftige Explosionen in der Chromosphäre, die durch die plötzliche Freisetzung von magnetischer Energie ausgelöst werden (Abbildung 6.14). Sie sind mit den Flares der M-Zwerge verwandt (Abschnitt 4.9) und mit starken Ausbrüchen solarer Radiostrahlung verbunden. In der Korona sehen wir oberhalb von Aktiven Regionen große dünne Scheiben aus Gas, das viel dichter und kühler ist als die Umgebung. Diese *Filamente* zeigen sich vor der Sonnenscheibe als dunkle unregelmäßige Striche oder Bänder. Am Sonnenrand dagegen erscheinen sie als helle *Protuberanzen* vor dem dunklen

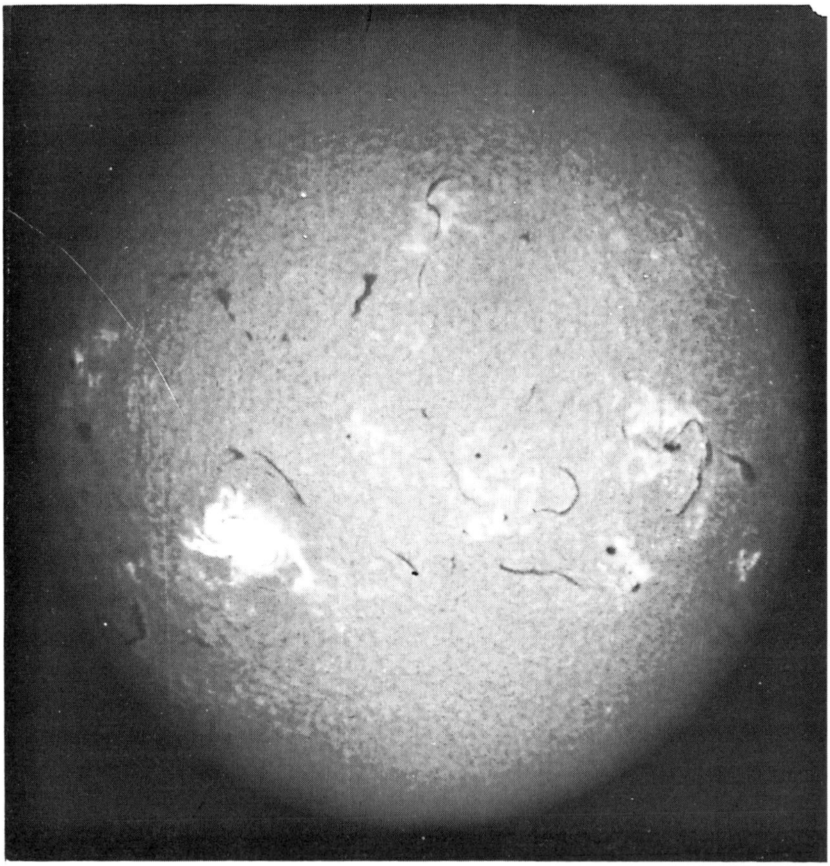

6.14 Dieses Hα-Spektroheliogramm zeigt die großräumige Zellenstruktur (das sogenannte „mottling") der Chromosphäre auf der ganzen Sonnenscheibe, unterbrochen von einer ganzen Anzahl Aktiver Regionen. Links unten ist ein großer Flare zu erkennen. Hier wird plötzlich eine große Menge magnetischer Feldenergie in Form von Licht, Röntgenstrahlen und einer starken Gasexplosion freigesetzt. Die dunklen „Würmer" sind Filamente, also Protuberanzen, die sich vor der Sonnenscheibe abzeichnen. Es sind große kühle Bänder aus dichterem Gas, die mehr oder weniger senkrecht in der Korona hängen. Photo: *McMath-Hulbert Observatory of the University of Michigan*.

Himmelshintergund (Abbildung 6.15). Auch sie sind in ständiger faszinierender Bewegung und Veränderung begriffen. Zeitrafferaufnahmen zeigen, daß das Material der Protuberanz meistens entlang der Bänder in bogenförmiger Bewegung auf die Sonnenoberfläche herabregnet. Gelegentlich explodiert eine vorher ruhige Protuberanz plötzlich, um als dichte Gaswolke im Sonnenwind mit großer Geschwindigkeit durch das Sonnensystem zu fegen.

Wie gesagt glaubt man, daß diese ganzen Phänomene der Sonnenaktivität magnetisch verursacht werden. Die Sonne dreht sich nicht gleichförmig um ihre Achse, sondern am Äquator schneller als an den Polen. Die erwähnte Rotationsperiode von 25 Tagen gilt nur bei niedrigen Breiten; zu den Polen hin wächst sie um nahezu 5 Tage an. Das heißt, daß der Sonnenkörper ständig in sich verdrillt wird. Da das Magnetfeld fest in dem ionisierten Gas der Sonne verankert ist, werden seine Feldlinien ebenfalls verdrillt und gedehnt – und dabei verstärkt. Sie werden sozusagen

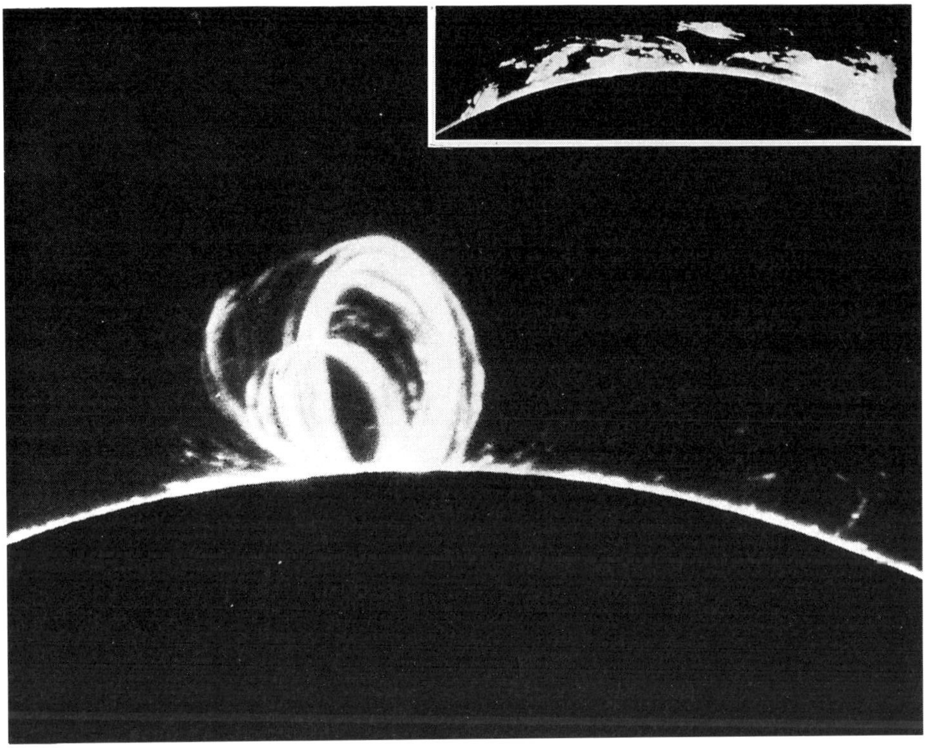

6.15 Zwei Beispiele für die Formenvielfalt von Protuberanzen. Vor der Sonnenscheibe erscheinen sie als dunkle Bänder (siehe Abbildung 6.14). Das große Bild zeigt eine bogenförmige Protuberanz. Sie entsteht durch ein starkes Magnetfeld der gleichen Form, von dem das dichte Protuberanzengas gestützt und zusammengehalten wird. Das kleine Bild oben rechts zeigt eine typische ruhige Protuberanz über einer Aktiven Region. Aus Zeitrafferaufnahmen weiß man, daß im allgemeinen das Gas in den Protuberanzen abwärts strömt, in die darunterliegenden Flecken hinein. Manche stehen allerdings auch völlig still, während wieder andere plötzlich explodieren und in den interplanetaren Raum abgestoßen werden. Photos: *National Optical Astronomy Observatories* und *University of Colorado High Altitude Observatory*.

allmählich um die Sonne herumgewickelt. Durch bisher nur ansatzweise verstandene Prozesse beginnt das Magnetfeld ab einer gewissen Stärke im Sonneninnern aufzusteigen, schließlich durchbricht es in Form von gewaltigen Schleifen die Oberfläche – und ein neues Aktivitätszentrum ist entstanden. Wenn diese Schleifen noch weiter wachsen, werden sie zu den erwähnten magnetischen „Flaschen", die das koronale Gas zusammenhalten. Folglich ist auch das Erscheinungsbild der Korona mit dem 11-jährigen magnetischen Sonnenzyklus verknüpft. Die gegenwärtig gängige Vorstellung vom weiteren Ablauf des Fleckenzyklus nimmt an, daß mit zunehmender Dehnung und Aufwicklung des Magnetfeldes immer mehr Flecken erscheinen, bis das Feld so dicht aufgewickelt ist, daß es anfängt zu zerbrechen. Dadurch nimmt die allgemeine Feldstärke und in der Folge die Zahl der Sonnenflecken ab. Nach einer Phase der Unordnung und Verwirrung soll das Feld dann mit umgekehrtem Vorzeichen und einfacher Geometrie neu erstehen. Nach neueren Ideen wird das Magnetfeld im wesentlichen durch riesige Konvektionszellen organisiert, die es allmählich zum Äquator schieben. In diesem Modell gibt es gewissermaßen zwei 22jährige Zyklen, die parallel, aber mit 11jähriger Verschiebung zueinander ablaufen und aus mysteriösen Gründen die Flecken jeweils nur in ihrer zweiten Hälfte hervorbringen. Es ist noch viel Forschungsarbeit zu leisten, bis das ungeheuer komplexe Phänomen der Sonnenaktivität verstanden sein wird.

6.7 Sternaktivität

Man kennt heute bei einer ganzen Anzahl von sonnenähnlichen Zwergsternen Anzeichen für Aktivitätszyklen ähnlich dem der Sonne. Die Aktivität – falls vorhanden – beeinflußt die Chromosphäre und damit die Emissionskerne der Fraunhofer-Linien H und K. Und in der Tat sehen wir bei vielen Sternen Variationen in diesen Linien. Zum einen gibt es die schon erwähnten kurzzeitigen Veränderungen, die entstehen, wenn die Rotation des Sterns einzelne Aktivitätszentren auf der uns zugewandten Seite erscheinen und wieder verschwinden läßt. Zum andern aber sieht man auch langfristige Schwankungen, die sehr wohl dem solaren Aktivitätszyklus entsprechen können. Ein weiteres Anzeichen für Sternaktivität besteht aus kleinen Helligkeitsänderungen mit der Rotationsperiode bei einigen Objekten. Die Sonne ist immer nur zu einem sehr kleinen Anteil mit Flecken bedeckt. Die dadurch hervorgerufenen Helligkeitsvariationen müssen also sehr klein sein. Man könnte sie aus großer Distanz nicht leicht nachweisen. Aber es gibt tatsächlich Sterne mit sehr deutlichem *Rotationslichtwechsel*, die offenbar riesengroße Sternflecken in erheblicher Zahl tragen. Außerdem sei nochmals an die Flares der dMe-Zwerge erinnert (Abschnitt 4.9), die sehr wahrscheinlich eine übersteigerte Form der solaren Flares darstellen.

6.8 Die Sonne als Stern

Es ist für die gesamte Astronomie von unschätzbarem Wert, daß wir eine Vielzahl physikalischer Größen der Sonne sehr genau messen können (Tabelle 6.2). Sie ist uns so nah, daß wir ihren Durchmesser auf einen Bruchteil eines Prozents genau bestimmen können; bei allen anderen Sternen ist selbst eine grobe Messung ein Kunststück. Da sie so hell ist, können wir ihre Leuchtkraft mit ähnlicher Genauigkeit ermitteln. Aus diesen beiden Größen wiederum leiten wir die Effektivtemperatur mit einer Unsicherheit von nur wenigen Kelvin ab. Auch das ist selbst für unsere näheren kosmischen Nachbarn unmöglich. Aus der Umlaufzeit und dem Bahnradius der Erde bestimmen wir die Masse der Sonne auf ein Zehntausendstel genau (mittels des Dritten Keplerschen Gesetzes, Abschnitt 1.6). Wir können den Sonnenwind sozusagen vor unserer Haustür untersuchen und sogar Proben ins Labor holen. Bei anderen Sternen ist es meist nur mit Mühe möglich, überhaupt die *Existenz* eines Sternwinds aus den Spektren zu erschließen. Wir können Oberflächenstrukturen der Sonne mit einer Auflösung von wenigen 100 Kilometern und Gasbewegungen mit einer Genauigkeit von wenigen Metern pro Sekunde nachweisen. Die für die Sonnenaktivität entscheidend wichtige Struktur und Entwicklung der Magnetfelder kann von Minute zu Minute auf jedem beliebigen Ausschnitt der Sonnenoberfläche verfolgt werden.

Tabelle 6.2: Einige Daten über die Sonne.

	Physikalische Einheiten	relativ zur Erde
Durchmesser	$1{,}392 \times 10^{6}$ km	109, 2
Masse	$1{,}989 \times 10^{33}$ gm	$3{,}328 \times 10^{5}$
mittlere Dichte	1,409 g/cm^3	0,2553
Schwerebeschleunigung	$2{,}740 \times 10^{4}$ cm/s^2 [c]	27,94
Fluchtgeschwindigkeit	617,7 km/s [c]	55,20
Dipol-Magnetfeld	–	5 [a]
Leuchtkraft	$3{,}83 \times 10^{26}$ Watt [b]	
scheinbare visuelle Helligkeit	−26, 74	
absolute visuelle Helligkeit	+4,83	
Farbindex (B–V)	0,65	
Farbindex (U–B)	0,13	
bolometrische Korrektur	−0,08 mag	
Effektivtemperatur	5 770 K	

[a] im Sonnenflecken-Minimum – ungefährer Wert
[b] 1 Watt ist 10^7 erg pro Sekunde
[c] an der Oberfläche

Bei anderen Sternen können Magnetfelder zumeist gar nicht nachgewiesen werden, es sei denn, sie sind hundertmal stärker als die solaren.

Schließlich können wir sogar die Schichtung des Sonnenkörpers direkt untersuchen. Am Himmel erscheint uns unser Stern als flache Scheibe, in Wirklichkeit ist er aber natürlich kugelförmig. Der sichtbare Rand ist mehr als eine halbe Million Kilometer weiter von uns entfernt als die Scheibenmitte. Am Rand schauen wir unter einem sehr flachen Winkel in die Photosphäre hinein, in der Mitte dagegen senkrecht. Da das Photosphärengas nicht in einer bestimmten Tiefe schlagartig undurchsichtig wird, kann die senkrechte Blickrichtung tiefer eindringen als die flache. Folglich sehen wir am Rand der Sonnenscheibe etwas andere Photosphärenschichten als im Zentrum, nämlich höher liegende und damit kühlere. Da aber ein kühleres Gas weniger hell leuchtet als ein heißeres, ist die Scheibe in der Mitte deutlich heller als in der Nähe des Randes. Dieser als *Randverdunkelung* bezeichnete Effekt ist in den Abbildungen 6.1 und 6.14 deutlich erkennbar. Er erlaubt es, die Temperaturschichtung der Atmosphäre über tausende von Höhenkilometern sehr direkt zu bestimmen. Auf diese Weise gibt uns die Sonne einen wichtigen Bezugspunkt zur Überprüfung unserer Theorien über den Aufbau von Sternatmosphären.

6.9 Das Innere der Sonne

Vom Abschnitt 1.16 wissen wir bereits, daß alle Sterne (abgesehen von den ausgebrannten Weißen Zwergen und Neutronensternen) ihre Leuchtkraft aus Kernfusionsprozessen gewinnen. Bei den Temperaturen, die in den Kernen von Hauptreihensternen herrschen, werden vier Atomkerne des Wasserstoffs zu einem Heliumkern verschmolzen. Bei Riesen sind es drei Heliumkerne, die zu einem Atomkern des Kohlenstoffs vereinigt werden. In jedem Falle wird dabei die Energie freigesetzt, die die Sterne leuchten läßt. Der genaue Ablauf des Wasserstoffbrennens in der Sonne ist in Kasten 6.1 dargestellt. Schrittweise wird ein Proton nach dem andern angefügt, bis der fertige Heliumkern aufgebaut ist. So läuft der Prozeß in Hauptreihensternen vom Spektraltyp F2 und später ab. Bei massereicheren Sternen geht es etwas anders (Abschnitt 7.2). Kernfusion findet stets nur bei hohen Temperaturen statt, weil die positiv geladenen Atomkerne einander elektrisch abstoßen. Sie müssen mit großer Geschwindigkeit aufeinander zufliegen, um diese Abstoßung überwinden zu können. Erst wenn sie einander sehr nahe gekommen sind, können die Kräfte wirksam werden, die sie aneinander binden (Abschnitt 2.1).

Niemand kann die stellare Kernfusion direkt beobachten. Unsere Kenntnis darüber entstammt theoretischen Rechnungen über den inneren Aufbau der Sterne, in Verbindung mit Labordaten und (wiederum) theoretischen Rechnungen über die Eigenschaften von Atomkernen. Wir sind dennoch sehr zuversichtlich, daß die Kernfusionstheorie richtig ist. Erstens gibt es keine andere plausible Energiequelle, die so lange reichen würde. Und zweitens ergeben die theoretischen Rechnungen für Sterne unterschiedlicher Massen gerade die richtigen – das heißt die tatsächlich beobachteten – Gesamtleuchtkräfte.

Einen direkten Zugang zu den Vorgängen im Kern gibt es nur bei unserer eigenen Sonne. Allerdings ist er äußerst diffizil und problematisch. Im Kasten 6.1 sehen wir, daß beim Wasserstoffbrennen *Neutrinos* entstehen. Das sind jene geisterhaften Ele-

6.1 Die Energieerzeugung der Sonne.

Die Energie der Sonne und aller Hauptreihensterne später als F0–F2 wird hauptsächlich durch die Proton-Proton-Reaktion erzeugt:

$$^{1}H + {}^{1}H \rightarrow {}^{2}H + \gamma + \nu$$
$$^{2}H + {}^{1}H \rightarrow {}^{3}He + \gamma$$
$$^{3}He + {}^{3}He \rightarrow {}^{4}He + 2({}^{1}H) + \gamma$$

Die hochgestellten kleinen Ziffern bezeichnen das Atomgewicht des jeweiligen Isotops. Der Heliumkern ist 0,7 Prozent leichter als die Summe der 4 Wasserstoffkerne, aus denen er gebildet wird. Diese Differenz wird nach der berühmten Formel $E = mc^2$ in Energie verwandelt, die in Form von Gammastrahlen γ und Neutrinos ν freigesetzt wird. Da die Lichtgeschwindigkeit c sehr groß ist, kann aus einer kleinen Massendifferenz sehr viel Energie erzeugt werden. Ein Gramm Materie, in elektrische Energie verwandelt, würde eine Milliarde normaler Glühlampen für eine Stunde brennen lassen.

Die erste der drei Reaktionen erzeugt eigentlich ein Positron. Das ist ein dem Elektron entsprechendes Teilchen der Antimaterie. Sobald dieses Teilchen einem normalen Elektron begegnet (und das geschieht in dem dichten Gas eines stellaren Kerns praktisch sofort), vernichten sich die beiden gegenseitig, und es entstehen zwei Gammaphotonen γ. In einer parallel zur Proton-Proton-Reaktion ablaufenden Reaktionskette, die hier nicht gezeigt ist, wird Beryllium gebildet. Dabei entstehen die höherenergetischen Neutrinos, die mit dem in Abschnitt 6.9 diskutierten Neutrinoteleskop nachgewiesen werden

mentarteilchen, die praktisch alles ungehindert durchdringen können. Man kann ihnen ganze Sterne oder Lichtjahre dicke Bleischichten in den Weg stellen, für sie ist alles durchsichtig. Folglich verlassen sie auch den Kern der Sonne ungehindert und können im Prinzip hier auf der Erde nachgewiesen werden. Aber sie durchströmen natürlich auch alle denkbaren irdischen Empfänger praktisch ungehindert. Nur weil die Sonne so nah und die Zahl der erzeugten Neutrinos so ungeheuerlich groß ist, gelingt es, pro Monat einige wenige davon einzufangen – in einem Empfänger aus 400 000 Litern des Textilreinigungsmittels Tetrachloräthylen. Dieses in einem tiefen Bergwerk in den USA vergrabene „Neutrinoteleskop“ kann buchstäblich in den Sonnenkern schauen, wenn auch nur mit großer Mühe. Selten – *ganz* selten – fängt ein Chloratom eines der solaren Neutrinos ein und verwandelt sich in ein radioaktives Argonatom. Wöchentlich wird die Handvoll Argonatome aus dem riesigen Tank ausgespült und durch seinen radioaktiven Zerfall nachgewiesen. Aus der Kenntnis der Einfangwahrscheinlichkeit (die natürlich winzig klein ist) und der Zahl der Argonatome kann die Dichte des Neutrinostroms berechnet und mit den Erwartungen aus der Theorie des Sonneninnern verglichen werden. Das Chlor kann jedoch nur die Neutrinos aus einer unbedeutenden Nebenreaktion des Wasserstoffbrennens nachweisen, so daß der Vergleich selbst nicht ganz einfach ist.

Die bisherigen Ergebnisse der *Neutrinoastronomie* sind etwas beunruhigend: Man findet viel weniger Neutrinos als erwartet. Es ist unklar, ob das Problem in unseren theoretischen Vorstellungen über die Sonne, im Experiment selbst oder etwa an den Neutrinos liegt. Die Lösung des *solaren Neutrinoproblems* bleibt künftigen Experimenten überlassen, die direkt die Neutrinos aus den Hauptreaktionen des Wasserstoffbrennens nachweisen sollen. Eine besonders aufregende Lösungsmöglichkeit liegt in der Natur der gesuchten Teilchen selbst. Es gibt drei Sorten von Neutrinos, und derzeit glaubt man, daß alle drei völlig masselos sind. Sollten sie aber dennoch eine Masse besitzen, und sei sie noch so klein, dann sollten sie die Fähigkeit besitzen, sich von einer Sorte in eine andere zu verwandeln. Das besagt die derzeit gängige Theorie der Elementarteilchen, und das würde recht genau die Diskrepanz zwischen gemessenen und erwarteten Neutrinozahlen beseitigen. Die Frage der Neutrinomasse ist für die gesamte Physik – von der Elementarteilchentheorie bis zur Kosmologie – von fundamentaler Bedeutung. Es gibt so viele Neutrinos im Universum, daß sie selbst bei sehr geringer Eigenmasse einen wesentlichen Anteil der Gesamtmasse im Kosmos darstellen könnten. Das hätte ganz erhebliche Folgen für den Aufbau des Universums als Ganzem. Gleichgültig, welche der möglichen Antworten das Neutrinoproblem dereinst finden wird, wieder ist es unser heimischer G-Stern, der uns auf dem Weg zum Verständnis der Sternenwelt führt und leitet.

6.10 Lithium und das Alter der Sonne

Am Ende des Abschnitts 6.5 haben wir uns kurz angeschaut, wie die Rotation und die chromosphärische Emission von Sternen mit dem Alter abnimmt. Es gibt auch einen oberflächlichen Alterungsprozeß, der von Kernreaktionen erzeugt wird. Lithium, das dritte Element im Periodensystem, ist in der Sonne sehr selten. Seine Häufigkeit ist in der Sonnenatmosphäre um einen Faktor 100 geringer als in frühen Sternen und im interstellaren Gas, aus dem die Sonne ja vor rund 5 Milliarden Jahren entstand. Es ist ganz klar, daß das Lithium in der Sonne wirklich zwischenzeitlich verschwunden sein muß. Wenn man die Stärke der beiden Lithium-Resonanzlinien (Abschnitte 2.9 und 2.11) bei 6 708 Å in den Spektren vieler Hauptreihensterne untersucht, dann findet man eine systematische Abnahme des Lithiums von F bis K. Bei frühen K-Sternen verschwindet die Linie endgültig. Innerhalb eines Spektraltyps gibt es einen lockeren Zusammenhang zwischen der Lithiumlinie und dem Sternalter (Abbildung 6.16). Die Linie ist bei Mitgliedern junger Sternhaufen durchweg stärker. Dasselbe gilt außerhalb von Haufen für schnell rotierende Sterne mit starker chromosphärischer Emission, also solchen, die noch nicht magnetisch abgebremst wurden (siehe Abschnitt 6.5).

Lithium wird besonders leicht durch Kernreaktionen zerstört. Man nimmt an, daß es durch die Konvektion nach und nach in die tieferen Regionen eines Sterns transportiert wird. Schon bei mäßigen Temperaturen wird es dann durch den Einfang eines Protons in zwei Heliumkerne zerlegt (für die stellare Energieerzeugung ist dieser Prozeß unbedeutend). Späte Sterne haben tiefere Konvektionszonen. Es ist deshalb

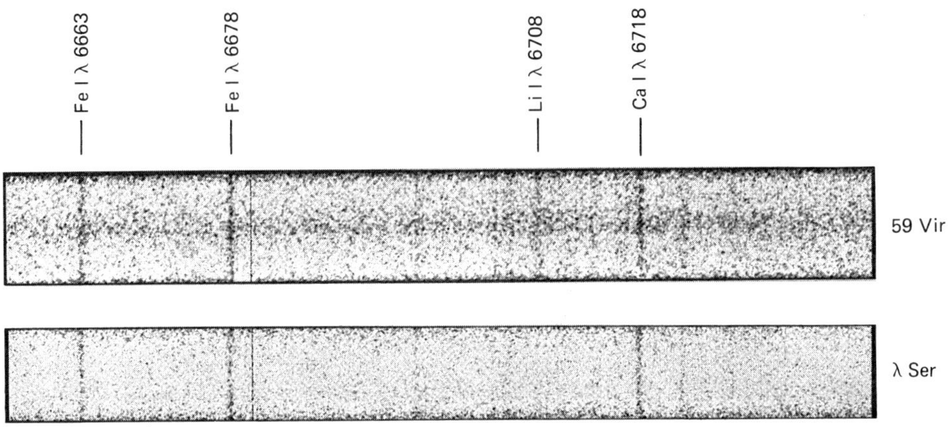

6.16 Lithium in Sternspektren. Diese beiden G0 V-Sterne haben praktisch identische Spektren mit Ausnahme der Lithium-Linie bei 6 708 Å. Bei 59 Vir ist sie deutlich zu sehen, bei λ Ser fehlt sie völlig. Die Ursache liegt in dem (vermutlich) größeren Alter von λ Ser. Im Laufe der Zeit wurde das ursprünglich in diesem Stern vorhandene Lithium durch Kernreaktionen zerstört, ebenso wie bei unserer Sonne. Auch die Lithium-Linie von 59 Vir wird im Laufe der Zeit verschwinden. Seit der Zusammenhang der Lithium-Linie mit dem Sternalter erkannt wurde, wird er benutzt, um junge Sterne am Himmel aufzufinden. Spektren des *Lick Observatory*, aus einem Artikel von G. H. Herbig im *Astrophysical Journal*.

verständlich, daß das Lithium bei ihnen vollständiger zerstört ist, und ebenso erscheint eine Abnahme mit dem Alter recht plausibel.

Das Problem ist nur, daß nach der gegenwärtigen Theorie dieser Prozeß bei Sternen des Spektraltyps G2 und früher nicht funktionieren sollte. Ihre Konvektionszonen sind nicht tief genug, um das Lithium hinreichend hohen Temperaturen auszusetzen. Man spekuliert deshalb über zusätzliche langsame Umwälzprozesse in Sternen, neben der normalen Konvektion. Das Problem ist ungelöst. Das Thema Lithium wird uns im nächsten Kapitel wieder beschäftigen, und zwar als wichtige Informationsquelle zum Komplex der Sternentstehung (siehe auch Kapitel 12).

6.11 Unterriesen, Riesen und Überriesen

Wir wollen uns nun abschließend den G-Sternen mit höherer Leuchtkraft zuwenden. Wenn wir im HR-Diagramm nach oben wandern, finden wir zunächst die Unterriesen. In der Klasse G treten sie erstmals in erheblicher Zahl auf, während sie bei K noch sehr selten waren und bei M völlig fehlten. Unter ihnen gibt es eine interessante Klasse von Bedeckungsveränderlichen (Abschnitt 5.4), die sogenannten *RS-Canum-Venaticorum-Sterne* (RS-CVn-Sterne). Ihre Helligkeit ändert sich auch außerhalb der eigentlichen Bedeckungen laufend. Zumeist sind beide Komponenten G-Unterriesen oder helle G-Zwerge (gelegentlich kommen auch F- und K-Typen vor). Als Folge von Gezeitenkräften rotieren die Komponenten synchron mit ihrem Bahnumlauf, also ziemlich schnell. Nach der Dynamo-Theorie der Sonnenaktivität sollten sie dann aber extrem aktiv sein. Und genau das sind sie auch. Die Helligkeitsvariationen außerhalb der Bedeckungen werden ziemlich sicher durch riesige Sternflecken erzeugt, die ungleichmäßig auf der Oberfläche der Sterne verteilt sind und durch die Rotation für uns sichtbar bzw. unsichtbar werden. Die Existenz ausgeprägter Koronen verrät sich durch die hohe Röntgenleuchtkraft dieser Objekte, und gelegentlich beobachtet man sehr starke Flares, analog denen der Flare-Sterne vom Typ M (Abschnitt 4.9).

Nochmals zwei Größenklassen weiter oben im HR-Diagramm finden wir die G-Riesen. Der Helligkeitsunterschied zwischen Riesen und Zwergen nimmt nun rapide ab: Ein Stern vom Typ G 2 III ist nur noch sechsmal so groß wie die Sonne. Die Überriesen können allerdings nach wie vor enorme Ausmaße annehmen: HR 8752 (G4 Ia-0), ganz oben in unserem HR-Diagramm, hat mehr als 500 Sonnendurchmesser. Die gesamte Erdbahn würde in ihn hineinpassen. Unter den Überriesen der Klasse G begegnen uns erstmals die berühmten *Cepheiden*, oder *δ-Cephei-Sterne*, die über Jahrzehnte eine ganz wichtige Rolle in der Astronomie innehatten. Es sind pulsierende Sterne mit nahezu ideal periodischem Lichtwechsel. Die meisten gehören dem Spektraltyp F an, einschließlich ihres Prototyps δ Cephei. Wir werden sie deshalb erst im nächsten Kapitel ausführlich behandeln. Aber die leuchtkräftigsten Cepheiden mit absoluten visuellen Helligkeiten um –4 mag sind G-Sterne, und so sollten sie hier wenigstens erwähnt werden (eine Handvoll extremer Cepheiden gehört sogar zur Klasse K).

Im Gegensatz zu den Cepheiden gehören die seltenen *RV-Tauri-Sterne* in erster Linie der Klasse G an. Diese Überriesen der Leuchtkraftklassen Ib-II zeigen langsame Variationen um eine oder mehrere Größenklassen, wobei immer abwechselnd ein tiefes und ein flaches Helligkeitsminimum zwischen gleich hohen Maxima auftritt. Ihre Perioden sind lang, um 100 Tage, und die Variationen sind relativ regelmäßig. Die Spektraltypen liegen zwischen spätem F und frühem K. Die RV-Tauri-Sterne ähneln den Mira-Sternen. Wie bei jenen pulsiert der ganze Sternkörper, Schockwellen laufen durch die Atmosphäre nach oben, die außen in einen starken Sternwind übergeht, und der Stern verliert große Mengen an Material in den interstellaren Raum. Das RV-Tauri-Phänomen hängt möglicherweise mit einem geringen Metallgehalt zusammen. Die Sterne gehören bevorzugt der Population II an, und man findet sie insbesondere in den ältesten Objekten der Population II, den Kugelhaufen. Es wird vermutet, daß sie unmittelbare Vorläufer von Planetarischen Nebeln (siehe Kapitel 11) sind.

Noch seltener als die RV-Tau-Sterne sind die metallarmen gelben *Halbregelmäßigen* oder SRd-Sterne. Sie weisen ebenfalls langsame, jedoch weitaus unregelmäßigere Helligkeitsschwankungen und geringere Amplituden auf. Man weiß noch nicht allzu viel über die paar Dutzend bisher bekannten Mitglieder dieser Klasse.

Wir verlassen nun die Geschwister der Sonne, um uns den massereicheren Sternen auf der oberen Hauptreihe zuzuwenden. Aber bevor wir das tun, wollen wir uns nochmals kurz zurücklehnen, um mit Muße unser Muttergestirn zu bewundern. Mit der Entwicklung immer leistungsfähigerer Instrumente und der Stationierung von

Teleskopen im Weltraum werden unsere Kenntnisse über die Sterne schnell weiter wachsen. Aber gleichgültig, wie gut wir dereinst Arkturus oder Wega oder irgend einen anderen Stern verstehen werden, es wird doch immer unsere Sonne bleiben, die uns einen Großteil des Weges dorthin gewiesen hat, die uns führte und half.

7. Die F-Sterne: Am Übergang von kühl nach heiß

Sirius, der hellste aller Sterne, belebt den Winterhimmel mit seinem Funkeln und Blitzen. Seine ständigen Farb- und Helligkeitsänderungen fallen auch solchen Menschen ins Auge, die sich sonst überhaupt nicht für Astronomie interessieren. Die irdische Luftunruhe und die große Helligkeit des Sirius, in Verbindung mit seiner stets geringen Höhe über dem Horizont, sind dafür verantwortlich. Sirius, der Hundsstern (so genannt nach seiner Lage im Sternbild Großer Hund), kündigte im alten Ägypten die jährlichen Überschwemmungen des Nils an. Sie folgten stets auf die erste Morgensichtbarkeit von Sirius. Dieser Stern war den antiken Astronomen so wichtig, daß sie ihm sogar zwei weitere Sterne als Herolde zuordneten. Der eine ist β Canis Majoris (B1 II-III), etwa 6 Grad westlich von Sirius. Sein arabischer Name Murzim (oder Mirzam) bedeutet „Ankündiger“. Der andere ist Procyon, dessen griechischer Name ebenfalls Gefolgschaft für Sirius andeutet: *pro* (vor), *kyon* (dem Hund). Er geht vor Sirius auf, weil er viel nördlicher steht.

So erscheint es angemessen, daß dieser gelb-weiße Stern erster Größe dem prächtigen Sirius auch physikalisch vorangeht und ihn sozusagen ankündigt: Procyon sei unser Musterbeispiel für die Klasse F, während Sirius im nächsten Kapitel die Klasse A repräsentieren wird.

Die Spektralklasse F (siehe Abbildung 7.3) stellt in vielerlei Hinsicht einen Übergang zwischen den bisher besprochenen kühlen Sternen und den in den nächsten Kapiteln folgenden heißen Sternen dar: Die Moleküllinien verschwinden endgültig; die Rotationsgeschwindigkeit auf der Hauptreihe wird plötzlich viel größer; andere (effektivere) Kernreaktionen übernehmen die Energieerzeugung; und die für die Klasse A typischen Seltsamkeiten der Elementhäufigkeiten deuten sich schon an. In gewisser Weise ist die ganze Klasse F ein Vorspiel für die A-Sterne. Allerdings besitzt sie auch ein ganz eigenes, individuelles Charakteristikum: Sie ist die Domäne der Cepheiden, jener pulsierenden Sterne, die für unser Verständnis der Sternentwicklung und der kosmischen Entfernungen so entscheidend wichtig waren (siehe Abbildung 7.1).

Wer südlich von 30 Grad geographischer Breite lebt, kann neben Procyon einen zweiten prominenten F-Stern sehen. Es ist Canopus, α Puppis, der rund 35 Grad südlich von Sirius steht und fast so hell ist wie dieser. Canopus ist ein Überriese vom Typ F0 Ib. Im HR-Diagramm steht er nicht weit vom wohl berühmtesten aller Sterne entfernt, dem Polarstern. Das ganze Universum dreht sich für uns Erdenbürger um einen F8-Überriesen zweiter Größe, der zufällig am Himmelsnordpol steht. Der

7.1 Die Kleine Magellansche Wolke, eine der beiden kleinen Nachbargalaxien der Milchstraße. Ihre Cepheiden, in der Mehrzahl F-Sterne, trugen entscheidend zur Definition der kosmischen Entfernungsskala bei. Ganz rechts ist der prachtvolle Kugelhaufen 47 Tucanae zu erkennen. Aus *ESO/SERC Southern Sky Survey*, Royal Observatory, Edinburgh.

leuchtkräftigste bekannte F-Stern ist wahrscheinlich ρ Cassiopeiae (Abbildung 7.2). Er ist um mehr als zwei Größenklassen veränderlich. Bei seiner Maximalhelligkeit besitzt er den Spektraltyp F8 Ia, seine scheinbare Helligkeit beträgt dann etwa 4 mag, seine absolute Helligkeit dagegen enorme –10 mag. Im Minimum besitzt er den Spektraltyp K.

Das bloße Auge erkennt am ganzen Himmel rund 500 Hauptreihensterne vom Spektraltyp F (Abbildung 7.3), ein Zeichen für die immer noch stark zunehmende Leuchtkraft der Zwergsterne zu den früheren Spektraltypen hin. Allerdings gehören nur drei der 500 zur dritten Größenklasse, und kein einziger ist heller. Es handelt sich um α Hydri (2,9 mag), α Circini (3,2 mag) und π^3 Orionis (ebenfalls 3,2 mag). Der letztere ist leicht erkennbar als der hellste in der Kette von Sternen, die den linken

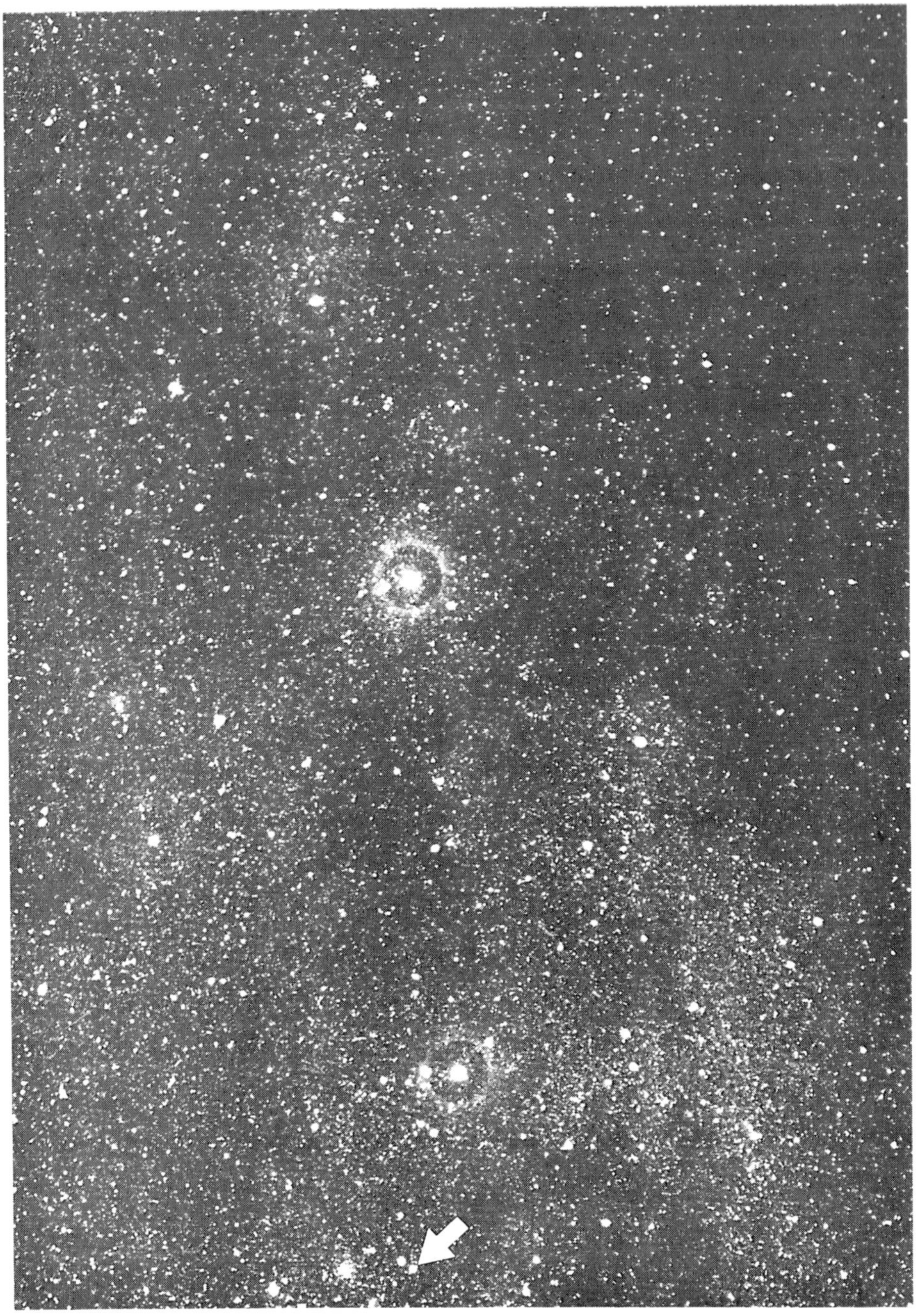

7.2 Der Westteil des Sternbilds Cassiopeia mit zwei hellen F-Sternen. Der eine ist β Cas (F1 IV), im Bild erkennbar als der untere der beiden Sterne mit Reflexionsringen. Der andere F-Stern ist ρ Cas, einer der leuchtkräftigsten Sterne der gesamten Milchstraße. Er ist mit einem Pfeil nahe des unteren Bildrandes markiert. ρ Cas ist ein unregelmäßiger Veränderlicher, der von Zeit zu Zeit um zwei Größenklassen schwächer werden kann. Sein Spektraltyp wechselt dabei von F nach K. Der helle Stern in der Bildmitte ist γ Cas, ein variabler B0e-Unterriese. Photo: Lowell Oberservatory.

7.3 Das HR-Diagramm für die Klassen F und G. Links sind nun Canopus und der seltsame Bedeckungsveränderliche ε Aurigae im Bild erschienen. Ganz oben ist ρCas zu sehen. Der schattierte Bereich ist der Instabilitätsstreifen, in dem die Cepheiden, die W-Virginis-Sterne und die RR-Lyrae-Sterne zu finden sind. Der Streifen setzt sich nach unten links bis zur Spektralklasse B fort. Quelle der Abbildung: Siehe Abbildungen 3.8 und 12.7.

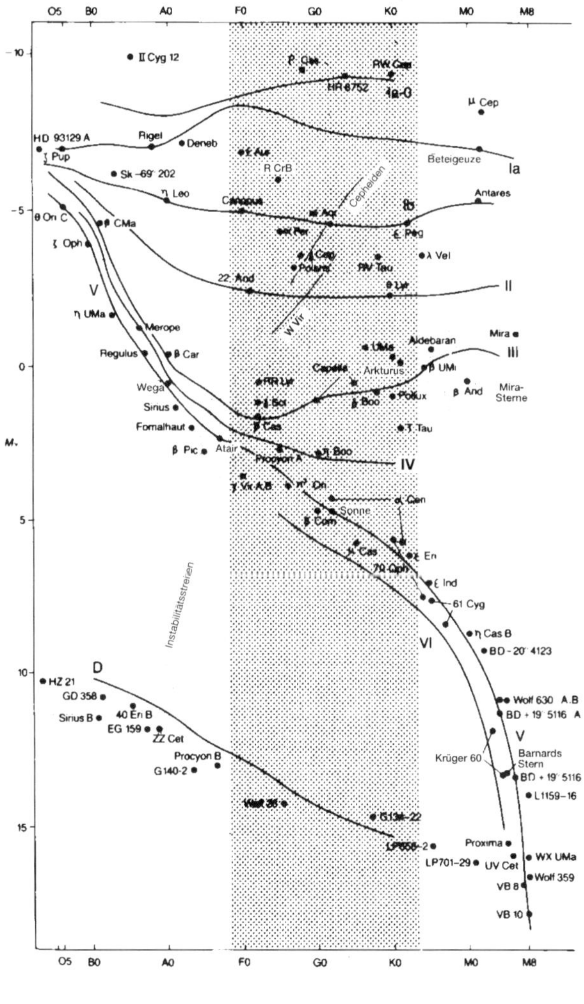

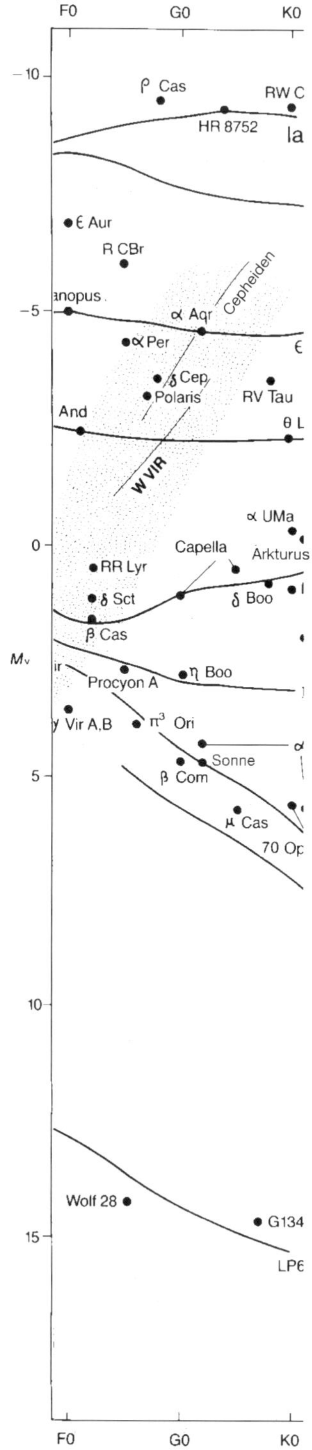

Arm und den Mantel des Orion bilden. Gamma Virginis erscheint dem bloßen Auge zwar auch als F-Stern der Helligkeit 2,9 mag, aber ein Fernrohr zeigt ihn als wunderschönes Paar aus zwei F0-Zwergen, die nur wenige Bogensekunden voneinander entfernt stehen und jeweils 3,7 mag hell sind.

7.1 Die Spektren

Wenn man von G kommend die Spektralklasse F durchschreitet (Abbildung 7.4), sieht man die Spektren immer einfacher und linienärmer werden. Die zahlreichen Linien einfach ionisierter Metalle verschwinden allmählich. Sie werden durch Linien zweifach ionisierter Atome ersetzt, die jedoch fast alle im Ultraviolettbereich liegen. Die Wasserstoff-Linien nehmen weiter an Stärke zu. Zusammen mit den allmählich schwächer werdenden Ca-II-Linien dominieren sie nun das gesamte optische Spektrum. Das G-Band des CH-Moleküls nimmt mit steigender Temperatur rasch ab und ist bei F3 völlig verschwunden.

Die spektrale Unterklasse bestimmt man am leichtesten aus dem Stärkeverhältnis der Linie von Ca I bei 4 227 Å zu Hδ bei 4 102 Å. Ca I wird zu früheren Typen sehr schnell schwächer, während Hδ langsam zunimmt. Bei späten F-Sternen kann man auch die Überreste des G-Bands ganz gut zur Festlegung der Unterklasse verwenden. Die Leuchtkraftklasse wird durch den Vergleich von ionisierten mit neutralen Metallen bestimmt, zum Beispiel Fe II zu Fe I, Ti II zu Ca I oder Mg I sowie Y II oder Sr II zu Fe I. Wie üblich nimmt der Ionisationsgrad des Gases mit abnehmender Dichte zu (siehe Abschnitt 3.7).

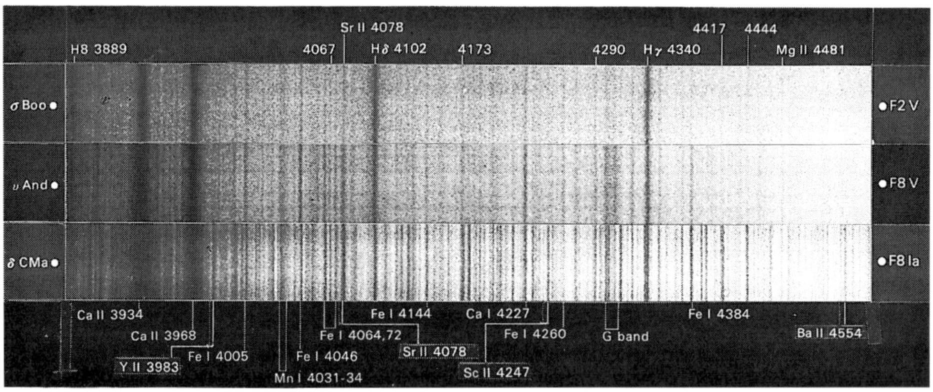

7.4 Eine Auswahl von F-Spektren. Es sind zwei Hauptreihensterne und ein Überriese gezeigt. Man beachte das Verschwinden des G-Bands und die Zunahme der Wasserstoff-Linien bei dem F2-Stern im Vergleich zu dem späteren F-Zwerg. Bei dem Überriesen fallen im Vergleich zum Zwerg gleichen Spektraltyps insbesondere die Verstärkung der ionisierten Metalle und wiederum der Verlust des G-Bandes ins Auge. Die Linien mit Wellenlängen- aber ohne Elementangabe stammen alle von Fe II. Aus *An Atlas of Representative Stellar Spectra* von Y. Yamashita, K. Nariai und Y. Norimoto, University of Tokyo Press, Tokyo, John Wiley and Sons, New York, 1978.

Bei höherer spektraler Auflösung (Abbildungen 7.5 und 7.6) zeigen sich interessante Details. Man beachte zum Beispiel das Aussehen der Eisenlinien und das Auftreten ungewöhnlicher Elemente bei Procyon und α Persei. Bei dem Überriesen α Per findet man eine ausgeprägte Verschmierung der einzelnen Linien durch turbulente Gasbewegungen in dessen Atmosphäre.

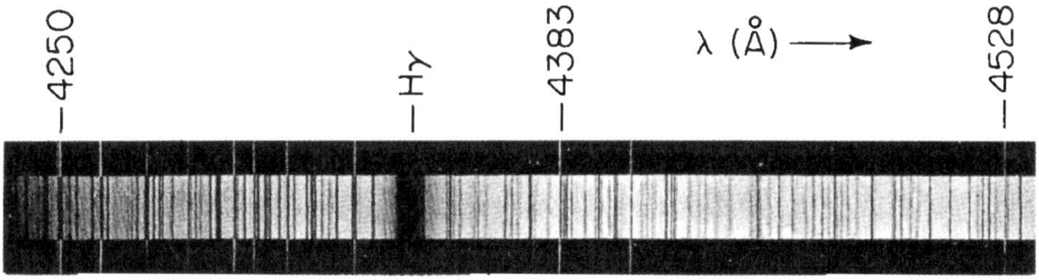

7.5 Das Spektrum von Canopus (F0 Ib), dem zweithellsten Stern des Himmels, bei mittlerer Auflösung. Der Ausschnitt zeigt die Umgebung von Hγ. Die Eisenlinien im Spektrum erkennt man daran, daß sie mit den Linien des Vergleichsspektrums (aus einer Eisenlichtbogenlampe) zu beiden Seiten des Sternspektrums zusammenfallen. Die meisten übrigen Linien stammen von anderen häufigen Metallen wie Titan und Chrom. Aus *The Binary Stars* von R. G. Aitken, McGraw-Hill, New York, 1935.

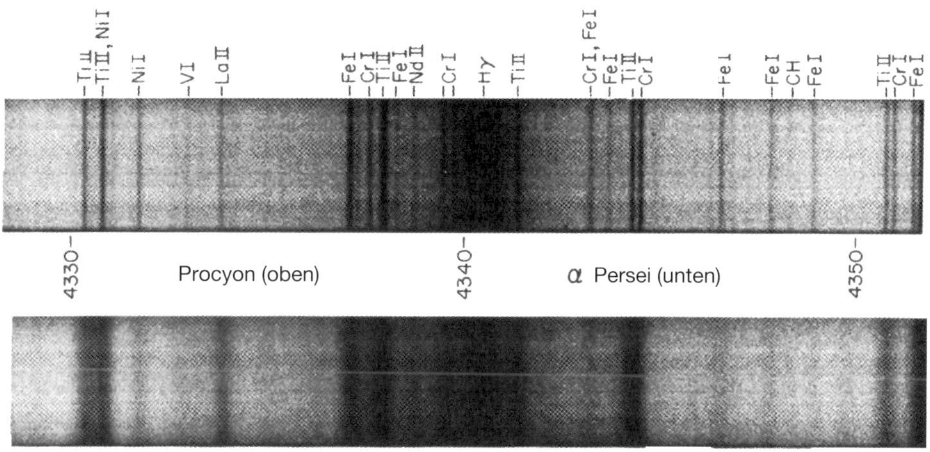

7.6 Vergleich der Umgebung von Hγ in hochaufgelösten Spektren eines F5-Unterriesen (Procyon) und eines F5-Überriesen (α Persei). Diese beiden schönen Aufnahmen wurden mit dem Coudé-Spektrographen des 2,5-Meter-Teleskops auf dem Mt. Wilson angefertigt. Wiederum gehören die meisten Linien zu häufigen Metallen. Man beachte aber das Auftreten von seltenen Elementen wie Vanadium und ganz besonders von Neodym, einem Element der Lanthanidenreihe (der Seltenen Erden) im Periodensystem der Elemente. Im Spektrum von Procyon ist darüber hinaus eine einzelne CH-Linie schwach erkennbar. Im Vergleich mit den schwächer aufgelösten Spektren, die zur Klassifikation verwandt werden (Abbildung 7.4), erkennt man in diesem winzigen Ausschnitt viel mehr Linien. Die höhere Auflösung läßt auch die Linienverbreiterung im Spektrum des Überriesen hervortreten, die vorher überhaupt nicht zu erkennen war. Die Verbreiterung wird durch den Dopplereffekt aufgrund von weitgehend unverstandenen Gasbewegungen („Turbulenz“) in der Atmosphäre des Überriesen erzeugt. Photos: Mt. Wilson und Las Campanas Observatories, Carnegie Institution of Washington, mit freundlicher Genehmigung von R. und R. Griffin.

7.2 Zwerge am Übergang: Der nukleare CNO-Zyklus

Wie bereits erwähnt, bilden die F-Sterne einen Übergang zwischen den kühlen und den heißen Sternen, die sich in vielen fundamentalen Eigenschaften voneinander unterscheiden. Einer dieser wichtigen Unterschiede liegt im tiefen Innern der Sterne: der Mechanismus des Wasserstoffbrennens. Wir wissen bereits (Abschnitte 1.17 und 4.8), daß die Leuchtkraft eines Hauptreihensterns stark von seiner Masse abhängt. Mit der Masse steigt die Zentraltemperatur, und mit dieser wiederum die Geschwindigkeit der zentralen Kernreaktionen. Aus den Massebestimmungen von Doppelsternkomponenten (Abschnitt 1.6) wissen wir, daß die Leuchtkraft ganz grob der 3,5ten Potenz der Masse proportional ist. Das heißt, daß mit jeder Verdopplung der Masse die Leuchtkraft um einen Faktor 10 wächst.

Alle Hauptreihensterne erzeugen ihre Energie aus der Fusion von vier Wasserstoffatomkernen zu einem Heliumkern (die zusätzlichen Energiequellen der Riesen und Überriesen, wie das bereits erwähnte Heliumbrennen werden wir erst später erörtern). In massearmen Sternen wie der Sonne geschieht dies mit der Proton-Proton-Reaktion (siehe Abschnitt 6.9 und Kasten 6.1), also durch direkte Stöße zwischen Wasserstoffatomkernen. Jedoch reicht dieser Prozeß schon bei wenig mehr als einer Sonnenmasse nicht mehr aus, um die beobachteten Leuchtkräfte zu erklären. Mit anderen Worten: Die Temperaturabhängigkeit der Proton-Proton-Reaktion ist zu gering, um die beobachtete Masse-Leuchtkraft-Beziehung für Sterne der Spektraltypen F und früher hervorbringen zu können. Die Energie massereicher Hauptreihensterne entspringt einem anderen Prozeß, dem *CNO-Zyklus*, in dem Kohlenstoff (C) als eine Art von Katalysator dient. Die beiden anderen Buchstaben in der Bezeichnung des Prozesses bedeuten die chemischen Symbole für Stickstoff (N) und Sauerstoff (O), die dabei als Zwischenprodukte auftreten (siehe Kasten 7.1). Die Reaktionsrate des CNO-Zyklus ist noch viel stärker temperaturabhängig als die der Proton-Proton-Reaktion, so daß er bei den niedrigen Zentraltemperaturen der K- und M-Sterne völlig unbedeutend ist. Selbst die Sonne erzeugt nur etwa 5 Prozent ihrer Energie daraus. Aber schon bei wenig höherer Zentraltemperatur dominiert er die Energieerzeugung. Da der Kohlenstoff für den CNO-Zyklus bereits vorhanden sein muß, hängt das Verhältnis der beiden Reaktionsraten selbstverständlich von der Kohlenstoffhäufigkeit im Stern ab. Bei einer solaren Elementmischung liegt die 50-Prozent-Marke für den CNO-Zyklus etwa beim Spektraltyp F0 bis F2, also bei rund 1,6 Sonnenmassen.

7.3 Die Rotationsgeschwindigkeit der Sterne

Ein weiterer wichtiger Unterschied zwischen den kühlen und den heißen Sternen liegt in ihren Rotationsgeschwindigkeiten. Wie wir bereits in Abschnitt 6.5 gelernt haben, rotieren Hauptreihensterne des Spektraltyps G mit typischerweise 5 km/sec (Ausnahme: Sternhaufenmitglieder), und die K- und M-Sterne drehen sich noch

7.1 Der CNO-Zyklus.

Bei etwa F0 übernimmt der CNO-Zyklus (auch Kohlenstoff-Stickstoff-Zyklus genannt) die führende Rolle bei der Energieerzeugung der Hauptreihensterne. In späteren Sternen überwiegt die Proton-Proton-Reaktion (Kasten 6.1), die in Sternen der Spektraltypen A und früher schnell bedeutungslos wird. Im CNO-Zyklus katalysiert der Kohlenstoff die Vereinigung von 4 Protonen zu einem Heliumatomkern:

$$^{12}C + {}^{1}H \rightarrow {}^{13}N + \gamma$$
$$^{13}n \rightarrow {}^{13}C + \gamma + \nu$$
$$^{13}C + {}^{1}H \rightarrow {}^{14}N + \gamma$$
$$^{14}N + {}^{1}H \rightarrow {}^{15}O + \gamma$$
$$^{15}O \rightarrow {}^{15}N + \gamma + \nu$$
$$^{15}N + {}^{1}H \rightarrow {}^{12}C + {}^{4}He + \gamma$$

Die Isotope ^{13}N und ^{15}O sind radioaktiv. Sie zerfallen rasch in das jeweils nächstniedrigere Element. Dabei erzeugen sie zunächst je ein Positron, das aber sofort mit einem Elektron des umgebenden Gases zu Gammaquanten zerstrahlt. Die in den einzelnen Reaktionen auftretenden Neutrinos (Abschnitt 6.9) sind durch ν bezeichnet. Zum CNO-Zyklus gehören eine Menge von Nebenreaktionen, die hier nicht diskutiert werden sollen.

langsamer. Beim Spektraltyp F beginnt der typische Wert der Rotationsgeschwindigkeit plötzlich sehr stark anzusteigen: 30 km/sec bei F5, 100 km/sec bei F0, bis hin zu Werten über 200 km/sec bei B-Sternen. Es wäre sicher interessant, bei einem F0-Stern aus der Nähe zu beobachten, wie er sich in weniger als einem Tag um seine Achse dreht. Die langen Rotationsperioden der späten Sterne sind aus periodischen Variationen ihrer chromosphärischen Emissionslinien abgeleitet worden. Bei höheren Drehgeschwindigkeiten kann man den Dopplereffekt zum Nachweis der Rotation verwenden. Er verursacht eine Verbreiterung der Spektrallinien (Abbildung 7.7). Die

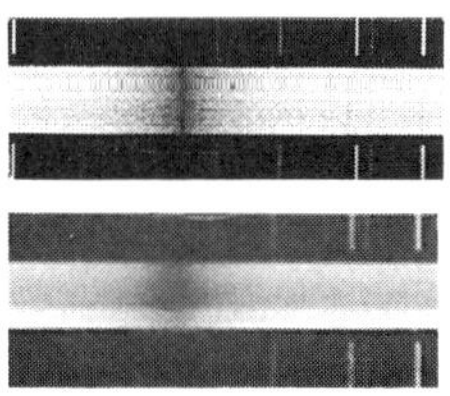

7.7 Die Rotationsgeschwindigkeit von Sternen kann aus der charakteristischen Rotationsverbreiterung der Spektrallinien bestimmt werden. Dies ist hier am Vergleich zweier A0-Zwerge gezeigt. Wega (oben) rotiert mit nur 15 km/sec (projiziert auf unsere Blickrichtung). Folglich besitzt ihre Hδ-Linie die für diese Sterne normale Struktur aus einem scharfen dunklen Kern und allmählich auslaufenden Flügeln. Im Spektrum von ζ Aquilae (unten) ist die Linie durch den Rotationseffekt völlig verwaschen, insbesondere der scharfe Kern ist völlig verschwunden. Zeta Aquilae rotiert mit 345 km/sec. Sterne mit scharfen Linien wie Wega können in Wahrheit ebenfalls schnell rotieren, wenn die Rotationsachse ziemlich genau auf die Erde zeigt. Photo: National Optical Astronomy Observatories (Kitt Peak), mit freundlicher Genehmigung von E. C. Olson.

eine Seite des rotierenden Sterns bewegt sich auf uns zu, so daß die Linien nach blau verschoben werden; die andere Seite bewegt sich von uns weg, mit einer entsprechenden Rotverschiebung als Konsequenz. Die Mitte der sichtbaren Sternscheibe bewegt sich quer zur Blickrichtung, erzeugt also eine unverschobene Spektrallinie. In der Summe wird so jede Linie für sich breiter und flacher. Der Effekt der Rotation ist sehr leicht von anderen Linienverbreiterungsmechanismen (zum Beispiel Magnetfeldern, turbulenten Gasbewegungen oder hohem Gasdruck) zu unterscheiden, weil er *alle* Linien gleichermaßen betrifft und zudem eine sehr charakteristische Linienform erzeugt. Aus der Größe der Dopplerverschiebungen kann man mit Hilfe der Formel in Abschnitt 2.12 die Drehgeschwindigkeit berechnen. Mit einem Schätzwert für den Sterndurchmesser ergibt sich daraus dann die Rotationsperiode.

Das Problem bei diesem Vorgehen liegt in der unbekannten Orientierung der Rotationsachse eines Sterns. Zeigt sie genau auf die Erde, schauen wir also direkt auf einen Pol des Sterns, dann gibt es natürlich keinerlei Dopplerverschiebungen – gleichgültig, wie schnell der Stern sich drehen mag. Die volle Rotationsgeschwindgkeit zeigt sich in der Linienverbreiterung nur dann, wenn die Drehachse senkrecht auf der Blickrichtung steht. Normalerweise messen wir nur das Produkt aus der äquatorialen Rotationsgeschwindigkeit v und einer mathematischen Funktion des Winkels i zwischen der Blickrichtung und der Rotationsachse: v sin i. Der Sinus eines jeden Winkels ist kleiner (höchstens gleich) 1, so daß wir also in jedem Fall eine untere Grenze für die wahre Rotationsgeschwindigkeit erhalten. Die wahre Verteilung der Drehgeschwindigkeiten einer Sternklasse oder -gruppe erhält man dann erst durch eine statistische Analyse der Meßwerte vieler Sterne dieser Gruppe. Einer solchen Analyse liegt die Annahme zugrunde, daß die Rotationsachsen der Sterne rein zufällig verteilt in alle Raumrichtungen zeigen (die Richtigkeit dieser Annahme wurde schon vor langer Zeit auf anderem Wege bewiesen). Eine besonders simple (jedoch nicht besonders gute) Form der statistischen Analyse sieht so aus: Wir nehmen an, daß alle Sterne der Gruppe in Wahrheit gleich schnell rotieren. Dann sind einfach die größten Meßwerte gleich der wahren Rotationsgeschwindigkeit in der Gruppe (denn sie gehören dann zu den Sternen, deren Achsen senkrecht zu unserer Blickrichtung stehen).

Der Grund für den plötzlichen Anstieg der Rotationsgeschwindigkeit zu früheren Spektraltypen liegt vermutlich in dem Prozeß der magnetischen Abbremsung, den wir in Abschnitt 6.5 kennengelernt haben. Er kann nur in den späten Sternen mit ihren tiefen Konvektionszonen wirksam werden. Vermutlich haben sie sich in ihrer Jugend ähnlich schnell gedreht wie ihre massereicheren Brüder, sind aber in der Zwischenzeit abgebremst worden. Auf der oberen Hauptreihe gibt es keine Konvektionszonen, folglich rotieren die frühen Sterne noch mit der ursprünglichen Geschwindigkeit.

Die Messung der Rotation von späten Hauptreihensternen in Sternhaufen bestätigt diese Vermutung. In jungen Haufen rotieren alle Sterne mit grob gleichen Perioden; die scharfe Trennung der massereichen und massearmen Sterne hat sich noch nicht herausgebildet (wir erinnern uns: Junge Haufen sind solche, deren Hauptreihe noch O- und B-Sterne enthält). Zwar rotieren auch dort die späten Sterne etwas langsamer als die frühen, aber das liegt nur an ihrer geringeren Größe. Schaut man bei Haufen zunehmenden Alters nach, so findet man, daß die Mitglieder späten Typs in der Tat immer langsamer rotieren. Bei sehr alten Haufen sind sie von Nicht-Haufen-Sternen nicht mehr zu unterscheiden. Daraus folgt, daß sie tatsächlich durch irgend etwas abgebremst werden.

Die Rotation, die den magnetischen Dynamo bei den späten Sternen erst ermöglicht, vernichtet sich also durch diesen Mechanismus im Endeffekt selbst.

7.4 Die Hertzsprung-Lücke und der Übergang zu den A-Sternen

Ab der Klasse F sind die Riesen von den Zwergen nicht mehr durch eine deutliche Lücke im Hertzsprung-Russell-Diagramm getrennt. Die absolute Helligkeit der Sterne in der Leuchtkraftklasse III erreicht bei F4 ein Minimum, das sie auf weniger als eine Größenklasse an die Hauptreihe heranführt. Von dort aus laufen die beiden Leuchtkraftklassen III und V ungefähr parallel nach links oben im HR-Diagramm (siehe Abbildung 3.8 oder 7.3). Rechts von dem Punkt der größten Annäherung, das heißt bei den späten F- und frühen G-Sternen, finden wir in der Sonnenumgebung nur sehr wenige Riesen. Dies ist die berühmte *Hertzsprung-Lücke*, die wir schon einmal in Abbildung 3.6 kurz erwähnten. Sie wird durch eine besonders schnelle Phase der Sternentwicklung hervorgerufen (die wenigen F-Sterne an dieser Stelle des HR-Diagramms sind also wiederum „Objekte im Übergang", wenn auch in einem etwas anderen Sinn). Modernere HR-Diagramme zeigen, daß die Hertzsprung-Lücke sich von A0 bis M0 erstreckt. Wir werden später darauf zurückkommen.

Bei den F-Sternen finden wir die ersten Exemplare von Hauptreihensternen mit ungewöhnlichen Elementhäufigkeiten. Einzelne, zumeist ziemlich schwere Elemente sind bei ihnen extrem überhäufig, teilweise um mehrere Zehnerpotenzen. Da diese Sterne aber mehr für die Klasse A charakteristisch sind, verschieben wir ihre Diskussion auf das folgende Kapitel.

In Abbildung 3.10 sahen wir, daß die Linien für die Riesen und Zwerge sich bei F8 überkreuzen: Nur zwischen F8 und A0 sind die Riesen heißer als die Zwerge gleichen Spektraltyps, sonst sind sie stets kühler. Diese Besonderheit hat ihre Ursache nicht eigentlich in der Physik der Sterne, sondern ist mehr eine Kuriosität des Klassifikationsschemas. Die Effektivtemperatur der Sterne wird aus einer Vielfalt komplizierter Argumente und Rechnungen bestimmt, ohne allzu engen Bezug zu den Linien, die den Spektraltyp definieren. Deshalb kann man von vornherein nicht erwarten, daß die Spektralklassifikation die physikalischen Größen der Sterne in einfacher und logischer Weise wiedergibt. Es ist ja gerade der Vorzug einer rein empirischen Klassifikation, daß sie bereits Ordnung in die beobachtete Vielfalt bringt, *bevor* man diese physikalisch verstanden hat.

Ein letzter Punkt, der möglicherweise eine Erscheinung der A-Sterne vorwegnimmt, betrifft die Lithium-Häufigkeiten in F-Sternen. Wir sind dem sogenannten

Lithium-Problem in Abschnitt 3.10 schon einmal begegnet: Je früher der Spektraltyp eines Hauptreihensterns, desto kleiner seine Konvektionszone, desto weniger Lithium kann er im Laufe der Zeit zerstören. Nach der gegenwärtigen Theorie sollten die F-Sterne überhaupt kein Lithium mehr zerstören können, also alle noch die ursprüngliche „kosmische" Lithiumhäufigkeit in ihren Atmosphären aufweisen. Dennoch sieht man bei mehr als der Hälfte eine erhebliche Unterhäufigkeit des Lithiums. Niemand weiß, was dem Lithium passiert sein könnte. Durch simplen konvektiven Transport in heißere Schichten, wie in den kühlen Sternen, kann es jedenfalls nicht zerstört worden sein. Bei den A-Sternen scheint ein hinterhältiger Prozeß, genannt *Diffusion*, an der Arbeit zu sein, mit dessen Hilfe die schweren Atome innerhalb des Sterns nach unten „rieseln" – und so allmählich aus der Atmosphäre verschwinden. Das hat die unangenehme Folge, daß wir aus den Spektren der Sterne nicht mehr ihre wahre chemische Zusammensetzung ableiten können. Es besteht der Verdacht, daß ein derartiger Prozeß auch das Lithium-Problem der F-Sterne erzeugt, aber wir wissen es nicht. Offensichtlich sind unsere derzeitigen Theorien verbesserungsbedürftig.

7.5 Instabilität: Die Cepheiden

Mit der Klasse F haben wir die Stammheimat der pulsierenden Veränderlichen erreicht. Unser HR-Diagramm (Abbildung 7.3) zeigt jetzt deutlicher den riesigen *Instabilitätsstreifen*, der sich im vorangehenden Kapitel nur andeutete. Der Streifen erstreckt sich von den hellen G-Überriesen über die F- und A-Riesen bis zu den Unterriesen und Zwergen. Zwar tragen die verschiedenen Untergruppen und Sterntypen innerhalb dieses Streifens verschiedene Namen und besitzen auch sehr verschiedene Eigenschaften, aber eines haben alle gemeinsam: Sie pulsieren. In regelmäßigem Rhythmus blähen sie sich auf und ziehen sich wieder zusammen. Im Gleichtakt mit dem Radius ändern sich Temperatur und Helligkeit. Der Motor dieser ganzen Erscheinung ist eine instabile Schale nicht allzuweit unterhalb der Sternoberfläche.

Die bekannteste Klasse von pulsierenden Veränderlichen sind die *Cepheiden* oder *δ-Cephei-Sterne*. Ihren Namen verdanken sie dem Prototyp δ Cep. Neben diesem Stern, der circa 3 mag hell ist, gibt es eine Anzahl weiterer Cepheiden, die mit dem bloßen Auge beobachtbar sind (Tabelle 7.1). Die δ-Cephei-Sterne sind in Wirklichkeit sehr selten. Da es sich aber zumeist um Überriesen handelt, kann man sie noch in großer Entfernung sehen. Folglich findet man sie am Himmel trotz ihrer Seltenheit in recht großer Zahl. Allein in unserer Milchstraße sind rund 1 000 bekannt. Die Lichtkurven von Cepheiden sind durch einen steilen Helligkeitsanstieg zum Maximum und einen langsameren Abfall zum Minimum charakterisiert (Abbildung 7.8). Ihre bemerkenswerteste Eigenschaft ist jedoch ihre Regelmäßigkeit. Wie ein Uhrwerk führt der Stern eine Schwingung nach der andern aus. Der Verlauf der Helligkeit mit der Zeit wiederholt sich mit einer streng eingehaltenen Periode von einigen Tagen bis Wochen vollkommen identisch über Jahre und Jahrzehnte. Die Amplituden liegen zwischen einer halben und zwei Größenklassen, die Periodenlängen zwischen 2 und

Tabelle 7.1: Vier helle Cepheiden.

Im Prinzip können Sie als Leser aus den angegebenen Daten und der Perioden-Leuchtkraft-Beziehung selbständig die Entfernungen der vier Sterne bestimmen. Da die letzten drei Sterne aber durch interstellaren Staub geschwächt und gerötet sind, werden die abgeleiteten Werte bei ihnen nur obere Grenzen für die wahren Entfernungen darstellen. Genauere Zahlen kann man erhalten, wenn man zusätzlich zu Periode und Helligkeit auch noch Farbe und Spektraltyp in die Kalkulation mit einbezieht. Durch Vergleich der gemessenen Farbe eines Sterns mit der aus seinem Spektraltyp zu erwartenden Farbe kann man ermitteln, wie stark die interstellare Absorption sein Licht beeinflußt hat. Wir werden darauf in Kapitel 9 näher eingehen.

Stern	Periode (Tage)	visuelle Helligkeit	Spektraltyp
Polaris	3,97	1,94–2,05	F7 Ib–II
δ Cep	5,37	3,90–5,09	F5 Ib – G2 Ib
η Aql	7,18	4,08–5,36	F6 Ib – G2 Ib
ζ Gem	10,15	3,68–4,16	F7 Ib – G3 Ib

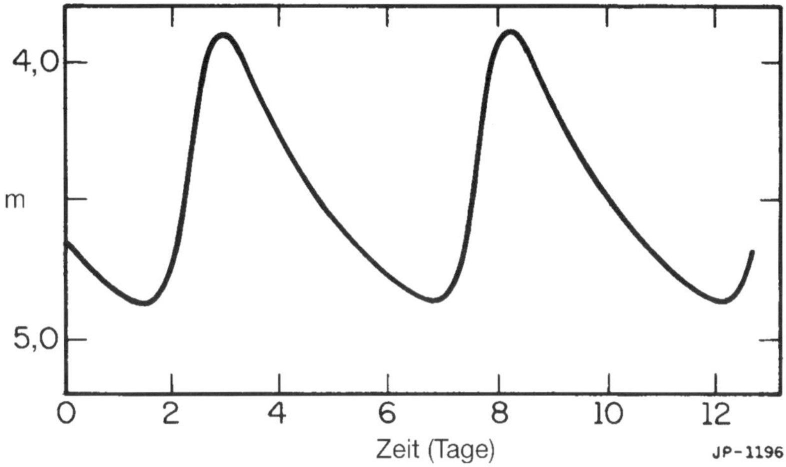

7.8 Die Lichtkurve von δ Cephei. Nach einer Abbildung in *The Story of Variable Stars* von L. Campbell und L. Jacchia, Blakiston, Philadelphia, 1941.

100 Tagen. Regelmäßige Änderungen der Radialgeschwindigkeit sind der überzeugendste Beleg dafür, daß radiale Schwingungen des Sternkörpers die Helligkeitsänderungen verursachen. Wenige Dutzend Kilometer pro Sekunde betragen die Geschwindigkeiten, mit denen sich die Oberflächen der Sterne rhythmisch auf uns zu und von uns weg bewegen. Vergleicht man den Verlauf der Radialgeschwindigkeit mit der Lichtkurve, so zeigt sich, daß die Sterne nicht dann am hellsten sind, wenn sie am größten sind, sondern etwa zum Zeitpunkt der größten Expansionsgeschwindigkeit. Dieser fällt etwa mit den Maxima der ebenfalls schwankenden Oberflächentemperatur zusammen.

Die wichtigste und interessanteste Eigenschaft der Cepheiden wurde 1912 von Henrietta Leavitt am Harvard College Observatory entdeckt. Sie untersuchte damals die Veränderlichen Sterne in der Kleinen Magellanschen Wolke (Abbildungen 1.7 und 7.1), einer kleinen Nachbargalaxie unserer Milchstraße. Dabei stellte sie fest, daß es einen engen Zusammenhang zwischen der (mittleren) scheinbaren Helligkeit und der Periode der einzelnen Cepheiden gibt. Die längsten Perioden gehören zu den größten Helligkeiten. Nun sind alle Mitglieder der Kleinen Magellanschen Wolke in der selben Entfernung von uns. Daraus folgt, daß ihre *absoluten* Helligkeiten streng mit ihrer Periode korreliert sind. Obwohl dieser Zusammenhang damals eine große Überraschung bedeutete, ist er physikalisch leicht zu verstehen: Je heller ein Stern ist, umso größer (und massereicher) wird er sein, und umso länger wird er für eine Schwingung brauchen.

Mit dieser Entdeckung war der Astronomie ein ganz wichtiges Werkzeug zur Bestimmung großer Entfernungen an die Hand gegeben. Man brauchte nur noch die Entfernung (und damit die absolute Helligkeit) einiger weniger Cepheiden unserer eigenen Galaxis direkt zu bestimmen, um die *Perioden-Leuchtkraft-Beziehung* der Cepheiden in der Magellanschen Wolke zu kalibrieren (Abbildung 7.9). Danach konnte man die Distanz jedes beliebigen Cepheiden sofort ausrechnen, wenn man nur seine Periode und seine (mittlere) scheinbare Helligkeit bestimmt hatte: Die Periode gibt uns mittels der Abbildung 7.9 die absolute Helligkeit. Die Differenz zur scheinbaren Helligkeit ist der Entfernungsmodul. Die große Leuchtkraft der Cepheiden erlaubt die Anwendung dieses simplen Verfahrens bis in große Entfernungen. Es ist bis heute eines der besten Mittel zur Ausmessung der Galaxienwelt in der Nähe der Milchstraße (siehe Abbildung 7.10).

In der praktischen Anwendung hat es sich jedoch mehrfach als sehr tückisch erwiesen. Die Natur konfrontiert uns mit zwei verschiedenen Klassen von Cepheiden, deren absolute Helligkeiten sich um einen Faktor 5 bis 10 voneinander unterscheiden (Abbildung 7.9). Jede gehört zu einer der beiden Sternpopulationen: Die *lassischen Cepheiden* zur Population I und die schwächeren *W-Virginis-Sterne* zur Population II, erstere also zur galaktischen Scheibe, letztere zum Halo. Die Trennung der Cepheiden in die beiden Untergruppen entsteht aus dem Zusammenwirken zweier Faktoren, einer großen Massendifferenz einerseits und einem Unterschied in der chemischen Zusammensetzung andererseits. Die Scheibencepheiden besitzen zwischen 5 und 15 Sonnenmassen, grob zehnmal so viel wie die W-Vir-Sterne. Diese Massendifferenz alleine würde einen riesigen Helligkeitsunterschied bewirken. Aber der geringe Metallgehalt der Population II läßt die W-Vir-Sterne fast bis zur Helligkeit ihrer massereicheren Brüder aufrücken. Im Innern von Sternen des hier betrachteten Temperaturbereichs wird die *Opazität* des Gases (das ist die Fähigkeit, Strahlung zu absorbieren) fast ausschließlich von den schweren Atomen erzeugt. Je weniger davon vorhanden sind, desto leichter kann die Strahlung durch den Stern nach außen fließen, und umso heller leuchtet er.

Abbildung 7.9 macht deutlich, daß man jeden pulsierenden Veränderlichen erst sorgfältig in eine der beiden Unterklassen einordnen muß, bevor er zur Entfernungsbestimmung verwandt werden kann. Wenn man einen W-Vir-Stern versehentlich als

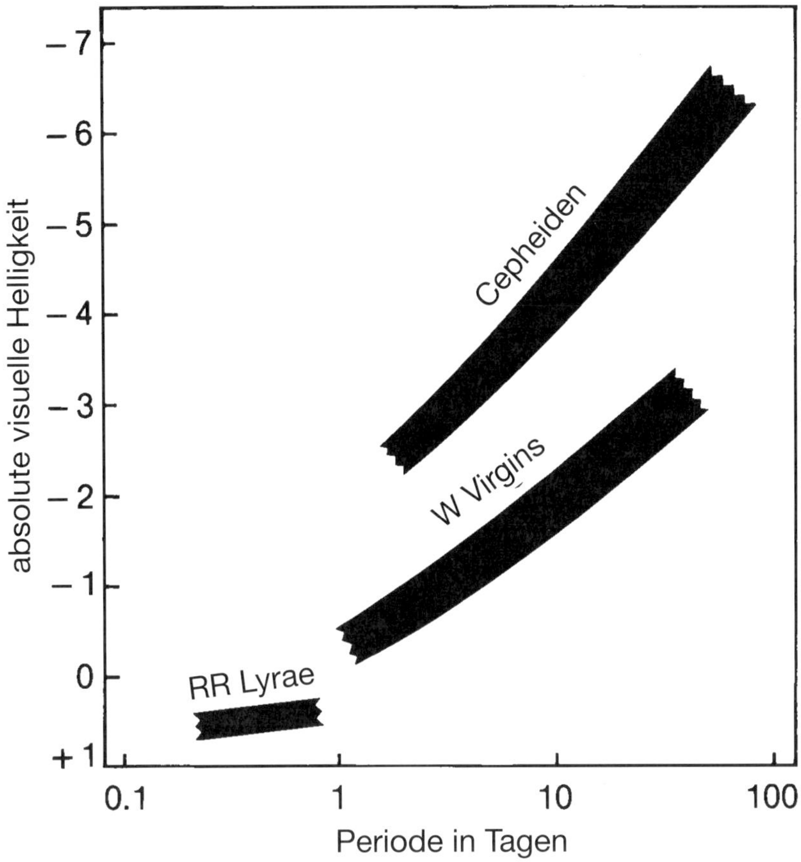

7.9 Das Perioden-Leuchtkraft-Diagramm der zwei Populationen von Cepheiden und der RR-Lyrae-Sterne. Nach Daten von C. W. Allen aus *Astrophysical Quantities*, Athlone Press, London, 1973.

Cepheiden der Population I klassifiziert, rückt man ihn in die doppelte Entfernung. Die einfachste Art der Unterscheidung liegt in der Form der Lichtkurve: Die W-Vir-Sterne besitzen auf dem absteigenden Ast einen deutlichen Buckel. Man muß die Lichtkurve allerdings sorgfältig ausmessen, sonst droht Verwechslung. Der sicherste Weg liegt in der Bestimmung des Metallgehalts aus einem hinreichend gut aufgelösten Spektrum.

Eine weitere Komplikation der Entfernungsbestimmung mit Cepheiden liegt darin, daß auch innerhalb der beiden Unterklassen eine gewisse Streuung der absoluten Helligkeiten (bei gegebener Periode) existiert. Man hat festgestellt, daß die Größe dieser Streuung vom Spektraltyp abhängt und daß die Leuchtkräfte der Cepheiden in Wirklichkeit aus einem Perioden-Leuchtkraft-Farb-Diagramm abgelesen werden müssen. Man braucht also eine ganze Menge an Informationen über einen Stern, bevor man ihn zur genauen Distanzmessung benutzen kann.

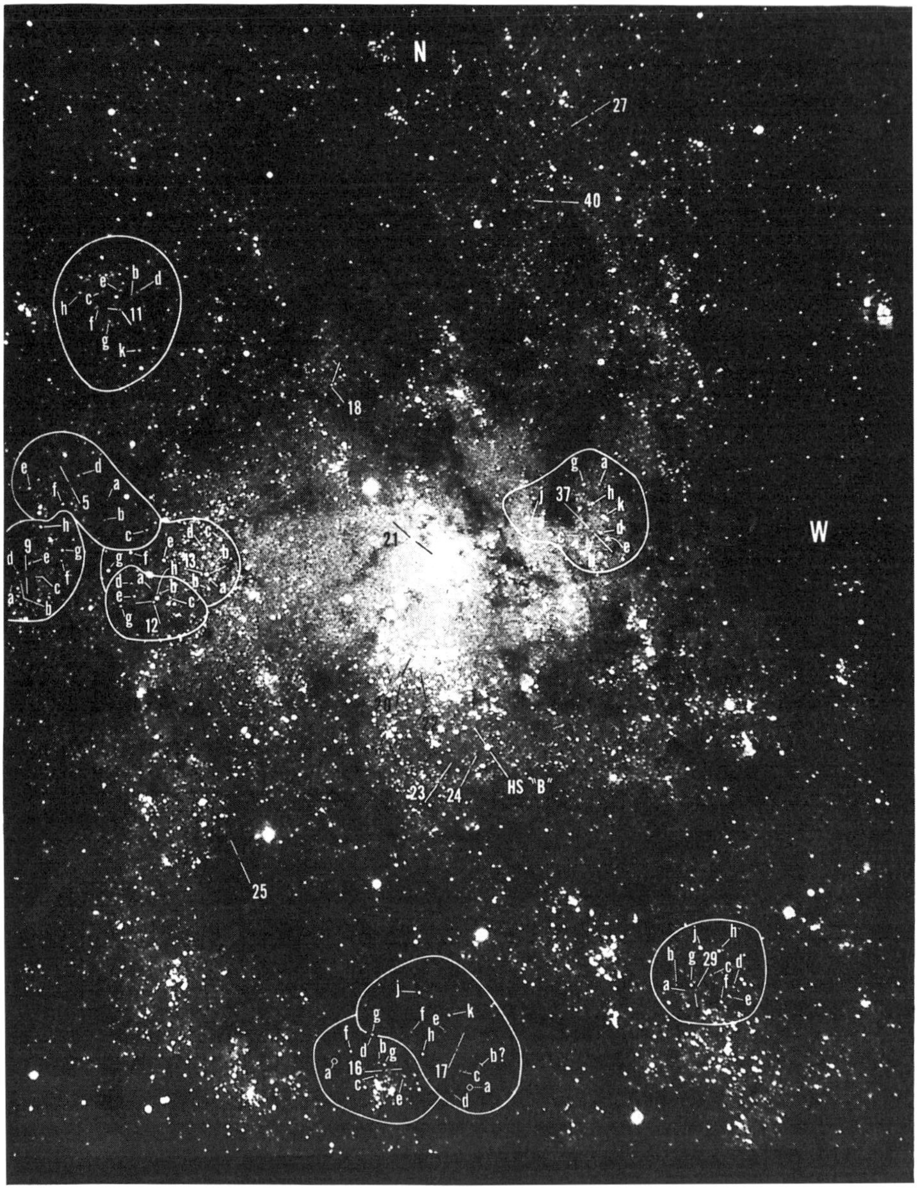

7.10 Cepheiden in einer Entfernung von 1,2 Millionen Parsec. Die numerierten Sterne sind die von E. P. Hubble entdeckten Veränderlichen dieses Typs in der Spiralgalaxie M33. Die mit Buchstaben bezeichneten Sterne sind die nicht veränderlichen Vergleichssterne, die bei der Helligkeitsmesssung benutzt wurden. Das Objekt mit der Bezeichnung HS „B" ist einer der Hubble-Sandage-Variablen in M33. Photo: Palomar Observatory, aufgenommen von W. Baade. Aus einem Artikel im *Astronomical Journal*, mit freundlicher Genehmigung von A. Sandage.

7.6 RR-Lyrae-Sterne

Die W-Virginis-Sterne liegen im HR-Diagramm unterhalb der klassischen Cepheiden. Sie scheinen mit den leuchtkräftigeren und längerperiodischen RV-Tauri-Sternen verwandt zu sein, die wir im vorigen Kapitel kennenlernten, aber die Beziehung ist nicht ganz klar. Wenn wir dem Instabilitätsstreifen im HR-Diagramm weiter nach unten folgen, finden wir die andere große Gruppe von pulsierenden Veränderlichen der Population II: Die *RR-Lyrae-Sterne*. Sie liegen bei absoluten Helligkeiten um +0,5 mag. Ihre Spektren weisen sie als frühe F- und späte A-Sterne geringen Metallgehalts aus. Sie treten besonders häufig in Kugelhaufen auf, weshalb sie gelegentlich als *Haufenveränderliche* bezeichnet werden. Die RR-Lyrae-Sterne sind die Veränderlichenklasse mit den meisten bekannten Mitgliedern. Da sie alle praktisch die gleiche absolute Helligkeit besitzen, sind sie als Entfernungsmesser ebenso gut geeignet wie die Cepheiden. Ihre geringere absolute Helligkeit schränkt allerdings ihren Anwendungbereich drastisch ein: Mit dem gleichen Teleskop kann man helle Cepheiden noch in der 25fachen Entfernung beobachten, entsprechend dem Helligkeitsunterschied von 7 mag.

Die RR-Lyrae-Sterne haben eine sehr wichtige Rolle bei der Bestimmung der kosmischen Entfernungsskala gespielt: Sie führten zur Entdeckung des Unterschieds zwischen den beiden Klassen von Cepheiden. Bis etwa 1950 hatte man geglaubt, daß die Sequenz der Cepheiden im HR-Diagramm sich nahtlos an die RR-Lyrae-Sterne anschließt. Das heißt, sie wurden für viel lichtschwächer gehalten als sie wirklich sind (siehe Abbildung 7.9). Als Ende der vierziger Jahre das 5-Meter-Teleskop in Betrieb ging, wunderten sich die Astronomen, daß sie im Andromedanebel (M31, Abbildung 1.9) zunächst keine RR-Lyrae-Sterne fanden. Bei der aus den Cepheiden abgeleiteten Entfernung von M31 hätten sie aber leicht sichtbar sein sollen. Dieser Widerspruch führte zu weiteren Untersuchungen, die schließlich die Zweiteilung der Cepheidenklasse aufdeckten. Die bis dahin verwandte Perioden-Leuchtkraft-Beziehung hatte alle Cepheiden um 1,5 mag zu schwach eingeschätzt. Folglich waren alle Entfernungen und Abstände zwischen den Galaxien kräftig unterschätzt worden. Damals wuchsen buchstäblich über Nacht die Größe und das Alter des Universums auf das doppelte. Diese Tatsache sollte man im Auge behalten, wenn man Astronomiebücher liest, die vor 1952 geschrieben wurden.

7.7 Kalibration der Cepheidenhelligkeit

Das eben vorgestellte historische Beispiel veranschaulicht sowohl die Schwierigkeit als auch die Wichtigkeit des Problems, die absoluten Helligkeiten der Cepheiden korrekt zu bestimmen. Leider sind diese Veränderlichen sehr selten. Selbst die allernächsten Exemplare der Spezies sind weit von uns entfernt, zu weit, um jährliche Parallaxen zu messen (siehe Abschnitt 5.7). Die frühen Entfernungsbestimmungen waren deshalb nicht genau genug, um den Unterschied zwischen den Cepheiden der beiden Sternpopulationen erkennen zu lassen. Das Problem ist bis zum heutigen Tag nicht zur vollen Zufriedenheit gelöst worden. Regelmäßig erscheinen neue Untersuchungen über die Frage der Cepheidenkalibration, und bis heute diskutieren die Astronomen heftig über die Größe und das Alter des Universums.

Die naheliegendste Methode benutzt die Mitgliedschaft von Cepheiden in galaktischen offenen Haufen. Die Haufenentfernung wird aus dem Vergleich der Hauptreihe mit der Hyaden-Hauptreihe bestimmt (aus Abschnitt 5.7 wissen wir, daß deren Entfernung mittels der Sternstromparallaxe sehr genau gemessen wurde). Leider sind aber nur eine Handvoll Cepheiden in Haufen bekannt, was die Genauigkeit der resultierenden Kalibration natürlich beeinträchtigt. Ein weiteres Problem dieses Verfahrens liegt in der Existenz von interstellarem Staub in der Milchstraße. Dieser verschluckt einen Teil des Lichts der dahinterliegenden Sterne. Auf diese Weise läßt er Sternhaufen schwächer, das heißt weiter entfernt erscheinen als sie wirklich sind. Wir werden darauf in Kapitel 9 näher eingehen.

Eine zweite geeignete Methode ist die Verwendung sogenannter *statistischer Parallaxen* für die Cepheiden. Mit diesem Verfahren kann man zwar nicht die Entfernung einzelner Sterne, aber die *mittlere* Entfernung einer ganzen Gruppe bestimmen. Es setzt voraus, daß die Gruppe in sich einheitlich ist, und daß die Bewegung ihrer Mitglieder im Raum rein zufällig verteilt ist. Es darf zum Beispiel keine Untergruppen geben, die sich in eine bevorzugte Richtung bewegen oder deren Raumgeschwindigkeiten im Mittel viel größer sind als die des Restes. Man wählt eine Stichprobe aus der betreffenden Sterngruppe aus, die über den ganzen Himmel verteilt sein muß. Aus deren Radialgeschwindigkeiten und Eigenbewegungen bestimmt man sodann die Raumgeschwindigkeit der Sonne relativ zu der Gruppe als ganzem.

Sobald wir diese Raumgeschwindigkeit (nach Richtung und Betrag) der Sonne kennen, sind wir in einer ähnlichen Situation wie bei der Bestimmung der jährlichen Parallaxe mittels der Bahnbewegung der Erde: Wir sitzen auf einer bewegten Plattform und schauen zu, wie sich die Welt außerhalb dieser Plattform durch deren Bewegung perspektivisch verschiebt. Je weiter ein Stern von der Plattform entfernt ist, desto weniger wird er sich scheinbar bewegen. Wenn wir dann noch annehmen, daß er sich in Wirklichkeit überhaupt nicht bewegt, dann können wir aus seiner scheinbaren Bewegung und der Kenntnis unserer Geschwindigkeit sofort seine Entfernung ausrechnen (die Verhältnisse sind analog einer Autofahrt auf einer geraden Straße: Ein weit entfernt stehender Baum wandert langsamer seitlich vorbei als eine am Straßenrand stehende Kuh). Natürlich stehen die einzelnen Cepheiden nicht wirklich still in der Galaxis (die Kuh könnte an der Straße entlanglaufen, was ihre scheinbare Bewegung beeinflußt). Die so hergeleiteten einzelnen Entfernungen sind also nicht richtig. Eine weitergehende mathematische Analyse der Situation zeigt aber, daß die daraus berechnete *mittlere* Entfernung richtig ist, wenn die Raumgeschwindigkeiten der einzelnen Sterne tatsächlich um das Gruppenmittel herum rein zufällig verteilt sind.

Diese ganze Rechnung führt man für eine möglichst große Gruppe von Cepheiden der gleichen Periode durch. Auf diese Weise kann man für die Kalibration weit mehr Sterne verwenden als bei der Sternhaufenmethode. Jedoch ist auch das Verfahren der statistischen Parallaxen keineswegs unkompliziert. Die interstellare Absorption des Sternlichts kann uns zu geringe Leuchtkraft vortäuschen, die kleinen Eigenbewegungen der (weit entfernten) Cepheiden sind nur schwer zu messen, und schließlich könnte es (entgegen den Annahmen) vielleicht doch systematische Trends in den Raumbewegungen dieser Objekte geben.

Der einfachste Weg zur Kalibration der Cepheidenleuchtkraft wäre natürlich, die Entfernung zu den Magellanschen Wolken mit Hilfe anderer Entfernungsindikatoren direkt zu bestimmen. Wir könnten zum Beispiel die Leuchtkraft galaktischer O- und B-Sterne aus dem üblichen Hauptreihenvergleich mit den Hyaden bestimmen und dann die scheinbaren Helligkeiten ähnlicher Sterne in den Magellanschen Wolken dazu in Beziehung setzen. Aber leider gibt es dort keine wirklich ähnlichen Objekte, da der Metallgehalt der jungen Sterne in den Wolken deutlich kleiner ist als in der Milchstraße. Wiederum ist also die ganze komplizierte Theorie des Sternaufbaus notwendig, um den Helligkeitsunterschied durch die unterschiedliche chemische Zusammensetzung zu berücksichtigen.

All diese Probleme haben zwar bisher die Aufstellung einer wirklich zufriedenstellenden und unumstrittenen kosmischen Entfernungsskala verhindert, aber die Situation ist heute viel besser als 1950.

7.8 Schwächere Pulsationsveränderliche

Mit den RR-Lyrae-Sternen haben wir noch nicht das untere Ende des Instabilitätsstreifens erreicht. Die Riesen, Unterriesen und sogar die Hauptreihensterne der Spektralklassen F und A umfassen eine große Zahl von *Zwergcepheiden*, die auch als δ-Scuti-Sterne oder (seltener) als AI-Velorum-Sterne bezeichnet werden. Entsprechend ihrer geringeren Massen und Radien besitzen sie kürzere Schwingungsperioden als ihre größeren Verwandten. Eine komplette Pulsation dauert typischerweise einige Stunden, bei einer Amplitude von wenigen Zehnteln einer Größenklasse. Der hellste bekannte Zwergcepheid ist ρ Puppis, dessen Helligkeit mit einer Periode von 3,4 Stunden zwischen 2,68 und 2,78 schwankt.

Und damit sind wir immer noch nicht am Ende. Der Instabilitätsstreifen reicht bis hinunter zu den Weißen Zwergen (Abschnitt 5.8), deren Areal im HR-Diagramm er im Temperaturbereich der B-Sterne kreuzt. Diese merkwürdigen Objekte, deren Pulsationsperioden nur Minuten betragen, werden wir später noch genauer betrachten.

7.9 Die Ursache der Pulsationen

Wieso gibt es diesen Instabilitätsstreifen? Wieso sind gerade die F-Sterne so instabil? Die meisten anderen Sterne sind in einem stabilen Gleichgewichtszustand: Die nach innen gerichtete Schwerkraft wird an jeder Stelle des Sternkörpers genau durch die nach außen gerichteten Kräfte des Gas- und Strahlungsdrucks ausgeglichen (obwohl Photonen keine Masse besitzen, können sie einen Druck ausüben. Auf der Erde sind die Strahlungsflüsse klein, so daß der Effekt keine praktische Bedeutung besitzt. Im Innern von Sternen jedoch, wo sehr viel elektromagnetische Strahlung vorhanden ist, wird er zum entscheidenden Faktor. Der Strahlungsdruck treibt Sternwinde und begrenzt die maximal mögliche Masse eines Sterns).

Die Cepheiden und ihre Verwandten haben dieses Gleichgewicht verloren. In einer bestimmten Schicht ist der Druck abwechselnd zu groß und zu klein, um die Schwerkraft auszugleichen. Bei zu hohem Druck expandiert das Gas und drückt die darüberliegenden Schichten nach außen. Dadurch sinkt der Druck. Im Augenblick des Kräftegleichgewichts kommt die Bewegung aber nicht sofort zum Stillstand. Das Material des Sterns hat nun so viel Schwung, daß es über den Gleichgewichtspunkt hinausschießt (wie ein Pendel, das nach dem Anstoßen über die senkrechte Lage hinausschwingt), so daß kurz darauf die Schwerkraft die Überhand gewinnt. Die Bewegung kehrt sich um, das Gas fällt nach innen zurück, schießt nun in umgekehrter Richtung über den Gleichgewichtspunkt hinaus, der Druck übersteigt wieder die Schwerkraft, und der ganze Vorgang beginnt von neuem.

Die Übeltäter, die diese Instabilität verursachen, sind die Wasserstoff- und Heliumatome der Sterne. An der Oberfläche sind sie neutral. Aber wie wir wissen, steigt die Temperatur im Sterninnern mit zunehmender Tiefe schnell an. Sie erreicht relativ rasch Werte, bei denen erst die Wasserstoff- und dann die Heliumatome ein Elektron verlieren, also einfach ionisiert werden. Nicht weit darunter folgt eine zweite Ionisationszone, in der das Helium auch sein zweites Elektron abgeben muß. Normalerweise sinkt die Opazität einer stellaren Gasmischung mit zunehmender Temperatur. Nur in den Ionisationszonen der häufigen Elemente ist es umgekehrt. Wenn man dort das Gas ein wenig zusammendrückt, dann steigen Temperatur und Dichte leicht an, die Opazität wird größer, wodurch der im Stern nach außen fließende Strom von Energie behindert wird. Die Strahlung staut sich sozusagen. Dadurch steigen Temperatur (= Gasdruck) und Strahlungsdruck noch weiter an. Die ganze Zone wird mit Macht nach außen gedrückt. Bei ihrer Expansion sinkt die Temperatur, damit nimmt die Opazität ab, und die gestaute Energie kann plötzlich entweichen. Dadurch sinken Temperatur und Druck (und Opazität) nur noch stärker, das Gas verliert den Halt und fällt beschleunigt nach innen zurück. Dabei wird es wieder verdichtet und aufgeheizt, und das ganze Spiel beginnt von vorne. Die Ionisationszone wirkt also wie ein flatterndes Ventil für elektromagnetische Strahlung. Alle drei erwähnten Ionisationszonen befinden sich bei den Sternen des Instabilitätsstreifens relativ weit außen. Die Pulsation des Sternkörpers spielt sich weitgehend in dessen oberflächennahen Schichten ab. Sie umfaßt nur etwa 20 Prozent des Sternradius, und einen noch viel kleineren Anteil der Masse. Der Kern des Sterns spürt praktisch überhaupt nichts davon; er erzeugt seinen Energieausstoß ungestört und mit gleichmäßiger Geschwindigkeit. Damit der beschriebene Pulsationsmechanismus funktionieren kann, muß die Ionisation der häufigen Atomsorten gerade in der richtigen Tiefe einsetzen: Die Ionisationszonen müssen einerseits genügend Masse besitzen, um darüberliegende Schichten auch wirklich zur Schwingung anregen zu können. Andererseits dürfen sie nicht so tief im

Sterninnern liegen, daß an der Sternoberfläche nichts mehr von ihrer Pulsation zu spüren ist. Diese Bedingungen sind genau in dem berühmten Instabilitätsstreifen erfüllt, der bei den G-Überriesen beginnt und sich mitten durch das HR-Diagramm der Klasse F bis zu den unteren Leuchtkraftklassen des Spektraltyps A erstreckt. Der selbe Pulsationsmechanismus arbeitet auch etwas außerhalb des klassischen Cepheidenstreifens, in den RV-Tauri-Sternen und in den Mira-Veränderlichen.

Als Schlußbemerkung zu diesem Abschnitt sei erwähnt, daß der helle Stern α Aquarii mitten im Instabilitätsstreifen des HR-Diagramms liegt (Abbildung 7.3), jedoch offenbar *kein* Cepheid ist. Sein Spektraltyp G2 Ib läßt keinerlei Zweifel an seiner Lage im Streifen aufkommen. Das Beispiel zeigt, daß die Astronomen mit der Klassifikation und Ordnung der Sternenwelt durchaus noch nicht fertig sind.

7.10 Von den hellsten zu den schwächsten

Der Instabilitätsstreifen endet etwa bei der absoluten Helligkeit –6 mag. Darüber gibt es keine regelmäßigen Pulsationen mehr, aber die meisten der hellen Sterne oberhalb des Streifenendes sind unregelmäßig veränderlich. Eines der bizarrsten Himmelsobjekte überhaupt finden wir im Gebiet der hellsten F-Überriesen: R Coronae Borealis. Sein Spektraltyp cFpep besagt, daß er ein Spektrum mit besonders scharfen Absorptionslinien (‚c‘) und Besonderheiten (‚p‘) besitzt. Darüber hinaus enthält es Emissionslinien (‚e‘), die selbst wiederum Besonderheiten aufweisen (‚p‘). Dieser Stern scheint normalerweise mit einer Helligkeit um 5,8 mag im Innern des kleinen Halbkreises der Nördlichen Krone. Aber alle paar Jahre verschwindet er für einige Zeit aus kleinen Teleskopen: Seine Helligkeit sackt in kurzer Zeit um 8 bis 10 Größenklassen ab. Die Ursache des Phänomens ist bekannt: In seinem starken Sternwind entstehen von Zeit zu Zeit starke Rußwolken, die das Licht des Sterns verschlucken (und als Infrarotstrahlung wieder aussenden). Die Bedeutung des Phänomens im Gesamtbild der Sternentwicklung ist allerdings weitgehend unklar. Man kennt rund 40 Sterne dieses Typs, zumeist F- Und G-Überriesen, von denen einige im Maximallicht auch noch cepheidenartige Pulsationen aufweisen. Sie bilden die Klasse der *R-CrB-Sterne*.

Es gibt eine wunderschöne Kollektion weiterer seltsamer Objekte in der Klasse F. Da ist zum Beipiel der Stern FU Orionis, ein F-Überriese, und seine Verwandten, die *FU-Ori-Sterne*. Sie sind charakterisiert durch einen einmaligen schnellen Helligkeitsanstieg um 5 oder 6 Größenklassen (grob gesagt innerhalb eines Jahres), gefolgt von einem langen Maximallicht oder einem langsamen Helligkeitsabfall, der sich über Jahrzehnte hinzieht. FU Ori selbst ist seit 50 Jahren im Maximallicht. Neben diesem Prototyp gehören V1057 Cygni und eine Handvoll weiterer Sterne zu der Gruppe. Das Phänomen hängt irgendwie mit der Sternentstehung und den T-Tauri-Sternen (Abschnitt 5.6) zusammen.

Als weiteres Beispiel für die Vielfalt der absonderlichen F-Sterne sei η Carinae genannt. Er war im 19. Jahrhundert einer der (scheinbar) hellsten Sterne des ganzen Himmels und einer der (absolut) hellsten Sterne der ganzen Milchstraße. Seitdem ist er für das bloße Auge unsichtbar geworden, sein früheres F-Spektrum ist einem reinen Emissionslinienspektrum gewichen, und er fällt in den großen Sternwolken der südlichen Milchstraße nun eher durch den ihn umgebenden Nebel als durch besondere Helligkeit auf. Wir werden diesem Stern in Kapitel 11 wieder begegnen. Und schließlich wollen wir ε Aurigae noch einmal erwähnen, den seltsamen Bedekkungsveränderlichen aus Abschnitt 5.4.

Auch außerhalb unserer Milchstraße gibt es bemerkenswerte F-Sterne. Abbildung 7.10 zeigt eine Aufnahme der Galaxie M33 mit vielen Cepheiden und einem *Hubble-Sandage-Variablen*. Die Mitglieder dieser Veränderlichenklasse sind extrem helle F-Überriesen mit absoluten Helligkeiten um –9 (so hell wie der erwähnte ρ Cas in unserer Milchstraße, siehe Abbildung 7.2). Der Hubble-Sandage-Variable „A" in M33 (in Abbildung 7.10 nicht markiert) hat seit seiner Entdeckung dramatisch an Helligkeit verloren. Er besitzt jetzt ein M-Spektrum (wiederum eine Ähnlichkeit zu ρ Cas). Diese Objekte stoßen große Mengen von Materie ab. Die beobachteten Spektren scheinen gar nicht von den Sternen selbst, sondern von ihren expandierenden Gashüllen emittiert zu werden.

Von ρ Cas am obersten Ende des HR-Diagramms springen wir nun mit einem Satz um 23 Größenklassen nach unten – entsprechend einer Leuchtkraftabnahme um das Milliardenfache – und besuchen ganz kurz das Gebiet der Weißen Zwerge. Damit kehren wir zu Procyon zurück, mit dem wir das Kapitel über die F-Sterne eingeleitet haben. Dieser F5-Unterriese erster Größe besitzt im Abstand von wenigen Bogensekunden einen Begleiter elfter Größe. Dieser, genannt Procyon B, ist bisher nicht besonders genau untersucht worden, aber seine Oberflächentemperatur scheint einem späten A-Stern zu entsprechen, also etwas höher zu sein als die von Procyon selbst. Der riesige Helligkeitsunterschied kann also nur durch einen entsprechend gewaltigen Größenunterschied verursacht sein: Genauere Rechnung zeigt, daß Procyon B nur den doppelten Durchmesser der Erde hat. Andererseits folgt aus der beobachteten Bahnbewegung von Procyon und dem dritten Keplerschen Gesetz (Abschnitt 1.6), daß dieses winzige Objekt mehr als die halbe Masse der Sonne besitzt! Folglich muß die Materie dieses Sterns unglaublich stark zusammengepreßt sein, das heißt eine ungeheuer hohe Dichte besitzen. Tatsächlich liegt die mittlere Dichte von Procyon B bei etwa einer Tonne pro Kubikzentimeter. Das ist die millionenfache Dichte von Wasser.

Wir sind den Weißen Zwergen schon einmal kurz begegnet (bei den K-Sternen, in Abschnitt 5.8). Wir werden sie in aller Ausführlichkeit behandeln, wenn wir ihren Prototyp, den Begleiter von Sirius untersuchen. Witzigerweise hat nun also jede Komponente von Procyon sein Analogon im System des Sirius angekündigt.

Damit ist das Kapitel über die Sterne am Übergang von kühl nach heiß abgeschlossen. Wir wenden uns nun den drei Klassen heißer Sterne zu: A, B und O.

8. Die A-Sterne: Weiß, aber keineswegs farblos

Sirius, der hellste Stern des Himmels, wurde im vorangehenden Kapitel gebührend angekündigt. Nun wollen wir uns dieses himmlische Kleinod, seinen winzigen Begleiter und die große Gemeinde der A-Sterne näher anschauen (Abbildung 8.1). Sirius ist –1,46 mag hell, und damit um 0,7 mag heller als Canopus, die Nummer zwei am Himmel. Bewohner nördlicher Breiten können aber weder α Carinae (= Canopus) noch α Centauri, die Nummer drei, sehen. Deshalb ist Sirius für Mitteleuropäer sogar um 1,4 mag heller als sein strahlendster Konkurrent (Arkturus). Das heißt, unser Auge empfängt von ihm fast viermal so viel Licht wie vom zweithellsten Stern an unserem Himmel. Sirius ist hell genug, um durch das Fenster eines normal erleuchteten Zimmers erkennbar zu sein. Schon sein Name, der etwa „versengen" oder „verdorren" bedeutet, weist auf sein gleißendes Licht hin. Sirius ist ein Hauptreihenstern des Spektraltyps A1. Damit ist seine Leuchtkraft zwar 50 mal so groß wie die der Sonne, aber sein irdischer Ruhm ist dennoch hauptsächlich ein Ergebnis seiner großen Nähe. Er ist der fünftnächste Stern (wenn man Doppel- und Mehrfachsterne jeweils als Einheit zählt). Seine Parallaxe ist mit 0,375 Bogensekunden vergleichsweise riesig. Sie entspricht einer Distanz von 2,7 Parsec oder 8,7 Lichtjahren. Anfang Januar kulminiert Sirius um acht Uhr abends tief am Südhimmel. Die Lichtbrechung in der klaren, kalten Winterluft läßt sein eigentlich rein weißes Licht in tausend Farben funkeln. Wenn er einige Wochen später im Südwesten mit dem abendlichen Dämmerungshimmel verschmilzt, dann wissen wir, daß der Frühling nicht mehr weit ist.

Der Himmel ist für das bloße Auge recht gut mit A-Sternen besetzt. Zwar nimmt die wahre Raumdichte der Sterne entlang der Hauptreihe nach oben dramatisch ab, aber die zunehmende Leuchtkraft läßt sie am Himmel dennoch zahlreicher erscheinen. Es gibt insgesamt 22 Sterne der ersten Größenklasse (und heller). Fünf davon gehören zum Spektraltyp A. Vier dieser fünf – Wega, Sirius, Fomalhaut und Atair – markieren in unserem HR-Diagramm (Abbildung 8.2) sehr hübsch die Hauptreihe von A0 bis A7. Der fünfte ist Deneb, unser häufig benutzter Beispielstern aus Kapitel 1. Wir finden ihn ganz oben im Diagramm als Überriesen vom Spektraltyp A2. Dieser herrliche Stern, der Kopf des Schwans, erscheint uns 1,3 mag hell, obwohl er 500 Parsec von uns entfernt ist. Mit seiner absoluten Helligkeit von –7,3 ist er einer der leuchtkräftigsten A-Sterne der Milchstraße. Sein Radius beträgt 50 Sonnenradien. Die ganze Bahn des Merkur würde in ihn hineinpassen. A-Überriesen sind sehr selten; es gibt nur noch einen weiteren hellen an unserem Himmel: η Leonis (A0 Ib,

8.1 Das Sternbild Großer Hund mit Sirius. Der helle Stern am rechten Bildrand ist β CMa, Murzim (B1 II–III), der „Ankündiger" des Sirius. Der offene Sternhaufen M41 ist direkt unterhalb von Sirius leicht zu erkennen. Etliche weitere Haufen schmücken die Milchstraße, die den größten Teil des abgebildeten Himmelsfeldes ausfüllt. Aus *An Atlas of the Milky Way*, von F. E. Ross und M. R. Calvert, University of Chicago Press, 1934.

8.2 Das HR-Diagramm für die Klassen A und F. Die Lage des Horizontalasts ist durch die Position von RR Lyrae (F2, 0,5 mag) markiert. Sirius und Wega erscheinen dem irdischen Beobachter heller als Deneb, weil sie uns so viel näher stehen. In Wahrheit ist Deneb einer der hellsten bekannten A-Sterne. Die Weißen Zwerge – das andere Extrem – bilden eine wohldefinierte Sequenz im Diagramm, die ähnlich scharf ist wie die Hauptreihe. Die Lage der Weißen Zwerge in unserem HR-Diagramm wurde nicht durch eine normale Spektraklassifikation nach Absorptionslinien, sondern nach ihren Effektivtemperaturen bestimmt, siehe Abschnitt 8.9. Quelle der Abbildung: Siehe Abbildungen 3.8 und 12.7. ▸

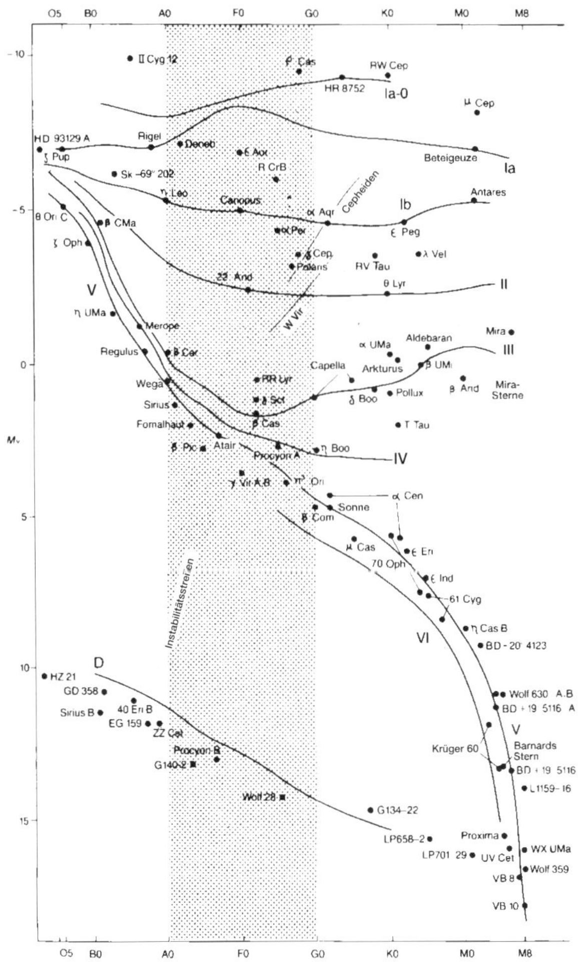
O5
B0
A0
F0
G0
K0
M0
M8
Mv
Ia-0
Ia
Ib
II
III
IV
V
VI
D
Cepheiden
W Vir
Instabilitätsstreifen
HR 8752
RW Cep
μ Cep
Rigel
Deneb
Beteigeuze
Canopus
Antares
η Leo
22 And
θ Lyr
Merope
Regulus
Wega
Sirius
Fomalhaut
Atair
Procyon A
Capella
Arkturus
Aldebaran
Pollux
Mira
Mira-Sterne
T Tau
Sonne
70 Oph
61 Cyg
Krüger 60
Barnards Stern
Proxima
Wolf 359
Wolf 28
Procyon B
Sirius B
40 Eri B
ZZ Cet
HZ 21
GD 358
EG 159
G140-2
G134-22
LP658-2
UV Cet
WX UMa
VB 8
VB 10
L1159-16
Wolf 630 A,B
BD-20° 4123

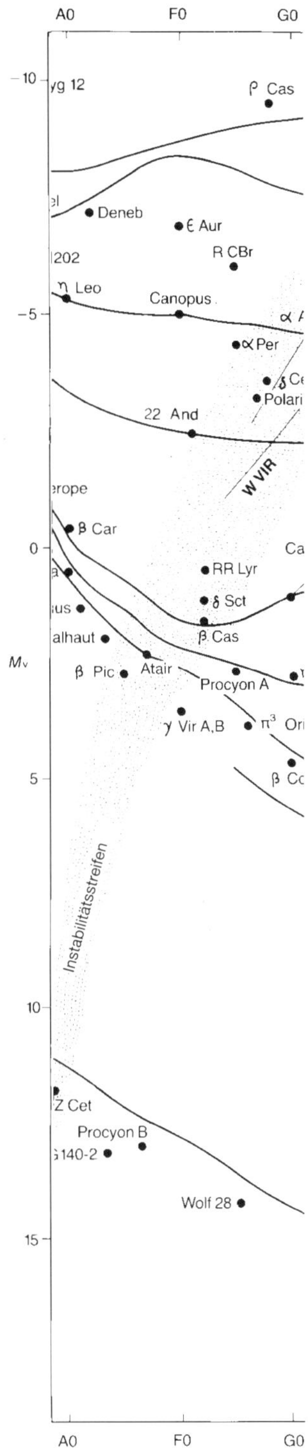
A0
F0
G0
Mv
ρ Cas
Deneb
ε Aur
R CBr
η Leo
Canopus
α Per
Polari
22 And
W VIR
β Car
RR Lyr
δ Sct
β Cas
alhaut
β Pic
Atair
Procyon A
γ Vir A,B
π3 Ori
Instabilitätsstreifen
Z Cet
Procyon B
G140-2
Wolf 28

3. Größe). Und in der Leuchtkraftklasse II gibt es sogar keinen einzigen mit bloßem Auge sichtbaren A-Stern.

Die Riesen sind weitaus häufiger: Wir finden unter ihnen so bekannte Sterne wie Ras-alhague (α Ophiuchi, A5 III), γ Bootis (A7 III) sowie β Eridani (A3 III).

Der Große Wagen enthält eine bemerkenswerte Versammlung von A-Hauptreihensternen. Die fünf mittleren seiner sieben hellen Sterne liegen alle zwischen A0 V und A3 V. Die Ähnlichkeit ihrer scheinbaren Helligkeiten zeigt folglich an, daß sie alle in ungefähr derselben Distanz von uns stehen (mit Ausnahme von ε UMa, der weiter entfernt ist). Bereits in Abschnitt 1.7 hatten wir erwähnt, daß sie Teil eines sternarmen Bewegungshaufens sind, dem außer ihnen noch Sirius, α Coronae Borealis (ebenfalls A0 V) und einige weitere Hauptreihensterne angehören. Die Gruppe im Großen Wagen ist ca. 25 Parsec von der Sonne entfernt.

8.1 Die Spektren

Das Harvard-System der Spektralklassifikation beruhte zum großen Teil auf den Wasserstoff-Linien. Sie erreichen in der Klasse A definitionsgemäß ihre größte Stärke (Abbildung 8.3). In den zurückliegenden Kapiteln sahen wir sie allmählich aus dem Hintergrund von Molekül- und Metall-Linien auftauchen und an Stärke zunehmen, bis sie schließlich bei den A-Sternen das gesamte Spektrum dominieren. Die Klasse A ist diejenige, die man auch noch in den dürftigsten Spektren und bei geringster spektraler Auflösung sofort erkennt.

Die Linien der neutralen, aber auch schon die der einfach ionisierten Metalle verschwinden nun rasch. Die große Zahl von Eisen- und Titan-Linien, die die Spektren späterer Sterne zerschneiden, sind noch schwach zu erkennen (besonders bei höherer Auflösung, siehe Abbildung 8.4), aber sie werden mit zunehmender Temperatur rasch schwächer. Bei A0 sind sogar die einst so mächtigen Linien des Ca II nur noch Schatten ihrer selbst. Und Ca I bei 4 226 Å ist bei den für die Klassifikation üblichen Auflösungen völlig unsichtbar geworden. Die Spektren sehen nun sehr einfach und glatt aus, nur noch unterbrochen durch das ästhetische Muster der Balmerlinien, die sich zum blauen Ende des sichtbaren Spektrums immer dichter zusammendrängen. Die Schönheit und Einfachheit dieses Musters (Abbildung 8.4) lieferte zu Anfang dieses Jahrhunderts entscheidende Anstöße zur Entwicklung der Atomphysik, zum Verständnis der Elektronenbewegung in Atomen und zur Entwicklung der Quantenmechanik.

Die Stärke der Wasserstoff-Linien besitzt ein flaches Maximum bei A2, ist aber über die ganze Klasse A fast konstant. Da andererseits die K-Linie des Ca II zu heißeren Sternen rasch abnimmt (die H-Linie ist in der übermächtigen Hε-Linie untergegangen), eignet sich das Verhältnis von K zu Hε sehr gut zur Festlegung der spektralen Unterklasse. Ein weiteres gutes Kriterium ist das Verhältnis der rasch mit der Temperatur abnehmenden neutralen Kalzium-Linie bei 4 226 Å mit der vergleichsweise konstanten Absorption des Mg II bei 4 481 Å.

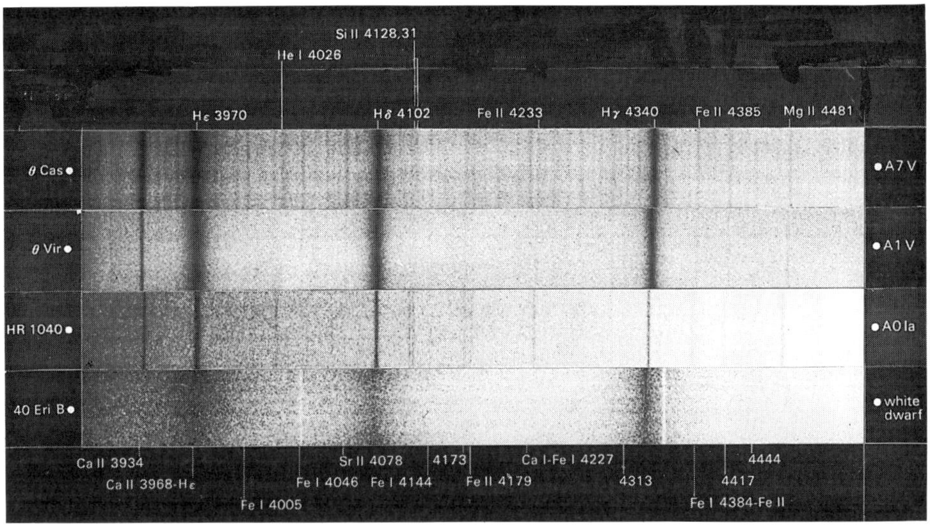

8.3 Eine Auswahl von A-Spektren. Die Wellenlängenskalen stimmen nicht ganz überein, wodurch die Linien von Spektrum zu Spektrum etwas seitlich versetzt erscheinen. Die Linienbezeichnungen He I und Si II beziehen sich nur auf das Überriesenspektrum (das dritte von oben). Das Spektrum des Weißen Zwergs (unten) zeigt ausschließlich die Balmerlinien in Absorption (die beiden Emissionslinien stammen nicht von dem Stern, sondern von den Quecksilberdampflampen der Straßenbeleuchtung in der Nähe der Sternwarte). Die beiden oberen Spektren zeigen sehr schön die Dominanz der Balmerlinien in der Klasse A sowie das Verschwinden der Metall-Linien zu den frühen Unterklassen hin. Bei dem Überriesen sind die Schärfe der Balmerlinien und das Wiedererscheinen einiger Metall-Linien bemerkenswert. Eine weitere Gegenüberstellung von A-Spektren findet sich in Abbildung 3.7. Aus *An Atlas of Representative Stellar Spectra*, von Y. Yamashita, K. Nariai und Y. Norimote, University of Tokyo Press, Tokyo, John Wiley and Sons, New York, 1978.

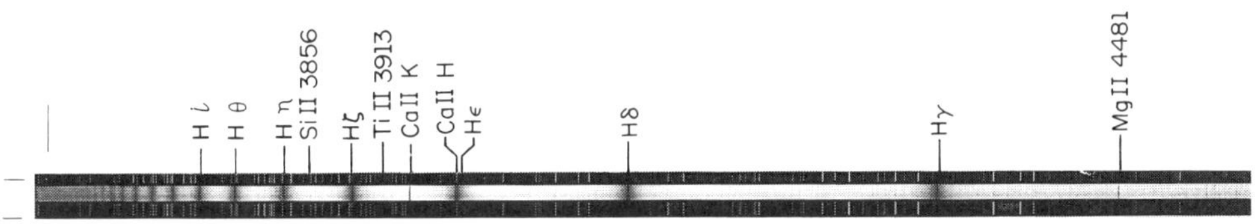

8.4 Das Spektrum des klassischen A0-Sterns Wega von 3 640 bis 4 585 Ångström. Die starken Linien sind ausnahmslos von Wasserstoffatomen erzeugt. Sie bilden ein hübsches Muster, das nach links immer dichter wird, um schließlich im Ultravioletten an der Balmergrenze zu zerfließen. Die H-Linie von Ca II liegt innerhalb von Hε, die K-Linie links daneben. Die meisten anderen schwach erkennbaren Linien stammen von Eisenatomen. Photo: National Optical Astronomy (Kitt Peak) Observatories, mit freundlicher Genehmigung von E. C. Olson.

In der Klasse A finden wir das dramatischste Beispiel eines negativen Leuchtkrafteffekts (wir hatten es schon in Kapitel 3 benutzt). Die Balmerlinien weisen in den Klassen K und M einen positiven Leuchtkrafteffekt auf, das heißt sie werden mit zunehmender Leuchtkraft stärker. Dieser Effekt ist in den Klassen G und F verschwunden, um nun bei A mit umgekehrtem Vorzeichen wieder zu erscheinen: Die Balmerlinien sind bei A-Überriesen sehr viel schwächer als bei A-Zwergen (Abbildungen 8.3 und 3.7). Die Ursache des Effekts liegt in der Zunahme des Gasdrucks in den Sternatmosphären mit abnehmendem Durchmesser der Sterne. Aus Abschnitt 2.8 wissen wir, daß alle Spektrallinien eine gewisse Breite (in der Wellenlänge) besitzen. Ein Teil dieser Breite wird von den Störungen verursacht, die die Elektronen durch Stöße zwischen den Gasatomen erleiden. Die Energieniveaus der einzelnen Atome werden dadurch leicht unscharf; die Atome können auch Licht etwas neben dem eigentlichen Linienzentrum absorbieren. Bei den geringen Gasdichten in den Atmosphären der Überriesen sind die Stöße selten, und die Energieniveaus scharf definiert. Wenn im Linienzentrum keine Strahlung mehr vorhanden ist, kann die Linie nicht mehr an Stärke zunehmen; die Linien bleiben scharf und schmal. Beim gegenteiligen Extrem, dem ungeheuer stark zusammengepreßten Gas an der Oberfläche Weißer Zwerge, erreichen die Absorptionen dagegen enorme Breiten. Bei den K- und M-Sternen waren die Wasserstoff-Linien zu schwach, so daß dieser Druckeffekt nicht zum Tragen kommen konnte. Dort wurde er durch andere Faktoren, wie Unterschiede in der atmosphärischen Opazität, überdeckt.

Die Riesen der Klasse A sind nur rund eine Größenklasse heller als die Zwerge, und nur rund 50 Prozent größer. Die Breite der Balmerlinien ist deshalb kein gutes Kriterium, um die Leuchtkraftklassen III, IV und V zu unterscheiden. Man verwendet statt dessen die unscheinbaren positiven Leuchtkrafteffekte von Linien des Fe II und Si II zur Klassifikation.

8.2 Linienformen und Elementhäufigkeiten

Abbildung 8.5 zeigt zwei sehr schöne und hoch aufgelöste Spektren von Sirius. Sie wurden mit dem Coudé-Spektrographen des 2,5-Meter-Teleskops auf dem Mt. Wilson in Kalifornien gewonnen. Wir wollen sie verwenden, um uns mit den Einzelheiten von Spektrallinien und der Berechnung von Elementhäufigkeiten etwas genauer zu befassen. Absorptionslinien sind nicht einfach scharfe strukturlose Lücken im stellaren Kontinuum, sondern sie zeigen eine erhebliche Formenvielfalt. Im oberen Spektrum der Abbildung 8.5 fällt zunächst der gewaltige Breitenunterschied zwischen der Wasserstoff-Linie und denen der verschiedenen Metalle ins Auge. Aber auch die Metall-Linien sind nicht völlig scharf. Das untere Spektrum zeigt deutlich den Effekt der Sternrotation (siehe Abschnitt 7.3), der sich im geringer aufgelösten oberen Spektrum nur andeutet. Er bedingt die beobachtete Breite der Eisen- und Titan-Linien. Im Kapitel 7 haben wir Spektren der F5-Sterne Procyon und α Persei bei ähnlicher Auflösung betrachtet (Abbildung 7.6). Ein Vergleich mit dem oberen Spektrum der Abbildung 8.5 zeigt sehr schön die Unterschiede in Hγund den Metall-Linien.

Doch zurück zu den Linienformen im Spektrum von Sirius. Bei näherem Hinschauen fällt auf, daß die Ca I-Linie rechts von H13 fast doppelt so breit ist wie die Eisen-Linien. Darüber hinaus erkennt man deutlich, daß sie aus einem scharfen dunklen Kern und helleren breiten Flügeln besteht. Dieselbe Struktur ist auch bei der Linie von Ca I links von H12 angedeutet.

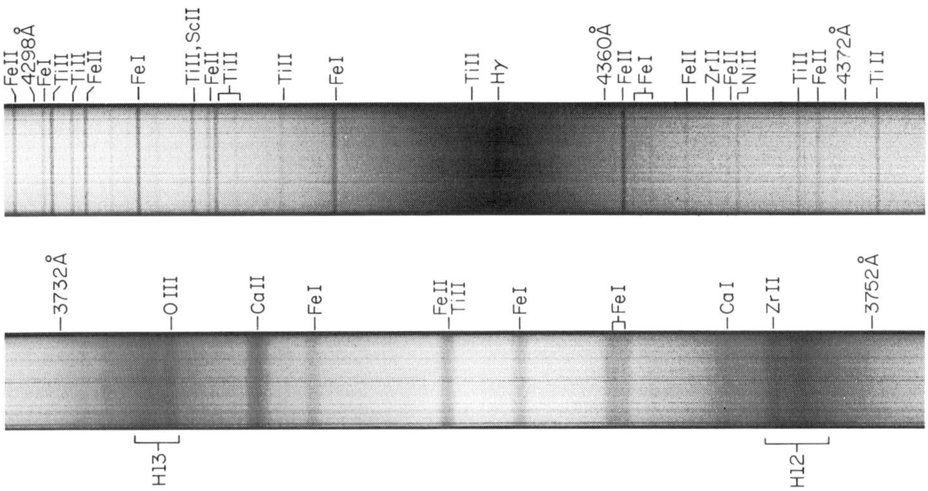

8.5 Zwei hochaufgelöste Ausschnitte aus dem Spektrum von Sirius, aufgenommen mit dem Coudé-Spektrographen des 2,5-Meter-Teleskops auf dem Mt. Wilson. Der obere Ausschnitt umfaßt nur 84 Ångström in der Umgebung von Hγ. Man erkennt deutlich den enormen Breitenunterschied zwischen den Metall-Linien und Hγ. Die Wasserstoff-Linie ist rund 15 Ångström breit. Die meisten der Metall-Linien stammen von einfach ionisiertem Eisen und Titan; daneben gibt es zwei kräftige Linien des neutralen Eisens und die Andeutung einer Linie des ionisierten Zirkons.
Der untere Ausschnitt ist gegenüber dem oberen nochmals um einen Faktor 4 vergrößert. Er umfaßt nur noch die 23 Ångström von 3 730 bis 3 753 Å. Man erkennt die beiden breiten Tröge von H12 und H13 (das sind die Balmerlinien, die durch die Übergänge 2→12 beziehungsweise 2→13 im Wasserstoffatom erzeugt werden), daneben eine Anzahl von Metall-Linien und eine Sauerstoff-Linie. Bei der Kalzium-Linie ist die Gliederung in einen schmalen dunklen Linienkern und breitere hellere Flügel sehr deutlich zu sehen. Photos: Mt. Wilson und Las Campanas Observatories, Carnegie Institution of Washington, mit freundlicher Genehmigung von R. und R. Griffin.

Wenn wir mit Sternen experimentieren könnten, wenn wir nach Gutdünken Atome eines Elements in seine Atmosphäre einbringen könnten, dann würden wir die Linien dieses Elements allmählich wachsen sehen. Zunächst würden sie nur als schwache schmale Einsenkungen im Kontinuum erscheinen. Sie würden eine gewisse Breite aufweisen, die durch die Rotation des Sterns (zum Beispiel bei Sirius), das Ausmaß der Turbulenz in der Atmosphäre (bei α Persei, Abbildung 7.6), den Gasdruck (Abbildung 8.3) und die quantenmechanischen Eigenschaften der Atome bestimmt wird. Führt man der Sternatmosphäre immer mehr dieser Atome zu, dann werden die Linien rasch tiefer, jedoch zunächst kaum breiter. Schließlich wird aber der Punkt erreicht, an dem das Linienzentrum völlig undurchsichtig („gesättigt") ist. Der Kern der Linie ist nun praktisch vollkommen schwarz; die Linie kann nur noch stärker werden, indem sie breiter wird. Bei weiter steigender Zahl von Atomen beginnt irgendwann auch die Absorption in den Flügeln der Linie merklich zu werden. Allmählich senken sie sich in das Kontinuum ein. Die enormen Breiten der Balmerlinien stellen den Endpunkt dieser Entwicklung dar. Bei ihnen ist der ursprüngliche Linienkern in den – nun ebenfalls völlig schwarzen – inneren Teilen der Linienflügel gar nicht mehr erkennbar. Leider kann man nicht auf diese Weise mit einem Stern spielen, aber wir können das eben beschriebene Linienwachstum auf andere Weise studieren: indem wir verschiedene Linien desselben Elements anschauen. Ein Atom kann das Licht seiner verschiedenen Spektrallinien unterschiedlich gut absorbieren. Der Effekt unterschiedlichen Absorptionsvermögens ist dem unterschiedlicher Atomzahlen absolut gleichwertig.

Wir haben in diesem Buch schon sehr oft über die Stärke von Spektrallinien gesprochen, ohne je genau erklärt zu haben, was damit gemeint ist. Die in der Astronomie üblicherweise dafür benutzte Meßgröße ist folgendermaßen definiert: Man ersetzt in Gedanken die tatsächliche Absorptionslinie aus Kern und Flügeln durch eine imaginäre Linie mit absolut scharfen Kanten, die vom Kontinuum aus unmittelbar völlig schwarz werden. Die Breite dieser imaginären Linie richtet man so ein, daß sie exakt genauso viel Energie aus dem Kontinuum wegnimmt wie die wahre Linie. Diese Breite, genannt *Äquivalentbreite*, ist das präzise Maß für die Linienstärke. Sie wird in Ångström oder auch Milli-Ångström angegeben. Ein Diagramm, das die so definierte Linienstärke gegen die Zahl (beziehungsweise Dichte) der absorbierenden Atome aufträgt, heißt *Wachstumskurve*. Bei kleinen Atomzahlen beginnt die Kurve zunächst als Gerade: Die Äquivalentbreite ist proportional zur Zahl der Absorber. Sobald jedoch der Linienkern gesättigt ist, flacht sich die Kurve ab. Die Äquivalentbreite wächst nun viel langsamer. Im dritten und letzten Bereich des Diagramms beginnen sich die Flügel in das Kontinuum einzusenken, und die Kurve wird wieder steiler. Man kann für jede Atom- oder Ionensorte eine solche Wachstumskurve (für einen gegebenen Stern) konstruieren, indem man die Äquivalentbreiten aller beobachteten Linien gegen das atomphysikalische Absorptionsvermögen des Atoms oder Ions in den einzelnen Linien aufträgt. Wenn man dann die so bestimmten (rein empirischen) Wachstumskurven verschiedener Atome beziehungsweise Ionen vergleicht, erhält man sofort deren relative Häufigkeiten. Die gesamte Häufigkeit eines Elements ist die Summe der Häufigkeiten all seiner Ionisationsstufen.

Die soeben beschriebene Prozedur liefert gute Näherungswerte für die Elementhäufigkeiten. Heutzutage verfeinert man diese Werte durch die nachfolgende Konstruktion eines detaillierten Sternmodells mittels großer Computer. Das Ziel besteht darin, eine theoretische Sternatmosphäre zu berechnen, deren (ebenfalls theoretisch berechnetes) Spektrum bestmöglich mit dem tatsächlich beobachteten Sternspektrum übereinstimmt (siehe Abschnitt 4.3). Man baut also zunächst eine Sternatmosphäre mit den bereits hergeleiteten Näherungswerten der Elementhäufigkeiten, Effektivtemperatur und Druckschichtung nach den bekannten physikalischen Gesetzen auf. Dann berechnet man das Spektrum, das genau diese Modellatmosphäre einem Beobachter präsentieren würde. Aus den Abweichungen vom beobachteten Spektrum leitet man Korrekturen zu den Häufigkeiten und den erwähnten physikalischen Parametern des Modells her, berechnet eine neue Modellatmosphäre, daraus wieder ein neues theoretisches Spektrum – und so weiter, bis alle Linienstärken und -formen bestmöglich passen.

Dieses Verfahren verlangt sehr detaillierte Sternspektren, riesige Mengen atomphysikalischer Daten und Gesetze, dazu leistungsfähige Computer und sehr aufwendige Programme. Das Endergebnis der Mühe ist die Erforschung des reichen und wissenschaftlich vielsagenden Schatzes an chemischen Variationen zwischen den Sternen, angefangen von den groben Unterschieden zwischen den Klassen M, R, N und S, bis hin zu den Spezialitäten der Klasse A, die wir in den folgenden Abschnitten besprechen wollen.

8.3 Seltsame Zwerge: Die Am-Sterne

Die Mehrheit der Hauptreihensterne vom Spektraltyp A gehört zu der normalen Sequenz von Spektren, die von F nach B führt. Sie unterscheiden sich voneinander und von den Nachbarklassen nur durch ihre Masse (und in der Folge davon durch ihre Größe und Leuchtkraft). Wega, zum Beispiel, besitzt drei Sonnenmassen, 55 Sonnenleuchtkräfte und etwa den dreifachen Durchmesser der Sonne. Die Rotationsgeschwindigkeiten der normalen A-Hauptreihensterne wachsen stetig von rund 100 km/sec bei F0 auf Werte um 180 km/sec bei A0. Die Röntgenstrahlen, die wir von späteren Zwergsternen beobachten, fehlen ab etwa A5. Die Konvektionszonen, die den Dynamo, die Magnetfelder und die damit verbundenen Aktivitätsprozesse ermöglichen, existieren nicht mehr.

Es gibt jedoch eine große Minderheit unter den A-Zwergen, die sich diesem einfachen Schema nicht unterordnen. Viele, möglicherweise sogar ein Viertel aller A-Zwerge weisen seltsame Spektren auf, in denen sich ganz und gar ungewöhnliche Elementhäufigkeiten oder andere Besonderheiten ausdrücken (Abbildung 8.6). Die spätesten dieser Sonderlinge treten bei mittleren F-Typen auf, die frühsten gehören zur Klasse B, aber die weitaus meisten findet man unter den A-Sternen. Zusammenfassend bezeichnet man diese Objekte als *CP-Sterne* (von englisch ‚chemically peculiar‘, das heißt chemisch absonderlich). Sie zerfallen in etwa ein halbes Dutzend von Unterklassen, die sich zumeist nur in der Effektivtemperatur unterscheiden. Unter den A-Sternen finden wir insbesondere die *Am-Sterne* (‚m‘ wie Metall-Linien) und die Ap-Sterne (‚p‘ wie peculiar, siehe Tabelle 3.5), die im nächsten Abschnitt besprochen werden.

Die Spektren der Am-Sterne zeichnen sich durch viel zu schwache Kalzium und Scandium-Linien einerseits und viel zu starke Linien der schweren Metalle andererseits aus. Mit schweren Metallen sind hier die Elemente jenseits des Eisens (Ordungszahl 26) gemeint. Prominente Absorptionssysteme in den Spektren von Am-Sternen stammen von Kupfer, Zink, Strontium, Yttrium, Zirkon und Barium. Darüber hinaus treten die Seltenen Erden, jene Gruppe von Elementen außerhalb der Hauptgruppen des Periodensystems (siehe Abbildung 6.9), in enormer Stärke auf. Die unüblichen Linienstärken erschweren die korrekte Klassifikation. Die Schwäche der K-Linie läßt den Stern zu heiß erscheinen (im Vergleich zu seiner wahren Temperatur), und die Stärke der ionisierten Metalle täuscht eine zu kühle Oberfläche vor. Die Unterschiede zwischen den normalen und den Am-Zwergen müssen nicht immer dramatische Ausmaße annehmen. Es gibt auch „milde“ Am-Sterne, wie zum Beispiel Sirius, die bei der normalen Auflösung von Klassifikationsspektren nicht als solche

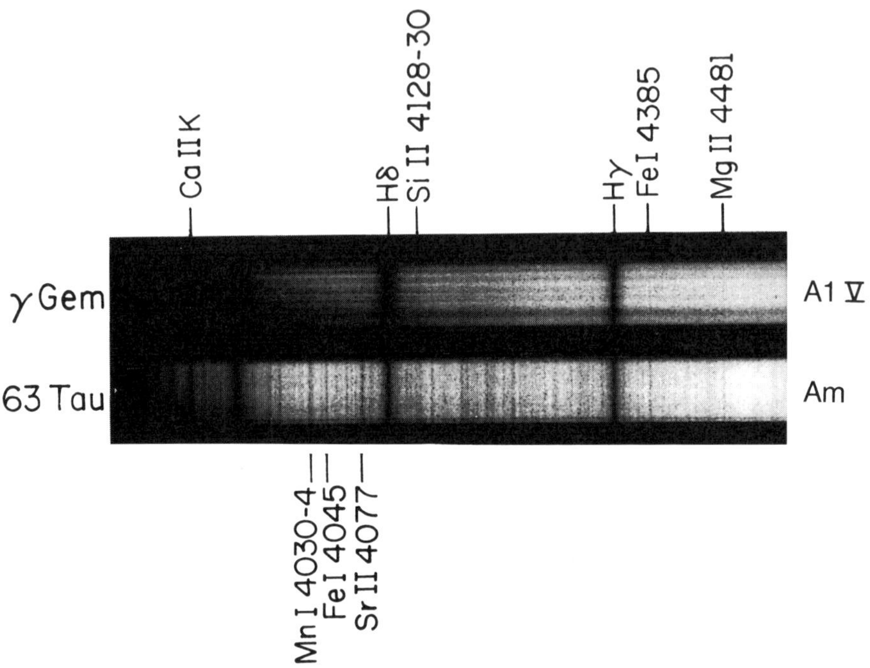

8.6 Der klassische Am-Stern 63 Tauri im Vergleich mit dem normalen A1-Zwerg γ Geminorum. Die Ca II K-Linie ist in beiden Spektren gleich stark, aber die übrigen Metall-Linien sind in 63 Tau ungleich stärker. Nach ihnen würde man 63 Tau eher als kühlen F-Stern denn als A-Stern klassifizieren. Aus *An Atlas of Stellar Spectra*, von W. W. Morgan, P. C. Keenan und E. Kellman, Univ. of Chicago Press, Chicago, 1943.

zu erkennen sind. Darüber hinaus gibt es eine Fortsetzung der Am-Sterne bis etwa F4, die Fm-Sterne.

Im allgemeinen rotieren die Am-Sterne besonders langsam. Aus Abschnitt 7.3 wissen wir, daß die Form und Breite der Absorptionslinien zur Bestimmung der Rotationsgeschwindigkeit benutzt wird (unter Berücksichtigung anderer Linienverbreiterungsmechanismen, versteht sich). Um den Effekt der Neigung der Rotationsachse gegen unsere Sichtlinie zu eliminieren, muß man jeweils eine möglichst große Gruppe gleichartiger Sterne untersuchen, um die wahren Rotationsgeschwindigkeiten zu erhalten. Sowohl die Verteilung der einzelnen (projizierten) Geschwindigkeiten als auch die beobachteten Maximalwerte zeigen, daß die Am-Sterne deutlich langsamer rotieren als die normalen A-Sterne.

Ein sehr großer Anteil der metallreichen A-Sterne gehört zu engen Doppelsternsystemen. Wenn zwei Sterne einander in geringem Abstand umkreisen, dann erzeugen sie gegenseitig Gezeitenberge auf ihren Oberflächen (wie der Mond auf den irdischen Ozeanen). Diese Deformationen der Sternkörper führen zu einer inneren Reibung, die wiederum die Rotation der Sterne allmählich verringert. Der Effekt arbeitet so lange, bis die Umdrehungszeit der Sterne mit ihrer Umlaufzeit übereinstimmt. Die Gezeitenwechselwirkung erzeugt also in diesen Fällen die geringen Rotationsgeschwindigkeiten, die anscheinend dem Am-Phänomen förderlich sind. Als Randbemerkung sei erwähnt, daß genau derselbe Effekt bei den (üblicherweise langsam rotierenden) G-Sternen die Rotationsgeschwindigkeit in engen Paaren so weit erhöht, daß sie zu RS-CVn-Variablen werden (siehe Abschnitt 6.11).

8.4 Die magnetischen Ap-Sterne

Noch seltsamer als die Am-Sterne sind die *Ap-Sterne* (Abbildung 8.7), die sich in erster Linie durch starke Magnetfelder auszeichnen (eine Ausnahme bilden die *Quecksilber-Mangan-Sterne*, die zum Teil ebenfalls als Ap klassifiziert werden. Sie gehören jedoch mehrheitlich der Spektralklasse B an und sollen deshalb erst im nächsten Kapitel näher behandelt werden). Die Gruppe der Ap-Sterne reicht auf der Hauptreihe etwa von F0 bis B4 (am heißen Ende werden sie natürlich als Bp-Sterne bezeichnet). Wie die Am-Sterne zeigen sie enorme Überhäufigkeiten, jedoch bei anderen Elementen. Nun sind Silizium, Chrom, Strontium und – wiederum – die Seltenen Erden, besonders Europium, betroffen. Die viel zu starken Absorptionslinien dieser Elemente fallen schon bei Klassifikationsspektren ins Auge, weshalb die Spektraltypen der Sterne den Suffix ‚p' tragen.

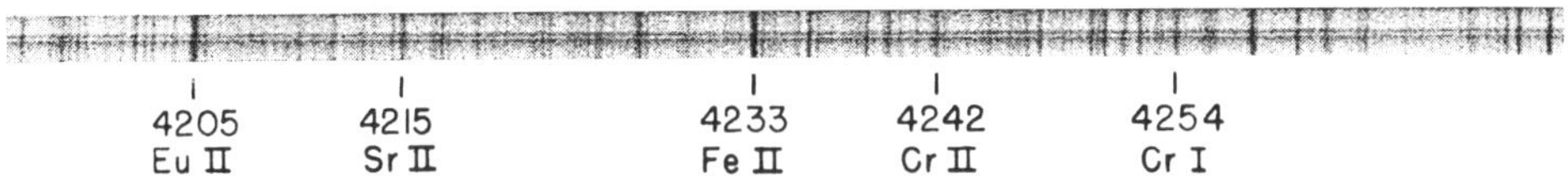

8.7 Ein hochaufgelöstes Spektrum des A0p-Sterns HD 125248, eines Sterns sechster Größe in der Jungfrau. Sein Magnetfeld hat die viertausendfache Stärke des irdischen. Man beachte die Stärke der Europium-Linie! Aus einem Artikel von H. W. Babcock in *Stellar Atmospheres*, Hrsg. J. L. Greenstein, University of Chicago Press, Chicago, 1960.

Die starken Magnetfelder der Ap-Sterne wurden erstmals 1947 am Beispiel von 78 Virginis (A2p) bemerkt. Stellarer Magnetismus wird mit Hilfe des *Zeeman-Effekts* nachgewiesen: Viele Spektrallinien werden durch Magnetfelder in zwei oder mehr einzelne nahe benachbarte Linien aufgespalten. Der Abstand der einzelnen *Zeeman-Komponenten* hängt dabei in eindeutiger Weise von der Stärke des Magnetfeldes ab. Das Licht der Komponenten ist *polarisiert*, das heißt, die elektromagnetischen Wellen, aus denen es besteht, schwingen bevorzugt in einer bestimmten Raumrichtung (normales, unpolarisiertes Licht schwingt gleichmäßig verteilt in alle möglichen Richtungen). Wir werden auf das Phänomen der Lichtpolarisation in Kapitel 9 näher eingehen. Da stellare Spektrallinien von vielen verschiedenen Prozessen verschoben und verbreitert werden können, ist die magnetische Aufspaltung in Zeeman-Komponenten oft nicht direkt beobachtbar. Aber die Unterschiede in der Polarisation der einzelnen Komponenten ist dennoch vorhanden und führt zu einer Variation des

Polarisationsgrades über die Breite der verschmierten Linie. Sie ist relativ leicht nachweisbar und kann zur Messung der Feldstärke verwandt werden. Es gibt Hinweise auf die Emission von Röntgenstrahlen durch Ap-Sterne. Sie sind ebenfalls ein Anzeichen für die Existenz von Magnetfeldern, aber ihre Entstehung ist bei diesem Sterntyp noch unverstanden.

Die beobachteten Felder sind teilweise extrem stark. Bei dem erwähnten Stern 78 Vir maß H. W. Babcock eine Feldstärke von 1 500 Gauß. Zum Vergleich: Das allgemeine Feld der Sonne außerhalb der Aktiven Regionen beträgt nur ein bis zwei Gauß. Der Rekordhalter ist HD 215441 (A0p, ein Stern neunter Größe im Sternbild Lacerta) mit erstaunlichen 34 000 Gauß. Der bekannteste magnetische Ap-Stern ist vermutlich die helle Komponente des Doppelsterns Cor Caroli (α^2 Canum Venaticorum, A4p), der es allerdings „nur" auf etwa 1 000 Gauß bringt.

Die Magnetfelder fast aller Ap-Sterne sind zeitlich veränderlich. Oft wird eine komplette Umkehr des Feldes in regelmäßigem Rhythmus beobachtet. Die magnetischen Variationen gehen mit simultanen Veränderungen der Helligkeit und der Linienstärken einher. Die einzige plausible Erklärung für die beobachteten Phänomene besteht in der Annahme, daß die Sterne *schiefe Rotatoren* sind. Das heißt, sie rotieren um eine Achse, die gegen die Symmetrieachse des Magnetfelds geneigt ist. Diese Erscheinung ist im Weltall weit verbreitet: Jupiter, Uranus und auch unsere Erde besitzen solche geneigten Achsen. Bei rotierenden magnetischen Sternen hängt die momentan gemessene Magnetfeldstärke von der Orientierung des Feldes relativ zu unserer Blickrichtung ab. Schauen wir auf einen der beiden magnetischen Pole, so sehen wir maximale Feldstärke; schauen wir auf den magnetischen Äquator, sehen wir Feldstärke null. Wenn die beiden Achsen des Sterns geeignet orientiert sind, dann können wir im Laufe einer Umdrehung zuerst den magnetischen Nord- und danach den Südpol vor uns haben.

Nicht nur das Magnetfeld, sondern auch die Elementhäufigkeiten sind ungleichmäßig über die Oberfläche der Ap-Sterne verteilt (ein weiterer wichtiger Unterschied zu den Am-Sternen). Die Überhäufigkeiten scheinen sich in den Gebieten starker Magnetfelder zu konzentrieren. Das ist die Erklärung für die Veränderungen der Linienstärken im Laufe der Sternrotation. Es gibt ein raffiniertes Verfahren, die Verteilung der einzelnen Elemente auf der Oberfläche von Am-Sternen zu erfassen: Die sogenannte *Doppler-Kartierung*. Wenn die Gebiete mit Unter- beziehungsweise Überhäufigkeit eines bestimmten Elements von uns aus gesehen über die Sternscheibe wandern, dann erscheinen sie zunächst blau- und später (bevor sie hinter dem Rand des Sterns wieder verschwinden) rotverschoben. Das Ergebnis sind sehr charakteristische Variationen der Form zugehöriger Absorptionslinien. Wenn man diese hinreichend genau beobachtet und mathematisch analysiert, kann man richtige Bilder des Sterns konstruieren. Sie zeigen direkt die Verteilung des Magnetfeldes oder zum Beispiel des Elements Silizium auf der Sternoberfläche, siehe Abbildung 8.8. Die Geometrie der Felder erweist sich teilweise als recht kompliziert, was aber im Lichte unserer Kenntnisse über das solare Magnetfeld (Kapitel 6) keine große Überraschung ist.

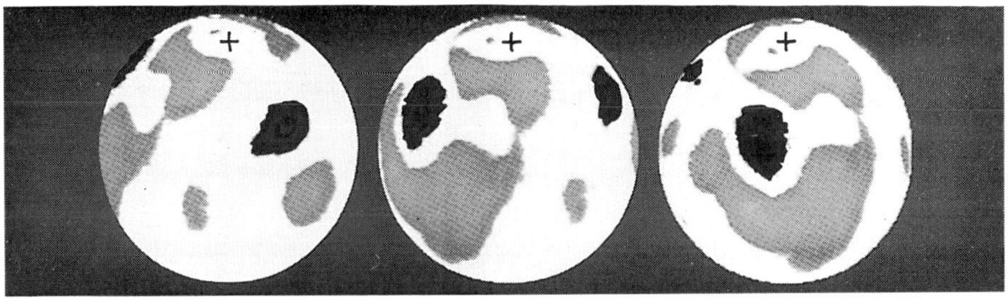

8.8 Drei Ansichten der Doppler-kartierten Oberfläche des A1pSi-Sterns γ^2 Arietis. Das Kürzel ‚Si' im Spektraltyp besagt, daß der Stern übermäßig starke Silizium-Linien aufweist. Mit Hilfe der wechselnden Dopplerverschiebungen im Laufe einer Umdrehung des Sterns (siehe Text) wurde die Lage von Gebieten mit höherer (dunkel) beziehungsweise geringerer Siliziumhäufigkeit (hell) rekonstruiert. Das kleine Kreuz markiert den Rotationspol des Sterns. Man kann hier buchstäblich den Stern rotieren sehen, wenn man die Lage der hellen und dunklen Gebiete auf den drei Bildern vergleicht. Photo: Lick Observatory, mit freundlicher Genehmigung von S. Vogt, A. Hatzes und G. Penrod.

8.5 Die Ursache des Am/Ap-Phänomens

Die Existenz der Magnetfelder ist völlig unverstanden. Die Ap-Sterne rotieren, ebenso wie ihre Am-Brüder, eher langsam. Typische Rotationsgeschwindigkeiten liegen unter 50 km/sec. Man könnte daraus zunächst den Schluß ziehen, daß die Felder durch einen Dynamo-Mechanismus erzeugt wurden, der darüber hinaus zur magnetischen Bremsung der Sternrotation führte. Aber diese Vorstellung führt zu Widersprüchen. Erstens ist überhaupt kein Mechanismus bekannt, der in Abwesenheit einer Konvektionszone den Dynamo anstoßen könnte. Zweitens sieht es so aus, als ob gerade die schneller rotierenden A-Sterne die schwächeren Felder besitzen – in völligem Gegensatz zu den Erwartungen aus einem Dynamomodell (allerdings sind in diesem Punkt die Beobachtungsdaten noch sehr unvollständig). Und drittens gibt es viele langsam rotierende Objekte ohne jegliches Magnetfeld. Kein Dynamo kann sie jemals gebremst haben.

Eine andere Theorie versucht, die Felder der Ap-Sterne als „Fossilien" aus der Zeit der Sternentstehung zu deuten. Die ausgedehnten Gaswolken, aus denen sich die Sterne bilden, besitzen schwache Magnetfelder, die bei der Kontraktion der Wolken unvermeidlicherweise sehr verstärkt werden. Es ist aber schwer zu verstehen, wie ein Stern dieses Feld über einen größeren Abschnitt seines Lebens erhalten könnte. Und selbst wenn er es könnte: Wie erklärt man dann die vielen Sterne, die gar kein Magnetfeld besitzen? Es sieht also doch so aus, als gäbe es in den A-Sternen einen Erzeugungsmechanismus für Magnetfelder. Aber, wenn es kein Dynamo sein kann, was dann? Niemand weiß es.

Auch zur Erklärung der Ap/Am-Häufigkeitsanomalien gibt es nur mehr oder weniger unausgegorene Ideen. Eine der ältesten postuliert oberflächennahe Kernreaktionen, die speziell die überhäufigen Elemente erzeugen sollen. Eine andere, nur wenig glaubhafte, vermutet eine Verunreinigung der Sternoberfläche durch angereichertes

Material einer in der Nähe explodierten Supernova (warum sollte dieser Effekt immer gerade A-Sterne betreffen?). Etwas ernster zu nehmen ist der Vorschlag, daß das Magnetfeld zu einem selektiven Aufsammeln bestimmter chemischer Elemente aus dem allgemein verteilten interstellaren Gas führen könnte. Die gegenwärtig populärste Vorstellung ist „Diffusion", der Prozeß, der einzelne Elemente nach unten aus der Atmosphäre herausrieseln läßt (wie im Abschnitt 7.4 das Lithium der F-Sterne) – oder eben bevorzugt in die oberen Atmosphärenschichten aufsteigen läßt. Die vorgeschlagenen Diffusionsprozesse sind kompliziert und physikalisch schwer zu durchschauen. Bisher ist noch keiner zu einer befriedigenden Erklärung der extremen Überhäufigkeiten ausgearbeitet worden.

Um die Verwirrung noch ein wenig zu vergrößern, seien abschließend die seltenen *λ-Bootis-Sterne* erwähnt. Sie gehören zur Population I, besitzen aber dramatische *Unter*häufigkeiten leichter Metalle. Vielleicht ist bei ihnen auch eine Art von Diffusionsprozeß am Werk. Man weiß es nicht.

8.6 Planetare Scheiben?

Die Astronomen suchen nach Planeten von anderen Sternen, seit klar geworden ist, daß die Sterne Brüder unserer Sonne sind, also seit mindestens 150 Jahren. Bisher wurden keine gefunden. Richtige Planeten sind – kosmisch gesehen – extrem massearm und leuchten nur im schwachen geborgten Licht ihres Muttergestirns. Einige unklare Fälle von massearmen unsichtbaren Begleitern naher M-Zwerge sind uns in Abschnitt 4.10 begegnet. Aber selbst wenn jene existieren, so sind sie doch Giganten, selbst im Vergleich zu Jupiter, dem größten Planeten unseres Systems. Trotzdem glauben die meisten Astronomen, daß Planetensysteme im Kosmos sehr häufig sind. Neben mehr philosophischen Argumenten sprechen zum Beispiel die Existenz von Mini-Planetensystemen um alle hinreichend großen Planeten des Sonnensystems (gemeint sind die Monde der Planeten) und die Statistik der Doppelsternmassen dafür (Jupiter und Sonne sind sozusagen ein Doppelstern mit extremem Massenverhältnis).

Bei einigen A-Sternen gibt es aber auch sehr viel direktere Hinweise. Die konnten allerdings erst bekannt werden, als ein technisches Wunderwerk namens IRAS die astronomische Bühne betreten hatte. IRAS (‚Infrared Astronomy Satellite') ist ein Infrarotteleskop, das im Jahre 1983 den gesamten Himmel von einer Erdumlaufbahn aus nach Strahlung verschiedener infraroter Wellenlängen abgesucht hat. Mit diesem Satelliten wurde eine Wolke oder Scheibe von festen Staubpartikeln um Wega herum entdeckt. Der Durchmesser der Wolke beträgt nur 170 astronomische Einheiten – nicht viel mehr als der Durchmesser unseres Planetensystems. Der Staub ist nur knapp 100 K warm. Folglich kann er kein sichtbares Licht aussenden. Aber bei größeren Wellenlängen, im Bereich der Wärmestrahlung, leuchtet er sehr schön hell. Die von IRAS beobachtbaren Körner müssen um einen Millimeter groß sein. Für kosmische Staubkörner ist das extrem groß. So darf man vermuten, daß es dort auch noch größere feste Körper geben könnte – vielleicht bis zur Größe richtiger Planeten. Ähnliche Staubstrukturen wurden zum Beispiel um Fomalhaut (A3 V) und um den K2-Zwerg ε Eridani gefunden.

Einen weitaus dramatischeren Hinweis auf eine Struktur, die einem Planetensystem ähnelt, fand man mittels erdgebundener Technik bei dem südlichen A5-Zwerg β Pictoris (Abbildung 8.9). Mit einem modernen CCD-Detektor (Abschnitt 1.11) und einer speziellen Kamera, die das direkte Licht des Sterns vom Detektor fernhält, entdeckten zwei amerikanische Astronomen eine richtige Scheibe aus Staub. Zwar ist diese Struktur mit einem Durchmesser von 800 astronomischen Einheiten rund zehnmal so groß wie unser Sonnensystem, aber ansonsten ist die Ähnlichkeit mit der entsprechenden flachen Staubwolke um die Sonne unverkennbar. Unsere eigene Staubscheibe ist ebenfalls nur erkennbar, wenn das direkte Licht unseres Sterns abgedeckt ist: Das Zodiakallicht (Abbildung 1.7) erscheint nur, wenn die Sonne unter dem Horizont, das heißt von der Erde verdeckt ist. Wenn β Pic eine Staubscheibe analog dem Zodiakallicht besitzt, warum sollte er dann nicht auch von größeren Felsbrocken bis hin zu planetarer Größe umkreist werden? Vielleicht ist Abbildung 8.9 nur der Anfang unseres Eindringens in die unmittelbare Umgebung fremder Sterne, das letztendlich zur Entdeckung fremder Planetensysteme führen wird.

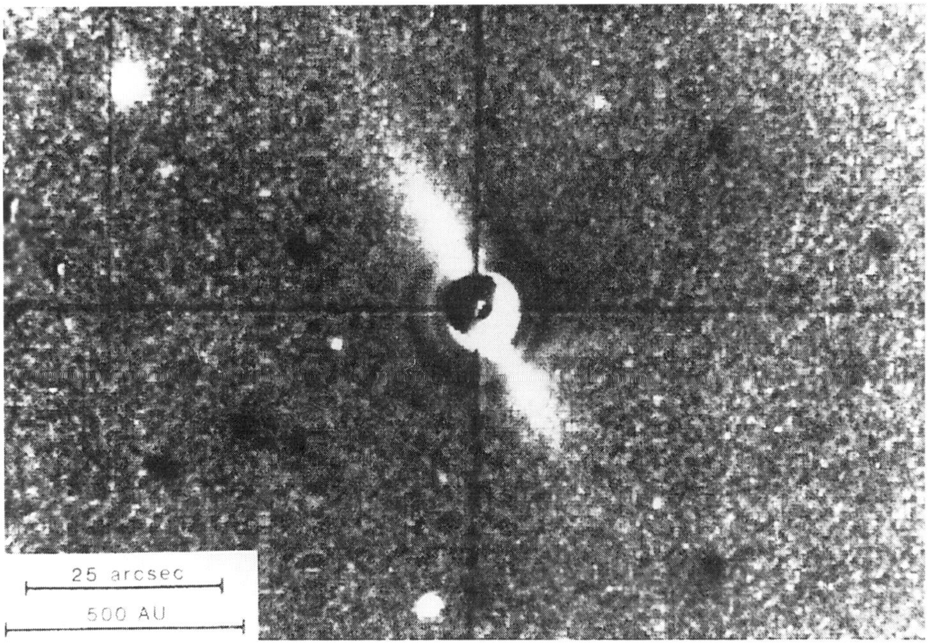

8.9 Die Staubscheibe um den Stern β Pictoris. Der Stern selbst wird von einer kleinen Metallscheibe in der speziellen für diese Aufnahme verwandten Kamera verdeckt. Andernfalls würde sein direktes Licht das viel schwächere Streulicht von der Staubscheibe überstrahlen. Gibt es in dieser Scheibe Planeten? Photo: Mt. Wilson und Las Campanas Observatories, Carnegie Institution of Washington, aus einem Artikel in *Science* von B. A. Smith und R. J. Terrile.

8.7 Pulsationen

Der Instabilitätsstreifen, jene große Teilungslinie, die das HR-Diagramm von oben nach unten durchschneidet, trifft beim Spektraltyp A auf die Hauptreihe. Dieses Zusammentreffen erzeugt die Klasse der δ-Scuti-Sterne, der wir im vorigen Kapitel schon kurz begegnet sind (Abschnitt 7.8). Auf der Hauptreihe reicht sie von den frühen A-Sternen bis zu mittleren F-Typen. Die im HR-Diagramm nur wenig über der Hauptreihe liegenden pulsierenden Riesen mit Spektraltypen zwischen etwa A7 bis F5 werden ebenfalls als δ-Scuti-Sterne bezeichnet. Nur etwa ein Drittel der A-Hauptreihensterne innerhalb des Instabilitätsstreifens pulsieren wirklich. Die Amplituden sind durchweg klein, oft nur wenige Hundertstel einer Größenklasse.

Die Bedingungen für das Auftreten beziehungsweise Fehlen der Pulsationen sind noch recht unklar. Überhäufigkeiten der Metalle verhindern die Schwingungen: Am-Sterne zeigen konstante Helligkeit. Bei den Riesen wird die Variabilität offenbar durch rasche Rotation unterbunden. Manche Sterne schwingen mit mehreren verschiedenen Perioden gleichzeitig: Der Sternkörper bläht sich nicht nur radial auf und zieht sich wieder zusammen, sondern er verformt sich zusätzlich. Die geringen Amplituden und das Auftreten der Mehrfachperiodizitäten erschweren die Untersuchung dieser Objektklasse ungemein. Man braucht sehr viel Beobachtungszeit, um das Schwingungsverhalten auch nur eines einzigen Sterns hinreichend genau zu untersuchen. Das ist einer der Gründe für das bisher nur unzureichende Verständnis dieser Objekte.

8.8 Der Horizontalast

Wir haben uns in diesem Buch bisher weitgehend mit den „klassischen" Bereichen des HR-Diagramms beschäftigt, die von Sternen der galaktischen Scheibe bevölkert sind. Wir machten nur kurze Ausflüge in die „dritte Dimension" der Spektralklassifikation, die Dimension der chemischen Unterschiede zwischen Sternen. Dazu gehören die gerade diskutierten Ap- und Am-Sterne sowie die Unterzwerge und kohlenstoffarmen Riesen des galaktischen Halos (Abschnitt 5.5). Bei der Untersuchung der Kugelhaufen, den Paradeobjekten der metallarmen Population II, begegnet uns ein ganz neuer Bereich des HR-Diagramms, der in seiner Bedeutung mit der Hauptreihe und dem Riesenast der Sonnenumgebung vergleichbar ist: Der *Horizontalast* (Abbildung 8.11). Er verläuft bei der absoluten Helligkeit +0,5 mag waagerecht durch das Diagramm, ungefähr von G0 bis B2. Dort, wo er den Instabilitätsstreifen kreuzt, liegen die RR-Lyrae-Sterne. Da sie keinen festen Platz im Farben-Helligkeits-Diagramm einnehmen, sind sie in Abbildung 8.10 nicht eingezeichnet. Dadurch entsteht die sogenannte *RR-Lyrae-Lücke*, die aber nicht wirklich eine Lücke in der Verteilung der Sterne ist. Der Horizontalast ist bei den A-Sternen zumeist dicht besetzt. Bei etwa A0 kreuzt er die Hauptreihe.

Horizontalaststerne in der Nähe dieses Kreuzungspunktes könnten bei flüchtiger Betrachtung wie gewöhnliche Zwergsterne erscheinen. Physikalisch sind sie aber von jenen sehr verschieden. Ihre Entwicklung ist weit über das Hauptreihenstadium fortgeschritten. Sie erzeugen den Löwenanteil ihrer Energie nicht mehr durch Wasserstoffbrennen, sondern durch die Umwandlung von Helium in Kohlenstoff (wir werden diesen Prozeß im Kapitel 12 näher betrachten). Trotz der gleichen Lage im HR-Diagramm gibt es normalerweise keine Verwechslungsmöglichkeit zwischen Horizontalaststernen und Hauptreihensternen des Spektraltyps A. Die Sternentwicklung (siehe Abbschnitte 1.17 und 5.7) hat den Kugelhaufen ja die obere Hauptreihe geraubt, so daß sie keine A-Zwerge mehr enthalten. Die massereichen Sterne entwikkeln sich, wie wir wissen, stets als erste vom Zwergstadium fort, so daß die alten Kugelhaufen nur noch Hauptreihensterne später als etwa F5 aufweisen (siehe Abbildung 8.10 und 8.11).

Natürlich gibt es auch einen Horizontalast unter den allgemein in der Milchstraße verteilten einzelnen Halosternen. Aber dort ist er nicht so leicht zu untersuchen wie in den Kugelhaufen, wo wir jeweils eine große Gruppe von Sternen mit gleicher Distanz vorfinden.

8.10 Der Kugelhaufen M15 im Pegasus. Er besitzt einen ausgeprägten Blauen Horizontalast und dennoch – entgegen der allgemeinen Regel – fast 1000 RR-Lyrae-Sterne. Darüber hinaus ist er einer von nur zwei bekannten Kugelhaufen mit einem Planetarischen Nebel (siehe Kapitel 11), der aber auf dieser Aufnahme nicht erkennbar ist. Photo: University of Illinois Prairie Observatory.

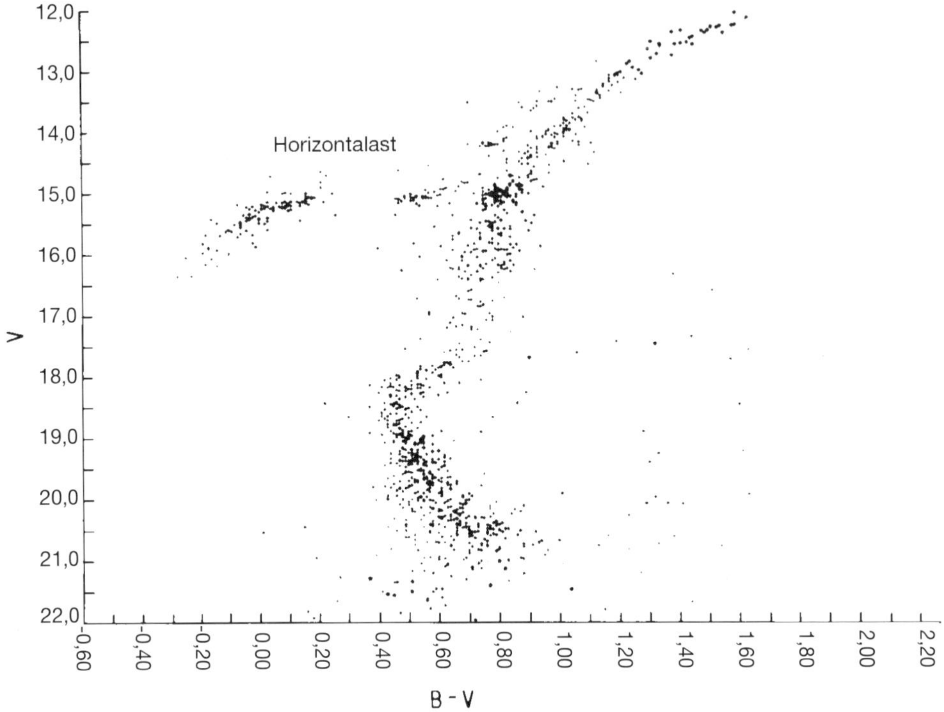

8.11 Das HR-Diagramm (genauer gesagt: Farben-Helligkeits-Diagramm) des Kugelhaufens M5 in Serpens. Die Beziehung zwischen Farbindex B-V und Spektraltyp ist aus Abbildungen 3.10 und 3.11 ersichtlich. Dieser Haufen hat einen relativ gleichmäßig besetzten Horizontalast und eine schön ausgeprägte RR-Lyrae-Lücke bei etwa B-V = 0,3. Die Lücke ist eigentlich nicht leer, sondern enthält fast 100 RR-Lyrae-Sterne. Da Veränderliche im Laufe ihrer Pulsation ihren Ort im Diagramm leicht verändern, werden sie üblicherweise gar nicht eingezeichnet. Aus einer Zusammenstellung von Farben-Helligkeits-Diagrammen in *Dudley Observatory Report No. 11* von A. G. D. Philip, M. F. Cullen und R. E. White.

Die Astronomen unterteilen den Horizontalast in drei Teile: Den Roten Horizontalast, den Blauen Horizontalast, und die RR-Lyrae-Lücke, die die beiden anderen Teile voneinander trennt. Die Lücke reicht, wie erwähnt, von etwa F5 bis zu den späten A-Typen. Das stets sehr ähnliche äußere Erscheinungsbild der Kugelhaufen täuscht. In Wirklichkeit sind sie recht verschieden. Der Riesenast liegt von Haufen zu Haufen an etwas verschiedenen Stellen des HR-Diagramms, und die Verteilung der Sterne entlang des Horizontalasts ist grundverschieden. In manchen Haufen, zum Beispiel M13 im Hercules, M22 im Schützen und M15 im Pegasus (Abbildung 8.10), ist die blaue Seite viel stärker besetzt als die rote. In anderen, zum Beispiel 47 Tuc (Abbildung 7.1), dominiert die rote. Und schließlich gibt es Fälle wie M3 in den Jagdhunden (Abbildung 1.5) und M5 in der Schlange, bei denen auf beiden Seiten etwa gleich viele Sterne sind. Die letzteren sind die Haufen, in denen wir wahre Massen von RR-Lyrae-Sterne finden: M5 besitzt 100, M3 sogar 200 von ihnen. Die Haufen mit unsymmetrischen Horizontalästen zeigen weit weniger der typischen „Haufenveränderlichen", besonders die mit rotem Übergewicht. 47 Tuc weist nur einen einzigen auf, manche anderen Haufen sogar überhaupt keine.

Die Verteilung der Sterne auf dem Horizontalast wird teilweise durch den Metallgehalt bestimmt. Im allgemeinen ist der Horizontalast umso blauer, je schwächer die Metall-Linien der Haufensterne (wie bereits früher erwähnt, läßt ein geringer Metallgehalt die Materie des Sterninnern durchsichtiger werden, so daß die Strahlung leichter zur Oberfläche gelangen kann, wodurch diese wiederum heißer wird). Zum Beispiel hat M92 im Hercules einen sehr blauen Horizontalast und ein Eisen-zu-Wasserstoff-Verhältnis von nur einem Hundertstel des solaren Werts, während die Sterne von 47 Tuc immerhin ein Drittel des solaren Eisengehalts aufweisen.

Und damit stoßen wir auf eines der interessantesten Rätsel der gegenwärtigen Astrophysik. Es wird uns gestellt von dem Haufentrio M3, M13 und NGC 7006. Diese drei haben die gleiche Metallhäufigkeit – etwa 3 Prozent des solaren Werts – aber dennoch erfreut uns der erste mit einem blauen, der zweite mit einem symmetrischen und der dritte mit einem roten Horizontalast. Es gibt also noch einen weiteren Faktor neben der Metallizität, der über die Struktur des Horizontalasts mit entscheidet. Derzeit weiß niemand, worin dieser sogenannte *zweite Parameter* bestehen könnte. Versteckt sich dahinter der Einfluß der stellaren Rotation (die in den weit entfernten Kugelhaufensternen nahezu unmeßbar ist) oder vielleicht Detailunterschiede in der chemischen Zusammensetzung (die in dem breiten Begriff der „Metallizität" leicht untergehen)?

Kugelhaufen sind exzellente Werkzeuge zur Entfernungsmessung im Kosmos – galaktisch wie auch intergalaktisch. Bei den sonnennächsten Exemplaren sehen wir noch die helleren Zwergsterne. Wir können ihre Distanzen also aus der üblichen Hauptreihenanpassung (Abschnitt 5.7) bestimmen. Daraus ergibt sich unmittelbar die Leuchtkraft ihrer Mitglieder auf dem Horizontalast, insbesondere der RR-Lyrae-Sterne. Und aus der Kenntnis dieser Größe wiederum läßt sich die Entfernung der ferneren Haufen ableiten, bei denen wir die Hauptreihe nicht mehr erreichen. Aus den so bestimmten Distanzen und den Positionen am Himmel ergibt sich die räumliche Verteilung aller Kugelhaufen unserer Milchstraße. Die Sonne liegt circa 8 Kiloparsec vom Symmetriezentrum dieser Verteilung entfernt. Auf diese Weise wurde der in Abschnitt 1.8 genannte Abstand von 8 kpc zwischen der Sonne und dem Zentrum der Galaxis bestimmt.

Auch die Sterne des Horizontalastes sind nur in unserer eigenen Milchstraße und den nächsten Nachbargalaxien beobachtbar. Das reicht immerhin aus, um die absoluten Helligkeiten einer großen Zahl von ganzen Kugelhaufen zu bestimmen. Der Schritt ins weiter entfernte extragalaktische Universum benutzt die *mittlere* scheinbare Helligkeit der Kugelhaufen einer Galaxie, um sie mit der *mittleren* absoluten Helligkeit aller nahen Kugelhaufen zu vergleichen. Die Differenz ist einfach der Entfernungsmodul der jeweils untersuchten Galaxie. Dieses Verfahren geht natürlich davon aus, daß die Kugelhaufen verschiedener Galaxien sich zumindest als Gesamtheit nicht voneinander unterscheiden. Wie weit diese Annahme in der Natur generell richtig ist, darüber diskutieren die Astronomen heftig. Für den speziellen Vergleich zwischen der Milchstraße und den Magellanschen Wolken ist sie nämlich falsch.

Aber bei allen Galaxien, die für die Untersuchung von Einzelsternen zu weit entfernt sind (zum Beispiel M104, Abbildung 8.12), ist die vielleicht unsichere Distanz aus den Kugelhaufen jedenfalls besser als gar keine.

8.12 Die Spiralgalaxie M104 in der Jungfrau. Sie zeigt sich uns fast genau von der Seite. Der dunkle Streifen wird durch interstellaren Staub in der Mittelebene des Systems erzeugt. Die leicht verwaschenen Objekte, die sich um den Hauptkörper der Galaxie gruppieren, sind Kugelhaufen. Aus ihrer Helligkeit läßt sich die Entfernung der Galaxie bestimmen.

8.9 Weiße Zwerge

Der Spektraltyp A ist die klassische Region der Weißen Zwerge (siehe Abschnitte 5.8 und 7.10). Es gibt Weiße Zwerge zwar über den gesamten stellaren Temperaturbereich, von den M-Sternen bis zu den O-Sternen. Die kühlsten der Weißen Zwerge sind rötlich, und die heißesten bläulich, aber die bekanntesten und zuerst entdeckten Exemplare sind alle tatsächlich weiß. Daher stammt der Name der Gruppe. In ihrer Mehrheit tragen die Weißen Zwerge das spektrale Etikett ‚A'. Wir werden später sehen, daß dies nicht ganz korrekt ist; die Klassifikation ist eben älter als unser physikalisches Verständnis der Sterne. Der Prototyp der Gruppe ist 40 Eridani B, der schwache Begleiter eines K1-Zwergs der sechsten Größe. Der bekannteste ist jedoch Sirius B (Abbildung 8.13), der schon berühmt war, bevor ihn jemals ein Astronom gesehen oder abgelichtet hatte. Entdeckt wurde er nämlich als „unsichtbarer Begleiter" des hellsten aller Sterne durch die Wirkung seiner Schwerkraft (siehe Abschnitt 4.10). Wegen der Nähe zu seinem enorm hellen Partner liegt die Beobachtung von Sirius B bis zum heutigen Tag an der Grenze des technisch Möglichen.

Zur Klassifikation der Weißen Zwerge kann man nicht die üblichen Spektraltypen und -untertypen verwenden. Der gewaltige Gasdruck in ihren Atmosphären führt zu einer enormen Verbreiterung aller Spektrallinien (Abbildung 8.3). Nur die allerstärksten Linien bleiben in dieser Breite überhaupt erkennbar: Wasserstoff, Helium, die K-

a

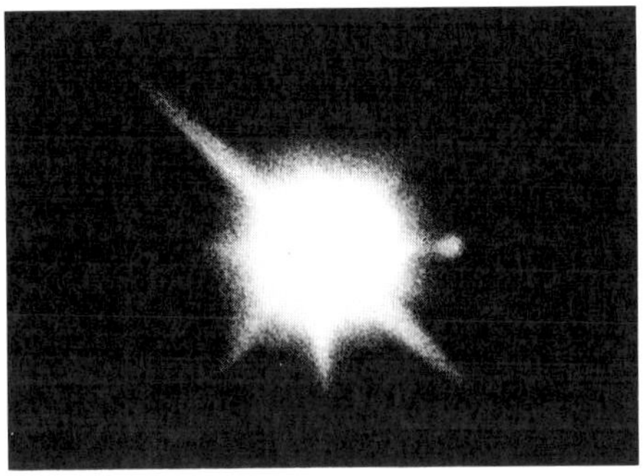

b

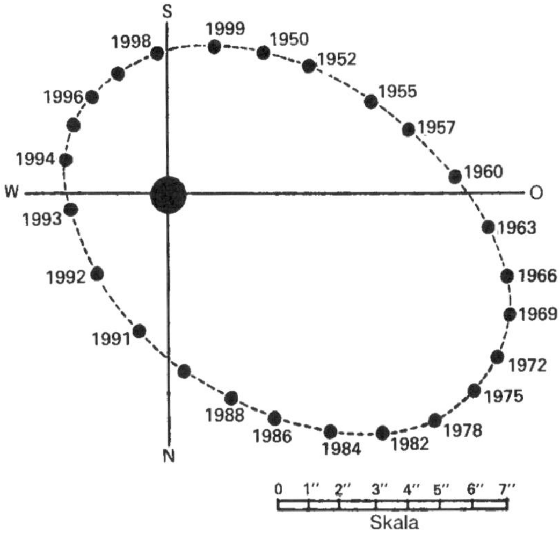

8.13 (a) Sirius B, fast überstrahlt vom Licht seines hellen Partners, Sirius A. Photo: Lick Observatory. (b) Die Bahn des Weißen Zwergs um seinen größeren und massereicheren Partner. Aus *Burnham's Celestial Handbook*, Dover Publications, New York, 1978.

Linie und einige wenige andere. Zudem sind die chemischen Häufigkeiten vieler Weißer Zwerge völlig verschieden von denen „normaler" Sterne, was wiederum eine konventionelle Spektralklassifikation unmöglich macht. Folglich wäre es auch kaum möglich, die Weißen Zwerge in unser HR-Diagramm einzutragen, das ja absolute Helligkeit gegen den Spektraltyp aufträgt. Wie wir aber wissen, ist die Spektralsequenz physikalisch gesehen eine Temperatursequenz. In diesem Buch sind den Weißen Zwergen deshalb Pseudo-Spektraltypen entsprechend ihrer jeweiligen Oberflächentemperatur zugewiesen worden, damit sie sich in unser großes, alles übergreifendes Ordnungsschema der Sternenwelt einpassen. Jedem Weißen Zwerg wird in unseren HR-Diagrammen einfach der Spektraltyp eines Hauptreihensterns gleicher Effektivtemperatur zugewiesen. Aber das darf man nicht zu wörtlich nehmen: Die Effektivtemperatur eines Weißen Zwergs ist nur schwer zu bestimmen, weil es im Spektrum keine gut meßbaren Linien gibt. Wir werden auf des Problem der Klassifikation in dieser Sterngruppe im nächsten Kapitel zurückkommen. Wir wollen uns aber schon jetzt mit dem inneren Aufbau dieser seltsamen Objekte befassen.

Der Leser mag den Eindruck gewonnen haben, daß Weiße Zwerge typischerweise Doppelsternkomponenten sind. Das stimmt jedoch nicht. Tatsächlich ist eine viel größere Zahl von Einzelsternen in dieser Gruppe bekannt – viele hunderte. Diejenigen, die Begleiter von Hauptreihen- oder gar Riesensternen sind, können stets nur mit großer Mühe in der Lichtflut ihrer viel helleren Partner entdeckt werden. Dennoch konzentriert sich die Forschung gerade auf sie: Aus der Bahnbewegung können wir ihre Massen ableiten (Abschnitt 1.6). Weiße Zwerge sind extrem lichtschwach. Folglich kann man sie nur in geringer Entfernung überhaupt beobachten. Daß man dennoch eine große Zahl von ihnen kennt, zeigt, daß sie in der Milchstraße sehr häufig sein müssen. Tatsächlich gibt es mehr Weiße Zwerge als Sterne jeden anderen Typs, mit Ausnahme der alles überragenden K- und M-Zwerge. Ihre große Häufigkeit ist im Lichte unserer Kenntnisse über die Sternentwicklung allerdings keine Überraschung: Weiße Zwerge sind das Endstadium der Entwicklung sämtlicher Sterne mit Ausnahme der wenigen extrem massereichen.

Die physikalischen Verhältnisse auf und in Weißen Zwergen liegen jenseits jeder Vorstellungskraft: Enorme Dichten, phantastische Drücke und gelegentlich Magnetfelder, die in Millionen bis Milliarden von Gauß zu messen sind (zur Erinnerung: Die magnetischsten Hauptreihensterne können einige tausend Gauß erreichen; das allgemeine Magnetfeld der Sonne liegt bei 1 bis 2, das der Erde bei 0,5 Gauß). Wie sind solche Zustände überhaupt möglich? In Abschnitt 2.1 lernten wir, daß ein Atom im wesentlichen aus leerem Raum besteht. Der Radius des Wasserstoffatoms liegt im Grundzustand bei 10^{-8} cm, während der Durchmesser seines größten Bestandteils, des Protons, nur rund 10^{-13} cm beträgt. Da gibt es sozusagen noch allerhand Spielraum für eine Kompression.

Alle gasförmigen Medien, denen wir im täglichen Leben begegnen, verhalten sich entsprechend der *idealen Gasgleichung*. Sie besagt, daß bei einem *idealen Gas* das Produkt aus Druck und Volumen proportional zur Temperatur ist. Dies ist gleichbedeutend mit der Aussage, daß die Teilchen des Gases außer bei direkten Zusammenstößen nicht (oder kaum) miteinander wechselwirken und daß ihre Bewegungen durch die klassische Newtonsche Mechanik zutreffend beschrieben werden können. Bei den enormen Dichten in Weißen Zwergen sind die freien Elektronen des stellaren Gases einander permanent so nahe, daß dies nicht mehr gilt. Seltsame quantenmechanische Effekte beginnen dann das Verhalten des Gases zu dominieren. Nach einem Grundgesetz der Quantenmechanik können sich in einem bestimmten Raumvolumen jeweils nur höchstens zwei Elektronen mit derselben (genauer gesagt: einer sehr ähnlichen) Geschwindigkeit aufhalten. Wenn man also sehr viele Elektronen in einen kleinen Raum zusammenquetscht, dann müssen sie sich über einen großen Bereich an Geschwindigkeiten verteilen, um diesem Gesetz Genüge zu tun. Jedes weitere Elektron, das in denselben Raum soll, muß sich einen freien Platz in der Geschwindigkeit suchen. Das heißt, die Verteilung der Geschwindigkeiten der einzelnen Elektronen hängt nun nicht mehr von der Temperatur (wie beim idealen Gas), sondern fast nur noch von der Dichte ab. Damit werden auch der Druck und die Gesamtenergie des Gases weitgehend temperaturunabhängig. Das „Gas" verhält sich nun einem Metall ähnlicher als einem idealen Gas. Der Physiker nennt diesen Zustand der Materie ein *entartetes Gas*.

In einem normalen Stern wird die nach innen gerichtete Schwerkraft durch die nach außen gerichteten Kräfte des (leuchtkraftabhängigen) Strahlungsdrucks und des (temperaturabhängigen) Gasdrucks ausgeglichen. Würde man den nuklearen Ofen im Kern einfach abschalten, dann würde der Stern abkühlen und damit beides – den Strahlungsdruck und den Druck des heißen Gases – verlieren. Er würde unter der Wirkung der Schwerkraft zusammenschrumpfen. Ein Weißer Zwerg ist das Endstadium dieses Schrumpfens: Die Kernfusion ist weitgehend erloschen. Die Sternruine ist nur noch so groß wie die Erde. Der Radius ist tausendfach kleiner, die Dichte milliardenfach größer geworden. Der schwache Lichtschein stammt aus den Resten längst vergangener Energieerzeugung. Der ganze Sternkörper kühlt allmählich aus. Im Gegensatz zum normalen Gas nimmt dabei aber der Druck nicht ab; der Weiße Zwerg kann nicht weiter schrumpfen. Die dicht zusammengepreßten Elektronen *dürfen* einfach nicht näher zusammenrücken. Dieses seltsame quantenmechanische Verbot verhindert das Überhandnehmen der Schwerkraft – bis zu einem gewissen Punkt!

Wenn man mehr als 1,4 Sonnenmassen an stellarer Materie auf diese Weise zusammenschrumpfen läßt, dann wird die Schwerkraft sogar stärker als die quantenmechanischen Druckkräfte des entarteten Gases. Ein Weißer Zwerg, der – aus welchen Gründen auch immer – diese Grenze überschreiten will, kollabiert im Bruchteil einer Sekunde auf einen Durchmesser von nur 10 Kilometern. Noch einmal nimmt der Radius um das tausendfache ab, noch einmal steigt die Dichte auf das milliardenfache an. Wieder ist es der Entartungsdruck, der sich der alles zermalmenden Schwerkraft entgegenstellt, nun aber der von Neutronen anstelle der vorher von der Gravitation überwältigten Elektronen. Der Weiße Zwerg hat sich durch den Kollaps in einen *Neutronenstern* verwandelt.

Es kann also keinen Weißen Zwerg mit einer Masse über 1,4 Sonnenmassen geben. Diese Grenze wird nach ihrem Entdecker Chandrasekhar-Masse genannt. Was passiert aber mit Sternen oberhalb dieser Massengrenze, wenn die Kernfusion im Innern erlischt? Die meisten von ihnen verlieren durch Sternwinde rechtzeitig so viel Masse, daß sie unter der Grenze zu liegen kommen. Die anderen, die massereichsten unter ihnen, erleiden tatsächlich den dramatischen Kollaps zum Neutronenstern.

Mit diesen Überlegungen sind wir aber schon tief in das Feld der Sternentwicklung eingedrungen, das wir erst im Kapitel 12 ausführlich behandeln wollen. Zuvor müssen wir uns noch den wirklich heißen Sternen der Typen B und O, sowie den Sonderlingen der Sternenwelt zuwenden, die nicht in die normale Klassifikationsreihe passen.

9. Die B-Sterne: Glanzlichter des Himmels

Man stelle sich den Himmel ohne B-Sterne vor! Sieben Objekte der ersten Größe würden fehlen, darunter Spica und Regulus, die den sonst so tristen Frühlingshimmel der nördlichen Halbkugel verzieren. Das Kreuz des Südens würde verschwinden, weil α und β Crucis ausfielen. Eridanus, der himmlische Fluß, hätte ohne Achernar kein Ende mehr. Der Skorpion (Abbildungen 4.1 und 9.1) wäre zur Unkenntlichkeit verstümmelt (Abbildung 9.2). Von den klassischen sieben hellen Sternen des Orion blieben nur drei: Beteigeuze sowie δ und ζ Ori im Gürtel. Und wenn wir die nahe verwandten O-Sterne auch noch beseitigen würden, dann wäre nicht nur der Gürtel des Orion vom Himmel gefegt, sondern auch noch sein Schwert und sein Kopf mit Ausnahme von ρ^2 Ori.

Keiner der hundert sonnennächsten Sterne besitzt ein B-Spektrum. Aber ein Drittel der hundert *hellsten* Sterne des Himmels sind B-Sterne. Keine andere Klasse stellt so viele Glanzlichter des Himmels; die K-Riesen und die A-Sterne folgen mit jeweils 20 der hundert hellsten Sterne deutlich abgeschlagen. In der Klasse B findet sich die optimale Kombination aus Leuchtkraft und Häufigkeit, um viele helle Sterne hervorzubringen. In Wirklichkeit sind B-Sterne in der Milchstraße ziemlich selten; ihre Dominanz für das bloße Auge ist insofern trügerisch.

Einer der bekanntesten B-Sterne ist Sanduleak –69°202. Er verdankt seinen Ruhm allerdings der Tatsache, daß er nicht mehr existiert. Dieser Überriese der zwölften Größe mit dem Spektraltyp B3 Iab explodierte vor einigen Jahren als Supernova 1987A in der Großen Magellanschen Wolke (siehe Abbildung 12.18). Trotz seiner gewaltigen Entfernung von 55 Kiloparsec erreichte der Detonationsblitz für einige Wochen die zweite Größenklasse. Wir werden uns erst im Kapitel 12 näher damit befassen.

Gewöhnlich werden die B-Sterne zusammen mit ihren viel selteneren Vettern des Spektraltyps O diskutiert. Die beiden Gruppen hängen astronomisch eng zusammen und haben viele gemeinsame Eigenschaften. Beide sind heiß und blau; beide produzieren riesige Mengen von UV-Strahlung; in beiden nimmt die Stärke der Wasserstoff-Linien mit zunehmender Temperatur ab; beide besitzen Helium-Linien im sichtbaren Spektrum; und schließlich finden wir sie auch noch in denselben Gebieten der Milchstraße. Häufig werden die beiden Klassen auch sprachlich verbunden, indem kurz von *OB-Sternen* geredet wird.

Bereits bei flüchtigem Betrachten des Himmels fällt auf, daß die O- und B-Sterne sich auf das Band der Milchstraße konzentrieren. Es gibt zwar einige prominente

Ausnahmen, wie zum Beispiel Regulus, Spica und η Ursae Majoris (Alkaid). Aber die weitaus meisten versammeln sich entlang des milchigen Rings aus Milliarden schwacher Sterne, der die Mittelebene unserer Heimatgalaxie markiert (siehe Abbildungen 1.7, 9.1 und 9.3). Die Ausnahmen sind sonnennahe Exemplare, die zufällig ‚oberhalb' beziehungsweise ‚unterhalb' unseres Standorts in der galaktischen Scheibe stehen. Zeichnet man die wahre dreidimensionale Verteilung der OB-Sterne in der

9.1 Die Sternwolken der Milchstraße, bevorzugter Aufenthaltsort der O- und B-Sterne. Hier sind Teile der Sternbilder Ophiuchus und Skorpion (rechtes unteres Viertel der Abbildung) gezeigt. In der Mitte des rechten Bildrandes sind als ausgedehnte Objekte der B2-Hauptreihenstern HD 147889 (oben) und Antares (unten) mit ihren Reflexionsnebeln (Abschnitt 9.7) zu sehen. Etwas weiter zur Bildmitte hin, links unterhalb von Antares ist τ Ophiuchi als der (im blauen Licht!) hellste Stern des ganzen Bildes erkennbar. Der gesamte Kopf des Skorpions, der mehrere helle B-Sterne umfaßt, ist in Abbildung 4.1 gezeigt. Die reiche Strukturierung der Milchstraßenwolken wird durch interstellaren Staub verursacht, der das Licht der dahinter liegenden Sterne verschluckt. Aus *An Atlas of the Milky Way*, von F. Ross und M. Calvert, University of Chicago Press, Chicago, 1934.

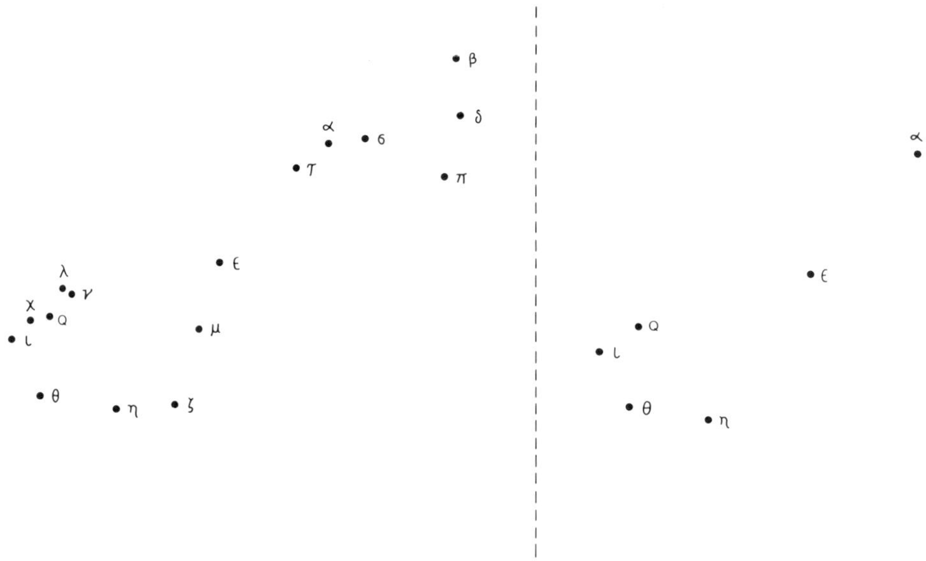

9.2 Das Sternbild Skorpion mit und ohne seine hellen B-Sterne.

Milchstraße auf, dann sieht man, daß sie alle innerhalb von 100 Parsec um die Mittelebene liegen. Allerdings bemerkte B. A. Gould schon vor über 100 Jahren, daß die galaktische „Ebene" in der weiteren Umgebung der Sonne ein wenig verbogen ist. Das stellte er daran fest, daß die hellen (das heißt nahen) OB-Sterne sich nicht genau entlang der Milchstraße konzentrieren, sondern entlang eines Kreises, der dagegen ein wenig geneigt ist. Dieser Kreis wird als der Gouldsche Gürtel bezeichnet.

Die starke Konzentration der ganz heißen Sterne auf die Milchstraßenebene ist nur das Extrem einer allgemeineren Beziehung zwischen Spektraltyp und galaktischer Verteilung. Die M-Sterne am anderen Ende der Spektralsequenz sind viel weiter in der Galaxis verstreut. Insbesondere bevölkern sie das riesige kugelförmige Halo in großer Zahl. Der Unterschied liegt im Alter der Sterne. Da die leuchtstarken OB-Sterne ihren Energievorrat in kurzer Zeit aufbrauchen, können sie sich im Laufe ihres Lebens gar nicht weit von ihrem Geburtsort entfernen. Und so finden wir sie stets in der Nähe der riesigen Staub- und Gaswolken in der galaktischen Scheibe, aus denen laufend neue Sterne entstehen. M-Sterne dagegen leben unglaublich lang. Viele der heute in der Galaxis vorhandenen sind sehr alt. Zum Teil entstanden sie schon, bevor sich die galaktische Scheibe überhaupt gebildet hatte. Ihre heutige Verteilung spiegelt ebenfalls ihre Herkunftsorte (im Halo) wieder, da es keine Kräfte gibt, die sie nachträglich auf die Ebene konzentrieren könnten.

Die OB-Sterne sind selbst innerhalb der Scheibe nicht gleichmäßig verteilt, sondern treten in lockeren Klumpen auf, die als *OB-Assoziationen* bezeichnet werden. Wir werden sie im folgenden Kapitel näher besprechen. Hier seien nur die beiden großen Komplexe von OB-Sternen im Orion und im Skorpion erwähnt. Diese beiden liegen einander am Himmel fast genau gegenüber (sie sind ja mythologische Feinde,

9.3 Die Spiralgalaxie NGC 4565. Wir sehen sie genau von der Seite, so daß die dunkle Schicht interstellaren Staubes sehr gut erkennbar ist. Die selbe Erscheinung ist in M104 (Abbildung 8.12) und in unserer eigenen Milchstraße zu sehen (Abbildung 1.7). Die O- und B-Sterne sind in allen diesen Galaxien sehr stark zur Mittelebene der dünnen Scheibe konzentriert. Photo: National Optical Astronomy Observatories (Kitt Peak).

siehe Einleitung zu Kapitel 4) und markieren sehr auffällig die Neigung des Gouldschen Gürtels: Orion liegt unterhalb (südlich) der Milchstraße, Skorpion oberhalb davon.

Die Plejaden, der bekannteste aller Sternhaufen, enthalten eine besonders schöne Sammlung von B-Sternen: Alle sieben klassischen Sterne des „Siebengestirns" gehören zu dieser Klasse (und noch eine Reihe weiterer heller Mitglieder). Ohne dieses himmlische Schmuckstück (Abbildung 9.4) wäre der Himmel um eine seiner größten Attraktionen beraubt. Die sieben Schwestern waren allen Kulturen bekannt; vielfach wurden sie als Signal für Pflanz- oder Erntezeiten benutzt; Jahrtausende lang hat ihr Anblick am winterlichen Abendhimmel die Menschen erfreut. Und in der modernen Astronomie waren sie unter anderem als Anfangspunkt der Entfernungsbestimmung mittels Hauptreihenanpassung (siehe Abschnitt 5.7) von großer Wichtigkeit.

Abbildung 9.5 zeigt das HR-Diagramm der B-Sterne. Man erkennt einige der erwähnten Sterne auf der Hauptreihe, den Plejadenstern Merope auf der Linie der Leuchtkraftklasse IV, die Überriesen Sk –69°202 und Rigel, und schließlich ganz oben den leuchtkräftigsten bekannten B-Stern, Nr. 12 in der OB-Assoziation Cygnus OB2.

9.4 Die Plejaden. Das kleine Photo links oben zeigt den gesamten Haufen, das große zeigt den inneren Teil in größerem Maßstab. Alle mit bloßem Auge sichtbaren Sterne sind B-Sterne, angeführt von Alkyone (η Tauri, B5 III), dem hellen Stern ganz links im großen Bild. Die feinen Federstrukturen um die hellen Sterne sind Reflexionsnebel. Der deutlichste unter ihnen ist der Merope-Nebel, der sogar im kleinen Bild unterhalb des beleuchtenden Sterns erkennbar ist. Merope ist der unterste helle Stern im großen Bild; ihr Nebel ist dort zum größten Teil abgeschnitten. Großes Photo: National Optical Astronomy Observatory (Kitt Peak). Kleines Photo: Lowell Observatory.

9.5 Das HR-Diagramm für die Klassen B und A. Die Hauptreihe steigt rasch zu großen Leuchtkräften auf. Die hellen Plejadensterne, hier vertreten durch Merope, liegen nahe der Hauptreihe. Sk –69°202 ist das Mitglied der Großen Magellanschen Wolke, das vor einigen Jahren als Supernova 1987A spektakulär explodierte. Quellen der Abbildung: siehe Abbildungen 3.8 und 12.7.

▶

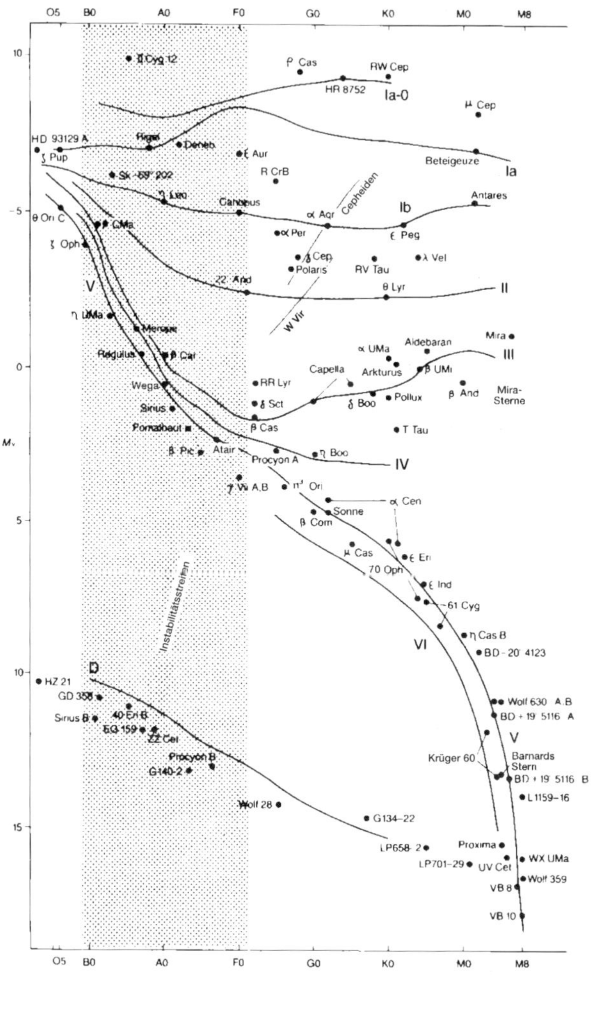
O5
B0
A0
F0
G0
K0
M0
M8
Mv
Ia-0
Ia
Ib
II
III
IV
V
VI
D
Cepheiden
W Vir
Instabilitätsstreifen
Mira-Sterne
HD 93129 A
ζ Pup
Rigel
Deneb
Sk -69° 202
η Leo
Canopus
θ Ori C
ζ Oph
β CMa
22 And
η UMa
Merope
Regulus
β Car
Wega
Sirius
Fomalhaut
β Pic
Atair
Procyon A
γ Vir A,B
ρ Cas
RW Cep
HR 8752
μ Cep
Beteigeuze
ξ Aur
R CrB
Antares
α Aqr
ε Peg
α Per
δ Cep
Polaris
RV Tau
λ Vel
θ Lyr
Mira
α UMa
Aldebaran
Capella
Arkturus
β UMi
RR Lyr
δ Sct
δ Boo
Pollux
β And
β Cas
T Tau
η Boo
π¹ Ori
α Cen
Sonne
β Com
μ Cas
ε Eri
70 Oph
ε Ind
61 Cyg
η Cas B
BD -20° 4123
Wolf 630 A,B
BD + 19° 5116 A
Krüger 60
Barnards Stern
BD + 19° 5116 B
L 1159-16
G134-22
Wolf 28
LP658-2
Proxima
LP701-29
UV Cet
WX UMa
Wolf 359
VB 8
VB 10
HZ 21
GD 358
Sirius B
40 Eri B
EG 159
ZZ Cet
Procyon B
G140-2

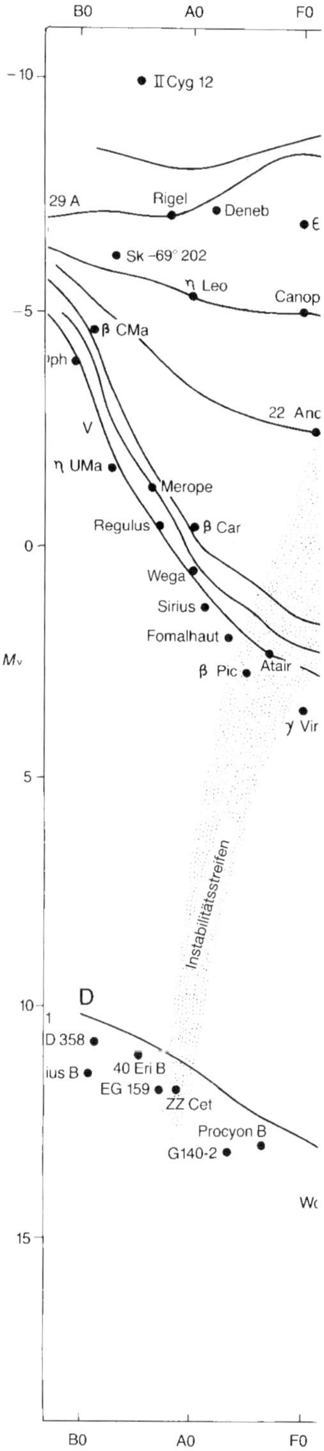
B0
A0
F0
Mv
II Cyg 12
Rigel
Deneb
Sk -69° 202
η Leo
Canop
β CMa
22 And
V
η UMa
Merope
Regulus
β Car
Wega
Sirius
Fomalhaut
β Pic
Atair
γ Vir
Instabilitätsstreifen
D
D 358
ius B
40 Eri B
EG 159
ZZ Cet
Procyon B
G140-2

9.1 Klassifikation

Wenn man im HR-Diagramm die Hauptreihe hinaufsteigt und 9 500 K überschreitet, dann beginnen die Balmerlinien (endlich!) an Stärke abzunehmen (Abbildung 9.6). Das ist der Grund dafür, daß in der Harvard-Klassifikation diesem Typ der zweite Buchstabe des Alphabets, nach den A-Sternen, zugewiesen wurde (siehe Abschnitt 3.3). Bei 9 500 Kelvin, entsprechend einem frühen A-Typ, erreicht der Anteil der Wasserstoffatome im zweiten Energieniveau sein Maximum. Bei höheren Temperaturen wird der Wasserstoff schnell ionisiert. Obwohl der Anteil der *neutralen* Atome im zweiten Zustand weiter wächst, nimmt ihre Gesamtzahl rapide ab.

Gleichzeitig erscheinen in den Spektren erste Linien des neutralen Heliums. Bei B9 sind sie noch sehr schwach, werden aber schnell kräftiger, um schon bei B2 ihr Maximum zu erreichen. Die Linien des He I im sichtbaren Spektralbereich entstehen wie die Balmerlinien des Wasserstoffs durch Absorption aus dem zweiten atomaren Energieniveau. Da dieses im He viel weiter über dem Grundzustand liegt als bei H, wird eine höhere Temperatur benötigt, um hinreichend viele Atome dorthin zu befördern. Bei B2 setzt die Ionisation des Heliums ein; die He I-Linien erleiden dasselbe Schicksal wie vorher die Balmerlinien, und bereits bei B0 erscheinen die Linien des He II im Spektrum. Die meisten Metall-Linien sind verschwunden, der Rest ist

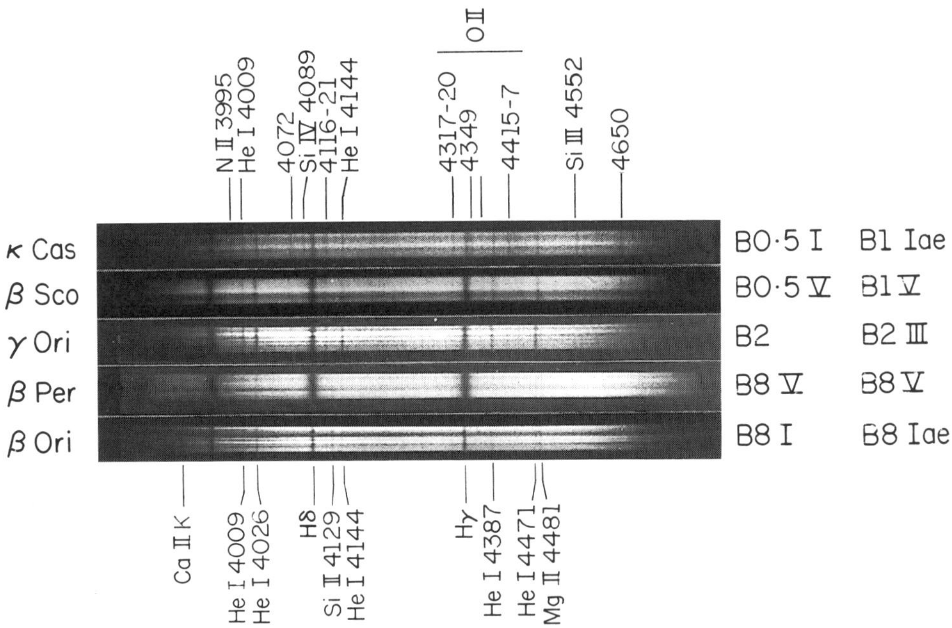

9.6 Eine Auswahl von B-Spektren. Die Stärke der Wasserstoff-Linien nimmt zu den frühen Untertypen ab, da H mit wachsender Temperatur rasch ionisiert wird. Die He I-Linien nehmen dagegen zu, bis zu ihrem Maximum bei B2. Die positiven beziehungsweise negativen Leuchtkrafteffekte von Si III und H sind gut erkennbar. Aus *An Atlas of Stellar Spectra*, von W. W. Morgan, P. C. Keenan und E. Kellman, University of Chicago Press, Chicago, 1943.

reichlich schwach geworden (Abbildung 9.7). Allerdings findet man eine kleine Anzahl von Absorptionen der höheren Ionisationsstufen von Sauerstoff, Silizium und Kohlenstoff. Es gibt eine größere Zahl von geeigneten Kriterien für die Festlegung der Harvard-Unterklasse, so zum Beispiel die Linienverhältnisse von Si IV oder C III zu He I (die bei frühen B-Sternen mit der Temperatur stark ansteigen), und Si II oder Mg II zu He I (die bei späten B-Sternen schnell mit der Temperatur abfallen).

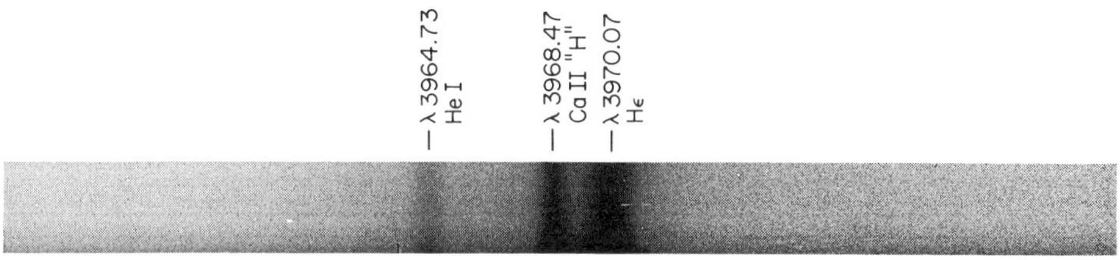

9.7 Ausschnitt eines hochaufgelösten Spektrums von Rigel, *β* Orionis, einem Überriesen des Spektraltyps B8 Iae. In den 37 Ångström von 3 951 Å bis 3 987 Å sind nur drei Linien zu sehen. Die linke gehört zu He I. Die beiden andern, Hε und die Fraunhofersche H-Linie des Ca II, sehen wir hier zum ersten Mal getrennt. Bei allen späteren Spektraltypen war stets mindestens eine von ihnen so stark, daß sie unauflösbar überlappten. Ca II hat schon ab der Klasse G kontinuierlich an Stärke verloren, während die Balmerlinie nun nach ihrem Maximum bei den frühen A-Sternen abzunehmen beginnt. Die Unzahl von Metall-Linien, die alle früher gezeigten hochaufgelösten Spektren übersäten, sind verschwunden. Die hohe Temperatur der B-Sternatmosphäre hat die sie erzeugenden Atome und Ionen alle in höhere Ionisationsstufen gezwungen. Photo: Mt. Wilson und Las Campanas Observatories, Carnegie Institution of Washington, mit freundlicher Genehmigung von R. und R. Griffin.

Ein Problem bei der Klassifikation der B-Sterne ist der sehr große Temperaturbereich, den diese Klasse überspannt. Er reicht von 10 000 K (B9) bis etwa 30 000 K (B0). Entsprechend groß ist der Massenbereich, von 3 bis 20 Sonnenmassen. Die übliche Unterteilung der Spektralklasse in die 10 dezimalen Unterklassen wird deshalb häufig als unzureichend betrachtet. Weitere Feineinteilung, zum Beispiel Spektraltypen der Form B0,5 oder B9,5, werden deshalb häufig verwandt. Die Unterschiedlichkeit der B-Sterne zeigt sich insbesondere in der Leuchtkraftklassifikation: Für jede Draper-Unterklasse sind andere Leuchtkraftkriterien anwendbar (mit gewissen Überlappungen, versteht sich).

Allerdings gibt es dabei ein gemeinsames Thema: Der negative Leuchtkrafteffekt der Balmerlinien des Wasserstoffs (siehe Abschnitt 8.1). Sie sind bei den Überriesen durchweg erheblich schwächer als bei den weniger leuchtkräftigen Sternen. Ein analoger Effekt tritt bei den Linien des He II auf: Sie sind in B0-Zwergen leicht erkennbar, fehlen jedoch in B0-Überriesen völlig. Andere Leuchtkraftkriterien bestehen zum Beispiel aus den Verhältnissen von Si III oder Si IV zu He I (bei B0), O II zu He I (bei B1 und B2, siehe Abbildung 9.6), von C II zu He I (bei B3 bis B5), und so weiter. Alle genannten Verhältnisse werden mit wachsender absoluter Helligkeit kleiner.

Die Sterne der Klasse B sind im Ultravioletten sehr hell. Mit zunehmender Temperatur liegt ein immer größer werdender Anteil der gesamten Leuchtkraft eines Sterns in diesem Spektralbereich. Wir können ihn nicht ohne weiteres beobachten, weil die Erdatmosphäre bei etwa 3 000 Å völlig undurchsichtig wird (Abbildung 1.10). G- und K-Sterne emittieren praktisch keine Strahlung unterhalb von etwa 2 600 Å; bei mittleren A-Typen liegt das effektive Ende der Spektren bei etwa 1 600 Å (Abbildung 9.8); der Bereich bis Lyman α ist erstmals bei den frühen A-Sternen ganz mit Licht erfüllt; und bei den frühen B-Sternen liegt bereits der Löwenanteil des gesamten Sternlichts im ultravioletten Gebiet (Abbildung 9.8).

Man kann auch im UV eine MK-Klassifikation aufstellen. Die Temperaturklassen von A5 bis B2 werden durch die Abnahme der niedrigen Ionisationsstufen im Vergleich zu den höheren definiert. Die Leuchtkraftklassen werden zum Beispiel durch die Zunahme der Linien von Si IV und C IV oder die Abnahme der Linien von C II mit der absoluten Helligkeit festgelegt. Das dafür nötige Datenmaterial wird von Spektrographen auf Satellitenteleskopen gewonnen. Erst seit etwa 15 Jahren gibt es diese Beobachtungsmöglichkeit für die Astronomen. Sie hat viel zu unserem Verständnis der Sterne, besonders zu unserer Kenntnis der Sternwinde, beigetragen. Doch darüber mehr im nächsten Kapitel.

9.2 Seltsame B-Zwerge

Wie in der Klasse A, so gibt es bei den B-Sternen mehrere Kategorien mit dem Suffix ‚p', also ‚pekuliären' Spektren. Die Sequenz der magnetischen Sterne, die wir in Abschnitt 8.3 kennenlernten, reicht etwa bis B5. Hier heißen sie natürlich nicht mehr Ap-, sondern Bp-Sterne. Darüber hinaus gibt es mehrere Arten von nicht-magnetischen Sonderlingen. Zwischen B9 und B4 treten die sogenannten *Quecksilber-* oder *Quecksilber-Mangan-Sterne* (Hg-Mn-Sterne) auf, in deren Spektren die beiden namengebenden Elemente enorm stark sind. Daneben sind andere Elemente wie Phosphor, Gallium und Yttrium überhäufig, während Aluminium, Kalzium und Nickel in

9.8 Die UV-Spektren dreier Sterne, aufgenommen mit dem Spektrographen des International Ultraviolet Explorer (IUE), eines gemeinsamen Satelliten der NASA und der ESA. Da die Daten mit einem elektro-nischen Detektor aufgenommen und zur Erde gefunkt wurden, liegen sie zunächst in elektronischer, computerlesbarer Form vor. Zum Anschauen bringt man sie in die hier gezeigte graphische Darstellung. Die beiden oberen Spektren stammen von B2-Sternen mit Oberflächentemperaturen um 20 000 K. Die Zunahme der Linien höher ionisierter Atome mit der Leuchtkraft ist besonders schön am Beispiel der Si IV-Linie bei 1 400 Å zu sehen. Während sie bei dem Zwerg HD 64802 (oben) noch relativ schwach ist, zeigt sie sich bei dem Überriesen θ Arae (darunter) als eine der stärksten Linien in diesem Spektralbereich. Gleichzeitig verschwindet die Linie von Si II bei 1 530 Å weitgehend. Der gleiche Effekt ist im Vergleich der C IV-Linie bei 1 550 Å mit der C II-Linie nahe 1 350 Å zu erkennen. Das untere Spektrum gehört zu dem A5-Zwerg Alkor. Die viel geringere Temperatur (ca. 8 100 K) führt zu dem scharfen Helligkeitsabfall links von etwa 1 700 Å. Unterhalb von 1 500 Å ist von dem Stern praktisch nichts mehr zu sehen. Die Emissionslinie bei der Wellenlänge von Lyman α stammt nicht von Alkor, sondern von Wasserstoffatomen in der Umgebung der Erde. Dagegen sind die starken Lyman-α-Absorptionen in den beiden anderen Spektren wirklich stellar. Die Kreuze an verschiedenen Stellen deuten Lücken in den Daten an. Aus dem *IUE Ultraviolet Spectral Atlas, International Ultraviolet Explorer NASA Newsletter*, No. 22, 1983. ▸

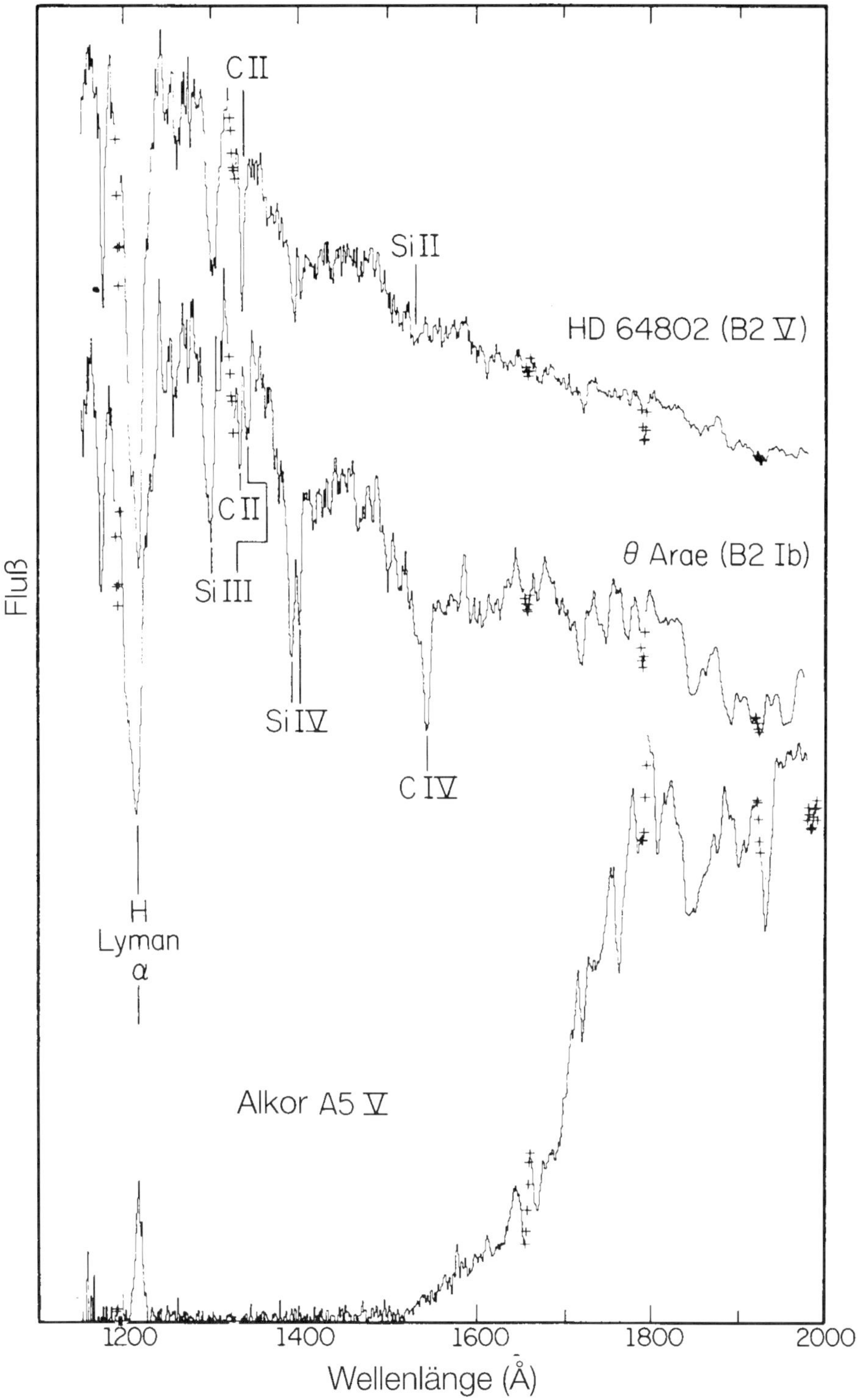
C II
Si II
HD 64802 (B2 V)
C II
θ Arae (B2 Ib)
Si III
Si IV
C IV
H
Lyman
α
Alkor A5 V
Fluß
1200
1400
1600
1800
2000
Wellenlänge (Å)

diesen Sternen sehr selten sind. Weitere Anomalien treten bei den Helium-Linien auf: Es gibt Sterne, in denen sie extrem stark sind, und andere, in denen sie sehr schwach sind. Vermutlich sind hier die in den Abschnitten 7.4 und 8.5 bereits erwähnten mysteriösen Diffusionsprozesse am Werk.

9.3 Be- und Hüllensterne

Die durchschnittliche Rotationsgeschwindigkeit der Sterne erreicht in der Klasse B ihr Maximum. Natürlich gibt es auch einzelne B-Sterne, die langsam rotieren (genau unter diesen Ausnahmen finden wir die eben diskutierten chemisch abnormalen Sterne). Aber die typischen Geschwindigkeiten sind sehr hoch, reichen bis weit über 200 km/sec. Die schnelle Rotation führt in manchen Fällen auf noch nicht ganz geklärte Weise zum Auswurf von Material, das einen äquatorialen Gürtel oder Ring um den jeweiligen Stern bildet. Man erkennt ihn dann an sehr charakteristischen Wasserstoff-Emissionslinien, die sich den breiten photosphärischen Absorptionen überlagern (Abbildung 9.9). Sterne, die dieses Phänomen aufweisen, heißen deshalb *Be-Sterne*. Die Emissionen des zirkumstellaren Materials sind durch den Dopplereffekt kräftig verbreitert. Die eine Seite des Rings bewegt sich auf uns zu, die andere von uns fort. In der Mitte der Linie sehen wir weniger Emission, da wir dort senk-

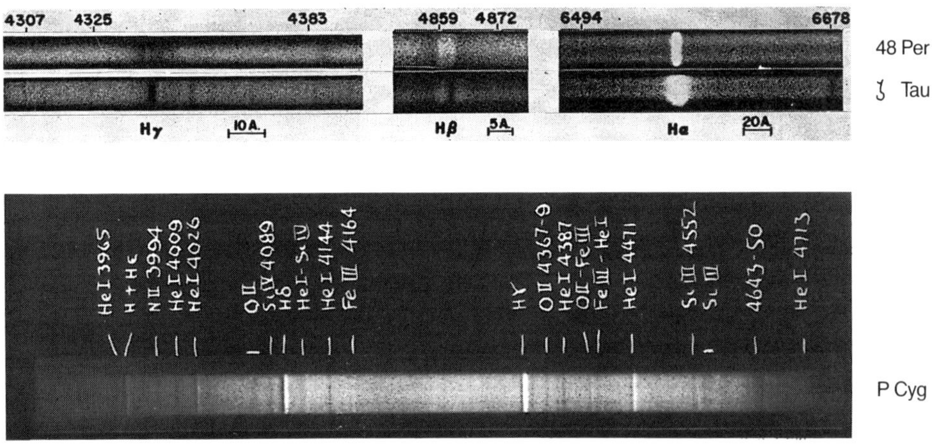

9.9 Drei Emissionsliniensterne. Oben sind jeweils drei Ausschnitte aus den Spektren von 48 Persei (B3 Ve) und ζ Tauri (B4 IIIpe) gezeigt. Letzterer ist ein Hüllenstern. Die doppelte Emissionslinie mit zentraler Einsenkung (bei Hγ) deutet auf einen rotierenden Ring aus Gas um den Stern hin. Das untere Spektrum stammt von P Cygni (B1 Iaep). Sowohl die Wasserstoff- als auch die Helium-Linien zeigen die charakteristischen Linienprofile mit blauverschobenen Absorptionskomponenten, die einen dichten Sternwind anzeigen (siehe Abbildung 9.10). Obere Spektren: Aus einem Artikel von A. B. Underhill in *Stellar Atmospheres*, herausgegeben von J. L. Greenstein, University of Chicago Press, Chicago, 1960. Unteres Spektrum: Aus *An Atlas of Stellar Spectra*, von W. W. Morgan, P. C. Keenan und E. Kellman, University of Chicago Press, Chicago, 1943.

recht durch den Ring schauen, der dadurch dünner erscheint als an den Seiten. Aus diesem Grund und wegen der Präsenz der photosphärischen Absorption besitzen die Emissionslinien zentrale Einsenkungen. Meist sind die blauen und roten Emissionsflügel verschieden stark. Der Unterschied zwischen den beiden ist von Stern zu Stern verschieden; er ändert sich auch mit der Zeit bei ein und demselben Stern, abhängig von der Menge und genauen Verteilung des Gases um den Stern herum. Gelegentlich verschwinden die Emissionen auch völlig, um Jahre danach wieder aufzutauchen.

Die Ringe treten in den unterschiedlichsten Stärken auf. Am oberen Ende der Skala finden wir die Gruppe der *Hüllensterne*. Bei ihnen ist die Gasmasse so dick, daß sie dem stellaren Kontinuum Absorptionslinien von Metallen aufprägen kann. Es gibt eine ganze Anzahl heller und bekannter Hüllensterne am Himmel, darunter γCas (B0 IVe), ζ Tau (B4 IIIpe), Plejone in den Plejaden (28 Tau, B8 Vpe), ϕ Per (B2 Vpe) und 48 Lib (B5 IIIpe).

Trotz jahrzehntelanger Forschung ist bis heute ungeklärt, was die Hüllen- beziehungsweise Ringbildung auslöst und wieso manche schnell rotierenden Sterne dieses Phänomen zeigen und andere nicht. Eine der gegenwärtig diskutierten Ideen bringt es mit einem strahlungsdruckgetriebenen Sternwind in Zusammenhang, der vielleicht von der Rotation oder von Magnetfeldern verstärkt wird. Eine neuere Idee benutzt *nichtradiale Pulsationen* zur Erklärung. Dieser Begriff bedarf einer kurzen Erläuterung. Die Pulsationsveränderlichen, die uns bisher begegnet sind, schwingen alle rein radial. Das heißt, die Schwingungsbewegung des Sternkörpers geht stets genau nach außen beziehungsweise innen, ohne seitliche Bewegungen. Der Stern wird während der Schwingung einfach nur größer und kleiner. Eine nichtradiale Pulsation ist dagegen eine Schwingung, bei der sich der Sternkörper zusätzlich verformt. Es treten dabei auch horizontale Bewegungen des Gases auf, die in komplizierter Weise vom Ort auf dem Stern abhängen. Während sich ein Teil der Oberfläche aufbläht, fällt gleichzeitig ein anderer nach innen und umgekehrt. Wenn wir einen solchen Stern aus der Nähe anschauen könnten, würden wir sehen, daß er „wabbelt" wie ein Pudding.

Dieses Wabbeln erzeugt keine auffälligen Helligkeitsvariationen, ist aber durch periodische Änderungen von Linienstärken und -profilen nachweisbar. Man vermutet, daß die nichtradialen Schwingungen den Sternwind später B-Sterne antreiben, deren Strahlungsfeld für den Strahlungsdruckmechanismus eigentlich noch zu schwach ist. Vielleicht sind sie – im Zusammenwirken mit schneller Rotation – auch für die Hüllenbildung verantwortlich. In jedem Fall sind sie auf der oberen Hauptreihe, also bei den O- und B-Zwergen, eine häufige Erscheinung.

9.4 Variabilität von Sternen

An dieser Stelle scheint eine allgemeinere Bemerkung über die Variabilität beziehungsweise Konstanz von Sternen angebracht. Traditionell wurden sie in Variable (die Minderheit) und Nichtvariable (die Mehrheit) unterteilt. Aber, gibt es wirklich Sterne, die *völlig* konstant strahlen? Mit der Verbesserung der astronomischen Meßtechnik wurden mehr und mehr Sterne als variabel entlarvt. Viele der neuentdeckten Typen von Veränderlichen variieren nur minimal, nur um hunderstel oder tausendstel einer Größenklasse, oder nur in bestimmten Spektralbereichen. Speziell die ach so stabile Hauptreihenphase hat sich als gar nicht so ruhig erwiesen, wie sie früher schien. In ihrem oberen Bereich sehen wir die eben besprochenen subtilen nichtradialen Schwingungen, bei den A-Sternen finden wir die typischen Oszillationen des Instabilitätsstreifens, und bei den kühleren Sternen setzen der stellare Dynamo und die chromosphärische Aktivität ein. Dort beobachten wir Flares und die Auswirkungen von Sternflecken. Die majestätische Ruhe des Sternenhimmels beeindruckt den flüchtigen Betrachter. Sie verschwimmt aber vor den Augen dessen, der allzu genau hinschaut.

9.5 Sternwinde und P-Cygni-Profile

Unter den B-Sternen finden wir prominente Objekte mit sogenannten *P-Cygni-Linienprofilen.* Das sind breite Emissionslinien, an deren blauer (kurzwelliger) Seite sich unmittelbar eine blauverschobene schmälere Absorption anschließt. So wie Emissionslinien mit einer zentralen Einsenkung einen charakteristischen Hinweis auf rotierende Ringe oder Scheiben darstellen (siehe Abschnitt 9.3), so sind P-Cygni-Profile ein Ausdruck von dichtem Gas, das mit großer Geschwindigkeit von einem Stern abströmt. Mit anderen Worten: Sie zeigen die Existenz eines starken Sternwinds an. Die blauverschobene Absorption wird durch den Teil des Windes erzeugt, der genau vor der Sternscheibe auf uns zu fliegt (Abbildung 9.10), während die im Mittel unverschobene Emission aus der gesamten, in alle Richtungen strömenden Windmaterie stammt. P Cygni, der Namensgeber der Erscheinung, ist ein Überriese der fünften scheinbaren Größe mit dem Spektraltyp B1 Ia (der lateinische Buchstabe in seinem Namen entstammt einem heute ungebräuchlichen Benennungsschema, siehe Abschnitt 1.2). Das Auftreten von P-Cygni-Profilen definiert keine bestimmte Sterngruppe. Man findet sie bei den Überriesen der Klassen O bis A (Deneb, zum Beispiel, besitzt schwach ausgeprägte P-Cygni-Profile) ebenso wie bei den kühlen T-Tauri-Sternen der Klassen G und K und bei den extrem heißen Zentralsternen Planetarischer Nebel.

9.6 Riesen

Die B-Riesen, also die Sterne der Leuchtkraftklasse III, liegen nur ungefähr eine Größenklasse oberhalb der Hauptreihe. Sie sind nur rund 60 Prozent größer als die Zwerge gleichen Harvardtyps, also zwischen 3- und 5mal so groß wie die Sonne. Unter den frühen B-Riesen und -Unterriesen finden wir eine interessante Gruppe von Veränderlichen, die *β-Canis-Majoris-Sterne* (unser alter Freund Murzim begegnet

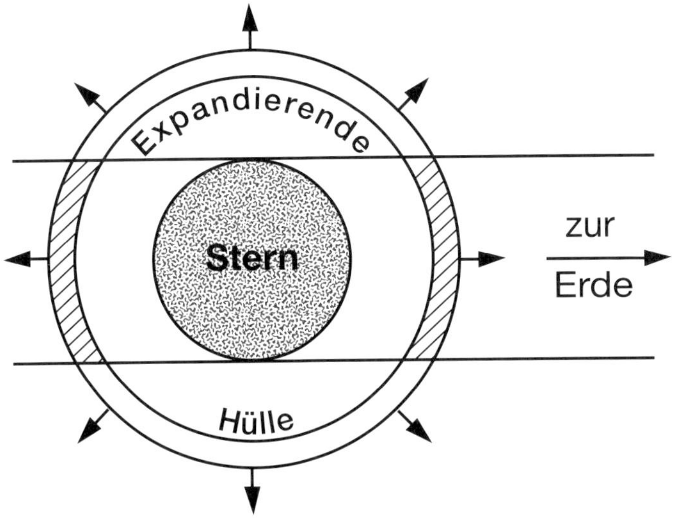

9.10 Die Entstehung eines P-Cygni-Linienprofils. Das ausströmende Gas, das sich von uns aus gesehen neben der Sternscheibe befindet, erzeugt eine Emissionslinie. Da dieses Gas sich zu gleichen Teilen von uns weg, auf uns zu und seitlich zur Sichtlinie bewegt, ist die Emissionlinie breit, aber unverschoben. Der Teil des Sternwinds, der sich von uns aus gesehen vor der Sternscheibe befindet, emittiert natürlich auch etwas Linienstrahlung. Aber viel mehr als das *absorbiert* er die Kontinuumsstrahlung von der Sternoberfläche. Netto entsteht so eine Absorption. Da das Gas vor der Sternscheibe sich genau auf uns zu bewegt, ist diese Absorption durch den Dopplereffekt stark blau verschoben. Aus dem Betrag der Verschiebung kann man die Geschwindigkeit des Windes bestimmen. Aus *Principles of Astronomy, A Short Version*, zweite Auflage, von S. P. Wyatt und J. B. Kaler, Allyn and Bacon, Boston, 1981.

uns hier wieder!). Sie werden auch als *β-Cephei-Sterne* bezeichnet und stellen etwa 10 Prozent aller B1- und B2-Sterne der Leuchtkraftklassen III und IV. Die Perioden liegen im Bereich einiger Stunden, die Amplituden bei mageren 0,1 Größenklassen. Etwa die Hälfte der Sterne schwingt gleichzeitig mit zwei nur wenig verschiedenen Perioden. Dies bewirkt, daß sich die Lichtkurve periodisch ändert, und zwar mit einer dritten, längeren Periode. Diese Erscheinung nennt man eine *Schwebung*. Aus dem täglichen Leben kennt man Schwebung in Form des langsamen An- und Abschwellens der Lautstärke, wenn sich zwei Töne fast gleicher Höhe überlagern, zum Beispiel bei schlecht aufeinander gestimmten Gitarrensaiten oder Flöten. Radialgeschwindigkeitsmessungen zeigen, daß die Sterne wie Cepheiden pulsieren, nur mit kleinerer Amplitude. Ein weiterer Unterschied besteht darin, daß die Maximalhelligkeit bei den *β*-Canis-Majoris-Sternen nicht im Augenblick der größten Expansionsgeschwindigkeit, sondern im Moment des kleinsten Radius eintritt. Sie rotieren langsam und scheinen in einer besonderen Phase ihrer inneren Entwicklung zu stecken.

Die B-Überriesen sind zwar ebenso leuchtkräftig wie ihre kühleren Brüder, aber wesentlich kleiner. Während μ Cephei (M2 Iae) einen Radius von 11 astronomischen Einheiten aufweist, mißt Cyg OB2 Nr. 12 (B5 Ia) „nur" 1 aE. Der Unterschied liegt natürlich in der viel höheren Temperatur der B-Sterne, die pro Quadratmeter ihrer Oberfläche rund 300mal so viel Energie abstrahlen wie ein M-Stern.

9.7 Reflexionsnebel, Emissionsnebel und Dunkelwolken

Die jungen O- und B-Sterne stehen immer in der Nähe der Gas- und Staubwolken, aus denen sie entstanden sind – und beleuchten diese mit ihrer üppigen Lichtfülle. Die Ebene der Milchstraße ist deshalb übersät mit leuchtenden Gas- und Staubwolken, die von den Astronomen als *Nebel* bezeichnet werden. Die hellsten unter ihnen, zum Beispiel der Orionnebel, sind beliebte Schauobjekte für kleine Teleskope.

Die B-Sterne zeichnen für die Klasse der *Reflexionsnebel* verantwortlich. Etwa ein Prozent der Masse der interstellaren Materie besteht nicht aus Gas, sondern aus Staub. Das ist ein lockerer Ausdruck für den Festkörperanteil der interstellaren Wolken. Er besteht (so weit bekannt) aus feinen Körnchen im Größenbereich 10^{-4} bis 10^{-3} Millimeter. Sie setzen sich wohl hauptsächlich aus Kohlenstoff, simplen Kohlenstoffverbindungen sowie Silizium und Sauerstoff (letztere in Form von Silikaten) zusammen. Die Entstehung dieses festen Materials ist noch weitgehend unklar. Zumindest teilweise bildet es sich in den äußeren Bereichen von M-Riesen, Miras und Kohlenstoffsternen. Verschiedene chemische Zusammensetzungen des stellaren Rohmaterials erzeugen verschiedene Sorten von Körnern, die dann nachträglich noch in der unfreundlichen Umgebung des interstellaren Raums verändert werden. Die Plejaden, Abbildung 9.4, bieten uns ein besonders schönes Beispiel eines Reflexionsnebels. Die feinen Staubkörnchen reflektieren (genauer gesagt: streuen) das Licht der hellen Sterne, ähnlich wie die Eiskristalle von Federwolken das Sonnenlicht streuen. Das Spektrum des Reflexionsnebels ist gleich dem Spektrum der ihn beleuchtenden Sterne.

Das gilt für B-Sterne. Jedoch schon bei B1 beginnt sich ein dramatischer Wandel abzuzeichnen, der bei O-Sternen einen gänzlich anderen Nebeltyp hervorbringt. Ab einer Effektivtemperatur von 25 000 K strahlen die Sterne einen erheblichen Anteil ihrer Leuchtkraft jenseits der Lymangrenze bei 912 Å ab. Dort reicht die Energie der Photonen aus, um den interstellaren Wasserstoff zu ionisieren (siehe Abschnitt 2.7). Der Stern frißt eine Höhle aus ionisiertem Gas in seine Umgebung, deren Größe von der Gesamtmenge der UV-Photonen abhängt. In dieser Höhle, die als *H II-Region* oder *Strömgren-Sphäre* bezeichnet wird, rekombinieren ständig Wasserstoffionen in großer Zahl (nur, um gleich darauf wieder von einem UV-Photon ionisiert zu werden). Dabei erzeugen sie die Rekombinationslinien und -kontinua des Wasserstoffs, und wir haben einen *Emissionsnebel* vor uns. Wir werden uns mit den Emissionsnebeln erst im nächsten Kapitel näher beschäftigen, da sie erst bei den O-Sternen zu voller Pracht erblühen.

Emissionsnebel sind durch ihr Emissionslinienspektrum leicht von Reflexionsnebeln zu unterscheiden. Um zu entscheiden, ob ein Nebel zu der einen oder anderen Klasse gehört, ist es jedoch nicht nötig, ein detailliertes Spektrum aufzunehmen. Es reicht, die Farbe zu messen. Reflexionsnebel sind blau, ebenso wie die Sterne, deren Licht sie zu uns umlenken. Emissionsnebel dagegen sind ausgesprochen rot, weil das meiste sichtbare Licht in der stärksten Wasserstoff-Linie, Hα, bei 6 563 Å abgestrahlt wird. Man braucht also nur ein Farbphoto anzufertigen oder zwei Photos im roten und blauen Spektralbereich zu vergleichen.

Der Staub ist das Wesen der Reflexionsnebel, es gibt ihn jedoch auch in H II-Regionen. Letztere besitzen deshalb stets auch eine (meist schwache) Reflexionskomponente in ihrem Spektrum. Weit bedeutsamer ist die Tatsache, daß der Staub auch außerhalb von Nebeln in der galaktischen Scheibe allgegenwärtig ist. Staubkörner, die nicht von einem nahegelegenen hellen Stern beleuchtet werden, erscheinen dunkel vor dem Hintergrund weit entfernter Sterne. Die Streuung des Lichts durch den Staub läßt dahinter stehende Sterne schwächer erscheinen (siehe Abbildung 9.11), als sie ohne Staub wären. Die winzigen Körner sind für den Löwenanteil der

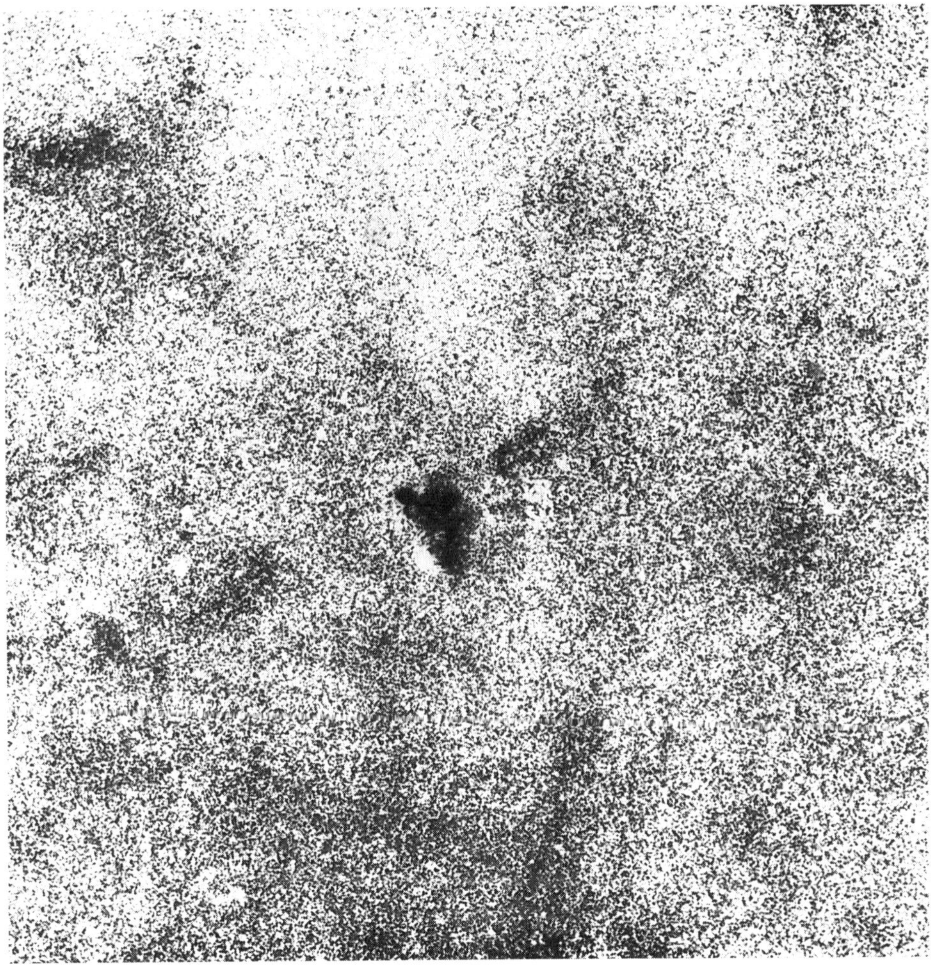

9.11 Die interstellare Staubwolke Barnard 86. Kleine, scharf begrenzte, sehr undurchsichtige Staubwolken dieser Art werden als Bok-Globulen bezeichnet (nach dem Astronomen Bart J. Bok). Sie verschlucken das Licht praktisch aller dahinterliegender Sterne. Andere, weniger dunkle Staubstrukturen durchziehen das gesamte hier abgebildete Himmelsfeld. Copyright National Geographic Society – Palomar Observatory Sky Survey. Abdruck mit freundlicher Genehmigung vom California Institute of Technology.

Strukturen verantwortlich, die man mit bloßem Auge im Milchstraßenband erkennt (siehe Abbildung 1.7). Die dramatische Längsteilung der Sommermilchstraße von Schwan bis Skorpion, zum Beispiel, ist keineswegs durch das Fehlen von Sternen entlang der Mittellinie zu erklären. Im Gegenteil: Gerade dort würden wir ohne den interstellaren Staub die allermeisten Sterne finden. Wenn dichte interstellare Staubwolken der Sonne recht nahe stehen, dann produzieren sie sehr dunkle Gebiete am Himmel, wie zum Beispiel den *Großen Kohlensack* im Kreuz des Südens (ganz rechts in Abbildung 1.7). Die sternärmste Gegend des ganzen Himmels ist die ρ-Ophiuchi-Dunkelwolke nahe der Mitte von Abbildung 1.7. Die dunklen Flecken in der Milchstraße sind auf der Südhalbkugel so auffällig, daß die Inkas in Peru und Chile sogar „Sternbilder" aus ihnen bildeten. Die Lichtschwächung durch den interstellaren Staub ist auch der Grund dafür, daß man entlang des Milchstraßenbandes praktisch keine Galaxien am Himmel findet.

In den wirklich dichten Dunkelwolken ist es im wahrsten Wortsinn dunkel. Kein Fünkchen Sternlicht dringt dort hinein. Die Temperaturen können dort bis auf wenige Grad über den absoluten Nullpunkt absinken, so daß sich die Staubkörner mit gefrorenen Gasen (Wasserdampf, Kohlendioxid und so weiter) überziehen. Dort, in diesen kalten dunklen Winkeln des Universums, nimmt das Drama der Sternentstehung jeweils seinen Anfang.

9.8 Die Rötung des Sternlichts

Der Staub verursacht ein gewaltiges Problem für die stellare Astrophysik, insbesondere für die Berechnung von Entfernungen im Kosmos. In Abschnitt 1.13 haben wir gelernt, daß man die Distanz D eines Sterns aus der Kenntnis seiner absoluten und scheinbaren Helligkeit (M und m) nach einer einfachen Formel bestimmen kann. Die Formel $M = m + 5 - \log D$ nimmt aber an, daß unterwegs vom Stern zu uns kein Licht verloren geht. Wenn auf der Sichtlinie eine Absorption stattfindet, dann erscheint der Stern für seine Entfernung zu schwach. Daraus folgt, daß man mit der Formel die Entfernung überschätzt. Wenn der Stern durch den Staub um eine Größenklasse geschwächt wird, erscheint er um 60 Prozent weiter von uns entfernt. Interstellare Absorption um mehrere Größenklassen ist aber keine Seltenheit. Das Problem ist also gravierend.

Glücklicherweise schwächt der Staub das Sternlicht nicht bei allen Wellenlängen gleich stark. Im blauen Spektralbereich ist er rund doppelt so wirksam wie im roten. Das heißt, daß die Sterne durch den Staub nicht nur geschwächt, sondern auch gerötet werden. Ein B5-Stern hätte normalerweise einen Farbindex $B-V = -0{,}2$ (siehe Abschnitt 1.14 und Abbildung 3.10), würde also blau erscheinen. In Wahrheit kann er aber ohne weiteres die Farbe eines späten G-Sterns ($B-V = 0{,}8$) annehmen oder sogar noch roter erscheinen. Indem wir gerötete und ungerötete Sterne des gleichen Typs miteinander vergleichen, können wir die Beziehung zwischen der visuellen Lichtschwächung A und dem Ausmaß der Rötung feststellen. Letzteres wird durch den *Farbexzeß* E(B–V) gemessen. Er ist die Differenz zwischen dem unverfälschten und dem tatsächlich gemessenen (geröteten) Farbindex B–V eines Sterns. Er wird, ebenso wie die Farbindizes selbst, in Größenklassen angegeben. Man findet im allgemeinen ein Verhältnis von A/E = 3. Sobald wir E für einen Stern bestimmt haben, können wir A ausrechnen (3×E), damit können wir die scheinbare Helligkeit m korrigieren und daraus schließlich eine realistischere Entfernung D für den Stern herleiten.

Der Farbexzeß E wird bestimmt, indem man die wahre Farbe des Sterns aus seinem Spektraltyp und der Kurve in der Abbildung 3.10 ableitet und diese dann vom gemessenen Farbindex abzieht. Es ist allerdings nicht wirklich notwendig, ein Spektrum des Sterns aufzunehmen. Man kann die Rötung auch rein aus photometrischen Werten des UBV-Systems (Abschnitt 1.14) bestimmen. Für jede Leuchtkraftklasse gibt es eine strenge Beziehung zwischen den (ungeröteten) Farbindizes B–V und U–B. Für die Hauptreihensterne und die Überriesen haben wir sie in Abschnitt 3.7 diskutiert (siehe Abbildung 3.11). Wenn man zwischen einen bestimmten Stern (zum Beispiel den B2-Hauptreihenstern in Abbildung 3.11) und die Erde immer mehr interstellaren Staub packt, dann verändern sich dessen Farbindizes U–B und B–V zwar verschieden stark, aber streng in einer ganz bestimmten Relation zueinander. Der B2-Zwerg rutscht mit zunehmender Rötung entlang der mit ‚R' bezeichneten Linie in Abbildung 3.11 nach rechts unten. Andere Sterne verlassen die Hauptreihe der Abbildung entlang paralleler Linien, die als *Rötungslinien* bezeichnet werden. Das gibt uns die Möglichkeit, aus der Abbildung die Rötung eines Sterns direkt zu bestimmen: Wir zeichnen ihn am Ort der gemessenen Farben U–B und B–V in das Diagramm ein, zeichnen von diesem Ort aus rückwärts die zugehörige Rötungslinie bis sie die Hauptreihe erreicht, und lesen dort den unverfärbten Farbindex ab. Der Farbexzeß ist wiederum einfach die Differenz zwischen dem gemessenen und diesem sogenannten „entröteten" Farbindex. Gleichzeitig haben wir so auch noch den Spektraltyp des Sterns bestimmt, ohne ein Spektrum aufnehmen zu müssen.

Dieses Verfahren verlangt natürlich, daß wir schon wissen, welcher Leuchtkraftklasse unser Beispielstern angehört, denn die unverfärbten Kurven in Abbildung 3.11 sind für Zwerge, Riesen und Überriesen verschieden. Für einen Einzelstern gelingt das Verfahren also doch nur, wenn wir über ein gutes Klassifikationsspektrum verfügen – und selbst dann nicht immer: Die Welle in der Kurve für die Zwergsterne wird häufig dazu führen, daß die Rötungslinie die Kurve zwei- oder sogar dreimal schneidet. Ein stark geröteter B8-Zwerg besitzt die gleichen Farben wie ein leicht geröteter F0- und ein unverfärbter K0-Zwerg! Dieses Problem läßt sich in Sternhaufen ohne die Anfertigung von Spektren dadurch lösen, daß man die Gesamtheit der Sterne in Abbildung 3.11 einzeichnet. Man sieht dann, wie sich die gesamte Kurve verschoben hat, und kann so die B8-, F0- und K0-Sterne eindeutig unterscheiden: Sie liegen nach wie vor auf ganz verschiedenen Punkten der verschobenen Kurve.

Aber selbst dann ist die Methode der Abbildung 3.11 nicht frei von Voraussetzungen: Man nimmt nun immer noch an, daß alle Sterne des Haufens gleich stark gerötet sind (das gilt beileibe nicht für alle Haufen!) und daß die Rötungslinie in verschiedenen Gegenden der Galaxis stets die gleiche ist (das heißt sinngemäß, daß A/E überall gleich ist). Leider ist die Natur nicht immer so freundlich, wie die Astronomen es sich wünschen. In einigen sehr ungewöhnlichen Regionen ist A/E nachweisbar größer als 3, vermutlich weil die Staubkörner eine andere chemische Zusammensetzung und/oder eine andere Größenverteilung aufweisen.

9.9 Interstellare Polarisation

Zusätzlich zur Schwächung und Rötung verursacht der interstellare Staub eine Polarisation des Sternlichts. Wir hatten polarisiertes Licht in Abschnitt 8.4 kurz erwähnt, im Zusammenhang mit magnetischen Sternen und dem Zeeman-Effekt. Nun wollen wir die Sache etwas näher betrachten. Licht besteht, wie wir wissen, aus schwingenden elektromagnetischen Feldern, die sich im Raum ausbreiten (die Photonen sind jeweils Pakete solcher Felder mit quantisierter Gesamtenergie, entsprechend ihrer Frequenz). Die Richtung der elektrischen und magnetischen Felder steht jeweils senkrecht auf der Ausbreitungsrichtung des Lichts. Schauen wir einem Lichtstrahl entgegen, der aus horizontaler Richtung auf uns zu kommt, können die elektrischen Felder also in senkrechter Richtung auf- und abschwingen, oder aber in horizontaler Richtung von rechts nach links, oder aber schräg in einer beliebigen Richtung. Immer aber schwingen sie senkrecht zu unserer Blickrichtung, nie längs zum Strahl. In normalem Licht sind alle möglichen Richtungen gleichermaßen vertreten. *Polarisiertes Licht* ist solches, in dem eine Schwingungsrichtung (Feldrichtung) bevorzugt ist. Zum Beispiel können mehr Wellenpakete (Photonen) in senkrechter Richtung als in waagrechter Richtung vorhanden sein, oder umgekehrt. Wenn wirklich *alle* Wellen in ein und derselben Richtung schwingen, dann spricht man von *vollständig polarisiertem* Licht, andernfalls von teilweise polarisiertem. Der *Polarisationsgrad* von teilweise polarisiertem Licht wird in Form eines Prozentsatzes angegeben.

In der Natur tritt polarisiertes Licht sehr häufig auf. Fast jede Reflexion oder Streuung von Licht erzeugt Polarisation. So ist zum Beispiel das blaue Licht eines wolkenlosen Taghimmels kräftig polarisiert. Es ist Sonnenlicht, das an Luftmolekülen gestreut wurde. Technisch wird Polarisation erzeugt, indem man Licht durch ein Glasfilter schickt, in dem fadenförmige Moleküle parallel ausgerichtet sind. Diese wirken wie ein Kamm auf die Lichtwellen: Solche, die parallel zu den „Zähnen" des Kamms schwingen, gehen ungehindert durch. Die andern werden aufgehalten.

Interstellare Staubkörner besitzen unregelmäßige Form; zumeist sind sie mehr oder weniger länglich. Das schwache, aber allgegenwärtige interstellare Magnetfeld (10^{-6} Gauß) der galaktischen Scheibe kann diese Körner parallel ausrichten. Somit wirken sie als schwaches Polarisationsfilter, das Sternlicht in einer Schwingungsrichtung besser durchläßt als senkrecht dazu. Der resultierende Polarisationsgrad läßt sich messen, indem man ein Polarisationsfilter am Fernrohr drehbar montiert. Die hinter dem Teleskop gemessene Helligkeit eines Sterns, dessen Licht durch interstellaren Staub polarisiert ist, hängt dann von der Stellung des Filters im Teleskop ab. Mit solchen Meßdaten läßt sich das galaktische Magnetfeld detailliert kartieren.

9.10 Weiße Zwerge

Wieder einmal wenden wir uns den Weißen Zwergen zu, der seltsamen Gruppe ganz unten im Hertzsprung-Russell-Diagramm. Dieses Mal wollen wir das Thema aber etwas weiter vertiefen als in den Abschnitten 5.8, 7.10 und 8.9, um es weitgehend abzuschließen. Ein Stern wird als Weißer Zwerg klassifiziert, indem man ihm das Symbol ‚D' zuweist (von ‚degenerate' = englisch ‚entartet'). In Abschnitt 8.9 wurde bereits erklärt, daß sich die Spektren Weißer Zwerge nicht in das große Schema OBAFGKM einfügen lassen. Man hatte das ursprünglich versucht und Buchstaben der Normalsequenz angefügt, je nachdem, was man an Linien finden konnte. So wurden Spektren mit starken Balmerlinien als DA, solche mit He I-Linien als DB bezeichnet. Weitere Klassen, DF, DG, DK wurden nach der Stärke der Ca II-Linien zugewiesen, siehe Abbildung 9.12 und Tabelle 9.1.

Tabelle 9.1: Die Klassifikation Weißer Zwerge.

	Alt		Neu
DC	reines Kontinuum	DA	nur H
DO	He II stark, mit He I und H	DB	nur He I
DB	He I stark, kein H	DC	reines Kontinuum
DA	nur H, kein He I	DO	He II, mit He I oder H
DA,F	H schwach, Ca II schwach	DZ	Nur Metalle
DF	Ca II, Fe I	DQ	Kohlenstoff-Linien
DG	Ca II		
DK	Ca II schwach		
DM	Ca II, Ca I schwach, TiO?		
C_2	Kohlenstoff-Banden		
	Suffixe		Suffixe (letzter Buchstabe)
p,P	Polarisation oder ‚peculiar'	P	magnetische Sterne mit Polarisation[a]
wk	schwach	H	magnetische Sterne ohne Polarisation
e	Emissionslinien	X	‚peculiar' oder nicht klassifizierbar
s,ss	scharfe, sehr scharfe Linien	V	veränderlich (ZZ Ceti oder anderer Typ)
n	unscharfe Linien		

[a] siehe Abschnitt 9.9

Das alte System (links) folgte so weit wie möglich dem Schema der klassischen Spektraltypen. Das neue System verwendet zwar zum großen Teil die gleichen Buchstaben, beschreibt damit aber nur das Auftreten beziehungsweise Fehlen von Linien. Es versucht nicht mehr, gleichzeitig eine Farb- oder Temperaturskala herzustellen. Die Details des neuen Systems sind im Text erklärt. Die Tabelle wurde nach einem Artikel von E. Sion, J. Greenstein, J. Landstreet, J. Liebert, H. Shipman und G. Wegner im *Astrophysical Journal* zusammengestellt.

Aber diese Klassifikationsversuche waren zum Scheitern verurteilt: Ein DB-Stern zeigt zwar neutrale Helium-Linien, aber keine Spur von Wasserstoff-Linien, die doch bei normalen B-Sternen immer noch sehr stark sind. Umgekehrt sieht man bei DA

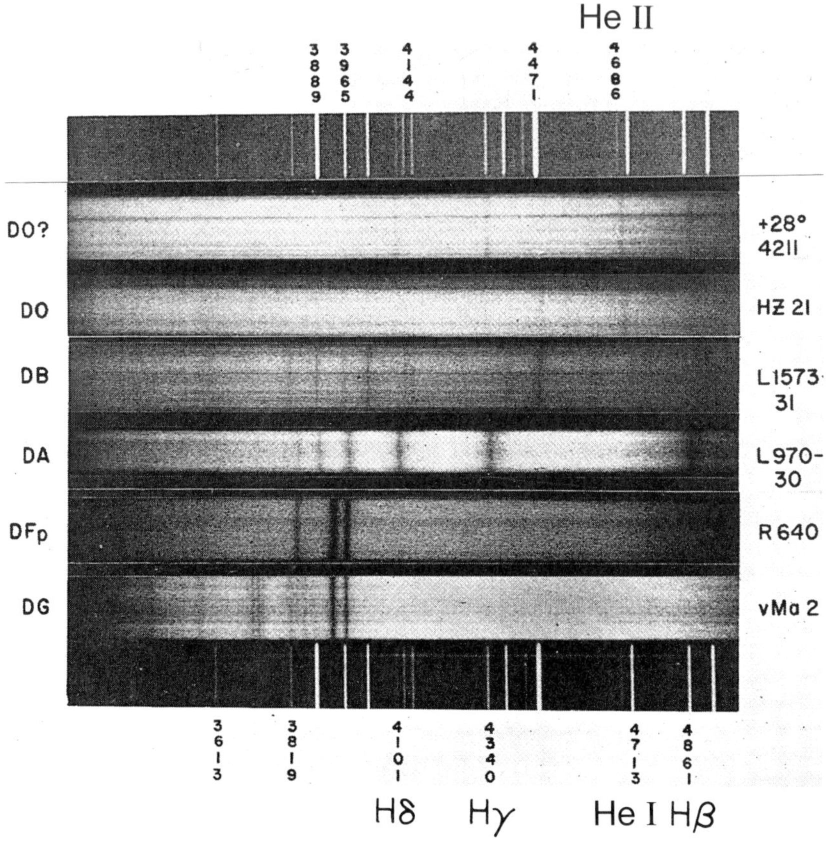

9.12 Eine Auswahl von Spektren Weißer Zwerge. Rechts sind die Sternnamen angegeben, links die Klassifikation nach dem alten Schema. Das Fehlen der Wasserstoff-Linien in dem DB-Spektrum zeigt sich sehr deutlich im Vergleich mit dem darunter gezeigten DA-Spektrum. Die beiden starken Linien in den DF- und DG-Spektren sind die H- und K-Linien des Ca II. Die Klassifikation der Spektren im neuen System lauten (von oben nach unten) DO?, DO2, DB4, DA4, DZA6 und DZ7. Die Ziffern sind der im Text er-klärte Temperaturcode. Photos: Mt. Palomar Observatory, aus einem Artikel von J. L. Greenstein in *Stellar Atmospheres*, herausgegeben von J. L. Greenstein, University of Chicago Press, Chicago, 1960.

zwar starke Balmerlinien, aber sonst praktisch nichts. Der Grund liegt darin, daß die groben Unterschiede zwischen den Spektren verschiedener Weißer Zwerge nicht durch die Temperatur, sondern in erster Linie durch die chemische Zusammensetzung bedingt sind.

In neuerer Zeit hat man die Gruppe der Weißen Zwerge nur noch in zwei wesentliche Untergruppen geteilt. Deren Bezeichnungen, DA und DB, stammen zwar aus der normalen spektroskopischen Notation, haben aber mit der traditionellen Temperaturklassifikation in Wirklichkeit nichts zu tun. Die Atmosphären der DA-Sterne bestehen aus praktisch reinem Wasserstoffgas, während die der BD-Sterne nahezu pures

Helium sind. Beide Unterklassen überdecken einen sehr weiten Temperaturbereich, der sich über fast alle klassischen Spektraltypen erstreckt. Das heißt, die DA-Sterne sind nicht auf die Gegend um 10 000 K beschränkt wie die A-Zwerge und A-Riesen. Man findet sie mit Temperaturen von 50 000 K (entsprechend einem O-Stern), bis herunter zu 4 000 K. Bei den kühlsten Objekten der Serie ist die Temperatur zu niedrig, um Wasserstoffatome in den zweiten Quantenzustand zu heben. Dann verschwinden auch noch die Balmerlinien aus dem Spektrum, das somit zu einem reinen Kontinuum wird. Man klassifiziert sie dann als DC (von englisch ‚continuous'). Die kühlen Weißen Zwerge, die früher als DF, DK und so weiter bezeichnet wurden, sind wohl in Wirklichkeit Mitglieder der Klasse DB, also Heliumobjekte, die nun ihrerseits für die Bildung von Heliumlinien zu kühl sind. Die in ihren Spektren sichtbaren Metall-Linien (meist von Kalzium und Eisen) stammen von kleinen Beimischungen schwerer Elemente zum vorherrschenden Helium. Die heißesten Objekte *beider* Untergruppen werden manchmal als DO klassifiziert.

Was ist der physikalische Hintergrund der beiden Hauptgruppen von Weißen Zwergen? Im Falle der DA-Sterne scheint das schwerkraftbedingte Absinken der schweren Elemente in tiefere Schichten für ihr Fehlen im Spektrum verantwortlich zu sein. Wegen des phantastisch starken Gravitationsfeldes ist die Photosphäre (die Schicht, aus der das beobachtete Spektrum stammt) nur einige hundert Meter dick. Das Helium und alle höheren Elemente bilden sozusagen einen Bodensatz, auf dem der leichtere Wasserstoff schwimmt. Im Falle der DB-Sterne liegen die Verältnisse ganz anders: Das Fehlen des Wasserstoffs im Spektrum spiegelt das völlige Fehlen des Wasserstoffs im Stern wieder. Diese Objekte sind die ausgebrannten Heliumkerne einst massereicherer Sterne, die ihre Hülle vollständig abgeblasen haben. Trotz dieser auf den ersten Blick einfach erscheinenden Erklärung für die beiden Hauptgruppen sind viele Einzelheiten der beteiligten physikalischen Prozesse noch weitgehend unverstanden.

Die Klassifikation der Weißen Zwerge ist etwas unklar und verwirrend. Neben der Existenz der besprochenen „älteren" und „neueren" Einteilung gibt es noch weitere Komplikationen durch das Auftreten von Mischtypen zwischen den beiden chemischen Hauptgruppen und durch das gelegentliche Vorkommen von spektralen Charakteristika des Kohlenstoffs. Eine Arbeitsgruppe von Spezialisten für Weiße Zwerge hat kürzlich einen Versuch unternommen, Ordnung zu schaffen. Herausgekommen ist ein neues Klassifikationsschema, das in Tabelle 9.1 zusammengefaßt und dem „alten" gegenübergestellt wird. Die vollständige spektrale Charakterisierung eines Weißen Zwergs besteht nun aus vier Buchstaben, gefolgt von einer Ziffer. Das erste Zeichen ist immer noch das ‚D'. Die zweite Stelle enthält teilweise die gleichen Buchstaben wie das alte System. Sie gibt an, welche Linien das Spektrum enthält: Ein reines Wasserstoffspektrum heißt DA; reines Helium wird als DB angegeben; die ehemaligen Typen DF, DG, DK werden in DZ vereinigt (‚Z' ist für Astrophysiker ein vertrautes Kürzel für „Metalle", in diesem Falle alles außer H, He und C); DC bedeutet nach wie vor ein rein kontinuierliches Spektrum; die kohlenstoffhaltigen Objekte werden aus purer Verlegenheit als DQ klassifiziert (DC wäre logischer, ist aber schon vergeben).

Der dritte Buchstabe darf fehlen. Wenn er vorhanden ist, bezeichnet er sekundäre Merkmale, und zwar in der gleichen Codierung wie der zweite. So wird zum Beispiel ein DB-Stern mit Spuren von Kalzium zu DBZ. Der letzte Buchstabe (er kann der dritte oder vierte sein) beschreibt Besonderheiten, sofern vorhanden. Die hier möglichen Kürzel P, H, X und V sind in Tabelle 9.1 erklärt. Sie gehen über die eigentliche Spektralklassifikation hinaus. Im kompletten System wird also ein DA-Stern mit einem Magnetfeld, das sein Licht polarisiert, als DAP bezeichnet. Wenn er zusätzlich schwache Kohlenstoff-Linien zeigt, dann lautet die Klassifikation DAQP.

Diesen schon recht komplexen Buchstabenketten wird zusätzlich eine Ziffer angehängt, die die Effektivtemperatur T in einer etwas seltsamen Weise angibt. Man berechnet den Quotienten 50 400 K/T und rundet ihn auf die nächste ganze Zahl. Da diese Größe nicht durch einfaches Anschauen des Spektrums ermittelt werden kann, sondern komplizierte physikalische Theorie involviert, ist sie im Einzelfall stets umstritten. Sie gehört eigentlich nicht mehr in das Feld der Spektralklassifikation, wie schon zuvor die Kürzel P, H und V. Die Effektivtemperatur muß aus der Form des stellaren Kontinuums oder aus den Linienprofilen durch Modellrechnungen hergeleitet werden. Die Linienspektren Weißer Zwerge enthalten leider – im Gegensatz zu denen normaler Sterne – keinen deutlichen Bezug zur Temperatur. Da viele Astronomen aber das Gefühl haben, daß ein Stern ohne eine Temperaturangabe nur unzureichend beschrieben ist, hat man diesen Bruch mit der Tradition der rein empirischen Spektralklassifikation begangen.

Ähnlich liegen die Verhältnisse beim Magnetfeld und bei der Polarisation. Beide können nur durch spezielle Meßtechniken, nicht durch Anschauen des Spektrums, festgestellt werden. Beide sind aber so wichtige Charakteristika eines Sterns, daß man sich eine Kurzangabe in der Klassifikation wünscht. Die Magnetfelder Weißer Zwerge sind oft ungeheuer stark. Sie sind bei der Schrumpfung des Sterns sozusagen mitkomprimiert und dabei mächtig verstärkt worden. Felder von 100 Millionen Gauß kommen öfter vor; die Rekordmarke liegt irgendwo bei 300 Millionen Gauß. Das ist das Zehntausendfache der Maximalstärke von 34 000 Gauß bei dem magnetischsten aller Ap-Sterne! In den extremsten Feldern Weißer Zwerge werden Atome stark deformiert. Wasserstoff, zum Beipiel, erzeugt dann ein sichtbares Linienspektrum, die sogenannten Minkowski-Banden, das mit der vertrauten Balmerserie keine Ähnlichkeit mehr besitzt. In diesen Fällen könnte man das Magnetfeld sogar durch traditionelle Spektralklassifikation bestimmen (aus der Lage der Minkowski-Banden), aber sie sind selten. Normalerweise bedarf es anderer Methoden.

9.11 Variable Weiße Zwerge

Der große Instabilitätsstreifen reicht im Hertzsprung-Russell-Diagramm von den wahrhaft gigantischen Überriesen der Klasse G über die Riesen der Klasse F und die A-Zwerge bis hinunter zu den Winzlingen aus entartetem Gas. Dort erreicht er den Temperaturbereich, der auf der Hauptreihe den B-Sternen entspricht. Die kleine Zahl bekannter pulsierender Weißer Zwerge tragen als Veränderlichenklasse die Bezeichnung *ZZ-Ceti-Sterne*. Sie schwingen mit mehreren Perioden gleichzeitig, die alle in der Größenordnung von Minuten liegen. Sie führen durchweg nichtradiale Pulsationen mit winzigen Amplituden aus. Sie gehören ausnahmslos in die DA-Klasse und besitzen Effektivtemperaturen zwischen ungefähr 10 500 K und 13 000 K (die genauen Werte sind etwas umstritten). Ihre Schwingungen werden genau wie die der Cepheiden von der inneren Schicht angetrieben, in der der Wasserstoff teilweise ionisiert ist (siehe Abschnitt 7.9). Etwas weiter oben in der Sequenz der Weißen Zwerge, aber immer noch im Temperaturbereich der B-Sterne, finden wir bei 20 000 K dasselbe Phänomen in einigen wenigen DB-Objekten. Hier ist es die Helium-Ionisationszone, die auf die gleiche Weise den Stern zum Schwingen bringt.

Die Diskussion der A-Sterne und der Weißen Zwerge hat gezeigt, daß die altehrwürdige Wissenschaft der Spektralklassifikation noch sehr lebendig ist. Zum traditionellen Lehrbuchstoff kommt ständig Neues hinzu. Das System muß ständig wachsen und sich entwickeln, um neue astrophysikalische Entdeckungen und Erkenntnisse zu berücksichtigen.

10. Die O-Sterne: Am Gipfel der Spektralsequenz

Nach und nach sind wir in den zurückliegenden Kapiteln die Hauptreihe hinaufgeklettert, nach und nach sind die Sterne massereicher, heller, heißer geworden. Nun haben wir den Gipfel erreicht. Die O-Sterne bilden die Klasse der vielen Superlative: Sie sind die heißesten, blausten, hellsten, massereichsten und seltensten Sterne. Das fünfte dieser Adjektive ist dafür verantwortlich, daß sie am Himmel für das bloße Auge weit weniger spektakulär auftreten als die B- und A-Sterne. Kein einziger Stern der ersten Größe gehört der Klasse O an, und nur vier der zweiten Größenklasse. Allerdings enthält das Quartett zweiter Größe zwei der bekanntesten Sterne des Himmels, δ und ζ Orionis, den rechten und den linken der drei Gürtelsterne des Orion. Beide sind Doppelsterne. Der erste besteht aus einem O9-Hauptreihenstern und einem B0-Riesen, der zweite aus einem Überriesen des Spektraltyps O9,5 Ibe und ebenfalls einem B0-Riesen. Der mittlere Gürtelstern ist „fast" auch ein O-Stern. Er ist als B0 Iae klassifiziert und erscheint folglich für das bloße Auge nicht anders als seine beiden etwas heißeren Brüder.

Die beiden anderen O-Sterne der zweiten Größe sind prominente Sterne des Südhimmels. ζ Puppis, ein Überriese des Typs O5 Iaf und γ^2 Velorum, O7,5e, schmücken die Milchstraße des südlichen Sommers. Sie stehen am Himmel nur 8 Grad voneinander entfernt. Der letztere ist besonders bemerkenswert, weil er einen hellen Wolf-Rayet-Stern (siehe Abschnitte 3.4 und 10.2) als Begleiter besitzt. Dieser ist nur im Spektrum erkennbar, da er der Hauptkomponente sehr nahe steht. Aber vier weitere Partner, darunter ein B1-Unterriese der vierten Größe, bilden schon in kleinen Teleskopen einen sehr hübschen Anblick. ζ Pup und γ^2 Vel liegen beide innerhalb des Gum-Nebels (so genannt nach dem Astronomen Colin Gum), einer riesigen Blase aus dünnem heißem Gas, die von einer Supernovaexplosion in das interstellare Medium gesprengt wurde. ζ Pup und γ^2 Vel sind wesentlich heißer als die beiden Orion-Sterne. Wenn Bewohner der Nordhalbkugel einen O-Stern früher (heißer) als O9,5 oberhalb des Himmelsäquators sehen wollen, müssen sie sich mit einem Sternchen vierter Größe zufrieden geben: ξ Persei (O7e).

Sobald wir ein Teleskop zu Hilfe nehmen, zeigen die O-Sterne ihre wahre Pracht. Sie erzeugen die Emissionsnebel, deren hellste Exemplare zu den Hauptattraktionen des Himmels in Amateurfernrohren gehören. Der bekannteste unter ihnen ist der Orionnebel (Abbildung 10.1), dessen Energiequelle ein O6-Stern ist: θ^1 Ori C, der hellste der vier Sterne, die das berühmte „Trapez im Orion" bilden. Viele, viele weitere dieser leuchtenden Gaswolken verzieren die Milchstraße (Abbildungen 1.1,

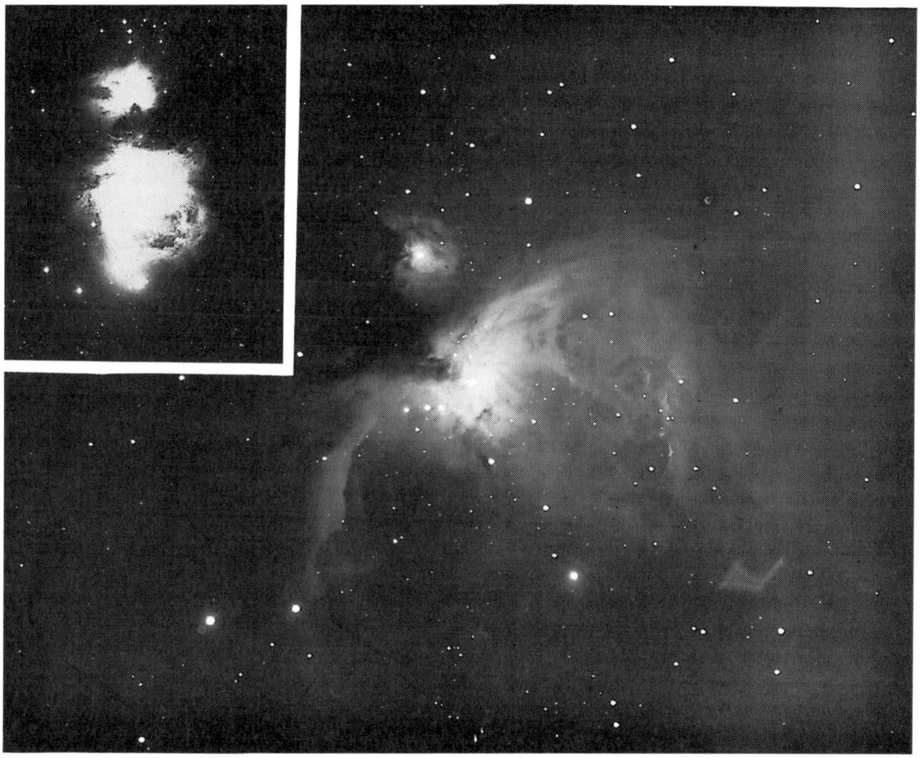

10.1 Der Orionnebel. Das große Photo zeigt die inneren Strukturen der leuchtenden Gaswolke. Das berühmte Trapez im Orion, der Mehrfachstern θ^1 Orionis, liegt im hellsten Teil des Nebels, vor der Spitze der dreieckigen Dunkelwolke, die von links ins Zentrum der leuchtenden Gasmassen hineinragt. Die Komponente C des Mehrfachsterns ist ein O6-Stern, der den Löwenanteil der ionisierenden UV-Strahlung liefert. Die seltsame helle Struktur rechts unten im Bild ist kein Himmelsobjekt, sondern ein Reflex innerhalb des Teleskops. Das kleine Photo oben links zeigt bei einem Sechstel des Maßstabs die Außenbezirke des Nebels, die über die Ränder des anderen Photos hinausragen. Die H II-Region ist insgesamt etwa 7 Parsec groß. Der obere Nebel in dem kleinen Bild ist NGC 1977, der ebenfalls außerhalb des großen Bildes liegt. Abbildung 1.1 zeigt einen noch viel größeren Umkreis um den Orionnebel. Dort erkennt man, daß die hellen Emissionsnebel des Orion in einen sehr großen Komplex ionisierten Gases eingebettet sind, der das ganze Sternbild überspannt. Großes Photo: University of Illinois Prairie Observatory. Kleines Photo: Copyright National Geographic – Palomar Sky Survey, 1960, mit freundlicher Genehmigung durch das California Institute of Technology.

4.1 und 9.1). Den Liebhabern ferner Galaxien markieren die O-Sterne und ihre Emissionsnebel den Verlauf der Spiralarme und die Lage der aktiven Sternentstehungsgebiete (siehe Abbildung 10.12).

Der leuchtkräftigste bekannte O-Stern ist HD 93129A, ein O3 If-Stern der siebten scheinbaren Größe. Dieser bemerkenswerte Stern steht im großen Carina-Nebel nahe des seltsamen Veränderlichen η Carinae (er ist in Abbildung 11.12 zu sehen; und Abbildung 10.6 zeigt sein UV-Spektrum). Auf unserem HR-Diagramm (Abbildung 10.2) erscheint HD 93129A übrigens schwächer als Cyg OB2, Nr. 12, unser hellster B-Stern. Das liegt daran, daß die senkrechte Achse des Diagramms nicht die bolome-

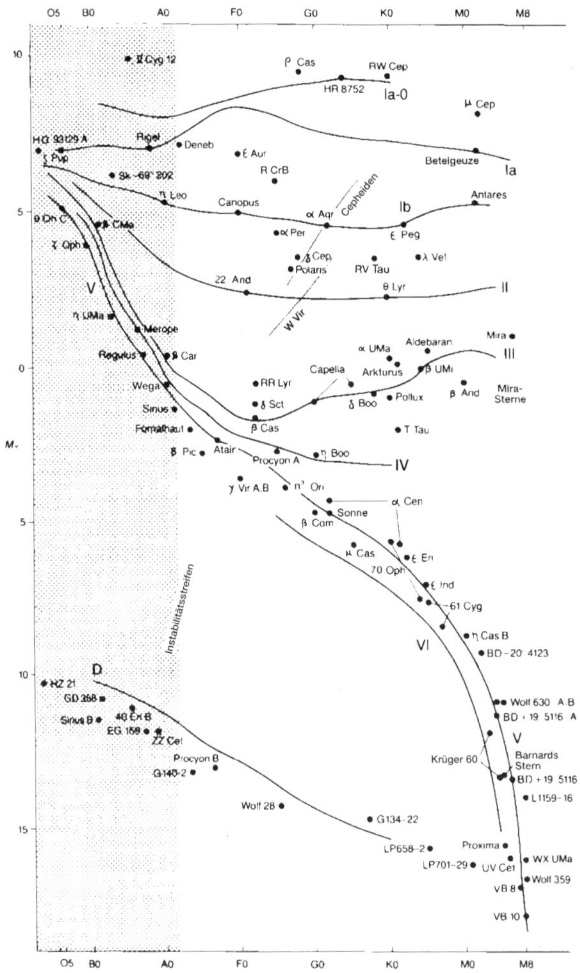
O5 B0 A0 F0 G0 K0 M0 M8
Mv
ρ Cas
RW Cep
HR 8752
Ia-0
μ Cep
HD 93129 A
Rigel
Deneb
ε Aur
R CrB
ζ Pup
Betelgeuze
Ia
Sk -69° 202
η Leo
Canopus
Cepheiden
Antares
α Aqr
Ib
α Per
ε Peg
ζ Oph
δ Cep
λ Vel
Polaris
RV Tau
22 And
θ Lyr
II
V
W Vir
η UMa
Merope
Mira
α UMa
Aldebaran
III
Regulus
Capella
Arkturus
β UMi
RR Lyr
Wega
δ Sct
δ Boo
Pollux
β And
Mira-Sterne
Sirius
β Cas
Fomalhaut
T Tau
β Pic
Atair
Procyon A
η Boo
IV
γ Vir A,B
α Cen
Sonne
β Com
μ Cas
ε Eri
70 Oph
ε Ind
Instabilitätsstreifen
61 Cyg
η Cas B
VI
BD -20° 4123
D
HZ 21
GD 358
Wolf 630 A,B
BD +19 5116 A
Sirius B
EG 159
ZZ Cet
Procyon B
Krüger 60
Barnards Stern
G140-2
BD +19 5116 B
L1159-16
Wolf 28
G134-22
LP658-2
Proxima
LP701-29
UV Cet
WX UMa
Wolf 359
VB 8
VB 10

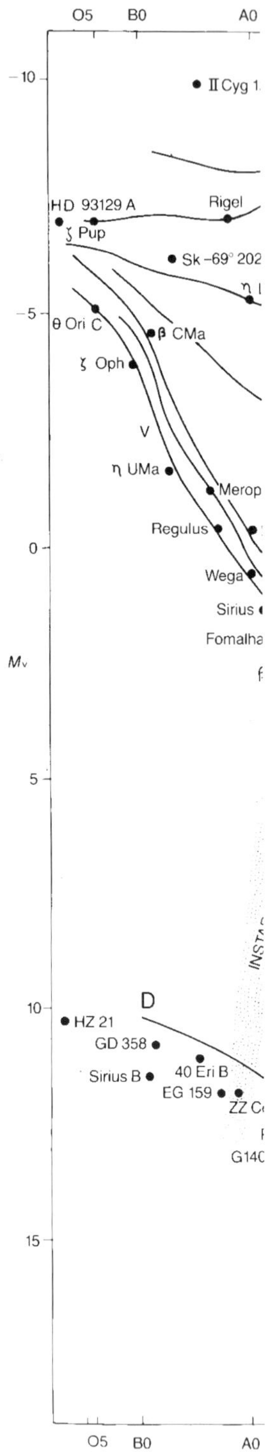
O5 B0 A0
-10
Rigel
HD 93129 A
ζ Pup
Sk -69° 202
-5
θ Ori C
β CMa
ζ Oph
V
η UMa
Regulus
0
Wega
Sirius
Fomalhaut
Mv
5
10
D
HZ 21
GD 358
40 Eri B
Sirius B
EG 159
15

trische (= totale) Leuchtkraft darstellt, sondern nur ihren Anteil im visuellen Spektralband. Hier finden wir also wieder einen kräftigen Ausdruck der bolometrischen Korrektur, wie schon im Abschnitt 4.3 bei den M-Sternen. Am unteren Ende der stellaren Temperaturskala liegt der Löwenanteil der Leuchtkraft im Infraroten, so daß die Sterne bolometrisch weit heller sind als visuell. Bei M5 liegt die bolometrische Korrektur um –3 mag. Am heißen Ende des HR-Diagramms fällt die Strahlung größtenteils in den Ultraviolettbereich, wiederum vermittelt die absolute visuelle Helligkeit einen falschen Eindruck von der wahren Leuchtkraft. In der Mitte, bei A0, ist die bolometrische Korrektur fast null, bei B0 beträgt sie schon wieder –2,7 mag, und bei O3-Sternen, der frühesten überhaupt definierten Spektralklasse, erreicht sie –4 Größenklassen (Tabelle 12.1 gibt eine Übersicht). Bolometrisch liegt HD 93129A um 0,3 mag höher als Cyg OB2, Nr. 12 und um mehr als 1 mag höher als der leuchtkräftigste M-Überriese. Er ist möglicherweise der Rekordhalter in unserer Milchstraße. Ähnliche Sterne sind erst wieder im Tarantelnebel (Abbildung 10.15) in der Großen Magellanschen Wolke zu finden.

Ihren spektakulärsten Auftritt erleben die O-Sterne aber erst am Ende ihres Lebens, wenn sie als Supernovae explodieren. Diese Sterne sind zu massereich, um still zum Weißen Zwerg zu verkümmern. Ihr Kern kollabiert direkt zum Neutronenstern (siehe Abschnitte 8.9, 11.9 und 12.11), wobei er so hübsche Objekte wie den Krebsnebel und den Zirrusnebel erzeugt.

Trotz ihrer extremen Seltenheit sind die O-Sterne für die Struktur und die Entwicklung von Galaxien sehr wichtig. Sie entwickeln sich äußerst schnell, erzeugen ungeheure Mengen von schweren Elementen und werfen diese praktisch sofort wieder in das interstellare Gas der Galaxie zurück. Die Schockfronten ihrer Explosionen rühren und wirbeln das Gas galaktischer Scheiben heftig durcheinander.

10.1 Die Spektren

Wie die Klasse M, so ist auch die Klasse O im Prinzip nach einer Seite hin offen. Sobald heißere Sterne entdeckt werden, kann eine zusätzliche Unterklasse angefügt werden. Ursprünglich reichte die Skala nur bis O5, entsprechend einer Oberflächentemperatur von etwa 40 000 K. Inzwischen ist man bei 50 000 K und Unterklasse O3 angelangt.

Im Gegensatz zu anderen Spektralklassen kann man bei den O-Sternen keine vernünftige Klassifikation erreichen, ohne die Emissionslinien zu berücksichtigen.

◄ **10.2** Das HR-Diagramm der Klassen O und B. Das obere Ende der Hauptreihe ist erreicht. Wir sehen ganz unten die Reihe der Weißen Zwerge und ganz oben den leuchtkräftigsten bekannten Stern unserer Milchstraße, HD 93129A. Dieser Überriese des Spektraltyps O3 Ia besitzt eine höhere totale Leuchtkraft als Cyg OB2, Nr. 12, erscheint aber im visuellen Spektralbereich schwächer als jener, weil fast sein gesamter Energieausstoß im Ultravioletten liegt. Mit anderen Worten: Seine bolometrische Korrektur ist sehr groß. Quellen der Abbildung: siehe Abbildungen 3.8 und 12.7.

Hier sind sie nicht mehr die Ausnahme, sondern fast die Regel. Im Prinzip kann man O-Sterne mit Wasserstoff-Emissionslinien einfach als Oe bezeichnen, aber bedeutender sind die Objekte mit Emissionen von He II bei 4 686 Å und N III bei 4 634 und 4 640 Å. Man klassifiziert sie als Of (siehe die historischen Bemerkungen in Abschnitt 3.4). Als Beispiel erwähnten wir im vorigen Abschnitt ζ Puppis. Zwischen O-Sternen mit reinem Absorptionsspektrum und typischen Of-Sternen liegt ein kontinuierlicher Bereich von Übergangstypen, für die Sonderkürzel geschaffen wurden: O((f)) steht für Objekte mit N III-Emission, aber einer He-Absorption bei 4 686 Å. O(f) bezeichnet Sterne, bei denen die 4686-Emission gerade die Absorption auffüllt, so daß bei der Wellenlänge dieser Helium-Linie überhaupt nichts zu sehen ist.

Die spektrale Unterklasse wird bei O-Sternen meist durch das Verhältnis zwischen den He II- und den neutralen Helium-Linien festgelegt. Erstere werden mit zunehmender Temperatur immer stärker (ohne jedoch die gleichzeitig abnehmenden Wasserstoff-Linien ganz zu erreichen), während letztere allmählich verschwinden; siehe Abbildung 10.3. Man darf dabei übrigens die Linie des He II bei 4686 Å nicht verwenden, da sie zu häufig durch Emission verfälscht ist. Die Pickering-Serie des He II dagegen, die vom vierten atomaren Quantenzustand ausgeht, ist stets in Absorption. Gelegentlich werden auch die Si IV-Linien zur Bestimmung des Untertyps benutzt.

Der kontinuierliche Übergang von O über O((f)) und O(f) zu Of stellt im wesentlichen eine Leuchtkraftskala dar. Die Of-Emissionen füllen mit zunehmender absoluter Helligkeit die entsprechenden Absorptionslinien zunächst auf, um sie dann völlig umzukehren. Insbesondere die Linie des He II bei 4686 Å ist ein guter Leuchtkraftindikator. Die Wasserstoff-Linien sind dagegen in der Klasse O nicht mehr als Leuchtkraftkriterium geeignet.

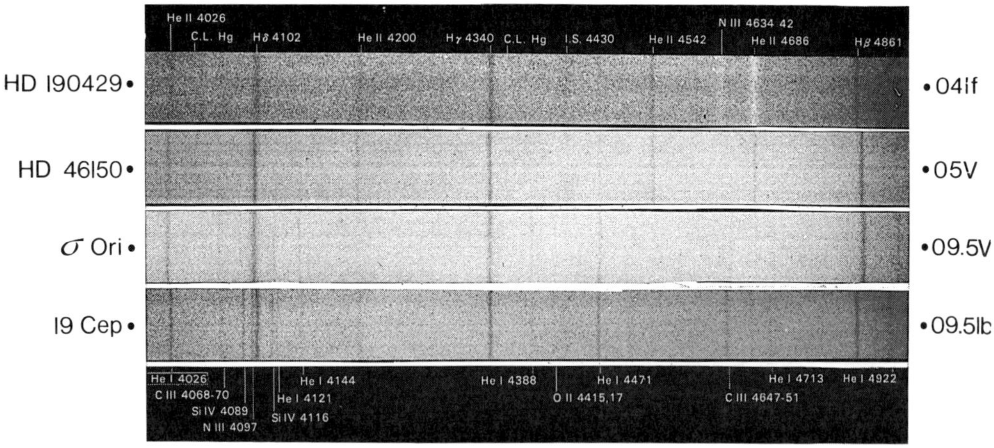

10.3 Vergleich zwischen O-Zwergen und Überriesen. Man erkennt sehr schön, wie zu den früheren Untertypen He I ab- und He II zunimmt. Die Wasserstoff-Linien nehmen nun zwar ab, sind aber immer noch recht stark. Späte O-Überriesen sind durch die besonders starken Si IV-Linien gekennzeichnet. Im Spektrum des frühen O-Überriesen erscheint die Linie des He II bei 4 686 Å in Emission. Der Stern ist deshalb als Of-Typ klassifiziert. Aus *An Atlas of Representative Stellar Spectra*, von Y. Yamashita, K. Nairai und Y. Norimoto, University of Tokyo Press, Tokyo; John Wiley and Sons, New York, 1978.

Aus Abschnitt 9.1 wissen wir, daß die Linien des Si IV bei B-Sternen einen kräftigen positiven Leuchtkrafteffekt zeigen, und zwar sowohl das UV-Paar bei 1 394 und 1 403 Å als auch die beiden Linien im violetten Spektralbereich bei 4 089 und 4 116 Å. Dieses Verhalten setzt sich bis zu mittleren O-Typen fort, wenn auch durch das Auftreten von P-Cygni-Profilen in etwas anderer Form als bei den B-Sternen. Abbildung 10.4 zeigt eine Auswahl von O6-Spektren, in denen der Effekt sehr schön erkennbar ist. Bei den heißesten Sternen werden die Si IV-Linien schwächer. Dort können sie zur Festlegung der Temperaturunterklasse verwendet werden, insbesondere in den höheren Leuchtkraftklassen.

10.2 Wolf-Rayet-Sterne

Die Wolf-Rayet-Sterne wurden in Abschnitt 3.4 schon einmal kurz vorgestellt. Es sind sehr leuchtkräftige, sehr heiße Sterne mit extrem starken Sternwinden. Das abströmende Gas ist so dicht, daß wir gar nicht mehr zu einer ruhenden Photosphäre hindurchschauen können. Praktisch das ganze Sternspektrum, das wir empfangen, entsteht im Wind. Es besteht aus einem recht blauen Kontinuum und extrem starken, sehr breiten Emissionslinien (siehe Abbildungen 3.5 und 10.5). Die Wolf-Rayet-Sterne werden in zwei parallele Sequenzen eingeteilt, je nachdem, ob Kohlenstoff- (WC) oder Stickstoff-Emissionslinien (WN) vorherrschen, siehe auch Abschnitt 3.4. Zwar zeigen die WC-Sterne auch etwas Stickstoff-Emission und umgekehrt die WN-Sterne etwas Kohlenstoff, aber die Trennung in die beiden Gruppen ist dennoch klar und deutlich. Es gibt keine Zwischentypen. In beiden Sequenzen gibt es praktisch keinerlei Wasserstoff-Linien, jedoch ist stets etwas Helium zu sehen. Bei den WC-Sternen ist darüber hinaus Sauerstoff im Spektrum vertreten. Normalerweise gibt es ausschließlich Emissionslinien, nur ganz wenige Wolf-Rayet-Sterne zeigen Spuren von Absorptionen. Die große Breite der Emissionslinien rührt von der Dopplerverschiebung infolge der hohen Windgeschwindigkeit her.

Man glaubt, daß die Unterschiede zwischen den WC- und den WN-Spektren durch chemische Verschiedenheit bedingt sind. Jede der beiden Sequenzen ist weiter unterteilt, WN3 bis WN8 und WC5 bis WC9. Die Unterklassen entsprechen jedoch nicht den Unterklassen des Typs O, sie sind noch nicht einmal untereinander konsistent. Sie beziehen sich auf verschiedene Linienverhältnisse, deren Zusammenhang mit einer Temperaturskala zweifelhaft ist. Als Klassifikationskriterien werden verschiedene Linien und Linienverhältnisse verwandt. Frühe WN-Typen zeichnen sich zum Beispiel durch starke N V-Linien, späte durch starke N III-Linien aus; bei der WC-Sequenz wird beispielsweise das Verhältnis von C IV zu C V herangezogen. Die Temperaturen der Sterne sind ziemlich unsicher, weil sich die Verhältnisse in ihren Atmosphären von denen normaler Sterne stark unterscheiden. Analysiert man die Emissionslinien, so erhält man Werte zwischen 30 000 und 50 000 K; aus dem Kontinuum dagegen findet man Temperaturen um 20 000 K. Hier ist noch sehr viel theoretische Arbeit nötig, um diese Spektren und die sie erzeugenden Sterne zu verstehen.

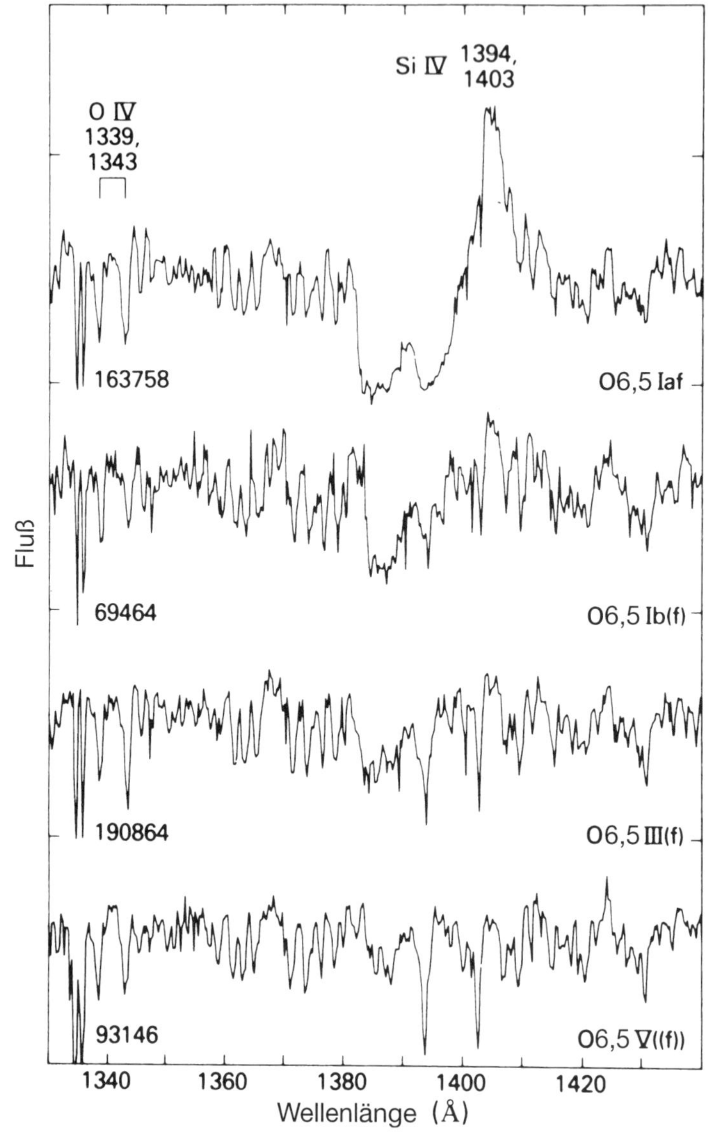

10.4 Die ultravioletten Si IV-Linien und die Leuchtkraft der O-Sterne. Das Spektrum des Zwergs zeigt zwei normale photosphärische Absorptionslinien. Schon bei dem Riesen ist die breite blauverschobene P-Cygni-Absorption angedeutet, die bei den Überriesen zu gewaltiger Stärke anwächst. Gleichzeitig verschwinden die ursprünglichen Absorptionslinien in dem breiten Absorptionstrog und der starken Emissionskomponente der P-Cygni-Linie. Darin drückt sich die Zunahme der Dichte des Sternwindes mit der Leuchtkraft der Sterne aus. Die Spektren wurden mit dem *International Ultraviolet Explorer* aufgenommen. Sie sind einem Artikel im *Astrophysical Journal* von N. Walburn und R. Panek entnommen.

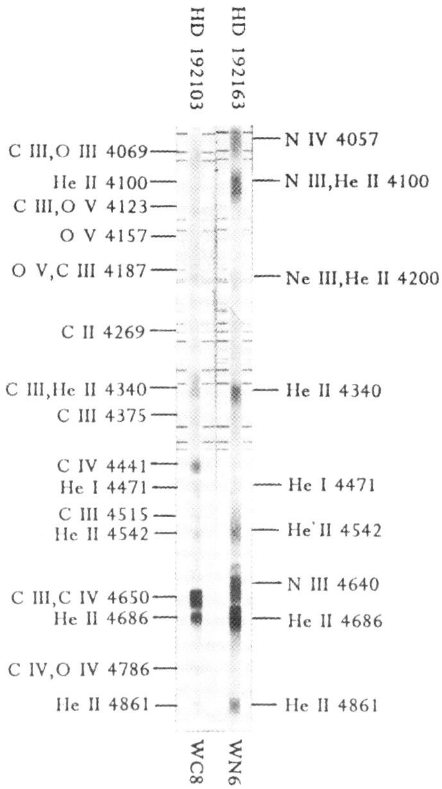

10.5 Zwei Wolf-Rayet-Spektren. Das Spektrum von HD 192163 (WN6, rechts) zeigt vor allem Helium- und Stickstoff-Linien, das von HD 192103 (WC8, links) Linien von He II und Kohlenstoff in Emission. Man beachte die enorme Breite der Emissionen. Aus *Astrophysics: Nuclear Transformations, Stellar Interiors and Nebulae*, von L. H. Aller, Ronald Press Company, New York, 1954.

Es gibt Sterne, die einerseits ein O-Absorptionsspektrum besitzen, andererseits aber extreme Überhäufigkeiten von Kohlenstoff beziehungsweise Stickstoff in ihren Atmosphären aufweisen. Sie stellen möglicherweise eine Zwischenstufe zwischen normalen O-Sternen und den Wolf-Rayet-Sternen dar. Sie werden folglich als ON- beziehungsweise OC-Sterne bezeichnet.

10.3 Massenverlust

An beiden Enden der Harvard-Sequenz finden wir Sterne mit sehr starken Winden. Die M-Riesen und -Überriesen sind häufig von dicken staubigen Kokons umgeben, die sie selbst erzeugt haben. Am andern Ende stehen die Of- und Wolf-Rayet-Sterne mit ihren breiten Emissionslinien, die einen ähnlich starken Massenverlust anzeigen. Bei den O-Sternen ist die treibende Kraft der Winde relativ klar: Es ist der Druck, den die enorme Strahlung der Sterne auf die äußeren Schichten ausübt, insbesondere in den Emissionslinien.

Die Of-Sterne weisen hauptsächlich im UV P-Cygni-Profile auf, bei den Wolf-Rayet-Sternen sehen wir sie auch im visuellen Spektralbereich regelmäßig. Die Abbildungen 9.9 und 10.4 zeigen schöne Beispiele von P-Cygni-Linien; eine Erklärung für ihre Entstehung ist in Abschnitt 9.5 und in Abbildung 9.10 gegeben. Ein weiteres, besonders extremes Beipiel ist das IUE-Spektrum von HD 93129A in Abbildung 10.6, das wir etwas näher betrachten wollen. Man sieht starke Linien von N IV, C IV und N V. Die Maximalgeschwindigkeit des ausströmenden Windes kann man aus der Lage des kurzwelligen Endes der P-Cygni-Absorptionströge berechnen. Man mißt deren Wellenlänge und wendet die aus Abschnitt 2.12 vertraute Dopplerformel an. Die blaue Kante der C IV-Absorption liegt in Abbildung 10.6 bei 1 525 Å. Die unverschobene Wellenlänge der Linie beträgt aber 1 550 Å. Die Verschiebung von 25 Å oder 1,6 Prozent der Wellenlänge entspricht 1,6 Prozent der Lichtgeschwindigkeit oder erstaunlichen 4 800 Kilometern pro Sekunde. Dieser Wind ist zwar ein Extremfall, aber Geschwindigkeiten von 2 000 bis 3 000 km/sec sind bei O-Sternen durchaus üblich.

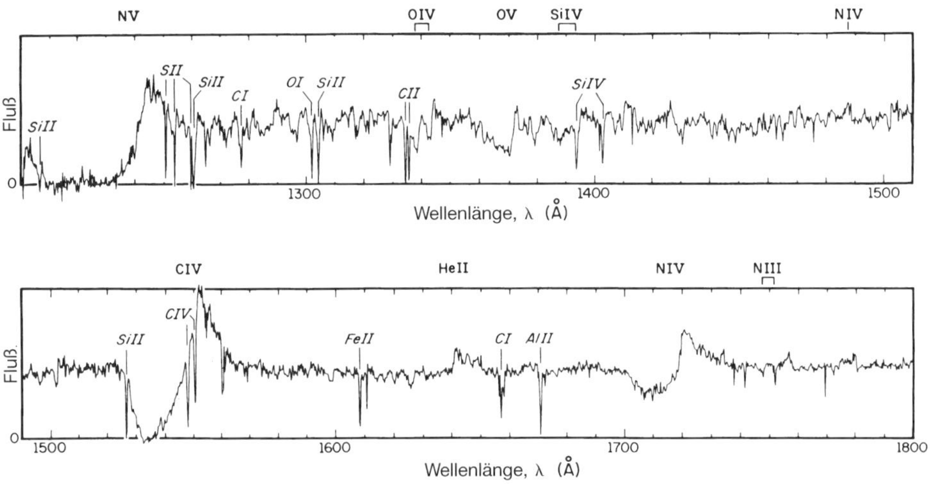

10.6 Hochaufgelöstes UV-Spektrum von HD 93129A (O3 If). Dieses Objekt ist vermutlich der leuchtkräftigste bekannte Stern unserer Milchstraße. Die stellaren Linien sind mit aufrechten Symbolen markiert; die kursiven Bezeichnungen gelten interstellaren Absorptionen, die dem Spektrum des Sterns auf seinem Weg zu uns aufgeprägt wurden. Die starken P-Cygni-Linien von N IV, C IV und N V dominieren das Bild. Daneben erkennt man ein schwaches P-Cygni-Profil von O V und einen mageren Rest der Si IV-Linien, die bei den späten O-Sternen so auffallend waren. Wegen der hohen Temperatur der Photosphäre ist von ihnen nur noch eine kleine blauverschobene Absorption geblieben, die im Wind entsteht. Nach *International Ultraviolet Explorer Atlas of O-type Spectra from 1 200 to 1 900 Å*, von N. R. Walborn, J. Nichols-Bohlin und R. J. Panek, NASA Ref. Publ. 1155.

Weitaus schwieriger als die Geschwindigkeit ist die Menge des abströmenden Gases zu bestimmen. Dazu muß zunächst aus der Linienstärke die zugehörige Anzahl von Ionen des jeweiligen Typs berechnet werden. Das können die Astronomen heutzutage ganz gut, soweit es um Absorptionslinien in normalen Sternatmosphären (Abschnitt 8.2) oder um die Emissionslinien dünner Gasnebel (Abschnitt 10.5) geht. Aber die Linienentstehung in den dichten expandierenden Atmosphären ist um vieles komplizierter. Da sind Stöße zwischen den Gasteilchen ebenso wichtig wie Fluoreszenzeffekte (Transport von Strahlung zwischen verschiedenen Linien), die Temperaturschichtung des Windes ebenso wie der Verlauf der Geschwindigkeit mit der Höhe. Wegen der Dopplerverschiebungen können ganz andere Linien und Ionen miteinander wechselwirken als normalerweise. So kann es geschehen, daß eine Linie (zum Beispiel He II bei 4 686 A) in Emission erscheint, während andere Linien des selben Ions ganz normal in Absorption auftreten.

Selbst wenn wir es geschafft haben, die Dichte eines bestimmten Ions zu bestimmen, so müssen wir erst noch das Verhältnis dieses Ions zur gesamten Gasmasse kennen, um die totale Massenverlustrate des Sterns auszurechnen. Da nicht alle relevanten Atome und Ionen auch Linien erzeugen, ist das nicht leicht. Die gegenwärtig besten und plausibelsten Werte für den Massenverlust von Of-Sternen liegen bei 10^{-5} Sonnenmassen pro Jahr. Für Wolf-Rayet-Sterne liegen die Zahlen noch höher. Ein so starker Wind ist selbst angesichts der kurzen Lebensdauer massereicher Sterne ein bedeutender Aspekt für ihre Entwicklung. In nur 100 000 Jahren bläst ein Of-Stern eine ganze Sonnenmasse in den interstellaren Raum! In der selben Zeit verliert die Sonne durch ihren Wind nur ein Milliardstel ihrer Masse. Bei manchen Wolf-Rayet-Sternen kann man mit Radio- oder Infrarot-Teleskopen winzige, sehr dichte Gaswolken nachweisen, die den Stern einhüllen. Es handelt sich dabei um den Sternwind selbst. Aus der Größe und Dichte dieser Wolken läßt sich auf unabhängige Weise die Massenverlustrate abschätzen. Die Ergebnisse passen weitgehend zu den aus optischen Linien bestimmten Werten.

Aber auch im sichtbaren Licht sind die Auswirkungen derart gewaltiger Winde im interstellaren Raum erkennbar. Bei etlichen Wolf-Rayet-Sternen (und einigen Of-Sternen) findet man ringförmige Nebel, zum Teil von erheblichen Ausmaßen (Abbildung 10.7). Sie leuchten aufgrund des gleichen Mechanismus wie die normalen Emissionsnebel um O-Sterne (siehe Abschnitt 10.5). Aber sie sind keine normalen H II-Regionen. Ihre Spektren zeigen eine gewaltige Anreicherung mit Helium und Stickstoff an. Sie bestehen also tatsächlich aus dem Material des Sternwinds, das beim Aufprall auf das normale interstellare Medium teilweise mit diesem verwirbelt und vermischt wird. Nebenbei bestätigen diese Nebel übrigens unsere Ansichten über die chemische Zusammensetzung der sie erzeugenden Sterne. Die Wolf-Rayet-Nebel mögen auf den ersten Blick den Planetarischen Nebeln ähneln (die wir im nächsten Kapitel ausführlicher besprechen wollen), aber sie haben eine völlig andere Entstehungsgeschichte.

Man nimmt heute an, daß die Wolf-Rayet-Sterne keinen unabhängigen Sterntyp darstellen, sondern eine fortgeschrittene Form der Of-Sterne. Auch andere heiße Sterntypen mit starken Sternwinden, wie die Hubble-Sandage-Variablen (Abschnitt 7.10), P Cygni, η Carinae und S Dor sind vermutlich Vorläufer von Wolf-Rayet-Sternen. Es ist natürlich nicht leicht, die Massen von Wolf-Rayet-Sternen zu bestimmen. Dennoch scheint klar zu sein, daß sie im Vergleich zu normalen O-Sternen eher niedrig liegen, mit einem Durchschnitt in der Nähe von 20 Sonnenmassen. Die Streuung ist enorm, sie reicht von 10 bis 50 Sonnenmassen. Das zeigt einerseits, daß diese Sterngruppe sehr uneinheitlich ist. Andererseits ist das keine Über-

10.7 NGC 6888. Dieser helle Ringnebel wurde durch Gasmassen erzeugt, die von dem WN6-Stern HD 192163 ausgehend in das umgebende interstellare Medium strömen. Das stickstoffdominierte Spektrum des Sterns ist in Abbildung 10.5 gezeigt. Der Nebel ist ebenfalls stark mit diesem Element angereichert. Unmittelbar um den Stern findet man im Radiobereich eine sehr viel kleinere und dichtere Gaswolke, die expandiert. Das ist der Sternwind selbst, dessen Material sich mit dem Ringnebel vermischt. In den Magellanschen Wolken beobachtet man eine große Zahl solcher Ringnebel (siehe Abbildung 10.14). Photo: Palomar Observatory, mit freundlicher Genehmigung von H. R. Dickel.

raschung, wissen wir doch inzwischen, wie schnell diese Objekte ihre Masse verlieren. Man kann also annehmen, daß sie einst normale O-Sterne von vielleicht 50 Sonnenmassen waren, aber in der Zwischenzeit ihre äußeren Schichten abgeblasen haben.

Durch den Verlust der Hülle werden nach und nach tiefere Schichten an die Oberfläche gebracht. Wenn der Abtragungsprozeß diejenigen Schichten erreicht, die bereits ein nukleares Brennen erlebt haben, dann sehen wir die Produkte der stellaren Elementsynthese direkt vor uns. Die Gruppen der WN- und WC-Sterne repräsentieren in diesem Bild nur verschiedene Entwicklungsstadien desselben Phänomens. Es handelt sich stets um die Kerne massereicher Sterne, die aber unterschiedlich weit entblößt sind. Nach dieser Vorstellung sollten Wolf-Rayet-Sterne zunächst dem Typ WN angehören und sich später durch weiteren Massenverlust zu WC-Sternen entwickeln. Das Problem ist nur, daß dann die WC-Sterne systematisch kleinere Massen besitzen sollten, was aber durch die Beobachtungen nicht bestätigt wird. Es könnte also auch sein, daß sie doch zwei getrennte Klassen von Sternen darstellen, die sich zum Beispiel durch verschiedene Ausgangsmassen oder ähnliches unterscheiden. Vielleicht hängt der Unterschied auch von der Umgebung des jeweiligen Sterns ab. Viele Wolf-Rayet-Sterne sind Mitglieder von Mehrfachsternen. Ein nahe benachbarter O-Stern kann mit seiner Flut von Photonen den Sternwind erheblich beeinflussen – vielleicht sogar überhaupt erst anstoßen?

Zusammenfassend kann man sagen, daß wir die heißen Sterne und ihre Winde noch nicht völlig verstehen. Aber eines ist klar: Diese Objekte sind durch ihre gewaltige Energieerzeugung und ihren enormen Massenverlust sowohl für die Sternentwicklung als auch für die Entwicklung ganzer Galaxien von entscheidender Bedeutung.

10.4 Assoziationen

In der Einleitung zu Kapitel 9 haben wir bereits kurz über die OB-Assoziationen gesprochen. Praktisch alle O- und frühen B-Sterne gehören zu einer dieser lockeren Gruppierungen. Typischerweise enthalten sie einige Dutzend OB-Sterne (die Mehrheit gehört dabei stets zur Klasse B), die in einem kleinen Gebiet der galaktischen Scheibe verstreut stehen. Die räumliche Größe der Assoziationen ist sehr verschieden. Sie reicht von den typischen Dimensionen eines Sternhaufens (wenige Parsec) bis zu mehreren hundert Parsec. Häufig liegt im Zentrum einer Assoziation ein richtiger Sternhaufen, der dann selbst einige der O-Sterne der Assoziation enthält.

Die Nomenklatur der OB-Assoziationen ist ziemlich konfus. Einige tragen NGC-Nummern oder sonstige Sternhaufenbezeichnungen. Die meisten werden nach einem System bezeichnet, das in den vierziger Jahren entstand. Es verwendet eine römische Zahl, gefolgt vom Genitiv des Sternbildnamens. Als Beispiel sei die Assoziation II Persei genannt, die unter anderen die Sterne ξ, ζ und o Persei (Spektraltypen O7e, B1 Ib und B1 III) enthält. Dummerweise wurde die Nomenklatur in den sechziger Jahren revidiert: Aus II Persei wurde Perseus OB2. Das Ungeschickte an der Revision besteht darin, daß die Nummer nicht immer erhalten blieb: Aus I Cygni wurde Cygnus OB3! Die bekanntesten OB-Assoziationen sind die im vorigen Abschnitt erwähnte Orion OB1, die die Gürtelsterne des Orion umfaßt, und die riesige sonnennahe Skorpius-Zentaurus-Assoziation (für die es übrigens keine Bezeichnung in der üblichen Nomenklatur gibt).

Assoziationen sind jung, kurzlebig und mit Sternentstehungsgebieten verbunden. Der Unterschied zu richtigen Sternhaufen liegt darin, daß die Mitglieder nicht gravitativ aneinander gebunden sind. Folglich halten sie nicht zusammen. Man kann an den Eigenbewegungen der Mitglieder direkt sehen, wie Assoziationen auseinanderlaufen. Die größten sind die ältesten. Die noch kompakten – also besonders jungen – Assoziationen schmücken und beleuchten die Gas- und Staubwolken, aus denen sie entstanden sind: Perseus OB2 ist mit dem California-Nebel verknüpft, Monoceros OB2 mit dem hübschen Rosettenebel (Abbildung 10.8) und Mon OB1 mit NGC 2264, einem riesigen Nebelkomplex 5 Grad nördlich des Rosettenebels. Auch die Wolf-Rayet-Sterne gehören durchweg einer OB-Assoziation an.

a b

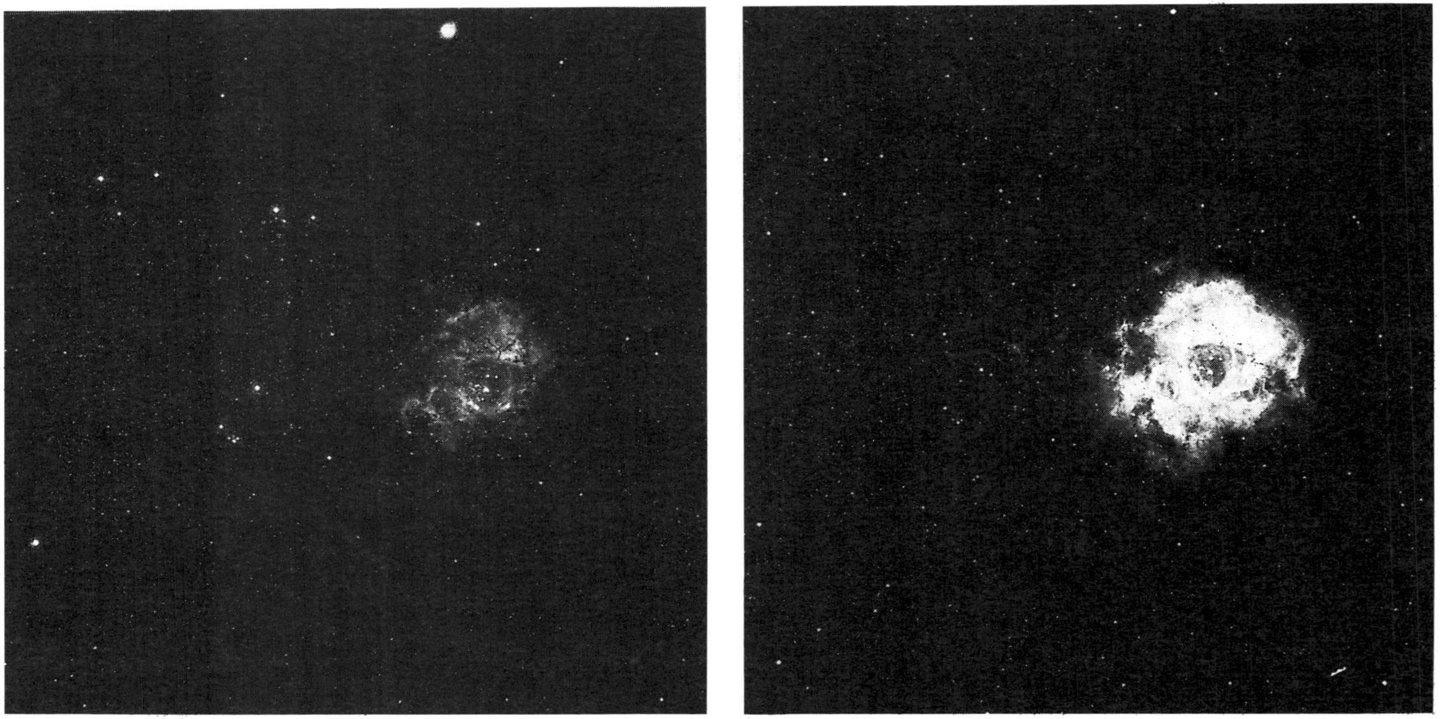

10.8 Die Assoziation Monoceros OB2. Die beiden Photos wurden in blauem (a, links) und rotem (b, rechts) Licht aufgenommen. Links sieht man in erster Linie die Ansammlung heißer Sterne, deren dichtester Teil der Haufen NGC 2244 im Zentrum des Rosettenebels ist. Rechts dominieren die leuchtenden Gasmassen im Licht von Hα. Der helle Stern ganz oben ist 13 Mon, ein Überriese des Typs A0 Ib. Man beachte, daß die blauen Sterne auf dem rechten Bild schwächer erscheinen. Copyright National Geographic – Palomar Observatory Sky Survey, 1960, mit freundlicher Genehmigung durch das California Institute of Technology.

10.5 Emissionsnebel

Nachdem wir uns die Verwandtschaft der O-Sterne näher angeschaut haben, wollen wir uns nun ihren schönsten und faszinierendsten Produkten zuwenden: den Emissionsnebeln, den hell leuchtenden H II-Regionen. Der bekannteste ist der bereits mehrfach erwähnte Orionnebel, M42 (Abbildungen 1.1 und 10.1) im Schwert des Orion. Aber dem Kenner des gestirnten Himmels fallen sofort viele weitere derartige Schmuckstücke ein: Der Lagunennebel (M8), der Trifid-Nebel (M20), der Omeganebel (M17), der eben erwähnte Rosettenebel, der Nordamerikanebel (NGC 7000, Abbildung 11.1) und der η-Carinae-Nebel (Abbildung 11.12). Sie alle liegen nahe der Mittelebene der Milchstraße – eben dort, wo die Sternentstehung stattfindet (siehe auch Abbildung 10.9).

Das Leuchten der Emissionsnebel ist das Ergebnis von *Fluoreszenz* aus der UV-Strahlung von benachbarten oder eingebetteten O-Sternen (oder sehr frühen B-Sternen). Das Wort Fluoreszenz bedeutet allgemein die Absorption von Strahlung und deren Wiederemission bei längeren Wellenlängen. Im speziellen Fall der Emissionsnebel ist der Absorptionsprozeß die Ionisation von Wasserstoffatomen, und die Emission wird durch die Wiedervereinigung (Rekombination) von Elektronen und Protonen zu kompletten H-Atomen hervorgerufen. Das Ergebnis ist ein Emissionslinienspektrum wie in Abbildung 10.10 gezeigt. Die zugrundeliegenden atomaren Prozesse wurden in den Abschnitten 2.6 und 2.7 schon einmal dargestellt, allerdings nur in Form eines Gedankenexperiments in einer Laboranordnung. Hier wollen wir nun die konkrete astronomische Version der Vorgänge näher anschauen.

Wir stellen uns ein Wasserstoffatom in einer interstellaren Gaswolke vor, vielleicht 1 Parsec von einem beleuchtenden Stern entfernt. Die Dichte des Gases ist sehr gering, in der Gegend von 100 bis 1 000 Atomen pro Kubikzentimeter (das ist zwar weniger als im besten auf der Erde erreichbaren Vakuum, aber immer noch viel im Vergleich zur mittleren interstellaren Gasdichte von etwa einem Atom pro Kubikzentimeter). Wegen der geringen Dichte sind Stöße zwischen den Teilchen extrem selten; das Elektron unseres Atoms wird sich also im Grundzustand, der energetisch tiefsten erlaubten Bahn befinden. Der benachbarte O-Stern strahlt gewaltige Mengen von UV-Photonen jenseits der kritischen Grenze von 912 Å ab. Alle diese Lichtquanten können im Prinzip das Wasserstoffatom ionisieren. Es ist also nur eine Frage der Zeit, bis unser Atom von einem der Photonen getroffen wird und sein Elektron verliert. In Abbildung 10.11 ist dargestellt, was danach passiert.

Das freigesetzte Elektron wird eine lange, lange Zeit durch die Leere des interstellaren Raums fliegen. Dabei wird es gelegentlich anderen Elektronen, Protonen (Wasserstoffionen) oder – noch viel seltener – den schweren Ionen anderer Elemente begegnen. Bei jeder Begegnung wird es (im Durchschnitt) einen Teil seiner kinetischen Energie verlieren, also langsamer werden. Letztendlich wird es einem Proton hinreichend eng und hinreichend langsam nahekommen, daß die beiden sich vereinigen und ein neues neutrales Wasserstoffatom bilden können. Das Elektron kam zwar ursprünglich aus dem atomaren Grundzustand, aber die Rekombination kann es nun in jedem beliebigen erlaubten Zustand landen lassen. Wenn es direkt in den Grundzu-

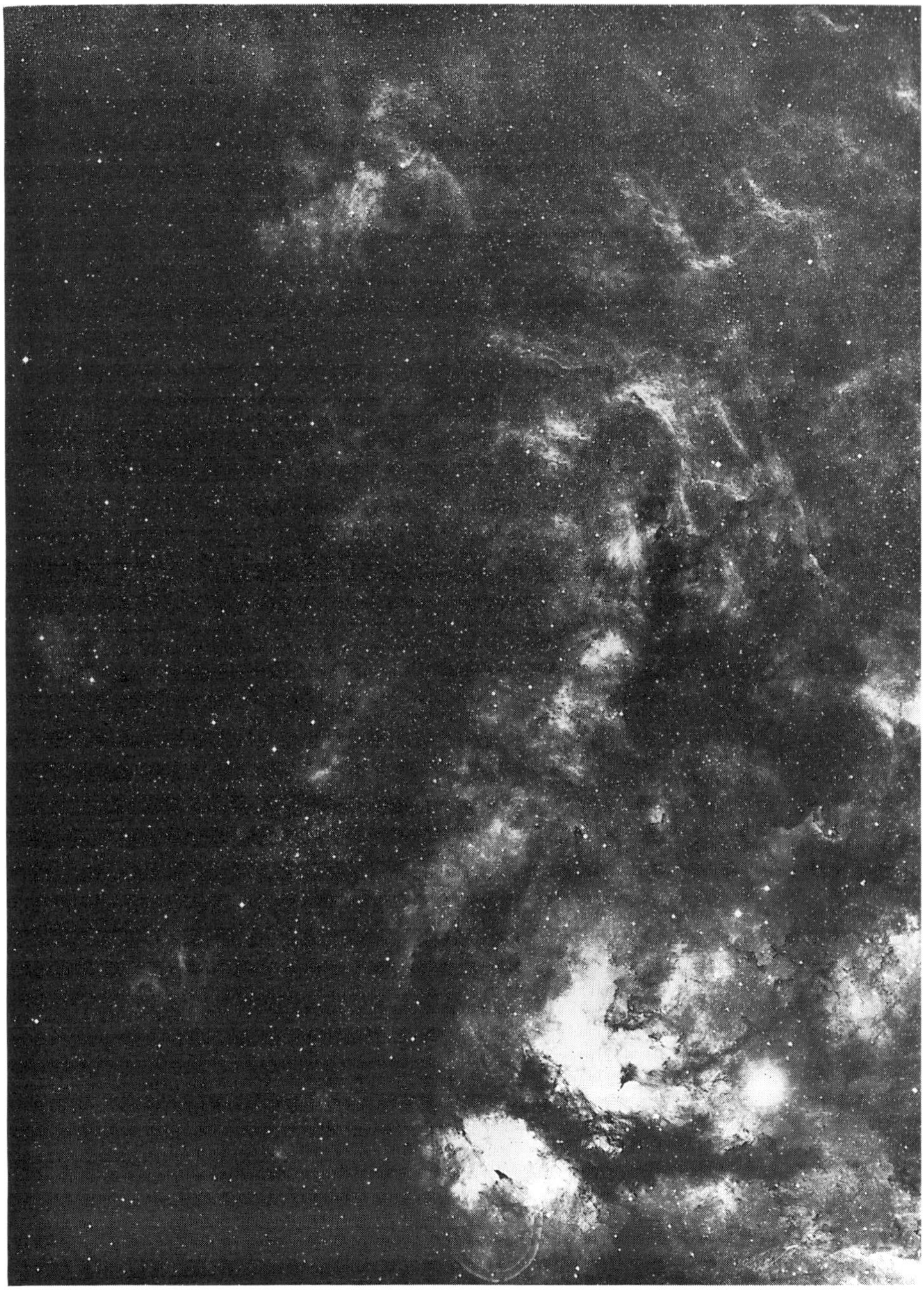

10.9 H II-Regionen im Schwan. Die großen Wolken von interstellarem Material in der galaktischen Scheibe werden von O- und B-Sternen ionisiert und zum Leuchten angeregt. Der helle Stern rechts unten ist Gamma Cygni (F8 Ib). Copyright National Geographic – Palomar Observatory Sky Survey, 1960, mit freundlicher Genehmigung durch das California Institute of Technology.

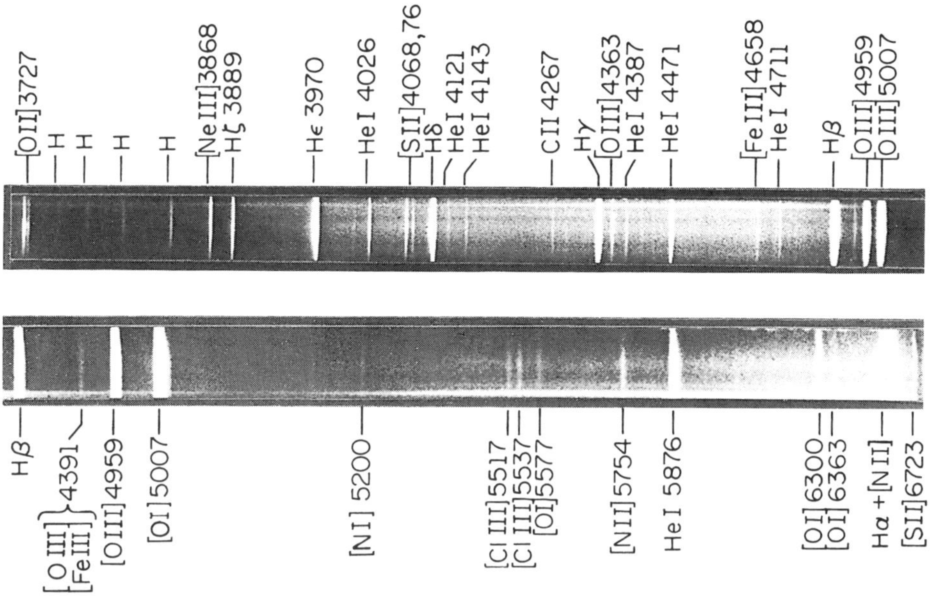

10.10 Das Emissionslinienspektrum des Orionnebels. Der obere Teil reicht vom nahen Ultraviolett bis in den grünen, der untere vom grünen bis in den tiefroten Spektralbereich. Die Dispersion ist in diesen beiden Spektren nicht konstant, da sie mit Prismen aufgenommen wurden (siehe Abschnitt 2.13). Die verbotenen Linien (Abschnitt 10.7) sind durch eckige Klammern bezeichnet. Das schwache Kontinuum des Nebels wird hauptsächlich durch Zwei-Quanten-Emission (Abschnitt 10.6) erzeugt. Photos: Lick Observatory, aus einem Artikel von A. B. Wyse im *Astrophysical Journal*.

stand zurückspringt, wird es wieder ein UV-Photon jenseits von 912 Å emittieren. Es kann aber ebenso gut in einem höheren Zustand landen und von dort aus in einer oder mehreren Zwischenstufen zum Grundzustand gelangen. Wenn es auf diesem Weg den Sprung von n = 3 nach n = 2 ausführt, emittiert es ein Hα-Photon, beim Sprung von n = 4 nach n = 2 ein Hβ-Photon und so weiter (siehe Abbildung 10.11). So kommt es, daß wir vom Orionnebel (Abbildung 10.10) kräftige Emissionslinien der Balmerserie empfangen. Hα wird am häufigsten von allen sichtbaren Wasserstoff-Linien erzeugt, weshalb Emissionsnebel auf Farbphotos stets rot erscheinen.

Schon relativ kurz nach dem „Einschalten“ der UV-Quelle, also nach der Entstehung des O-Sterns, wird sich an jeder Stelle des Nebels ein Gleichgewicht zwischen den widerstreitenden Prozessen der *Photoionisation* und der *Strahlungsrekombination* einstellen. Nahe des O-Sterns, wo noch viel UV-Strahlung vorhanden ist, wird das Gas weitgehend ionisiert sein, das heißt fast keine neutralen Atome enthalten (viel weniger als ein Prozent; ein solches Medium aus geladenen Teilchen nennt der Physiker ein *Plasma*). Bei der ständigen Ionisation und Rekombination in diesem ionisierten Gasraum wird UV-Strahlung in längerwelliges Licht umgewandelt. Man wird also, wenn man sich immer weiter von der Quelle entfernt, schließlich an einen Punkt kommen, an dem die gesamten UV-Photonen aufgebraucht sind. An dieser Grenze, die mehrere Parsec von dem beleuchtenden Stern entfernt sein kann, wird

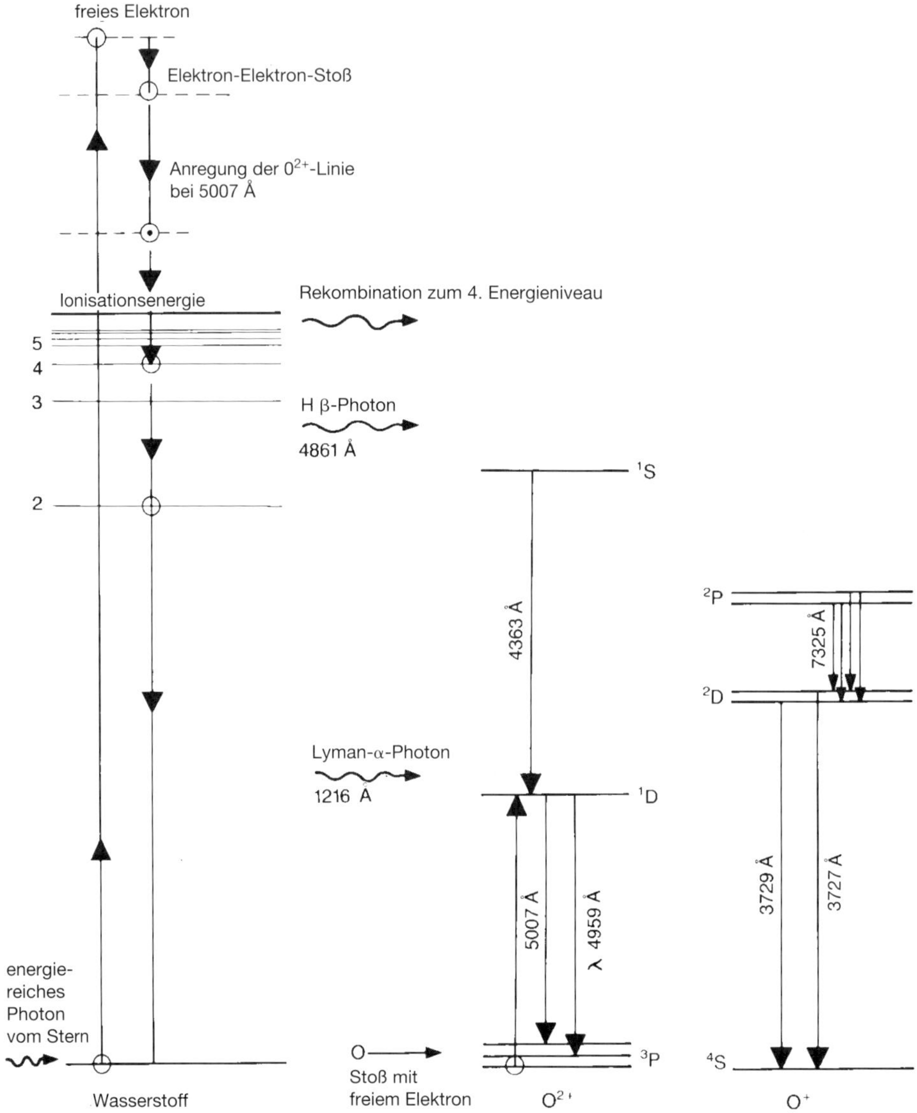

10.11 Die Entstehung des Nebelspektrums. Das Leuchten eines Emissionsnebels entsteht letztlich aus der Photoionisation des Wasserstoffs durch die UV-Strahlung eines nahen Sterns. Das dabei freigesetzte Elektron vagabundiert durch den Raum, stößt mit anderen Elektronen, Protonen und Ionen zusammen und verliert dabei allmählich an kinetischer Energie. Wenn es ein O^{2+}-Ion trifft, dann stößt es mitunter dessen gebundenes Elektron aus dem Energiezustand ‚^3P in den Zustand ‚^1D (wobei es wiederum an Energie verliert). Das angehobene Elektron in dem Sauerstoffion kann von ^1D in einen der beiden oberen Unterzustände von ^3P zurückfallen und dabei ein Photon von 5 007 Å beziehungsweise 4 959 Å aussenden. Diese beiden Linien des O II sind in Abbildung 10.10 sehr stark. Weitere Übergänge von O^{2+} und O^+ sind angedeutet. Wenn das freie Elektron schließlich mit einem Proton rekombiniert, entstehen die Rekombinationslinien und -kontinua des Wasserstoffs. In der Abbildung ist angenommen, daß es zunächst im vierten Energieniveau landet und ein Photon des Brackett-Kontinuums erzeugt (siehe Abschnitt 2.7). Danach springt es (in unserem Beispiel) nach $n = 2$, erzeugt dabei ein Hβ-Photon, und von dort geht es weiter zum Grundzustand $n = 1$ unter Aussendung eines Lyα-Photons bei 1 216 Å. Zur Verdeutlichung ist die vertikale Skala bei den Sauerstoffionen gegenüber dem Wasserstoff verdoppelt und die Abstände der Unterniveaus stark übertrieben gezeichnet. Diagramm vom Autor.

das Gas dann ziemlich plötzlich neutral. Wenn es schön gleichmäßig um den Stern verteilt ist, dann sieht man also eine scharf begrenzte kugelige Blase aus leuchtendem ionisiertem Gas in einer Umgebung aus neutralem. Die physikalische Theorie dazu wurde ursprünglich von Bengt Strömgren ausgearbeitet. Daher stammt der Begrff Strömgren-Sphäre, dem wir schon in Abschnitt 9.7 begegnet sind. Der Rosettenebel ist ein schönes Beispiel für einen fast kugelförmigen Emissionsnebel (Abbildung 10.8). Normalerweise ist das Gas um O-Sterne alles andere als symmetrisch und gleichmäßig verteilt, so daß die meisten Nebel unregelmäßige Formen haben.

In sehr dünnen Gasen wie den interstellaren Wolken oder der Sonnenkorona verliert der Begriff der Temperatur viel von seiner Bedeutung. Je nachdem, welches physikalische Charakteristikum des Mediums man zur Festlegung der Temperatur (nach der üblichen Begriffsbildung) verwendet, kann man zu ganz verschiedenen Ergebnissen kommen. Man muß dann zu einer Zahl jeweils genauer dazusagen, worauf sie sich bezieht. Bei Gasnebeln ist es sinnvoll, die mittleren Geschwindigkeiten der Elektronen heranzuziehen. Die so definierte Temperatur heißt dann *Elektronentemperatur*. Man findet für Emissionsnebel stets Werte um 10 000 K, das heißt, die Elektronen (und Ionen) bewegen sich mit Geschwindigkeiten, wie sie für die Atmosphären von A-Sternen typisch sind. Da die Nebel aber keine Schwarzen Körper, sondern durchsichtig sind, strahlen sie viel weniger an Energie ab als dieser Temperatur entspräche. Wir sind diesem Sachverhalt schon einmal begegnet: Die Millionen Grad heiße Sonnenkorona leuchtet ebenfalls viel schwächer als die nur 6 000 K heiße Photosphäre, weil sie aus einem extrem dünnen Gas besteht (Abschnitt 6.4).

10.6 Das Kontinuum von Emissionsnebeln

In Abbildung 10.10 erkennt man neben den Emissionslinien auch ein schwaches Kontinuum (in den Spektren Planetarischer Nebel ist es deutlicher ausgeprägt, siehe Abbildung 11.4). Ein Teil davon mag das Licht ferner Hintergrundsterne sein, die zufällig durch den Nebel hindurch in den Spcktrographen scheinen. Aber ein Teil davon stammt auch aus dem Nebel selbst. In Abschnitt 2.7 haben wir zwei der dafür verantwortlichen Prozesse bereits kennengelernt: Die frei-frei-Übergänge und die gebunden-frei-Übergänge. Das frei-frei-Kontinuum ist insbesondere im Radiobereich sehr stark.

Das sind „normale" Übergänge, bei denen die Differenz der atomaren Energien vorher und nachher durch ein Photon davongetragen werden. Der Löwenanteil des optischen Kontinuums von H II-Regionen entstammt jedoch einem anderen, bisher verschwiegenen, Prozeß, bei dem die Energiedifferenz eines atomaren Übergangs sich in *zwei* Photonen aufteilt. Ein Wasserstoffatom im Zustand $n = 2$ wird normalerweise einfach in den Zustand $n = 1$ wechseln und ein Lyα-Photon emittieren. Mit einer ganz geringen Wahrscheinlichkeit kann es aber auch zwei Photonen gleichzeitig erzeugen, um in den Grundzustand zu kommen. Die *Summe* der beiden Photonenenergien muß dann genau dem Energieunterschied der beiden atomaren Zustände entsprechen. Aber sonst gibt es keine Einschränkungen. Die beiden Photonen können die gleiche Wellenlänge besitzen (dann beträgt sie $2 \times 1\,216$ Å $= 2\,432$ Å), oder auch verschiedene. Das Ergebnis dieses Prozesses ist folglich ein Kontinuum mit einer Untergrenze bei 1 216 Å (wenn praktisch die gesamte Energie in einem der beiden Photonen vereinigt ist), das *Zwei-Quanten-Kontinuum*. Die Zwei-Quanten-Emission ist an sich ein sehr seltener Prozeß, der aber unter den speziellen Bedingungen der interstellaren Gaswolken dennoch bedeutsam wird. In diesen Wolken können nämlich die Wasserstoffatome nicht ohne weiteres durch Emission von Lyα-Photonen in den Grundzustand zurückkehren. Selbst die wenigen verbliebenen Neutralatome in dem ionisierten Plasma reichen aus, um den Nebel in dieser Linie extrem undurchsichtig zu machen. Das heißt, daß jedes Lyα-Quant nach seiner Erzeugung wieder und wieder reabsorbiert und erneut emittiert werden muß, bevor es eine Gelegenheit findet, den Nebel zu verlassen. Und bei jeder dieser vielen Wiederholungen besteht eine geringe Chance, daß das Photon durch die Zwei-Quanten-Emission in zwei Teile „zerbrochen" wird. Im Endeffekt werden mehr Atome durch das Zwei-Quanten-Kontinuum in den Grundzustand zurückbefördert als durch Lyα-Emission. Ein analoger Prozeß erzeugt bei Planetarischen Nebeln ein Kontinuum durch den $2 \rightarrow 1$-Übergang im ionisierten Helium. Seine kurzwellige Grenze liegt bei der Wellenlänge der Lyα-Linie des He II, also bei 304 Å. In normalen H II-Regionen tritt es nicht auf, da die O-Sterne nicht heiß genug sind, um hinreichende Mengen von He^{2+} zu erzeugen.

10.7 Verbotene Linien

Natürlich erzeugt nicht nur Wasserstoff ein Rekombinationsspektrum, sondern auch alle anderen Elemente. Die meisten sind jedoch so selten, daß sie in den Spektren von Emissionsnebeln kaum auffallen. Nur häufige Elemente wie Helium und Kohlenstoff treten deutlich auf. Allerdings sind einige der stärksten Linien in den Spektren der H II-Regionen auf diese Weise nicht zu erklären. Man hatte sogar bis etwa 1930 *überhaupt keine* Erklärung für sie. Es handelt sich um sogenannte *verbotene Linien*. Das sind Linien, die zu atomaren Übergängen mit ganz geringer Wahrscheinlichkeit gehören. Der Gegensatz sind die bisher besprochenen normalen, *erlaubten* Linien beziehungsweise Übergänge, deren Wahrscheinlichkeiten milliardenfach höher liegen. Unter Laborbedingungen können verbotene Linien nicht beobachtet werden, eben weil sie so selten von einem Atom emittiert werden. Aber in den riesigen Wolken extrem geringer Dichte erlangen sie große Bedeutung.

Die bekanntesten verbotenen Linien sind die des doppelt ionisierten Sauerstoffs. Die erlaubten Linien dieses Ions tragen die Bezeichnung O III, wie wir wissen. Für die entsprechenden verbotenen Linien wird das chemische Symbol in eckige Klammern gesetzt: [O III]. Beim O^{2+}-Ion gibt es nicht weit oberhalb des Grundzustands (der selbst eigentlich aus drei sehr dicht benachbarten Zuständen besteht) ein Paar sogenannter *metastabiler Zustände*, siehe Abbildung 10.11 (rechte Seite). Ein Elektron kann in diesen Zuständen ungeheuer lange verweilen, ohne in den Grundzustand zurückzufallen. Die Ionen kommen in solche Zustände entweder durch einen Stoß mit einem anderen Teilchen, hauptsächlich Elektronen, oder aber durch eine Rekombinationskaskade. Obwohl sie dort 10 oder 100 Sekunden bleiben (man vergleiche mit den 10^{-8} Sekunden für erlaubte Übergänge!), werden sie doch irgendwann in einen der drei Grundzustände zurückkehren und dabei ein Paar starker Linien bei 5 007 Å und 4 959 Å sowie eine schwächere bei 4 363 Å erzeugen (siehe Abbildung 10.10). Die beiden hellen [O III]-Linien dominieren die sichtbaren Spektren der meisten Emissionsnebel, zusammen mit Hα. In einigen Nebeln sind sie sogar stärker als die Wasserstoff-Linie, so daß auf Farbphotos ein grünlicher Farbstich entsteht (statt der sonst üblichen roten Färbung). Bevor die Erklärung für die verbotenen Linien gefunden war, vermutete man, daß sie einem noch unbekannten chemischen Element angehören könnten. Man nannte es „Nebulium". Aus diesem historischen Zusammenhang ist zu verstehen, daß die beiden grünen [O III]-Linien gelegentlich als N1 und N2 bezeichnet werden (N ist hier nicht zu verwechseln mit dem chemischen Symbol für Stickstoff). Das Spektrum des Orionnebels (Abbildung 10.10) zeigt eine ganze Anzahl weiterer verbotener Linien, unter anderem von [N I], [S II] und [Fe III]. Astrophysikalisch wichtig sind zum Beipiel die verbotenen Linienpaare von [N II] und [S II] nahe Hα sowie Ultraviolettlinien von [Ne III] und [O II]. Letztere sind ebenfalls in Abbildung 10.11 dargestellt.

Es sei nochmals betont, daß sowohl für die Entstehung des „verbotenen" Zwei-Quanten-Kontinuums als auch für die verbotenen Linien die speziellen Verhältnisse in den Nebeln ausschlaggebend sind: das Vorhandensein eines energiereichen Strahlungsfeldes durch die Nähe des O-Sterns und das Fehlen von Stößen mit anderen Gasteilchen durch die extrem geringe Dichte. Der Hauptunterschied zu Sternatmosphären und zu Laborplasmen liegt dabei in der geringen Dichte – die Strahlungsfelder fehlen dort nicht unbedingt. Aber bevor ein Lyα-Photon dort millionenfach emittiert und absorbiert worden wäre (im Falle des Zwei-Quanten-Kontinuums), ist es längst durch einen Stoß in kinetische Energie eines freien Elektrons oder Ions verwandelt worden. Und bevor ein Atom aus einem metastabilen Zustand endlich nach vielen Sekunden in den Grundzustand zurückkehren würde (im Falle der verbotenen Linien), ist es längst durch einen Stoß dorthin befördert worden.

Die Linienspektren von Emissionsnebeln sind – wenn man sie erst einmal grundsätzlich verstanden hat – ziemlich leicht zu deuten und zu analysieren. Man erhält ziemlich einfach die Werte für Temperatur, Dichte und chemische Zusammensetzung der Gaswolken. Zudem treten in ihren Spektren einige wichtige Elemente besonders prominent auf, für die man in optischen Sternspektren meist überhaupt keine brauchbaren Linien findet, zum Beispiel Helium, Sauerstoff und Neon. Hierin liegen die Gründe dafür, daß die Untersuchung leuchtender H II-Regionen für so wichtige Fragenkomplexe wie die Entwicklung ganzer Galaxien und die Mechanismen der Sternentstehung von großer Bedeutung sind. Die Variation der chemischen Häufigkeiten in Emissionsnebeln über die Scheibe unserer Milchstraße und ferner Galaxien deutet an, daß weiter innen mehr schwere Elemente erzeugt werden als außen (siehe Abbildung 10.12).

10.12 Die berühmte Spiralgalaxie M51 in den Jagdhunden. Die klumpige, „krümelige" Struktur der Spiralarme wird durch einzelne Gruppen von O- und B-Sternen mit ihren H II-Regionen verursacht. Die spektroskopische Untersuchung der Emissionsnebel in solchen Galaxien zeigt, daß der Metallgehalt von innen nach außen abnimmt. Das ist ein Ausdruck der chemischen Entwicklung einer ganzen Galaxie über lange Zeiträume. In den Innenbereichen läuft die Entwicklung schneller ab, da dort die Dichte höher ist. Es entstehen mehr Sterne, die mehr an schweren Elementen erzeugen und wieder in den interstellaren Raum abgeben. Das Anhängsel unterhalb von M51 ist die Nachbargalaxie NGC 5195, die durch das Gravitationsfeld von M51 eine seltsame Form erhalten hat. Photo: National Optical Astronomy Observatories (Kitt Peak).

10.8 Interstellare Absorptionslinien

Die O-Sterne präsentieren uns das interstellare Gas nicht nur in Form der herrlichen Emissionsnebel, sondern noch auf eine zweite, subtilere Art. Das Licht aller Sterne muß auf seinem Weg zu uns durch dieses dünne, überall vorhandene Medium. Im Prinzip müßten also alle Sternspektren seine „Fingerabdrücke" in Form von Absorptionslinien tragen. Aber bei vielen Sternen sind sie sehr schwach, weil unterwegs nur wenig des Gases zu passieren ist. Das größere Hindernis bei der Untersuchung interstellarer Absorptionslinien ist aber das folgende: Die Linien werden fast ausschließlich von tiefliegenden atomaren Zuständen und niedrigen Ionisationsstufen erzeugt. Deshalb werden sie in Spektren kühler Sterne meist von den entsprechenden stellaren Linien verdeckt – oder gehen einfach im Liniengewirr vollgepackter photosphärischer Spektren unter. Bei den OB-Sternen sind die Spektren dagegen über lange Strecken praktisch frei von Linien, und insbesondere die Linien von atomaren Grundzuständen sind verschwunden. Deshalb sieht man interstellare Absorptionen bei diesen Sternen besonders gut. Darüber hinaus sind diese Objekte leuchtkräftig; wir beobachten sie in großen Entfernungen. Der Lichtstrahl hat bei seiner Ankunft besonders viel interstellares Gas passiert.

Die ersten Linien dieser Art wurden bereits 1904 entdeckt. δ Orionis ist ein Doppelstern aus einer B0- und einer O9-Komponente, die in jeweils 5,7 Tagen mit hoher Geschwindigkeit umeinander kreisen. Die stellaren Linien werden durch den Dopplereffekt in diesem Rhythmus kräftig hin und her verschoben, aber die Linien von Ca II bewegen sich nicht. Daraus wurde schon vor 90 Jahren geschlossen, daß sie mit den Sternen nichts zu tun haben, sondern auf dem Weg zur Erde im interstellaren Raum entstehen. Neben ihrer unveränderlichen Wellenlänge sprachen weitere Argumente für diese Interpretation: In den heißen Atmosphären früher Sterne gibt es keine einfach ionisierten Kalziumionen, folglich können auch keine Ca II-Linien entstehen. Außerdem sind die „ruhenden" Linien viel schmaler als die photosphärischen. Sie sind sogar viel zu scharf, um unter dem hohen Druck einer Sternatmosphäre entstanden zu sein (siehe Abbildung 10.13).

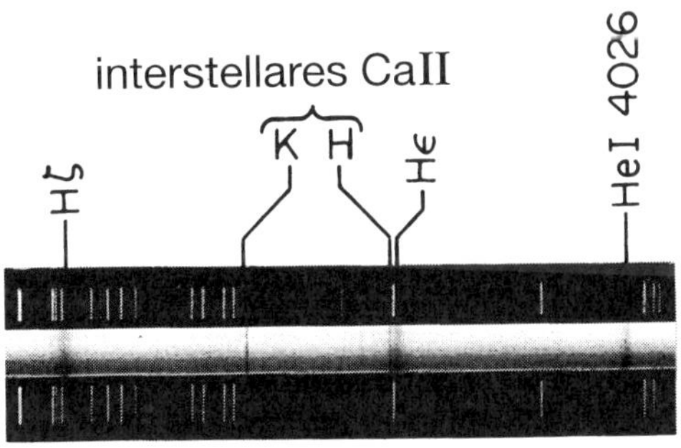

10.13 Das Spektrum von λ Orionis im nahen UV. Dieser Stern im Kopf des Orion ist in Wirklichkeit ein Paar aus einer O8e- und einer B0,5-Komponente. Die schmalen H- und K-Linien entstehen nicht in den Atmosphären der Sterne, sondern im interstellaren Raum auf der Sichtlinie zur Erde. Photo: National Optical Astronomy Observatories (Kitt Peak), mit freundlicher Genehmigung von E. C. Olson.

Neben den Linien H und K von Ca II findet man die Fraunhoferschen D-Linien des Na I, Moleküllinien von CN und CH^+ und so weiter. Bei sehr hoher Auflösung sieht man, daß die interstellaren Linien fast stets aus einer Anzahl von Komponenten bestehen. Diese entstehen, wenn das Sternlicht nacheinander mehrere interstellare Wolken durchquert, die sich mit verschiedenen Radialgeschwindigkeiten entlang des Sehstrahls bewegen. Die Aufspaltungen erlauben es, die Wolkenstruktur und Bewegungsverhältnisse des interstellaren Mediums sehr detailliert zu untersuchen.

Weitere sehr wichtige Aufschlüsse haben uns die Beobachtungen interstellarer Absorptionen im UV gebracht. Spektrographen an Bord der Erdsatelliten *Copernicus*, *International Ultraviolet Explorer* und anderer haben zahlreiche Linien zwischen 1 000 Å und 3 000 Å zum Vorschein gebracht. Darunter sind die wichtigen Elemente der CNO-Gruppe, sowie molekularer Wasserstoff und die häufigeren Metalle wie Si, Mg, Al, K, Fe, Ti, Ni, Cu, Zn. Im Spektrum von HD 93129A (Abbildung 10.6) sind einige der Absorptionen markiert. Ihre Stärke zeigt eine erhebliche Unterhäufigkeit mancher Elemente an, insbesondere ab der Ordnungszahl 11 (Natrium). Diese Elemente sind aber nur im *Gas*, nicht im gesamten interstellaren Medium unterhäufig: Sie sind in den Staubkörnern gebunden und so vor dem Sternlicht sozusagen versteckt. Dort können sie keine normalen atomaren Absorptionslinien mehr erzeugen. Aber sie zeigen sich immer noch durch die allgemeine Schwächung und Rötung des Sternlichts. Darüber hinaus erzeugen sie auch Absorptionen, die sogenannten *diffusen interstellaren Bänder*. Das sind breite (bis zu 20 Ångström) und meist sehr flache (höchstens 15 Prozent des Flusses) Einsenkungen im stellaren Kontinuum, deren genaue Herkunft bis heute unklar geblieben ist. Circa 40 dieser Bänder sind bekannt; das stärkste liegt bei 4 430 Å. Sie sind offensichtlich interstellaren Ursprungs und können aufgrund ihrer Breite nur von Staubkörnern erzeugt worden sein. Aber welche Atome oder Moleküle dafür verantwortlich sind und ob diese Teilchen an der Oberfläche oder im Innern der Körner liegen – das ist völlig unklar.

Die meisten unserer heutigen Kenntnisse über das interstellare Medium entstammen allerdings nicht der Untersuchung optischer Sternspektren auf „Fingerabdrükke", sondern der direkten Beobachtung des Gases im Radiobereich. Dort finden wir Linien vieler Atome und Moleküle, die sonst gar nicht nachweisbar sind. Die vorgefundenen chemischen Verbindungen reichen von ganz einfachen, wie Kohlenmonoxid (CO) und Hydroxyl (OH), über Alkohol (C_2H_5OH) und Formaldehyd (CH_2O) bis hin zu exotischen Kohlenstoffketten. Diese Daten, verbunden mit Beobachtungen im infraroten und optischen Spektralbereich, haben in den letzten Jahren große Fortschritte in unserem Verständnis des interstellaren Mediums gebracht. Sein komplizierter, turbulenter, fast chaotischer Charakter trägt den Schlüssel zum Verständnis der Entstehung von Sternen und Planeten in sich.

10.9 Das Ende der Hauptreihe

Wir haben im Laufe des Buches immer wieder erwähnt, daß die Dichte der Sterne in der Milchstraße stark abnimmt, wenn wir uns zu früheren Typen, das heißt höheren Leuchtkräften hin bewegen. Die Verteilung der Sterne auf verschiedene Typen wird in der Astronomie sehr pauschal und sehr ungenau als *Leuchtkraftfunktion* bezeichnet. Wir wollen hier nur die Häufigkeitsverteilung der Hauptreihensterne über die einzelnen Spektralklassen anschauen. 72 Prozent aller Zwergsterne gehören der Klasse M an, gefolgt von 14, 9 und 4 Prozent der Typen K, G und F. Die A-Sterne stellen nur noch ein Prozent, aber erst danach geht es richtig abwärts: 0,1 Prozent gehören zur Klasse B und nur lächerliche 0,00004 Prozent sind O-Sterne, wobei die Anzahlen von O9 nach O3 nochmals dramatisch abnehmen. Die verschiedenen Sondertypen aus der O-Verwandtschaft, zum Beispiel die Wolf-Rayet-Sterne, sind noch seltener. Diese (wahre) Verteilung hat keine Ähnlichkeit mit der (scheinbaren) Verteilung der am Himmel mit bloßem Auge sichtbaren Sterne. Die M-Zwerge sind so lichtschwach, daß trotz ihrer immensen Anzahl kein einziger für das unbewaffnete Auge erreichbar ist. Die wachsende Leuchtkraft gleicht die abnehmende Anzahl leicht aus, so daß der Himmel für das bloße Auge von B- und A-Sternen dominiert wird. Erst die extreme Seltenheit der O-Sterne läßt den Effekt der Zahl gegenüber dem der Leuchtkraft wieder die Oberhand gewinnen.

Es ist offensichtlich, daß die Natur bevorzugt Sterne mit kleiner Masse entstehen läßt. Wir haben aber bisher keine Vorstellung von den Gründen für diese Vorliebe. Die masseärmsten Sterne besitzen 0,08 Sonnenmassen. Ein Objekt mit noch geringerer Masse könnte in seinem Innern keine Kernreaktionen zünden, wäre also kein Stern. Insofern ist das untere Ende der Hauptreihe also recht klar und eindeutig festgelegt. Aber wie sieht es mit dem anderen, dem oberen Ende aus? Wie groß ist die maximale Masse, die ein Stern besitzen kann?

Man kann heute noch keine feste Antwort auf diese Frage geben. Nur eines ist ziemlich klar: Man muß sie unter den heißesten und leuchtkräftigsten, also unter den O3-Sternen suchen. Die Bestimmung der Masse ist ziemlich schwierig und unsicher. Die gegenwärtig besten Schätzungen liegen bei 120 Sonnenmassen. Da wir keine Bahndoppelsterne in dieser Klasse kennen, können wir den Wert nicht direkt messen, sondern nur aus den gemessenen Leuchtkräften und Temperaturen mittels der Theorie des Sternaufbaus erschließen. Die Kandidatenliste für den Rekordhalter umfaßt die Sterne HD 93129A und HD 93250 (beide innerhalb des Emissionsnebels um η Carinae, siehe Abschnitt 11.7), einige Sterne im riesigen Tarantelnebel in der Großen Magellanschen Wolke (Abbildungen 10.14 und 10.15) und in ähnlichen Riesen-H II-Regionen in anderen Galaxien, wie zum Beispiel NGC 604 in der Spiralgalaxie M33 im Sternbild Dreieck. Im Zentrum des Tarantelnebels gibt es ein ungewöhnliches Objekt mit der Bezeichnung R136a (R steht hier für Radcliffe, den Autor eines Katalogs von Sternen der Magellanschen Wolken). Eine Zeitlang glaubten manche Astronomen, es könnte sich dabei um einen einzelnen „Superstern“ von 1 000 oder 2 000 Sonnenmassen handeln, aber neuere Beobachtungen haben gezeigt, daß hier ein sehr kompakter Haufen aus Wolf-Rayet-Sternen und frühen O-Sternen vorliegt.

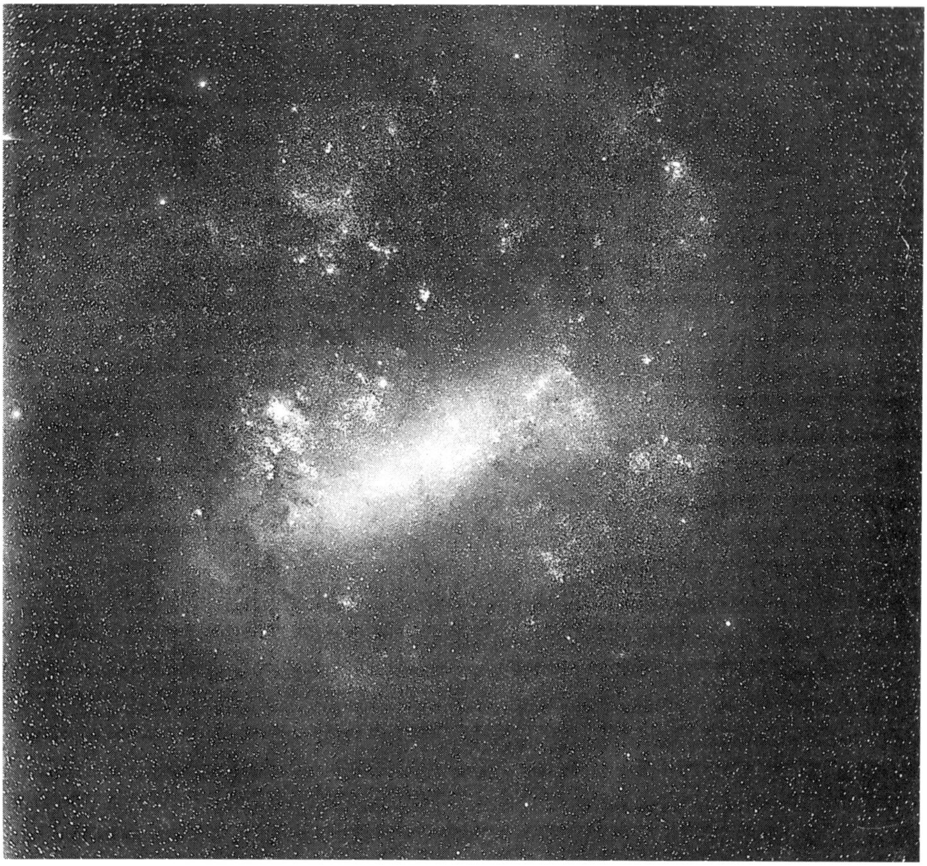

10.14 Die Große Magellansche Wolke. Dieser kleine Nachbar unserer Heimatgalaxie enthält eine große Zahl von heißen Sternen und Emissionsnebeln. Der Tarantelnebel, auch 30 Doradus genannt, ist der imposanteste. Er liegt links der Bildmitte. Photo: Harvard College Observatory.

Es darf mit gutem Grund bezweifelt werden, daß es Sterne mit wesentlich mehr als 100 Sonnenmassen überhaupt gibt. Die immense Leuchtkraft, die aus dem Innern massereicher Sterne dringt, begrenzt die erreichbare Masse nach oben. Der Strahlungsdruck an der Oberfläche nimmt mit wachsender Leuchtkraft derart zu, daß er die äußeren Schichten eines allzu massereichen Objekts praktisch augenblicklich entfernt. Dieser Punkt wird irgendwo nicht weit oberhalb von 100 Sonnenmassen erreicht; ein Stern mit größerer Ausgangsmasse würde sich sozusagen sofort von selbst auf diese Grenzgröße verkleinern. Die größte Sternmasse, die man zu einem bestimmten Zeitpunkt in der Milchstraße oder einer andern Galaxie vorfindet, wird vermutlich in erster Linie vom Zufall bestimmt. Je größer die Galaxie, desto mehr Sterne enthält sie, desto größer ist die Chance, daß vor kurzem einer der extrem seltenen, extrem kurzlebigen Kolosse entstanden ist. Aber bereits kurz danach wird er wieder erloschen sein – und nur noch die Explosionswolke einer Supernova zeugt

10.15 Detailaufnahme des Tarantelnebels, 30 Doradus. Der Durchmesser beträgt rund 200 Parsec. Der Orionnebel besitzt nur ein Dreißigstel dieses Durchmessers. Er würde im Maßstab dieses Bildes nur so groß wie eines der helleren Sternbildchen erscheinen. 30 Doradus wird von einem eindrucksvollen Haufen aus O- und Wolf-Rayet-Sternen zum Leuchten angeregt, der im Zentrum des Nebels steht. Photo: National Optical Astronomy Observatories (Cerro Tololo, 4-Meter-Teleskop), mit freundlicher Genehmigung von H. Spinrad.

von seiner früheren Existenz. Zusammenfassend kann man sagen, daß 120 Sonnenmassen die wahrscheinliche Obergrenze für Sternmassen darstellt.

Damit haben wir das obere Ende der Hauptreihe erreicht. Zumindest glauben wir das. Bereits die bekannten Spitzenreiter an Masse und Leuchtkraft sind so selten und so schwer zu interpretieren, daß sie mehr Symbol unserer Unkenntnis als unserer Erkenntnis sind. Noch immer wissen wir nicht wirklich, wie die Sterne entstehen. Und in vielen Aspekten verstehen wir auch noch nicht, wie sie funktionieren. Die Klassifikation und Interpretation der Sterne wird seit mehr als hundert Jahren intensiv bearbeitet. Dennoch ist dieses Feld der astronomischen Forschung bis zum heutigen Tag spannend geblieben. Auch künftig werden überraschende und aufregende Entdeckungen nicht ausbleiben.

11. Besondere Sterntypen

Im Sommer 1975 erschien plötzlich ein neuer heller Stern im Sternbild Schwan (Abbildung 11.1). Für einige Tage schien es, als habe der Schwan einen zweiten Schwanz neben Deneb erhalten – so hell war der Neuankömmling! Aber schon nach einem Monat sah das Sternbild wieder aus wie gewohnt. Der Besucher war wieder verschwunden, zumindest für das bloße Auge.

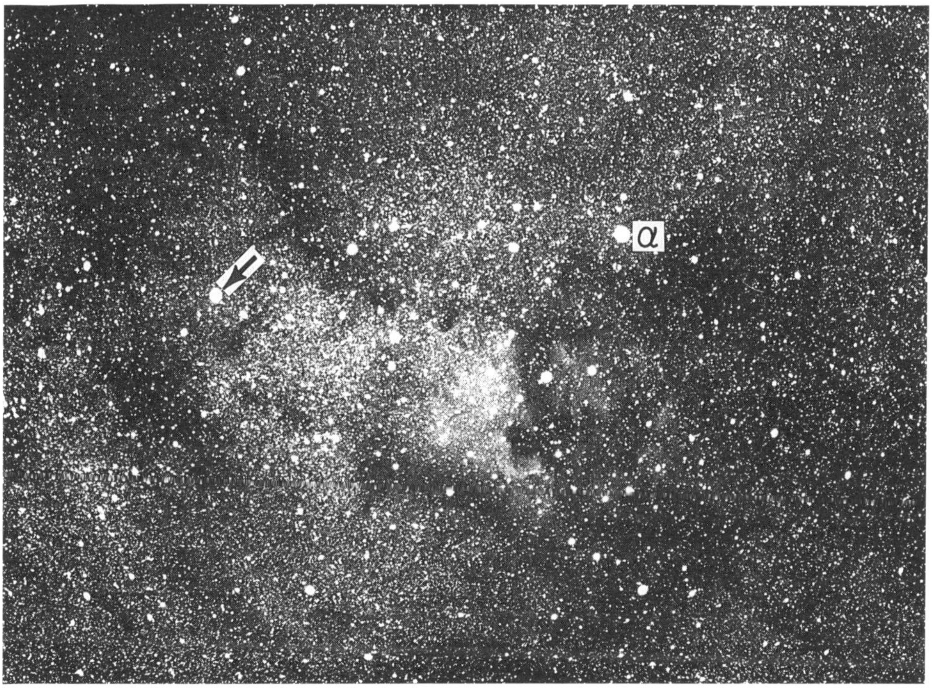

11.1 Nova Cygni 1975. Der „neue" Stern im Sternbild Schwan ist mit einem Pfeil markiert. Für kurze Zeit war er fast so hell wie Deneb, der Stern mit der Bezeichnung α in der Abbildung. Im Generalkatalog Veränderlicher Sterne trägt das Objekt die Veränderlichenbezeichnung V1500 Cygni. An der Stelle der Nova ist auf den Platten des Palomar Sky Survey vor dem Ausbruch kein Objekt zu finden. Das heißt, der Stern war vor der Explosion schwächer als die 21. Größe. Er ist also um mehr als 19 Größenklassen heller geworden. Damit ist V1500 Cygni die Nova mit der größten bekannten Amplitude. In der Mitte der Abbildung ist der Nordamerikanebel, NGC 7000, schön zu erkennen. Die Aufnahme wurde am 31. August 1975 aufgenommen. Abdruck mit freundlicher Genehmigung von A. E. Morton.

Der kurzzeitige Gast an unserem Himmel war eine *Nova*, eine gewaltige nukleare Explosion auf der Oberfläche eines Weißen Zwergs. Nur alle paar Jahrzehnte erscheint eine Nova, die hell genug ist, um auch dem flüchtigen Betrachter des Himmels aufzufallen. Im 20. Jahrhundert erreichten die Novae Persei 1901, Aquilae 1918, Herculis 1934 und Cygni 1975 die erste oder zweite Größe. Insgesamt sind sie allerdings weitaus häufiger. Jedes Jahr werden mehrere entdeckt, und alle paar Jahre wird eine hell genug, um mit dem bloßen Auge erkennbar zu sein. Die letzte helle Nova für nördliche Breiten war die Nova Cygni 1992, die für wenige Tage die vierte Größe erreichte. Nova sind häufig genug, um eine eigene Spektralklasse zu besitzen: Die ursprünglich „alle sonstigen Spektren" umfassende Klasse Q (siehe Tabelle 3.2) wurde 1922 umdefiniert und bezeichnete seither nur noch Novae.

Allerdings wird die Klasse Q heutzutage auch dafür nicht mehr benutzt, man hat sie sozusagen fallengelassen. Das gleiche gilt auch für die andere in diesem Kapitel betrachtete Spektralklasse: P bezeichnete früher die *Planetarischen Nebel*. Dieser Spektraltyp ist übrigens der einzige, dem kein einziges mit bloßem Auge sichtbares Objekt angehört. Wir benutzen die Spektralklassen P und Q hier als Aufhänger für die Besprechung der Novae, Planetarischen Nebel und allerlei anderen Sondertypen der Sternenwelt.

11.1 Die Planetarischen Nebel

Die Objekte dieser Klasse erhielten ihren äußerst irreführenden Namen im 18. Jahrhundert von Friedrich Wilhelm Herschel. Das Aussehen der kleinen, meist runden Nebelchen erinnerte ihn an den Anblick von Planetenscheibchen, wie sie in einem kleinen Fernrohr erscheinen. Sie haben allerdings überhaupt nichts mit Planeten oder deren Entstehung in der Umgebung junger Sterne zu tun. Sie sind im Gegenteil die abgestoßenen äußeren Hüllen sterbender Sterne. Ihre wahre Natur als dünne Gaswolken wurde 1864 von William Huggins erkannt, der als erster das Emissionslinienspektrum von NGC 6543 (im Sternbild Drache) sah.

Neben den Emissionslinien des leuchtenden Gases findet man in den Spektren von Planetarischen Nebeln auch das Licht des energieliefernden Sterns. Die stellare Komponente enthält stets ein Kontinuum, dazu entweder Absorptions- oder Emissionslinen, gelegentlich auch beides. Die meisten Planetarischen Nebel sind hell oder groß genug, daß man das Nebellicht ohne Störung durch den Stern untersuchen kann. Umgekehrt gilt dies jedoch nicht: In vielen Objekten dieser Klasse ist der Zentralstern im sichtbaren Licht äußerst schwach. Zudem können wir ihn stets nur durch den Nebel hindurch beobachten. Deshalb ist es oft sehr schwierig, genaue Aussagen über die Zentralsterne Planetarischer Nebel zu machen.

Schauen wir uns deshalb zunächst die Nebel an. Sie sind langsam expandierende Schalen aus dünnem Gas, das ein Roter Riese dereinst in dem umgebenden Raum abgeblasen hat. Die Sternwinde, die aus Roten Riesen Weiße Zwerge machen, zeigen sich hier in ihrer schönsten Form. Je nach ihrem Alter und ihrer Entfernung von uns können die Nebel ganz unterschiedliche Größen aufweisen, von sternförmig unauflösbar bis hin zu riesigen Schalen von nahezu Vollmondgröße. Stets sind sie mehr oder weniger rund, im Gegensatz zu den meist sehr unregelmäßig geformten Emissionsnebeln von O-Sternen. Die Expansionsgeschwindigkeiten liegen typischerweise bei 20 km/sec. Um den Radius von 0,8 Parsec zu erreichen, bei dem ein Planetarischer Nebel im allgemeinen zur Unkenntlichkeit verblaßt, braucht er mit dieser Geschwindigkeit nur etwa 35 000 Jahre. Das gibt uns einen Anhaltspunkt für die typische Lebensdauer eines solchen Objekts. Amateurastronomen kennen meist nur die besonders ausgedehnten Exemplare und sind sich nicht bewußt, daß es am Himmel sehr viel mehr winzig kleine, aber recht helle Planetarische Nebel gibt. Die

11.2 Der Hantelnebel, M27, einer der schönsten Planetarischen Nebel am ganzen Himmel. Der Zentralstern liegt genau im Mittelpunkt des Nebels. Er ist eines der heißesten Objekte seiner Klasse. Die Zanstra-Temperatur (Abschnitt 11.2) liegt bei 125 000 K, die Leuchtkraft bei etwa 100 Sonnenleuchtkräften. Mit freundlicher Genehmigung von David Healy.

meisten, wie NGC 40 (Abbildung 11.3), sind nur wenige Bogensekunden, entsprechend einigen hunderstel Parsec, im Durchmesser. Der Ringnebel in der Leier (M57) und der Hantelnebel (M27, Abbildung 11.2) sind mittelgroße Objekte mit Radien um 0,2 Parsec. Viele der hellen punktförmigen Nebel sind im Henry-Draper-Katalog zu finden und definieren dort die Spektralklasse P. Ihre anregenden Sterne sind durchweg zu schwach, um von Miss Cannon und ihren Kolleginnen gesehen worden zu sein.

11.3 Die wenigsten Planetarischen Nebel sind so groß wie M27. Hier sehen wir NGC 40 vor uns, der nur 30 Bogensekunden von Rand zu Rand mißt. Der Zentralstern ist so hell, daß er im Henry-Draper-Katalog verzeichnet ist (HD 826). Mit seinem Spektraltyp WC8 und einer Zanstra-Temperatur von etwa 30 000 K ist er einer der kühlsten. Im Henrry-Draper-Katalog ist er aufgrund seiner He II-Linien als Pf klassifiziert. Photo: University of Illinois Prairie Observatory.

Das Spektrum der Planetarischen Nebel entsteht durch exakt dieselben Vorgänge wie das der Emissionsnebel, die wir in den Abschnitten 10.5 bis 10.7 ausführlich besprochen haben. Der Unterschied besteht darin, daß die Planetarischen Nebel sehr unterschiedliche atomare Anregungs- und Ionisationsgrade aufweisen (Abbildung 11.4). Der Grund dafür liegt in entsprechend großen Unterschieden der Oberflächentemperaturen ihrer Zentralsterne. Eine Zeit lang hat man die Klasse P sogar nach dem

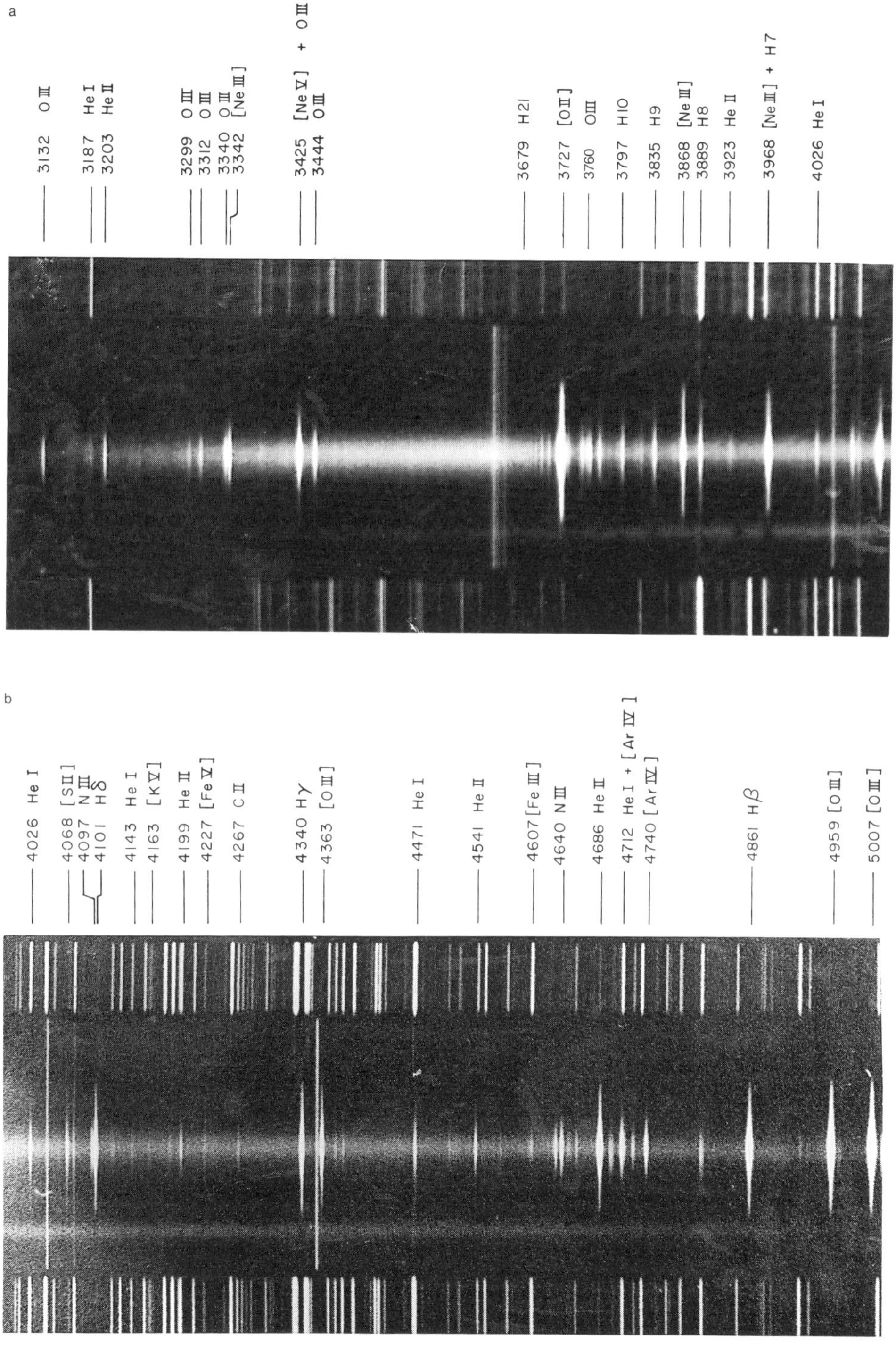
a
3132 O III
3187 He I
3203 He II
3299 O III
3312 O III
3340 O III
3342 [Ne III]
3425 [Ne V] + O III
3444 O III
3679 H21
3727 [O II]
3760 O III
3797 H10
3835 H9
3868 [Ne III]
3889 H8
3923 He II
3968 [Ne III] + H7
4026 He I
b
4026 He I
4068 [S II]
4097 N III
4101 Hδ
4143 He I
4163 [K V]
4199 He II
4227 [Fe V]
4267 C II
4340 Hγ
4363 [O III]
4471 He I
4541 He II
4607 [Fe III]
4640 N III
4686 He II
4712 He I + [Ar IV]
4740 [Ar IV]
4861 Hβ
4959 [O III]
5007 [O III]

11.4 a und b

c

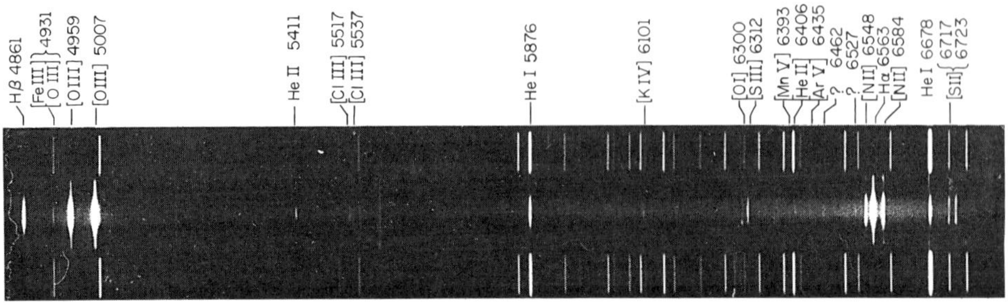

11.4 Das Spektrum des Planetarischen Nebels NGC 2440. Der Zentralstern dieses bemerkenswerten Objekts ist mit 220 000 K der heißeste, den man kennt. Optisch ist er äußerst schwach. Hier ist das gesamte optische Spektrum, von der Grenze der atmosphärischen Durchlässigkeit im nahen UV bis weit ins Rote, gezeigt. Der Spektrographenspalt war bei der Aufnahme entlang der großen Achse des Nebels ausgerichtet. Im Zentrum des Spektrums sehen wir ein schwaches Kontinuum. Deutlich ist zu erkennen, daß verschiedene Emissionslinien verschieden weit in den Nebel hinausreichen, je nachdem, wieviel Energie zu ihrer Erzeugung benötigt wird. Einige sehr lange, völlig gleichförmige Linien stammen nicht aus dem Planetarischen Nebel, sondern von Quecksilberdampflampen der Straßenbeleuchtung in der Umgebung der Sternwarte. Aufnahmen: Lick Observatory, a) und b) aus einem Artikel von L. H. Aller, S. J. Czyzak und J. B. Kaler im *Astrophysical Journal*, c) abgedruckt mit freundlicher Genehmigung von L. H. Aller.

Ionisationsgrad feiner unterteilt, in die Unterklassen Pa bis Pf. Aber dieses System hat sich, wie die ganze Spektralklasse P, nicht durchgesetzt.

In normalen galaktischen H II-Regionen findet man keine Emissionslinien von He II. In Planetarischen Nebeln sind sie die Regel. Daraus folgt, daß die Zentralsterne heiß genug sein müssen, um selbst ionisiertes Helium noch einmal ionisieren zu können (um He II zu ionisieren, braucht man mehr als doppelt so viel Energie wie bei He I und rund viermal so viel wie beim Wasserstoff). Darüber wird im nächsten Abschnitt noch mehr zu sagen sein. Ein weiterer wichtiger Unterschied zwischen den Emissionsnebeln und den Planetarischen Nebeln liegt in ihrer Populationszugehörigkeit. Erstere gehören streng der galaktischen Scheibe an, letztere kommen in allen Sternpopulationen vor. Sie sind zwar zur Scheibe hin konzentriert, man findet sie aber auch überall im Halo der Milchstraße, einschließlich zweier Exemplare in Kugelhaufen (siehe Abbildung 8.10). Die Analyse der Spektren von H II-Regionen ermöglicht die Untersuchung der chemischen Langzeitentwicklung in der galaktischen Scheibe (siehe Abbildung 10.12). Die Planetarischen Nebel erlauben die Fortsetzung dieser Methode in den viel älteren galaktischen Halo. In ihnen sehen wir die Spuren von Vorgängen aus der Frühzeit unserer Milchstraße. Man findet eine ähnliche Zunahme der Metallhäufigkeit mit der Zeit wie schon vorher in der Scheibe.

HII-Regionen repräsentieren in erster Linie das Material, aus dem neue Sterne entstehen; Planetarische Nebel zeigen das Material, das von alten Sternen wieder abgegeben wird. Häufig findet man in ihnen sehr starke Anreicherungen von Helium, Stickstoff und Kohlenstoff im Vergleich zum allgemeinen interstellaren Medium oder den H II-Regionen. In diesen Fällen sind die Produkte der stellaren Kernfusion aus dem heißen Kern des Sterns in die äußeren Schichten gespült worden, bevor sie mit dem Sternwind davongetragen wurden. Das Erscheinen der Fusionsprodukte an der Sternoberfläche bringt zunächst die Kohlenstoffsterne hervor (Abschnitt 4.7); die stark angereicherten Planetarischen Nebel sind deren unmittelbare Abkömmlinge. Wir haben mit diesen Nebeln also einerseits einen weiteren direkten Zugang zum tiefen Innern der ursprünglichen Sterne gefunden, der uns Kenntnisse über den inneren Aufbau und die Entwicklung der Sterne beschert. Andererseits haben wir eine wichtige Quelle der Anreicherung der Milchstraße mit schweren Elementen deutlich sichtbar vor uns. Nach wenigen hunderttausend Jahren hat sich ein solcher Nebel vollständig mit dem allgemeinen interstellaren Medium vermischt.

11.2 Die Zentralsterne der Planetarischen Nebel

Die Zentralsterne Planetarischer Nebel sind die Überreste der Roten Riesen nach dem Ende der ergiebigen Kernfusionsprozesse und dem Abklingen der Sternwinde. Sie sind nicht viel mehr als der ausgebrannte Kern des ursprünglich massereicheren Sterns, sozusagen das Nachglimmen der ehemals prachtvollen Riesen. Sie alle werden dereinst als leuchtschwache, noch weiter zusammengeschrumpfte Weiße Zwerge enden. In ihrem gegenwärtigen Zustand sind sie jedoch noch recht hell und vor allem sehr heiß. Die O-Sterne mit ihren Oberflächentemperaturen bis zu 50 000 K wurden als das heiße Ende der Spektralsequenz vorgestellt. Dies gilt jedoch nur für den Bereich der Hauptreihe. Die Zentralsterne Planetarischer Nebel erreichen bei ihrer Kontraktion ohne Schwierigkeiten 125 000 K und mehr. Man kann sie in ein normales HR-Diagramm gar nicht einzeichnen, da ihre Spektren nicht in die üblichen O-Unterklassen eingeordnet werden können.

Die wahre Obergrenze ihrer Effektivtemperatur ist unbekannt. Je heißer ein Stern, desto geringer ist der Anteil seiner Gesamtstrahlung, den er im sichtbaren (oder überhaupt leicht zugänglichen) Spektralbereich abgibt. Der Anteil jenseits der Lymankante bei 912 Å wird mit zunehmender Temperatur immer größer; der Nebel wird im sichtbaren Licht gegenüber dem Stern immer heller. Mit anderen Worten: Die bolometrische Korrektur wird riesig groß. Der Zentralstern wird immer stärker vom Licht des Nebels überstrahlt und geht schließlich völlig darin unter. Bei etlichen Objekten ist im optischen Licht kein Zentralstern nachweisbar, obwohl er natürlich vorhanden ist. Die gegenwärtigen Rekordhalter in Sachen Oberflächentemperatur weisen stolze 220 000 K auf. Mehrere dieser Objekte sind bekannt. Sie sind im hellen Licht ihrer Nebel gerade noch mit äußerster Mühe auffindbar. Mit weiter verbesserter Beobachtungstechnik wird man sicher noch viele dieser Sterne finden und vielleicht den Temperaturrekord noch weiter hinaufschrauben können.

Der Nebel behindert also einerseits die Erforschung der Zentralsterne, zugleich ist er aber genau dafür unersetzlich. Oberhalb von 40 000 K sind Schwarzkörperspektren im optischen Spektralbereich ununterscheidbar. Sogar der vom Weltraum aus erreichbare UV-Bereich bringt uns nicht viel weiter. Zudem ist unser Verständnis der sehr heißen Spektren noch nicht so weit gediehen, daß wir aus den (wenigen) Linien die Temperaturen mit derselben Zuversicht ableiten könnten wie bei normalen Sternen. In dieser mißlichen Situation hilft uns der Nebel, indem er sozusagen für uns die Ultraviolettphotonen seines Zentralsterns zählt und uns das Ergebnis in Form von optischer Linienstrahlung mitteilt. Wenn wir annehmen, daß der Nebel für UV-Photonen optisch dick, also völlig undurchsichtig ist, dann stellt er eine Strömgrensphäre dar (siehe Abschnitt 10.5). Jedes Photon jenseits der Lymankante kann netto genau eine Ionisation eines Wasserstoffatoms hervorrufen. Die wiederum führt letztendlich zur Emission von genau einem Balmerphoton aus dem Nebel, wie folgende kurze Überlegung zeigt, die von Hermann Zanstra im Jahre 1927 erstmals angestellt wurde: Man beobachtet bei Planetarischen Nebeln keine schnellen Veränderungen. Das heißt, sie befinden sich in einem stationären Zustand. Daraus folgt, daß jede Ionisation von genau einer Rekombination gefolgt wird. Das rekombinierende Elektron landet in irgendeinem der gebundenen Energiezustände. Ist es der erste Zustand, dann entsteht ein neues Lymankontinuumsquant, und es ist netto fast nichts passiert. Wenn es im zweiten Quantenzustand landet, dann entstehen ein Balmerkontinuums- und ein Lyα-Photon. Damit ist der Vorgang im wesentlichen beendet: Das Lyα-Photon wird in dem Nebel so lange re-emittiert und -absorbiert, bis es in Zweiquantenkontinuumsphotonen umgewandelt oder durch einen atomaren Stoß vernichtet wird. Landet das Elektron in einem höheren als dem zweiten Niveau, dann gibt es mehrere Möglichkeiten. Es kann von dort direkt in den Zustand $n = 2$ wechseln und damit ein Balmerlinienphoton erzeugen. Danach entsteht ein Lyα-Photon wie zuvor. Alternativ kann das Elektron von seinem höheren Zustand aus in den Grundzustand springen und ein anderes Lymanlinienphoton hervorbringen. Auch dieses Lymanphoton wird so lange absorbiert oder emittiert, bis es vernichtet ist. Im Gegensatz zum Lyα-Photon muß es aber nicht auf so seltene Ereignisse wie atomare Stöße oder Zweiquantenemission warten. Ziemlich schnell wird das Elektron einmal in den Zustand $n = 2$ statt $n = 1$ springen – und wiederum ein Balmerphoton erzeugen.

Wie wir gesehen haben, entsteht in jedem der drei Fälle letztendlich genau ein Balmerquant, entweder in einer Linie oder im Kontinuum. Wenn wir nun einfach alle Balmerphotonen zählen, die der Nebel pro Sekunde auswirft, dann wissen wir die Zahl der Lymankontinuumphotonen, die der Zentralstern pro Sekunde erzeugt (in der praktischen Anwendung des Verfahrens mißt man meist nur den Fluß in Hβ und rechnet diesen mit Hilfe geeigneter theoretischer Beziehungen auf den gesamten Balmerfluß hoch). Wir vergleichen diese Zahl mit der Helligkeit des Sterns im sichtbaren Bereich, also der Zahl optischer Photonen, die er emittiert. Das Verhältnis der beiden Photonenzahlen hängt sehr stark von der Temperatur ab (Abbildung 11.5). Für die heißesten Sterne kann man dasselbe Verfahren auf die Linien des ionisierten Heliums anwenden, um den stellaren Photonenfluß jenseits der Lymangrenze von He^+ zu bestimmen. Daraus resultiert wiederum eine Temperaturbestimmung. Wenn das Spektrum des Zentralsterns wirklich ein Schwarzkörperspektrum ist, dann müssen die beiden Werte übereinstimmen.

Eine auf diese Weise bestimmte Temperatur wird nach dem Erfinder des Verfahrens *Zanstra-Temperatur* genannt. Wenn verschiedene Zanstra-Temperaturen für dasselbe Objekt nicht übereinstimmen, dann kann das wie erwähnt am Spektrum des

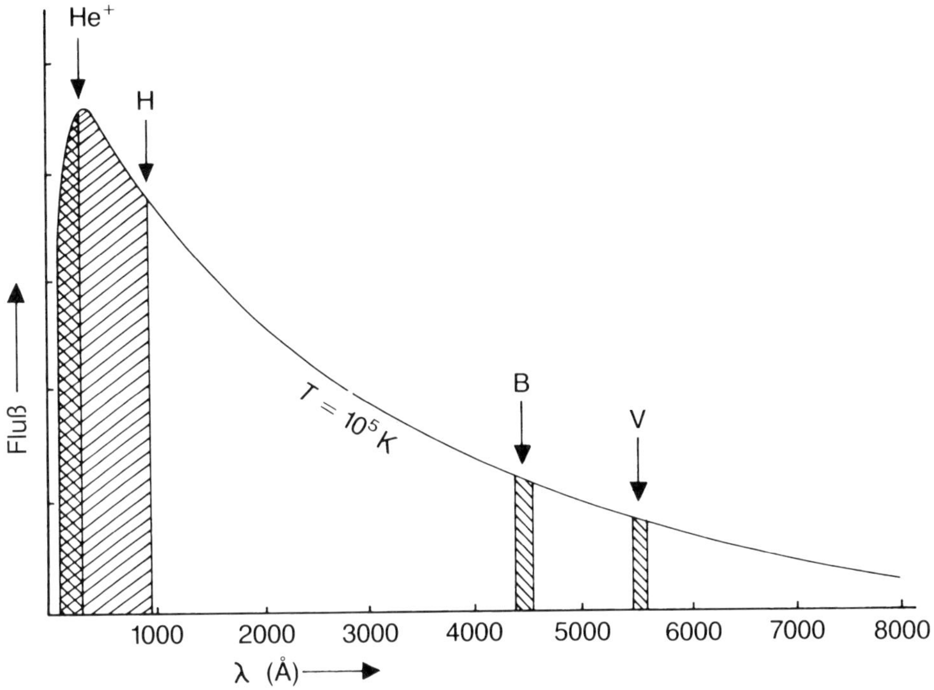

11.5 Die Ableitung von Zanstra-Temperaturen. Die Kurve zeigt das kontinuierliche Spektrum eines Schwarzen Körpers von 100 000 K. Er repräsentiert hier einen typischen Zentralstern Planetarischer Nebel. Aus der Zählung der Balmerphotonen, die der Nebel emittiert, erhalten wir durch die im Text beschriebene Überlegung die Gesamtmenge der stellaren Strahlung jenseits der Lymangrenze bei 912 Å. Die gemessene B- oder V-Helligkeit liefert uns die Menge des stellaren Lichts bei etwa 4 500 Å beziehungsweise 5 500 Å. Das Verhältnis der UV-Strahlung zur optischen ist ein sehr empfindliches Temperaturmaß (vergleiche die Kurven in Abbildung 1.11). Wenn man die gleiche Überlegung auf die He II-Linien anwendet, findet man die Gesamtstrahlung jenseits der He^+-Lymankante bei 228 Å. Vergleich mit der B- beziehungsweise V-Helligkeit liefert dann eine weitere, unabhängige Temperaturbestimmung.

Objekts liegen. Es kann aber auch daran liegen, daß nicht wirklich alle UV-Photonen absorbiert und in längerwellige umgewandelt werden. Es gibt nämlich auch Planetarische Nebel, die in einem der relevanten Spektralbereiche teilweise durchsichtig sind. Dann fällt die zugehörige Zanstra-Temperatur zu niedrig aus. Man merkt das durch den Vergleich verschiedener Werte für dasselbe Objekt, allerdings nur, wenn wir annehmen, daß das Spektrum des Sterns tatsächlich ein Schwarzkörperspektrum ist.

Die Ergebnisse derartiger Analysen zeigen, daß die Zentralsterne eine sehr uneinheitliche Objektklasse bilden. Die Temperaturen variieren zwischen 25 000 K und den oben erwähnten Rekordwerten. Die Leuchtkräfte können aus Temperatur (= bolometrischer Korrektur), visueller Helligkeit und Entfernung bestimmt werden. Ihre Werte reichen von einigen wenigen Sonnenleuchtkräften, entsprechend einem F-Hauptreihenstern, bis zum 10^4fachen der Sonne, entsprechend einem Überriesen. Daraus wiederum lassen sich die Radien der Sterne ableiten. Man findet Werte von einigen Sonnenradien bis herunter zu wenigen Erdradien, also der typischen Größe eines echten Weißen Zwergs. Schließlich können wir noch die Massen bestimmen (aus Temperatur, Leuchtkraft und der Theorie des inneren Aufbaus der Objekte). Sie liegen durchweg zwischen etwa 0,5 und 1 Sonnenmasse.

All diese Daten sind im Detail recht genau bestimmt, tragen aber eine grundsätzliche Unsicherheit in sich, weil man noch nicht ganz sicher ist, daß die Spektren wirklich denen von Schwarzen Körpern gleichen. Bis zum vollen Verständnis der extrem heißen und dichten Sternatmosphären der Zentralsterne Planetarischer Nebel ist noch viel Arbeit vonnöten.

11.3 Die Klassifikation der Zentralsterne

Die große Variationsbreite der physikalischen Parameter von Zentralsternen spiegelt sich in einer entsprechenden Vielfalt ihrer Spektren wieder. Ihr innerer Aufbau unterscheidet sich stark von dem eines normalen Sterns. Sie bestehen aus einem Kohlenstoffkern in einer Heliumhülle, auf der manchmal noch eine dünne wasserstoffreiche Haut liegt. Sie sind die Asche des nuklearen Feuers, die ausgebrannten stellaren Kerne auf dem Entwicklungsweg hin zum Weißen Zwerg. Je nach ihrem Entwicklungszustand und der Stärke ihrer Wasserstoffhaut zeigen sie sehr verschiedene Spektren, deren Charakter nur wenig mit Temperatur und Leuchtkraft korreliert ist. Traditionelle Spektralklassifikation ist deshalb nicht möglich. Zudem werden jegliche Klassifikationsversuche durch die Überlagerung des Sternlichts mit dem viel helleren Licht der Nebel behindert. Wegen der hohen Oberflächentemperaturen ähneln die Spektren der Zentralsterne oft denen von O-Sternen. Aus historischer Tradition, zum Teil auch einfach aus Bequemlichkeit, haben die Astronomen die Nomenklatur deshalb weitgehend von den O-Sternen geborgt. Aber es ist völlig klar, daß die Ähnlichkeit mit den massereichen Hauptreihen- und Riesensternen der frühen Spektralklassen rein äußerlich ist.

Manche Zentralsterne, insbesondere solche mit geringer Leuchtkraft, zeigen in ihren Spektren nur Absorptionslinien. Sie werden häufig als O-Unterzwerge bezeichnet (manchmal werden sogar *alle* Zentralsterne Unterzwerge genannt, weil sie eben unterhalb der Hauptreihe liegen. Sie haben aber absolut nichts mit den Hauptreihensternen der Population II zu tun, für die dieser Begriff ursprünglich geprägt wurde, siehe Abschnitte 3.5 und 5.8). Bei den leuchtkräftigeren Exemplaren findet man meist noch Sternwinde und die damit verbundenen Emissionslinien vor. Sie ähneln spektroskopisch den O-Überriesen. Manche ihrer Spektren zeigen schöne P-Cygni-Profile (Abschnitt 9.5), besonders im UV (Abbildung 11.6). Sie werden als Of klassifiziert, falls He II und N III in Emission erscheinen, und als Wolf-Rayet-Typen, falls die dafür charakteristischen Emissionslinien auftreten (Abschnitt 10.2). Es muß jedoch immer wieder betont werden, daß sie mit den Sternen, für die diese Bezeichnungen ursprünglich geschaffen wurden, absolut keine Ähnlichkeit besitzen. So gibt es zum Beispiel keine WN-Zentralsterne, sondern nur WC. Das ist ein direkter

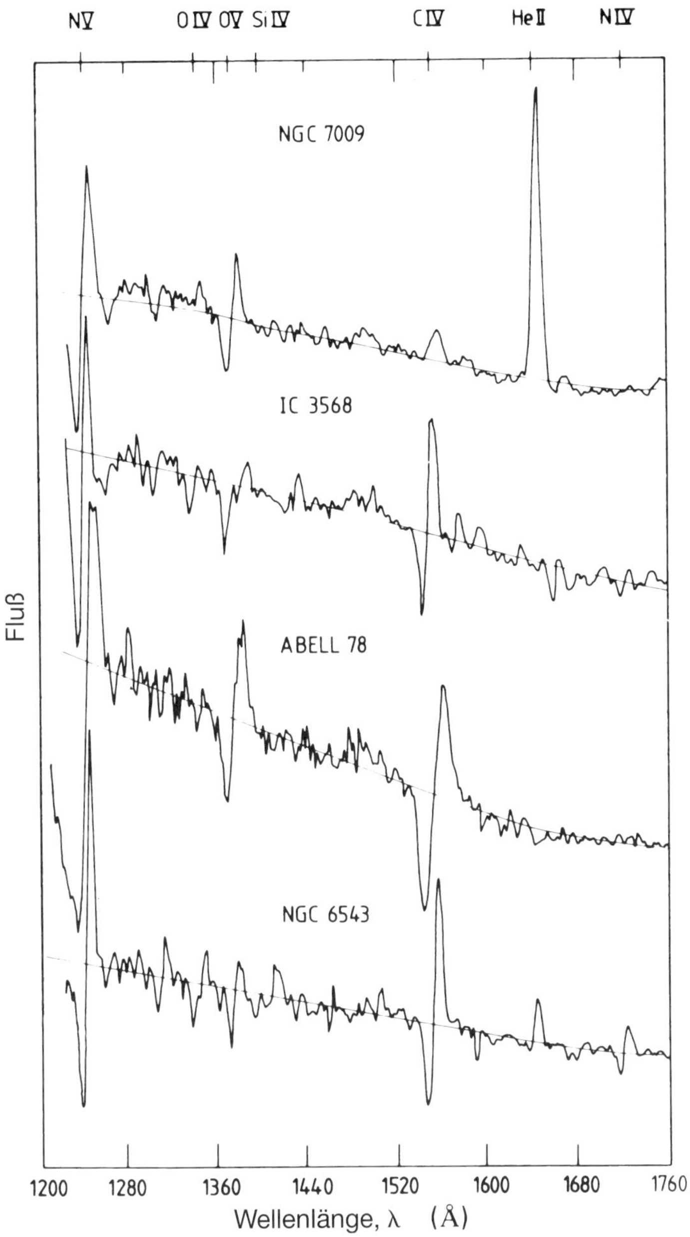

11.6 Ultraviolettspektren von Zentralsternen Planetarischer Nebel. Alle vier abgebildeten Spektren wurden mit dem Satelliten *International Ultraviolet Explorer* aufgenommen. Sie zeigen auf einen Blick die erhebliche Unterschiedlichkeit dieser Objekte. Ausgeprägte P-Cygni-Profile belegen die Existenz starker Sternwinde. Man beachte die Zunahme der O V-Linie mit zunehmender Temperatur, von NGC 6543 (45 000 K), über IC 3568 (61 000 K), zu NGC 7009 und Abell 78 (beide etwa 80 000 K). Die in den andern drei Spektren sehr auffällige P-Cygni-Linie des C IV erscheint bei NGC 7009 nur als schwaches Emissionsbuckelchen. Dieses Objekt ist kohlenstoffärmer als die anderen drei. Nur der kühlste der drei Sterne (NGC 6543) zeigt eine stellare He II-Emissionslinie. Die starke He II-Emission im Spektrum von NGC 7009 stammt nicht vom Stern, sondern aus dem Nebel. Das stellare Kontinuum steigt zu kurzen Wellenlängen hin stark an, wie man es für einen sehr heißen Schwarzen Körper erwartet. Abbildung aus *Planetary Nebulae* von S. Pottasch, D. Reidel Publishing Co., 1984.

spektroskopischer Ausdruck der fundamentalen Unterschiede im inneren Aufbau zwischen ihnen und den eigentlichen Wolf-Rayet-Sternen.

Die WC-artigen Zentralsterne werden in die üblichen numerischen Unterklassen gegliedert, die groben Temperaturstufen entsprechen. WC10 bis WC8 sind die kühlsten, mit Temperaturen unter 36 000 K, gefolgt von WC7 bis WC5 bei höheren Temperaturen. Unter den heißesten Vertretern, jenseits von 80 000 K, finden wir Fälle, für die es im klassischen HR-Diagramm kein Analogon gibt: Sterne mit äußerst starken Emissionslinien des fünffach ionisierten Sauerstoffs (Abbildung 11.7). In extremen Fällen übersteigt die Leuchtkraft der O VI-Linien die Gesamtleuchtkraft der Sonne. Diese Sterne werden als *O VI-Sterne* oder gelegentlich als WC2 bis WC4 klassifiziert. Die Nomenklatur als WC2 bis WC4 ist aber grob irreführend, indem sie den Eindurck erweckt, diese Sterne bildeten eine Fortsetzung der Sequenz der Wolf-Rayet-Sterne.

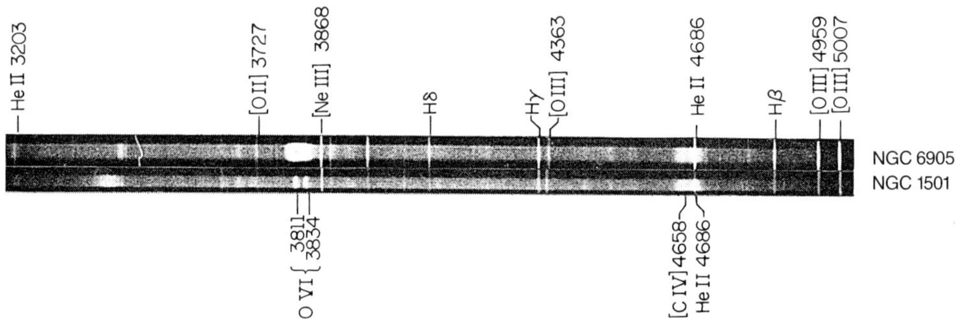

11.7 Spektren zweier O VI-Sterne. Die Zentralsterne der Planetarischen Nebel NGC 6905 im Delphin (oben) und NGC 1501 in der Giraffe (unten) gehören zu den heißesten ihrer Klasse. Mit ihren Oberflächentemperaturen von 80 000 bis 120 000 K sind sie sehr viel heißer als die WC-artigen Zentralsterne, die nur 30 000 bis 40 000 K erreichen. Charakteristisch sind die extrem starken und breiten Emissionslinien des O VI. Im Falle von NGC 6905 sind sie durch Dopplerverschiebungen so breit, daß sie miteinander verschmelzen. Die zugehörige Windgeschwindigkeit liegt bei 4 000 km/sec. Die stellaren Linien sind oberhalb der beiden Spektren bezeichnet, die Nebellinien darunter. Die nicht bezeichneten stellaren Linien stammen von O III und O IV. An diesen beiden Spektren sieht man schön, wie das Licht des Nebels und des Sterns einander überlagern. Die Stärke der He II-Linien des Nebels (vermischt mit der stellaren [C IV]-Linie) würde die hohe Temperatur des Zentralsterns verraten, wenn dieser selbst für die Beobachtung zu schwach wäre. Aufnahmen: Lick Observatory, aus einem Artikel von L. E. Smith und L. H. Aller im *Astrophysical Journal*.

Wir verstehen die Unterschiede zwischen den verschiedenen Typen von Zentralsternen noch nicht in allen Einzelheiten. Insbesondere wissen wir nicht, weshalb bei manchen noch kräftige Sternwinde wehen, während andere bei gleicher Temperatur und Leuchtkraft praktisch keine Spur davon zeigen. Aber immerhin hat die Forschung der letzten Jahrzehnte dank verbesserter Beobachtungstechnik und großen Fortschritten im theoretischen Verständnis diese Objekte von ihrem früheren Etikett als „unwichtige pathologische Fälle“ befreit. Wir wissen heute, daß sie eine fundamental wichtige Rolle in der Entwicklung aller Sterne mit kleiner bis mittelgroßer Masse spielen.

11.4 Novae

Novae gehören unzweifelhaft zu den dramatischsten Vorgängen am Himmel: Ein Stern erscheint plötzlich und einmalig an einer Stelle, die vorher leer war. Der Name des Phänomens stammt von ‚nova stella‘, was ‚neuer Stern‘ bedeutet. Er beschreibt den Vorgang aber nur für den naiven Beobachter zutreffend. In Wirklichkeit sehen wir in der Nova keinen neuen, sondern im Gegenteil einen alten Stern in einer speziellen Phase seiner Entwicklung. In praktisch allen Fällen konnte man am Ort der Nova einen sehr schwachen, vorher von den Astronomen unbeachteten Stern finden – falls überhaupt eine hinreichend tiefgehende Photoplatte der Himmelsregion aus der Zeit vor der Nova existierte. In den andern Fällen kann man zumindest nach dem Abklingen des Ausbruchs nachschauen: Stets findet man ein schwaches Objekt, das für das himmlische Spektakel verantwortlich gemacht werden kann.

Novae sind die extremste Form der Lichtausbrüche von *kataklysmischen Variablen*, einer uneinheitlichen Gruppe von Sternen, die neben den (klassischen) Novae noch die *wiederkehrenden Novae* und die *Zwergnovae* umfaßt. Wir wollen uns hier zunächst auf die klassischen Novae konzentrieren. Der Novaausbruch beginnt mit einem Helligkeitsanstieg um 10 oder mehr Größenklassen im Laufe von etwa einem Tag. Im Maximum können absolute Helligkeiten von –10 mag und mehr erreicht werden. Der danach erfolgende Helligkeitsabfall verläuft sehr viel langsamer und individuell sehr verschieden (Abbildung 11.8). Eine *schnelle Nova* verliert 3 Größenklassen gegenüber ihrer Maximalhelligkeit in einigen Tagen oder Wochen, eine *langsame Nova* benötigt für denselben Helligkeitsabfall mehr als drei Monate, und *sehr langsame Novae* können dafür sogar Jahre benötigen. Der Ausgangszustand vor dem Ausbruch wird erst viel später wieder erreicht, eventuell nach einem Jahr, oder auch nach mehreren Jahrzehnten. Im allgemeinen ist die Nova absolut umso heller, je schneller sie ist.

Nicht nur die Zeitskala, sondern auch die Form der Lichtkurve ist von Nova zu Nova sehr verschieden. Manche zeigen nach dem Maximum einen völlig glatten und gleichmäßigen Helligkeitsabfall, andere weisen starke wellenförmige Helligkeitsschwankungen auf. Wieder andere durchlaufen auf dem absteigenden Ast ein sehr tiefes und breites Minimum, das durch die Bildung einer Staubhülle verursacht wird.

Das Spektrum einer Nova wandelt sich während des Ausbruchs ständig (Abbildung 11.9). Das kann angesichts der Tatsache, daß der Stern bei dem Vorgang um einen Faktor 10 000 heller und wieder schwächer wird, nicht verwundern. Trotz großer individueller Unterschiede gibt es typische Phasen, die mit dem Verlauf der Helligkeit korreliert sind. Im Maximum sieht man noch ein einigermaßen stellar aussehendes Spektrum. Es ähnelt dem eines A-Überriesen, wie zum Beispiel Deneb. Es ist das Spektrum der dicken äußeren Gasschicht des eruptierenden Sterns bei ihrem Abheben von der Oberfläche. Innerhalb weniger Tage entwickeln sich in dem rasch expandierenden und dünner werdenden Gas kräftige Emissionslinien. Dazu gesellen sich mehrere Sätze blauverschobener Absorptionslinien, die von verschiedenen Schichten der Hülle erzeugt werden, die mit unterschiedlicher Geschwindigkeit vom Stern wegfliegen. Die blauverschobenen Absorptionen entsprechen den P-Cy-

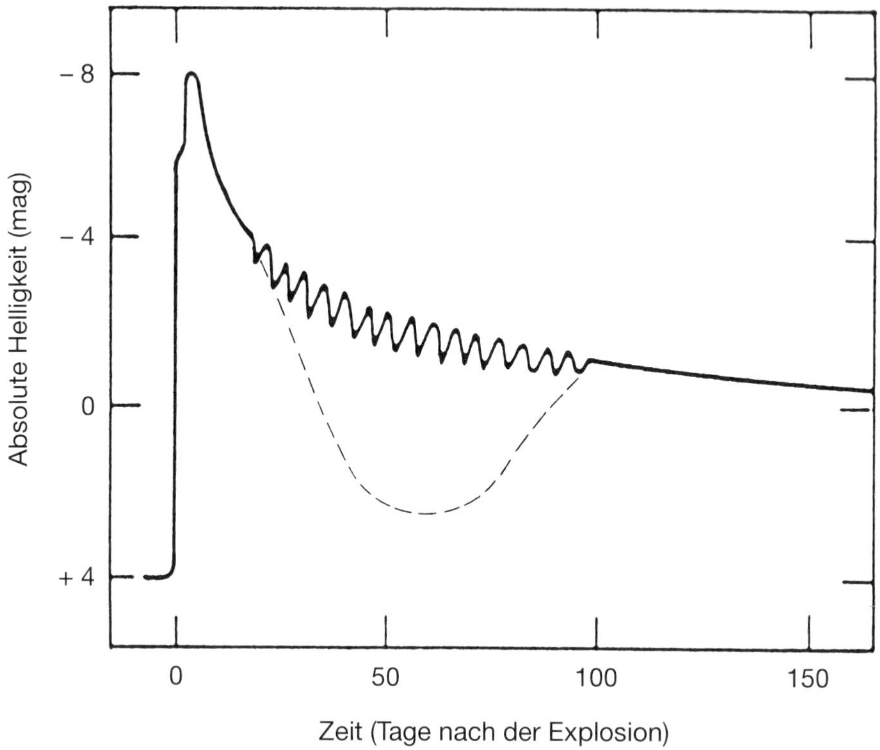

11.8 Schematische Lichtkurve einer Nova. Nach einer kurzen Pause auf dem ansteigenden Ast erreicht der Stern innerhalb etwa eines Tages das Maximum. Der allmähliche Abfall zur Minimalhelligkeit kann Jahre dauern. In manchen Fällen wird er durch kräftige Wellen oder ein tiefes Minimum unterbrochen. Einzelne Lichtkurven sind im Rahmen dieses allgemeinen Schemas sehr unterschiedlich. Nach einer Abbildung von D. B. McLaughlin in *Stellar Atmospheres*, von J. L. Greenstein (Hrsg.), University of Chicago Press, Chicago, 1960.

gni-Absorptionen, die wir von Sternwinden schon kennen. Aus ihrer Dopplerverschiebung können wir die Expansion des Gases direkt messen und finden Geschwindigkeiten bis zu 2000 km/sec. Im weiteren Verlauf wird die immer noch explodierende Gashülle durchsichtig, das Kontinuum verschwindet, und wir sehen ein reines Emissionsspektrum mit sehr breiten Linien.

Alle kataklysmischen Veränderlichen, von den klassischen Novae, über die wiederkehrenden Novae bis zu den Zwergnoae (Abschnitt 11.6) basieren auf demselben Grundmechanismus: Massenübertragung von einer Komponente eines engen Doppelsterns auf die andere. Normalerweise besitzen die Partner eines Doppelsterns von Anfang an unterschiedliche Massen. Folglich entwickeln sie sich verschieden schnell (Abschnitte 1.17, 4.8 und 5.7). Der massereichere wird als erster zum Riesen werden. Wenn die beiden Sterne hinreichend weit voneinander entfernt sind, hat das für den anderen keine besonderen Folgen. Der Riese wird seine Entwicklung ungestört

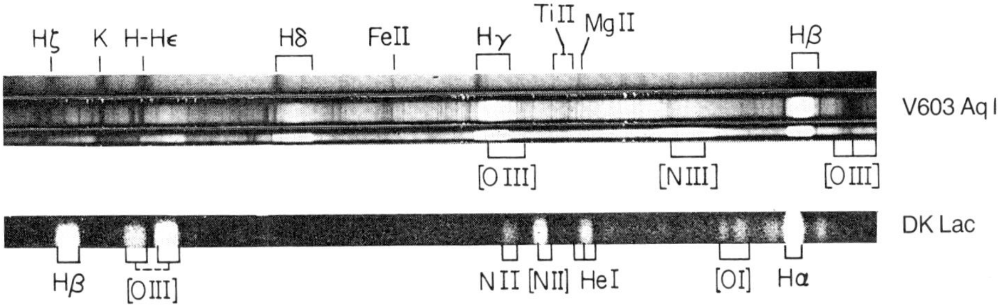

11.9 Novaspektren. Die oberen drei Streifen gehören zur Nova Aquliae 1918 (auch V603 Aql genannt) im Maximum, drei Tage nach dem Maximum und drei Wochen nach dem Maximum. Im ersten sehen wir nur die Absorptionslinien der (noch) kühlen Hülle beim Abheben vom Weißen Zwerg. Im zweiten Spektrum haben sich breite Emissionslinien und ein kompliziertes Netz von blauverschobenen Absorptionslinien gebildet. Bei weiterer Ausdehnung erscheinen zusätzliche Emissionslinien, während die blauverschobenen Absorptionen bereits verblassen. Diese Phase wird wegen der charakteristischen Emissionen als „Orion-Stadium" bezeichnet (drittes Spektrum von oben). Der vierte Streifen gehört zur Nova Lacertae 1950 (DK Lac), etwa 6 Monate nach dem Maximum. Er illustriert das sogenannte Nebelstadium. Alle Aufnahmen stammen vom Observatorium der University of Michigan, aus einem Artikel von D. B. McLaughlin in *Stellar Atmospheres*, von J. L. Greenstein (Hrsg.), University of Chicago Press, Chicago, 1960.

durchlaufen; das Ergebnis ist schließlich ein Sternpaar aus einem Weißen Zwerg und einem Hauptreihenstern. Sirius und Procyon (Abschnitt 7.10) mit ihren Begleitern Sirius B beziehungsweise Procyon B sind gute Beispiele für diesen Fall. Der ursprünglich masseärmere Partner wird sich später ebenfalls zum Roten Riesen und danach zum Weißen Zwerg entwickeln.

Wenn die Sterne dagegen nahe beisammen sind, dann werden Gezeitenkräfte bedeutsam. Gezeiten entstehen immer dann, wenn auf einen Körper eine gravitative Anziehung wirkt, die an einem Ende des Körpers stärker ist als am andern. Die dem Mond zugewandte Seite des Erdkörpers wird von diesem stärker angezogen als das Zentrum der Erde, und dieses wiederum stärker als die mondabgewandte Seite. Das Ergebnis ist eine Verformung des Erdkörpers in Form von zwei Ausbeulungen in Richtung der Achse Erde-Mond. Der Körper des Mondes wird ebenso deformiert. Am auffälligsten zeigen sich die Gezeitenbeulen auf der Erde in Form von Ebbe und Flut, im Ansteigen und Absinken der Meeresspiegel mit einer Periode von etwa 12 Stunden. Die Erde dreht sich durch ihre Rotation sozusagen unter den Gezeitenbukkeln, die stets ungefähr zum Mond beziehungsweise in die Gegenrichtung zeigen. Alle Gezeiteneffekte führen zu Reibung, die Wärme erzeugt und die Eigenrotation der beteiligten Körper allmählich abbremst. Auf lange Frist streben Gezeitenkräfte dazu, die Rotationsperiode der Umlaufperiode anzugleichen. Dieser Mechanismus ist dafür verantwortlich, daß uns der Mond bei seinem Umlauf um die Erde stets dieselbe Seite zuwendet. Er bewirkt einerseits die rasche Rotation der RS-CVn-Sterne (Abschnitt 6.11) und andererseits die langsame Rotation der Am-Sterne (Abschnitt 8.3).

Wenn die Partner einander nicht allzu nahe sind, dann werden sie in leicht ovale Form gestreckt, deren Spitzen auf den jeweils anderen zeigen. Je näher die Sterne beisammen stehen, desto stärker wird die Deformation. Bei Erreichen eines kritischen Mindestabstands verliert der größere der beiden Partner sozusagen den inneren Zusammenhalt. An der zum Partner weisenden Spitze seiner ovalen Oberfläche wird die Anziehungskraft des Partners stärker als seine eigene – und von seiner Oberfläche beginnt Gas auf den anderen Stern „hinüberzufallen". Das tritt genau dann ein, wenn der größere Partner eine bestimmte kritische Grenzfläche, die sogenannte *Roche-Fläche*, ausfüllt und seine zum Partner weisende Spitze den sogenannten *inneren Lagrangepunkt* L1 (Abbildung 11.10) berührt.

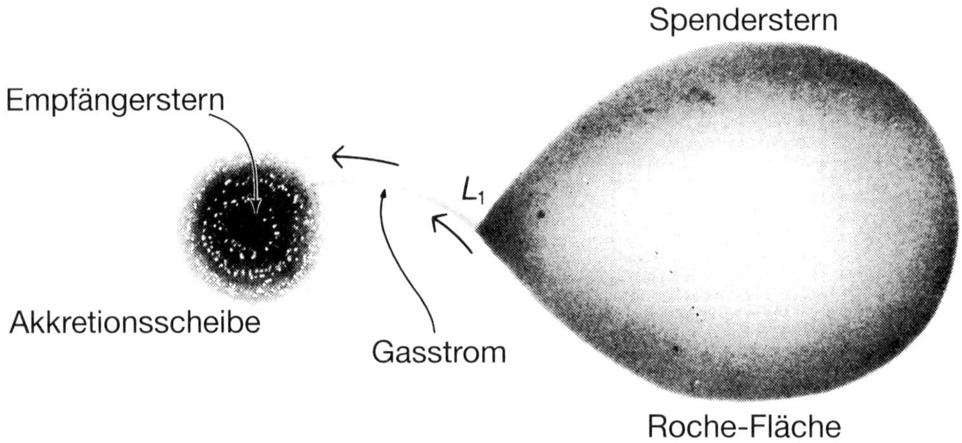

11.10 Massenübertragung in einem Doppelsternsystem. Die kleinere Komponente, der Empfängerstern, erzeugt mit seiner Schwerkraft eine Grenzfläche um den Spenderstern, die dieser nicht überschreiten kann. Versucht er, diese sogenannte Roche-Fläche zu überschreiten, sei es durch Expansion oder durch Annäherung an den Partner, verliert er Masse durch den sogenannten inneren Lagrangepunkt L1. Das abströmende Material fällt zunächst frei, sammelt sich dann aber in einer rotierenden Scheibe um den Empfänger. In dieser Scheibe spiralt es allmählich nach innen, um schließlich auf den Empfängerstern aufzutreffen. Je nach Typ der beteiligten Sterne entstehen ganz unterschiedliche Phänomene. Die Kombination aus Hauptreihenstern und Weißem Zwerg beispielsweise ergibt einen kataklysmischen Veränderlichen (Nova oder Zwergnova), die aus einem Riesen (als Spender) und Hauptreihenstern oder Weißem Zwerg (als Empfänger) erzeugt ein symbiotisches System. Ist der Empfänger ein Neutronenstern oder Schwarzes Loch, so haben wir einen der exotischen Röntgensterne vor uns. Nach einer Abbildung in *The Evolving Universe*, 2. Auflage, von D. Goldsmith, Benjamin/Cummings Publ.Co., 1985.

In ursprünglich getrennten Doppelsternen kann diese Situation eintreten, wenn der massereichere Stern zum Riesen wird. Sobald er seine Roche-Fläche erreicht, strömt Material zum kleineren Partner über. Der Riese kann sich nur unter massivem Gewichtsverlust weiter aufblähen. Da Riesen häufig mit schweren Elementen angereichert sind (wir erinnern uns an die S- und C-Sterne, Abschnitt 4.7), kann die Massenübertragung die chemische Zusammensetzung des andern Partners erheblich verändern. Sirius möge wiederum als Beispiel dienen. Der heutige Weiße Zwerg Sirius B war einstmals der prächtigere Stern in dem Paar. In seiner Riesenphase hat er sehr viel Material an Sirius A verloren, der dadurch zu einem milden Am-Stern und zur massereicheren Komponente des Systems geworden ist. Der gleiche Vorgang führt vermutlich auch zur Bildung der Bariumsterne (Abschnitt 5.5).

Was hat das alles mit Novae zu tun? Wir müssen die Entwicklung unseres Sternpaars in Gedanken noch ein wenig weiter verfolgen. Nach der Bildung des ersten Weißen Zwergs ist es nur eine Frage der Zeit, wann auch der andere Partner zum Riesen wird. Wenn die Sterne hinreichend nahe beisammen stehen, kann nun auch dieser seine Roche-Fläche ausfüllen, mit dem Ergebnis, daß er nun umgekehrt zum Geber und der Weiße Zwerg zum Empfänger wird. Das Hinabstürzen auf die Oberfläche eines Weißen Zwergs ist aber viel dramatischer als der Fall auf einen Hauptreihenstern. Das Gas wird im ungeheuer starken Gravitationsfeld des Weißen Zwergs enorm verdichtet; die im Sturz gewonnene Gravitationsenergie heizt es zu sehr hohen Temperaturen auf. Dieses dichte heiße Gas besteht zudem aus frischem, unverbranntem Wasserstoff! Sobald die aufgesammelte Gasschicht eine bestimmte Stärke und Temperatur erreicht, setzt sehr plötzlich das Wasserstoffbrennen ein, und die ganze Oberfläche des Weißen Zwergs explodiert mit unvorstellbarer Heftigkeit. Eine Nova ist eine von der Natur gebaute kosmische Wasserstoffbombe, die zwar das gleiche tut wie eine von Menschen hergestellte, aber in einer ganz anderen Größenordnung. Die durch die Explosion mit hoher Geschwindigkeit auseinanderfliegende Wasserstoffhülle des entarteten Sterns kann die der gesamten Erde um ein Vielfaches übersteigen.

Wenn wir das Glück haben, daß sich eine solche Explosion in unserer näheren kosmischen Umgebung und nicht hinter einer interstellaren Staubwolke verborgen ereignet, dann sehen wir einen „neuen“ Stern an unserem Firmament erscheinen und allmählich wieder verblassen. Das, was man vor oder nach dem kosmischen Feuerwerk am Ort der Nova beobachtet, ist nicht der Stern, auf dem sich die Explosion abspielte. Es ist entweder der Hauptreihenstern, der das Material für die Bombe lieferte, oder das Material selbst, das sich in Form einer hell leuchtenden heißen Scheibe sammelt, in der es auf den Weißen Zwerg hinunterspiralt (Abbildung 11.10).

Es bleibt noch die Frage, auf welche Weise sich die Doppelsternpartner überhaupt so nahe kommen, daß die beschriebenen Vorgänge ablaufen können. Darüber sind sich die Astronomen noch nicht ganz einig. Eine Möglichkeit besteht natürlich darin, daß der Doppelstern von Anfang an sehr eng war. Aber es sind auch Mechanismen denkbar, die ein Paar im Laufe seines Lebens enger zusammenrücken lassen. Wenn der erste Partner sich schnell genug zum Riesen aufbläht, dann kann eventuell der Massenstrom so groß werden, daß die beiden Sterne in einer gemeinsamen Hülle umeinander laufen – sozusagen ein Stern mit zwei Kernen. Dies führt zu einer erheblichen Reibung zwischen den Kernen und der Hülle. Dabei geht Bahnenergie verloren, und die Sterne spiralen allmählich aufeinander zu. Wenn der Riese dann zum Weißen Zwerg geschrumpft ist, finden wir ein engeres Paar als vorher, dessen Partner nun synchron zum Umlauf rotieren. In dieser Situation kann ein neuer Mechanismus greifen, der wiederum die Bahn enger macht: Die magnetische Aktivität des späten Zwergsterns will seine Rotation allmählich abbremsen (Abschnitt 6.5). Die Gezeitenkräfte wollen aber bahnsynchrone Rotation erzwingen. Aus diesem Widerstreit ergibt sich wiederum eine Gezeitenreibung, die Bahnenergie in innere

Wärme umwandelt. Der Bahnradius verkleinert sich weiter. Schließlich erreicht der immer noch unentwickelte Partner die Roche-Grenze, Massentransfer zum Weißen Zwerg kann einsetzen und den großen Knall vorbereiten. So stellt man sich heute den Ablauf der Ereignisse vor. Aber letzte Sicherheit besteht über dieses Szenarium noch nicht.

11.5 Novaüberreste

Was wird aus der rasch auseinanderfliegenden Explosionswolke nach dem Verlöschen der Nova? Einige Jahre nach dem Novaausbruch, je nach Entfernung und Expansionsgeschwindigkeit, kann man sie als winzig kleines Nebelchen sehen, das sich rasch vergrößert. Im Zentrum des Gaswölkchens sitzt der Doppelstern, von dem es ausging (Abbildung 11.11). Das Erscheinungsbild ähnelt stark dem eines Planetarischen Nebels, auch spektroskopisch. Dennoch ist die Ähnlichkeit rein äußerlich. Die Novahülle besitzt nur ein Zehntausendstel der Masse eines Planetarischen Nebels, expandiert hundertmal so schnell und existiert als sichtbares Nebelchen nur für ein paar Jahrhunderte.

Die Expansion des Nebels erlaubt es, auf ziemlich einfache und vorurteilsfreie Weise die Entfernung einer Nova zu bestimmen: Aus der Dopplerbreite der Spektrallinien wissen wir, wie schnell er sich in Kilometern pro Sekunde ausdehnt. Wenn wir nun über mehrere Jahre verteilt immer wieder seinen Durchmesser in Bogensekunden messen, dann erhalten wir dieselbe Geschwindigkeit in Bogensekunden pro Jahr. Diese Größe hat den Charakter einer Eigenbewegung (Abschnitt 1.9), hängt also nur von der Transversalgeschwindigkeit und der Entfernung ab. Jetzt braucht man nur noch anzunehmen, daß sich der Nebel einigermaßen gleichmäßig ausdehnt, um sofort die Entfernung zu erhalten. Die gleiche Methode hat man auch schon auf Planetarische Nebel angewandt. Aber dort funktioniert sie nicht so gut, weil die Expansionsgeschwindigkeit zu klein ist.

Wenn man die Spektren von Novaüberresten chemisch analysiert, so deuten sich starke Anreicherungen mit Helium, Stickstoff und Neon an – alles Elemente, die bei der nuklearen Explosion erzeugt wurden. Leider sind die Ergebnisse noch etwas umstritten, so daß wir daraus vorläufig noch keine weitergehenden Schlüsse auf die Details der Kernreaktionen in der Explosion ziehen wollen.

11.6 Zwergnovae und wiederkehrende Novae

Der Name Zwergnova bezeichnet Sterne mit zwar nova-artigen, jedoch sehr viel kleineren Lichtausbrüchen. Der Mechanismus, der zu den Eruptionen führt, ist zwar ein ganz anderer, er hängt aber ebenfalls mit Massenübertragung von einem Hauptreihenstern zu einem Weißen Zwerg zusammen. Zwergnovae werden auch als *SS-*

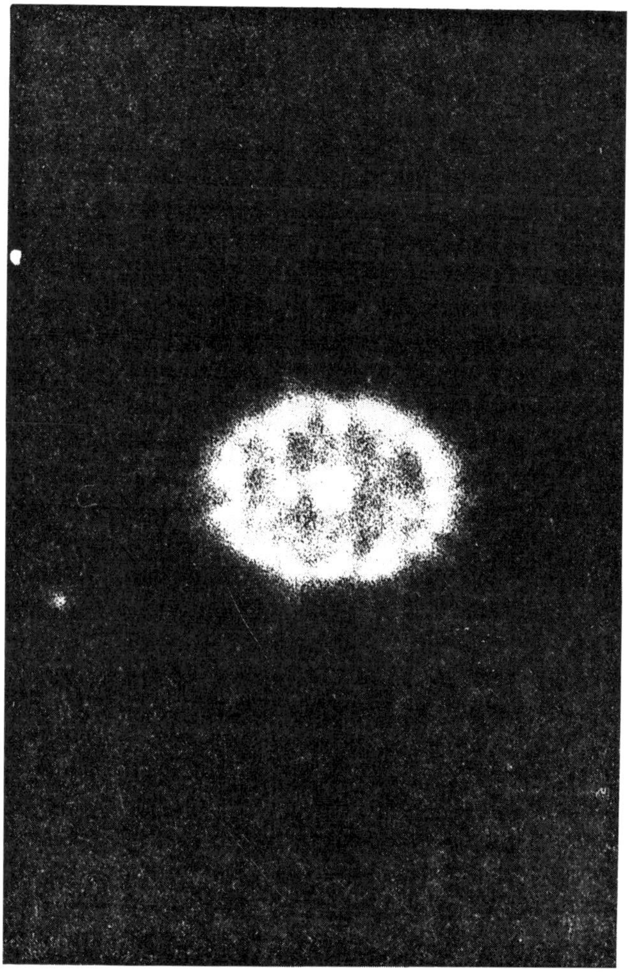

11.11 Der expandierende Nebel um Nova Herculis 1934 (DQ Her). Die Aufnahme wurde 40 Jahre nach der Explosion angefertigt. Der Radius der expandierenden Hülle betrug zu der Zeit etwa 0,02 pc. Der Stern, der das Material für die „Wasserstoffbombo" lieferte, ist im Zentrum des Nebels erkennbar. Der Weiße Zwerg, an dessen Oberfläche sie sich ereignete, ist wieder zu seinem Normalzustand zurückgekehrt. Er ist im optischen Licht zu schwach, um überhaupt beobachtet werden zu können. Das System zeigt Bedeckungslichtwechsel (Abschnitt 5.4) und zusätzlich das charakteristische schnelle „Flackern", das durch Unregelmäßigkeiten des Materiestroms zum Weißen Zwerg verursacht wird. Diese Variationen von DQ Her lieferten einen entscheidenden Beitrag zur Aufdeckung der wahren Natur des Novaphänomens. Photo: University of Arizona, aus einem Artikel von R. E. Williams, N. J. Woolf, E. K. Hege, R. L. Moore und D. A. Kopriva im *Astrophysical Journal*.

Cygni-Sterne, *U-Geminorum-Sterne* oder *Z-Camelopardalis-Sterne* bezeichnet. Die Eruptionen treten in Zeitabständen von einigen Tagen bis etwa einem Jahr auf. Die Untergruppe der Z-Cam-Sterne leuchtet etwa alle 10 bis 50 Tage um 2 bis 5 Größenklassen auf. Die U-Gem- beziehungsweise SS-Cygni-Variante zeigt Intervalle zwischen etwa 20 und 500 Tagen, bei etwas größeren Amplituden (bis 8 mag). Der definierende Unterschied zwischen den beiden Untertypen ist das zeitweilige Auftreten von sogenannten Stillständen bei den Z-Cam-Sternen. Für einige Wochen, Monate oder sogar Jahre setzt der Ausbruchzyklus völlig aus; der Stern verharrt ziemlich konstant bei einer Helligkeit etwa in der Mitte zwischen den Ausbruchsmaxima und dem Minimallicht der Ruhephasen. Bei allen Zwergnovae zeigt sich im Minimallicht ein schnelles „Flackern" des Lichts in Form von unregelmäßigen Helligkeitsschwankungen um einige Hundertstel oder Zehntel einer Größenklasse innerhalb von Sekunden bis Minuten.

Die Eruptionen der Zwergnovae werden zwar ebenfalls durch den Massenstrom auf den Weißen Zwerg verursacht, jedoch finden keine thermonuklearen Explosionen statt. Wie in Abbildung 11.10 gezeigt wird, fällt die Materie vom inneren Lagrangepunkt nicht direkt auf die Oberfläche des Weißen Zwergs, sondern sie sammelt sich zunächst in einer Gasscheibe, der sogenannten *Akkretionsscheibe*. In der Scheibe spiralt das Gas langsam nach innen, indem Gravitationsenergie durch Reibung allmählich in Wärme umgesetzt wird. Am inneren Scheibenrand geht das Material auf die Oberfläche des Weißen Zwergs über.

Theoretische Rechnungen haben ergeben, daß eine solche Scheibe bei bestimmten Werten des Masseneinstroms instabil wird. Sie wechselt dann zwischen zwei Zuständen hin und her. Im einen Zustand ist die Reibung gering, nur wenig Wärme wird erzeugt, und nur wenig Gas spiralt nach innen. Dadurch „staut" sich das vom Partnerstern herüberfließende Gas sozusagen in der Scheibe. Irgendwann springt die Scheibe plötzlich in den zweiten Zustand. Die innere Reibung wird sehr groß, viel Gravitationsenergie wird in Wärme umgewandelt, und sehr viel Gas spiralt nach innen. Die Scheibe leert sich dadurch und kehrt wieder in den ersten Zustand zurück.

Die beiden Zustände der Scheibe entsprechen der Ausbruchsphase und dem Minimallicht der Zwergnova. Der Ausbruch wird also durch ein Aufleuchten der Scheibe, nicht des Weißen Zwergs, verursacht.

Man geht heute davon aus, daß die klassischen Novae und die Zwergnovae zwei Stationen des gleichen Phänomens sind. Wenn der Hauptreihenstern seine Rochegrenze erreicht, dann strömt zunächst nur wenig Materie über. Die Scheibe ist instabil und wir haben eine Zwergnova vor uns. Wenn die beiden Sterne sich immer näher kommen, wächst die Massentransferrate. Dadurch wird einerseits die Scheibe stabilisiert, so daß keine Zwergnovaausbrüche mehr auftreten. Andererseits sammelt der Weiße Zwerg nun ziemlich schnell eine große Menge wasserstoffhaltigen Materials auf seiner Oberfläche an. Er explodiert schließlich, verliert etwas an Masse, wodurch die Sterne ein wenig auseinanderrücken. Dadurch wird der Massenstrom für eine Weile unterbunden. Aber die Gezeitenreibung bringt die beiden Sterne einander wieder näher, und so wird auch der Massentransfer wieder einsetzen. Nach den theoretischen Rechnungen dauert das ganze Spiel größenordnungsmäßig 10 000 Jahre. Das ist der Grund dafür, daß dieses sehr hübsche theoretische Bild noch nicht endgültig bewiesen werden konnte.

Die kleine Gruppe der wiederkehrenden Novae ist möglicherweise sowohl mit den klassischen als auch mit den Zwergnovae verknüpft. Die bekanntesten Beispiele sind T Coronae Borealis, der in den Jahren 1866 und 1946 jeweils die zweite Größe erreichte, und RS Ophiuchi, der alle paar Jahrzehnte zur vierten Größe explodiert. Die Ausbrüche dieser beiden scheinen denen der Zwergnovae zu ähneln, wobei allerdings der Spenderstern ein Riese und der Empfänger ein Hauptreihenstern ist. Dagegen sind die Eruptionen von T Pyxidis und U Scorpii ziemlich sicher von thermonuklearen Explosionen auf Weißen Zwergen verursacht. Diese beiden Fälle deuten also darauf hin, daß auch die klassischen Novae in Wirklichkeit wiederholt explodieren, jedoch in zu langen Zeiträumen, so daß wir bisher nur jeweils einen Ausbruch beobachten konnten.

Die Spektren der kataklysmischen Veränderlichen sind sehr unterschiedlich und zum Teil extrem kompliziert. Sie werden von zwei Sternoberflächen, der Akkretionsscheibe, dem Gasstrom zwischen Lagrangepunkt L1 und der Scheibe und natürlich den Explosionswolken der Novaeruptionen gebildet. Es gibt kein kohärentes Schema zu ihrer Klassifikation.

Mit den Klassen P und Q sind nun auch die beiden übriggebliebenen, nicht in die eigentliche Spektralsequenz passenden Spektraltypen behandelt. Die dahinterstehenden Objektklassen waren viele Jahrzehnte nach der Einführung ihrer Klassifikation noch völlig unverstanden. Ihre Natur ist erst in den vergangenen 20 Jahren aufgeklärt worden. Abschließend soll noch auf einen bemerkenswerten Zusammenhang zwischen den beiden Spektralklassen hingewiesen werden. Die allmähliche Kontraktion der Zentralsterne Planetarischer Nebel hin zum Stadium der Weißen Zwerge ähnelt in verblüffender Weise der Abkühlung des Weißen Zwergs nach einer Nova-Explosion. Der Unterschied besteht lediglich darin, daß im ersten Fall der gesamte Stern heiß ist, im zweiten dagegen nur eine äußere Schicht. Deshalb läuft die Kontraktion nach der Nova-Explosion circa 100mal schneller ab. Interessanterweise kann also das Studium der einen Objektklasse viel zum Verständnis der anderen beitragen und umgekehrt.

11.7 Eta Carinae

Eta Carinae ist so ungewöhnlich, daß er einen eigenen Abschnitt in diesem Buch verdient. Er liegt weit im Süden inmitten des großen Carina-Nebels. Wir sind ihm schon einmal bei den F-Sternen (Abschnitt 7.10) begegnet, weil er zeitweise das Spektrum eines leuchtkräftigen F-Überriesen mit starkem Wind zeigte. Im 19. Jahrhundert dominierte dieser Stern zwanzig Jahre lang die südliche Milchstraße. Im Jahre 1844 strahlte er mit knapp –1 mag, war also fast so hell wie Sirius. Ab 1856 verblaßte er allmählich, um nach 14 Jahren Abstieg die 7. Größe zu erreichen. 1886 erlebte er einen kleinen Helligkeitsanstieg um etwa eine Größenklasse, der bald wieder abgeklungen war. Seit 1948 nimmt seine Helligkeit wieder ganz langsam zu; heute ist er mit dem bloßen Auge gerade eben zu erkennen.

Lange Zeit hat man Eta Carinae für eine extrem langsame Nova wie RT Serpentis oder RR Telescopii gehalten. Aber diese Einstufung ist ziemlich sicher falsch. Der Stern ist mit dem Sternentstehungsgebiet der großen Emissionsnebel in Carina (NGC 3324, NGC 3372, Abbildung 11.12) verbunden. Dort gibt es eine größere Zahl von

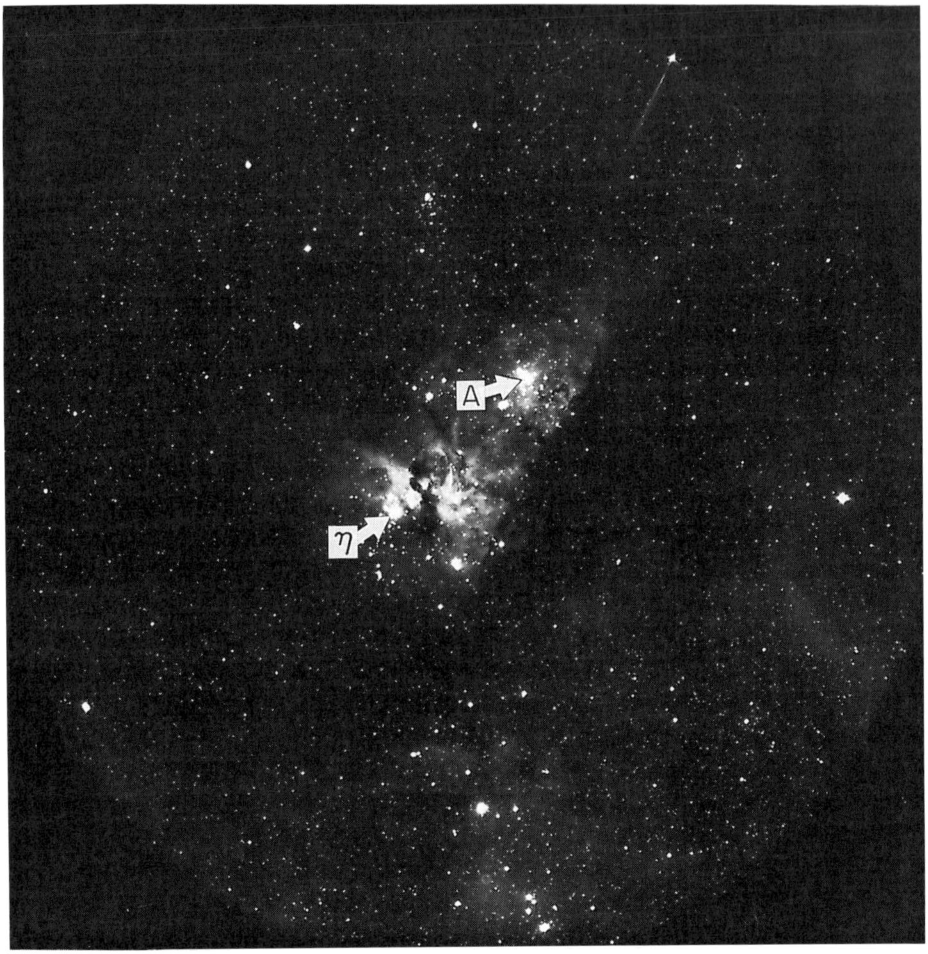

11.12 Der Eta-Carinae-Nebel, NGC 3324 und NGC 3372. Der exotische Veränderliche η Carinae und der extrem leuchtkräftige Überriese HD 93129A (O3 Iaf) sind durch ‚η' beziehungsweise ‚A' gekennzeichnet. Die dunkle Struktur rechts von η Car ist das sogenannte Schlüsselloch. Die Lage dieses Nebelkomplexes im Kontext der südlichen Milchstraße ist in Abbildung 1.7 erkennbar. Dort erscheint er als heller Fleck unmittelbar rechts des Kreuzes des Südens, fast am Rand der Aufnahme. Photo: National Optical Astronomy Observatories (CTIO), mit freundlicher Genehmigung von D. A. Hunter und J. S. Gallagher.

O-Sternen, einschließlich des superhellen O3 Iaf-Überriesen HD 93129A, den wir in Kapitel 10 genauer betrachtet haben. Eta Carinae ist innerhalb der H II-Region nochmals von einem kleinen, sehr hellen Nebelchen umgeben. Dieses heißt „Homunculus" (lateinisch „Männchen" oder „Menschlein"), weil es die Form eines ziemlich plumpen menschlichen Figürchens hat. Der Stern selbst steckt tief versteckt in einer selbsterzeugten Staubhülle, die nochmals viel kleiner ist als der Homunculus. Im optischen Spektrum sehen wir derzeit nur Nebellinien in Emission. Aber in Spektren aus dem Jahre 1893, kurz nach dem kleinen Ausbruch aufgenommen, sieht man deutlich die Absorptionslinien eines frühen F-Überriesen (Abbildung 11.13). Man glaubt heute, daß der Stern vor gut 100 Jahren eine Episode besonders starken Massenverlusts durchmachte und daß das Absorptionsspektrum von einer kühlen, dichten, expandierenden Hülle um das eigentliche Zentralobjekt erzeugt wurde.

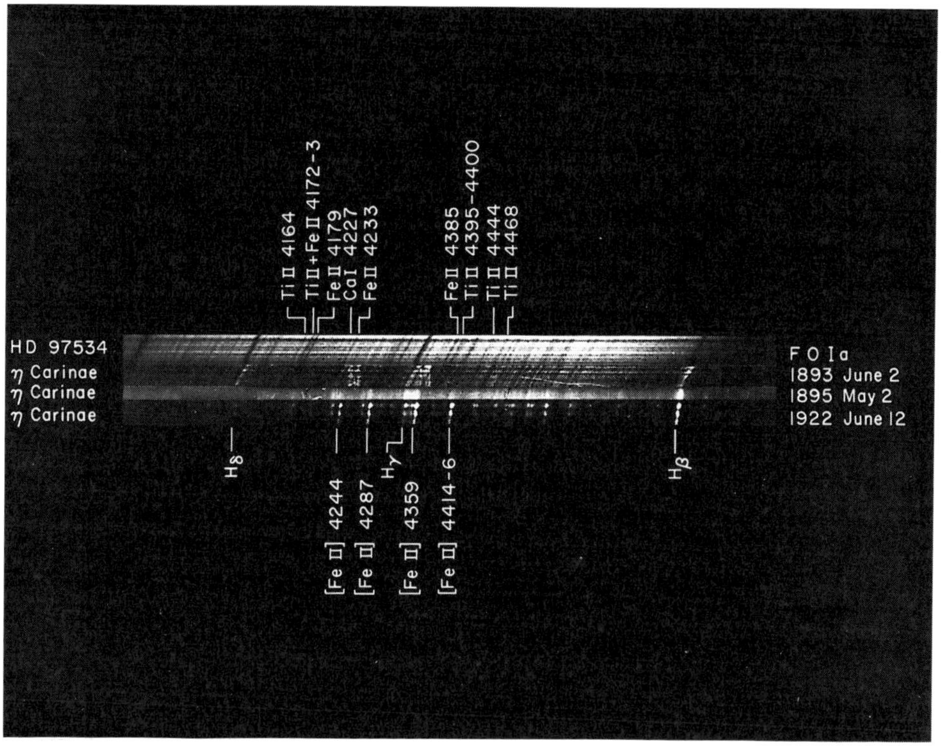

11.13 Spektren von η Carinae im Vergleich mit dem F0-Überriesen HD 97534. Man erkennt sehr schön den Wechsel von einem Absorptions- zu einem Emissionslinienspektrum beim Abklingen des Helligkeitsausbruchs am Ende des 19. Jahrhunderts. Das Spektrum von 1893 ist eines der allerersten, das an der Boyden-Außenstelle des Harvard-Observatoriums in Peru aufgenommen wurde. An dieser Station wurden die südlichen Platten für den Henry-Draper-Katalog angefertigt. Abbildung aus einem Artikel von N. R. Walborn und M. H. Liller im *Astrophysical Journal*.

Die Natur des unsichtbaren Sterns ist unbekannt. Die plausibelste Vermutung beinhaltet einen extrem massereichen O-Überriesen mit der enormen bolometrischen Leuchtkraft von –12,5 mag. Die Vermutungen über die zukünftige Entwicklung des Objekts gehen weit auseinander. Vielleicht wird es zu einem Wolf-Rayet-Stern, vielleicht aber auch zur nächsten hellen Supernova an unserem Himmel. Wenn wir lange genug warten, werden wir es auf jeden Fall erfahren. Aber das Warten kann, nach menschlichen Maßstäben gemessen, natürlich sehr lang werden.

11.8 Symbiotische Spektren

Das Spektrum eines unaufgelösten Doppelsterns setzt sich logischerweise aus den Einzelspektren der Partner zusammen. Ein bekannter Fall ist Capella, deren Spektrum eine Kombination der Klassen G0 und G5 enthält. Es gibt viele derartiger Beispiele. Eines davon ist uns in Kapitel 5 begegnet: Mizar, ζ UMa (Abbildung 5.10). Damals hatten wir gesehen, wie man aus den dopplerverschobenen Linien der beiden Komponenten deren Massen ableitet. Derartige Spektren werden üblicherweise als *Kompositspektren* bezeichnet. Hier sieht man zwei mehr oder weniger ähnliche Sterne im selben Spektralbereich vor sich.

Es gibt eine weitere Art von kombinierten Spektren, denen wir uns in diesem Abschnitt näher zuwenden wollen. Sie sind definiert durch das gleichzeitige Auftreten von spektralen Charakteristika, die zu niedriger und sehr hoher Temperatur gehören. Man bezeichnet sie meist als *Symbiotische Spektren* und die dazugehörigen astronomischen Objekte entsprechend als *Symbiotische Sterne*. Ein typischer Fall besteht aus einem M-Riesen, der mit einer Periode von vielleicht einem Jahr und einer Amplitude von vielleicht einer Größenklasse unregelmäßig variabel ist. Dessen Spektrum überlagern sich erlaubte Emissionslinien von Wasserstoff, Eisen und Helium sowie verbotene Linien, zum Beipiel von [O III] und [Ne III], siehe Abbildung 11.14. Geht man zu kürzeren Wellenlängen, so findet man ein sehr blaues Kontinuum, das sich dem M-Spektrum zunächst überlagert, um es im nahen UV völlig zu verdecken. Im fernen UV zeigt sich ein imposanter Wald aus Emissionslinien hoher Anregungs- und Ionisationsstufen. Oft deuten P-Cygni-Profile im UV das Vorhandensein eines starken Sternwinds an. Im Infraroten schließlich zeigen sich meist die typischen Anzeichen eines ausgedehnten Staubkokons.

Das blaue Kontinuum und die Emissionslinien sind im allgemeinen stark variabel. Ihre Variationen sind aber weitgehend von den Lichtschwankungen des kühlen Riesen unabhängig. Die heiße Lichtquelle erlebt gelegentliche Ausbrüche, während derer sie auch das optische Spektrum dominiert. Diese Phasen dauern typischerweise ein Jahr, gelegentlich auch länger, und wiederholen sich im Abstand von Jahren bis Jahrzehnten.

Das hier beschriebene generelle Schema wird von den einzelnen Objekten in weitem Rahmen variiert. Die kühle Komponente kann statt eines M- auch ein K- oder G-Spektrum besitzen. In manchen Fällen ist die heiße Komponente nur mit Mühe erkennbar, in anderen dominiert sie das gesamte Spektrum. Dann erkennt man den M-Stern oft nur noch an schwachen Andeutungen seiner TiO-Banden. Die der heißen Komponente zugehörige Temperatur ist sehr unterschiedlich. Die He II-Linien, die auf besonders hohe Temperaturen hinweisen, können fehlen oder sehr schwach sein, sie können aber auch das ganze Emissionsspektrum beherrschen. Ebenso können die verbotenen Linien völlig fehlen, da sie sehr leicht durch zu hohe Gasdichten unterdrückt werden.

Die Zahl der bekannten Symbiotischen Sterne ist recht groß, unter ihnen sind auch etliche helle Exemplare. Der Prototyp der Klasse ist Z And, der normalerweise 8 mag hell ist. Die Symbiotischen Sterne werden deshalb gelegentlich auch als *Z-And-*

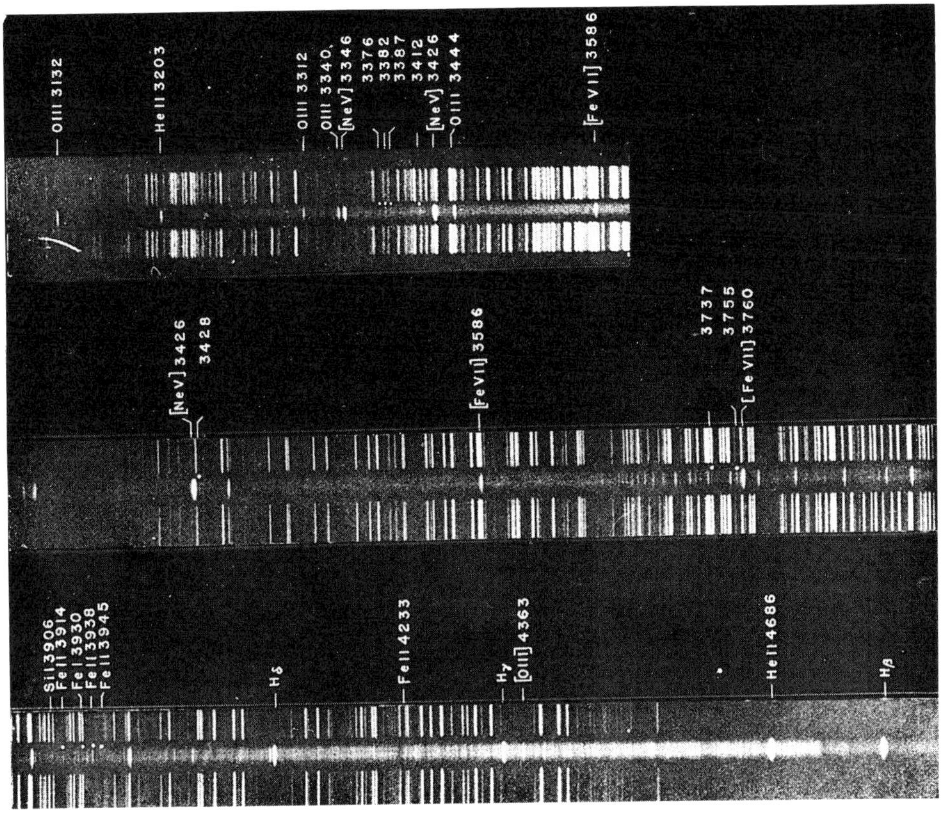

11.14 Ein symbiotisches Spektrum. Der M-Stern des symbiotischen Systems CI Cygni erzeugt unter anderem die TiO-Banden (besonders rechts unten deutlich erkennbar), während die „hochangeregten" Linien, zum Beispiel von He II, [O III] und [Fe VII], von einer sehr heißen Quelle stammen. Photo: Mc Donald Observatory, aus einem Artikel von J. Sahade in *Stellar Atmospheres*!n, von J. L. Greenstein (Hrsg.), University of Chicago Press, Chicago, 1960.

Sterne bezeichnet. Der hellste Vertreter ist CH Cygni, der sich seit fast 20 Jahren permanent in einer Ausbruchsphase befindet Man findet ihn mit dem Feldstecher ziemlich leicht etwa 6 Grad nordwestlich von δ Cygni. In guten Sternatlanten für Amateure sollte er eingezeichnet sein. Eines der bizarreren Exemplare ist R Aquarii. Dieser Stern hat sich in seiner jüngeren Vergangenheit mit einem großen Nebel umgeben, der recht seltsame Eigenschaften besitzt.

Das Auftreten von verbotenen Linien hat zunächst zu der Vermutung geführt, mit den Symbiotischen Sternen sähe man gerade entstehende Planetarische Nebel vor sich. Andere historische Deutungsversuche bemühten Schockwellen in expandierenden Hüllen um kühle Sterne oder eine kalte Gas- und Staubhülle um einen heißen Stern. Heutzutage ist jedoch ziemlich klar, daß wir es wiederum, wie bei den kataklysmischen Veränderlichen, mit einem Doppelsternphänomen zu tun haben.

Alle Beobachtungsbefunde lassen sich zwanglos durch einen Riesen deuten, der Masse an einen Hauptreihenstern oder Weißen Zwerg verliert. Die heiße Lichtquelle kann entweder der Sekundärstern selbst sein, wahrscheinlicher jedoch die Akkretionsscheibe oder der helle, heiße Fleck auf der Scheibe, der an der Aufprallstelle des Gasstroms auf die Scheibe (siehe Abbildung 11.10) entsteht. In jedem Falle resultieren die Helligkeitsvariationen aus den Schwankungen des Gasstroms. Der heiße Fleck und die heißen inneren Teile der Scheibe können mit ihrer Strahlung ein größeres Volumen des Sternwinds um den Riesen ionisieren. Wenn die Gasdichte im ionisierten Bereich gering ist, sehen wir die verbotenen Linien wie bei Planetarischen Nebeln. Ist sie hoch, so werden die verbotenen Linien unterdrückt, weil die Elektronen durch Stöße aus den oberen Energieniveaus entfernt werden, bevor sie ein verbotenes Photon emittieren können. Die Temperatur des heißen Flecks bestimmt den Ionisationsgrad. Deshalb sehen wir bei manchen Sternen die Linien des ionisierten Heliums, bei anderen die des neutralen.

Bei geeigneter Neigung der Doppelsternbahn gegen unsere Sichtlinie kann es vorkommen, daß der Riese das umlaufende und überströmende Material verdeckt. In diesen Fällen überlagert sich ein periodischer Bedeckungslichtwechsel den unregelmäßigen Helligkeitsvariationen, die durch den Massentransfer selbst hervorgerufen werden. Es kommt auch gelegentlich vor, daß an der Oberfläche der kompakten Komponente das Wasserstoffbrennen in der aufgesammelten Gashülle zündet. Der symbiotische Stern wird dann plötzlich viel heller, bleibt aber im Gegensatz zu den klassischen Novae für Jahre oder gar Jahrzehnte im Helligkeitsmaximum. Der Vorgang wird als *symbiotische Nova* bezeichnet, aus naheliegenden Gründen. Ein klassisches Beispiel ist CH Cygni.

Symbiotische Sterne haben also sehr viel mit den kataklysmischen Variablen gemeinsam. Das Grundphänomen ist der Massenaustausch in einem Doppelsternsystem. Es wird ausgelöst durch die Prozesse der Sternentwicklung, die wir im folgenden Kapitel genauer anschauen werden.

11.9 Über die Grenzen des HR-Diagramms hinaus

Unser Überblick über den bunten Zoo stellarer Objekte ist nun fast vollendet. Wir haben Objekte kennengelernt, die sich in phantastischer Weise voneinander unterscheiden und doch alle zu einer großen Familie gehören: den Sternen. Die Temperaturen ihrer Oberflächen variieren zwischen knapp 2 000 K und gut 50 000 K, die Massen von 0,08 bis zu 100 Sonnenmassen, die Durchmesser von einem Hundertstel bis zu mehr als tausend Sonnendurchmessern und die Leuchtkräfte von einem Zehntausendstel bis zum Zehnmillionenfachen der Energieausschüttung unseres Muttergestirns. Indem wir das HR-Diagramm etwas umgedeutet haben (als graphische Darstellung der Leuchtkraft gegen die Oberflächentemperatur) konnten wir auch noch die Zentralsterne Planetarischer Nebel sinngemäß einzeichnen. Dadurch ist der Temperaturbereich bis weit über 100 000 K erweitert worden.

Innerhalb dieses riesigen Bereichs der physikalischen Parameter haben wir eine große Vielfalt von Sterntypen kennengelernt, von windigen Überriesen über chemisch absonderliche Riesen bis zu variablen Zwergen. Wir haben uns nicht sämtliche derzeit bekannten Spezies angeschaut, aber doch genug davon, um den Charme der modernen Astrophysik in seiner vollen Breite gespürt zu haben. Der Leser dieser ersten 11 Kapitel ist gut gerüstet, um tiefer in die stellare Astrophysik einzusteigen – wenn er will.

Dennoch haben wir zwei wichtige Klassen von stellaren Objekten übergangen. Wir mußten sie auslassen, weil wir die Spektralklassen und das HR-Diagramm als Orientierungsrahmen gewählt hatten. Dort lassen sich die *Neutronensterne* und die *Schwarzen Löcher* auch mit der größten Anstrengung nicht einordnen. Beide sind die Endprodukte der Entwicklung massereicher Sterne.

Das Spektrum der Neutronensterne ist ein reines Kontinuum, ohne Emissions- oder Absorptionslinien. Sie können keine Linien bilden, weil bereits an ihrer Oberfläche die Dichte und der Druck so hoch sind, daß keine Atome mehr existieren können. Aus Abschnitt 8.9 wissen wir, daß es für Weiße Zwerge eine obere Massengrenze von 1,4 Sonnenmassen gibt. Oberhalb dieser Grenze reicht der Entartungsdruck der Elektronen nicht mehr aus, um der Gravitation zu widerstehen. Wenn ein Weißer Zwerg die Grenze überschreitet, kollabiert er innerhalb einer Sekunde auf ein Tausendstel seines Durchmessers. Das Ergebnis ist ein Neutronenstern.

Aber auch für Neutronensterne gibt es eine obere Massengrenze. Sie liegt irgendwo bei 3 bis 4 Sonnenmassen. Ganz genau weiß man es noch nicht. Jenseits dieser Grenze tritt ein Kollaps ohne Ende ein – zumindest ist den Physikern nichts bekannt, was den Zusammenbruch eines Neutronensterns ins Bodenlose noch aufhalten könnte. Die einzige theoretische Vorstellung, die es für den Endzustand eines Neutronensternkollaps gibt, ist die eines Schwarzen Lochs. In einem Schwarzen Loch kollabiert die ganze stellare Materie in einen einzigen „Punkt". Kein Signal kann von dort aus die Außenwelt erreichen, nicht einmal Lichtstrahlen. Man weiß bisher nicht, ob es Schwarze Löcher wirklich gibt. *Wenn* es sie gibt, dann verraten sie sich nur durch ihre Schwerkraftwirkung auf nahe benachbarte Körper und durch das Aufsammeln von Gas aus ihrer Umgebung. Wir können zum Beispiel die Masse eines unsichtbaren, kleinen Begleiters in einem Doppelsternsystem aus der Bahnbewegung des anderen Partners bestimmen (wie für die Braunen Zwerge in Abschnitt 4.10). Einige derartige Kandidaten mit Massen über dem vierfachen der Sonnenmasse sind bekannt! Wenn sich ein Schwarzes Loch in einem Doppelsternsystem mit Massentransfer befindet, dann sehen wir noch weitere Auswirkungen. Schon beim Aufprall auf Weiße Zwerge und Neutronensterne wird die überströmende Materie extrem verdichtet und aufgeheizt und emittiert deshalb intensive Röntgenstrahlung. Das gleiche passiert beim Einströmen in ein Schwarzes Loch, kurz bevor die Materie für immer in ihm verschwindet, in noch stärkerem Maße. Die Röntgenstrahlung sollte in diesem Fall vielleicht einen anderen Charakter besitzen als bei Weißen Zwergen und Neutronensternen. Wiederum sind einige Kandidaten am Himmel bekannt, deren Röntgenstrahlung ganz anders ist als die „normaler" Röntgendoppelsterne. Aber leider ist die Erzeugung von Strahlung unter solch extremen Bedingungen, wie sie nahe eines Schwarzen Lochs herrschen, noch nicht genügend verstanden, um daraus einen sicheren Schluß auf die Existenz Schwarzer Löcher in den Systemen ziehen zu können.

Mit den beiden möglichen Endprodukten von Supernovaexplosionen, den Neutronensternen und Schwarzen Löchern, ist unsere Inventur des Kosmos der Sterne endgültig abgeschlossen. Im letzten Kapitel dieses Buches wollen wir uns mit den Ursachen der wunderbaren Vielfalt stellarer Objekte befassen: den grandiosen Wanderungen, die die Sterne im Laufe ihres Lebens durch das HR-Diagramm führen.

12. Wanderungen im HR-Diagramm

Wenn Arkturus an einem klaren Aprilabend am Osthimmel aufsteigt, dann erkennen wir ihn an seiner Farbe als K-Stern. Wir weisen ihn damit in eine Kategorie, eine Klasse, eine Spezies ein. Irdische Wesen klassifizieren wir in ähnlicher Weise als Hund, Katze, Pferd oder als Mann und Frau. Aber es gibt noch eine andere Einteilung, die ebenso interessant und wichtig ist wie die nach der Artzugehörigkeit: die Einteilung nach Lebensabschnitten, die Unterscheidung von Kindern, Erwachsenen und Greisen. Im letzten Kapitel dieses Buches wollen wir die Sterne unter diesem Gesichtspunkt betrachten. Arkturus war nicht immer ein K-Stern. Wir wollen uns fragen, wie er früher aussah und was die Zukunft für ihn bereit hält. Das Thema der Sternentwicklung ist in Abschnitt 1.17 sehr flüchtig behandelt worden und im Laufe unserer Betrachtungen immer wieder kurz angeklungen. Nun, auf der Basis unserer gewachsenen Kenntnis der Sternenwelt können wir es im größeren Zusammenhang ausführlicher diskutieren.

Daß die Sterne sich mit der Zeit verändern und entwickeln *müssen*, war den Astronomen der Neuzeit von vornherein klar. Ihre Energiequelle kann nicht unerschöpflich sein, von welcher Art sie auch sein möge. Vor hundert Jahren konnten die ersten Astrophysiker über die Natur der Energieerzeugung von Sternen nur spekulieren. Heute kennen wir sie und wissen, daß der zentrale Kernreaktor über einen begrenzten Brennstoffvorrat verfügt. Die Lebenszeit der Sterne ist, wie wir heute wissen, für irdische Maßtäbe immens lang, aber sie ist endlich. Die Änderungen der chemischen Zusammensetzung durch die Kernreaktionen im tiefen Innern führen zu dramatischen Änderungen des äußeren Erscheinungsbilds eines Sterns. Arkturus mag einmal ein A-Stern gewesen sein, und in ferner Zukunft wird er als M-Riese durch die Galaxis kreisen.

Zu Anfang dieses Jahrhunderts, nach der Entdeckung des HR-Diagramms, gab es die ersten empirisch begründeten (aber dennoch unzutreffenden) Vermutungen über den Ablauf der Sternentwicklung. Inzwischen ist dieses Thema zu einem der Hauptarbeitsgebiete der modernen Astronomie geworden. Nach gewaltigen Anstrengungen und zahllosen Stunden an Teleskopen und Elektronenrechnern haben die Astronomen ein ziemlich klares Bild der Sternentwicklung entworfen. Die überraschendste Konsequenz dieses Bildes lautet: Praktisch jeder Stern durchläuft im Laufe seines Lebens sämtliche Spektralklassen (oder zumindest die meisten). Das heutige Bild der Sternentwicklung hat eine sehr tiefgreifende und ästhetische Ordnung in die bunte Vielfalt stellarer Objekte an unserem Himmel gebracht.

12.1 Grundlagen

Die theoretischen Rechnungen, mit denen die Entwicklung eines Sterns verfolgt und simuliert wird, sind sehr aufwendig und schwierig. Bis zum heutigen Tage gibt es Phasen der Sternentwicklung, die wir noch nicht durchrechnen können. Die den Rechnungen zugrundeliegenden Prinzipien sind jedoch relativ einfach und einsichtig. Das Grundphänomen aller Sternentwicklung ist das Bestreben des stellaren Materials, sich unter dem Einfluß seiner eigenen Schwerkraft zusammenzuziehen. Alle Entwicklungsstadien, die wir kennen, werden entweder durch Prozesse erzeugt, die diese Kontraktion vorübergehend aufhalten können, oder aber durch die Kontraktion selbst.

Der wichtigste Faktor – in guter Näherung sogar der einzige Faktor überhaupt – bei der Festlegung der Lebensgeschichte eines Sterns ist seine anfängliche Gesamtmasse. Ein Stern auf der Hauptreihe besteht aus drei wohldefinierten Schichten (siehe Abschnitt 1.16): dem Kern, in dem die nukleare Energie erzeugt wird, der Hülle, die für Wärmedämmung, Druck und Energietransport nach außen sorgt, und schließlich der dünnen Atmosphäre, die die erzeugte Energie in den Weltraum abstrahlt und das beobachtbare Spektrum erzeugt. Die anfängliche Kompression des Sterngases erzeugt die für die Zündung der Kernreaktionen notwendige hohe Temperatur im Kern. Die Hülle hilft, sie aufrechtzuerhalten. Sterne mit höherer Masse entwickeln eine höhere Kerntemperatur. Damit steigt die Rate der Energieerzeugung. Trotz des anfänglich größeren Brennstoffvorrats leben massereiche Sterne nicht so lang wie massearme. Ihre Leuchtkraft ist so viel größer, daß sie ihren größeren Energievorrat dennoch viel eher erschöpfen.

Um diese Aussagen über die Lebendauer zu treffen, ist jedoch gar keine tiefsinnige Theorie notwendig. Die Beobachtung von Doppelsternen (Abschnitte 1.6 und 5.4) lehrt uns ganz ohne Kenntnis des inneren Sternaufbaus den Zusammenhang zwischen Masse und Leuchtkraft der Sterne, die sogenannte Masse-Leuchtkraft-Beziehung. In einer brauchbaren Näherung kann man sie folgendermaßen ausdrücken: Die Leuchtkraft eines Hauptreihensterns ist proportional der 3,5ten Potenz seiner Masse (Abschnitt 7.2). Wenn man etwas genauer hinschaut, dann ändert sich diese Potenz allerdings entlang der Hauptreihe. Sie wächst von unten nach oben an. Der große, simple Triumph der Theorie des Sternaufbaus besteht darin, daß sie die genaue Form der Masse-Leuchtkraft-Beziehung sehr präzise wiedergeben kann. Diese sehr einfache Übereinstimmung ist vielleicht der wichtigste „Beweis“ für die Richtigkeit unserer Vorstellungen vom inneren Aufbau und den inneren Vorgängen der Sterne.

Wir wollen noch einen kleinen Augenblick bei der Betrachtung der Lebenserwartung von Sternen verweilen. Naiverweise würde man ja eher erwarten, daß die massereichen länger leben. Aber wir wissen, daß es umgekehrt ist. Wir können das Ausmaß der Lebensverkürzung durch die hohen Leuchtkräfte der massereichen Sterne in recht einfacher Weise grob abschätzen. Die Lebensdauer t muß einerseits proportional zum Brennstoffvorrat, also zur Masse M, andererseits aber umgekehrt proportional zur Geschwindigkeit des Brennstoffverbrauchs, also der Leuchtkraft L sein. Da L wiederum nach der Masse-Leuchtkraft-Beziehung ungefähr proportional zu $M^{3,5}$ ist, skaliert sich die Lebensdauer t also mit $M^{3,5}/M$, oder $M^{2,5}$. Aus unserer

Kenntnis des inneren Aufbaus der Sonne wissen wir, daß sie 10^{10} Jahre leuchten kann. Ein Stern von 10 Sonnenmassen wird also nur den $10^{2,5}$ten Teil davon leben: 30 Millionen Jahre. Auf der andern Seite wird ein Stern von 0,1 Sonnenmassen seinen Wasserstoffvorrat erst in 3×10^{12} Jahren aufgebraucht haben.

Diese Zahlen geben nur einen groben Anhaltspunkt. Die wahren Werte liegen um einen Faktor 2 oder mehr daneben. Um die genaue Beziehung zwischen Masse und Lebensdauer herzuleiten, müssen eine ganze Anzahl von Komplikationen korrekt berücksichtigt werden. Die Masse-Leuchtkraft-Beziehung folgt nicht genau dem angenommenen $M^{3,5}$-Gesetz; das Verhältnis von Gesamtmasse zu tatsächlichem Brennstoffvorrat ist entlang der Hauptreihe nicht konstant, weil das Verhältnis von Kernmasse zu Hüllenmasse sich ändert; Unterschiede in der chemischen Zusammensetzung der Sterne beeinflussen sowohl die Energieerzeugungsrate als auch die Größe des Kerns; der Kern selbst wächst in Masse (schrumpft aber im Durchmesser) während der Entwicklung; Konvektion im Innern des Sterns kann frisches Brennmaterial in den Kern hineinmischen, so daß der wahre Vorrat größer ist als der Kern; Massenverlust kann den Stern seiner Hülle berauben und so die Kernreaktionen zum Erlöschen bringen; und so weiter, und so fort. Die Wissenschaft von der Entwicklung der Sterne muß sich mühsam und sorgfältig durch diese und viele andere Details hindurcharbeiten, bevor sie zu gesicherten Ergebnissen kommen kann.

Die vorstehenden Überlegungen gelten zunächst auch nur für die Umwandlung von Wasserstoff in Helium, die auf der Hauptreihe stattfindet (siehe Kästen 6.1 und 7.1). Die Verhältnisse werden sofort weitaus komplizierter, wenn wir auch all die andern Kernfusionsprozesse ins Auge fassen, die sich nach dem Hauptreihenstadium im Sterninnern abspielen. So wie ein Stern in seiner allmählichen Kontraktion zu jeder Zeit versucht, den Zustand der geringstmöglichen Gesamtenergie einzunehmen, so streben auch die Atome in seinem Innern nach diesem Zustand. Der Stern erreicht dies, indem er sich so klein wie möglich macht, indem er letztendlich zum Weißen Zwerg, Neutronenstern oder Schwarzen Loch zusammenschrumpft. Die Atome erreichen dies, indem sie sich in Eisen verwandeln. Die Menschheit erzeugt nukleare Energie, indem sie in Kernspaltungsreaktoren aus sehr schweren Atomkernen mittelschwere macht. Sterne erzeugen nukleare Energie, indem sie leichte Atomkerne zu mittelschweren vereinigen. Beide Prozesse führen im Periodensystem der Elemente in die Nähe des Elements Eisen. Bei Eisen und den benachbarten Elementen sind die Bausteine der Atomkerne (die Protonen und Neutronen) am stärksten aneinander gebunden. Umwandlung von Eisen in jedes beliebige andere Element ist nur durch die *Zufuhr* äußerer Energie möglich. Das ist der Grund dafür, daß Eisen das mit Abstand häufigste Metall im Universum ist (siehe Abbildung 6.10).

Die vielfältigen Entwicklungsstadien eines Sterns nach der Hauptreihe können in sehr schlüssiger und übersichtlicher Weise nach dem jeweiligen Brennmaterial und dem Ort seiner Verbrennung (Zentrum oder Schale) gedeutet werden. Zunächst wird Wasserstoff in Helium verwandelt. Die Asche des ersten nuklearen Feuers, Helium, entzündet sich später erneut, um Kohlenstoff zu bilden. Der kann später zu Neon, Neon zu Silizium und Silizium zu Eisen weiter verarbeitet werden. Wie weit dieser Prozeß tatsächlich abläuft, hängt wiederum von der Masse des Sterns (und all den erwähnten kleinen Komplikationen) ab. Für jeden Schritt werden höhere Drucke und Temperaturen benötigt als für den jeweils vorangehenden.

Auf dem Hintergrund dieser grundsätzlichen Betrachtungen wollen wir uns nun wieder der konkreten Sternenwelt zuwenden, um die einzelnen Episoden der stellaren Kontraktion, die Pausen dazwischen und die einzelnen Stufen der nuklearen Fusionsprozesse mit realen Objekten des nächtlichen Himmels in Verbindung zu bringen.

12.2 Sternentstehung

Die erste große Kontraktionsphase erzeugt den Stern aus dem Chaos des weitläufigen, dünnen interstellaren Mediums. Die Astronomie ist gerade erst dabei zu erkennen, wie der Prozeß vor sich geht. Wir haben noch kein vollständiges Bild von der Geburt der Sterne. Aber in den letzten beiden Jahrzehnten hat sich eine große Zahl von Hinweisen und Indizien auf den Ablauf dieses verborgenen und geheimnisvollen Vorgangs aufgetan. Man weiß inzwischen, wo die Sternentstehung stattfindet, und man hat eine große Zahl von Sternen gefunden, die gerade die letzten Geburtswehen durchmachen.

Die Bildung eines Sterns beginnt mit einer Verdichtung tief im Innern einer kalten dunklen interstellaren Gas- und Staubwolke. Barnard 86 (Abbildung 9.11) mag eine solche Verdichtung sein. Meist sind sie tief im Innern viel größerer Komplexe verborgen (Abbildung 12.1). Dort finden wir in vielen Fällen massereiche, junge Sterne vor. Allerdings sind die Wolken oft so dick und undurchsichtig, daß wir die Existenz der jungen Assoziationen und Sternhaufen aus ihrer Infrarot- oder Radiostrahlung erschließen müssen. Im optischen Spektralbereich sind sie durch zehn, zwanzig oder mehr Größenklassen an Extinktion verborgen (Abbildung 12.2). In und um diese staubigen Wolken finden wir die jungen T-Tauri-Sterne (Abschnitt 5.6), die oberhalb der Hauptreihe liegen und offenbar noch in der Kontraktion dorthin begriffen sind.

Die Entstehung und anfängliche Entwicklung der Verdichtungen („Kondensationen" oder „Wolkenkerne" genannt) ist noch weitgehend unverstanden. Sie hängt von einem komplizierten Zusammenspiel zwischen der Eigengravitation des Wolkengases und dem die Wolke durchziehenden verwickelten Magnetfeld ab.

Historisch gesehen die größte Schwierigkeit im Gesamtkomplex der Sternentstehung ist das sogenannte *Drehimpulsproblem*. Der Drehimpuls ist ein Maß für die „Menge" an Rotationsbewegung in einem physikalischen System. Wenn man einen Stein oder sonstigen Körper an eine Schnur bindet und um den Kopf wirbelt, dann ist dessen Drehimpuls L gleich dem Produkt aus Schnurlänge (r), Masse (m) und Geschwindigkeit (v), also $L = rmv$. Bei einem rotierenden Körper ist L die Summe der Drehimpulse all seiner Teile bei ihrer Bewegung um die gemeinsame Drehachse (man betrachte den Körper als wäre er aus lauter einzelnen Kubikzentimeterwürfelchen zusammengesetzt und berechne den Drehimpuls jedes einzelnen nach der vorstehenden Formel).

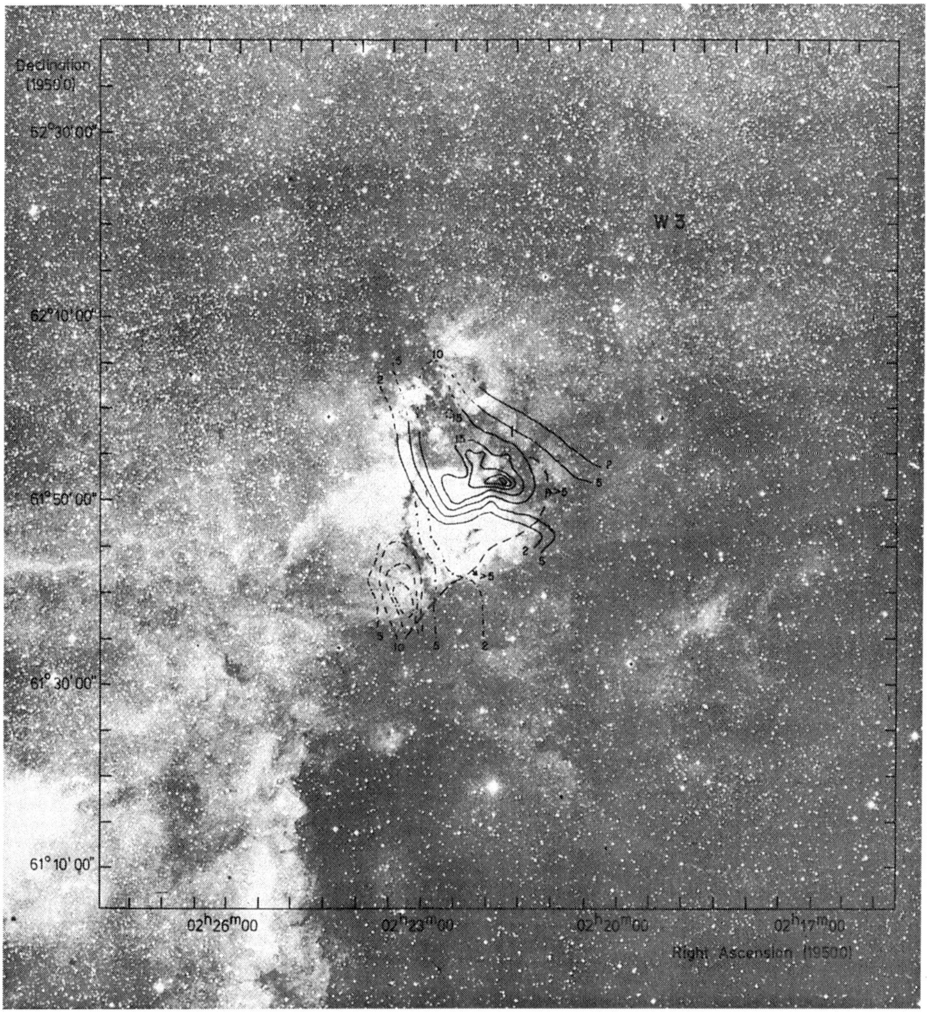

12.1 Eine Molekülwolke mit aktiver Sternentstehung. Die Photographie zeigt einen Komplex aus Dunkelwolken und Emissionsnebeln mit der Bezeichnung W3. Ihr überlagert sind Linien gleicher Intensität einer Spektrallinie von Kohlenmonoxid im Radiobereich. Die Sternentstehung beginnt in den dichten dunklen Regionen der Molekülwolken, wo die Temperatur nur einige Kelvin beträgt. Photo: National Geographic, Palomar Observatory Sky Survey, abgedruckt mit freundlicher Genehmigung des California Institute of Technology. Überlagerte Radiodaten (die Skalen geben jeweils Deklination und Rektaszension an): H. R. Dickel.

Die physikalische Bedeutung der Größe L (nicht zu verwechseln mit der Leuchtkraft, die wir ebenfalls mit L abkürzen) liegt darin, daß sie, wie die Energie, in einem abgeschlossenen System konstant ist. Das heißt, ein Körper oder eine Ansammlung von Körpern kann ihren Gesamtdrehimpuls nur ändern, indem sie Teile davon nach außen abgibt, oder von außen zusätzlichen Drehimpuls aufnimmt. Was passiert aber, wenn ein abgeschlossenes System – zum Beispiel eine interstellare Wolke –

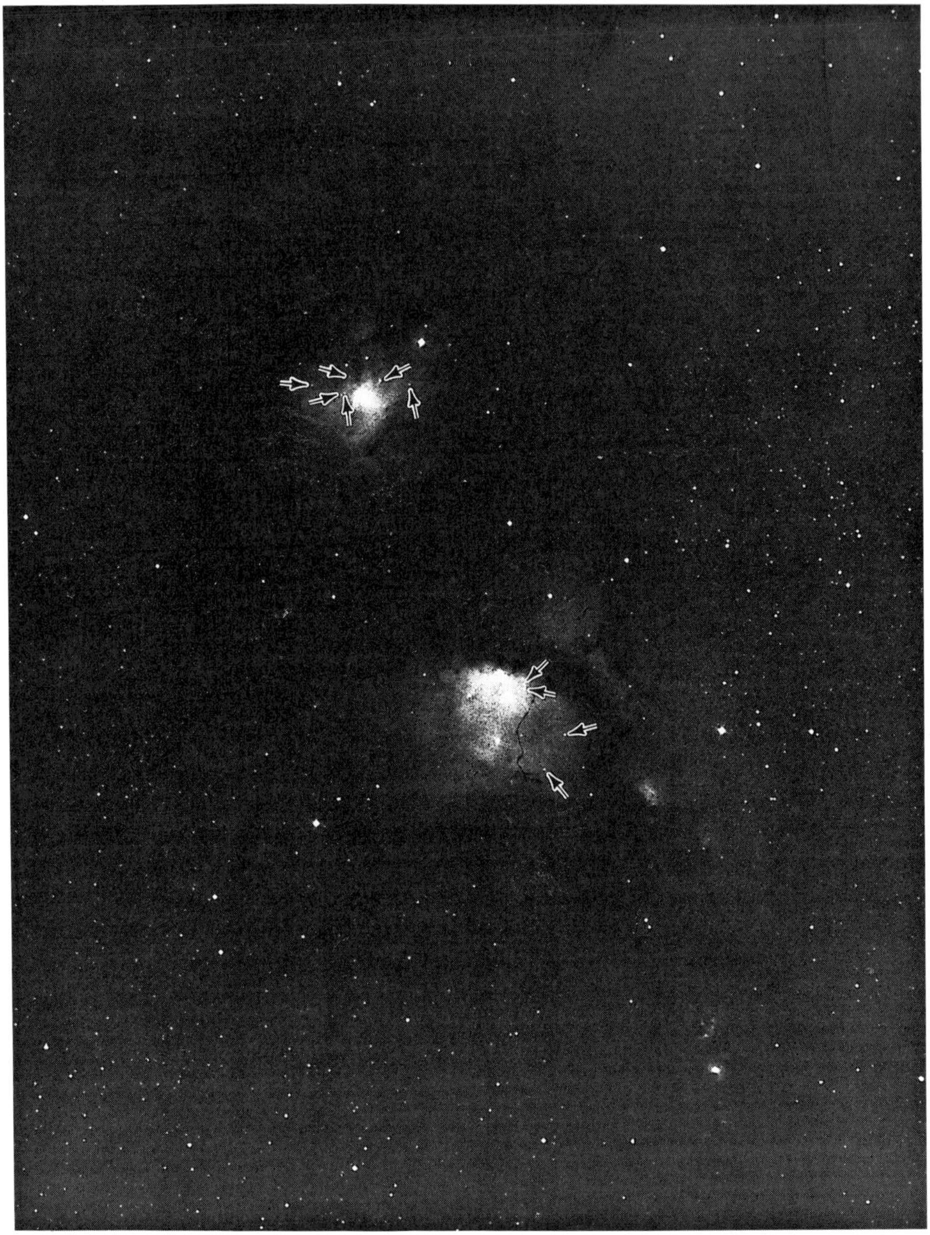

12.2 Im Staub verborgene junge Sterne. Die Pfeile zeigen auf junge A- und B-Sterne, die in einer Dunkelwolke eingebettet sind. Im sichtbaren Licht sind sie durch mehr als zehn Größenklassen an Staubextinktion vor unseren Augen verborgen. Nur im Infraroten sind sie sichtbar. Photo: G. Grasdalen, Curtis Schmidt-Teleskop des Cerro Tololo Inter-American Observatory, aus einem Artikel von K. M. Strom, S. E. Strom, L. Carrasco und F. J. Vrba im *Astrophysical Journal*.

schrumpft? Dann wird r kleiner, L und m bleiben aber konstant. Das ist nur möglich, indem v wächst. Diese Regel nutzt zum Beispiel der Eiskunstläufer aus, der während einer Pirouette langsam die Arme an den Körper heranzieht. Seine Drehgeschwindigkeit nimmt dadurch stark zu. Wegen der Erhaltung des Gesamtdrehimpulses muß sich der Mond von der Erde entfernen (an Drehimpuls gewinnen), während er die Rotation der Erde durch die Gezeitenreibung abbremst (also von dort Drehimpuls wegnimmt).

Interstellare Wolken drehen sich zwar unendlich langsam, aber sie sind zugleich riesig groß. Deshalb enthalten sie riesige Mengen an Drehimpuls. Wenn eine solche Wolke zu kontrahieren beginnt, dann wächst ihre Rotationsgeschwindigkeit an. Durch einfache Überschlagsrechnung kann man zeigen, daß die Rotation die Kontraktion schon stoppen *muß*, wenn die Wolke noch viele Zehnerpotenzen größer ist als der Durchmesser eines Sterns. Wegen ihres Drehimpulses *kann* die Wolke sich also nicht auf stellare Größe zusammenziehen, es sei denn, sie wird ihn irgendwie los.

Nun neigen kontrahierende interstellare Wolken dazu, in einzelne kleinere Teile zu zerfallen. Dieser Prozeß der *Fragmentation* führt zur Entstehung der Doppelsterne, Mehrfachsterne, Assoziationen und Sternhaufen, die wir in großer Zahl am Himmel vorfinden. Der größte Teil des Drehimpulses der Wolke wird auf diese Weise aus der Rotationsbewegung entnommen und in Bahnbewegung der Fragmente übergeführt. Diese können dadurch ein ganzes Stück weiter kontrahieren als die ursprüngliche Wolke. Aber selbst dieser Mechanismus ist noch viel zu uneffektiv, um das Drehimpulsproblem zu lösen.

Hier kommt nun das Magnetfeld ins Spiel. Das interstellare Gas schleppt bei all seinen Bewegungen das eingebettete schwache Magnetfeld mit sich. Bei einer Kontraktionsbewegung wird nicht nur das Gas, sondern auch das Magnetfeld „zusammengefegt", verdichtet. Die magnetischen Feldlinien wirken wie Gummiseile, die einerseits in dem kontrahierenden Fragment der Wolke verankert sind, andererseits aber auch im langsam rotierenden Rest der Wolke (beziehungsweise im noch langsamer rotierenden umgebenden interstellaren Medium). Die Dehnung und Verdrillung dieser Gummiseile benötigt Energie, die der Rotation des Möchtegern-Sterns entnommen wird. Dadurch wird in zwar langsamer, aber recht effektiver Weise Drehimpuls aus den Fragmenten entfernt, die auf diese Weise der Bildung echter Sterne sehr viel näher kommen. Schließlich wird aber der Zug an den Seilen so groß, daß sie – bildlich gesprochen – reißen. Der Sternembryo kapselt sich magnetisch von seiner Umgebung ab und muß nun mit dem Rest seines Drehimpulses selbst zurecht kommen. Man nimmt an, daß der verbleibende Teil des Drehimpulsproblems in den meisten Fällen durch die Bildung von Doppelsternen – also wiederum der Umwandlung von Drehbewegung in Bahnbewegung – gelöst wird.

Das soeben dargestellte Szenario zur Lösung des Drehimpulsproblems ist ein plausibles Bild, das in seinen einzelnen Teilen auch sicher richtig ist. Aber es enthält derzeit noch so viele Unsicherheiten und Lücken, daß wir bis heute nicht wissen, ob die beschriebenen Prozesse wirklich ausreichen. Als Gesamtbild kann es durchaus noch unzutreffend oder unvollständig sein.

12.3 Auf dem Weg zur Hauptreihe

Der Weg von einem interstellaren Gasklumpen, der gerade zu kollabieren beginnt, bis zu einem fertigen Stern, der ruhig auf der Hauptreihe sitzt, ist weit. Ein vollständiges theoretisches Bild dieses Weges besitzen wir noch nicht. Aber wir sehen in den Sternentstehungsgebieten unserer Milchstraße eine große Zahl junger Sterne in den verschiedensten Stadien vor uns. Wir können versuchen, sie zu verstehen und letztendlich in eine Entwicklungssequenz einzuordnen. Abbildung 12.3 zeigt eine der

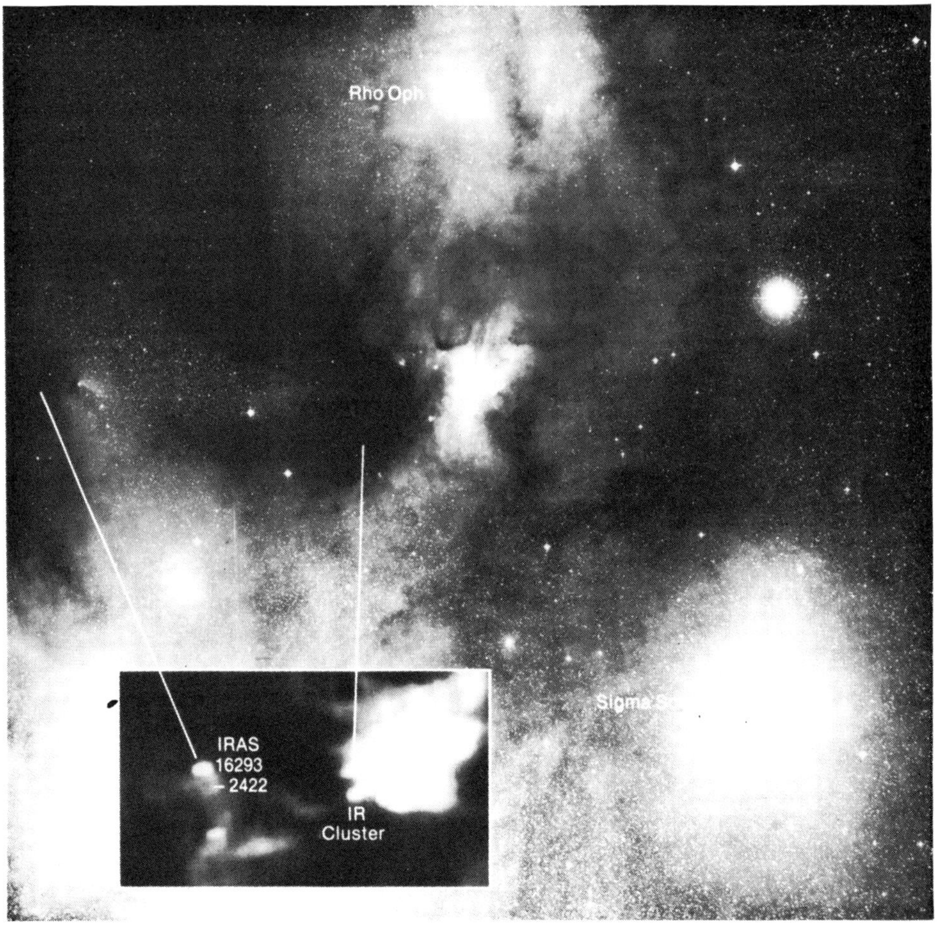

12.3 Geburt eines Sterns. Das große Photo zeigt die Reflexionsnebel und Dunkelwolken in der Umgebung von ρ Ophiuchi im sichtbaren Licht (Abbildung 4.1 zeigt einen größeren Ausschnitt derselben Himmelsregion). Das kleine Bild ist eine Infrarotaufnahme, die in etwas kleinerem Maßstab die Dunkelwolke links im großen Bild darstellt. An der dunkelsten, völlig leeren Stelle der optischen Aufnahme ist nun ein ganzer Sternhaufen zu erkennen. Links davon zeigt sich die Infrarotquelle IRAS 16293-2422, vermutlich ein gerade entstehender Stern. Großes Photo: UK-Schmidt-Teleskop, Royal Observatory, Edinburgh. Infrarotaufnahme: Infrared Astronomical Satellite Processing and Analysis Center, aus einem Artikel von C. J. Lada in *Sky and Telescope*.

kalten dunklen Wolken, in der derzeit Sterne entstehen. Es ist die ρ-Ophiuchi-Dunkelwolke, eine der sonnennächsten aktiven Sternentstehungsregionen. Sie liegt zwischen σ Scorpii und ρ Ophiuchi. Wir haben sie bereits in Abbildung 4.1 (oben) im Kontext des Sternbilds Skorpion und in Abbildung 9.1 (ganz am rechten Bildrand) als Ausläufer der viel größeren Dunkelwolkenkomplexe in der südlichen Sommermilchstraße gesehen. Die in Abbildung 12.3 eingeblendete Infrarotaufnahme zeigt (in etwas kleinerem Maßstab als das Hauptbild), daß genau an der Stelle, die im sichtbaren Licht völlig leer und dunkel ist, ein neuentstandener Sternhaufen steht. Er ist so tief in der Staubwolke verborgen, daß er nur im Infraroten erkennbar ist (analog dem Komplex in Abbildung 12.2). Links davon, ebenfalls an einer optisch leeren Stelle, sehen wir die Infrarotquelle IRAS 16293-2422 (die Bezeichnung IRAS steht für ‚Infrared Astronomy Satellite', den Namen eines Weltraumteleskops, das 1983 den gesamten Himmel in vier infraroten Wellenlängenbereichen abtastete; die Ziffernkolonne gibt die Koordinaten des von IRAS entdeckten Objekts – Rektaszension und Deklination – an). Beobachtungen dieser Quelle in einer Radioemissionslinie des Kohlenstoffmonosulfids (CS) zeigen eindeutig die Existenz von einfallendem kühlem Gas. Offensichtlich sehen wir hier einen Stern in einer frühen Phase seiner Entstehung (einen sogenannten *Protostern*) vor uns. Aus einer groben Bestimmung seiner Masse (0,25 Sonnenmassen) und der derzeitigen Rate des Gaseinfalls können wir sein Alter (zumindest größenordnungsmäßig) abschätzen. Das Ergebnis lautet 30 000 Jahre.

Ein weiterer wichtiger Hinweis auf physikalische Prozesse, die mit der Sternentstehung verknüpft sind, kommt aus der Beobachtung von *Herbig-Haro-Objekten* und *bipolaren Nebeln* in Sternentstehungsregionen. Erstere sind kleine Knoten von leuchtendem Gas, in denen im Gegensatz zu Planetarischen Nebeln kein anregender Stern vorhanden ist (die Bezeichnung der Objektklasse leitet sich von den Namen ihrer Entdecker G. Herbig und G. Haro ab). Abbildung 12.4 zeigt ein Beispiel. Herbig-Haro-Objekte findet man stets in der Umgebung von T-Tauri-Sternen (Abschnitt 5.6). Die Nebelklümpchen weisen eine starke Strukturierung auf, die sich in relativ kurzer Zeit (Jahre!) ändert. Bestimmt man die Eigenbewegung der einzelnen Unterstrukturen, so zeigt sich, daß sie sich mit Geschwindigkeiten von über 100 km/sec von einer zentralen Energiequelle weg bewegen. Offenbar gehen von neuentstandenen Sternen je zwei intensive Gasstrahlen in entgegengesetzten Richtungen aus. Das Hochgeschwindigkeitsgas dieser sogenannten *Jets* (dessen Dichte und Temperatur bisher unbekannt sind) prallt auf das umgebende interstellare Medium, heizt es sehr stark auf und schiebt es vor sich her. Es ist derzeit noch unklar, wieviel des leuchtenden Materials in den Herbig-Haro-Knoten aus dem Gasstrahl selbst stammt und welcher Anteil aus dem erhitzten und komprimierten Umgebungsgas besteht.

Unsere Vorstellung zweier entgegengesetzter gebündelter Gasströme als Ursache des Herbig-Haro-Phänomens wird durch die andere Objektklasse, die bipolaren Nebel, gestützt (Abbildung 12.5). In diesen Fällen sehen wir die (hier allerdings fächerförmig verbreiterten) nach beiden Seiten auseinanderströmenden Gasmassen direkt. Im Zentrum der beiden mit den Spitzen gegeneinander gestellten Fächer findet man manchmal einen optisch sichtbaren Stern. Oft ist die Quelle der Strömungen jedoch

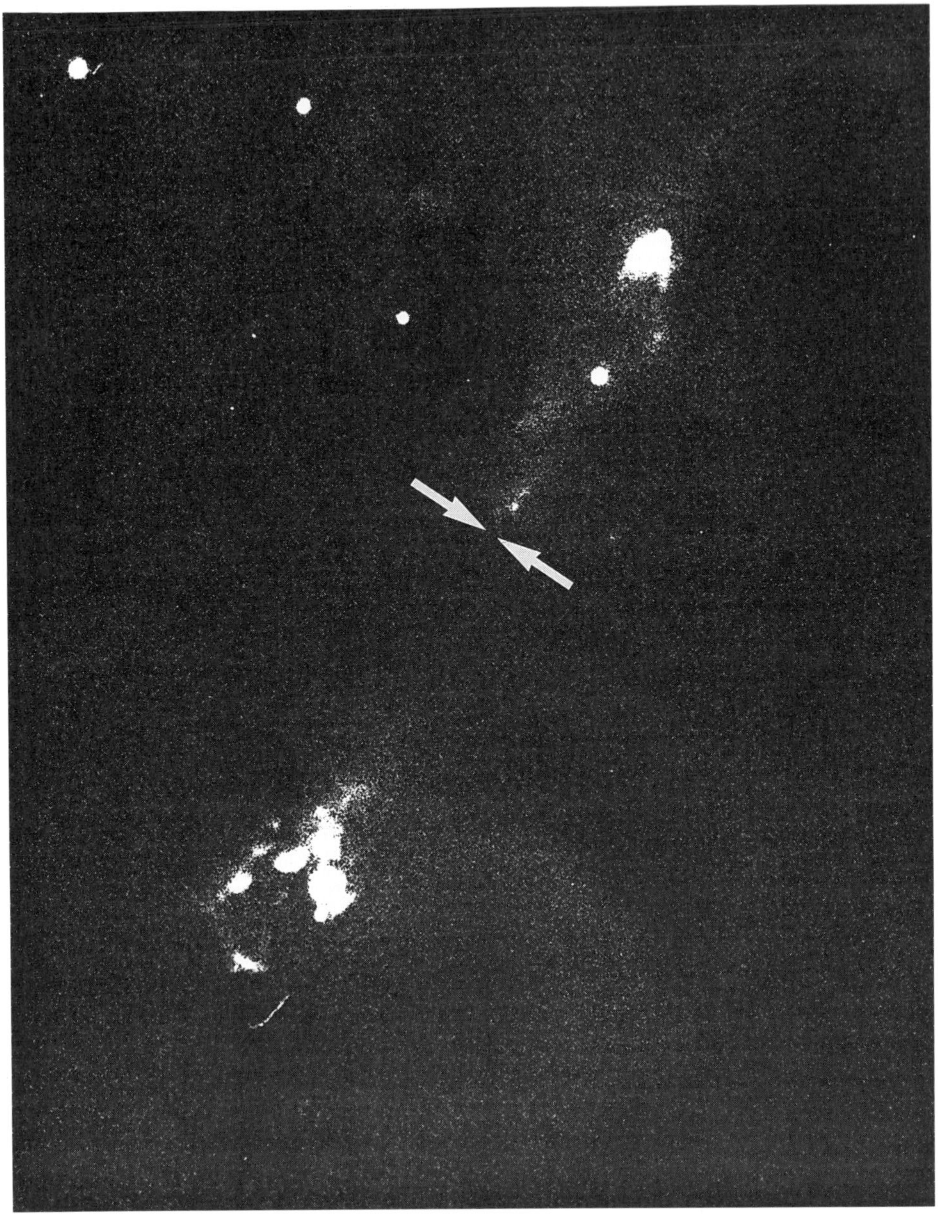

12.4 Herbig-Haro-Objekte im Orion. Die hellen Klumpen entfernen sich nach beiden Seiten mit erheblicher Geschwindigkeit von einem optisch unsichtbaren Stern. Ihre Bewegung wird von einem starken, in zwei *Jets* konzentrierten Sternwind angetrieben. Die beiden Pfeile zeigen auf die Position der Energiequelle, die nur im Radiobereich und im fernen Infrarot direkt erkennbar ist. Sie steht in einer Staubwolke, die sie im optischen Licht um rund 50 Größenklassen schwächt. Die Leuchtkraft dieses noch jungen Sterns liegt bei 50 Sonnenleuchtkräften, seine vermutete Masse bei 3 Sonnenmassen. Photo: Lick Observatory, aus einem Artikel von G. H. Herbig und B. F. Jones im *Astronomical Journal*.

12.5 R Monocerotis. Der Stern liegt an der unteren Spitze des Reflexionsnebels NGC 2261, der auch ‚Hubbles Variabler Nebel' genannt wird. NGC 2261 ist die eine Hälfte eines bipolaren Nebels. Die andere Hälfte ist unterhalb von R Mon auf sehr lang belichteten Aufnahmen sehr schwach erkennbar. Ihr Licht wird durch eine Staubscheibe stark abgeschwächt, die zwischen den beiden „Polen" des bipolaren Nebels liegt. Radiobeobachtungen von Kohlenmonoxid zeigen beide Hälften gleichermaßen. Photo: E. Hubble, 2,5-Meter-Teleskop auf dem Mt. Wilson, Mt. Wilson und Las Campanas Observatories, Carnegie Institution of Washington, aus einem Artikel von A. H. Joy im *Astrophysical Journal*.

hinter dicken Staubschichten verborgen, so daß sie nur im Radiobereich oder im langwelligen Infrarot erkennbar ist. Dieselbe Staubschicht führt auch häufig dazu, daß nur eine Hälfte des bipolaren Nebels im optischen Spektralbereich sichtbar ist (wie in Abbildung 12.5). Die FU-Orionis-Sterne (Abschnitt 7.10) sind ausnahmslos von Staub und bizarren Reflexionsnebeln umgeben. Sie stellen möglicherweise eine Extremform der bipolaren Objekte dar. Auch das erwähnte Masseneinfallobjekt IRAS 16293-2422 zeigt deutliche Anzeichen von Massenausstrom. Es besitzt ebenfalls einen bipolaren Charakter. Offenbar erzeugt der Masseneinfall im Prozeß der Sternentstehung als Nebenprodukt stets einen zweiseitig gerichteten Ausstrom; auf welche Weise, das ist bisher unklar.

Sowohl aus theoretischen Erwägungen als auch aus vielen Beobachtungsbefunden ist anzunehmen, daß ein Teil des Materials, aus dem ein Stern entsteht, sich zunächst in einer dicken rotierenden Scheibe sammeln muß (wir kennen das Phänomen schon von den kataklysmischen Veränderlichen; hier wie dort wird es durch den Drehimpuls des einströmenden Materials hervorgerufen). Ein bisher unverstandener Mechanismus, der vielleicht von Magnetfeldern angetrieben wird, beschleunigt offenbar einen Teil des Scheibenmaterials in Richtung der beiden Pole der Scheibe. Wir verstehen den Gesamtprozeß der Sternentstehung noch nicht hinreichend gut, um die verschiedenen Objektklassen – Wolkenkerne, Herbig-Haro-Objekte, FU-Orionis-Sterne, bipolare Nebel und so weiter – in eine kohärente Entwicklungssequenz einordnen zu können. Aber ist es nicht eine aufregende Idee, die Gas- und Staubscheiben als mögliche Brutstätten von Planetenfamilien um die jungen Sterne zu betrachten? Die letzten Jahre haben in rascher Folge neue Erkenntnisse über die Scheiben um junge Sterne erbracht. Inzwischen sind auch die Überreste solcher Scheiben um fertige Hauptreihensterne gefunden worden: Beispiele sind die Staubstruktur um Wega, die mit dem IRAS-Satelliten gefunden wurde, und die abgeflachte Staubschicht um den A5-Zwerg β Pictoris (Abschnitt 8.6 und Abbildung 8.9). Wer will, kann auch die Scheibe unseres Planetensystems als Überrest einer Akkretionsscheibe um die jugendliche Sonne betrachten.

Die Sternentstehung ist ein Prozeß, der von „kühl und dünn" nach „heiß und dicht" führt. Irgendwo auf dem Weg von einer 10 Kelvin kalten, staubigen, dunklen Wolke zu einem tausende Kelvin heißen, hell leuchtenden Hauptreihenstern muß unser Sternembryo also von rechts kommend im HR-Diagramm erscheinen. Wenn sein Inneres heiß genug geworden ist, um Kernreaktionen zu unterhalten, ist die rasche Entwicklung erst einmal beendet. Er sitzt dann auf seinem Platz auf der *Nullalter-Hauptreihe* (Abkürzung ZAMS, von englisch ‚zero-age main sequence') und verbleibt dort, bis im Kern der Wasserstoff knapp wird. Kurz vor dem Beginn dieser langen stabilen Phase seines Lebens durchläuft er das T-Tauri-Stadium, in dem er sich im Bereich des HR-Diagramms aufhält, den ansonsten alte Riesen und Unterriesen bevölkern. Neben der Assoziation dieser Objekte mit Dunkelwolken und ihrer Lage im HR-Diagramm spricht ein weiteres wichtiges Argument für die extreme Jugend der T-Tauri-Sterne: Ihr Lithiumgehalt. Aus Abschnitt 6.10 wissen wir, daß Lithium in sonnenähnlichen Sternen allmählich zerstört wird. Die T-Tauri-Sterne besitzen typischerweise den hundertfachen Lithiumgehalt der gegenwärtigen Sonne (Abbildung 12.6) und sind damit dem interstellaren Medium sehr nahe.

Der genaue Ort, den ein Stern im HR-Diagramm nach seiner Entstehung einnimmt, hängt von seiner Masse und seinem Gehalt an schweren Elementen ab. Der „Metall"gehalt neu entstandener Sterne nimmt im Laufe der Entwicklung einer Galaxie allmählich zu, da immer neue Generationen massereicher Sterne das interstellare Medium mit den Produkten ihrer inneren Kernreaktionen anreichern. Die damit allmählich zunehmende Opazität von Sternatmosphären läßt die Nullalter-Hauptreihe allmählich im HR-Diagramm nach rechts wandern (wir erinnern uns, daß die Unterzwerge der Population II – Abschnitt 5.8 – eigentlich Hauptreihensterne auf einer nach links verschobenen ZAMS sind). Die Standard-Hauptreihe in all unseren HR-Diagrammen gehört zu chemischen Häufigkeiten der Population I, also einer etwa solaren Elementenmischung.

Viele wichtige Phänomene und Details der Sternentstehung sind bis zum heutigen Tage unverstanden geblieben. Zum Beispiel gibt es noch keine vernünftige Erklärung des Gesamtbereichs der beobachteten Sternmassen; noch viel weniger kann man die Häufigkeitsverteilung der Sterne auf die einzelnen Massenwerte (mit anderen Worten: die Leuchtkraftfunktion, Abschnitt 10.9) erklären. Auch der Weg der neu entstandenen Sterne von ihrem Eintrittsort in das HR-Diagramm bis zur Hauptreihe ist noch voller ungelöster Fragen. Aber die Astronomie hat in den beiden zurückliegenden Jahrzehnten gewaltige Fortschritte auf diesem Gebiet gemacht. Noch vor 20 Jahren

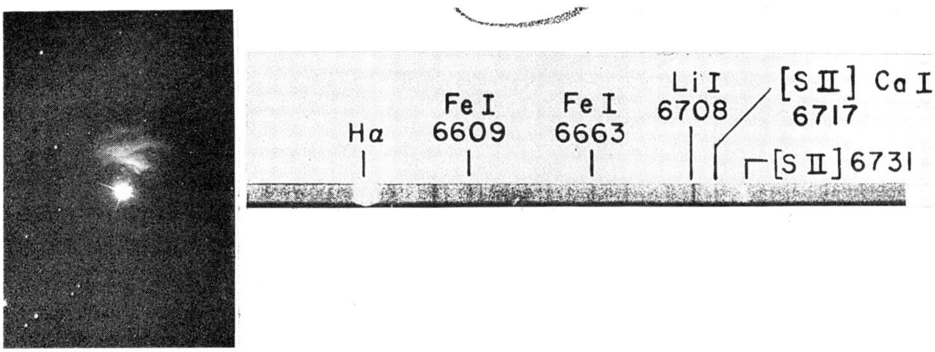

12.6 T Tauri und sein Spektrum. Dieser Veränderliche ist sehr jung. Er hat die Hauptreihe noch nicht erreicht. In seiner Umgebung sieht man noch Reste der Gas- und Staubwolke, aus der er sich gebildet hat. Sein Spektrum zeigt Emissionslinien von Wasserstoff, Schwefel und anderen Elementen. Die Profile dieser Linien zeigen gelegentlich einen starken Sternwind an (P-Cygni-Profile, siehe Abschnitt 9.5), und gelegentlich auch Masseneinfall (inverse P-Cygni-Profile, mit einer stark *rot* verschobenen Absorptionskomponente). Die Stärke der Lithium-Linie bei 6 708 Å weist auf die Jugend dieses Sterns hin. Er enthält hundertmal so viel von diesem Element wie die Sonne. Es wird in Hauptreihensternen durch Kernreaktionen rasch zerstört, aber T Tauri enthält noch ebensoviel davon wie das interstellare Gas, aus dem er entstanden ist. Photo: W. Baade, 2,5-Meter-Teleskop, Mt. Wilson and Las Campanas Observatories, Carnegie Institution of Washington. Spektrum: W. K. Bonsack und J. L. Greenstein, Palomar Observatory, California Institute of Technology. Beide Abbildungen aus dem *Astrophysical Journal*.

war die Sternentstehung ein einziges großes Rätsel. Das hat sich grundlegend geändert, und es besteht guter Grund zu der Annahme, daß sich in nächster Zukunft ein zusammenhängendes Bild der Sternentstehung herauskristallisieren wird.

Jetzt haben wir endgültig alle Mitglieder der Sternenfamilie an ihren Platz gestellt, vom Embryo bis zum Greis. In 8 Kapiteln haben wir ihre äußeren Kennzeichen und ihre Lage in verschiedenen Bereichen des HR-Diagramms betrachtet. Abbildung 12.7 zeigt das ganze Diagramm auf einen Blick. Im Rest dieses abschließenden Kapitels wollen wir die Sterne, ausgehend von der Hauptreihe, bei ihren großartigen Wanderungen durch die Spektraltypen und Leuchtkraftklassen begleiten. Der immer wieder angedeutete innere Zusammenhang zwischen den unterschiedlichen Typen und Klassen von Sternen wird dabei an Schärfe und Deutlichkeit gewinnen.

12.4 Auf der Hauptreihe

Die Sternentstehung ist der erste große Schritt in der unausweichlichen allmählichen Kontraktion, von der alle Phasen der Sternentwicklung letztendlich angetrieben werden. Und die Hauptreihe ist der erste große Halt. Das Wasserstoffbrennen hält das Überhandnehmen der Gravitation für eine sehr lange Zeit auf. Der Stern ist in diesem Abschnitt seines Lebens ein unglaublich stabiler nuklearer Reaktor. Naiverweise könnte man annehmen, daß mit dem allmählichen Aufbrauchen des Brennstoffs im Kern die Leuchtkraft langsam abnimmt. Aber das Gegenteil ist der Fall. Das liegt in

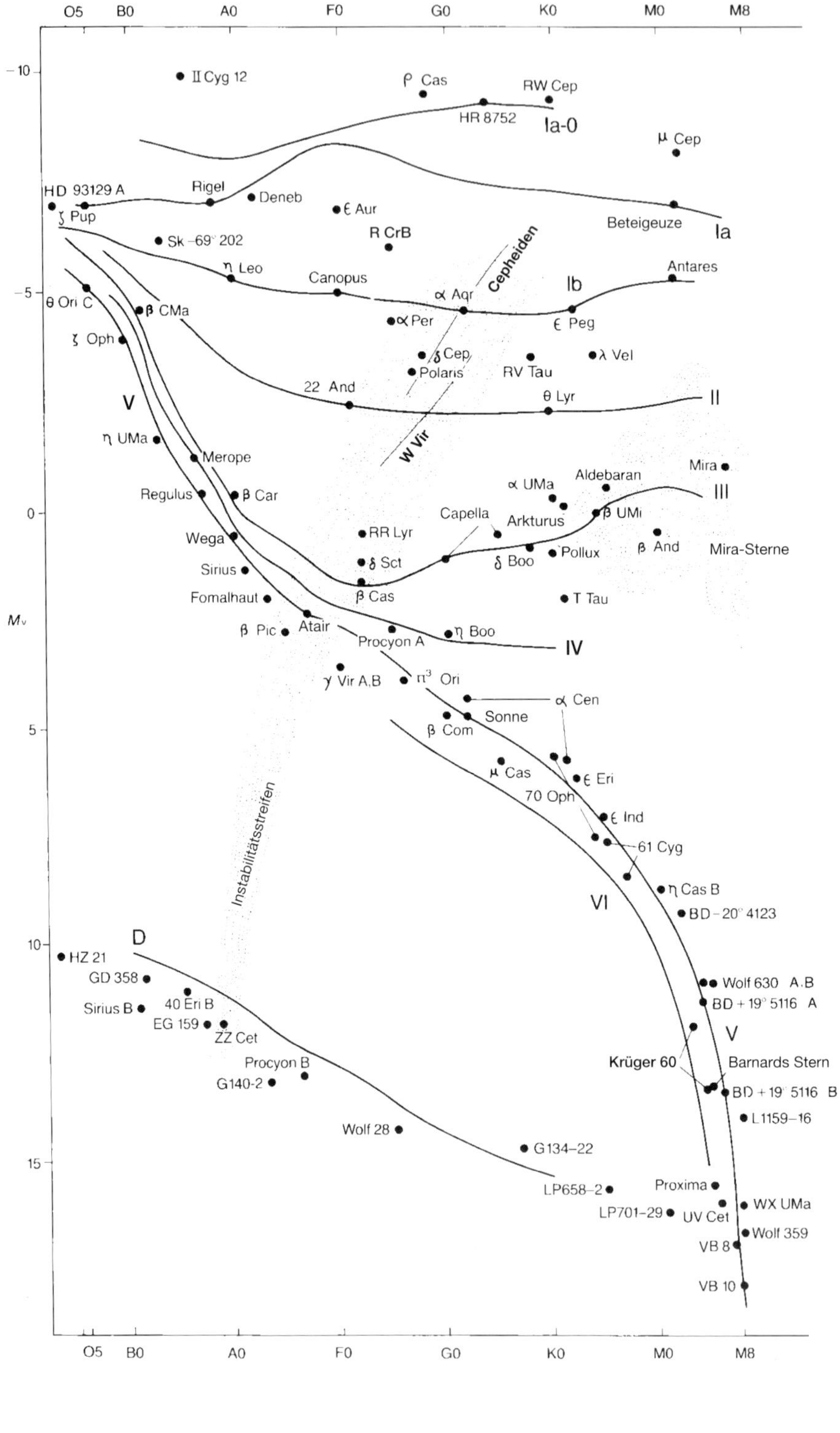

O5 B0 A0 F0 G0 K0 M0 M8
−10
−5
0
5
10
15
Mv
II Cyg 12
ρ Cas
RW Cep
HR 8752
Ia-0
μ Cep
HD 93129 A
ζ Pup
Rigel
Deneb
ε Aur
R CrB
Beteigeuze
Ia
Sk −69° 202
η Leo
Canopus
Cepheiden
Antares
Ib
θ Ori C
β CMa
α Aqr
ε Peg
α Per
ζ Oph
δ Cep
Polaris
RV Tau
λ Vel
22 And
θ Lyr
II
V
η UMa
W Vir
Merope
Mira
Aldebaran
α UMa
III
Regulus
β Car
β UMi
Capella
Arkturus
Wega
RR Lyr
β And
Mira-Sterne
Pollux
δ Boo
Sirius
δ Sct
β Cas
T Tau
Fomalhaut
β Pic
Atair
Procyon A
η Boo
IV
γ Vir A,B
π³ Ori
α Cen
Sonne
β Com
μ Cas
ε Eri
70 Oph
ε Ind
61 Cyg
Instabilitätsstreifen
η Cas B
VI
BD −20° 4123
D
HZ 21
GD 358
Wolf 630 A,B
Sirius B
40 Eri B
BD + 19° 5116 A
EG 159
ZZ Cet
V
Procyon B
Krüger 60
Barnards Stern
G140-2
BD + 19° 5116 B
L1159−16
Wolf 28
G134−22
LP658−2
Proxima
LP701−29
UV Cet
WX UMa
Wolf 359
VB 8
VB 10
O5 B0 A0 F0 G0 K0 M0 M8

erster Linie daran, daß das Vermögen eines Gases, einem äußeren Druck zu widerstehen, nur von der Zahl, nicht aber von der Art der atomaren Teilchen abhängt, aus dem es besteht. Im Kern eines Sterns nimmt die Gesamtzahl der Teilchen durch die Umwandlung von Wasserstoff in Helium ab (siehe Kästen 6.1 und 7.1). Dies gleicht der Kern aus, indem er sich ein wenig zusammenzieht. Dabei wird er etwas wärmer. Die erhöhte Temperatur führt zu einer höheren Kernfusionsrate, wodurch die Ausdünnung des Brennstoffs ziemlich genau ausgeglichen wird.

Trotzdem bleibt der Stern nicht völlig unverändert. Aber im Vergleich zu dem, was ihm nach dem Hauptreihenstadium passiert, sind die Änderungen minimal. Im Endeffekt wird er im Laufe seines langen Zwergendaseins ein bißchen größer, an der Oberfläche ein bißchen heißer und in der Folge davon auch etwas heller. Anders ausgedrückt: Er wandert im HR-Diagramm von seiner ZAMS-Position aus ein wenig nach links oben (siehe Abbildung 12.8). Die Sonne war zur Zeit ihrer Geburt etwa 5 Prozent kleiner und 200 K kühler als heute. Ihre Leuchtkraft ist in der Zeit um rund 25 Prozent gestiegen (entsprechend der Formel $L = 4\,\pi\,R^2\,\sigma\,T^4$ aus Abschnitt 1.15). Während der nächsten 5 Milliarden Jahre, in denen der restliche Wasserstoff im Kern aufgebraucht wird, beschleunigen sich diese Veränderungen zusehends. Sie wird danach 25 Prozent größer, nochmals 200 K heißer und doppelt so hell sein wie heute. Diese immer noch relativ kleinen Änderungen erzeugen, zusammen mit Unterschieden in der Metallizität, die Breite der Hauptreihe, die man in realen Farben-Helligkeits-Diagrammen stets vorfindet (Abbildungen 3.6 und 12.7). Wir können einem G-Hauptreihenstern sein Hauptreihenalter – zumindest grob – durch die Abnahme seines Lithiumgehalts (Abschnitte 6.10 und 12.3) und seiner Rotationsgeschwindigkeit beziehungsweise seiner chromosphärischen Aktivität (Abschnitt 6.5) ansehen. Die Menschheit verdankt ihre Existenz der langen, langen Stabilitätsphase unseres Muttergestirns auf der Hauptreihe. Ohne sie hätte kein höheres Leben auf der Erde entstehen können.

12.5 Riesen und Überriesen

Die interessanteren Phasen der Sternentwicklung beginnen mit der Erschöpfung des Wasserstoffs im Kern. Sobald der Wasserstoffanteil dort unter 1 Prozent fällt, kann keine Temperatur- oder Dichteerhöhung mehr die benötigte Energieerzeugungsrate zum Ausgleich der Abstrahlung von der Sternoberfläche hervorbringen. Das zentrale nukleare Feuer geht schlicht und ergreifend aus. Von diesem Augenblick an beginnt der Kern viel rascher als bisher zu kontrahieren. Wiederum könnte man nun naiverweise denken, daß die Leuchtkraft des Sterns nachläßt, wenn eine ergiebige Energie-

◀ **12.7** Das vollständige Hertzsprung-Russell-Diagramm. Die Daten der Sterne wurden dem *Bright Star Catalogue* von D. Hoffleit (4. verbesserte Auflage), Yale University Observatory, 1982 und dem Buch *Astrophysical Quantities* (3. Auflage) von R. H. Allen, Athlone Press, London, 1973, entnommen. Für weitere Quellenangaben siehe Abbildung 3.8.

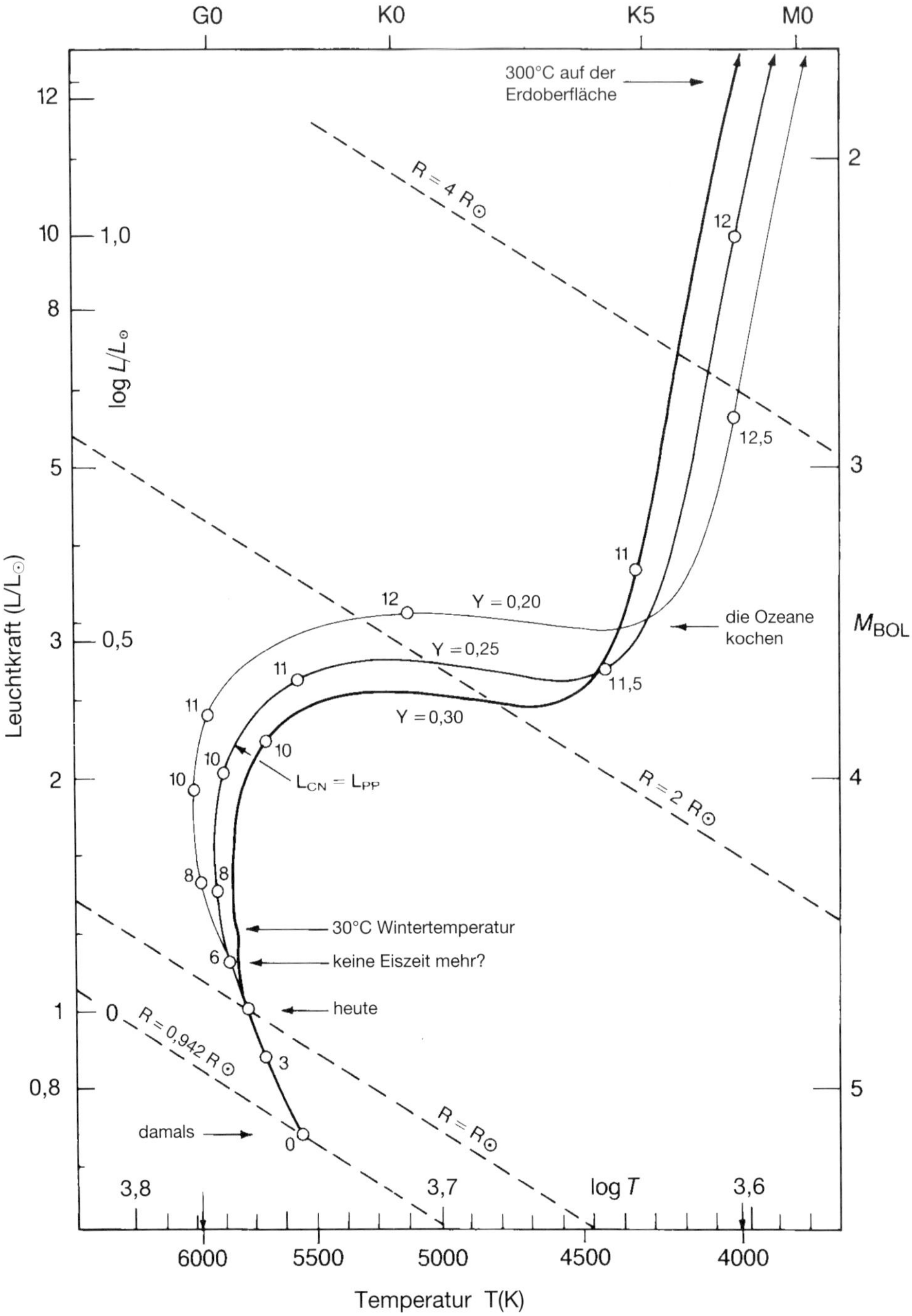

G0
K0
K5
M0
300°C auf der Erdoberfläche
R = 4 R⊙
12
12,5
11
11,5
die Ozeane kochen
12
Y = 0,20
Y = 0,25
Y = 0,30
11
11
10
10
10
$L_{CN} = L_{PP}$
R = 2 R⊙
8
8
30°C Wintertemperatur
6
keine Eiszeit mehr?
heute
3
R = 0,942 R⊙
R = R⊙
damals
0
log L/L⊙
Leuchtkraft (L/L⊙)
12
10
8
5
3
2
1
0,8
1,0
0,5
0
M_{BOL}
2
3
4
5
3,8
3,7
log T
3,6
6000
5500
5000
4500
4000
Temperatur T(K)

quelle versiegt. Aber wiederum geschieht das Gegenteil. Der Stern greift auf seinen gewaltigen Vorrat an Gravitationsenergie zurück. Er läßt den Kern schrumpfen, dabei heißer werden, bis an der Kernoberfläche der noch unverbrauchte Wasserstoff zünden kann. Eine relativ dünne Schale um den ruhenden Heliumkern erzeugt nun die nukleare Energie. Die Schrumpfung des Kerns, die innere Temperaturerhöhung und die Verlagerung der Brennzone nach außen bewirken in einer komplizierten Kette von Ursachen und Wirkungen schließlich, daß der Stern sich enorm aufbläht – und zumeist auch sehr viel leuchtkräftiger wird. Die Expansion der äußeren Schichten vergrößert die Sternoberfläche derart, daß die Temperatur sinken muß, um die Leuchtkraft in Grenzen zu halten (wir erinnern uns an die eben erwähnte Formel aus Abschnitt 1.15!). Der Stern ist in kurzer Zeit zum Riesen geworden, er hat sich im HR-Diagramm weit nach rechts und/oder oben bewegt.

An dieser Stelle ist es sinnvoll, den Begriff des *Entwicklungswegs* einzuführen (Abbildungen 12.8, 12.9 und 12.10). Er ist einfach die „Bahn", die ein Stern im HR-Diagramm oder einer ähnlichen graphischen Darstellung zweier kennzeichnender physikalischer Zustandsgrößen im Laufe seines Lebens beschreibt. Das wichtigste derartige Diagramm stellt die Größen Leuchtkraft und Oberflächentemperatur gegeneinander. Man nennt es *log L-log T-Ebene* oder *theoretisches HR-Diagramm* (zur Unterscheidung von einem normalen HR-Diagramm, das visuelle Helligkeit gegen Spektraltyp aufträgt). Die Umrechnung zwischen einem gewöhnlichen und einem theoretischen HR-Diagramm erfolgt mittels der bolometrischen Korrektur (siehe Abschnitt 4.3 und Tabelle 12.1) und der Temperatureichung der einzelnen Spektralklassen (siehe Abschnitt 3.7 und Abbildung 3.10).

Die Details der Sternentwicklung im Riesen- und Überriesenbereich sind äußerst kompliziert. Der genaue Entwicklungsweg eines Sterns hängt ziemlich empfindlich von seiner Anfangsmasse, seiner chemischen Zusammensetzung und der (bislang unverstandenen) Massenverlustrate auf dem Riesenast ab. Eine vollständige Diskus-

◄ **12.8** Die Entwicklung der Sonne auf und kurz nach der Hauptreihe. Das Diagramm zeigt die log T-log L-Ebene, also ein theoretisches Hertzsprung-Russell-Diagramm. Die drei Kurven sind die Entwicklungswege von Sternen mit einer Sonnenmasse, aber unterschiedlichem Heliumgehalt. Die im Diagramm angegebene Größe Y bezeichnet den Heliumanteil an der Gesamtmasse des Sterns. Der Wert Y = 0,30 (dickste Linie) liegt dem solaren Massenverhältnis am nächsten. Er bedeutet, daß die Anzahl der Heliumatome in der Sonne 10,7 Prozent der Anzahl der Wasserstoffatome beträgt. Die Zahlen an den kleinen Kreisen auf den Kurven geben das Alter des jeweiligen Sterns an diesem Punkt seines Entwicklungswegs in Milliarden Jahren an. Das Alter ist dabei zu verstehen als die Zeit, die seit dem Beginn des Wasserstoffbrennens verstrichen ist. An den senkrechten Achsen sind die Leuchtkraft, der Logarithmus der Leuchtkraft (in Sonnenleuchtkräften, beides links) und die bolometrische Helligkeit (rechts) aufgetragen. An den waagrechten Achsen sind die Temperatur, der Logarithmus der Temperatur (beides unten) und der entsprechende Spektraltyp eines Zwergsterns (oben) aufgetragen. Die diagonal verlaufenden gestrichelten Linien sind Linien gleichen Durchmessers beziehungsweise Radius (in Sonnenradien). Bis zu einem Alter von etwa 10 Milliarden Jahren verläuft die Entwicklung sehr langsam. Die Sonne wandert in dieser Zeit ganz allmählich durch die Zone, die in realen HR-Diagrammen der Hauptreihe entspricht. Dann erst, mit der Erschöpfung des Heliums im innersten Kern, entwickelt sie sich schnell nach rechts und oben, wird erst zum Unterriesen und dann zum Riesen. Die irdischen Auswirkungen dieser Veränderung sind dramatisch, wie in der Abbildung angedeutet. Der heliumreichste Stern im Diagramm durchschreitet die Hertzsprung-Lücke (den horizontalen Teil des Entwicklungsweges) schon im Alter von gut 10 Milliarden Jahren, während der heliumärmste dieses Stadium erst nach 12 Milliarden Jahren erreicht. Nach einer Abbildung von I. Iben jr., die in *Annals of Physics* erschien.

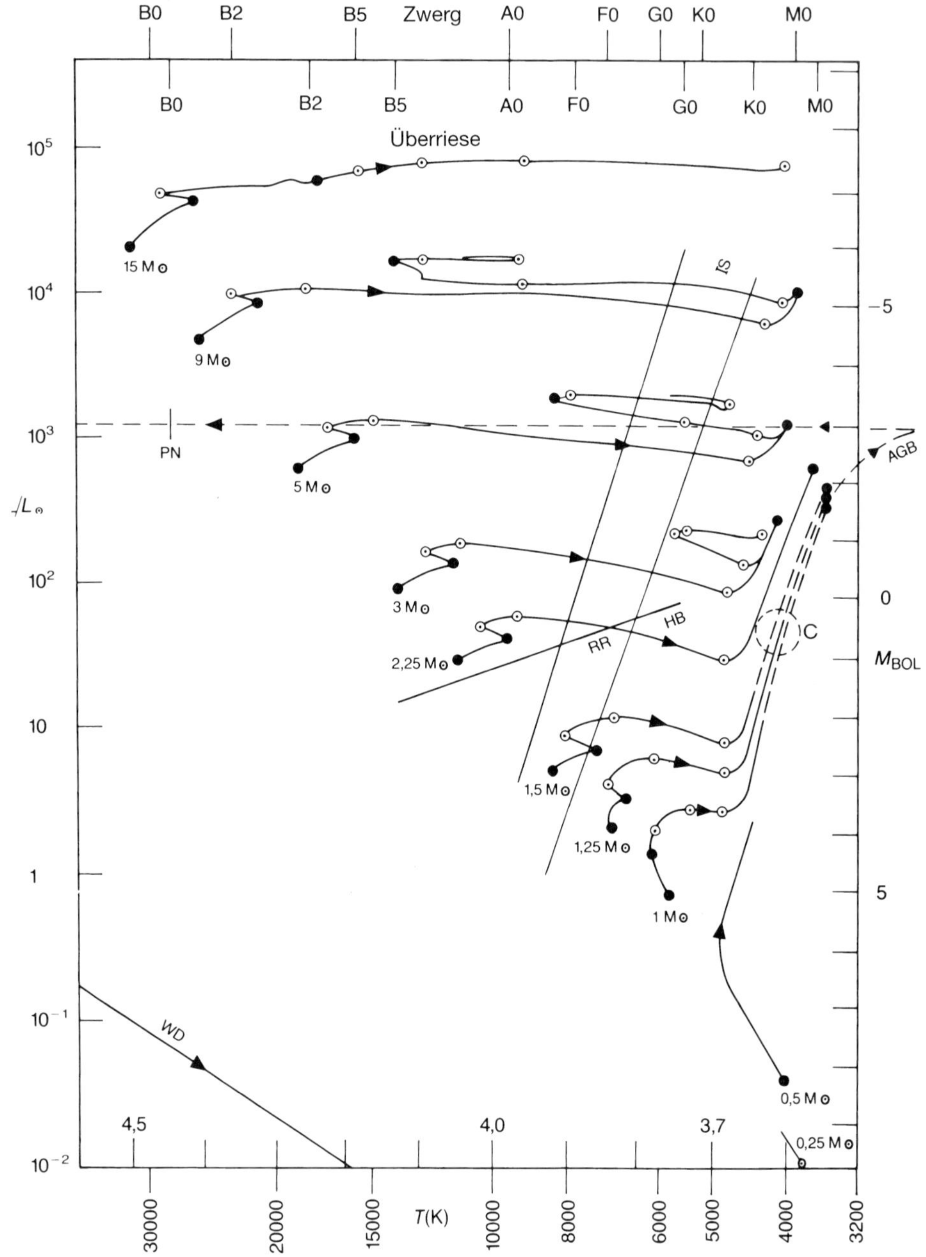

12.9 Entwicklungswege in der log L-log T-Ebene für Sterne verschiedener Massen. Die Achsenbeschriftungen entsprechen denen von Abbildung 12.8. Die gezeigten Entwicklungswege gelten für Sterne der Population I, also solare Elementhäufigkeiten. Jede der Kurven trägt gefüllte Kreise an folgenden Stellen: Nullalter-Hauptreihe, Beginn der Kernkontraktion nach dem Aufbrauchen des Wasserstoffs im Kern, Beginn des Heliumbrennens. Der Abstand der beiden ersten Kreise entspricht der Breite beobachteter Hauptreihen in der Sonnenumgebung. IS bezeichnet den Instabilitätsstreifen der Abbildung 12.7. C bezeichnet den „Klumpen" (englisch ‚clump'), der die Sterne der Population I während des Heliumbrennens im Kern enthält. Die Linie mit der Markierung HB kennzeichnet den Horizontalast

sion aller Aspekte würde den Rahmen dieses Buches sprengen und wenig zum grundsätzlichen Verständnis beitragen. Die Abbildungen 12.9 und 12.10 geben deshalb nur einige wenige Beispiele von Entwicklungswegen. Sie reichen aus, um die wesentlichsten Punkte zu illustrieren.

Die entscheidende Größe ist nach wie vor die Masse eines Sterns. Die Abbildungen 12.9 und 12.10 zeigen, daß sich massearme und massereiche Sterne sehr verschieden verhalten. Unterhalb von etwa 3 Sonnenmassen nimmt die Leuchtkraft beim Überwechseln in den Riesenbereich stark zu. Bei massereichen Sternen dagegen (oberhalb von etwa 5 Sonnenmassen) verläuft die ganze Entwicklung weitgehend horizontal, das heißt bei ungefähr konstanter Leuchtkraft. Durch Vergleich der Abbildungen 12.9 und 12.7 (und Anwendung der Tabelle 12.1) sieht man, daß die Überriesen des HR-Diagramms aus Hauptreihensternen von 10 Sonnenmassen (Leuchtkraftklasse Ib) beziehungsweise 20 Sonnenmassen (Leuchtkraftklasse Ia) entstanden sind, während die Riesen von Zwergen bis höchstens etwa 5 Sonnenmassen abstammen. Die allerhellsten Überriesen (Leuchtkraftklasse 0) entwickeln sich aus den massereichsten Sternen mit 30 und mehr Sonnenmassen.

Der Vergleich der Abbildungen 12.9 und 12.10 zeigt etwas sehr interessantes: Die Entwicklungswege für denselben 9-Sonnenmassen-Stern sind in den beiden Abbildungen deutlich verschieden. Dasselbe gilt für den 15-Sonnenmassen-Stern. Die Pfade der Sterne liegen in Abbildung 12.10 deutlich niedriger und die Schleifen haben eine andere Länge. Den beiden Diagrammen liegen unterschiedliche Computerprogramme zur Berechnung von Sternmodellen zugrunde. Der Hauptunterschied liegt darin, daß die Modelle der Abbildung 12.10 versuchen, die Auswirkung des Massenverlusts im Riesenstadium zu berücksichtigen. Sie sind vermutlich die reali-

(englisch ‚horizontal branch'), den entsprechenden Ort der Sterne aus der Population II. Die Position der RR-Lyrae-Sterne auf dem Horizontalast ist durch RR bezeichnet. Die gestrichelte Linie mit der Beschriftung AGB markiert den weiteren Weg eines Sterns mit knapp einer Sonnenmasse auf der Hauptreihe, solaren Elementhäufigkeiten und einer Kernmasse von 0,55 Sonnenmassen. Er steigt zunächst den asymptotischen Riesenast (AGB) hinauf, um an dessen Spitze nach links, zu höheren Temperaturen hin abzubiegen. Auf den Entwicklungswegen für 5 und 9 Sonnenmassen ist ein vierter gefüllter Kreis eingezeichnet. Er markiert den zweiten, den endgültigen Beginn des Heliumbrennens im Kern.
Die Gasmassen der Planetarischen Nebel werden von den Sternen an der Spitze des asymptotischen Riesenastes ausgeworfen. Die Nebel werden aber als solche erst sichtbar, wenn die Sterne heiß genug geworden sind, um das Gas zu ionisieren. Das geschieht an der Stelle mit der Markierung PN, bei rund 30 000 Kelvin. Der Entwicklungsweg des entsprechenden sonnenähnlichen Sterns verläßt die Abbildung sodann nach links (seine Fortsetzung im Bereich sehr hoher Temperaturen ist in Abbildung 12.14 zu sehen). Dort, wo sein horizontaler Nach-AGB-Weg auf die Abkühlsequenz der Weißen Zwerge trifft, biegt der Stern nach rechts unten um, verläßt Abbildung 12.14 wieder, um nochmals hier zu erscheinen. Er quert die linke untere Ecke als Weißer Zwerg entlang der Linie mit der Bezeichnung WD (von englisch ‚white dwarf').
Die Entwicklungswege verschieben sich, wenn man andere chemische Häufigkeiten verwendet und/oder die Annahmen über die Effektivität der Konvektion, über gewisse atomare Eigenschaften oder andere physikalische Details in den Modellrechnungen ändert. Der Entwicklungsweg für den Stern von einer Sonnenmasse zeichnet das zukünftige Schicksal der Sonne vor. Man vergleiche mit Abbildung 12.8, um zu erkennen, daß dort nur der harmlose Anfang des Leuchtkraftanstiegs der Sonne dargestellt ist. Wenn unser Muttergestirn dereinst die Spitze seines AGB-Pfades erreicht, wird es auf der Erde fast 2 000 Kelvin heiß sein und die Oberfläche der Sonne wird fast an der Erdbahn liegen.
Nach einem Diagramm von Icko Iben jr. in *Annual Review of Astronomy and Astrophysics*, Vol. 5, 1967, abgedruckt mit freundlicher Genehmigung durch Annual Reviews Inc.

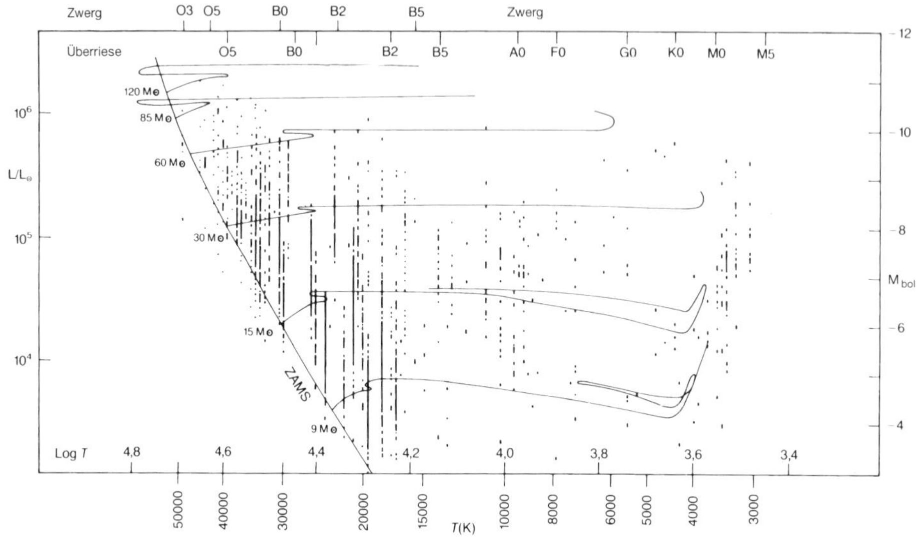

12.10 Die beobachtete Verteilung und die theoretische Entwicklung massereicher Sterne. Die Bedeutung und Beschriftung der Achsen ist die gleiche wie in Abbildung 12.9. Die Anfangsmassen der verschiedenen Entwicklungswege (in Sonnenmassen) sind jeweils links von der Nullalter-Hauptreihe (ZAMS) angegeben. Die Entwicklung verläuft zunächst langsam, wodurch die dicht besetzte, etwas verbreiterte Hauptreihe der beobachteten Punkte entsteht. Danach kreuzen die Sterne mit zunehmender Geschwindigkeit die breite Hertzsprung-Lücke, um erst im Bereich der M-Überriesen wieder eine langsame Entwicklungsphase zu erreichen. Diese zeigt sich wiederum in einer Anhäufung beobachteter Sterne. Nach einem Artikel von R. M. Humphreys und D. B. McElroy im *Astrophysical Journal*; die Entwicklungswege wurden von A. Maeder berechnet.

stischeren, obwohl sie die Massenverlustraten nicht wirklich berechnen, sondern den Modellen sozusagen künstlich aufpfropfen. Es gibt keine andere Möglichkeit, solange die Ursachen der Sternwinde von Riesen nicht wirklich theoretisch verstanden sind. Daneben gibt es weitere Detailunterschiede in den benutzten physikalischen Daten, die aber auf die Ergebnisse einen geringeren Einfluß haben.

Dieser Vergleich zweier Modellrechnungen illustriert die bestehenden theoretischen Unsicherheiten bei Berechnung und Interpretation der Riesen und Überriesen. Sie sollten aber nicht überbewertet werden. Das Gesamtbild der Sternentwicklung, das sie zeichnen, ist ohne Zweifel richtig, auch wenn noch etliche Details unklar sind. Beide Modellserien eignen sich gleichermaßen, um viele Eigenschaften beobachteter HR-Diagramme und Farben-Helligkeits-Diagramme zu erklären. Da ist zum Beispiel die Hertzprung-Lücke zu nennen (Abschnitt 7.4 und Abbildung 3.6). Sie erklärt sich daraus, daß die Entwicklung zum Riesen beziehungsweise Überriesen zunächst sehr rasch verläuft und erst ziemlich weit rechts, im Bereich der M-Sterne, wieder langsamer wird. Der rasche Wechsel von der Hauptreihe hinüber zu den M-Riesen und -Überriesen erklärt zwanglos die Seltenheit leuchtkräftiger F- und G-Sterne. Ebenso leicht versteht man aus Abbildung 12.9 das allmähliche Breiterwerden der Hertzsprung-Lücke zu höheren Leuchtkräften. Bei den Überriesen reicht sie von A5 bis M0.

Tabelle 12.1: Bolometrische Korrekturen.

Die bolometrischen Korrekturen (in Größenklassen) muß man einfach zu visuellen Helligkeiten addieren, um bolometrische Helligkeiten zu erhalten (siehe Abschnitt 4.3). Zahlenwerte, die nur auf eine Stelle hinter dem Komma angegeben sind, besitzen eine geringere Genauigkeit als die übrigen. An sich sollten bolometrische Korrekturen immer negativ sein. Daß sie trotzdem für F-Riesen und -Überriesen kleine positive Werte annehmen, liegt an einer späteren Korrektur der Helligkeitskalibration dieser Sterne. Zusammengestellt aus Artikeln von R. M. Humphries und D. B. McElroy im *Astrophysical Journal* und von D. M. Popper in *Annual Review of Astronomy and Astrophysics*.

Klasse	Hauptreihe	Riesen	Überriesen
O3	−4,3	−4,2	−4,0
O5	−3,9	−3,8	−3,7
O7	−3,6	−3,4	−3,3
B0	−3,00	−2,9	−2,7
B1	−2,50	−2,00	−1,7
B2	−2,0	−1,6	−1,35
B3	−1,8	−1,5	−1,15
B5	−1,44	−1,3	−0,82
B7	−0,94	−1,07	−0,64
A0	−0,15	−0,24	−0,3
A5	−0,02	−0,02	0,00
F0	−0,01	0,01	0,14
F5	−0,03	−0,01	0,13
G0	−0,10	−0,13	−0,1
G5	−0,14	−0,34	−0,20
K0	−0,24	−0,42	−0,38
K5	−0,66	−1,19	−1,00
M0	−1,21	−1,28	−1,3
M2	−1,75	−1,52	−1,5
M4	−2,28		−2,50
M5	−2,59		−3,3
M8	−4,0		

In der Gegend der rechten Umkehrpunkte in Abbildung 12.10 verläuft die Entwicklung dann wieder recht langsam, so daß sich dort zu jeder Zeit viel mehr Sterne aufhalten als in der Hertzsprung-Lücke. Sowohl die Überriesen als auch die gewöhnlichen Riesen entwickeln bei ihrer Wanderung nach rechts keine sehr niedrigen Oberflächentemperaturen. Die Entwicklungswege in Abbildungen 12.8 und 12.9 reichen nur bis zu den frühen M-Sternen, und die Verteilung der beobachteten Überriesen in Abbildung 12.10 endet sehr plötzlich bei M4. Die allerspätesten Sterne – Riesen der Spektraltypen M8 oder gar M10 – gehören zu fortgeschritteneren Stadien, die wir erst weiter unten besprechen.

Die schönste und offensichtlichste Bestätigung erfahren unsere heutigen theoretischen Vorstellungen über die ersten Phasen der Sternentwicklung nach der Hauptreihe durch die Hertzsprung-Russell- beziehungsweise Farben-Helligkeits-Diagramme von Sternhaufen. Haufen sind wohldefinierte Gruppen von Sternen des gleichen

Alters und der gleichen chemischen Zusammensetzung, aber unterschiedlicher Massen. Am Anfang, gleich nach ihrer Entstehung, liegen alle Sterne auf der Hauptreihe. Aber bald schon beginnen die hellsten, heißesten, von der der Hauptreihe nach rechts abzuschwenken. Mit zunehmendem Haufenalter sehen wir zuerst die hellsten Überriesen erscheinen, dann schwächere Überriesen und schließlich die normalen Riesen. Auf der Hauptreihe sehen wir das sogenannte *Knie*, den Abknickpunkt zum Riesenast, allmählich von oben nach unten wandern. Dieser Sachverhalt ist uns in Abschnitt 5.7 zum ersten Mal begegnet, wo wir ihn zur Alters- und Entfernungsbestimmung für Sternhaufen verwandten. In Abbildung 12.11 sind beobachtete Farben-Helligkeits-Diagramme von Sternhaufen zusammengestellt (etwas schematisiert). Man kann sie wunderschön theoretisch reproduzieren, indem man einen ganzen Satz von Sternmodellen verschiedener Massen auf dem Computer gemeinsam altern läßt und den Prozeß zu verschiedenen Zeitpunkten einfach anhält. Das Alter realer Sternhaufen bestimmt man aus der Lage des Knies im Vergleich zu solchen Rechnungen. Diese Methode hat zu den Erkenntnissen geführt, daß offene Haufen in der Milchstraße bis heute ständig neu entstehen, und daß die Kugelhaufen die älteste galaktische Sternpopulation repräsentieren.

Abbildung 12.11 enthält übrigens ein sehr schönes Beispiel für den Einfluß der chemischen Zusammensetzung auf die Entwicklung von Sternen. Das Knie des ältesten bekannten offenen Haufens, M67, liegt rechts von dem des (älteren) Kugelhaufens M3. Auf den ersten Blick scheint dies der Theorie zu widersprechen. Es ist aber nur ein weiterer Ausdruck derselben Effekte, die auch die Existenz der Unterzwerge und den Horizontalast erklären (siehe Abschnitte 5.8 und 8.8). Die Kugelhaufen sind extrem metallarm. Die geringere Opazität ihrer äußeren Schichten läßt sie heißer und blauer als die Sterne gleicher Masse aber höherer Metallizität erscheinen. Genaue Rechnungen für Kugelhaufen, unter Verwendung der korrekten chemischen Zusammensetzung (Abbildung 12.12) zeigen, daß die Kugelhaufen zwischen 12 und 15 Milliarden Jahre alt sind. Da bisher keine älteren Sterne nachgewiesen werden konnten, wird dieser Wert als Alter der Milchstraße angenommen. Die Kugelhaufen setzen auf diese Weise eine eminent wichtige untere Grenze für das Alter des gesamten Universums fest.

Wenn wir die Gesamtheit aller (sonnennahen) Sterne unserer Milchstraße betrachten, die nicht Haufenmitglieder sind (die sogenannten *galaktischen Feldsterne*), dann sagt die Lage des Riesenastes (Abbildung 3.6) ebenfalls etwas über das Alter der Milchstraße aus. Die absoluten Helligkeiten der lichtschwächsten Riesen (und Unterriesen) liegen bei etwa +3 mag, weil schwächere (masseärmere) Sterne innerhalb des Alters der Milchstraße von 13 Milliarden Jahren die Hauptreihe noch nicht verlassen haben können. Alle Sterne mit Massen unterhalb von 0,8 Sonnenmassen, die je entstanden sind, stehen noch als K- und M-Zwerge auf ihrem angestammten Platz im HR-Diagramm.

Auf ihren Wanderungen durch die rechts liegenden Regionen des HR-Diagramms durchqueren die Sterne verschiedene Instabilitätszonen, in denen sie pulsieren. Zwischen etwa 2 und 10 Sonnenmassen kreuzen sie den großen Instabilitätsstreifen der Abbildung 12.7 und erscheinen eine Zeit lang als Cepheiden (Abschnitt 7.5). Die

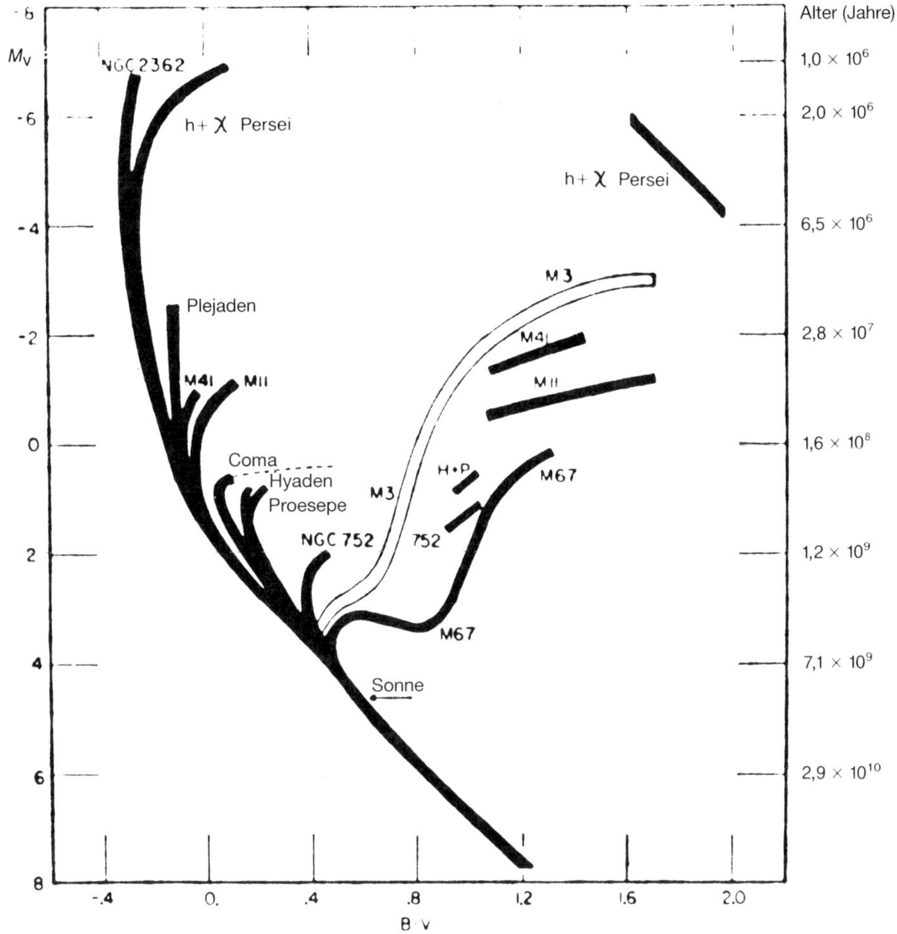

12.11 Farben-Helligkeits-Diagramme von Sternhaufen. Die dicken schwarzen Linien zeigen (etwas schematisiert) die Hauptreihen und Riesenäste verschiedener offener Haufen. Je älter der Haufen, desto tiefer liegt das „Knie", der Abknickpunkt der Hauptreihe zum Riesenast. Die Beziehung zwischen Alter und Lage des Knies ist an der rechten senkrechten Achse angedeutet. Das Knie des ältesten Haufens im Diagramm, des Kugelhaufens M3 (dünne Linie), liegt links von dem des jüngeren offenen Haufens M67. Das ist kein Widerspruch zur Theorie, sondern erklärt sich durch den geringen Metallgehalt der Kugelhaufen im Vergleich zu Sternen der Population I. Metallarme Sterne sind etwas heißer und leuchtkräftiger als gleich schwere metallreiche. Alle hier gezeigten Haufendiagramme lassen sich sehr gut durch theoretische Entwicklungswege wie die in den Abbildungen 12.9 und 12.10 erklären. Man muß dazu die Punkte gleichen Alters an den Entwicklungswegen für verschiedene Massen aufsuchen und miteinander verbinden. Die resultierende theoretische Kurve heißt *Isochrone* (Kurve gleichen Alters). Ihre Übereinstimmung mit beobachteten Hertzsprung-Russell-Diagrammen von Sternhaufen beweist einerseits, daß die Mitglieder der Haufen tatsächlich gleich alt sind, und andererseits, daß die theoretischen Rechnungen den Ablauf der Sternentwicklung korrekt wiedergeben. Nach einem Artikel von A. Sandage im *Astrophysical Journal*.

masseärmsten Objekte dieses Massenbereichs liegen schon auf beziehungweise nahe der Hauptreihe im Instabilitätsstreifen. Sie bilden die Klasse der δ-Scuti-Sterne (Abschnitte 7.8 und 8.7). Ab etwa 10 Sonnenmassen verfehlen die Sterne das Gebiet des Instabilitätsstreifens, in dem regelmäßige Schwingungen auftreten. Sie überqueren den kritischen Temperaturbereich oberhalb dieses Gebiets. Sie entwickeln sehr starke Winde und erscheinen als langsame, unregelmäßige Veränderliche. Massereiche Sterne können darüber hinaus beim Verlassen der Hauptreihe kurzzeitig als β-CMa-Variable pulsieren (Abschnitt 9.6).

Die innere Kontraktion eines Riesen dauert Millionen von Jahren. Das ist nach irdischen Maßstäben eine sehr lange Zeit, es ist jedoch sehr kurz im Vergleich zur Verweilzeit auf der Hauptreihe. Das Schrumpfen des Kerns wird zum Stillstand gebracht, wenn die Temperatur den zum Zünden des Heliumbrennens erforderlichen Wert erreicht. Helium ist nur sehr schwer weiterzuverbrennen. Der Prozeß verlangt die nahezu gleichzeitige Kollision *dreier* Heliumkerne mit erheblicher Energie, damit aus ihnen ein Kohlenstoffkern entstehen kann. Dieser sogenannte 3α-Prozeß wird erst bei etwa 200 Millionen Kelvin wirksam (die Bezeichnung stammt daher, daß Heliumkerne auch α-Teilchen genannt werden, siehe Abschnitt 2.2). Im Gegensatz zum Wasserstoffbrennen bei Erreichen der Hauptreihe setzt das Heliumbrennen schlagartig, explosionsartig ein. Dieses Ereignis wird als Helium-Flash (‚flash' = englisch ‚Blitz') bezeichnet. Es beendet die Wanderung eines Sterns entlang des Riesenastes nach oben. Mit anderen Worten: Der Helium-Flash tritt an den nach rechts oben weisenden, mit einem gefüllten schwarzen Punkt markierten Spitzen der Entwicklungswege in Abbildung 12.9 ein. Die Explosion im Innern führt jedoch nicht zu einer Explosion des ganzen Sterns. Sie ist zu schwach, verliert sich völlig in der dämmenden Hülle des Sterns. Sie leitet ganz im Gegenteil die nächste größere Ruhephase der Sternentwicklung ein.

12.6 Das Heliumbrennen

Ab dem Helium-Flash unterscheiden sich die Schicksale von Sternen unterschiedlicher Masse sehr stark voneinander. Schon die Phase des Heliumbrennens verläuft sehr unterschiedlich. Unterhalb von etwa 3 Sonnenmassen (scharfe Grenzen gibt es nicht; die Entwicklungswege ändern sich allmählich mit der Masse) tritt tatsächlich eine Ruhephase ein. Nach dem Helium-Flash rutschen die Sterne rasch entlang des Riesenastes wieder nach unten und kommen dort zur Ruhe. Der Ort im HR-Diagramm, an dem das geschieht, hängt außer von der Masse nun auch sehr stark von der chemischen Zusammensetzung ab. Sterne mit solarer Zusammensetzung versammeln sich auf halber Höhe direkt auf dem Riesenast. Metallarme Sterne dagegen verteilen sich von dieser Stelle aus in waagrechter Richtung zu höheren Temperaturen. In den Kugelhaufen sind derzeit alle Sterne von knapp einer Sonnenmasse in dieser Phase. Ihr geringer Metallgehalt führt in Verbindung mit langsamen Änderungen der Temperatur während des Heliumbrennens zur Bildung des ausgeprägten

Horizontalasts, den wir in Abschnitt 8.8 kennenlernten (siehe auch Abbildung 12.12). Die metallreichen Sterne der Population I bilden dagegen den sogenannten *Klumpen*. Die Lage des Horizontalasts und des Klumpens im HR-Diagramm ist in Abbildung 12.9 markiert. Die *Klumpenriesen* liegen dort, wo die Verlängerung des Horizontalasts den Riesenast schneiden würde.

Sterne höherer Masse, grob gesagt oberhalb von 3 Sonnenmassen, führen ein weitaus unruhigeres Leben. Sie wandern während des Heliumbrennens im HR-Diagramm hin und her. Sie führen sogenannte *blue loops* (englisch ‚blaue Schleifen') aus, die sie in rascher Folge mehrfach durch den Instabilitätsstreifen führen. Ein solcher Stern wechselt sein Erscheinungsbild wie ein Chamaeleon: von einem roten Überriesen über einen gelben Cepheiden zu einem blauen Riesen, und wieder zurück. Auch ihr Innenleben ist komplizierter als das ihrer masseärmeren Brüder. Das Heliumbrennen beginnt schlagartig im Helium-Flash, erlischt dann aber zunächst wieder, um erst am Wendepunkt der ersten blauen Schleife (dem vierten gefüllten Punkt an den Entwicklungswegen für 9 und 15 Sonnenmassen in Abbildung 12.9) endgültig einzusetzen. In der Abbildung erkennt man, daß dieser Punkt mit zunehmender Masse immer weiter nach links wandert. Das heißt, daß Heliumbrennen im Leuchtkraftbereich der Überriesen bei praktisch allen Spektraltypen auftreten kann, von M bis B. Die Sterne mit den allerhöchsten Massen, so etwa ab 30 Sonnenmassen, können sogar bis zum Spektraltyp O zurückkehren, wo sie dann – nach dem Auswurf von gewaltigen Materialmengen und der daraus folgenden Änderung der chemischen Zusammensetzung ihrer Oberflächen – eventuell als Wolf-Rayet-Sterne (Abschnitt 10.2) auftreten.

Die Einzelheiten der Entwicklung sehr massereicher Sterne sind enorm kompliziert und hängen von vielen derzeit noch nicht gut verstandenen Prozessen ab. Aber die Astronomen sind sich sicher, daß sie auf ihrem Weg zum vollen Verständnis schon einige wichtige Schritte hinter sich haben. Wir werden uns in Abschnitt 12.10 nochmals mit den Glanzstücken der Sternenwelt befassen, wenn wir ihr Ende als Supernova besprechen.

12.7 Der Kern stirbt

Wir wollen uns nun vorübergehend auf die masseärmeren Sterne konzentrieren und deren weiteres Schicksal betrachten. Genau gesagt: Wir reden über Sterne von ungefähr 5 Sonnenmassen und darunter. Nach einer gewissen Zeit wird das Helium im Kern zur Neige gehen. Damit geht die zweite Ruhephase der Entwicklung zu Ende. Der Kern beginnt wieder zu schrumpfen, dieses Mal noch rascher als bei der Erschöpfung des Wasserstoffs. Die Sterne verlassen ihren Ruheplatz, je nach Populationszugehörigkeit ist das der Horizontalast oder der Klumpen. In beiden Fällen geschieht das gleiche wie bei der ersten Kernkontraktion: Die äußeren Schichten blähen sich enorm auf. Der Stern wandert im HR-Diagramm wiederum nach rechts und klettert dann nach oben, den Riesenast hinauf. Allerdings ist sein innerer Aufbau

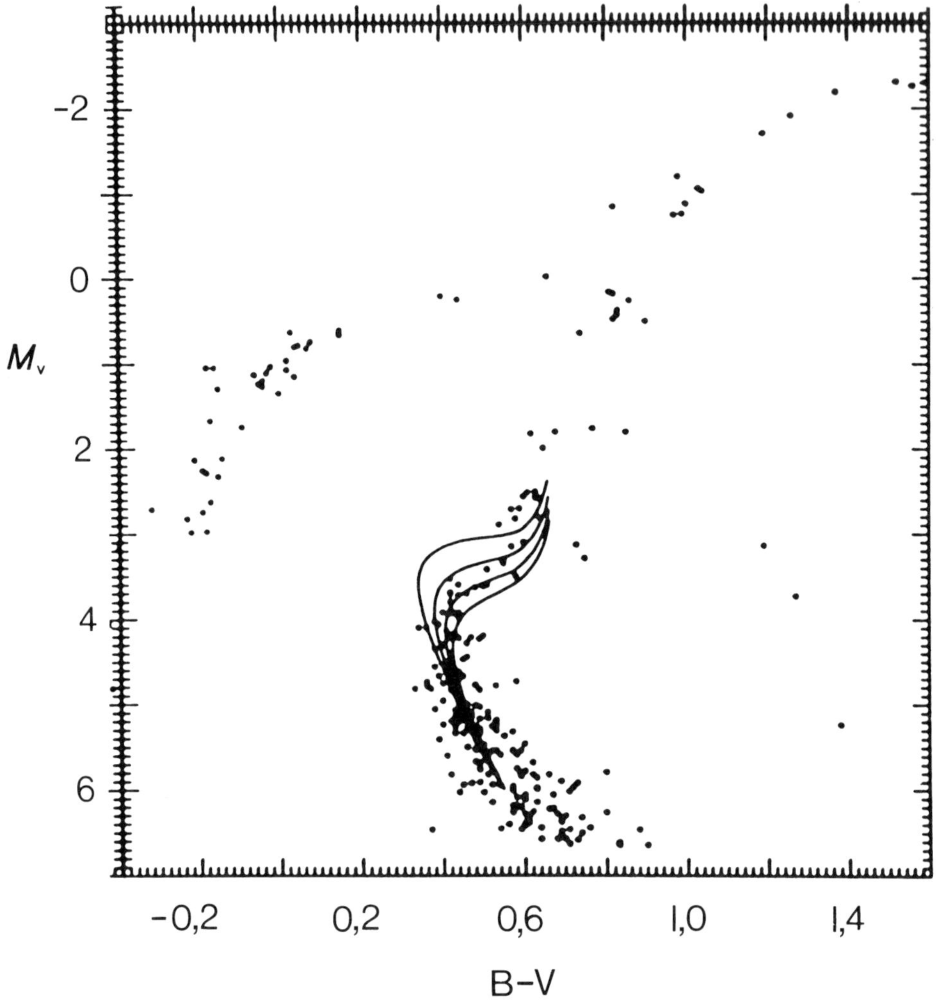

12.12 Die beobachtete und die theoretische Verteilung der Sterne von M13 im Farben-Helligkeits-Diagramm. Das hier gezeigte Diagramm des bekannten Kugelhaufens im Herkules entspricht dem in Abbildung 8.11 gezeigten von M5, jedoch wurde die Entfernung des Haufens verwandt, um absolute statt scheinbarer Helligkeiten darzustellen. Die durchgezogenen Linien sind Isochronen (siehe Abbildung 12.11). Sie zeigen die erwartete Lage des Knies und des unteren Riesenasts für (von oben nach unten) 9, 12, 15 und 18 Milliarden Jahre. Die beiden äußeren Kurven passen offensichtlich nicht zu den beobachteten Sternen. Das Alter des Haufens liegt also zwischen 12 und 15 Milliarden Jahren. Wenn man diese Anpassung von theoretischen Isochronen an die Farben-Helligkeits-Diagramme vieler Kugelhaufen etwas genauer durchführt, findet man einen Mittelwert von 13 Milliarden Jahren. Da die Kugelhaufen die ältesten bekannten Objekte der Milchstraße sind, betrachtet man diesen Wert als das Alter unserer Galaxis. Der genaue Wert ist noch umstritten, aber die Astronomen sind sich einig, daß er nicht weit von den genannten 13 Milliarden Jahren entfernt liegt. Er hängt von vielen Details der theoretischen Sternmodelle ab, zum Beispiel vom verwendeten Helium- und Metallgehalt, der wegen der großen Entfernung der Kugelhaufen nur schwer spektroskopisch zu bestimmen ist (siehe die Abhängigkeit der Sternentwicklung vom Metallgehalt in Abbildung 12.8). Aus einem Artikel von D. A. Vandenberg im *Astrophysical Journal*.

verändert. Er besitzt nun einen Kern aus Kohlenstoff und Sauerstoff (letzterer entsteht als Nebenprodukt des 3α-Prozesses) statt eines Heliumkerns. Und wiederum steigt die Temperatur an der Kernoberfläche so lange an, bis der ursprünglich nur im Zentrum ablaufende Fusionsprozeß in einer Schale um den Aschekern zünden kann. In dieser Phase sind also *zwei* ineinandergeschachtelte Brennschalen vorhanden, denn die wasserstoffbrennende Schicht ist immer noch aktiv.

Wegen der veränderten inneren Struktur verfolgt der zweite Aufstieg im HR-Diagramm nicht genau den gleichen Weg wie der erste. Der Pfad der Sterne verläuft nahezu parallel zum (ersten) Riesenast und lehnt sich nach oben allmählich an ihn an. Diese Phase der Entwicklung wird deshalb als *asymptotischer Riesenast* (abgekürzt AGB, von englisch ‚asymptotic giant branch') bezeichnet. Die Sterne in diesem Stadium werden häufig *AGB-Sterne* oder auch *Doppelschalensterne* genannt. Der zweite Aufstieg zum Riesen führt viel weiter nach rechts, zu niedrigeren Oberflächentemperaturen, als der erste. Die Riesen der spätesten Spektraltypen – M7, M8 und noch später – sind AGB-Sterne. An der Spitze des AGB werden sie instabil, pulsieren mehr oder weniger regelmäßig und erfreuen uns als Mira-Sterne (Abschnitt 4.5) mit drastischen Helligkeitsvariationen.

In Abbildung 12.9 ist das Endstück des AGB-Pfads für einen Stern mit solaren Elementhäufigkeiten und einem typischen Kohlenstoff-Sauerstoff-Kern von 0,55 Sonnenmassen eingezeichnet. Sein Anfang liegt im Klumpen, am rechten Ende des Horizontalasts. Man kann die AGB-Phase bisher noch nicht vollständig theoretisch modellieren. Der Durchmesser eines Sterns mit gegebener Leuchtkraft, und folglich seine Oberflächentemperatur, hängt kritisch davon ab, wie effektiv die Konvektion (Abschnitt 6.3) die Wärme nach außen und frischen Brennstoff in die Brennschalen nach innen schafft. Konvektion ist jedoch eines der schwierigsten physikalischen Probleme, mit denen die Astrophysiker überhaupt zu tun haben. Es gibt bisher noch keine Theorie, die den Durchmesser der Konvektionszellen voraussagen kann. Deshalb benutzt man diese Größe in Modellrechnungen als freien Parameter, der so eingerichtet wird, daß die resultierenden Sternmodelle den Beobachtungen entsprechen. Für die Entwicklungswege in Abbildung 12.9 wurde sie so gewählt, daß die Sterne an der Spitze ihres AGB-Pfads im Bereich der Mira-Sterne zu liegen kommen. Für Theoretiker ist dies keine sehr befriedigende Situation.

Auch das Verhalten der Brennschalen ist alles andere als einfach und übersichtlich. Seine volle Komplexität ist erst kürzlich erkannt worden. Die beiden Schalen brennen nicht gemeinsam und gleichzeitig, sondern sie schalten sich sozusagen gegenseitig an und aus. Zu Anfang der AGB-Phase brennt das Helium in einer dicken tiefliegenden Schale. Der Stern bläht sich auf, die Temperatur in der Wasserstoffbrennschale (das heißt an der Oberfläche des alten Heliumkerns) sinkt. Dadurch erlischt das Wasserstoffbrennen weitgehend. Der 3α-Prozeß frißt sich allmählich von innen nach außen durch die Heliumschicht, die irgendwann praktisch aufgebraucht ist. Die Energieerzeugung aus dem Heliumbrennen geht dann zurück, das Innere des Sterns schrumpft wieder, die Temperatur an der Untergrenze der wasserstoffreichen Hülle steigt an, und das Wasserstoffbrennen setzt ein. Nun wächst die Dicke der Heliumschicht wieder an, da zwar an ihrer Außenseite Helium hinzugefügt, an ihrer Unterseite aber keines verbraucht wird. Die Situation gleicht der vor dem Helium-Flash: Der heliumhaltige Teil des Sterns kontrahiert langsam, wird dabei dichter und heißer – bis an einer kritischen Grenze wieder explosionsartig das Heliumbrennen zündet. Dieses Ereignis wird als *thermischer Puls* bezeichnet. Es ist praktisch dasselbe wie der Helium-Flash, nur eben nicht im Zentrum des Sterns, sondern an der Unterseite der Heliumschale (mit anderen Worten: an der Oberfläche des Kohlenstoff-Sauerstoff-Kerns). Durch die enorme Wärmeerzeugung des thermischen Pulses expandiert die Heliumschicht, drückt die Wasserstoffbrennzone nach außen und löscht sie damit wieder aus.

Und so beginnt das gleiche Spiel von vorne. Nach einer Weile wird wieder das Helium knapp, die Wasserstoffzone kontrahiert wieder, wird so lange heißer und dichter, bis das Wasserstoffbrennen wieder voll entbrannt ist, und so weiter, und so weiter. Die Gesamtzahl der thermischen Pulse, die ein Stern im Laufe seiner AGB-Phase erlebt, hängt von vielen Faktoren ab, in erster Linie natürlich von seiner anfänglichen Masse und chemischen Zusammensetzung. Typischerweise wird es wohl ein rundes Dutzend sein, in zeitlichen Abständen von einigen hunderttausend Jahren. Die ersten Pulse finden so tief im Innern des Sternkörpers statt, daß man an der Oberfläche keine direkten Auswirkungen davon sieht (abgesehen von dem allmählichen, Hunderttausende von Jahren dauernden Aufstieg auf dem AGB). Aber die Brennzonen fressen sich nach außen und der Stern verliert mit zunehmender Leuchtkraft durch den rapide stärker werdenden Wind einen Teil seiner äußeren Schichten (siehe Abschnitt 4.6). Deshalb ist bei jedem weiteren Puls die dämmende Hülle dünner, und es ist stark anzunehmen, daß die letzten auch an der Oberfläche zu merklichen Auswirkungen führen. Man kennt sogar einen sehr guten Kandidaten für ein solches Ereignis: Den Stern FG Sagittae, ein absolut beispielloses Objekt am Himmel. Er hat seine Oberfläche innerhalb weniger Jahrzehnte enorm aufgebläht, dabei seine visuelle Helligkeit um über vier Größenklassen gesteigert und seinen Spektraltyp von B4 nach K2 (!) geändert. Diese und viele weitere Befunde sprechen eindeutig für die Deutung als Helium-Flash an der Basis einer sehr dünnen Hülle.

Mit dem letzten thermischen Puls und dem Stern FG Sagittae verlassen wir den aktiven Teil des Lebenswegs von Sternen mittlerer Masse. Es liegen zwar noch einige wunderbare Ereignisse vor uns, aber die Kernenergieerzeugung ist endgültig am Erlöschen, und das Ende ist nah.

12.8 Planetarische Nebel

Solange der Kern eines Sterns nicht schwerer wird als 1,4 Sonnenmassen, verläuft die weitere Entwicklung in ruhigen Bahnen. Als Kern betrachten wir nun alle Bereiche des Sternkörpers, die je durch ein nukleares Feuer gegangen sind. Er schrumpft nach dem Abklingen der Kernreaktionen ganz allmählich weiter, bis er schließlich in den Zustand des entarteten Gases (Abschnitt 8.9) übergeht. Dann wird die große historische Kontraktion, die vor Milliarden von Jahren mit der Zusammenballung interstellarer Materie zu einem jungen Stern begann, durch den Druck der entarteten Elektronen endgültig zum Stillstand gebracht.

Die endgültige Masse des Kerns hängt von der Anfangsmasse des Sterns und dem Ausmaß seines Massenverlustes während der Riesen- und ABG-Phasen seiner Entwicklung ab. Die derzeit besten Modellrechnungen besagen, daß die Grenze von 1,4 Sonnenmassen für einen Hauptreihenstern von 8 Sonnenmassen gerade noch nicht überschritten wird. Am Ende der AGB-Zeit ist die Wasserstoffhülle bis auf einen minimalen Rest in den interstellaren Raum abgeblasen worden. Für einen Stern von 8 Sonnenmassen bedeutet das, daß er mehr als drei Viertel seines Materials verloren hat!

Nach der AGB-Phase bildet der sterbende Stern einen Planetarischen Nebel aus (Abschnitt 11.1). Dessen Zentralstern ist im wesentlichen nur noch der nackte ausgebrannte Kern des ehemaligen Riesen. Er besitzt typischerweise 0,6 bis 0,8 Sonnenmassen (und stets weniger als 1,4 Sonnenmassen) und entwickelt sich im HR-Diagramm zunächst rasch nach links (gestrichelte waagrechte Linie in Abbildung 12.9), um später zum Weißen Zwerg zu werden. Derweil fusionieren noch letzte Reste von Wasserstoff und Helium, ihr Beitrag zur Energiebilanz wird aber bald abnehmen. Sobald die Oberflächentemperatur 28 000 K erreicht, produziert sie genügend UV-Strahlung, um die Überreste des Sternwinds als Planetarischen Nebel aufleuchten zu lassen.

Sowohl die Bilder von Planetarischen Nebeln (Abbildung 12.13) als auch genauere theoretische Analysen ihrer Spektren zeigen, daß sie in erster Näherung hohle Gasschalen sind. Die Entstehung dieser Geometrie ist noch nicht ganz unumstritten. Zwei wesentliche Szenarien seien hier kurz vorgestellt. Die thermischen Pulse werden gegen Ende der AGB-Phase immer heftiger und finden zudem, wie erwähnt, immer näher an der Oberfläche statt. Man kann vermuten, daß der letzte Puls (derjenige, der das alternierende Brennen der beiden Schalen beendet) den Rest der Wasserstoffhülle auf einen Schlag in den interstellaren Raum wirft. Sie fliegt als dichte kompakte Gasschale davon und leuchtet erst auf, wenn der zurückbleibende Kern den nötigen UV-Fluß erzeugt.

Die andere, neuere Theorie kommt mit einem gleichmäßig blasenden Wind aus, ohne das postulierte explosionsartige Finale. Sie benutzt nicht eine Windphase mit hoher *Dichte*, sondern eine solche mit hoher *Geschwindigkeit*, um die hohle Gasschale zu erzeugen. UV-Beobachtungen von Zentralsternen und von anderen Nach-AGB-Objekten haben die Existenz sehr schneller Ausströmungen erwiesen (Abschnitt 11.3, Abbildungen 11.6 und 11.7). Diese schnellen Winde holen die alten langsamen Riesenwinde ein, prallen mit großer Wucht auf sie auf und schieben sie zu einer verdichteten hohlen Schale zusammen.

Die Wahrheit mag zwischen den beiden Szenarien liegen. Vielleicht prallt der schnelle Wind auch schon auf eine bereits existierende abschließende Verdichtung des langsamen Windes auf. Vielleicht ist die relative Bedeutung beider Prozesse von Stern zu Stern verschieden. Wir wissen es nicht.

Wie auch immer die Bildung des Planetarischen Nebels genau ablaufen mag, die weitere Entwicklung ist jedenfalls klar. Der Nebel expandiert immer weiter und wird

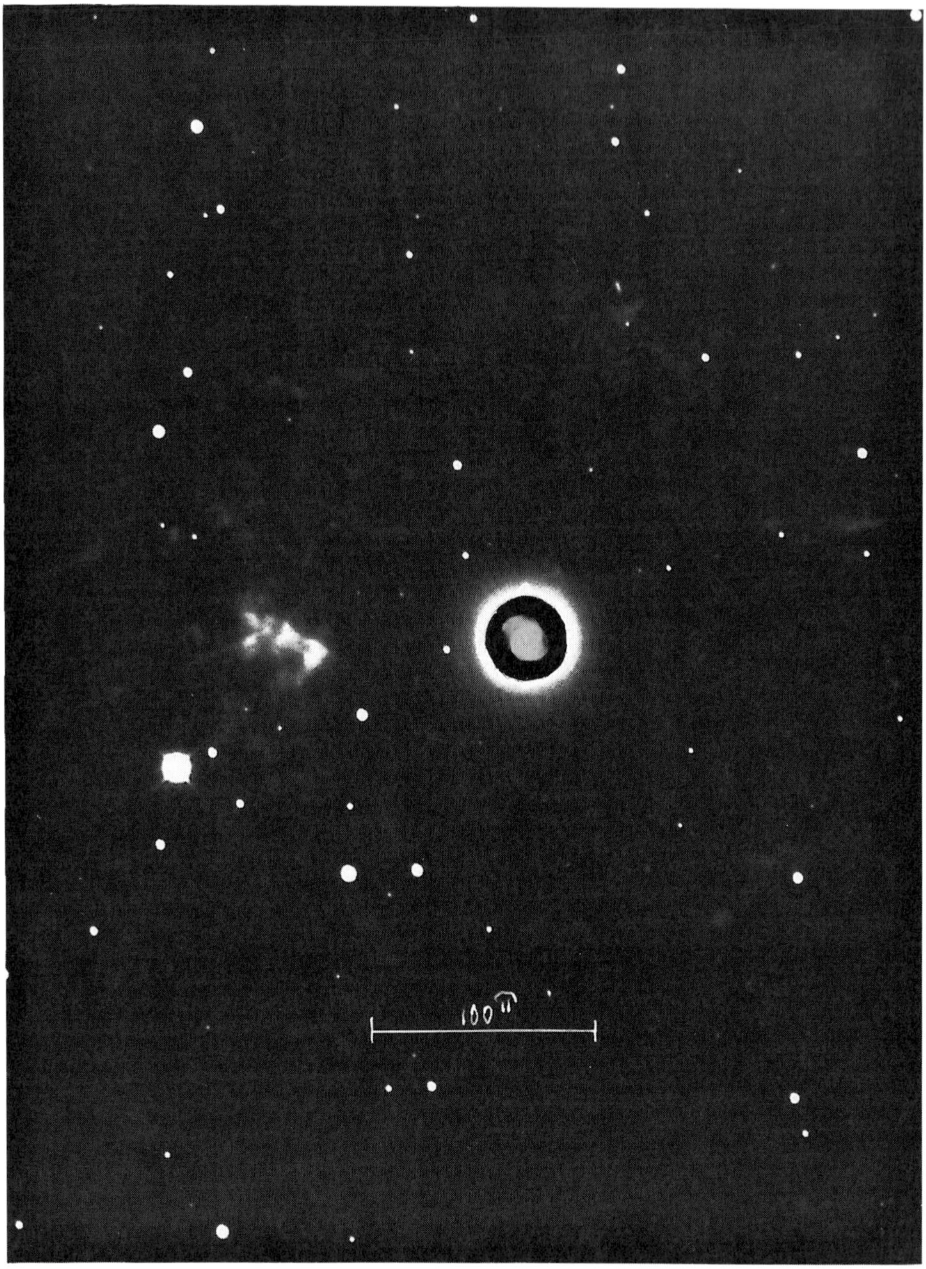

12.13 Der Planetarische Nebel NGC 6543 im Sternbild Drache. Der Planetarische Nebel selbst ist noch sehr jung und klein (der Einsatz im Zentrum des Bildes ist eine viel kürzer belichtete Aufnahme als das große Photo), sein Zentralstern ist noch auf dem horizontalen Teil seines Entwicklungswegs (siehe Abbildung 12.14). Um den Nebel herum sehen wir hier die viel größere und viel lichtschwächere Gas- und Staubmasse, die der Stern als Wind während seiner AGB-Phase ausgeworfen hat. Der weiße Ring um das innere Bild ist durch Überbelichtung der hellen inneren Nebelteile und des Zentralsterns verursacht. Photos: National Optical Astronomy Observatories (Kitt Peak), mit freundlicher Genehmigung von A. G. Milikan.

dabei stets dünner. Während er am Anfang für UV-Strahlen völlig undurchlässig war und alle UV-Energie in langwelligere Strahlung umsetzte (die Voraussetzung für die Ableitung von Zanstra-Temperaturen, siehe Abschnitt 11.2), wird er später einen Teil durchlassen. Dann sehen wir um den eigentlichen Planetarischen Nebel herum eine viel größere, viel dünnere Gasmasse schwach leuchten: den Löwenanteil des ABG-Windes, der sich allmählich im interstellaren Raum verliert.

Auch das weitere Schicksal des Zentralsterns ist klar: Er wandert weiter bei etwa konstanter Leuchtkraft (einige tausend Sonnenleuchtkräfte, je nach Masse) im HR-Diagramm nach links, zu außerordentlich hohen Temperaturen. Bei etwa 40 000 K verläßt er den Bereich des klassischen HR-Diagramms. Das theoretische HR-Diagramm (die log L-log T-Ebene, Abbildung 12.9) läßt sich natürlich nach links fortsetzen, wie in Abbildung 12.14 gezeigt. Auf dem horizontalen Pfad stammt der überwiegende Anteil der abgestrahlten Energie noch aus Kernfusion, die an der Grenze zwischen dem C-O-Kern und der verbleibenden dünnen Hülle abläuft. Aber die Hülle wird von beiden Seiten her rasch aufgezehrt: An der Unterseite fressen die Kernreaktionen an ihr und an der Oberseite der Sternwind. Der heiße Kern rückt der Oberfläche immer näher. Daraus resultiert deren enormer Temperaturanstieg. Da während dieser Entwicklung die Leuchtkraft praktisch konstant bleibt, muß der Stern also kräftig schrumpfen. Am Ende des horizontalen Wegs hat er bereits die Größenordnung der Weißen Zwerge erreicht. An dieser Stelle erlöschen die Kernreaktionen endgültig. Der Stern beginnt seinen zunächst schnellen, dann immer langsamer werdenden Abstieg entlang der Abkühlsequenz der Weißen Zwerge nach rechts unten im theoretischen HR-Diagramm.

Die Leuchtkraft und die am Umknickpunkt in Abbildung 12.14 erreichte Maximaltemperatur der Oberfläche hängen stark von der Masse der Sternruine ab. Bei einem typischen Kern von 0,6 Sonnenmassen erreicht sie knapp 150 000 K, nahe der Obergrenze von 1,4 Sonnenmassen steigt sie bis zu phantastischen 1 000 000 K. Solche Werte müssen jedoch extrem selten sein, da einerseits nur wenige Kerne mit so hoher Masse entstehen und diese sich andererseits nur sehr kurze Zeit bei so hohen Temperaturen aufhalten. Die beobachtete Maximaltemperatur liegt dementsprechend bei „nur“ 250 000 K.

Während der Zentralstern zum Weißen Zwerg schrumpft, verteilt sich der Nebel immer weiter im Raum. Mit dem relativ plötzlichen Leuchtkraftabfall des Sterns verliert er zudem die Energiequelle und verblaßt. Wir können also erwarten, daß wir kleine Nebel (einige Hundertstelparsec im Durchmesser) mit frischen, hellen Zentralsternen sehen (Abbildungen 12.13 und 11.3), daneben große Nebel (mehrere Zehntelparsec) mit alten, schon abkühlenden Zentralsternen (Abbildungen 12.15 und 11.2) und schließlich verglimmende Sterne auf dem Weg zum Weißen Zwerg, deren Nebel schon verblaßt ist.

Die endgültige Masse des Weißen Zwergs hängt natürlich von seiner Anfangsmasse auf der Hauptreihe, aber noch stärker vom Massenverlust danach ab. Der unterste Entwicklungsweg in Abbildung 12.14 gehört zu einem Hauptreihenstern von 0,8 Sonnenmassen (Abschnitt 12.5) und der oberste, fast an der Massengrenze der Weißen Zwerge gelegene, zu unseren kanonischen (und nicht besonders genau bekann-

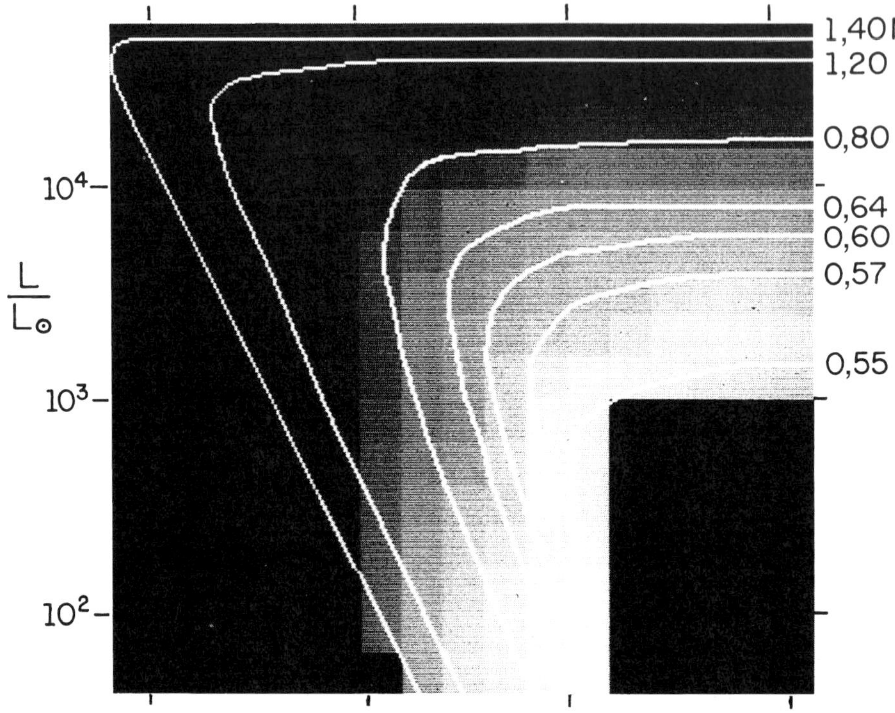

12.14 Entwicklungswege von Zentralsternen im theoretischen HR-Diagramm. Der Logarithmus der Leuchtkraft (in Sonnenleuchtkräften, senkrechte Achse) ist gegen den Logarithmus der Temperatur (waagrechte Achse) aufgetragen. Die weißen Linien sind die Entwicklungswege von Zentralsternen mit den jeweils rechts angegebenen Kernmassen (in Sonnenmassen). Die Masse des Kerns entscheidet über die Maximaltemperatur, die in dieser Phase der Entwicklung erreicht wird. Der mit „0,55“ beschriftete Pfad gehört zu einem Stern mit etwa einer Sonnenmasse auf der Hauptreihe. Er ist eine direkte Fortsetzung des entsprechenden Entwicklungswegs in Abbildung 12.9 über den linken Rand jener Abbildung hinaus. Wenn er die Abbildung 12.14 nach unten verlassen hat, erscheint er wieder in der linken unteren Ecke der Abbildung 12.9. Die Pfade mit höheren Kernmassen werden von Sternen mit höheren Anfangsmassen erzeugt. Der oberste, nahe an der Chandrasekhar-Grenze gelegene Entwicklungsweg gehört zu einem Stern von ursprünglich 8 Sonnenmassen, was auf der Hauptreihe einem Spektraltyp in der Nähe von B5 entspricht. Die unterschiedliche Schattierung des Abbildungshintergrunds deutet die erwartete Häufigkeitsverteilung von Zentralsternen im HR-Diagramm an (das schwarze Rechteck rechts unten geht auf fehlende Daten zurück). Wie man sieht, konzentrieren sie sich sehr stark auf die Umgebung des Pfades für 0,55 Sonnenmassen. Die Entwicklung solcher massearmer Zentralsterne verläuft langsamer, und sie stammen von den viel häufigeren sonnenähnlichen Sternen ab. Zentralsterne mit Temperaturen oberhalb von 125 000 K sind sowohl nach dieser theoretischen Erwartung als auch nach der Beobachtungserfahrung sehr selten. Sie entstammen den wenigen Sternen der oberen Hauptreihe und durchlaufen zudem ihre hier gezeigte heiße Phase sehr rasch. Abbildung von R. A. Shaw.

ten) 8 Sonnenmassen. Nur bei diesen massereicheren Objekten sind die inneren Umwälzungen heftig genug, um die Fusionsprodukte bis an die Oberfläche und sogar noch in den Nebel hinein zu befördern (Abschnitt 11.1). Deshalb sind die chemischen Häufigkeiten in den abgestoßenen Hüllen mit der Position des Zentralsterns im log L-log T-Diagramm korreliert. Aus dieser Korrelation und der Theorie der Sternentwicklung kann man im Prinzip sogar eine unabhängige Bestimmung des Verhältnis-

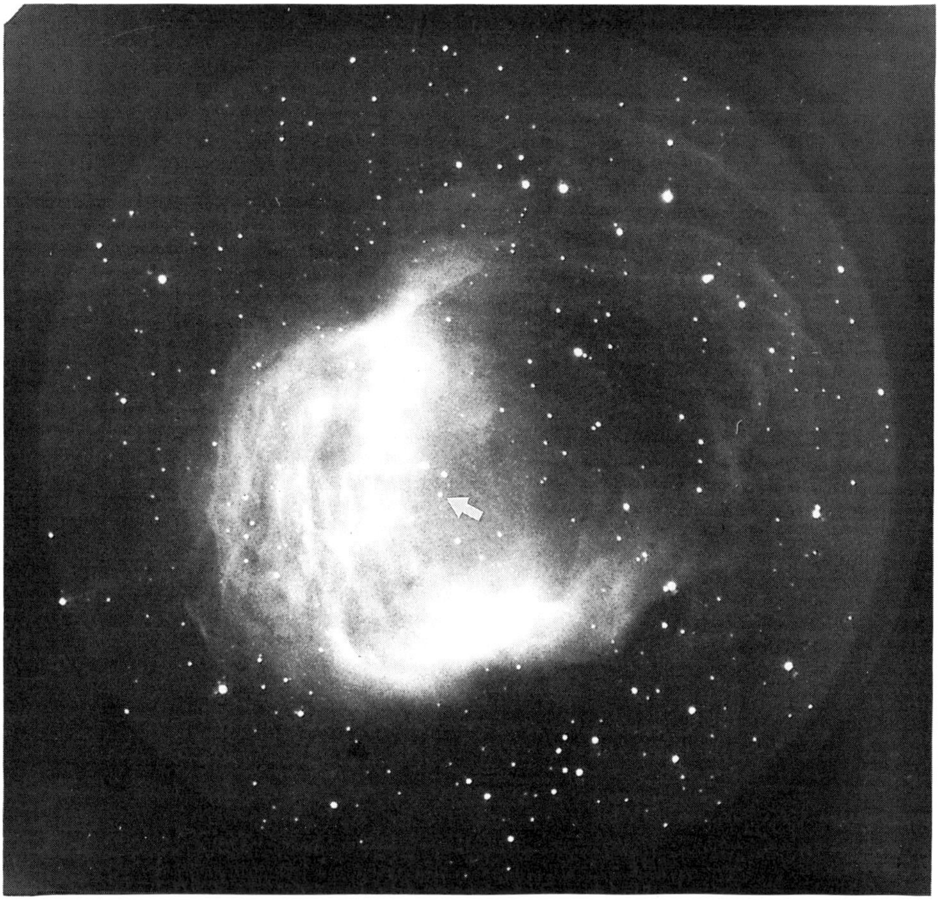

12.15 Der große, alte Planetarische Nebel YM 29. Dieses Objekt, auch Abell 21 genannt, besitzt einen Durchmesser von fast einem Parsec. Der Zentralstern ist mit einem Pfeil markiert. Er ist bereits auf dem Abstieg zum Weißen Zwerg, das heißt er befindet sich bereits auf dem unteren Teil seines Entwicklungswegs in Abbildung 12.14. In einigen tausend Jahren wird der Nebel zur Unsichtbarkeit verblaßt und im interstellaren Raum verstreut sein. Er ist stark mit Helium und Stickstoff angereichert, Ergebnis der Kernfusion in einem Stern von mehreren Sonnenmassen. Photo: National Optical Astronomy Observatories (Kitt Peak), mit freundlicher Genehmigung von G. H. Jacoby.

ses aus Anfangsmasse und Endmasse (Kernmasse) der Entwicklung herleiten. Der Vergleich der so ermittelten Gesamtmasse an ausgeworfenem Material mit den spektroskopisch bestimmten Massenverlustraten in den Winden führt zu einigermaßen brauchbarer Übereinstimmung.

Der Spektraltyp der entarteten Sternruine, die nach alldem zurückbleibt, wird ganz empfindlich von der Entwicklung in der AGB- und Nach-AGB-Phase bestimmt: Wenn die gesamte Wasserstoffhülle hinweggeblasen wird, dann finden wir als Ergebnis einen Weißen Zwerg des Spektraltyps DB. Die Klasse DA umfaßt diejenigen Objekte, bei denen noch ein Rest der Hülle zurückgeblieben ist. Es ist bisher noch unklar, in welchem Stadium das „Absinken" des Heliums in tiefere Schichten (Abschnitt 9.10) stattfindet, das die ganz reinen Wasserstoffatmosphären der DA-Zwerge erzeugt. Erste Hinweise wurden allerdings in den Nebeln gefunden: Es gibt einige Fälle, die ähnliche Häufigkeiten wie die DA-Sterne aufweisen.

Offenbar kann es auch vorkommen, daß ein AGB-Stern den Weg zum Sternenfriedhof der Weißen Zwerge findet, ohne einen Planetarischen Nebel zu bilden. Wenn man die noch heißen (jungen) Weißen Zwerge und die Planetarischen Nebel in der Sonnenumgebung abzählt, um ihre Entstehungsraten zu bestimmen, so kommt man auf ungefähr die gleichen Werte. Aber beide Zahlen sind unsicher, so daß es noch Spielraum für die Bildung Weißer Zwerge ohne Nebel gibt. Diesen Spielraum scheinen die *O-Unterzwerge* auszufüllen. Sie liegen im HR-Diagramm etwa am Ort der Zentralsterne, scheinen sich auf dem Weg zum Weißen Zwerg zu befinden, besitzen aber keinen Nebel. Der Anteil der AGB-Sterne, die einen Nebel erzeugen, muß zwar ziemlich groß sein, aber wie groß er wirklich ist, wissen wir noch nicht.

Ja, und dann gibt es da noch die widerspenstigen Zentralsterne, die noch nicht gleich sterben wollen und eine letzte Überraschung für die Astronomen bereithalten. Über dem ausgebrannten C-O-Kern liegt noch die Heliumschale. Sie ist während der Phase des Planetarischen Nebels und der nachfolgenden Abkühlung zum Weißen Zwerg inaktiv. Aber sie wird in dieser Zeit beständig weiter verdichtet und an ihrer Basis eventuell auch noch heißer. Und so kann es geschehen, daß sie ganz spät, wenn eigentlich schon alles vorbei ist, nochmals einen letzten thermischen Puls erleidet. Der Stern springt dann mit einem Schlag von seinem Sterbebett auf (ganz weit links im HR-Diagramm) und tritt uns – wie Phönix aus der Asche – plötzlich wieder als AGB-Objekt entgegen (ganz weit rechts oben im HR-Diagramm). Aber sein Auftritt ist kurz; rasch durchläuft er nochmals das Stadium des Planetarischen Nebels und biegt wieder in die Abkühlsequenz ein. Es sind nur zwei dieser exotischen Objekte bekannt. Eines davon ist in Abbildung 12.16 gezeigt. Man erkennt sie daran, daß innerhalb eines normalen alten Planetarischen Nebels eine winzige zweite Nebelschale liegt, die aus fast reinem Helium besteht. Das ist eben jenes Helium, das vor dem Flash noch dicht unter der Oberfläche des ehemaligen Zentralsterns lag und das nun durch den thermischen Puls abgeschleudert wurde. Dem erwähnten Stern FG Sagittae ist offenbar ähnliches passiert.

12.9 Das Ende als Weißer Zwerg

Aber auch diese wiederbelebten Sternengreise entgehen ihrem Schicksal nicht. Sie folgen ihren friedlicheren Brüdern entlang der Spur der Weißen Zwerge im HR-Diagramm nach rechts unten. In Abbildung 12.7 ist die Sequenz realer beobachteter Objekte zu erkennen, in Abbildung 12.9 sehen wir ein Stück des theoretischen Abkühlwegs für ein Objekt von 0,6 Sonnenmassen. Der relativ rasch durchlaufene Anfang dieses Wegs ist in Abbildung 12.14 dargestellt. Interessanterweise nimmt die Leuchtkraft Weißer Zwerge bei einer gegebenen Oberflächentemperatur mit der Masse *ab*. Die stärkere Schwerkraft der massereicheren Exemplare komprimiert das Gas

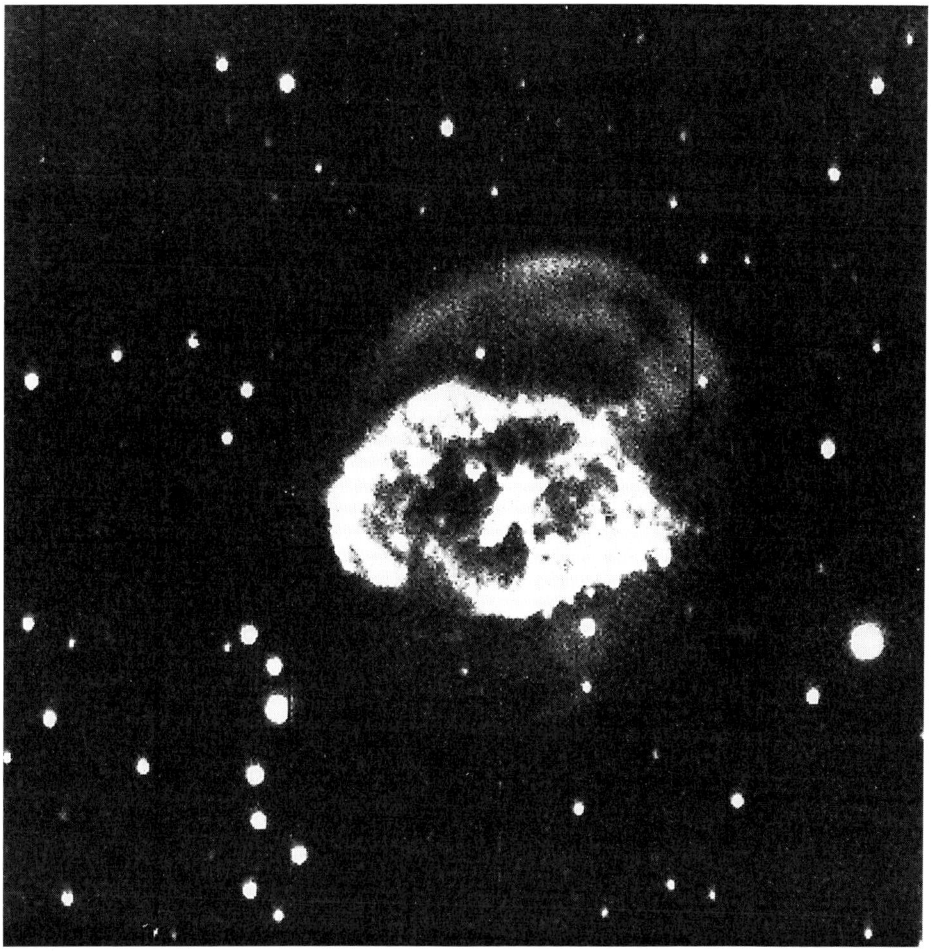

12.16 Abell 78. Der Zentralstern dieses großen Planetarischen Nebels wurde offenbar durch einen thermischen Puls zum asymptotischen Riesenast zurückgeworfen, als er bereits auf dem Abstieg zum Weißen Zwerg war (siehe Entwicklungswege in Abbildung 12.14). In der hier gezeigten Aufnahme ist der Zentralstern durch den inneren sehr hellen Teil des Nebels überstrahlt. Dieser Teil besteht übrigens aus fast reinem Helium. Er wurde vom Zentralstern ausgeworfen, als er seinen kurzen letzten Besuch im Riesenbereich des HR-Diagramms machte. Photo: National Optical Astronomy Observatories (Kitt Peak), mit freundlicher Genehmigung von G. H. Jacoby.

bei gegebener Temperatur weitaus stärker. Mit kleinerem Radius müssen sie bei gleicher Temperatur notwendigerweise lichtschwächer sein: $L = 4\,\pi R^2\,\sigma T^4$.

Die Geschwindigkeit der Abkühlung nimmt entlang der Sequenz dramatisch ab. Die Sterne leben nun ausschließlich von ihrem Vorrat an innerer Wärme. Je kühler sie werden, desto weniger geben sie davon ab (T^4 in der Formel!). Es ist ein sehr, sehr langes und langsames Sterben. Selbst Weiße Zwerge, die so alt sind wie das ganze Universum (rund 15 Milliarden Jahre) enthalten noch etwas von der gespeicherten Wärme aus besseren Tagen. Sie leuchten noch schwach und sitzen im HR-Diagramm unterhalb der K- und M-Zwerge. Wie der wirkliche Endpunkt der Entwicklung aussieht, ist unbekannt. Theoretische Rechnungen sind unsicher, und durch Beobachtungen nachprüfen kann man sie sowieso nicht (wegen des begrenzten Alters der Milchstraße und des Universums überhaupt). Milliarden und Abermilliarden von Jahren müssen vergehen, bevor ein Stern endgültig und völlig verlischt.

Eigentlich sollten wir das gesamte Schicksal eines Sterns aus seinem Jugendzustand auf der Hauptreihe vorausberechnen können. Aber so weit ist die moderne Astrophysik noch nicht. Auf dem Weg vom jungen Zwergstern über den alternden Riesen bis zum sterbenden Weißen Zwerg gibt es mehrere Stellen, an denen uns nur die Beobachtung realer Sterne draußen am Himmel die nötige Gewißheit geben kann. Gewisse Abschnitte des Lebenswegs können wir mit großer Zuversicht theoretisch durchrechnen und deuten, aber eben (noch?) nicht alle.

12.10 Gewaltige Explosionen: Supernovae

Bis jetzt haben wir uns auf die Sterne bis etwa 8 Sonnenmassen konzentriert, auf diejenigen, deren ausgebrannte Kerne kleiner als 1,4 Sonnenmassen bleiben. Sie entwickeln Planetarische Nebel und werden dann zu Weißen Zwergen. Massereichere Sterne erleiden ein völlig anderes Schicksal. Sie werden ihre Masse während der Riesenstadien nicht schnell genug los, um das Überschreiten der Chandrasekhar-Masse (jener magischen 1,4 Sonnenmassen, siehe Abschnitt 8.9) zu vermeiden. Sie explodieren in einem phantastischen Feuerball, dessen absolute Helligkeit zwischen –17 und –20 mag liegt, einer *Supernova*. Der Explosionsblitz ist so hell wie eine ganze Galaxie. Man kann ihn über hunderte von Millionen von Parsec Entfernung sehen. Obwohl noch viele Details dieses grandiosen Vorgangs unverstanden sind, ist doch im Grundsatz klar, was er bedeutet und wie er zustande kommt. Die Überreste solcher Explosionen – soweit überhaupt welche existieren – liegen jenseits des HR-Diagramms, auch jenseits aller möglichen Erweiterungen oder Ergänzungen des Diagramms. Aber um der Vollständigkeit unseres Bildes von der Welt der Sterne willen müssen wir uns am Ende dieses Buches mit den gewaltigsten stellaren Katastrophen und ihren Ergebnissen befassen.

Im Vergleich zu anderen Himmelsobjekten gibt es von Supernovae nur sehr wenig Beobachtungen. In unserer Milchstraße haben wir keine einzige beobachtet seit den „Gaststernen“ von Kepler und Tycho in den Jahren 1604 und 1572. Beide leuchteten noch vor der Erfindung des Fernrohrs auf! Das wenige, was an Beobachtungsmaterial vorliegt, stammt aus den Überresten alter Supernovae in der Milchstraße und aus der direkten Beobachtung von Ausbrüchen in anderen Galaxien (siehe Abbildung 12.17). Leider waren bis 1987 alle neuzeitlichen Supernovae so weit entfernt, daß man sie nicht im Detail beobachten konnte. So ist es verständlich, daß die gesamte astronomische Welt in einen wahren Aufruhr gestürzt wurde, als in jenem Jahr in der Großen Magellanschen Wolke die Supernova 1987A aufleuchtete. Dieses wahrhaft epochale Ereignis fand ganz in der Nähe des berühmten Tarantelnebels statt (Abbil-

12.17 Eine Supernova in der Spiralgalaxie M63 (NGC 5055) in den Jagdhunden. Trotz der Entfernung von 4,5 Millionen Parsec war diese Supernova mit der 11. scheinbaren Größe in kleinen Teleskopen mit dem Auge erkennbar. Sie leuchtete Anfang Juni 1971 auf und erreichte eine absolute Helligkeit von −17 mag. Die hier gezeigte Aufnahme entstand am 22. Juni. Sie zeigt die Supernova bereits auf dem Helligkeitsabstieg bei einer scheinbaren Helligkeit von ca. 13,5 mag. Photo: University of Illinois, Prairie Observatory.

dung 12.18, siehe auch Abbildung 10.15) und brachte endlich die langersehnte Möglichkeit, den gesamten Vorgang mit modernen Mitteln sozusagen aus nächster Nähe zu verfolgen. Die Supernova war während ihrer Maximalhelligkeit als Stern dritter Größe mit dem bloßen Auge inmitten der Großen Magellanschen Wolke leicht erkennbar, trotz ihrer Entfernung von über 50 000 Parsec. Es würde den Rahmen dieses Buches und insbesondere dieses letzten Kapitels sprengen, wenn wir alle neuen Erkenntnisse aus der Supernova 1987A darstellen wollten. In Abschnitt 12.13 wird aber wenigstens ein kleiner Überblick über die wichtigsten Aspekte gegeben.

Das theoretische Standardmodell einer Supernovaexplosion ergibt sich aus der ganz normalen Entwicklung massereicher Einzelsterne. Irgendwo zwischen 8 und 20 Sonnenmassen liegt eine Grenze, oberhalb derer die C-O-Kerne der Sterne nicht mehr in den entarteten Zustand zusammenschrumpfen. Sie können folglich schwerer werden als die Chandrasekhar-Masse, ohne zu kollabieren. Darüber hinaus sind auch die Massen der noch nicht ausgebrannten Hüllen viel größer als bei masseärmeren

a

b

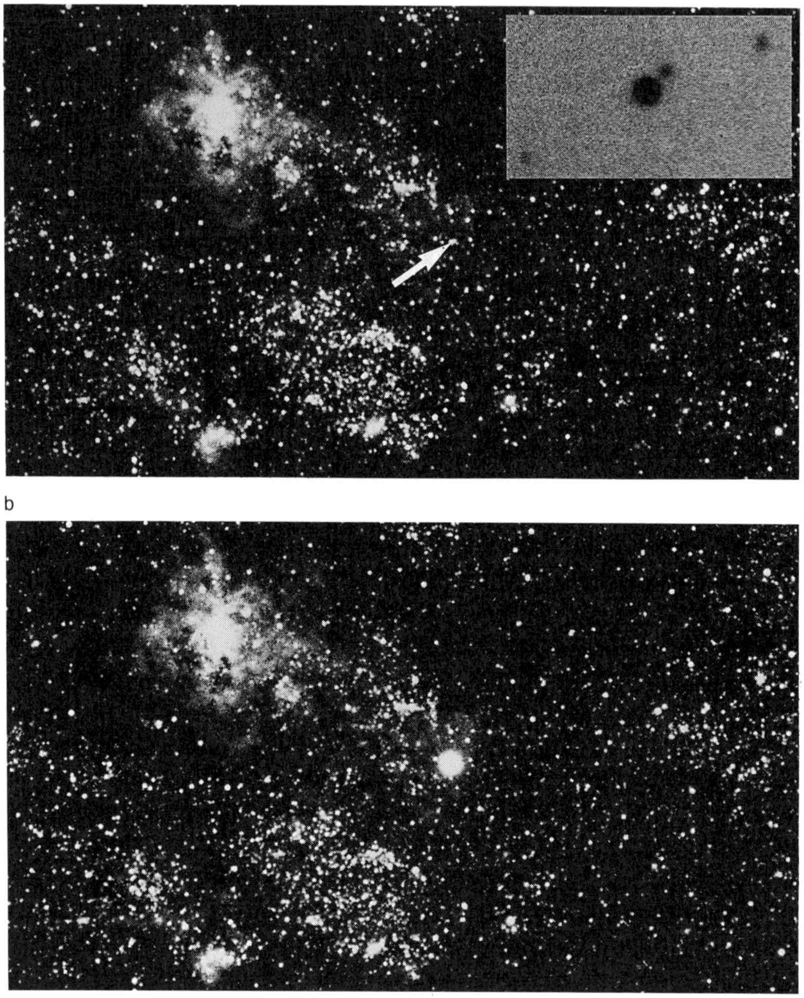

12.18 Die Supernova 1987A in der Großen Magellanschen Wolke. (a) Die Umgebung der Supernova vor ihrem Aufleuchten. Der Tarantelnebel (siehe Abbildung 10.15) ist links oben zu sehen. Der Pfeil zeigt auf Sk –69° 202, den Überriesen vom Spektraltyp B3 Ia, der 1987 als Supernova 1987A explodierte. Das kleine Bild in der rechten oberen Ecke ist ein Negativ der unmittelbaren Umgebung von Sk –69° 202 in viel größerem Maßstab, aufgenommen mit dem 4-Meter-Teleskop des Cerro Tololo Inter-American Observatory. Der kaum erkennbare kleine Auswuchs des überbelichteten Bildes von Sk –69° 202 nach links unten ist ein Stern. Eine Zeit lang war er verdächtigt worden, der Vorläufer der Supernova zu sein. Aber inzwischen wissen wir es besser: Sk –69° 202 ist vom Himmel verschwunden! Große Photos: Mt. Wilson and Las Campanas Observatories, Carnegie Institution, mit freundlicher Genehmigung von Ian Shelton und der Universität von Toronto. Kleines Photo: National Optical Astronomy Observatories (CTIO), mit freundlicher Genehmigung von You-Hua Chu.

Sternen. Ihr Gewicht bewirkt, daß der Kern sehr viel heißer werden kann. Die Kernfusionskette von Wasserstoff über Helium zu Kohlenstoff endet nicht mehr an dieser Stelle, sondern setzt sich zu schwereren Elementen fort. Wenn Temperatur und

Dichte des Kerns hinreichend hoch sind, fusioniert zunächst der Kohlenstoff zu Magnesium. Wenn auch dieses nukleare Feuer aufgebraucht ist, kontrahiert der Kern erneut. Er ist nun von *drei* Brennzonen umgeben, in denen (von innen nach außen) Kohlenstoff, Helium und Wasserstoff verbraucht werden. Erneut entzündet sich die Magnesium-Asche im Zentrum. Die nächsten Stufen führen zur Fusion von Neon, danach Silizium, und so fort bis zum Eisen. Schließlich besteht der Stern aus „Zwiebelschalen" von nuklear brennendem Silizium, Neon, Kohlenstoff, Helium und Wasserstoff um einen Eisenkern. Aber Eisen ist die Endstation aller Energieerzeugung aus Elementsynthese. Der Kern kann nun nicht noch einmal zur Energiequelle werden. Folglich kontrahiert er wieder, und dieses Mal kann keine denkbare Kernreaktion die Kontraktion aufhalten. Er schrumpft mit stetig zunehmender Geschwindigkeit. Temperatur und Dichte steigen ins Unvorstellbare. Sobald 10 Milliarden Kelvin überschritten werden, nimmt die Entwicklung eine dramatische Wendung. Die Atomkerne und Elektronen prallen bei dieser Temperatur im Gas mit solcher Wucht aufeinander, daß sie beginnen, die Eisenatomkerne zu zerschlagen. Dazu ist aber bekanntlich der Einsatz von Energie notwendig. Sie wird dem Wärmegehalt des Kerns entnommen. Der Energieverlust senkt den Druck im Kern, die schwere Hülle drückt ihn umso weiter zusammen, Dichte und Temperatur steigen noch weiter, mehr Eisenkerne werden zerstört, ... und das Innere des Sterns kollabiert mit ungeheurer Wucht in weniger als einer Sekunde. Die dabei freigesetzte gigantische Menge an Gravitationsenergie entlädt sich als ungeheure Schockwelle in die Hülle. Die plötzliche Kompression und Aufheizung facht dort die Kernfusion zu gewaltiger Stärke an. Die zusätzlich erzeugte Energie verstärkt noch die von innen nach außen durch den Stern laufende Schockwelle, zerreißt ihn schließlich – und eine Supernova leuchtet auf.

Der genaue Zeitpunkt dieses Ereignisses hängt von vielen Details des Sternaufbaus und der ablaufenden Einzelprozesse ab. Die Astrophysiker sind deshalb noch uneins, an welcher Stelle der Entwicklungswege im HR-Diagramm die Sterne verschiedener Anfangsmassen und chemischer Zusammensetzung explodieren sollen. Sind rote Überriesen, Wolf-Rayet-Sterne oder solch exotische Objekte wie η Carinae (Abschnitt 11.7) die typischen Supernova-Vorläufer? Die von der Supernova 1987A den Astronomen bereitete Überraschung (die in Abschnitt 12.13 beschrieben wird) und die Forschung der nachfolgenden Jahre haben große Fortschritte in dieser Frage gebracht. Die Wissenschaft von den Supernovae schreitet derzeit so schnell vorwärts, daß einem heute geschriebenen Buch schon in einem Jahr einige wichtige neue Erkenntnisse fehlen werden.

12.11 Neutronensterne und Pulsare

Da die Masse des kollabierenden Kerns oberhalb der Chandrasekhar-Grenzmasse von 1,4 Sonnenmassen liegt, kann der Entartungsdruck der Elektronen den Zusammenbruch nicht aufhalten. Die Dichte wird so hoch, daß nicht nur schwere Atomkerne, sondern sogar die Elektronen und Protonen zerstört werden. Sie werden sozusagen ineinandergequetscht. Sie vereinigen sich zu Neutronen, unter Emission von Neutrinos, die den Kern sofort verlassen (siehe Abschnitt 6.9). Bei einem Durchmesser von etwa 10 Kilometern, einem Tausendstel der Größe eines Weißen Zwergs, entarten schließlich die Neutronen und bringen den Kollaps zum Halten. Die Dichte liegt dann in der Größenordnung von 10^{12} Gramm pro Kubikzentimeter. Eine Streichholzschachtel voll von entartetem Neutronengas wiegt an die hundert Millionen Tonnen.

Durch die Explosion fliegt die gesamte Hülle des Sterns mit Geschwindigkeiten um 10 000 km/sec in den interstellaren Raum. Wenn die Supernova erloschen ist, kann man in manchen Fällen den entstandenen Neutronenstern als *Pulsar* direkt beobachten. Pulsare sind Quellen kurzer, periodisch wiederholter Strahlungsblitze (mit wenigen Ausnahmen nur im Radiobereich nachweisbar). Die Perioden liegen meist in der Größenordnung einer Sekunde, mit seltenen Extremwerten bei 4 Sekunden und 2 Millisekunden. Nur ganz wenige Pulsare sind auch im optischen Spektralbereich zu sehen (Abbildung 12.21 zeigt einen davon), aber ein rasch wachsender Anteil von ihnen erweist sich als mächtige Quelle von Röntgen- und sogar Gammastrahlung, die mit der jeweils gleichen Periode wie die Radiostrahlung pulsiert. Man deutet sie als magnetische Neutronensterne, die ihre Energie hauptsächlich in Richtung der beiden Magnetpole abstrahlen. Bei der Kompression des Gases im Supernovakollaps wird auch das Magnetfeld komprimiert und zu phantastischen 10^{12} Gauß verstärkt. Wenn die magnetische Achse gegen die Rotationsachse geneigt ist, dann wird der gebündelte Strahl von Radiowellen im Laufe einer Rotationsperiode herumgeschwenkt wie der Lichtstrahl eines Leuchtturms an der Nordsee. Liegt die Erde zufällig auf dem Kreis, den die Richtung des Strahls im Raum beschreibt, dann sehen wir den Pulsar regelmäßig aufblitzen.

Wie für die Weißen Zwerge, so gibt es auch für die Neutronensterne eine obere Massengrenze. Sie liegt irgendwo bei 3 bis 4 Sonnenmassen. Darüber können sogar die entarteten Neutronen der Gravitation nicht mehr standhalten. Dann geht der Kollaps weiter zum Schwarzen Loch (siehe Abschnitt 11.9). Während die tatsächliche Existenz von Neutronensternen durch die Beobachtung der Pulsare gesichert ist, weiß man noch nicht mit letzter Sicherheit, ob es auch Schwarze Löcher im Kosmos wirklich gibt. Einer der in Abschnitt 12.9 erwähnten Kandidaten für Schwarze Löcher, Cyg X-1, ist in Abbildung 12.19 zu sehen.

Wir haben in den zurückliegenden vier Abschnitten das Lebensende der Sterne unterhalb von circa 8 Sonnenmassen und oberhalb von etwa 12 oder 15 Sonnenmassen dargestellt (beide Werte sind, wie erwähnt, nur als grobe Anhaltspunkte zu betrachten). Was aus den Sternen wird, die dazwischen liegen, ist weit weniger klar. Ihre Kerne sind zu groß, um zu Weißen Zwergen zu werden. Andererseits können wir auch nicht sicher sein, daß der Standardmechanismus der Supernova bei ihnen funktioniert. Möglicherweise produzieren sie Supernovae, vielleicht kollabieren sie ohne Explosion zum Neutronenstern. Vielleicht explodieren sie nach einem anderen Mechanismus, der sie völlig zerreißt, ohne einen kompakten Rest zurückzulassen: Ein entarteter C-O-Kern kollabiert, wenn er die Grenze von 1,4 Sonnenmassen überschreitet. Bei der Kompression des C-O-Gases setzt dann aber mit ungeheurer Wucht

12.19 Cygnus X-1, eine Quelle starker Röntgenstrahlung. Optisch erscheint das Objekt als B-Stern, der um einen unsichtbaren Begleiter kreist. Die Bahndaten des B-Sterns deuten an, daß der unsichtbare Stern für einen Weißen Zwerg oder einen Neutronenstern zu massereich ist. Es könnte sich also um eines jener exotischen Objekte handeln, von denen kein Atom, kein Licht, keinerlei physikalisches Signal entweichen kann: Ein Schwarzes Loch. Bisher ist keines dieser vermuteten Endprodukte der Entwicklung sehr massereicher Sterne mit Sicherheit nachgewiesen worden. Die Röntgenstrahlung entsteht durch den Gasstrom vom B-Stern zum kompakten Begleiter. Das Gas wird in der Akkretionsscheibe sehr stark verdichtet und aufgeheizt. Photo: National Geographic, Palomar Observatory Sky Survey, abgedruckt mit freundlicher Genehmigung des California Institute of Technology und C. T. Bolton.

das Kohlenstoffbrennen ein. Es erzeugt so viel Energie (unter Umwandlung fast des gesamten C-O-Materials in Eisen, Nickel und benachbarte Elemente), daß – nach gegenwärtigen Modellrechungen – der Kollaps komplett umgekehrt und in eine reine Explosion verwandelt wird.

12.12 Verschiedene Typen von Supernovae

Die Beobachtung der Lichtkurven und Spektren von Supernovae zeigt, daß es zwei ganz verschiedene Klassen von Supernovae gibt. Man nennt sie einfach Typ I und Typ II. Supernovae vom Typ I besitzen keinerlei Wasserstofflinien im Spektrum, während sie in den Spektren vom Typ II sehr auffällig sind. Offensichtlich ist die chemische Zusammensetzung der jeweiligen Vorläufersterne sehr verschieden. Auch die Lichtkurven unterscheiden sich erheblich. Supernovae vom Typ II sind lichtschwächer; ihre Lichtkurven weisen ein breites Plateau bei der Maximalhelligkeit auf, das bei Supernovae vom Typ I fehlt. Letztere werden sofort nach Erreichen des Maximums schnell und gleichmäßig schwächer. Die Form ihres Helligkeitsabfalls entspricht genau dem, den wir erwarten, wenn die abgestrahlte Energie letztlich aus dem Zerfall von radioaktivem Nickel 56 stammt. Dieses Isotop wird in der explosiven Nukleosynthese um den kollabierenden stellaren Kern erzeugt und zerfällt zunächst in Kobalt 56 und dann in das stabile Eisen 56. In den Lichtkurven von Supernovae sehen wir die Elementsynthese unmittelbar in Aktion!

Supernovae vom Typ II werden in den Spiralarmen von Scheibengalaxien beobachtet. Sie sind ganz eindeutig mit dem Schicksal massereicher Sterne verbunden. Der Typ I wird dagegen hauptsächlich in elliptischen Galaxien gefunden, die kein Gas und deshalb keine jungen, massereichen Sterne enthalten. Witzigerweise ist also der Typ II mit der Population I und der Typ I mit der Population II verknüpft (man erwarte niemals eine vernünftige Nomenklatur in einem rasch wachsenden Forschungsbereich!). Allerdings ist die Verbindung zwischen Typ I und Population II nicht so eng wie umgekehrt; man findet Typ I *auch* in den Scheiben von Galaxien und in irregulären Galaxien mit Sternentstehung.

Es ist jedoch offensichtlich, daß ein großer Teil der Supernovae des Typs I nicht von massereichen Sternen ausgelöst werden kann. Es gibt in elliptischen Galaxien, die nur alte Sterne enthalten, einfach keine. Diese Supernovae werden ziemlich sicher von Weißen Zwergen in Doppelsternsystemen verursacht. In kataklysmischen Veränderlichen (Abschnitte 11.4 bis 11.6) regnet Material auf Weiße Zwerge herab und vergrößert so deren Masse. Es sind einige Systeme bekannt, in denen der Weiße Zwerg ziemlich nahe der Chandrasekhar-Grenze ist. So ist es ohne weiteres denkbar, daß weiterer Masseneinstrom ihn in den Abgrund des Gravitationskollaps treiben könnte. Es ist allerdings noch nicht völlig klar, ob der Masseneinfall wirklich zur Vergrößerung der Zwergmasse führt, oder ob etwa die wiederholten Novaexplosionen sogar das Gegenteil bewirken. Eine weitere Möglichkeit zur Erzeugung von Supernovae des Typs I aus alten Doppelsternen besteht im Verschmelzen zweier Weißer Zwerge. Wenn ein Paar solcher Objekte hinreichend eng ist, dann spiralen die Partner ganz allmählich aufeinander zu. Schließlich berühren sie sich, verschmelzen miteinander und explodieren. Da in weißen Zwergen von vornherein wenig Wasserstoff vorhanden ist, sieht man im Spektrum der resultierenden Supernova keine Wasserstoff-Linien. Dieser Prozeß kommt im Universum mit Sicherheit vor, aber man weiß nicht, wie häufig er ist. Ebensowenig ist klar, ob die Sterne dabei völlig zerrissen werden oder ob dabei Neutronensterne entstehen können.

Je mehr Supernovae beobachtet werden, desto komplexer wird das Bild, das wir von ihnen haben. So wurde zum Beispiel vom Typ I ein Untertyp „Ib" abgespalten, der in Spiralarmen vorkommt und keine Wasserstofflinien aufweist. Vielleicht repräsentiert diese Unterklasse die Ereignisse, die aus Wolf-Rayet-Sternen hervorgehen. Diese Objekte gehören zur Population I, haben aber ihre gesamte Wasserstoffhülle schon vor dem Wolf-Rayet-Stadium als Sternwind abgeworfen. Falls sie ein explosives Ende nehmen, dann müßten sie also als Supernova des Typs I erscheinen. Wir haben sicher noch nicht alle Varianten entdeckt. Weitere Überraschungen, wie die im folgenden Abschnitt beschriebene, sind jederzeit zu erwarten.

12.13 Supernova 1987A

Am frühen Morgen des 24. Februar 1987 belichtete der Astronom Ian Shelton von der Universität Toronto (Kanada) mit dem 25-cm-Bruce-Teleskop auf dem chilenischen Berg Las Campanas eine Routineaufnahme der Großen Magellanschen Wolke. Als er die Photoplatte entwickelt hatte, bemerkte er einen Stern der fünften Größe, der am Tag zuvor noch nicht da war. Die letzte auch nur halbwegs in unserer kosmischen Nähe explodierte Supernova war schon über 100 Jahre alt. Im Jahre 1885 war sie im Zentrum des Andromedanebels aufgeleuchtet und hatte fast die sechste Größe erreicht. Mehr als hundert Jahre lang hatten die Astronomen sich gewünscht, ein solches Ereignis aus nächster Nähe mit dem ganzen Arsenal moderner Beobachtungstechnik verfolgen zu können. An jenem Tag im Februar 1987 ging dieser Wunsch endlich in Erfüllung (Abbildung 12.18).

Wer nun aber erwartet hatte, daß daraus nur eine Bestätigung unserer doch schon recht klaren theoretischen Erwartungen erwachsen würde, der sah sich enttäuscht. Die Supernova 1987A zeigte ein sehr ungewöhnliches Verhalten – in vielerlei Hinsicht. Und sie vermittelte allerlei Überraschungen und neue Erkenntnisse. An der Position des „neuen" Sterns hatte vor der Explosion ein B3-Überriese der 12. Größe gestanden, dessen Bezeichnung Sk –69° 202 aus einem Katalog von Emissionsliniensternen von S. Sanduleak stammt. Ja, aber wenn das der Vorläufer der Supernova war, dann hätte der Ausbruch nur eine Amplitude von 7 Größenklassen gehabt (im Maximum dann 9 mag). Das ist nur die Hälfte des normalen. Außerdem war die absolute Helligkeit im Maximum nur –15,5, für eine Supernova vom Typ II sollte man aber wenigstens –17 erwarten. Daß es sich um eine Supernova dieses Typs handelte, stand außer Zweifel (das Spektrum in Abbildung 12.20 zeigt mächtige Emissionslinien des Wasserstoffs). Noch merkwürdiger war die Tatsache, daß dieses viel zu lichtschwache Maximum erst mehr als 2 Monate nach dem anfänglichen Aufleuchten erreicht wurde. Die Helligkeit stieg Ende April immer noch leicht an, zu einer Zeit, als eine normale Supernova vom Typ II schon längst verblassen sollte. Die Lichtkurve war also ungewöhnlich und überraschend.

Die größte Überraschung bot sich den Astronomen aber mit dem Spektraltyp des Vorläufersterns. Wohlgemerkt: Sk –69° 202 ist der erste und einzige Vorläufer einer

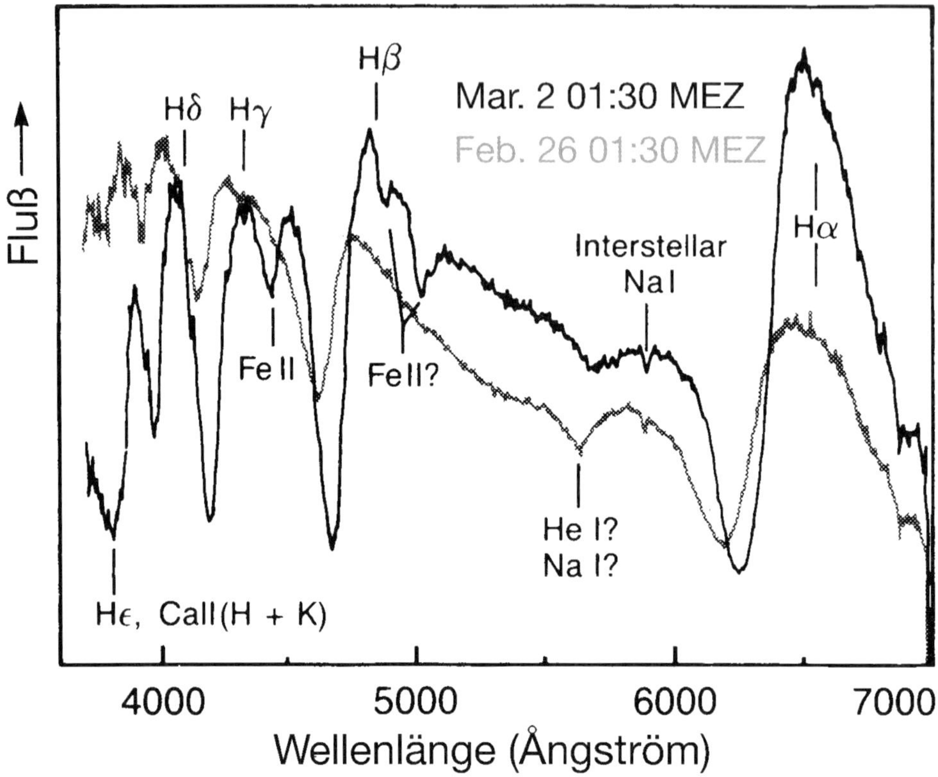

12.20 Optische Spektren der Supernova 1987A an zwei verschiedenen Tagen. Die starken Wasserstoff-Linien zeigen, daß es sich um eine Supernova des Typs II, also einen Stern der Population I, handelt. Die Linien Hα und Hβ weisen starke P-Cygni-Profile auf, woraus die Expansion der Hülle mit Geschwindigkeiten weit oberhalb 10 000 km/sec abgelesen werden kann (siehe Abschnitt 9.5). Spektren von M. Gregg, R. A. Kimble und A. Davidson, Mt. Wilson and Las Campanas Observatories, Carnegie Institution of Washington, abgedruckt mit freundlicher Genehmigung durch *Sky and Telescope*.

Supernova, der je beobachtet wurde. Man hatte weit in ihrer Entwicklung fortgeschrittene Sterne wie M-Überriesen und Wolf-Rayet-Sterne als Auslöser von Supernovae erwartet. Aber Sk –69° 202 war ein ganz normal aussehender B-Stern gewesen. Solange die Supernova alles in ihrer Umgebung überstrahlte, vermutete man, daß dieser Stern nur zufällig an derselben Stelle wie die Supernova stand. Mit anderen Worten: Der wirkliche Vorläufer steht direkt daneben und war vor der Explosion von dem B-Überriesen überstrahlt worden. Bei genauerem Anschauen alter Aufnahmen fand man sogar einen Kandidaten! Er ist in Abbildung 12.18 am überbelichteten Bild von Sk –69° 202 als schwache Ausbeulung nach links unten gerade eben erkennbar. Aber genaue Positionsmessungen zerschlugen diese Vermutung bald, und nach dem Abklingen des Explosionsblitzes zeigte sich, daß Sk –69° 202 tatsächlich von unserem Himmel verschwunden ist.

Sk –69° 202 ist in Abbildung 12.7 eingezeichnet. Ein Vergleich seiner Position im HR-Diagramm mit den Entwicklungswegen in Abbildung 12.10 (nach Anbringen der bolometrischen Korrektur, versteht sich) führt zu einer Masse von ungefähr 20 Sonnenmassen. Das ist zwar nicht ganz korrekt, weil die Abbildung 12.10 für solare Elementhäufigkeiten gilt, und nicht für den geringeren Metallgehalt der Magellanschen Wolken. Aber der Unterschied ist nicht sehr groß. Der so bestimmte Wert liegt erfreulicherweise im Bereich der Massen, für die wir den Kollaps des Eisenkerns und eine Supernova vom Typ II erwarten. Es gibt sogar einen ganz direkten Beweis dafür, daß tatsächlich die Explosion jenes Sterns in der Großen Magellanschen Wolke auf den Gravitationskollaps seines Kerns zurückzuführen ist. Dieser Beweis wurde mit zwei Meßinstrumenten geführt, die in erster Linie nicht der Astronomie, sondern der Elementarteilchenphysik dienen sollen. In den USA und in Japan gibt es je einen riesigen Neutrinodetektor, mit dem der hypothetische Zerfall des Protons in leichtere Elementarteilchen nachgewiesen werden soll. Am 23. Februar 1987 um 7:36 Weltzeit wurden in diesen beiden Geräten zusammen 19 Neutrinos innerhalb ganz kurzer Zeit registriert. Der Zeitpunkt dieser 19 Neutrinoereignisse liegt mehr als 23 Stunden vor Sheltons Entdeckung der Supernova und etwa 5 Stunden vor der frühesten existierenden Photographie mit der Supernova (Robert McNaught hatte sie in Australien schon während ihres Aufleuchtens erwischt, aber die Aufnahme nicht gleich angeschaut).

Neunzehn Neutrinos, das ist ziemlich genau das, was man in den beiden Detektoren vom Kollaps eines stellaren Kerns in der Magellanschen Wolke erwarten mußte. Das heißt, daß nicht nur unsere Vorstellungen vom Inneren massereicher Sterne und von den Ursachen einer Supernova einigermaßen zutreffend sind, sondern daß wir auf die Minute genau den Zeitpunkt wissen, zu dem eine derartige Explosion ausgelöst wurde, *tief im Innern eines Sterns, der 50 000 Parsec von uns entfernt ist.*

Neunzehn Neutrinos, das ist ein schwacher Abglanz der wahren Größe eines solchen Ereignisses. Die Gesamtzahl der Neutrinos, die innerhalb einiger Sekunden durch die beiden Detektoren flogen, liegt bei Tausenden von Billionen. Jeder Mensch auf dieser Erde wurde von der Supernova mit größenordnungsmäßig 10^{12} Neutrinos durchschossen, ohne etwas davon zu bemerken. So eindrucksvoll der optische Ausbruch nach dem Kollaps auch sein mag, er ist nur ein Schatten des wahren Vorgangs. Die freigesetzte Energie wird zu 99 Prozent in Form der Neutrinos abgegeben. Nur rund ein Prozent wird in die Bewegungsenergie der explodierenden Hülle umgewandelt. Und der gigantische Lichtausbruch ist wiederum nur ein verschwindend kleiner Bruchteil der Explosionsenergie, der an der Oberfläche in Strahlung umgewandelt wird.

Der zunächst so überraschende Spektraltyp des Supernovavorläufers fand durch theoretische Rechnungen ziemlich schnell eine Erklärung. Nur Sterne mit etwa solaren Elementhäufigkeiten explodieren als rote Überriesen. Vor 1987 waren praktisch alle Rechnungen unter dieser Annahme gemacht worden. Der geringere Metallgehalt der Magellanschen Wolken bewirkt, daß manche Sterne in einer ihrer blauen Phasen zur Supernova werden können. Scharen von Astronomen sind seit 1987 dabei, die Beobachtungen der Supernova 1987A auszuwerten, die weitere Entwicklung der Explosionswolke zu verfolgen und alle Meßergebnisse in Theorien umzumünzen.

Vieles ist klar geworden, viele Fragen sind noch offen. Das Ereignis wird für Jahrzehnte in der Astronomie nachwirken. Und natürlich wartet man begierig auf die nächste, vielleicht noch nähere Supernova.

12.14 Supernovaüberreste

Es ist eine der vielen Kuriositäten der astronomischen Terminologie, daß der Begriff *Supernovaüberrest* nicht etwa den eventuell zurückbleibenden Neutronenstern, sondern die auseinanderfliegende Explosionswolke bezeichnet. Der Krebsnebel (Abbildung 12.21) ist vielleicht das bekannteste Exemplar und mit Sicherheit das im Fernrohr für das Auge am leichtesten erkennbare. In seinem Fall sehen wir die eigentliche Explosionswolke leuchten. Er besteht aus extrem heliumhaltigem Material, das dem explodierten Stern entstammt und sich allmählich mit dem interstellaren Gas vermischen wird. Neben den Produkten der normalen stellaren Kernfusionsprozesse – von Helium bis Eisen – enthält er auch große Mengen der schweren Elemente jenseits der Eisengruppe, bis hin zum Uran. Diese entstehen bei den extrem hohen Temperaturen zu Beginn der Expansion einer Supernova. Objekte wie der Krebsnebel sind die primäre Quelle solcher Elemente im Kosmos.

In anderen Fällen, wie zum Beispiel dem hübschen Zirrusnebel (Abbildung 12.22), sehen wir dagegen nur die Schockfront leuchten, die in das umgebende interstellare Medium läuft und dieses komprimiert und aufheizt. Man kennt heute eine große Zahl von Supernovaüberresten. Viele von ihnen sind hinter dicken Schichten aus interstellarem Staub verborgen und deshalb nur im Radiobereich erkennbar. Manche sehen auf den ersten Blick wie H II-Regionen aus, aber ihre optische Strahlung wird nicht aus ultraviolettem Sternlicht, sondern aus der Bewegungsenergie von sehr schnellen Elektronen erzeugt. Diese werden in der starken Schockfront bis auf nahezu Lichtgeschwindigkeit beschleunigt. Bei ihrer Wechselwirkung mit dem Magnetfeld des geschockten interstellaren Gases erzeugen sie elektromagnetische Strahlung ganz unterschiedlicher Wellenlängen, die als *Synchrotronstrahlung* bezeichnet wird. Es gibt viele sehr ästhetische Objekte unter den Supernovaüberresten – Schönheit aus der Katastrophe!

Supernovae geben den Astronomen auch heute noch manches Rätsel auf, so zum Beispiel die schlechte Übereinstimmung zwischen Pulsaren und Supernovaüberresten am Himmel. Den meisten Pulsaren fehlt die zugehörige Explosionswolke, und in den meisten Überresten ist kein Pulsar zu finden. Wahrscheinlich leben die Pulsare viel länger als die expandierenden Auswurfmassen, und wahrscheinlich sind einfach die meisten Pulsare nicht geeignet zur Erde hin orientiert. Aber man weiß es nicht. Die Beziehung zwischen (anfänglicher) Sternmasse, Explosionsmechanismus und Endprodukt ist – wie erwähnt – noch ziemlich unklar. Und das langersehnte nahe Ereignis, die Supernova 1987A, hat das Bild nicht etwa geklärt und vereinfacht, sondern zusätzliche Komplikationen aufgezeigt. Die Wissenschaft schreitet auf diesem Felde sehr schnell voran. Die letzten Jahre haben in vielen – hier nicht darge-

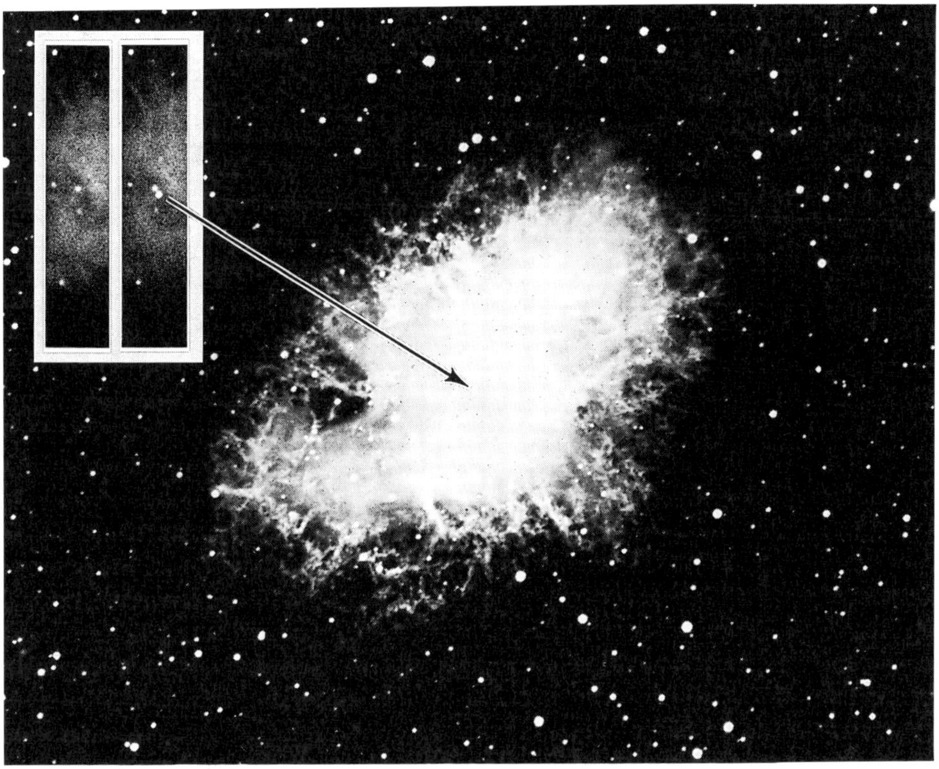

12.21 Der Krebsnebel, der bekannteste Supernovaüberrest. Er wurde durch eine Supernova erzeugt, die im Jahre 1054 nach Christi Geburt aufleuchtete und von chinesischen Astronomen sogar am Taghimmel gesehen wurde. Das stellare Überbleibsel des damals explodierten Sterns ist ein Neutronenstern, der von der Erde aus gesehen als Pulsar 30mal pro Sekunde aufblitzt. Er ist ein Objekt von herausragender Bedeutung für die Erforschung der Supernovae und Neutronensterne: Er ist einer von nur drei im optischen Licht bekannten Pulsaren. Er ist einer von nur einer Handvoll, die mit einem gut beobachtbaren Supernovaüberrest verbunden sind. Er ist der einzige, dessen genaues Alter man kennt. Mit seiner Rotationsperiode von nur 0,03 Sekunden ist er einer der schnellsten. Mit zunehmendem Alter wird die Umdrehungszeit länger werden, die Intensität seiner Strahlung wird abnehmen und er wird zu einem der typischeren Pulsare werden, die man nur im Radiobereich nachweisen kann. In der linken oberen Ecke sind zwei vergrößerte Bildausschnitte aus dem Zentrum des Nebels eingefügt, die so kurz belichtet sind, daß man den Pulsar erkennen kann. Der linke Ausschnitt ist zwischen den Pulsen belichtet. Vom Pulsar ist absolut nichts zu sehen. Der rechte zeigt ihn genau im Puls. Photos: National Optical Astronomy Observatories (Kitt Peak), mit freundlicher Genehmigung von A. G. Millikan.

stellten – Details Klarheit geschaffen, und in wenigen weiteren Jahren wird man wieder wesentlich mehr verstehen als heute. Die eigentliche kosmische Bedeutung der Supernovae ist jenseits aller Unklarheiten und aktuellen Fragen über jeden Zweifel erhaben: Sie sind die Quelle der schweren Elemente, aus denen die Erde und wir Menschen bestehen. Die meisten Atome unserer Körper und unserer unmittelbaren irdischen Umgebung wurden vor mehr als 4,5 Milliarden Jahren aus dem infernalischen Innern eines sterbenden massereichen Sterns ausgeschleudert.

Das dramatische Ende der O-Sterne markiert auch das Ende unserer Reise durch die Welt der Sterne. Wir wollen diese Reise jedoch nicht mit dem Blick auf jene

a b

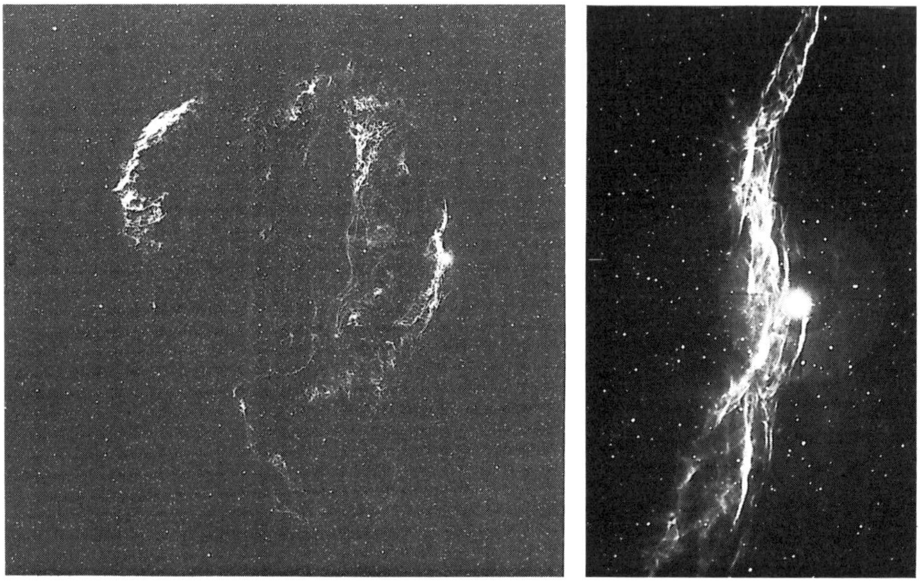

12.22 Der Zirrusnebel im Sternbild Schwan. Dies ist eine sehr großer, alter Supernovaüberrest, dessen zugehöriger Neutronenstern (falls es ihn überhaupt gibt) bisher nicht nachweisbar ist. Die Nebelfetzen überspannen am Himmel fast 3 Grad. Sie bestehen nicht aus Gas, das der Supernovaexplosion entstammt, sondern aus interstellarem Gas, das durch die Schockwelle komprimiert und verdichtet wird. Abbildung 12.22 (a) zeigt den gesamten Komplex im Überblick, Abbildung 12.22 (b) ist ein Ausschnitt des rechten Randes im Licht der grünen [O III]-Linien (Abschnitt 10.7). Hier sieht man sehr deutlich, welch komplexe, filigrane Struktur die Stoßfront in dem chaotischen interstellaren Gas gewinnt. Der helle Stern hat nichts mit dem Nebel zu tun; es handelt sich um den K0-Riesen 52 Cygni. Photos: National Geographic, Palomar Observatory Sky Survey, mit freundlicher Genehmigung des California Institute of Technology (a) und University of Michigan, mit freundlicher Genehmigung von W. Blair (b).

seltenen, abrupten, gewalttätigen Vorgänge beschließen, sondern mit einer kleinen Rückbesinnung auf ihre stilleren und erfreulicheren Etappen. Bevor Sie das Buch zuschlagen, sollten sie noch einmal zurückblättern zur Abbildung 12.7, unserem komplettierten Hertzsprung-Russell-Diagramm. Jeder Punkt, jede Linie in diesem Diagramm markiert ein Stück unserer Reise durch die Welt der Spektraltypen, Leuchtkraftklassen und Entwicklungsstadien. Diese Reise war zugleich ein Spaziergang durch die Geschichte der modernen Astrophysik, von den Anfängen bei Fraunhofer und Pater Secchi, über die Arbeiten von Pickering, Fleming, Maury und Cannon zu Morgan, Keenan und Kellman und zu der enormen Erweiterung unseres Wissens über die Sterne in den letzten 20 Jahren.

Und wenn heute abend der Himmel wolkenlos ist, dann sollten Sie einmal hinausgehen und an einer dunklen Stelle den Blick nach oben wenden. Dort droben, in majestätischer Ruhe vor Ihnen ausgebreitet, finden Sie die wahren, echten Sterne. Lassen Sie die Faszination der modernen Astrophysik und die Faszination des nächtlichen Firmaments zugleich auf sich wirken.

Sachindex

A

B

C

D

E

F

G

H

L

M

N

O

P

Q

R

S

T

U

V

W

Z